高等学校教学用书

液压与气压传动

主　编　王　慧
副主编　齐潘国　张　强

东北大学出版社
·沈　阳·

图书在版编目（CIP）数据

液压与气压传动 / 王慧主编. —沈阳：东北大学出版社，2011.9（2023.1 重印）

ISBN 978-7-5517-0030-6

Ⅰ.①液…　Ⅱ.①王…　Ⅲ.①液压传动—高等学校—教材②气压传动—高等学校—教材
Ⅳ.①TH137　②TH138

中国版本图书馆 CIP 数据核字（2011）第 184207 号

内容简介

本书共分两篇 13 章，着重叙述了流体力学基础、液压与气压传动常用元件的基本工作原理、结构及其特点、技术要素、液压与气压传动系统原理、性能分析、液压与气压传动系统应用等，希望能为读者正确使用和设计液压元件和系统打下良好的基础。本书采用国际单位制，并附有常用的液压与气压传动常用图形符号。为便于复习和掌握所学内容，每章的最后均附有思考题与习题。

本书是根据机械类专业的《液压与气压传动》教学大纲和“十三五”规划教材要求编写的，系高等工科院校机械类等专业的教科书，也可作为有关的工程技术人员参考用书。

出 版 者：东北大学出版社
地址：沈阳市和平区文化路 3 号巷 11 号
邮编：110004
电话：024—83687331（市场部）　83680267（社务室）
传真：024—83680180（市场部）　83680265（社务室）
E-mail：neuph @ neupress. com
http：// www. neupress. com
印 刷 者：沈阳市第二市政建设工程公司印刷厂
发 行 者：东北大学出版社
幅面尺寸：184mm × 260mm
印　　张：22. 25
字　　数：570 千字
出版时间：2011 年 9 月第 1 版
印刷时间：2023 年 1 月第 9 次印刷
责任编辑：张德喜　　责任校对：辛　思
封面设计：唯　美　　责任出版：唐敏智

ISBN 978-7-5517-0030-6　　定　　价：58.00 元

前　言

液压与气压传动是在“流体力学”、“工程力学”、“机械制造技术”等基础上发展起来的一门比较新兴的技术。随着我国工业和科学技术的不断发展，液压与气压传动技术在机床工业、汽车工业、工程机械、造船工业、冶金工业、动力工业、矿山机械、农业机械、轻工机械等民用工业和坦克、火炮、舰艇、飞机等国防工业方面得到了越来越广泛的应用。

本书是根据机械类专业的《液压与气压传动》教学大纲和“十三五”规划教材要求编写的，系高等工科院校机械类等专业的教科书，也可作为有关的工程技术人员参考用书。

本书着重叙述了流体力学基础、液压与气压传动常用元件的基本工作原理、结构及其特点、技术要素、液压与气压传动系统原理、性能分析、液压与气压传动系统应用等，为正确使用和设计液压元件和系统，打下了良好的基础。本书采用国际单位制，并附有常用的液压与气压传动常用图形符号。为便于复习和掌握所学内容，每章的最后均附有思考题与习题。

本书分为液压传动、气压传动两篇，共13章。其中第1，2，6，8章由王慧编写，第3，4，7章由齐潘国编写，第10，11，12章由张强编写，第5，9，13章由贾胜德编写。全书由王慧任主编，齐潘国和张强任副主编，并由王慧主持制定编写大纲并完成统稿和定稿工作。

本书在编写过程中，得到辽宁工程技术大学有关系和教研室教师及企业有关同志的大力帮助和支持，在此深表谢意。

由于时间仓促，水平有限，书中难免存在缺点或错误，恳请同行及读者批评指正。

编　者

2019年8月

目　　录

第一篇　液压传动

第二篇　气压传动

第一篇　液压传动

第1章 绪 论

任何完善的机器设备都由原动机、传动与控制机构和工作机构三大部分组成。机器的传动机构包括机械传动、电气传动、气压传动、液体传动等不同类型。所谓液体传动，是以液体作为工作介质，进行能量转换和传递的传动方式。而液体传动按其工作原理的不同，又分为两类：动力式液体传动（简称为液力传动）和容积式液体传动（简称为液压传动）。以液体的动能传递和转换能量的液体传动称为液力传动（如离心泵、液力变矩器等）；以液体的压力能进行传递和转换能量的液体传动称为液压传动。

相对于机械传动来说，液压传动是一门比较新兴的应用技术，它是在流体力学、工程力学和机械制造技术基础上发展起来的。

本章将介绍液压传动的基本工作原理，液压传动系统的组成及其表示方法，液压传动的主要优、缺点及液压技术的应用等。

1.1 液压传动的基本工作原理

1.1.1 液压传动的传动过程

下面以液压机为例，讨论液压传动的基本工作原理。图1-1为一台液压机的原理图，它把大小两个液压缸中的大小两个活塞密闭并连通，且充满工作液体。当原动机以较小的力 F_1 作用在小活塞上时，小活塞以速度 v_1 向下移动，小液压缸排出的液体正好进入大液压缸。因为两个液压缸中的液体压力是相同的，所以大活塞将以较大的力 F_2、速度 v_2 上升推动工作机构作功。

这里需要指出的是，工作机构只有对大活塞施加上外负载，液体才会产生工作压力；也只

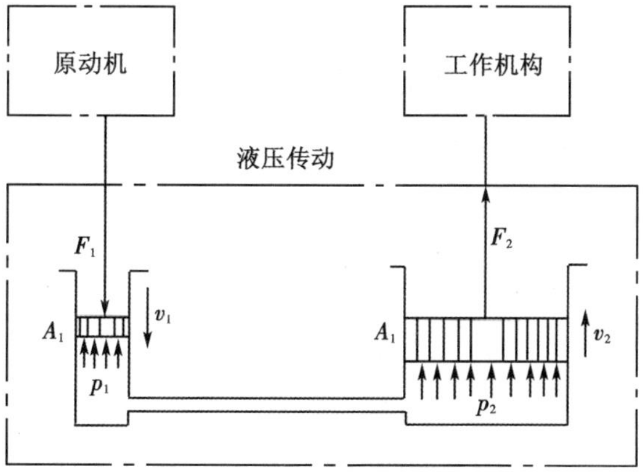

图1-1 液压传动的工作原理

有这样，小活塞上才能施加上作用力 F_1。简单地说，液压传动中液体压力取决于负载大小，这是一个很重要的概念。

从能量转换角度来看，小液压缸是把作用在小活塞上的机械能(力、速度)转变成输出液体的液压能(压力、流量)，大液压缸则把输入的液体的液压能(压力、流量)转变为推动工作机构的机械能(力、速度)。把机械能转变成液压能，再把液压能转变为机械能的全过程，就是液压传动的传动过程。

1.1.2 液压传动的理论依据

液压传动的理论依据主要是流体力学中的帕斯卡原理、连续性原理及能量守恒定律。

(1)力的传递依据静压传递方程——帕斯卡原理

在图 1-1 中，小活塞在外力 F_1 作用下，产生的液体压力为

$$p_1=\frac{F_1}{A_1} \tag{1-1}$$

式中 A_1——小活塞的作用面积。

大活塞在液体压力 p_2 的作用下，产生的推力为

$$F_2=p_2A_2 \tag{1-2}$$

式中 A_2——大活塞的作用面积。

根据帕斯卡原理，密闭容器内，平衡液体内某一点的液体压力以等值大小传递到液体内各处。因此

$$p_1=p_2=p$$

则

$$F_2=p_2A_2=p_1A_2=F_1\frac{A_2}{A_1} \tag{1-3}$$

由此可见，在液压传动中，力不但靠液体的静压可以进行传递，而且根据两活塞面积之比值$\frac{A_2}{A_1}$的大小，使力在传递过程中进行放大。力的传递与流量无关。

(2)速度的传递依据流体连续性原理

在图 1-1 中，小活塞向下移动所排出的液体流量为

$$Q_1=A_1v_1 \tag{1-4}$$

式中 v_1——小活塞移动速度。

大活塞在输入流量 Q_2 作用下，上升速度为

$$v_2=\frac{Q_2}{A_2} \tag{1-5}$$

假设工作液体不可压缩，根据流动液体连续性原理可得

$$Q_1=Q_2=Q$$

则

$$v_2=\frac{Q_2}{A_2}=\frac{Q_1}{A_2}=v_1\frac{A_1}{A_2} \tag{1-6}$$

不难看出，在液压传动中，速度的传递靠液体的流量，而且大、小活塞移动速度之比等于两活塞面积的反比。速度的传递与压力无关。

(3)能量的转换和传递遵守能量守恒定律

在图1-1中,大活塞上升时输出的机械能功率为

$$N_2=F_2v_2=F_1\frac{A_2}{A_1}\cdot v_1\frac{A_1}{A_2}=F_1v_1=N_1 \tag{1-7}$$

式(1-7)表明,大活塞输出的机械能功率与输入给小活塞的机械能功率相等。这说明,在液压传动中,能量的转换和传递是守恒的。

1.2　液压传动系统的组成及表示方法

1.2.1　液压传动系统的组成

图1-2为某专用机床的液压传动系统的结构原理图。液压缸4固定在床身上,活塞杆7和工作台6刚性连接。当电磁铁2通电而11断电时,换向阀3的阀芯10推向右端。液压泵12将油箱14中的油液经过滤器13吸入泵内,然后将排出的高压油液经换向阀3送入液压缸4的左腔,推力活塞5和工作台6向右运动;液压缸右腔油液经节流阀8和换向阀流回油箱。此时,若改变节流阀8的开口大小,即可改变工作台的运动速度。当电磁铁11通电而2断电时,换向阀的阀芯10被推向左端,使活塞5带动工作台6向左运动。当电磁铁2和11都断电时,换向阀的阀芯10位于中位,将进、回油路堵死,工作台停止不动。溢流阀1在此起调压和限压作用。

任何一个液压传动系统,无论复杂程度与否,通常由以下几部分组成。

① 动力元件。它是把原动机提供的机械能转变为液体的压力能的转换装置,如图1-2中的元件12。通常把动力元件称为液压泵(或油泵)。

② 执行元件。它是把输入的液体压力能转变为机械能的转换装置。执行元件分为两种:一种是输出直线往复运动或摆动形式机械能的液压缸(如图1-2中的元件4),另一种是输出连续旋转运动的液压马达(或油马达)。

③ 控制元件。其作用是控制液压传动系统中的液流方向、压力和流量,从而改变执行元件的运动方向、作用力(或转矩)和运动速度(如图1-2中的换向阀3,节流阀8和溢流阀1等)。

④ 辅助元件。它包括油箱、油管、管接头、滤油器、蓄能器以及密封装置等。辅助元件也是液压系统中必不可少的元件,它对保证液压传动系统可靠地工作具有重要作用。

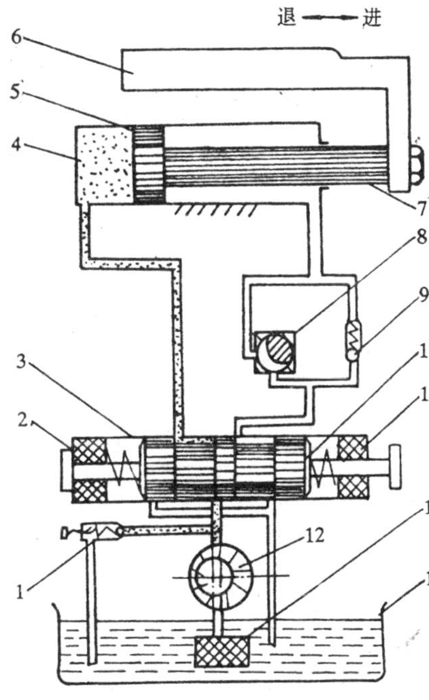

图1-2　专用机床液压系统结构原理图

1—溢流阀;2,11—电磁铁;3—换向阀;4—液压缸活塞腔;5—活塞;6—工作台;7—活塞杆;8—节流阀;9—单向阀;10—换向阀阀芯;12—液压泵;13—过滤器;14—油箱

⑤ 工作介质。它通常采用液压油,既是

液压传动的传递介质,又是液压元件和系统的润滑剂。

1.2.2 液压传动系统的表示方法

液压传动系统及其组成的元件可采用装配结构图、结构原理示意图和职能符号图三种表示方法。

(1)装配结构图

这种表示方法能准确地表达出系统和元件的结构形状、几何尺寸和装配关系。但是,绘制复杂,不能直观地表示出各元件在传动系统中的功能作用。它主要用于施工设计、制造、安装和拆卸及维修等场合,而在分析系统性能时不宜采用。

(2)结构原理示意图

这种表示方法近似实物的剖面图,如图1-2所示。该种表示方法可以直观地表示出各液压元件的工作原理。但绘制仍然比较复杂,尤其是在负载动作要求多而复杂的情况下,绘制系统原理示意图比较困难。该种表示方法不能直接地反映各元件的职能作用,对于系统性能的分析也过于复杂。

(3)职能符号图

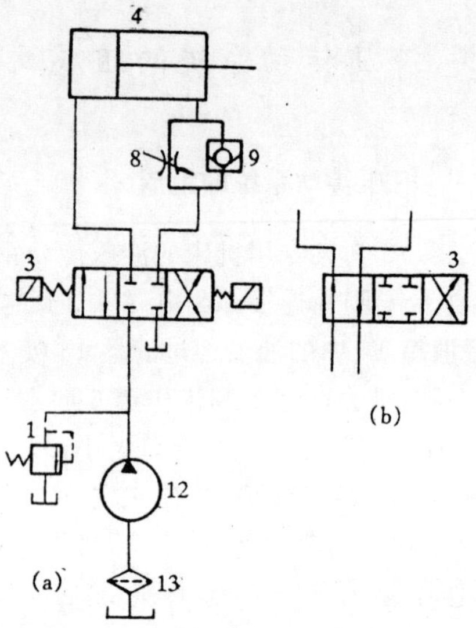

图 1-3 专用机床液压系统职能符号图

这种表示方法将系统中各液压元件都用职能符号来表示,如图 1-3 所示(该图为结构原理示意图 1-2 的职能符号图)。职能符号图能直观地反映出各液压元件的功能作用,绘制相当方便。对于了解和掌握液压系统工作原理和分析判断系统性能和故障,职能符号图起到重要作用。但是,这种表示方法反映不出各元件的结构和参数,也反映不出系统管路和元件的具体位置。我国制定常用的液压系统图图形符号见附录。

我国制定的液压系统图图形符号中规定,职能符号都以静止位置或零位置表示(另有说明除外),如图 1-3(a)中换向阀 3 是处于中间位置,这时工作台是不动的。

以后在介绍液压元件时,以结构原理图为主,同时也介绍各元件的职能符号。在讨论分析液压传动系统时,以职能符号为主。

1.3 液压传动的特点及应用

1.3.1 液压传动的特点

(1)优　点

与机械传动、电气传动相比,液压传动具有以下主要优点。

① 能在较大的范围内比较方便地实现无级调速。调速范围一般可达 100∶1 至 2000∶1。

② 液压传动装置体积小、重量轻、结构紧凑、惯性小。在同等功率的情况下,液压马达的

质量为电动机的10%～20%，外形尺寸为电动机的15%左右。

③ 操纵、控制简单，方便，省力。若与电器相配合，易于实现远距离操作和自动控制。

④ 易于实现过载保护。只要设置一安全阀便能可靠地实现过载保护。

⑤ 由于液压元件已实现了标准化、系列化和通用化，故方便了液压系统的设计、制造和推广使用。

⑥ 因液压元件中相对运动零、部件之间有油液存在，能自动润滑，所以液压元件使用寿命较长。

(2)缺　点

与机械传动、电气传动相比，液压传动具有以下主要缺点。

① 液压传动系统的工作性能受外界条件的变化影响较大。如工作油液的黏度要随温度变化而变化，会引起执行元件的速度不稳定。而且，液压传动一般不适合于在低温或高温环境下工作。

② 因液压传动是以液体作为传递介质，故容易产生泄漏和压力损失，因此，传动效率较低。另外，因液体泄漏和压缩性的影响，使液压传动的刚性较差，而产生振动和噪声。

③ 液压传动装置在高压下密封困难，易产生泄漏而造成污染。

④ 对于液压元件的加工精度、材料的材质和热处理工艺、维护检修水平等要求较高，故成本较高。

⑤ 由于工作介质中的污染物会直接影响液压元件的寿命和液压系统的工作可靠性，故对工作介质的过滤要求严格。

总的看来，液压传动的优点很多，因此，在国民经济和国防工业各个方面都得到了相当广泛的应用，它的某些缺点随着科学技术的不断发展，会逐步得到克服。

1.3.2　液压传动技术的应用

随着科学技术的不断发展，目前液压技术无论在民用工业，还是在国防工业方面都得到了相当广泛的应用，现举例说明如下。

(1)民用工业方面

① 机床工业：液压方面的磨床、铣床、刨床、数控机床等。

② 汽车工业：自卸式卡车、消防车、全液压越野车等。

③ 工程机械：推土机、铲运机、平地机、搅拌机、起重机、装载机、叉车等。

④ 造船工业：起货机、舵机、锚机等。

⑤ 冶金工业：轧钢机的自动化、平炉的装料机、电炉和转炉的控制等。

⑥ 动力工业：电站的自动控制、水坝闸门的启闭机等。

⑦ 矿山机械：挖掘机、运输机、钻机、掘进机、滚筒采煤机、自移式液压支架等。

⑧ 农业机械：收割机、拖拉机等。

⑨ 轻工机械：造纸机、印刷机、纺织机、塑料成型机等。

(2)国防工业方面

① 陆军：高射炮随动系统、坦克炮的稳定系统以及雷达天线扫描系统等。

② 海军：舰炮瞄准稳定装置、海岸炮、鱼雷发射器、舰艇舵机、舰艇消摆装置、潜艇桅杆升降装置及雷达稳定平台等。

③ 空军：飞机操舵装置、起落架、炮塔瞄准系统、导弹的控制系统和导弹的发射装置等。

特别是计算机技术的发展再次将液压技术推向前进，使它发展成为包括传动、控制、检测在内的一门完整的自动化技术。液压技术在某些领域内已占有绝对优势，例如，国外现在生产的95%的工程机械、90%的数控加工中心、95%以上的自动线都采用了液压技术。因此可以说，采用液压技术的程度现在已经成为衡量一个国家工业水平的重要标志之一。

当前，液压技术在实现高压、高速、大功率、高效率、低噪声、高度集成化等方面都取得了重大进展，在完善比例控制、伺服控制、数字控制等技术上也有许多新成就。此外，在液压元件和液压系统的计算机辅助设计、计算机仿真和优化以及微机控制等开发性工作方面，日益显示出显著成果。

思考题与习题

1-1 何谓液压传动？液压传动的理论依据是什么？

1-2 液压传动系统由哪几部分组成？各部分有何作用？

1-3 简述“压力取决于负载”和“速度取决于流量”的概念。

1-4 简述液压传动的主要优、缺点。

1-5 在液压传动中，如果力被放大5倍，则速度发生了怎样的变化？为什么？

1-6 液压传动系统有哪几种表示方法，各有什么特点？

第2章　液压流体力学基础

液压流体力学是以油液为代表的液体力学。它是研究液体平衡、运动及液体与固体间相互作用规律的一门力学分支，是液压系统和元件工作过程及动力计算的理论基础，是正确分析和应用液压系统及元件的理论依据。

本章主要介绍与液压传动密切相关的流体力学的基本内容，为分析、设计和应用液压系统及元件打下必要的理论基础。

2.1　工作液体

在液压传动中，工作液体绝大部分为液压油。液压油既是液压传动中能量传递和转换的工作介质，又是传动机构和零部件的润滑剂。液压传动系统的工作性能如何，很大程度上取决于所采用的液压油的性质。

2.1.1　作用在液体上的力

液体的平衡或运动的规律除取决于其物理性质之外，还与作用在液体上的力有密切关系。

从力学角度来看，通常把液体看成是由极其微小、在空间仅占有点的位置的质点所组成的。并且，质点与质点之间无空隙，质点为连续均质的易于流动的介质。

事实上，从微观上看，液体是由不断不规则地运动着的分子所组成的，分子之间存在间隙，它们是不连续的。但就工程技术上而言，从宏观上完全可以把液体看成是一种连续的介质。

为研究液体的平衡和运动的力学规律，首先就要研究作用在液体上的力，并对这些力的性质加以分析。

研究作用在液体上的力，可从研究的液体中取出一块分离液体。作用在该分离液体上的力可分为质量力和表面力。

(1)质量力

质量力是作用在所研究的分离液体中所有质点上的力，它是向量。质量力的大小与分离液体的质量成正比。质量力包括重力和惯性力。重力是地球对液体产生的引力，而惯性力是作变速运动的液体所具有的质量力。惯性力又包括液体作直线变速运动时产生的直线方向惯性力和液体作圆周运动时产生的离心惯性力两种类型。若液体作的是一般曲线运动，则上述两种惯性力均存在。

质量力是由于液体存在加速度而产生的。作用在单位质量质点上的质量力称为单位质量力，其数值就等于加速度。

(2)表面力

表面力是作用在所研究的分离液体表面上的力，其大小与被作用的表面面积成正比，而与质量无关。表面力分为切向力和法向力。切向力是指周围液体或固体壁面对分离液体表面产生的摩擦力，其方向与作用表面相切。法向力是指周围液体或固体壁面对分离液体表面产生的总压力，其方向是沿作用表面的法线方向。单位面积上的表面力称为应力，它表征了表面力的强度。单位面积上的切向力称为切应力简称为切力。单位面积上的法向力称为压应力，或简称为压力。

在国际单位制（SI）中，压力的计量单位为 Pa（中文名称为帕[斯卡]，简称帕）。$1Pa=1N/m^2$。

2.1.2 液体的主要性质

(1)密度、相对密度

① 密度。单位体积液体所具有的质量，称为液体的密度，通常用 ρ 表示。

对于均质液体

$$\rho=\frac{m}{V} \qquad (kg/m^3) \tag{2-1}$$

式中 m——液体的质量，kg；

V——液体的体积，m^3；

ρ——液体的密度，kg/m^3。

矿物油的密度一般为 $\rho=850\sim960kg/m^3$。

② 相对密度。某种均质液体的密度与 4℃时蒸馏水的密度之比，称为该种液体的相对密度。

表 2-1 给出了在 101.325kPa（1 个标准大气压）压力下几种常见均质液体的密度和相对密度，供以参考。

表 2-1 在 101.325kPa 压力下几种常见均质液体的密度和相对密度

类 别	温 度 t/℃	密 度/(kg/m^3)	相对密度
蒸馏水	4	1000	1
海 水	15	1020～1030	1.02～1.03
酒 精	15	790～800	0.79～0.80
甲 醇	4	810	0.81
普通汽油	15	700～750	0.7～0.75
煤 油	15	750	0.75
矿物油系列液压油	15	850～900	0.85～0.9

(2)压缩性

液体的压力增加，导致液体的体积减小、密度增大的性质叫做液体的压缩性。液体的压缩性极小，在许多场合下，可以忽略不计。但在受压体积较大或进行动态分析时，就应考虑液体压缩性问题。

液体压缩性的大小可用压缩系数 β 来表示，其数学表达式为（参照图 2-1）

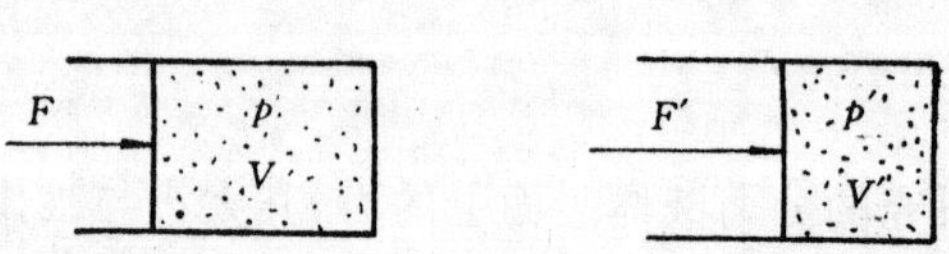

图 2-1 液体压缩系数 β

$$\beta=\frac{-\frac{V'-V}{V}}{p'-p}=\frac{-\frac{\Delta V}{V}}{\Delta p} \tag{2-2}$$

式中　V——压力增加前的液体体积；

p——初始压力；

V'——压力增加后的液体体积；

p'——增加后的压力；

Δp——液体压力的增加量；

ΔV——压力增加 Δp 时，液体体积的减小量；

β——液体的压缩系数。

β 值的物理意义是：液体增加单位压力时，液体体积变化的相对值。由于压力增大（压力的增量 Δp 为正）时，液体的体积减小（体积的增量 ΔV 为负），为使 β 为正值，故在式(2-2)的右边加上负号。

由式(2-2)可得

$$V'=V(1-\beta\Delta p) \tag{2-3}$$

若已知液体的压缩系数 β 和初始体积 V，就可利用式(2-3)求出压力升高 Δp 后的液体体积 V'。

液体压缩系数的倒数，称为液体的弹性模量，通常用 E 表示，即

$$E=\frac{1}{\beta}=-V\frac{\Delta p}{\Delta V} \tag{2-4}$$

E 的物理意义是：单位液体体积的相对变化量所需的压力增量。液体的弹性模量表征出当液体抵抗变形的一种能力，若压缩系数大，则弹性模量就小，说明该种液体抵抗变形的能力就差。表 2-2 表示出各种常用液压油液的弹性模量。

表 2-2 各种液压油的弹性模量

(20℃，101.325kPa)

液压油种类	弹性模量 E/GPa
石油型	1.4～2.0
水-乙二醇茎	3.15
W/O 型	1.95
磷酸酯型	2.65

液压油液的弹性模量与温度、压力及是否混有空气有关。当温度增大时，E 值减小；压力增大时，E 值增大（但不呈线性关系），当液压油液中混有空气时，E 值将大大减小。例如，油中混有 1% 空气时，则弹性模量降低到纯油的 5% 左右；油中混有 5% 空气时，弹性模量降低到纯油的 1% 左右。

液压油液的可压缩性在液压系统动态工作下影响很大；但当液压系统在稳态工作情况下，一般可不予考虑。

(3)膨胀性

液体的温度升高，导致体积增大、密度减小的性质叫液体的膨胀性。液体的膨胀性大小可用膨胀系数 α 来表示。膨胀系数的数学表达式为

$$\alpha=\frac{\frac{V'-V}{V}}{\Delta t}=\frac{\frac{\Delta V}{V}}{\Delta t} \tag{2-5}$$

式中　V——温度增加前的液体初始体积；

V'——温度增加后的液体体积；

Δt——温度的增加量；

α——液体的膨胀系数。

α 值的物理意义是：在一定压力下的液体，当温度每增加 1℃时，液体体积变化的相对值；它反映出液体的膨胀性能。

由式(2-5)可得

$$V'=V(1+\alpha\Delta t) \tag{2-6}$$

若已知液体的膨胀系数 α 和初始体积 V，就可利用式(2-6)求出温度升高 Δt 后的液体体积 V'。

对常用的液压油，膨胀系数可参阅表 2-3。

表 2-3 常用液压油的膨胀系数

15℃时的相对密度	0.70	0.80	0.85	0.90	0.92
α	8.2×10^{-4}	7.7×10^{-4}	7.2×10^{-4}	6.4×10^{-4}	6.0×10^{-4}

(4)黏 性

液体在外力作用下流动时，由于液体分子之间存在内聚力，便产生一种阻碍液体分子间相对运动的内摩擦力，这种性质称为液体的黏性。黏性是液体抵抗剪切变形的一种固有的特性，它只有在外力作用下，液体流动时产生剪切变形才显示出来。液体在静止时，由于不存在剪切变形，所以呈现不出黏性。

黏性是液压油液的一种重要特性，也是选择液压油的一个重要依据。不同的液体具有不同程度的黏性。液体黏性的大小可用黏度来表示。

黏度通常有动力黏度、运动黏度和相对黏度三种表示方法。

液体在流动时，因液体与固体壁面的附着力及液体本身的黏性存在，使液体内部各处的速度不相等，图 2-2 所示为平行平板间液体的流动情况，上平板以速度 u_0 向右平动，紧贴于上平板的油液黏附于上平板上，其速度为 u_0。下平板静止不动，紧贴于下平板上的油液黏附在下平板上，其速度为零，中间各油液层的速度可视为线性规律分布。于是，可以把平行平板间液体的流动看成是无数多层无限薄速度不等的液体层在运动。

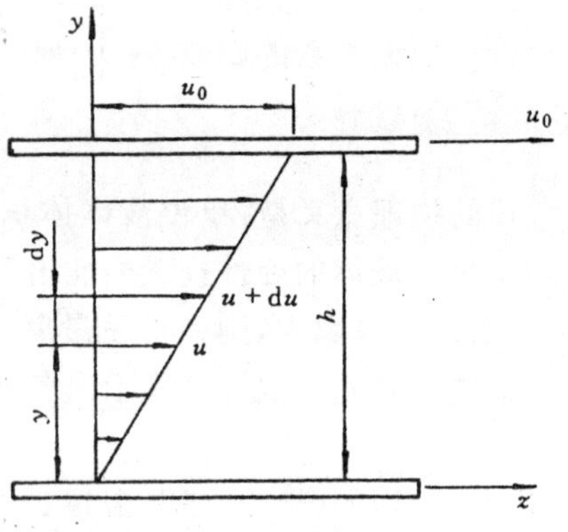

图 2-2 液体黏性示意图

根据实验测定得出，速度不等的相邻两液体层间由于黏性的存在就产生了内摩擦力的作用。相邻两液体层之间的内摩擦力 F 与液体层间接触面积 A 及液体层间相对速度 $\mathrm{d}u$ 成正比，而与两液体层间的距离 $\mathrm{d}y$ 成反比，即

$$F=\mu A\frac{\mathrm{d}u}{\mathrm{d}y} \tag{2-7}$$

若以 τ 表示单位面积上的内摩擦力，即切应力，则

$$\tau=\frac{F}{A}=\mu\frac{\mathrm{d}u}{\mathrm{d}y} \tag{2-8}$$

式中，$\frac{\mathrm{d}u}{\mathrm{d}y}$称为速度梯度，或称剪切率；$\mu$ 为比例系数，又称动力黏度。当速度梯度变化时，μ 为不变常数的液体称为牛顿液体，μ 为变数的液体称为非牛顿液体。除高黏度或含有特种添加剂的液体外，一般的液压油均可视为牛顿液体。

由式(2-8)得知，动力黏度可写为

$$\mu=\tau\frac{\mathrm{d}y}{\mathrm{d}u} \tag{2-9}$$

动力黏度 μ 的物理意义可理解为，面积各为 $1\mathrm{cm}^2$ 和相距 1cm 的两层液体，当其中的一层液体以 1cm 的速度与另一层液体作相对运动时所产生的摩擦力。

动力黏度 μ 的 SI 单位是帕・秒(Pa・s)。

在工程计算中经常采用运动黏度。运动黏度是液体的动力黏度 μ 与它的密度 ρ 之比值，即

$$\nu=\frac{\mu}{\rho} \tag{2-10}$$

运动黏度的 SI 单位是米^2/秒(m^2/s)。

运动黏度 ν 没有什么特殊的物理意义，只是因为在液压传动的理论分析和计算中常常碰到动力黏度 μ 与密度 ρ 的比值，因而采用运动黏度 ν 来代替 μ/ρ。

上面介绍的运动黏度 ν 和动力黏度 μ 常常在理论分析和推导中碰到，实际上对它们难以直接测量，因此在工程上经常采用一种可以用仪器直接测量的黏度表示方法，即相对黏度。得知相对黏度后再根据经验关系式换算出运动黏度和动力黏度。

相对黏度又称为条件黏度，它是以相对于水的黏性大小来表示该液体的黏度。各国采用的相对黏度单位有所不同，我国和德国等采用恩氏黏度°E，美国采用赛氏黏度 SSU，而英国采用的是雷氏黏度°R。

恩氏黏度是采用恩氏黏度计来测定。恩氏黏度的测定方法是：测出在某一温度 t℃情况下的 $200\mathrm{cm}^3$ 体积的被试液体，在重力作用下垂直流过直径为 2.8mm 小孔所需的时间 t_1；再用同样方法，测出 20℃的同体积蒸馏水垂直流过直径为 2.8mm 小孔所需的时间 t_2。时间 t_1 与 t_2 的比值就是被测试液体在该温度 t℃情况下的恩氏黏度，用°E_t 表示。

$$^\circ E_t=\frac{t_1}{t_2} \tag{2-11}$$

式中　t_2——仪器水值常数，其平均值为 51s。

工业上一般以 20℃，50℃和 100℃作为测定恩氏黏度的标准温度，并相应地以符号°E_{20}，°E_{50}和°E_{100}来表示。

知道恩氏黏度以后，可利用以下经验公式，将恩氏黏度转换成运动黏度。

$$\nu=\left(7.31^\circ E-\frac{6.31}{^\circ E}\right)\times10^{-6}\qquad(\mathrm{m}^2/\mathrm{s}) \tag{2-12}$$

液体的黏度是随着液体压力和温度的变化而改变的。一般说来，当液体的压力增大时，分子之间的距离减少，分子之间的内聚力增大，导致液体的黏度增大。但在压力不高时，黏度值变化很小，可忽略不计。当压力很高且变化幅度较大时，就应计算黏度的变化。压力对液体黏度的影响可用下式计算。

$$\nu_{\mathrm{p}}=\nu_0(1+Kp) \tag{2-13}$$

式中　ν_0——大气压力时的运动黏度；

p——液体的压力；

K——取决于液体的有关系数，一般 $K=0.001\sim0.004$；

ν_{p}——压力为 p 时的运动黏度。

液体的温度变化对黏度的影响明显，当温度升高时，液体分子之间内聚力减小而活动力增大，导致液体的黏度降低。油液黏度的变化会直接影响液压系统和液压元件的工作性能，因此希望油液的黏度随温度的变化越小越好。当运动黏度小于 11×10^{-6} (m^2/s)，温度在 30～150℃范围内时，黏度随温度的变化关系可用下面的经验公式计算。

$$\nu_t=\nu_{50}\left(\frac{50}{t}\right)^n \tag{2-14}$$

式中 ν_{50}——油温在50℃时的运动黏度；

t——油的温度；

ν_t——油温在 t℃时的运动黏度；

n——有关指数，其数值可参阅表 2-4。

表 2-4 指 数 n

$°E_{50}$	1.2	1.5	1.8	2.0	3.0	4.0	5.0	6.0
n	1.39	1.59	1.72	1.79	1.99	2.13	2.24	2.32

液压用油的黏度与温度间的关系可利用图 2-3 或有关手册查找。

(5)液体的含气量、空气分离压和饱和蒸汽压

① 含气量。液体的含气量是指液体中所含空气按体积百分比所计的数量。油中的空气包括混入和溶入两种。混入的是以直径为 0.25～0.5mm 的气泡状态悬浮在油中，它对液压油的体积弹性模量和黏性会产生影响。溶入在油中的空气是呈均匀的溶解状态，它对液压油的体积弹性模量和黏性不会产生影响。

液压油中空气的混入量的多少取决于油的性质和油与空气的接触情况。若混入的空气量增加，则油液的体积弹性模量急剧下降，油液的动力黏度将呈线性增大。当液体压力增大时，液体中部分混入的空气将转为溶入油中，其余的仍以混入形式存在。

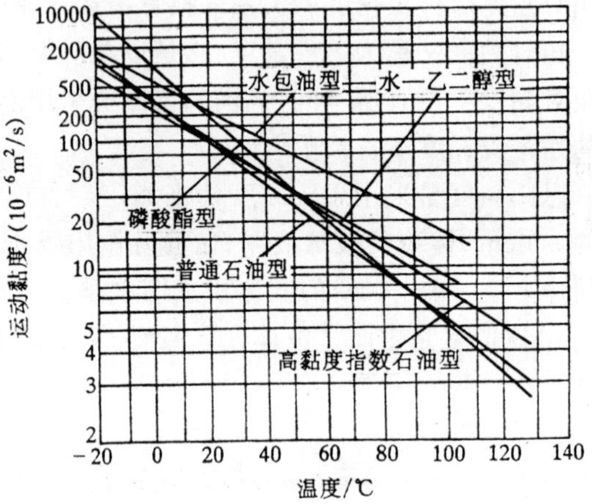

图 2-3 黏度和温度间的关系

液压油中空气的溶解量的多少与绝对压力成正比，而与温度无直接关系。在 101.325kPa 和常温下，矿物油系列的液压油空气溶解量为 5%～8%；合成型液压油为 5%；水-乙二醇系列为 1%～2%；油包水型乳化液为 5%～7%。

② 空气分离压。在某一定温度下的油液，当压力下降到某一压力 p_g 值时，溶解在油液中的过饱和空气量将突然迅速地从油液中分离出来而以混入形式存在液体中，产生大量气泡，这个压力 p_g 值称为该油液在该温度下的空气分离压。空气分离压与油液的种类、温度、空气溶解量及混入量有关。通常是油温高，空气溶解量及混入量大，则空气分离压增高。

一般液压油的空气分离压，其平均值在 13.333～66.665kPa 左右。

③ 饱和蒸汽压。在一定温度下的液体，当压力降到某一值时，油液将迅速沸腾汽化而产生大量气泡，此压力值称为这种液体在该温度下的饱和蒸汽压。油液的饱和蒸汽压是很低的；并且随着油温的降低，油液的饱和蒸汽压相应下降。例如，60℃的矿物油的饱和蒸汽压为

2kPa，20℃的矿物油的饱和蒸汽压为 1kPa。一般来说，油液的饱和蒸汽压低于空气分离压，有的还将低相当多。

液体的空气分离压和饱和蒸汽压对气穴乃至气蚀现象有重大影响，其说明见后面有关章节。

(6)油液的流动点和凝固点、闪点和燃点

① 流动点和凝固点。油液能保持良好流动性能的最低温度叫做油液的流动点。油液完全失去流动性能的最高温度叫做油液的凝固点。同一种油液流动点比凝固点高 2.5℃。

② 闪点和燃点。油液加热到一定温度就开始蒸发成气体，这种气体与空气相结合会形成一种可燃性气体，可燃性气体遇到火焰就会燃烧，燃烧几秒钟之后会自动熄灭，此时的温度称为这种油液的闪点。

油液在闪点的基础上继续加热，就会形成较浓厚的可燃性气体，这种可燃性气体遇到火焰就会形成连续性燃烧而不熄灭，此时的温度叫做该油液的燃点。

很明显，同一种液压油的燃点要比闪点高。一般的液压油燃点要比闪点高 20～30℃。

油液的流动点和凝固点、闪点和燃点是选择液压油时要考虑的重要因素之一。具体说明见液压油的选择内容。

(7)液压油的化学性质

① 热稳定性。液压油在温度升高时发生化学反应和分解的程度叫热稳定性。若温度升高而不发生化学变化或化学变化很小，则稳定性好。在液压系统中，当油液流经节流小孔或缝隙时，由于摩擦力而引起油温升高，将促使油液产生一些裂化或聚合作用或二者同时发生。结果，产生一些沥青、焦油等树脂物质，形成颗粒而产生堵塞现象。为防止这种现象产生，液压系统油液的工作温度应在化学变化过程的某一极限温度以下。

② 氧化稳定性。液压油与空气中的氧发生反应的程度叫氧化稳定性。不发生反应或反应很小则稳定性好。液压油与氧发生反应后会产生氧化物和酸性化合物，它们常常会引起液压系统中金属部件的腐蚀现象；氧化物还能析出沥青质及沉淀物等形成的渣泥，造成附着和堵塞现象。所以在一般工作条件下希望油液具有足够的氧化稳定性。

③ 水解稳定性。液压油遇水分解变质的程度叫水解稳定性。不分解或很少分解则稳定性好。水在液压油中大部分可能沉在油箱底部，而一部分像乳化液一样在油中环流而成为渣泥的一种成分。水分能使酸性油的氧化物的腐蚀性大为增加。水分和某些液压油能发生作用产生液压油水解变质使黏度大为降低。一般希望液压油具有足够的水解稳定性。

④ 相容性。液压油与液压系统中有关材料起化学反应的程度，称为相容性。液压油与它接触的油漆、颜料、密封件、软管等不发生或很少发生化学反应，说明该油液的相容性好。

2.1.3　液压油的选择

实践表明，合理正确地选择液压油，对于保证液压系统工作性能、延长系统和元件的使用寿命、提高液压系统和元件的工作可靠性都具有重要意义。

(1)液压油的种类及性能

目前我国液压油按其成分和性能的分类如下：

- 液压系统常用液压油
  - 石油型
    - 普通液压油
    - 液压-导轨油
    - 抗磨液压油
    - 低温液压油
    - 高黏度指数液压油
    - 机械油(代用)
    - 汽轮机油(代用)
    - 其他专用液压油
  - 乳化型
    - 水包油乳化液
    - 油包水乳化液
  - 合成型
    - 水-乙二醇液
    - 磷酸酯液
    - 其　他

在上述分类中,石油型液压油是液压传动系统中使用最广泛的工作介质。对于不同品种液压油的性质指标也不相同,具体内容可查阅有关手册。

(2)液压系统对液压油的基本要求

液压油是液压传动传递和转换能量的工作介质,同时又起到润滑剂的作用。液压油性能如何直接关系到液压系统的工作性能。从液压系统使用液压油的要求来看,可归纳以下几点。

① 适宜的黏度和良好的黏温性能。液压油的黏度太大会增加系统的机械磨损功率,黏度太小会增加系统的容积损失功率。因此液压油黏度应选合适,使系统机械和容积损失的总和为最小。所谓良好的黏温性能,是指在工作温度变化范围内,油液的黏度变化尽量要小。综上,一般液压系统所用液压油的黏度大多在 $2°E_{50}$($0.115cm^2/s$)到 $8°E_{50}$($0.60cm^2/s$),液压油的黏度指数值要求在 90 以上,优异者在 100 以上。

② 具有良好的热稳定性、氧化稳定性和水解稳定性。

③ 对于液压系统所用的各种材料,包括金属、塑料、油漆、橡胶等具有良好的相容性。

④ 具有良好的润滑性及很高的油膜强度,减小液压系统各摩擦表面的磨损。

⑤ 具有良好的抗燃性,油液的闪点和燃点要高。一般矿物油系液压油的闪点在 150～220℃之间。

⑥ 具有良好的流动性,油液的流动点和凝固点要低,一般矿物油系液压油流动点在－5～－15℃之间,低凝油可至－45℃。

⑦ 具有良好的防锈蚀作用。

⑧ 对人体无毒、无明显刺激作用。

⑨ 体积模量要大。

⑩ 空气溶解度小,起泡性小而消泡容易。吸水性小,易与水分离。

(3)液压油的选择

在一般的液压传动系统中,所选用的矿物油的运动黏度在 $0.115 \sim 0.60cm^2/s$ 之间,常用的产品为 10# ～30# 机械油,8# ～10# 柴油机油,22# ～30# 汽轮机油等。由于上述液压油中没有或很少加入添加剂,传动时易产生泡沫、声响大、黏温性能差等缺点。为满足近代液压传动用油要求,石油工业有关部门在油中加入了各种添加剂,生产出了多种专用液压油,改善了性能。

选择液压油,主要是指选择液压油的类型和它的黏度参数。具体选择时,一般要经过以下几个基本步骤。

① 液压油的选择离不开具体使用条件，应首先了解和掌握液压系统的工作环境和载荷条件。

根据液压系统工作环境和载荷条件首先选择液压油类型。例如，在具有火灾发生危险环境下，应选用抗燃性液压油；在寒冷地区环境下，应采用低凝固点的液压油；在重载、高压的系统中，应采用抗磨液压油等。

然后根据液压系统工作环境和载荷条件再选择液压油的黏度，因为黏度是影响液压系统工作性能的重要因素，它直接影响着系统的泄漏、润滑及摩擦发热损失等。一般，系统环境温度高、工作压力大时，选择黏度较高的液压油，反之选择黏度较低的液压油。

② 通过生产厂及产品样本或有关手册获得液压油的性能指标、使用范围等有关资料，为尽可能选出符合或接近液压系统要求的液压油做好资料准备。

③ 最终综合、权衡、调整各方面的要求和参数，决定所采用的合适液压油。

2.2　静止液体的力学基础

所谓静止的液体，是指液体内部质点与质点之间没有相对运动的液体。至于装在容器中的液体整体，随容器如同刚体似地作各种运动，则容器中的液体仍属于静止液体。

本节主要讨论静止液体的平衡规律和这些规律的实际应用。具体地说要研究静止液体内部压力分布规律和液体与其他物体间的相互作用力。

2.2.1　液体的压力及其特性

作用在液体上的力有质量力和表面力，表面力又可分为切向力和法向力。因静止液体，质点与质点之间没有相对运动，故不存在切向力。静止液体的表面力只有法向力，又因液体质点之间凝聚力很小，不能受拉，所以法向力总是指向液体表面的内法线方向。习惯上把液体单位面积上所受的指向液体表面内法线方向的法向力叫压应力，简称为压力。若法向力 ΔF 作用在 ΔA 液体面积上，则液体内某点处的压力定义为

$$p=\lim_{\Delta A\to 0}\frac{\Delta F}{\Delta A} \tag{2-15}$$

静止液体的压力具有如下特性。

① 静止液体中任何一点所受到的各个方向的压力都相等；或者说，静止液体中任何一点的压力大小与作用方向无关。这一性质采用实验法或反证法是很容易证明的。

② 静止液体的压力方向永远指向作用面的内法线方向。该性质也可采用反证法证明。如果存在外法向的拉力或切向力，液体就不会处于静止状态。

2.2.2　静止液体的力学基本方程

为研究静止液体中的压力分布规律，求出如图2-4(a)所示容器中静止液体内任意点 1(离液面深度为h)处的压力，可从液体内取出如图2-4(b)所示的等直径圆柱形分离体。圆柱体底面通过所求压力的 1 点，圆柱体顶部和底部面积均为 ΔA，顶部所受压力为 p_0，底部所受压力为 p，高度为 h，液体的密度为 ρ。由于圆柱体处于平衡状态，根据圆柱体受力平衡方程可得

$$p\Delta A=p_0\Delta A+\rho gh\Delta A$$

其中 $\rho gh\Delta A$ 为液柱的重力，因此有

$$p=p_0+\rho gh \tag{2-16}$$

式中　p——距离液面深度为 h 处液体压力；

p_0——液体表面压力；

ρ——液体密度；

g——重力加速度。

由上式可知：

① 静止液体内任意一点的压力由两部分组成：一部分是液体表面压力 p_0，另一部分是液体自重引起的压力，即液体密度 ρ、重力加速度 g 与液面到所求点深度 h 的乘积。

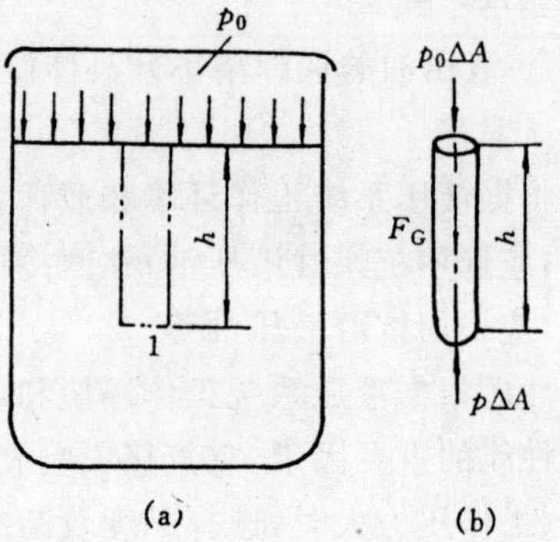

图 2-4　重力作用下的静止液体

② 离液面深度相同的各点压力都相等。压力相等的各点组成的面叫做等压面。可见，在重力作用下静止液体中的等压面是一个水平面，液体与大气接触的自由面也是等压面。另外，在连通器的两种不相混的液体中，通过两种液体分界面的水平面亦属于等压面。所有的等压面显然均与重力相垂直。

【例 2-1】　如图 2-5 所示，直径为 d，重力为 G 的活塞浸入充满容器的密度为 ρ 的油液中，并在力 F 的作用下处于静止状态，活塞浸入的液体深度为 h，问测压管中油液上升的高度 x 应为多少？

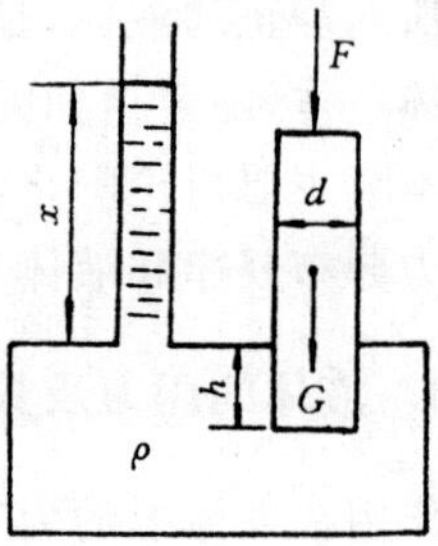

图 2-5　例 2-1 附图

解　通过活塞下端平面，即通过测压管下方离测压管液面深度为 $x+h$ 的点取一水平面。这一水平面为等压面，即压力相等。活塞处于静止状态，可写出活塞受力平衡方程为

$$p_a\frac{\pi d^2}{4}+F+G=p\frac{\pi d^2}{4}$$

$$p=p_a+\frac{F+G}{\frac{\pi}{4}d^2}$$

式中　p_a 为空气压力。

测压管中液面下 $x+h$ 点在等压面上，压力也应为 p。据式(2-16)有

$$p=p_a+\rho g(x+h)=p_a+\frac{F+G}{\frac{\pi}{4}d^2}$$

于是可解出高度 x 为

$$x=\frac{F+G}{\rho g\frac{\pi d^2}{4}}-h$$

2.2.3　压力的表示方法及单位

液体的压力表示方法分为绝对压力和相对压力两种。绝对压力是以绝对真空为基准进行度量的，而相对压力是以大气压力为基准进行度量的。通常所称压力都是指相对压力而言，液压系统中压力表指示的压力也是相对压力，又称表压力。

图 2-6 表示了绝对压力和相对压力的关系。若某点压力为 p_A，大气压力为 p_0，可分两种

情况进一步说明绝对压力和相对压力的关系。

当 $p_A>p_0$ 时，可以式(2-16)形式表示为

$$p_A=p_0+\rho gh$$

式中　p_A 为某点的绝对压力；ρgh 为相对压力或表压力，此时相对压力为正值。

当 $p_A<p_0$ 时，为真空状态，写成式(2-16)形式为

$$p_A=p_0-\rho gh$$

式中　p_A 为某点的绝对压力；ρgh 为相对压力，此时相对压力为负值，故又称此种真空状态为负压状态。通常人们把相对压力 ρgh 的值称为真空度，注意真空度本身为正值，它反映某点压力比大气压力低多少的程度。

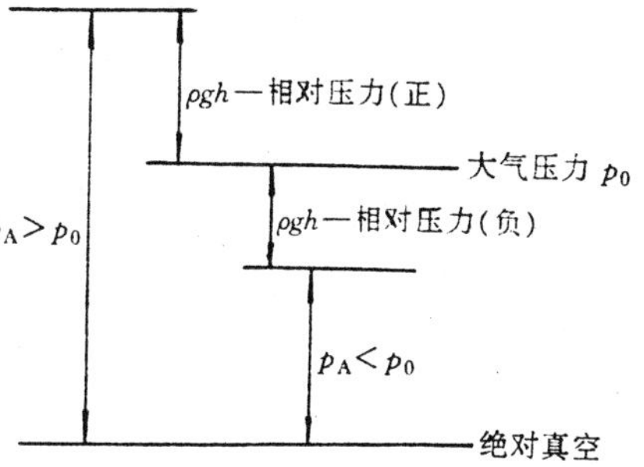

图 2-6　绝对压力与相对压力的关系

压力的计量单位，我国现在采用的是帕(Pa)，$1Pa=1N/m^2$。

2.2.4　压力在液体中的传递

如图 2-7 所示，在密闭容器内盛放有静止状态的液体。在液体中可任意选出点 $A,B,C,\cdots,i$。各点距液面的深度分别为 $h_A,h_B,h_C,\cdots,h_i$。若在活塞上端施加 F，则在活塞下端相接触的液体表面就会产生压力 p_0。根据静止液体的基本方程式可得 $A,B,C,\cdots,i$ 各点的压力表达式分别为

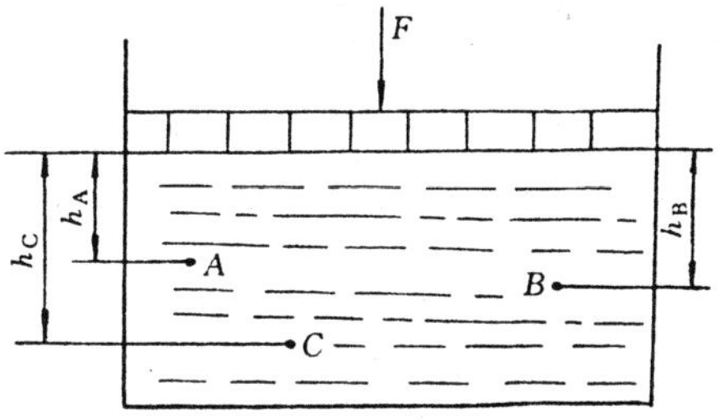

图 2-7　压力在液体中的传递

$$p_A=p_0+\rho gh_A$$
$$p_B=p_0+\rho gh_B$$
$$p_C=p_0+\rho gh_C$$
$$\cdots\cdots$$
$$p_i=p_0+\rho gh_i$$

可见，静止液体内任何一点的压力都包含着液体表面上的压力 p_0。同理，若液体表面压力 p_0 增加 Δp 值，则油液中任何一点压力也将增加相同的数值。这就是说，在密闭容器内静止液体中，施加于某边界面的压力将以等值传递到液体内各点。这就是静止液体的压力传递原理，或帕斯卡原理。

通常在液压传动系统中，由液柱重力所引起的压力比外力引起的压力小许多倍。例如，根据 $p=\rho gh$ 可换算出，若密度为 $880kg/m^3$ 的液压油由重力产生 0.1MPa 的压力，就得具有 11.4m的高度。换句话说，由 11.4m 高的油柱重力才产生仅仅是 0.1MPa 的压力。于是，在液压传动中可把 ρgh 项产生的影响略去不计。在这种情况下，式(2-16)就写成 $p=p_0=$常数，也就是，在液压系统中，当液体静止时各点压力都相等，均等于液体边界面上的压力。

【例 2-2】　在所示的图 2-8 中，其大活塞的端面面积 $A_1=100cm^2$，小活塞的端面面积 $A_2=1cm^2$，当大活塞上施以 $F_1=50000N$ 力时，求在两个活塞均已平衡不动时，小活塞需施加的力 F_2 为多少？

解　由于图示两个缸互相连通，构成一个密闭容器。据帕斯卡原理，两缸内各点的压力都相等，于是有

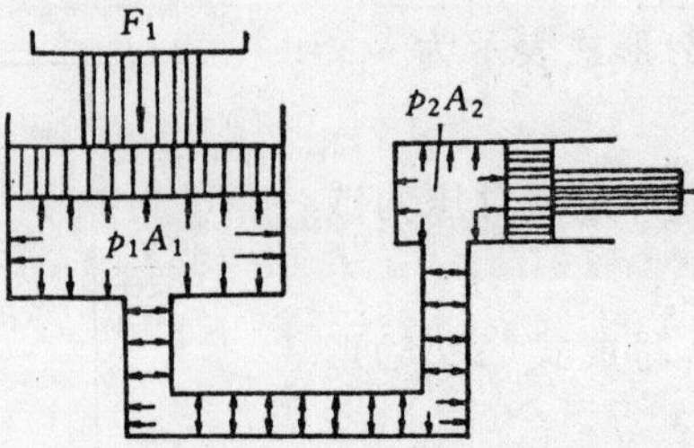

图 2-8 帕斯卡原理应用实例

$$p_1=\frac{F_1}{A_1}=p_2=\frac{F_2}{A_2}$$

$$F_2=F_1\ \frac{A_2}{A_1}=50000\times\frac{1}{100}=500\text{N}$$

可见,在小活塞 A_2 上施加 500N 的力,就能在大活塞 A_1 上产生 50000N 的巨大作用力。

由上式还可看出,如果大活塞上没有负载作用,再略去活塞重量与其他阻力,则不论怎样推动小活塞,都不能在液体中产生压力。这是液压传动中压力取决于外负载的重要概念。

2.2.5 压力对固体壁面的总作用力

静止液体与固体壁面接触时,与固体壁面接触的各个点液体在某一方向对固体壁面产生的作用力的总和,叫做液体在该方向上作用在固体壁面上的总作用力。

压力对固体壁面的总作用力求法可分为以下三种情况进行:第一,不计任何质量力作用时求总作用力;第二,在重力作用时求总作用力;第三,在重力和其他质量力联合作用时求总作用力。在此,仅讨论第一种情况,即不计任何质量力作用时求总作用力。

在液压系统中,若不计任何质量力作用(忽略 ρgh 项),静止液体中的压力到处都相等,所以作用在固体壁面上的压力是均匀分布的。

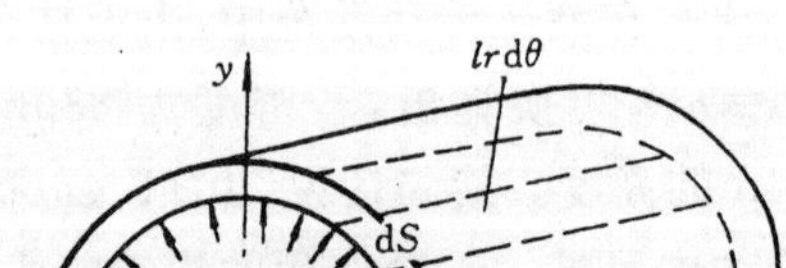

图 2-9 作用在固体平面上的力

当固体壁表面为一平面时,如图 2-9 所示的活塞左端面为圆形平面。若活塞直径为 D,活塞左端液体压力为 p,则液体作用在活塞左端面的总作用力为

$$F=\frac{\pi D^2}{4}\cdot p \tag{2-17}$$

F 的方向垂直于活塞平面并指向右方,其作用点在该面的形心即圆心上。

由此看出,作用在平面固体壁面上的总的作用力等于静止液体的压力与作用面积的乘积,其作用方向为垂直于并指向作用面。

图 2-10 作用在固体曲面上的力

如果固体壁表面不是平面而是一个曲面,如图 2-10 所示的圆筒内的液体所作用的筒壁内表面为圆形曲面。曲面上各点的压力大小相等,但

不平行。若求液体作用在曲面壁面上总的作用力，需首先分别求出在某指定方向上的分力。求图中 x 方向作用分力，可在缸筒壁面上取一微小窄条面积，即

$$dA = l dS = l r d\theta$$

式中　t, r 分别为圆筒的长和半径。

油液作用在这块面积上的水平分力 dF_x 为

$$dF_x = p dA \cos\theta = p l r \cos\theta d\theta$$

于是得

$$F_x = \int_{-\frac{\pi}{2}}^{\frac{\pi}{2}} dF_x = \int_{-\frac{\pi}{2}}^{\frac{\pi}{2}} p l r \cos\theta d\theta = 2lrp \tag{2-18}$$

式中　p 为液体的压力，$2lr$ 为液体在 x 方向上作用的投影面积。

可见，静止液体作用在曲面某方向上总作用力等于液体的压力与曲面在所求力方向投影面积的乘积。

例如，有一球形阀如图 2-11 所示，若液体压力为 p，阀入口直径为 d，则阀入口液体对阀球在垂直向上方向的作用力 F 等于液体压力 p 与液体作用面在垂直方向的投影面积 $\frac{\pi}{4}d^2$ 的乘积，即

$$F = p\frac{\pi}{4}d^2$$

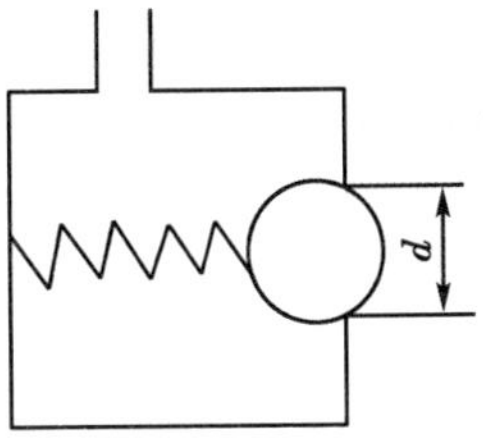

图 2-11　球形阀

2.3　流动液体的力学基础

液体的质点与质点之间有相对运动称为液体的流动。液体的静止是相对的，而流动是固有的、普遍的、绝对的。

流动液体的力学主要讨论液体在流动状态下的运动规律，能量转换等，具体介绍有关基本概念、连续方程、能量方程和动量方程。

2.3.1　基本概念

为方便地推导和说明液体流动状态下的基本方程，有必要先弄清液体流动时一些有关基本概念。

(1)稳定流动和非稳定流动

液体流动时，如果任意一点的压力、速度和密度均不随时间的变化而变化，称为稳定流动(或定常流动)；相反，只要是压力、速度和密度中任意一个参数随时间的变化而变化，称为非稳定流动(或非定常流动)。

下面通过一个日常生活中常见的实例来进一步消化理解上面讲的概念。如图 2-12 所示，水箱壁上有一个小孔 a。当水箱中的水的高度为 H_1 时，从孔 a 喷射出来水柱的轨迹为 1，速度为 v_1；若经过一段时间后，水箱中水的高度下降为 H_2 时，从 a 孔喷射出来水柱轨迹变为 2，速度变为 v_2。显然速度 v_2 比前段时间速度 v_1 要低。这就说明，从 a 孔喷射出来水流速度随时间变化而变化，属于非稳定流动。

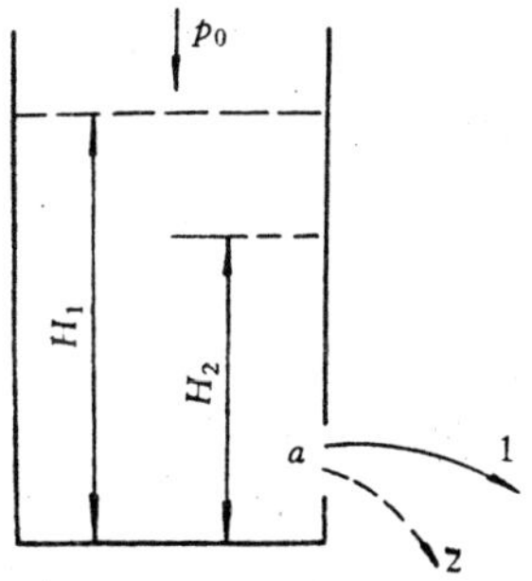

图 2-12　稳定流动和非稳定流动的实例

相反，如果在水箱上端能补充一定水源，保证水箱中水的高度 H_1 维持不变，则从 a 孔喷射出来水流速度就不会随时间而发生变化，于是就成为了稳定流动。

稳定流动可表示为：$v=f_v(x,y,z)$；$p=f_p(x,y,z)$。这说明液体的速度 v 和压力 p 仅是空间坐标(x,y,z)的函数，而与时间 t 无关。

非稳定流动可表示为：$v=f_v(x,y,z,t)$；$p=f_p(x,y,z,t)$。这说明液体的速度 v 和压力 p 不仅是空间坐标(x,y,z)的函数，而且又是时间 t 的函数。研究液压系统静态性能时，可以认为液体是稳定流动；但研究动态性能时，则应按非稳定流动来考虑。

(2)理想液体和实际液体

液体的黏性和可压缩性对流动时的影响是客观存在的，为研究讨论问题方便，开始分析时可以假设液体没有黏性和压缩性而得出结论；然后再将黏性和压缩性影响通过实验验证后对上述结论进行修正。我们把既无黏性又无压缩性的假想液体称为理想液体，而把实际情况下具有黏性和压缩性的液体叫做实际液体。

(3)流线和流束

流线是某一时刻描述流动液体中各处质点运动状态的曲线，曲线上各点的切线方向就是该点的流速方向（见图2-13）。由于流动液体中每一点在某一时刻只有一个速度，因此流线不会相交。在稳定流动中，流线的形状不随时间而变化；在非稳定流动中，因液流通过空间点的速度随时间而变化，故流线形状也随时间而变化。

通过某截面 A，画出截面上所有各点的流线，称这些流线的集合为流束（见图 2-14）。

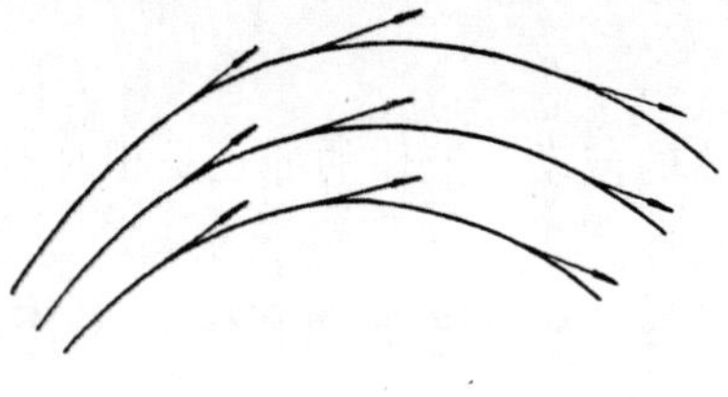

图 2-13　流线

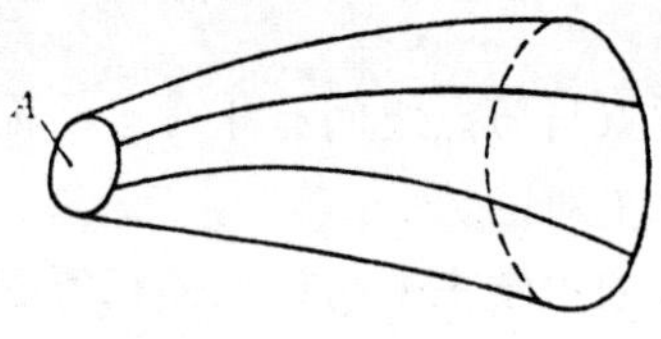

图 2-14　流束

(4)过流截面

称在流束中与所有流线正交的面为过流截面，截面上每点的流动速度方向都垂直于这个面。过流截面可能是曲面（图 2-15 中的 A），也可能是平面（图 2-15 中的 B）。

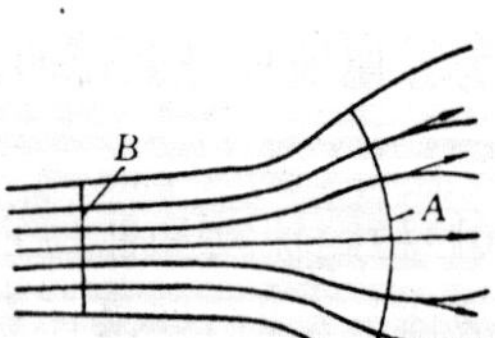

图 2-15　过流截面

(5)流量和平均流速

单位时间内流过过流截面的液体体积叫做流量。由于微小过流截面面积 $\mathrm{d}A$ 很小，故可以认为流过该截面的流速是均布的，每点的流速均为 u，因此得

$$\mathrm{d}Q=u\mathrm{d}A$$

通过过流截面 A 的总流量可对上述积分求得，即

$$Q=\int \mathrm{d}Q=\int_A u\,\mathrm{d}A \tag{2-19}$$

由于同一过流截面上各点的流速大小不同，并且在截面内流速的分布规律不都是已知的，所以按式(2-19)来求流量难度很大。在液压传动中，通常采用一个平均流量来求流量就方便多了。

在过流截面上各点的流速假想是相等的，均为 v，以速度 v 流过截面的流量与实际不均匀流速通过截面时的流量相等。此流速称为过流截面的平均流速。于是式(2-19)可写成

$$Q=\int_A u\,\mathrm{d}A = vA \tag{2-20}$$

平均流速为

$$v=\frac{Q}{A} \tag{2-21}$$

2.3.2　流动液体的连续性方程

流动液体的连续性方程是质量守恒定律的一种重要体现。如图 2-16 所示，液体在管道内流动。设截面 1 和 2 的面积分别为 A_1 和 A_2，液体流经这两个截面的平均流速分别为 v_1 和 v_2。假定液体是不可压缩的，并处于稳定流动，则根据液体的质量守恒定律得知，在单位时间内流过管道各个截面液体的质量都相等。于是有

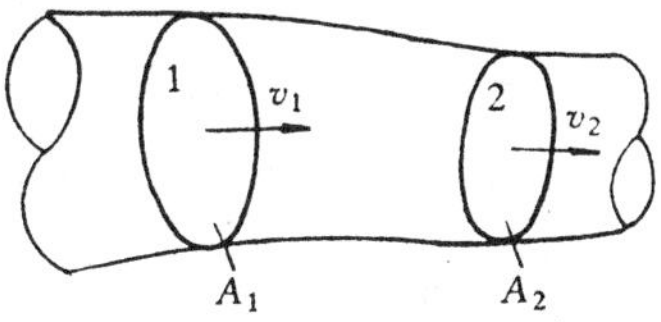

图 2-16　管道中的液流

$$M_1=M_2=\text{常数}$$

$$A_1v_1\rho=A_2v_2\rho=\text{常数}$$

$$A_1v_1=A_2v_2=Q=\text{常数} \tag{2-22}$$

这就是流动液体的连续性方程。它说明，不可压缩的液体处于稳定流动时，流过各截面的流量是相同的。

由式(2-22)还得知，管道中液体的平均流速与相应的过流截面面积成反比，即

$$\frac{v_1}{v_2}=\frac{A_2}{A_1} \tag{2-23}$$

式(2-23)反映了流速与几何尺寸之间关系。

2.3.3　伯努利方程

伯努利方程表明了流动液体的能量守恒定律。为讨论问题方便起见，首先从理想液体的流动情况入手，然后再扩展到实际液体的流动情况。

(1)理想液体的伯努利方程

在此，从能量平衡的观点，即外力对某块流动液体所作的功等于此块液体机械能的增量观点出发，找出过流截面上液体的平均流速、压力和几何位置之间的关系。

如图 2-17 所示，过流截面 1 的压力为 p_1，过流截面面积为 A_1，平均流速为 v_1，它的形心位置距离基准面的高度为h_1。对于过流截面 2 的相应数值分别为 p_2，A_2，v_2 及 h_2。

为观察断面 1 和 2 之间这段液体的流动情况，假设流过无限小的时间 $\mathrm{d}t$ 内，原在断面 1 处的液体质点移动 $\mathrm{d}s_1=v_1\mathrm{d}t$ 的距离后，到达 1′的位置；而原断面 2 处的液体质点，移动 $\mathrm{d}s_2=v_2\mathrm{d}t$ 的距离后，到达断面 2′的位置。

作用在断面 1 和 2 两端过流截面面积 A_1 和 A_2 液压力所作的功 W 为

$$W=F_1\mathrm{d}s_1-F_2\mathrm{d}s_2=p_1A_1\mathrm{d}s_1-p_2A_2\mathrm{d}s_2 \tag{2-24}$$

因力 F_2 与液体流动方向相反，故它所作的功为负值。因 $\mathrm{d}s_1=v_1\mathrm{d}t$，$\mathrm{d}s_2=v_2\mathrm{d}t$，故式(2-24)可写成

$$W=p_1A_1v_1\mathrm{d}t-p_2A_2v_2\mathrm{d}t=p_1Q_1\mathrm{d}t-p_2Q_2\mathrm{d}t$$

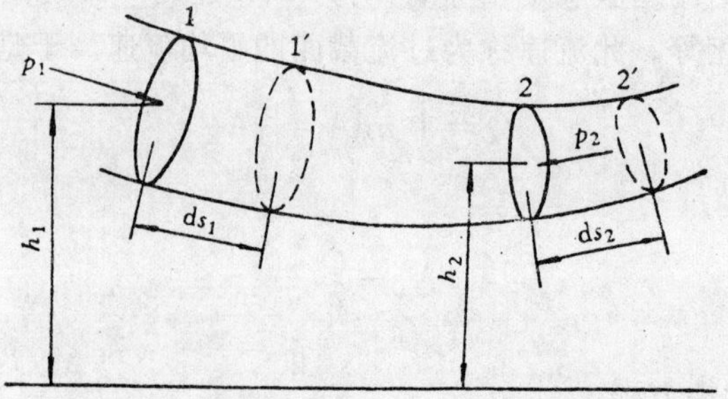

图 2-17 理想液体的伯努利方程

据液体连续性方程知道 $Q_1=Q_2=Q=$常数，于是

$$W=p_1Q\mathrm{d}t-p_2Q\mathrm{d}t=p_1V-p_2V \tag{2-25}$$

式中 V 是由断面 1 至 1′或由断面 2 至 2′流块的液体体积，两者是相等的。

液体流块从断面 1 移到断面 2，其动能的变化量为

$$W_1=\frac{1}{2}mv_2^2-\frac{1}{2}mv_1^2 \tag{2-26}$$

式中 m——液体流块的质量。

液体流块从断面 1 移到 2 处，其势能的变化量为

$$W_2=mgh_2-mgh_1 \tag{2-27}$$

式中 g——物体重力加速度；

h_1——断面 1 处形心距基准面高度；

h_2——断面 2 处形心距基准面高度。

由于这里所研究的是理想条件下液体，故不考虑黏性的影响。根据牛顿定律，外力所作的功，全部转换为机械能的增量，即

$$p_1V-p_2V_2=\frac{1}{2}mv_2^2-\frac{1}{2}mv_1^2+mgh_2-mgh_1$$

将上式整理得

$$p_1V+\frac{1}{2}mv_1^2+mgh_1=p_2V+\frac{1}{2}mv_2^2+mgh_2$$

以重力 mg 除上式各项，便可得到理想液体的伯努利方程式，即

$$\frac{p_1}{\rho g}+\frac{v_1^2}{2g}+h_1=\frac{p_2}{\rho g}+\frac{v_2^2}{2g}+h_2 \tag{2-28}$$

式中 $\frac{p}{\rho g}$——比压能，或压力水头，表示单位重量液体所具有的压力能；

$\frac{v^2}{2g}$——比动能，或速度水头，表示单位重量液体所具有的动能；

h——比位能，或位置水头，表示单位重量液体所具有的位能。

因为图 2-17 中断面 1 和 2 是可以任意选取的，因此伯努利方程说明，理想液体作稳定流动时，任意截面处液体的比压能、比动能和比位能可以互相变化，但三者总和为不变的常数，即

$$\frac{p}{\rho g}+\frac{v^2}{2g}+h=\text{常数} \tag{2-29}$$

根据上述推导所得的方程式(2-29)的特性可理解为：

① 伯努利方程式是一个能量方程式，它表达出空间相应各点运动的液体能量守恒规律。

② 它只适用于质量力中只存在重力的理想液体在稳定流动的情况。

(2)实际液体的伯努利方程

上面的伯努利方程式是在不可压缩、无黏性的理想液体前提下推导出的。在实际液体的流动中，液体黏性影响是客观存在的，黏性对液体流动要产生阻力。因此，实际液体流动中要克服这些阻力而消耗一定的能量；或者说，实际液体流动时总比能不断地减少。

假设 h_W 表示为实际液体由图 2-17 中断面 1 至断面 2 间，液体克服阻力所损失的单位重量的总能量，常被称为阻力水头。实际液体的伯努利方程可写为

$$\frac{p_1}{\rho g}+\frac{v_1^2}{2g}+h_1=\frac{p_2}{\rho g}+\frac{v_2^2}{2g}+h_2+h_W \tag{2-30}$$

在液压传动中，位能和动能的变化较小，内能的变化主要表现在压力的变化。液体流动中压力下降与式(2-30)中的能量损失 h_W 间关系可近似写为

$$\Delta p=p_1-p_2=\rho g h_W \tag{2-31}$$

在液压传动中，压力损失包括沿程损失和局部损失两部分，具体内容后面加以介绍。

(3)伯努利方程的应用举例

伯努利方程式是液压传动中最重要的一个方程，应用很广，它是进行各种计算的基础。例如，流经薄壁节流小孔的流量计算公式就是应用伯努利方程推导出来的。

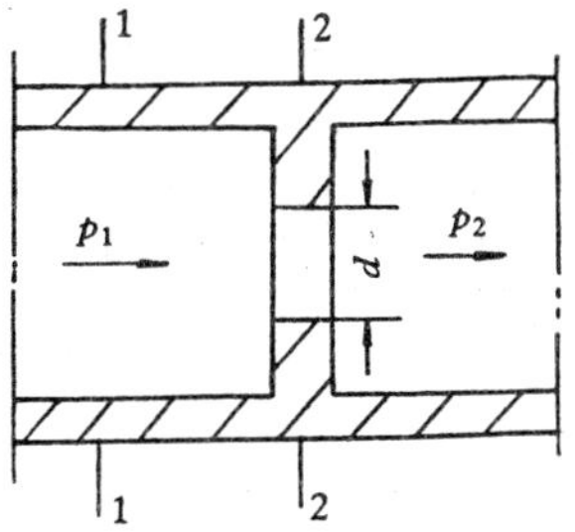

图 2-18　薄壁节流小孔流量计算示意图

所谓薄壁小孔通常是指小孔的长度和孔的直径之比小于或等于 0.5 的孔。图 2-18 为推导薄壁节流小孔流量公式所用的示意图，节流小孔的内径为 d，在节流小孔前取过流断面 1-1，设在该断面上的液体压力为 p_1，平均流速为 v_1；在通过节流小孔处取过流断面 2-2，设在该断面上的液体压力为 p_2，平均流速为 v_2，于是可写出伯努利方程式：

$$\frac{p_1}{\rho g}+\frac{v_1^2}{2g}+h_1=\frac{p_2}{\rho g}+\frac{v_2^2}{2g}+h_2+h_W$$

假设以管道和节流小孔中心线为基准面，则 $h_1=h_2=0$；且不计液流损失，即 $h_W=0$；又因为管道 1-1 断面面积比节流小孔断面面积大得多，因此速度 v_1 比 v_2 小得多，故上式中 $v_1^2\approx 0$，于是上式可写为

$$\frac{p_1}{\rho g}=\frac{p_2}{\rho g}+\frac{v_2^2}{2g} \tag{2-32}$$

故

$$v_2=\sqrt{\frac{2}{\rho}(p_1-p_2)}=\sqrt{\frac{2}{\rho}\Delta p} \tag{2-33}$$

式中　Δp 为两断面的压力差，$\Delta p=p_1-p_2$。

因此，经过小孔的流量 Q 为

$$Q=v_2A=A\sqrt{\frac{2}{\rho}\Delta p} \tag{2-34}$$

式中　A——节流小孔的面积。

式(2-33)和式(2-34)是根据理想液体伯努利方程式推导出的，由于实际液体具有黏性影

响，并液体流经小孔要产生收缩，所以实际液体流经薄壁小孔的流量要乘以小于 1 的系数 C，这样液体流经薄壁小孔的流量公式为

$$Q=CA\sqrt{\frac{2}{\rho}\Delta p} \tag{2-35}$$

式中 C——流量系数；

A——节流孔过流断面面积。

式(2-35)在液压传动，特别是在液压伺服控制中经常用到。

2.3.4 动量方程

动量方程是动量定理在液体力学中的具体应用。在液压传动中，应用动量方程求解液体作用在固体壁面上的力是比较方便的。

在液体作稳定流动情况下，从总流里任意取出被过流断面 1 和 2 所限制的微小流束段(dA_1 与 dA_2 间)，如图 2-19 所示。断面 1 和 2 的平均流速分别为 v_1 和 v_2。经过时间 dt 后，1 和 2 断面流束段移到 1′和 2′断面的流束段，移动后，动量的增量为

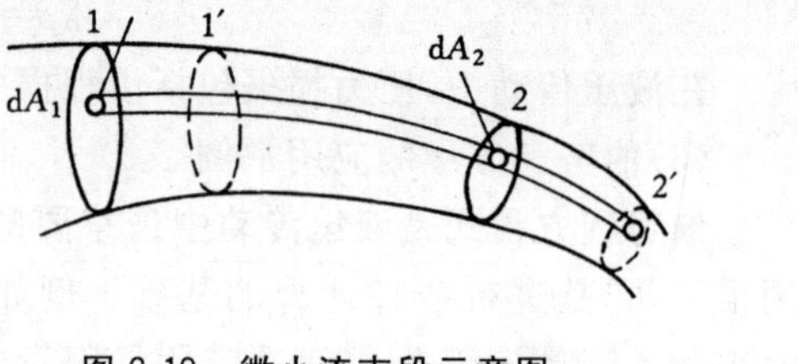

图 2-19 微小流束段示意图

$$d(mv)=(mv)_{1'2'}-(mv)_{12}$$

式中

$$(mv)_{1'2'}=(mv)_{1'2}+(mv)_{22'}$$

$$(mv)_{12}=(mv)_{11'}+(mv)_{1'2}$$

所以

$$\begin{aligned} d(mv)&=(mv)_{1'2}+(mv)_{22'}-(mv)_{11'}-(mv)_{1'2}\\ &=(mv)_{22'}-(mv)_{11'} \end{aligned} \tag{2-36}$$

可见，dA_1 与 dA_2 间的流束段 1-2 移动后动量的增量等于流束段 22′与 11′动量的矢量差。于是式(2-36)可写成

$$\begin{aligned} d(mv)&=(mv)_{22'}-(mv)_{11'}\\ &=\rho dQ_2\,dt v_2-\rho dQ_1\,dt v_1 \end{aligned}$$

根据液体连续性条件，$Q_1=Q_2=Q$ 可得

$$\begin{aligned} d(mv)&=\int_{A_2}\rho dQ_2\,dt v_2-\int_{A_1}\rho dQ_1\,dt v_1\\ &=\rho dt\left(\int_{A_2}v_2 v_2\,dA-\int_{A_1}v_1 v_1\,dA\right)\\ &=\rho dt(v_2 v_2 A_2-v_1 v_1 A_1)\\ &=\rho dtQ(v_2-v_1) \end{aligned} \tag{2-37}$$

根据动量定律，作用在物体上的冲量 Fdt 等于动量的增量，于是可得

$$F=\frac{d(mv)}{dt}=\rho Q(v_2-v_1) \tag{2-38}$$

式中 F——约束边界面对控制区域的流动液体的总作用力，为矢量。

式(2-38)就是流动液体的动量方程式。应用式(2-38)时需注意，上式为矢量式(v_1，v_2 和 F都有方向性)，若求在某指定方向分力时，应把式中的v_1和 v_3 均投影到所求力的方向上，如求 x 方向力，式(2-38)应写为

$$F_x=\rho Q(v_{2x}-v_{1x}) \tag{2-39}$$

另外要注意的是，液体对壁面作用力的大小与 F 相同，但方向则与 F 相反。

动量定理在讨论液体射流作用力时经常用到，如图 2-20 所示，若液流以速度 v_1 垂直射向平板，流量为 Q。取断面 1，2 及 2′内油液为控制体积，则 v_1 方向的动量方程为

$$F=-\rho Q v_1$$

F 为平板给予控制体积中液体的力，而平板所受液体的力 F' 应等于 F，方向与 F 相反，即

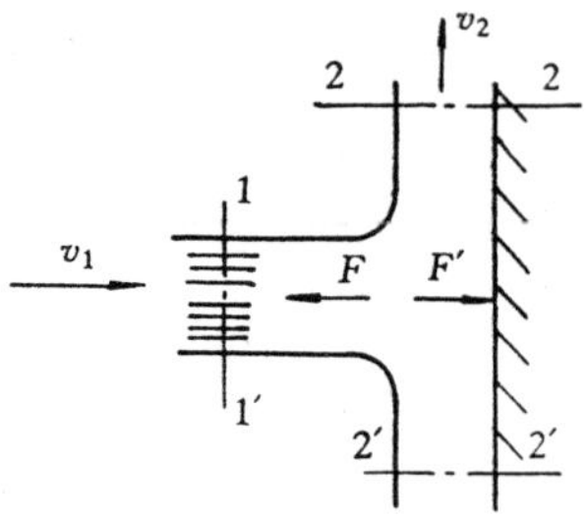

图 2-20　射流作用力示意图

$$F'=-F=\rho Q v_1 \tag{2-40}$$

可见 F' 的方向与 v_1 方向一致，并作用在平板上。这种液体射流的作用力，可使图 2-21 所示的平板车承受推力 F' 而向右运动。

在图 2-22 中，假定液体从液箱孔射出的速度为 v_2，流量为 Q，取断面 1-1 和 2-2 为油液的控制体积，根据动量方程得知壁面对控制体中油液的作用力 $F=\rho Q v_2$，而控制体中油液以同样大小的力反作用于液箱，使液箱向右移动，其方向与 v_2 的方向相反。讨论液体作用在滑阀上的轴向力时也可采用动量方程。

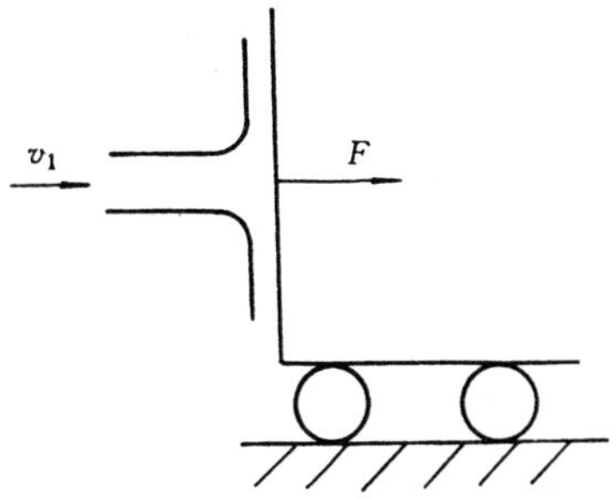

图 2-21　平板车示意图

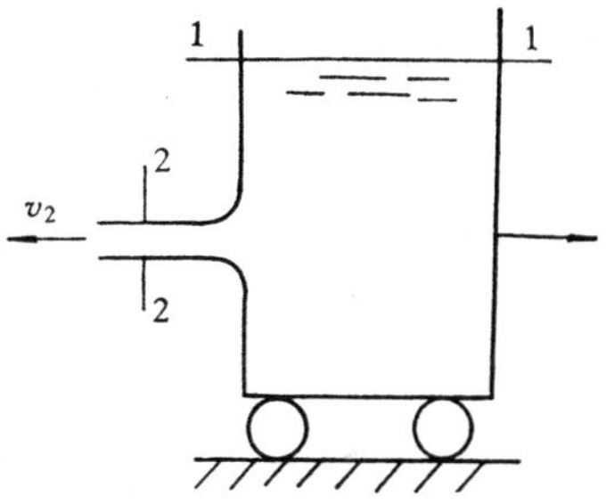

图 2-22　液体从液箱口射出示意图

2.4　液体在管道中的流动及压力损失

2.4.1　液体流动状态

通过大量实验发现，液体在管道中流动时，有两种完全不同的状态，即层流和紊流。

所谓层流状态是指液体质点都是平行于管道轴线运动，而没有横向交叉运动。大量实验表明，液体层流呈现出层次分明的层状或线状的稳定流动状态，如图 2-23(a)所示。紊流状态如图 2-23(b)所示，是指流动液体的质点除了具有平行于管道轴线运动以外，还有垂直于轴线的横向运动，而导致液体质点间互相交叉，呈现杂乱无章的流动状态。

前人所做的大量实验和分析研究表明，根据黏性流体运动微分方程式相似理论的方法得出的无因次雷诺数 Re 作为液体流动状态是准确的。雷诺数表达式 Re 为

$$Re=\frac{4vR}{\nu} \tag{2-41}$$

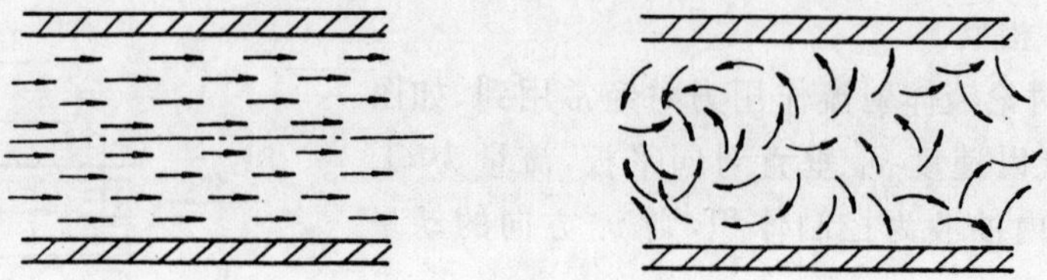
(a) (b)

图 2-23 层流与紊流

式中 v——流动液体的平均速度；

ν——液体的运动黏度；

R——水力半径，等于液流的有效截面积 A 与湿周（液流截面的周长）x 之比，即

$$R=\frac{A}{x}$$

在液压系统中，因液体充满了管道，因此，A 就是管道过流截面面积，而 x 就是过流截面的周边长度。

对于直径为 d 的圆管而言，$A=\frac{\pi}{4}d^2$，$x=\pi d$，所以 $R=\frac{d}{4}$，故雷诺数为

$$Re=\frac{vd}{\nu} \tag{2-42}$$

式中 v——流动液体平均速度；

d——管道直径；

ν——液体运动黏度；

Re——雷诺数。

决定液体流动状态的条件是用临界雷诺数 Re_c 表示，当液体的雷诺数 $Re<Re_c$ 时为层流，$Re>Re_c$ 时为紊流。常见的液流管道的临界雷诺数一般可由实验求得，见表 2-5。

表 2-5 常见液流管道的临界雷诺数

管道的形式	Re_{cr}	管道的形式	Re_{cr}
光滑的金属圆管	2000～2320	带环槽的同心环状缝隙	700
橡胶软管	1600～2000	带环槽的偏心环状缝隙	400
光滑的同心环状缝隙	1100	圆柱形滑阀阀口	260
光滑的偏心环状缝隙	1000	锥阀阀口	20～100

液体流动状态的判定在实践中有重要意义。在液压系统中，液体在管道中的流动通常为层流，在阀口的流动通常为紊流。

2.4.2 压力损失

实际液体因存在黏性，所以在流动时要产生一部分能量损耗，能量损耗一方面转变为热量，使液压系统温度升高；另一方面使系统压力下降，即产生压力损失。

液体在流动时产生的压力损失有两种形式，即沿程损失和局部损失。

（1）沿程压力损失

通常液体在等直径的直管中流动时因摩擦而产生的压力损失，称为沿程压力损失。

图 2-24 表示液体在等直径水平圆管中作稳定层流的情况，这是液压传动中最常见的情况。在图中的管内液体中取出一小圆柱体，圆柱体的轴线与管道轴心线相重合，设圆柱体的半径为 r，长度为 l，作用其两端面上的液体压力为 p_1 和 p_2，作用在圆柱体侧面上的内摩擦力为 F_f。根据圆柱体的受力平衡关系得

$$(p_1-p_2)\pi r^2=F_f \tag{2-43}$$

内摩擦力 F_f 据式(2-7)可写为

$$F_f=2\pi rl\mu\frac{dv}{dr} \tag{2-44}$$

将式(2-44)和 $\Delta p=p_1-p_2$ 关系代入式(2-43)得

$$dv=\frac{\Delta p}{2\mu l}r\,dr \tag{2-45}$$

对上式积分得

$$v=\frac{\Delta p}{4\mu l}(R^2-r^2) \tag{2-46}$$

式中　Δp——作用在圆柱体两端面上液体的压力差；

μ——液体的动力黏度；

l——圆柱体的长度；

R——圆管的半径；

r——圆柱体的半径。

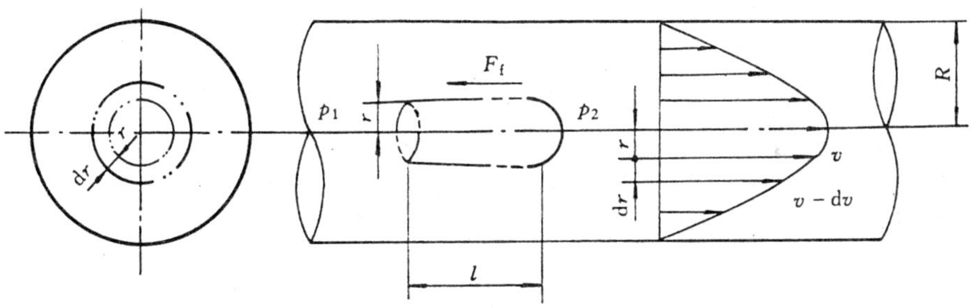

图 2-24　圆管中的层流

由式(2-45)可知，当 $r=0$ 时，液体的流速为最大，其值为 $v_{max}=\frac{\Delta pR^2}{4\mu l}$，这说明最大流速发生在圆管的轴线上。当 $r=R$ 时，液体的流速为最小，其值为 $v_{min}=0$，这说明最小流速发生在管壁处。不难看出，液体在管内流速随半径方向的变化按抛物线规律分布，见图 2-24 所示。

在图 2-24 中的小圆柱体半径 r 处取厚为 dr 的微小圆环面积，通过该环形面积的流量为

$$dQ=v\cdot 2\pi r dr \tag{2-47}$$

对上式积分有

$$Q=\int_0^R v2\pi r dr=\frac{\pi R^4}{8\mu l}\Delta p=\frac{\pi d^4}{128\mu l}\Delta p \tag{2-48}$$

式中　Δp——管内流动液体两端压力差；

μ——液体的动力黏度；

l——管内流动液体的长度；

d——管道直径。

由式(2-48)可知，管内液体的流量与管径的四次方成正比，而压力损失（压力差）Δp 则与管径的四次方成反比，所以管径大小对流量或压力损失影响很大。

由式(2-48)可写出，液体在等直径的直管中流动因摩擦而产生的沿程压力损失 $\Delta p_{沿}$ 为

$$\Delta p_{沿}=\frac{128\mu lQ}{\pi d^4}=\frac{32\mu lv}{d^2} \tag{2-49}$$

式中 v——液体的平均流速，其他符号含义同前。

可见，液体的沿程压力损失与液体的动力黏度、液体的流量（或平均流速）及液体在管道中流经的距离成正比，而与管道直径的四次方（或平方）成反比。

若以损失压头（比压能）形式表示沿程压力损失，式(2-49)可写为

$$\frac{\Delta p_{沿}}{\rho g}=\frac{\frac{32\mu lv}{d^2}}{\rho g}=\frac{64}{\frac{\rho vd}{\mu}}\cdot\frac{l}{d}\cdot\frac{v^2}{2g}=\lambda\frac{l}{d}\cdot\frac{v^2}{2g} \tag{2-50}$$

式中 g——重力加速度；

λ——沿程阻力损失系数，理论上讲 $\lambda=\frac{64}{Re}$，实际计算时要留有余地，建议取 $\lambda=\frac{75}{Re}$，对橡胶软管则取 $\lambda=\frac{80}{Re}$。

式(2-50)也可写成压力损失形式，即

$$\Delta p_{沿}=\frac{\Delta p}{\rho g}\cdot\rho g=\lambda\frac{l}{d}\frac{v^2}{2g}\rho g \tag{2-51}$$

式中 ρ——液体的密度；

g——重力加速度；

$\Delta p_{沿}$——沿程压力损失。

式(2-50)和式(2-51)是通用公式，既适合于层流状态，又适合于紊流状态。不同管道中的液体在不同流动状态下的沿程压力损失系数 λ 的值有所不同，详情见表 2-6。

(2)局部压力损失

局部压力损失是指液体流过局部障碍，如液体流经阀口、弯管、过流截面突变等处所产生的压力损失。液体流动通过上述局部障碍地方时，因液体流动的速度和方向发生变化，产生扰动、搅拌和旋涡等，使液体质点不断产生碰撞摩擦，于是就产生了较大能量损失。

局部压力损失情况很复杂，影响因素较多，通常局部压力损失若以损失压头（比压能）形式表示可写为

$$\frac{\Delta p_{局}}{\rho g}=\xi\frac{v^2}{2g} \tag{2-52}$$

局部能量损失以压力损失形式可写为

$$\Delta p_{局}=\frac{\Delta p_{局}}{\rho g}\cdot\rho g=\xi\frac{v^2}{2g}\cdot\rho g \tag{2-53}$$

式中 v——液体流动速度，一般指局部阻力下游处的速度；

ρ——液体密度；

g——重力加速度；

ξ——局部阻力系数，该系数的值一般需通过实验来确定；

$\Delta p_{局}$——局部压力损失。

通常，在层流时，局部阻力系数 ξ 与雷诺数有关，而在紊流时 ξ 与雷诺数无关。部分局部装置的阻力系数 ξ 可参见表 2-7，或查阅有关手册。

表 2-6　　沿程损失系数 λ 表

<table>
<tr><th>液体流动状态</th><th colspan="2">过流断面类型</th><th>损失系数 λ</th></tr>
<tr><td rowspan="6">层流</td><td colspan="2">光滑圆管</td><td>$\lambda=\frac{64}{Re}$</td></tr>
<tr><td colspan="2">实际圆管（含弯曲长度与管径之比 $l/d \gg 6$，弯曲角为 90°，$Re=240\sim1640$ 的曲管）</td><td>$\lambda=\frac{75}{Re}$</td></tr>
<tr><td colspan="2">方　管</td><td>$\lambda=\frac{56.9}{Re}$</td></tr>
<tr><td colspan="2">弯曲软管，尤其曲率半径较小时</td><td>$\lambda=\frac{108}{Re}$</td></tr>
<tr><td colspan="2">带标准管接头的直线软管（长度为 300～500mm）</td><td>$\lambda=\frac{75\sim85}{Re}$</td></tr>
<tr><td colspan="2">平行板间流动</td><td>$\lambda=\frac{96}{Re}$</td></tr>
<tr><td rowspan="3">紊流</td><td rowspan="2">内壁光滑管道（含铜、黄铜及其他金属制成的管道，以及 $Re<8\times10^4$ 的无缝钢管）</td><td>$Re<10^5$</td><td>$\lambda=0.3164Re^{-0.25}$</td></tr>
<tr><td>$10^5<Re<3\times10^6$</td><td>$\lambda=0.00032+0.221Re^{-0.337}$</td></tr>
<tr><td colspan="2">内壁粗糙管（含 $Re>8\times10^4$ 的无缝钢管）</td><td>查有关图表</td></tr>
</table>

表 2-7　　局部阻力系数 ξ 表

<table>
<tr><th>简　图</th><th>局部阻力系数 ξ</th></tr>
<tr><td>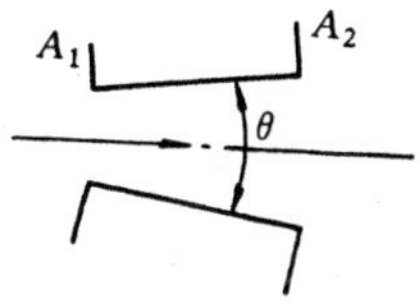
</td><td>$\xi=K\left(1-\frac{A_1}{A_2}\right)^2$
<table><tr><td>Q</td><td>7.5</td><td>10</td><td>15</td><td>20</td><td>30</td></tr><tr><td>K</td><td>0.14</td><td>0.16</td><td>0.27</td><td>0.43</td><td>0.81</td></tr></table></td></tr>
<tr><td>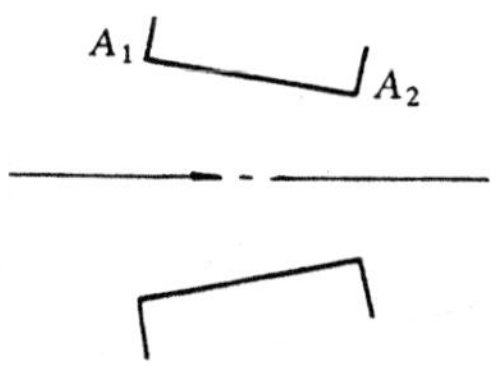
</td><td>$\xi=0.66$</td></tr>
<tr><td>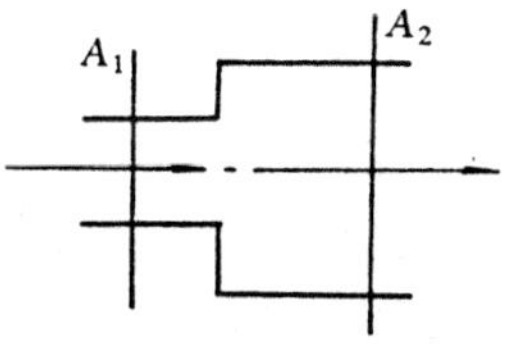
</td><td>$\xi=\left(\frac{A_2}{A_1}-1\right)^2$</td></tr>
</table>

续表 2-7

简　　图	局部阻力系数 ξ
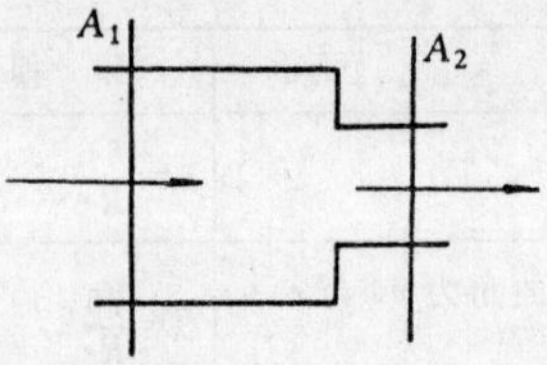	$\xi=0.5\left(1-\frac{A_2}{A_1}\right)^2$
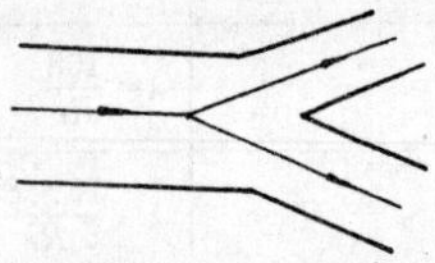	$\xi=1.0$
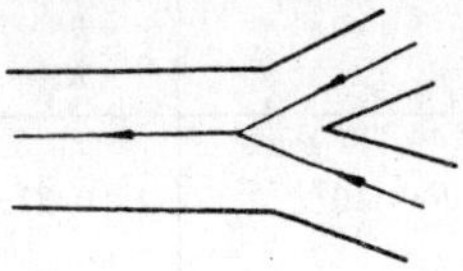	$\xi=1.5$

液体流经阀类产生的局部压力损失，因阀内通道结构复杂，实际可用下式计算

$$\Delta p_{局}=\Delta p_n\left[\frac{Q}{Q_n}\right]^2 \tag{2-54}$$

式中　Q_n——阀的额定流量；

Q——通过阀的实际流量；

Δp_n——阀在额定流量 F 的压力损失(可从产品样本或手册中查找)。

(3)管路系统总的压力损失

在液压系统中，整个系统总的压力损失应为所有的沿程压力损失和所有的局部压力损失总和的叠加，即

$$\sum \Delta p=\sum \Delta p_{沿}+\sum \Delta p_{局} \tag{2-55}$$

2.5　液体在小孔和缝隙中的流动

在液压元件的各零件之间要保证正常的相对运动，必须保持有一定的间隙，间隙的大小对液压元件的工作性能影响很大。间隙太小，会增大相对运动零件之间磨损，使机械效率下降；间隙太大，又会增加液压元件的泄漏，降低容积效率。因此，保证液压元件各零件之间的合适间隙，对于提高液压元件工作性能，是事关重要的。

由于液压元件各相对运动零件之间存在间隙，再加之间隙两端可能存在压力差，所以，在液压系统中，液体流经这些间隙的现象(或称缝隙流动)就成了普遍存在的现象。

我们研究和讨论液体通过小孔或缝隙的流量理论对于研究液压系统的流量调节，对于计算液压元件中的泄漏流量(如液压缸中活塞与缸筒和滑阀的阀芯与阀体间环形缝隙的泄漏等)，对于静压支承、滑动摩擦副的支承力的计算等都具有重要意义。

2.5.1　圆形小孔流动

根据孔长 l 与孔径 d 的比值范围不同，可把圆形小孔分为细长小孔、短孔和薄壁小孔三种情况。下面就分别介绍液体在各种小孔中的流动。

(1)细长小孔

若小孔的长度 l 与孔径 d 之比，即 $l/d>4$ 时，称为细长小孔。

油液在细长小孔中流动一般都是层流状态，所以通过细长小孔的流量公式可借用式(2-48)，即

$$Q=\frac{\pi d^4}{128\mu l}\Delta p \tag{2-56}$$

由式(2-56)看出，液体流经细长小孔的流量与小孔前后的压力差成正比，而与液体的黏度成反比。当油液温度变化时，液体的黏度要变化，于是流经小孔的流量也要发生变化。

(2)薄壁小孔

所谓薄壁小孔，是指小孔长度 l 与直径 d 之比，即 $l/d\leqslant 0.5$ 的孔，一般结构形式的阀口属于薄壁小孔。

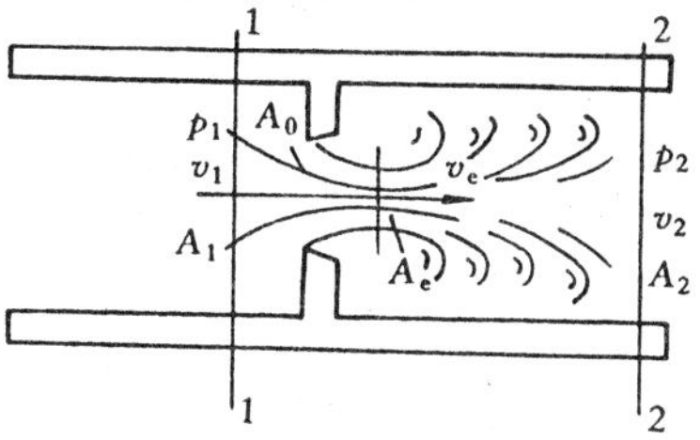

图 2-25　通过薄壁小孔的液流

薄壁小孔的孔口边缘一般做成刃口形式，如图 2-25 所示。小孔的过流面积为 A_0，孔口液流有收缩，使液流咽喉面积 $A_c<A_0$。

通过薄壁小孔的流量公式已由前面的伯努利方程的应用举例中推导出来，即

$$Q=CA_0\sqrt{\frac{2}{\rho}\Delta p} \tag{2-57}$$

式中　A_0——小孔的过流断面面积；

Δp——两断面的压力差；

ρ——液体密度；

C——流量系数，$C=C_c\cdot C_v$；

C_c——截面收缩系数，$C_c=\frac{A_c}{A_0}$；

C_v——小孔的速度系数。

C,C_c,C_v 的大小与雷诺数有关，一般可由实验求得，通常取 $C\approx 0.6$。

通常液体流经薄壁小孔时产生的压力损失绝大部分为局部压力损失，沿程压力损失可忽略，于是通过薄壁小孔的流量公式还可利用局部压力损失公式(2-53)来求得，即

$$\Delta p_{局}=\xi\frac{v^2}{2g}\cdot\rho g$$

将 $v=\frac{Q}{A_0}$ 代入上式得

$$Q=\frac{A_0}{\sqrt{\xi}}\sqrt{\frac{2}{\rho}\Delta p}$$

令 $\frac{1}{\sqrt{\xi}}=C$，则

$$Q = CA_0\sqrt{\frac{2}{\rho}\Delta p}$$

式中各符号含义与式(2-57)中各符号相同。

(3)短　孔

由于细长小孔流量受温度变化影响较大，而薄壁小孔流量尽管随温度变化影响不明显，但加工困难。所以工程上常以细长小孔和薄壁小孔之间的短孔做为固定节流口使用。

短孔的流量公式依然可采用式(2-57)，但式中的流量系数 C 与短孔长度 l，短孔直径 d 和液体雷诺数 Re 有关。

当 $Re\,d/l>50$ 时，$C=\left(1.5+13.74\dfrac{l}{Red}\right)^{\frac{1}{2}}$；

当 $Re\,d/l<50$ 时，$C=\left(2.28+\dfrac{64l}{Red}\right)^{\frac{1}{2}}$。

上述关系也可由图 2-26 查得。

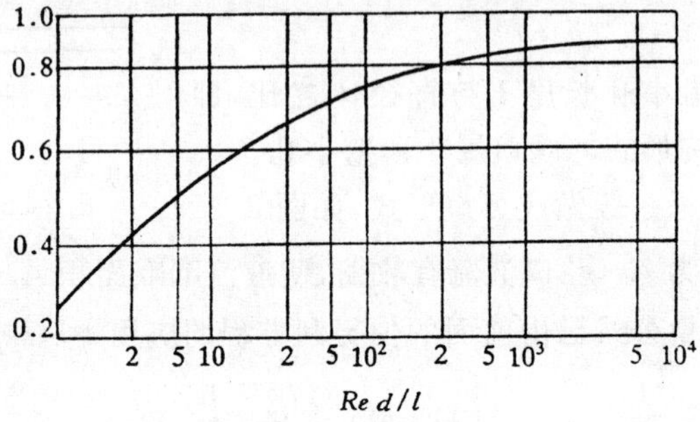

图 2-26　短孔的系数 C

2.5.2　缝隙间液体的流动

液压元件的各零件之间为保证正常的相对运动，必须保持一定的缝隙，如液压缸的活塞与缸筒间的环形缝隙，柱塞泵的配油盘与柱塞缸体之间的平面缝隙等。后面介绍的缝隙间流量计算公式都是基于如下四点假设条件下得出的：第一，缝隙尺寸 δ(或 h)与元件的其他尺寸(如直径、长度、宽度)相比是很小很小的；第二，液体不可压缩，并处于层流运动；第三，液体的黏度为不变的常数；第四，不计起始段的影响。

(1)两平行板间缝隙流动

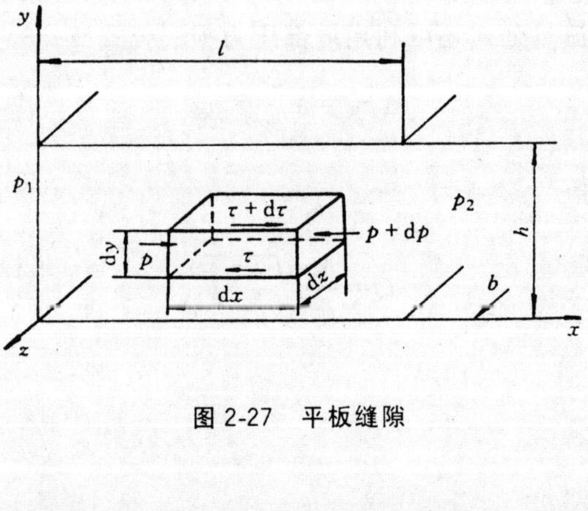

图 2-27　平板缝隙

液体通过两平行板间缝隙的流动是经常见到的，如图 2-27 所示。图中：h 为缝隙的高度；b为缝隙的宽度；l 为缝隙的长度。一般 $h \ll b, h \ll l$。在缝隙内的液流中取一微小单元六面体，其各边的长分别为 dx, dy, dz，且各边分别与相应的坐标轴 x, y, z 平行。在六面体左右端面上的压力分别为 p 和 $p+dp$；上下端面的切应力分别为 τ 和 $\tau+d\tau$。于是，微小六面体在沿 x 轴方向的受力平衡方程为

$$p\,dy\,dz-(p+dp)\,dy\,dz-\tau\,dx\,dz+(\tau+d\tau)\,dx\,dz=0 \tag{2-58}$$

将式(2-58)整理后得

$$\frac{d\tau}{dy}=\frac{dp}{dx} \tag{2-59}$$

将式(2-8)，即 $\tau=\mu\dfrac{dv}{dy}$代入上式得

$$\frac{d^2 v}{dy^2}=\frac{1}{\mu}\frac{dp}{dx} \tag{2-60}$$

对上式两次积分后得

$$v=\frac{y^2}{2\mu}\frac{dp}{dx}+C_1 y+C_2 \tag{2-61}$$

式中　C_1, C_2——积分常数。

假设上平板以速度 v_0 向左运动，下平板固定，那么缝隙间液体流动速度的分布规律见图 2-28 所示，速度曲线是由两部分合成的。一部分是两平板无相对运动时，液体在压力差作用下的抛物线分布；另一部分是无压差作用，两平板以 v_0 的相对速度作用下的三角形分布。

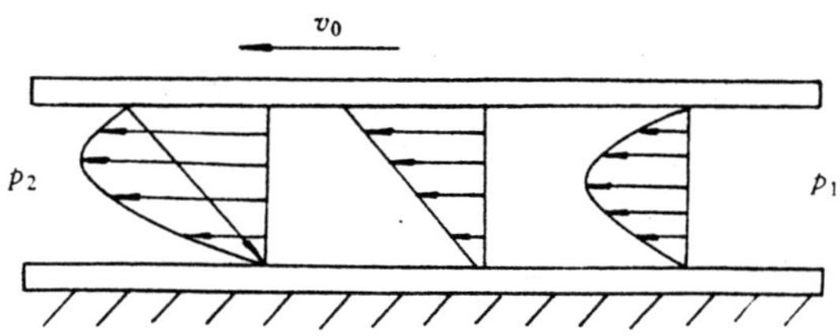

图 2-28　缝隙间液体流动速度的分布规律

由液流速度分布得知，在 $y=0$ 处，$v=0$；$y=h$ 处，$v=v_0$；另外，液流作层流时 p 只是 x 的线性函数，即$\dfrac{dp}{dx}=\dfrac{p_2-p_1}{l}=\dfrac{-\Delta p}{l}$，把这些关系式代入式(2-61)得

$$C_2=0 \tag{2-62}$$

$$C_1=\frac{v_0}{h}+\frac{h}{2\mu}\frac{\Delta p}{l} \tag{2-63}$$

将 C_1 和 C_2 再代回到式(2-61)有

$$v=\frac{y(h-y)}{2\mu l}\Delta p+\frac{v_0}{h}y \tag{2-64}$$

在垂直于 x 的平面内取一微小面积$b\,dy$，通过该微小面积的流量为 $v\cdot b\,dy$，于是通过两平行平板缝隙的流量表达式为

$$Q=\int_0^h vb\,dy=b\int_0^h\left[\frac{y(h-y)}{2\mu l}\Delta p+\frac{v_0}{h}y\right]dy=\frac{bh^3}{12\mu l}\Delta p+\frac{v_0}{2}bh \tag{2-65}$$

式中　　l——缝隙长度；

b——缝隙宽度；

h——缝隙高度；

Δp——缝隙两端压力差；

v_0——两平板相对运动速度；

μ——缝隙间液体的动力黏度。

由上式可知：

① 当两平行平板均固定($v_0=0$)时，在压力差作用下的缝隙流量为

$$Q=\frac{bh^3}{12\mu l}\Delta p \tag{2-66}$$

其速度分布为图 2-28 中抛物线部分。

② 当两平行平板相对运动速度为 v_0，但无压力差($\Delta p=0$)作用时的缝隙流动流量为

$$Q=\frac{v_0}{2}bh \tag{2-67}$$

其速度分布见图 2-28 中的三角形分布。

③ 当上平板以速度 v_0 向左运动，压力差 Δp 方向与 v_0 方向一致时，这说明缝隙中液体既受压力差 Δp 作用，又受上平板的作用，于是其流量公式为式(2-65)，速度分布为图 2-28 中的合成部分。

④ 若上平板以速度 v_0 向右运动，而压力差 Δp 方向与 v_0 方向相反时，流量公式应写为

$$Q=\frac{bh^3}{12\mu l}\Delta p-\frac{v_0}{2}bh \tag{2-68}$$

显然速度分布应是抛物线和三角形曲线两部分在相反方向的合成，如图 2-29 所示。

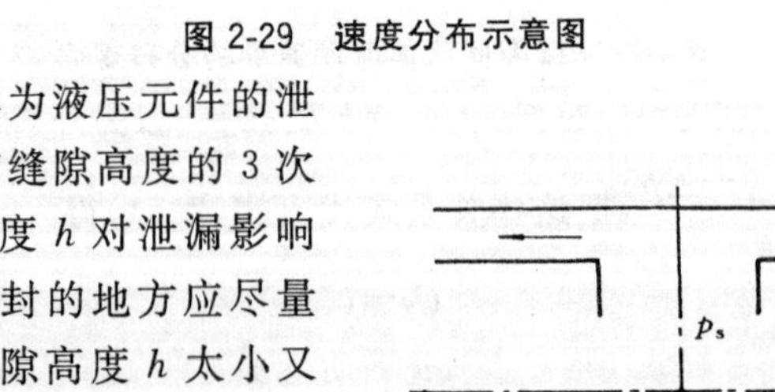

图 2-29 速度分布示意图

如果将缝隙流量理解为液压元件的泄漏量，可以看出，泄漏量与缝隙高度的 3 次方成正比。可见，缝隙高度 h 对泄漏影响相当大。所以，在要求密封的地方应尽量减小缝隙高度。但是，缝隙高度 h 太小又会使液压元件的摩擦功率损失增大。综上分析，缝隙高度 h 应定为使摩擦功率损失和容积功率损失之和为最小的最佳值。

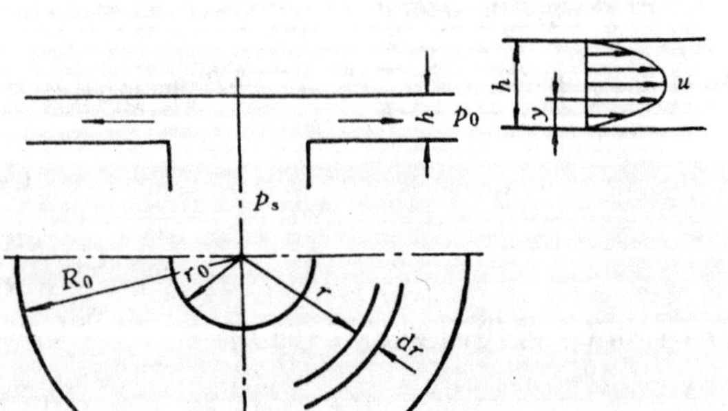

图 2-30 两平行圆板之间的放射流动

(2)两平行圆板间的缝隙流动

如图 2-30 所示，两平行圆板的外圆半径为 R_0，下面圆板中心输入油孔的半径为 r_0，两平行圆板之间隙为 h，进油压力为 p_s，出油压力为 p_0。油液从输入孔流入，通过两平行圆板之间隙向周围径向呈放射形状流出。在斜盘泵中，液体在滑靴与斜盘间的流动基本属于此

种情况流动。由于 h 很小，液体流动呈层流状态。

在半径为 r 处取宽度为 $\mathrm{d}r$ 的薄油层，将该薄油层展开，可视为两平行平板间隙两端有压力差作用而无相对运动时的流动。

利用式(2-66)和式$\frac{\mathrm{d}p}{\mathrm{d}x}=-\frac{\Delta p}{l}$，再注意到 $\mathrm{d}x=\mathrm{d}r$，$b=2\pi r$，即可得

$$\frac{\mathrm{d}p}{\mathrm{d}r}=-\frac{12\mu Q}{2\pi r h^3} \tag{2-69}$$

对上式积分得

$$p=-\frac{6\mu Q}{\pi h^3}\ln r+C \tag{2-70}$$

当 $r=R_0$ 时，$p=p_0$，于是得

$$C=\frac{6\mu Q}{\pi h^3}\ln R_0+p_0 \tag{2-71}$$

将式(2-71)代入式(2-70)得沿径向压力分布规律为

$$p=\frac{6\mu Q}{\pi h^3}\ln\frac{R_0}{r}+p_0 \tag{2-72}$$

当 $r=r_0$ 时，$p=p_s$，则上式可写为

$$p_s-p_0=\Delta p=\frac{6\mu Q}{\pi h^3}\ln\frac{R_0}{r_0} \tag{2-73}$$

由此得到两平行圆板间径向流动的流量公式为

$$Q=\frac{\pi h^3}{6\mu\ln\frac{R_0}{r_0}}\Delta p \tag{2-74}$$

式中　h——圆板之间隙，即油膜厚度；

R_0——圆板外圆半径；

r_0——中心孔半径；

Δp——圆板中心孔压力与圆板外圆周压力之差，即 $\Delta p=p_s-p_0$。

作用在上面圆板上的总作用力为

$$F=\pi r_0^2 p_s+\int_{r_0}^{R_0} p2\pi r\mathrm{d}r \tag{2-75}$$

假定式(2-72)中 $p_0=0$，并将其代入式(2-75)，经简化得

$$F=\frac{\pi}{2}\left(\frac{R_0^2-r_0^2}{\ln\frac{R_0}{r_0}}\right)p_s \tag{2-76}$$

由上式可见，总作用力 F，只与圆板的几何尺寸 R_0 和 r_0 有关，与输入油压力 p_s 成正比；而与间隙 h，即油膜厚度无关。

利用输入的液压油，实现两圆板间压力流动，并产生了对圆板的作用力这个原理，可应用在静压支承上。

(3)环形缝隙的流动

在液压元件中，环形缝隙的流动是常见到的，其中液压缸的活塞与缸筒之间的间隙流动就是一个典型实例。

环形缝隙流动有同心环形缝隙流动和偏心环形缝隙流动两种形式。

① 同心环形缝隙流动。如图2-31所示的同心环形缝隙，内圆柱的直径为 D，长度为 l，内圆柱与外圆筒之间的间隙为 h，两者之间无相对运动。若将环形断面管顺着轴向割开，然后再展成平面，就可将环形缝隙间的流动近似看作平行平板间的缝隙流动。只要将平板宽度 b 用周长 πD 代替，在间隙 $h \ll D$ 情况下，就可利用式(2-66)得到在压力差 $\Delta p = p_1 - p_2$ 作用下，流经环形缝隙的泄漏流量公式为

$$Q = \frac{bh^3}{12\mu l}\Delta p = \frac{\pi D h^3}{12\mu l}\Delta p \qquad (2\text{-}77)$$

式中 D——内圆柱体直径，其他符号含意同前。

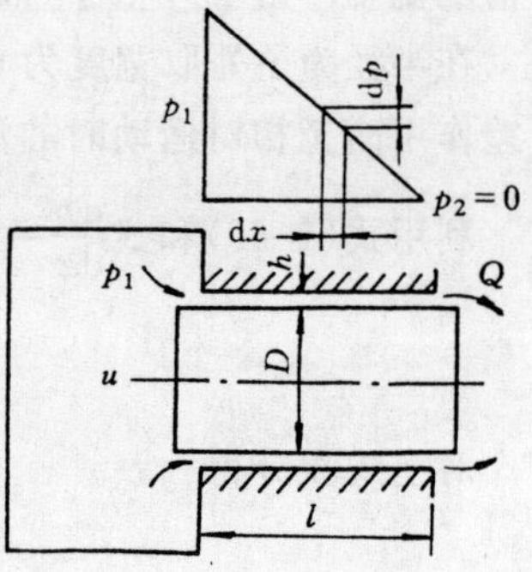

图 2-31 同心圆柱环形缝隙流动

② 偏心环形缝隙流动。在液压元件中出现同心环形缝隙是很少的，多数是偏心环形缝隙，如图 2-32 所示。在此只讨论外圆筒与内圆柱体无相对运动，在两端压力差作用下的偏心环形缝隙的流量，该流量亦可按平行平板缝隙来探讨。

若外圆直径为 R，内圆直径为 r，两圆偏心距为 e，则流量公式为

$$Q = \frac{\pi R h^3}{6\mu l}(1 + 1.5\varepsilon^2)\Delta p \qquad (2\text{-}78)$$

式中 h——两圆同心时缝隙高度，$h = R - r$；

R——外圆半径；

r——内圆半径；

l——缝隙长度；

e——两圆偏心距；

Δp——两端压力差，$\Delta p = p_1 - p_2$；

ε——相对偏心度，$\varepsilon = \dfrac{e}{h}$。

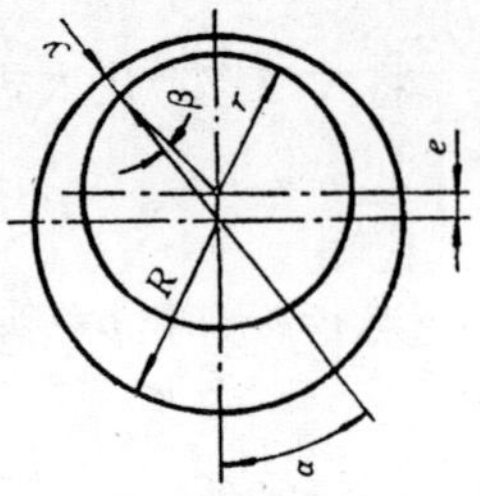

图 2-32 偏心圆柱的环形缝隙流动

由上式看出，当 $e = 0$ 时(两圆同心)，$\varepsilon = 0$，

$$Q = \frac{\pi D h^3}{12\mu l}\Delta p$$

与公式(2-77)完全一致。

当 $e = h$，$\varepsilon = 1$，偏心量最大时，流量为

$$Q = 2.5\,\frac{\pi D h^3}{12\mu l}\Delta p \qquad (2\text{-}79)$$

可见，当偏心量最大时，液体流经环形缝隙的泄漏量为同心环形缝隙的 2.5 倍。因此，要减少环形缝隙泄漏量，就要减小两圆的偏心距。

2.6 液体气穴和液压冲击

2.6.1 气穴现象

液体在流动中，由于某种原因使液体的压力降到饱和蒸汽压时，气体就要单独占据液体中一定空间而形成小气泡的现象叫做液体的气穴现象。

如果油液中发生了气穴现象，那么气穴所产生的气泡流到高压区域时，气泡在周围高压油的冲击下将被挤破，而周围高压油液以高速突然占据气泡原有所在空间，会引起剧烈的局部液压冲击，使压力和温度急剧升高。这种液压冲击将会引起系统的振动及噪声。

此外，如果气穴产生的气泡流入高压区域的管壁或其他液压元件的金属表面处，气泡被挤破后，空气中所含的氧气对金属表面具有较强的氧化腐蚀作用，这种因气穴现象而造成的零件腐蚀现象，一般称为气蚀。

由于气穴现象对液压系统的危害很大，所以应尽量防止。

下面以液压泵为例，来分析如何防止在液压泵中产生气穴现象。

如图 2-33 所示，过油箱液体表面取一过流断面，该断面上油液的压力和速度分别为 p_0，v_0，而高度 $h_0=0$。在过泵几何中心再取一过流断面，该断面上油液的压力和速度分别为 p，v，而高度为 h。根据伯努利方程式可得

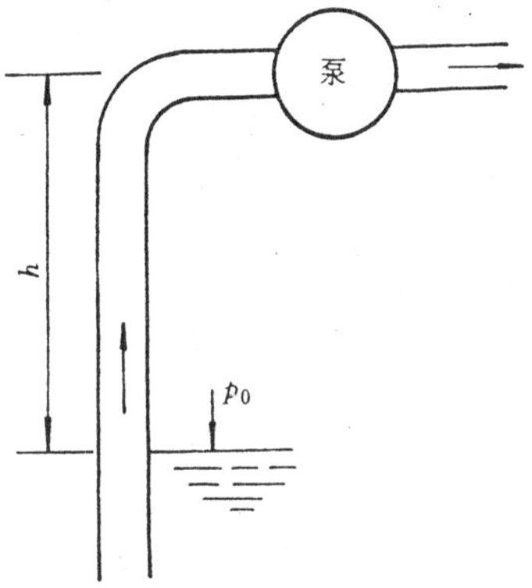

图 2-33　防止气穴现象的产生

$$\frac{p_0}{\rho g}+\frac{v_0^2}{2g}=\frac{p}{\rho g}+\frac{v^2}{2g}+h+h_W$$

由液体连续性方程 $v_0A_0=vA=$常数（A_0 和 A 分别是经油箱液体表面和泵几何中心断面上液体的面积）可知

因 $A_0 \gg A$，故 $v_0 \ll v$，即 $v_0 \approx 0$。

于是有

$$p=p_0-\rho g\left(\frac{v^2}{2g}+h+h_W\right) \tag{2-80}$$

式中　p——泵入口处液体压力；

ρ——液体密度；

g——重力加速度；

p_0——油箱液体表面压力；

v——泵入口处液体速度；

h——泵的安装高度；

h_W——两断面间压力损失。

由此可见，泵入口速度 v，泵安装高度 h 和吸油管路压力损失 h_W 过大，均会使泵入口处液体压力 p 降低到饱和蒸汽压而出现气穴现象。所以，应尽量增大泵入口直径来限制入口速度，尽量减小泵的安装高度（通常 $h<0.5$m）和吸油管路压力损失，目的是防止油泵在工作中出现气穴现象。

另外，在液压系统的节流孔、阀类节流部位也有可能产生气穴现象，均应引起注意。

2.6.2　液压冲击

在液压系统中，由于某种原因，液体的压力在某一瞬间发生突然急剧变化的现象，叫做液压冲击。

在液压系统中，当极快地关闭(或开启)管道中阀门或迅速改变液流方向，致使液流速度大小或方向急剧改变时，由于流动液体的惯性或者运动着的工作部件突然制动或换向时，因工作部件惯性，会使系统内压力发生突然升高或降低，而发生液压冲击。

另外，液压系统中某些元件动作不灵敏，也会产生液压冲击。例如，若溢流阀动作迟钝，当系统压力升到动作值时，因不能及时打开而产生压力超调，引起冲击。

液压冲击危害很大，它会使液压系统和设备引起很大的振动和噪声，影响工作性能；会使液压系统或元件寿命下降，甚至损坏；会使某些元件(如阀、压力继电器)产生误动作，甚至出现安全事故等。

思考题与习题

2-1 试说明作用在液体上的力的种类和性质。

2-2 何谓液体的黏性和黏度？静止液体有无黏性，为什么？

2-3 何谓液体的压缩性和压缩系数，膨胀性和膨胀系数？

2-4 如何正确、合理地选用液压油？

2-5 何谓液体的静压力？静压力有何特性？

2-6 液体的静压力是如何产生的？如何计算静压力？

2-7 液体静压力有哪几种表示方法？各种表示方法之间有何关系？

2-8 如何计算静止液体对固体壁面的作用力？

2-9 解释如下概念：稳定流动，非稳定流动；理想液体，实际液体；流线，流束；过流断面；流量；平均流速。

2-10 液体的流动状态有哪几种？如何判别？

2-11 写出连续性方程、伯努利方程、动量方程，并解释其物理意义。

2-12 液体流经小孔、平行平板缝隙、平行圆板缝隙、环形缝隙的流量分别与什么因素有关？如何计算？

2-13 何谓液体的气穴和液压冲击？它们是如何产生的？有何危害？如何防止？

2-14 容积为 $1.5m^3$ 的油箱装满重量为 1.35t 的液压油，试求油的密度和相对密度。

2-15 压力为 3.5MPa 水的体积为 $1m^3$，当压力增加到 24MPa 时其体积为 $0.99m^3$，试求当压力增加到 7MPa 时水的体积为多少？

2-16 有一长 $l=40cm$，直径 $d=15cm$ 的密闭油缸，其中充满温度膨胀系数 $\alpha=6.5\times10^{-4}$ 1/℃的油，密闭油缸一端的活塞可以移动，若活塞上的外负载力不变，油温从－20℃升到＋25℃，求活塞能移动多少距离？

2-17 如图 2-34 所示，在静止的水中插入三根细玻璃管Ⅰ，Ⅱ，Ⅲ。Ⅰ管中水面与外面水的自由表面等齐；Ⅱ管中水面低于自由表面 100cm；Ⅲ管中水面高于自由表面 100cm。求各管中水面压力 p_1，p_2 和 p_3 的值。要求以绝对压力和相对压力分别表示之。已知水的密度 $\rho=1000$ kg/m^3。

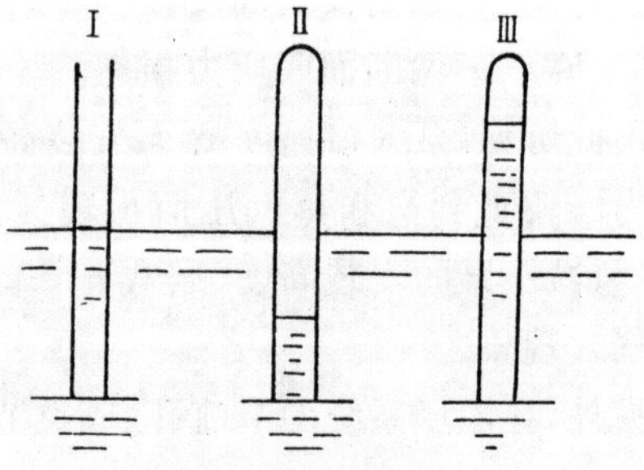

图 2-34 题 2-17 附图

2-18　容器如图 2-35 所示。已知 $p_m=4.6\times10^5$ Pa，$h=200$cm，$G=4000$N，$D=40$cm，$d=10$cm，$\rho=918.4\text{kg/m}^3$。试求 p_1 值。

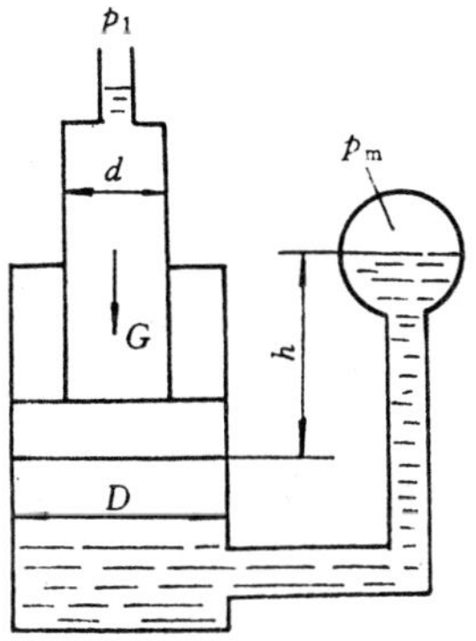

图 2-35　题 2-18 附图

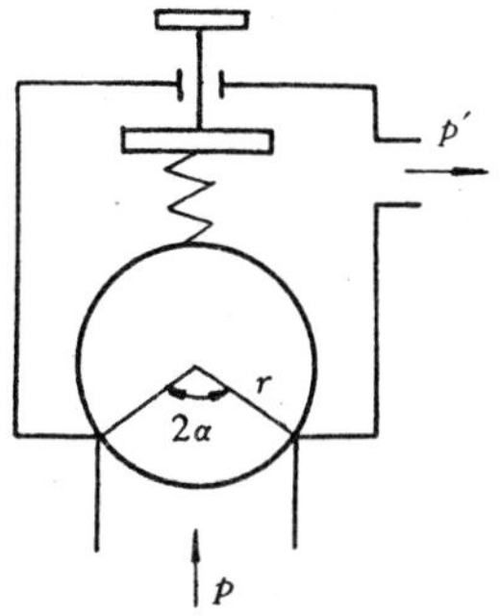

图 2-36　题 2-19 附图

2-19　某压力控制阀如图 2-36 所示，若阀球半径为 r，过阀球与阀座接触点与球心连线间夹角为 2α，当阀入口压力为 p 时阀动作，出口压力 $p'=0$，试求弹簧的预压力。

2-20　用某流量计（见图 2-37）测定水平管中流量。假定液体是水，大小截面的直径分别为 0.15m 和 0.1m，两截面压力差 $\Delta p=p_1-p_2=13730$Pa。试确定管中流量。

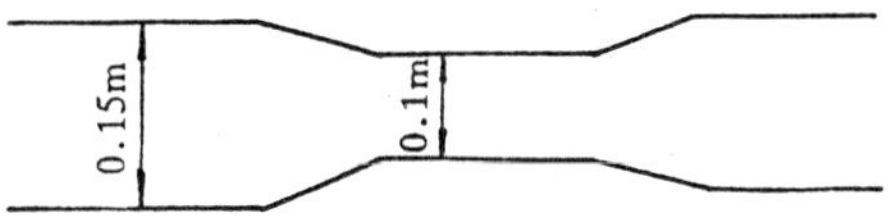

图 2-37　题 2-20 附图

2-21　图 2-38(a)，(b)所示为圆柱滑阀的原理示意图，1 为阀芯，2 为阀套，输入阀的流速为 v_1，输出阀的流速为 v_2。在图(a)中的流速 v_1 方向和图(b)中的流速 v_2 方向与水平线间夹角为 θ，流量为 Q。试分别求出图(a)和(b)中，当阀芯与阀套无相对运动情况下，液流作用在阀芯上的轴向力，并说明其方向。

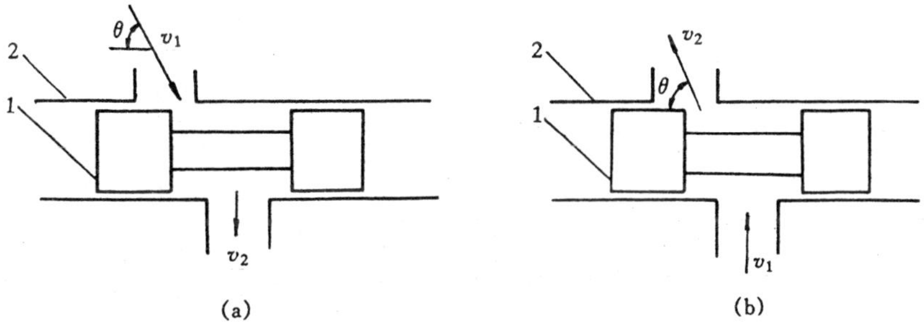

图 2-38　题 2-21 附图

第3章　液压泵

液压泵是液压传动的动力源，为液压传动系统的"心脏"。液压泵在原动机带动下旋转，吸进低压液体，将具有一定压力和流量的高压液体送给液压传动系统。因此，液压泵是将原动机的机械能转换为工作液体压力能的能量转换装置。由于绝大部分工作液体均是石油类产品的液压油，故通常将液压泵称为油泵。

本章主要介绍常用液压泵的工作原理、结构及其特点、基本参数及其计算、性能及其分析等。

3.1　概　述

3.1.1　液压泵的基本工作原理

现以最简单的手动单柱塞泵为例，说明液压泵的基本工作原理，并从中总结出保证液压泵正常工作必须具备的几个基本条件。这些条件将适合于液压传动中所有的液压泵。

图3-1为手动单柱塞泵的结构原理示意图。该泵由手把1、柱塞2、缸筒3、吸油阀4、排油阀6和油箱5等部件组成。缸筒3与柱塞2形成一个密封工作容积V。

(1)吸液过程

当上提手把1时，柱塞2在手把1带动下向上运动，密封容积V的体积随之增大，从而使密封容积V中的液体压力下降，出现真空现象(密封容积V的压力p小于油箱中液体表面压力p_a)。此时，排油阀6在弹簧和系统压力油作用下关闭；而油箱中的液体在压力差($\Delta p=p_a-p>0$)作用下，顶开吸油阀4而被压入到密封容积V中。这个过程称为液压泵的吸液过程。当柱塞上升到极限位置时，吸液结束，缸筒内充满了液体。

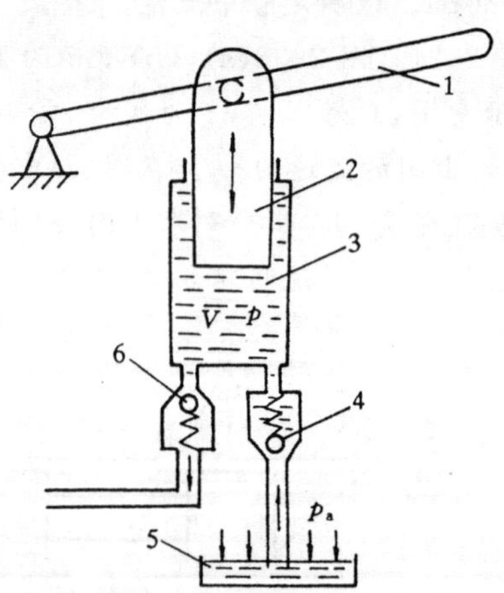

图3-1　手动单柱塞泵的结构原理示意图

(2)排液过程

当下压手把1时，柱塞2在手把1带动下向下运动，密封容积V的体积减小，因油液被压缩，使密封容积V的液体压力p升高。当压力p高于系统压力时，顶开排油阀6，油液进入系统中，这就是排液过程。在此过程中，吸液阀4关闭。

这样，柱塞2在手把1带动下，连续往复运动，即可将油箱中的液体连续地吸入，并不断地为系统提供具有一定压力和流量的工作液体。这就是单柱塞泵不断地把手把上的机械能转变为工作液体的液压能的过程，即单柱塞泵的基本工作原理。

单柱塞泵基本工作原理的分析方法完全适合于其他结构形式的液压泵，只是结构形式不同的液压泵，其密封容积的变化形式不同而已。

(3)液压泵的基本工作条件

由以上单柱塞泵的吸液和排液过程看出，液压泵若正常工作，必须具备以下基本条件。

① 存在密封容积并且发生变化。密封容积的变化是液压泵实现吸液和排液的根本原因，所以，这种泵又称为容积式液压泵。

② 密封容积在变化过程中，分别与吸、排液腔相沟通。

③ 吸液腔与排液腔必须隔开，即不能同时相互沟通。

④ 油箱内液体绝对压力必须不小于大气压力，这是容积式液压泵能吸液的外部条件。

值得指出的是，以上四个基本条件尽管是由单柱塞泵吸液和排液过程中总结出来的，但它完全适合于其他结构形式的容积式液压泵。

3.1.2　液压泵的基本参数及其计算

液压泵的基本参数通常有压力、排量、流量、效率和功率等。

(1)压　力

液压泵的压力通常指泵的排液口排出液体所具有的相对压力值，常用单位为帕(Pa)。

在液压泵中，常提到的压力有额定压力、最高压力和实际压力三种形式。

额定压力是指根据试验标准规定，液压泵在正常工作条件下所允许的连续运转情况下的最大压力值，即液压泵铭牌标注的压力值(亦称公称压力)，通常用 p_H 表示。

最高压力是指根据试验标准规定，液压泵超过额定压力后所允许的短暂运转情况下的最大压力值，常用 p_K 表示。显然，同一台泵的 $p_H < p_K$。液压泵的最高压力通常要受强度和密封条件的限制。

实际工作压力是指液压泵在实际工作条件下，排液口所具有的具体压力值，简称为工作压力。通常所提液压泵的压力就是指实际工作压力。

下面来分析一下液压泵的实际工作压力与哪些因素有关。图3-2表示液压泵通过管路向液压缸供油。过液压泵出口处，取一水平断面 B，令其压力为 p_B，速度为 v_B，高度 $h_B=0$；在液压缸中心处取水平断面 A，令其压力为 p_A，速度为 v_A，高度 $h_A=h$。根据伯努利方程式有

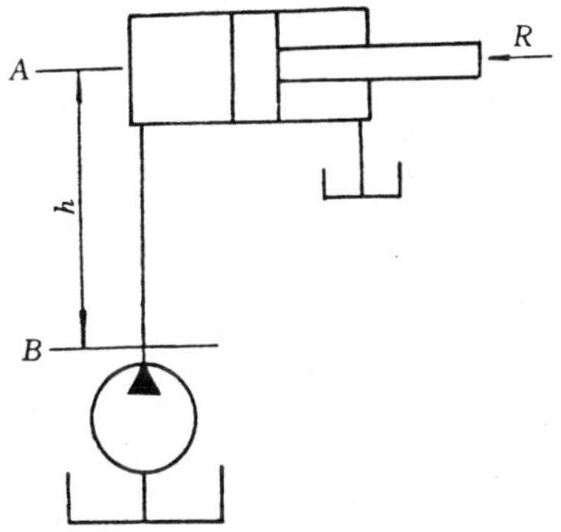

图3-2　液压泵通过管路向液压缸供油

$$\frac{p_B}{\rho g}+\frac{v_B^2}{2g}=\frac{p_A}{\rho g}+\frac{v_A^2}{2g}+h+h_W \tag{3-1}$$

$$\frac{p_B}{\rho g}=\frac{p_A}{\rho g}+\frac{1}{2g}(v_A^2-v_B^2)+h+h_W$$

$$p_B=p_A+\frac{\rho}{2}(v_A^2-v_B^2)+\rho gh+\rho gh_W \tag{3-2}$$

在液压传动中，通常由速度水头差和液体高度产生的压力与固体壁产生的压力相比可忽略不计，即 $\frac{\rho}{2}(v_A^2-v_B^2)+\rho gh\approx 0$，于是式(3-2)可近似写为

$$p_B \approx p_A+\rho gh_W$$

$$p_B \approx \frac{R}{S} + \rho g h_W \tag{3-3}$$

式中 p_B——液压泵出口压力；

R——液压缸外负载；

ρ——液体的密度；

g——重力加速度；

h_W——液压泵出口至液压缸间压力损失；

S——液压缸活塞面积。

由此可见，液压泵的实际工作压力 p_B 并不是常数，而是取决于液压系统的外负载 R 和系统的压力损失 $\rho g h_W$ 大小。若当 $R=0$ 时，可认为 $p_B \approx \rho g h_W \approx 0$，此时称为液压泵的空载状态，也就是说当系统外负载为零时，无论如何，液压泵的压力也是建立不起来的。

应当指出，液压泵的实际工作压力不允许随着系统外负载的增加而无限制地增加，因为液压系统和元件要受到强度和密封条件限制。通常液压泵的实际工作压力限定在额定压力范围内，即 $p \leqslant p_H$。所以，液压泵的实际工作压力在额定压力范围内主要取决于系统外负载大小，这是液压传动中的一个重要概念。

(2)排　量

液压泵的排量是指液压泵在没有泄漏情况下，传动轴每转一转所排出的液体体积，通常用 q_B 表示，其单位为 L/r 或 mL/r。

若图 3-1 中柱塞泵的柱塞 2 是由电动机通过曲柄连杆机构带动的，传动轴每转一转，柱塞往复运动一次，它所排出的液体体积等于柱塞截面积 A 和柱塞行程 h 的乘积，即

$$q_B = A \cdot h \tag{3-4}$$

可见，液压泵的排量仅取决于它的结构几何尺寸，而与泵的工作载荷和转速无关。

(3)流　量

液压泵的流量是指在单位时间内，液压泵所排出的液体体积，通常用 Q_B 来表示，其单位为 L/min 或 mL/min。

液压泵的流量包括理论流量、泄漏流量和实际流量三种形式。

液压泵的理论流量是指在没有泄漏情况下，单位时间内排出液体的体积，通常用 Q_{Bt} 表示。若液压泵的转速为 n_B，则液压泵的理论流量为

$$Q_{Bt} = q_B \cdot n_B \tag{3-5}$$

可见，液压泵的理论流量只与排量和转速（转速一般为常数）有关，而与工作载荷（工作压力）无关。理论流量 Q_{Bt} 与工作压力 p 之间关系曲线如图 3-3 所示。

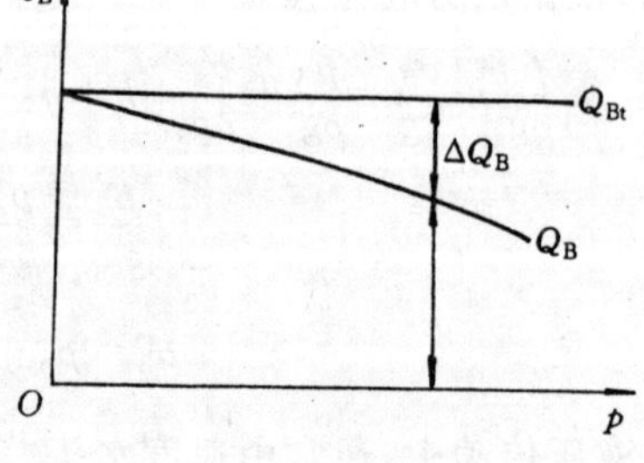

图 3-3　泵的各种流量与工作压力 p 之间关系曲线图

液压泵的泄漏流量是指在压力差 Δp 的作用下，经泵零、部件之间隙泄漏掉的液体流量，通常用 ΔQ_B 表示。泄漏流量包括内漏和外漏两部分，内漏是由高压腔漏到低压腔部分，外漏是指高压腔的油液直接漏到回油管路中的部分。通常用泄漏系数 L 来表征液压泵的泄漏程度，其表达式为

$$L=\frac{\Delta Q_B}{p_H} \tag{3-6}$$

式中　p_H——泵额定压力；

L——泵泄漏系数。

通常当液压泵的零件之间隙越大，工作压力越大，油液黏度越小，则液压泵泄漏流量就越大。

液压泵的实际流量是指液压泵在实际具体工作情况（存在泄漏）下，单位时间内所排出的液体体积，通常用 Q_B 表示。在不加特殊说明情况下，液压泵的流量均指实际流量而言。实际流量、理论流量和泄漏流量三者关系为

$$Q_B=Q_{Bt}-\Delta Q_B \tag{3-7}$$

此关系也可由图3-3看出。从图还可看出，随着工作压力 p 的增加，实际流量 Q_B 下降，其主要原因是工作压力增加而泄漏流量也随着增加。

（4）效　率

液压泵的效率是表征液压泵在能量转换过程中功率损耗的一个系数，可用 η_B 表示。液压泵的效率包括容积效率（记为 η_{Bv}）和机械效率（记为 η_{Bm}）。

液压泵的容积效率 η_{Bv} 是指实际流量 Q_B 与理论流量 Q_{Bt} 的比值，即

$$\eta_{Bv}=\frac{Q_B}{Q_{Bt}}=\frac{Q_{Bt}-\Delta Q_B}{Q_{Bt}}=1-\frac{\Delta Q_B}{Q_{Bt}}=1-\frac{Lp_H}{q_B n_B} \tag{3-8}$$

可见，液压泵的容积效率 η_{Bv} 反映出泵容积损失大小，当泵的工作压力愈高，泄漏系数愈大，泵的排量愈小，转速愈低，零件之间隙愈大，油液黏度愈低，泵的容积效率就愈低，容积损失就愈大。液压泵的容积效率通常是指在额定压力和额定转速下的值。

液压泵的机械效率 η_{Bm} 是指理论功率 N_{Bt}（不包含机械磨损所消耗的功率）与实际输入功率 N_{Bi}（包含因机械磨损消耗的功率）之比值，即

$$\eta_{Bm}=\frac{N_{Bt}}{N_{Bi}}=\frac{N_{Bi}-\Delta N_m}{N_{Bi}}=\frac{M_{Bt}}{M_B} \tag{3-9}$$

式中　ΔN_m——机械磨损所消耗的机械功率；

N_{Bt}——泵的理论机械功率；

N_{Bi}——泵的输入机械功率；

M_{Bt}——泵的理论输入扭矩；

M_B——泵的实际输入扭矩；

η_{Bm}——泵的机械效率。

可见，泵的机械效率 η_{Bm} 能反映出泵的机械损失大小。液压泵的机械磨损主要体现在轴与轴承、轴与密封件和相对运动的零件之间，若它们之间的磨损愈大，导致机械功率损耗愈大，机械效率就愈低。

液压泵的总效率 η_B 等于容积效率 η_{Bv} 与机械效率 η_{Bm} 的乘积，即

$$\eta_B=\eta_{Bv}\cdot\eta_{Bm} \tag{3-10}$$

（5）功　率

液压泵是将原动机输入的机械能转换成输出液体压力能的转换装置。体现机械能的重要参数是转矩和角速度，反映液体压力能的主要参数则是液体的压力和流量。在下面介绍的液压泵功率计算就要涉及到以上参数。

液压泵的功率包括理论功率、输出功率和输入功率。

理论功率包括理论液压功率和理论机械功率两种形式，且二者是等价的。

理论液压功率是指在不考虑泵容积损失前提下，输出液体所具有的液压功率，即

$$N_{Bt}=p_B\cdot Q_{Bt} \tag{3-11}$$

式中 p_B——泵输出液体的压力，Pa；

Q_{Bt}——泵的理论流量，m^3/s；

N_{Bt}——泵的理论液压功率，W。

理论机械功率是指在不考虑泵机械损失前提下，泵所输入的机械功率，即

$$N_{Bt}=M_{Bt}\cdot\omega_B \tag{3-12}$$

式中 M_{Bt}——泵输入的理论转矩，N・m；

ω_B——泵的角速度，rad/s；

N_{Bt}——泵的理论机械功率，W。

输出功率是指在考虑泵的容积损失前提下，输出液体所具有的实际液压功率，即

$$N_{Bo}=p_B\cdot Q_B=p_B Q_{Bt}\eta_{Bv}=N_{Bt}\eta_{Bv}=N_{Bi}\eta_{Bm}\eta_{Bv}=N_{Bi}\eta_B \tag{3-13}$$

式中 p_B——泵输出液体的压力，Pa；

Q_B——泵的实际流量，m^3/s；

η_{Bv}——泵的容积效率；

η_{Bm}——泵的机械功率；

η_B——泵的总效率；

N_{Bo}——泵的输出功率，W；

N_{Bt}——泵的理论功率，W；

N_{Bi}——泵的输入功率，W。

输入功率是指在考虑泵机械损失前提下，泵所输入的实际机械功率，即

$$N_{Bi}=M_B\omega_B=\frac{M_{Bt}}{\eta_{Bm}}\omega_B=\frac{N_{Bt}}{\eta_{Bm}}=\frac{\frac{N_{Bo}}{\eta_{Bv}}}{\eta_{Bm}}=\frac{N_{Bo}}{\eta_B} \tag{3-14}$$

式中 M_B——泵输入的实际转矩，N・m；

ω_B——泵的角速度，rad/s；

η_{Bm}——泵的机械效率；

η_{Bv}——泵的容积效率；

η_B——泵的总效率；

N_{Bt}——泵的理论功率，W；

N_{Bo}——泵的输出功率，W；

N_{Bi}——泵的输入功率，W。

3.1.3 液压泵的分类

通常液压泵的分类方法有几种，若按液压泵的结构不同可分类如下：

- 液压泵
  - 齿轮泵
    - 外啮合式
    - 内啮合式
  - 叶片泵
    - 单作用式（非平衡式）
    - 双作用式（平衡式）
  - 柱塞泵
    - 轴向式
      - 直轴（斜盘）式
      - 斜轴（摆缸）式
    - 径向式
      - 单柱塞式
      - 卧式（三柱塞）
      - 多柱塞式
  - 螺杆泵

若按液压泵的吸、排油方向能否改变，可分为单向泵和双向泵。单向泵是指吸、排油方向不能改变的泵，符号为 ；而吸、排油方向可以改变的泵称为双向泵，其符号为 。

若按泵的排量是否能够调整，又可分为定量泵和变量泵。所谓定量泵，是指排量不能调整的泵，而排量能调整的泵称为变量泵。以双向泵为例，定量泵和变量泵的符号分别为  和 。

3.2　齿轮泵

齿轮泵是液压传动系统中常用的液压泵，它是通过密闭在一个壳体内成对齿轮进行啮合运动而工作的。按啮合方式不同，齿轮泵可分为外啮合式和内啮合式两种。若无特别说明，齿轮泵通常是指外啮合式齿轮泵。本节重点介绍外啮合齿轮泵有关内容。

3.2.1　外啮合式齿轮泵

外啮合式齿轮泵具有结构简单，工作可靠，体积小，自吸性能好，但流量和压力脉动大，噪声大等缺点，广泛应用于中、低压系统。

（1）主要结构及工作原理

图 3-4 为齿轮泵的工作原理图。在泵的壳体内装有一对齿数和模数完全相同的外啮合齿轮，齿轮两侧有端盖盖住。由于齿轮的齿顶和壳体内表面及齿轮侧面与端盖之间隙很小，故两个齿轮轮齿的接触线就将图中的左、右两个腔隔开，形成两个密封容积。当齿轮按图示方向转动时，右侧密封容积因相互啮合的轮齿逐渐脱开而逐渐增大，形成部分真空，油箱中的液压油被吸进到右侧密封容积中，并将齿间充满油液，随着齿轮的转动，齿间的油液被带到左侧密封容积。左侧容积因轮齿逐渐进入啮合而不断减少，油液被挤压出去进入系统。随着齿轮连续转动，齿轮泵则连续不断地吸油和排油。这就是齿轮

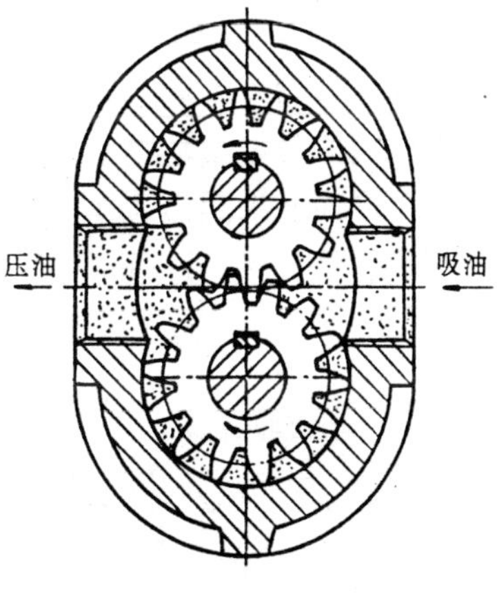

图 3-4　外啮合式齿轮泵

泵的工作原理。显然，若改变传动轴的转向，齿轮泵的吸、排油方向也会改变。

(2)流量计算

齿轮泵的流量包括平均流量和瞬时流量。

根据齿轮泵的工作原理，齿轮泵的排量，即泵传动轴转一转两个齿轮排出的液体体积可近似等于两个齿轮齿间容积之和。若近似地认为齿间容积与轮齿体积相等，则两个齿轮间容积总和就相当于一个以齿轮齿顶圆为外圆、以分度圆为平均圆、以齿根圆为内圆、以齿宽为高的圆环体的体积。于是，可通过求该圆环体的体积来求出齿轮泵的排量，即

$$q_B = 2\pi m^2 zB \tag{3-15}$$

式中 m——齿轮的模数；

z——齿轮的齿数；

B——齿宽；

q_B——泵的排量。

由此可见，齿轮泵的排量只与其结构尺寸有关，而与它的载荷工况无关。这一结论也适用于其他泵。

齿轮泵的理论流量为

$$Q_{Bt} = q_B n_B = 2\pi m^2 zBn_B \tag{3-16}$$

式中 n_B——泵的转速，其他符号同前。

齿轮泵的实际流量为

$$Q_B = Q_{Bt} \cdot \eta_{Bv} = 2\pi m^2 zBn_B \eta_{Bv} \tag{3-17}$$

式中 η_{Bv}——泵的容积效率。

由式(3-16)看出，在泵的外形尺寸基本确定情况下，即分度圆直径 d 不变时，若提高齿轮泵的理论流量，有以下几种方法。

① 适当提高转速。但应注意到转速过高，有产生气穴现象的可能。

② 加大齿轮的宽度。但应注意到此办法会增大齿轮泵的径向力，加大轴承负载，降低轴承寿命。

③ 由于齿轮泵的流量与齿数 z 的一次方成正比，与模数的平方成正比，因此当分度圆直径 $d=zm$ 为常数时，减小齿数而增大模数，可以提高泵的流量。当然，若齿数太少，则齿轮泵的流量脉动严重，并有可能使齿轮重叠系数 $\varepsilon<1$，这是不允许的。

若在保证齿轮泵流量不变的前提下，减少齿数和增大模数，会减小泵的体积。

以上介绍的是齿轮泵的平均流量。实际上，一对齿轮在相互啮合过程中，啮合点距随啮合点位置的不同而发生变化，因此，液压泵的流量是不均匀的，即齿轮泵的瞬时流量具有脉动性。

根据齿轮啮合规律，齿轮泵的瞬时流量可写为

$$Q_B' = \frac{dV}{dt} = B\omega(R_d^2 - R_f^2 - f) \tag{3-18}$$

式中 B——齿轮宽度；

ω——齿轮旋转角速度；

R_d——齿顶圆半径；

R_f——节圆半径；

f——啮合点距。

由式(3-18)看出，齿轮泵的瞬时流量随啮合点距 f 的变化而变化。

当 $f=0$（啮合点与节点重合）时，Q_B'具有最大值，即

$$Q_{max}'=B\omega m^2(z+1) \tag{3-19}$$

当 $f=\frac{f_n}{2}$（f_n 为啮合线长度，即当每对轮齿进入或退出啮合）时，Q_B'具有最小值，即

$$Q_{min}'=B\omega m^2\left[(z+1)-\frac{\varepsilon^2\pi^2\cos^2\alpha_0}{4}\right] \tag{3-20}$$

式中　z——齿轮的齿数；

α_0——齿轮压力角，通常认为 $\alpha_0=20°$；

m——齿轮模数；

ε——齿轮啮合重叠系数。

齿轮泵的瞬时流量是呈周期性变化的，由于齿轮作旋转运动，牙齿又是均匀分布，因此其后每对牙齿啮合时排出流量图形完全相同，并且呈周期性变化。齿轮泵瞬时流量脉动规律如图 3-5 所示。

当 $\varepsilon=1$ 时，说明后一对牙齿进入啮合时，恰好是前一对牙齿退出啮合之时，因此，泵的流量脉动如图 3-5(a)所示，曲线无重叠。

当 $\varepsilon>1$ 时，说明后一对牙齿进入啮合时，前一对牙齿尚未退出啮合，因此，泵的流量脉动如图 3-5(b)所示，曲线有重叠。

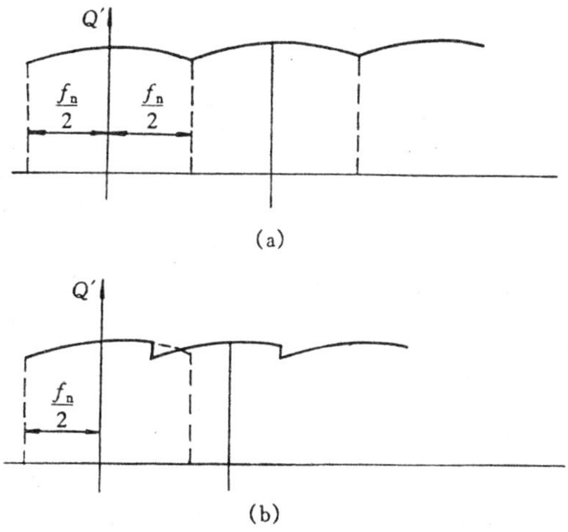

图 3-5　齿轮泵瞬时流量的变化

齿轮泵的流量脉动大小程度通常用脉动系数表示，即

$$\delta=\frac{Q'_{max}-Q'_{min}}{Q_{Bt}}=\frac{\varepsilon^2\pi^2\cos^2\alpha_0}{4z}\times100\% \tag{3-21}$$

式中　Q_{Bt}——泵的理论平均流量。

由式(3-21)看出，若提高齿轮的齿数 z，可减小流量脉动系数 δ，所以齿轮泵的齿数不宜太少，一般取 $z=10\sim20$ 之间。

根据式(3-21)可计算出当 $\varepsilon=1$，$\alpha_0=20°$时有关齿数 z 所对应的脉动系数 δ，见表 3-1 所示。

表 3-1　$\varepsilon=1$，$\alpha_0=20°$时齿数与脉动系数的对应关系

z	8	10	12	14	16	18	20
δ/%	27.2	21.8	18.2	15.6	13.6	12.1	10.9

综上看出，齿轮泵的流量脉动是比较严重的，这是这种泵的主要缺点之一。液压泵的流量脉动危害较大，它会导致液压系统的压力和速度不稳定，还会引起噪声等。

(3)困油问题

油泵在某一瞬间，形成的闭死容积在变化过程中，既不与吸油腔相通，也不与排油腔相通的现象，叫困油现象。

为保证齿轮泵运转平稳，要求齿轮啮合重叠系数 $\varepsilon>1$。也就是说，同时总有两对齿轮处

于啮合状态，并且两条啮合线之间形成了闭死容积将部分油液围困在其中，如图 3-6 所示。随着齿轮转动，啮合点的变化，闭死容积却在发生变化。由图 3-6(a)过渡到图 3-6(b)的过程中，闭死容积由大变小，因大部分闭死容积中被困油液排不出受挤压而使压力急剧升高，产生液压冲击；同时，部分被困油液从细小缝隙中挤出，使油液发热，产生振动和噪声，并会使某部件(如轴承等)受到额外负载的作用。由图 3-6(b)过渡到图 3-6(c)的过程中，闭死容积由小变大，因无油液补充，使闭死容积中油液压力急剧下降而形成局部真空，甚至产生气穴现象，也会引起强烈的振动和噪声。以上就是齿轮泵困油现象的产生和危害。

为消除齿轮泵的困油现象，通常是在齿轮泵端盖或轴套的内表面上开一对矩形卸荷槽(见图 3-6中的双点画线所示)，以沟通变化着的闭死容积。两个卸荷槽的内边界线应通过当闭死容积最小时的两个啮合点。这样，当闭死容积由大变小时，闭死容积中的油液通过左边卸荷槽进入排油腔；而闭死容积由小变大时，闭死容积中的油液则通过右边的卸荷槽与吸油腔相通。通常使两个卸荷槽对称于两齿轮中心连线，且间距为 2.78m(m 为齿轮模数)，卸荷槽高应大于或等于 2.5 倍模数，槽深应大于或等于 0.8 倍的模数。

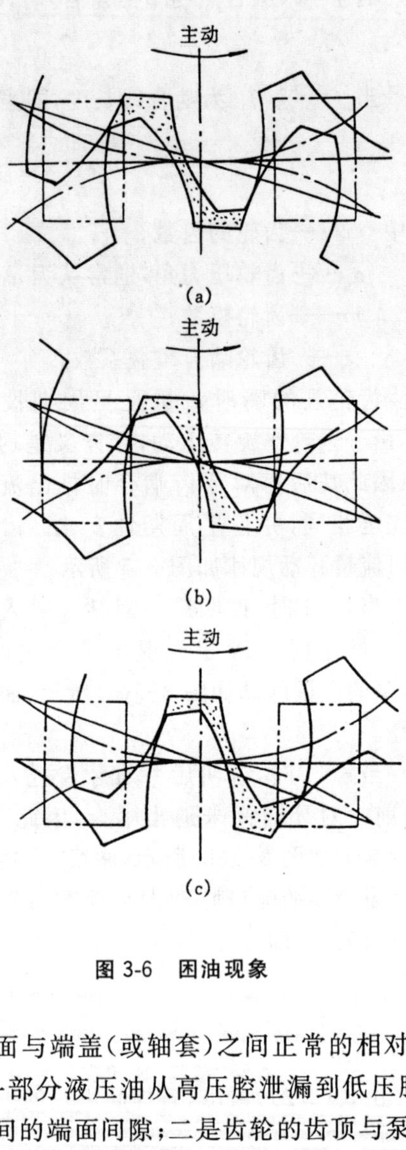

图 3-6 困油现象

(4)泄漏问题

为保证齿轮泵的齿轮齿顶与泵壳体之间，齿轮的端面与端盖(或轴套)之间正常的相对运动，就必须存在一定的间隙。正是这些间隙的存在，使一部分液压油从高压腔泄漏到低压腔，其泄漏的途径为三条：一是齿轮端面与端盖(或轴套)之间的端面间隙；二是齿轮的齿顶与泵壳体的内表面之间的径向间隙；三是轮齿啮合处的间隙。由于端面间隙泄漏的路线较短，泄漏面积大，所以该条途径泄漏量较大，可占总泄漏量的 75%～80%。由于径向间隙泄漏的路线较长，齿轮的转向与泄漏方向相反，因此通过径向间隙泄漏比端面间隙小得多。由于齿轮加工精度较高，而且轮齿啮合处的比压较大，所以通过轮齿啮合处的泄漏很小，仅占总泄漏量的 5% 左右。综上分析看出，在设计和制造齿轮泵时，应严格控制端面间隙，中小型低压齿轮泵端面间隙一般为 0.02～0.05mm。高压齿轮泵往往采用浮动轴套结构来实现对端面间隙的自动补偿。

图 3-7 是采用浮动轴套实现对端面间隙自动补偿的工作原理图。一对浮动轴套 1 和 2 可在齿轮轴上滑动。浮动轴套左表面与端盖 3 内表面之间留有“8”字形空间 c。因空间 c 中孔 d 与排油腔相通，所以空间 c 内压力油对浮动轴套会产生一个压向齿轮端面的压紧力。齿轮齿间的油液作用在浮动轴套的另一侧，产生一个分离力。当齿轮端面与轴套之间磨损后，只要保证压紧力大于分离力，浮动轴套就能靠向齿轮端面，从而减少了端面间隙，起到了对端面间隙

进行自动补偿的作用。这样，就会减小由端面间隙的泄漏。

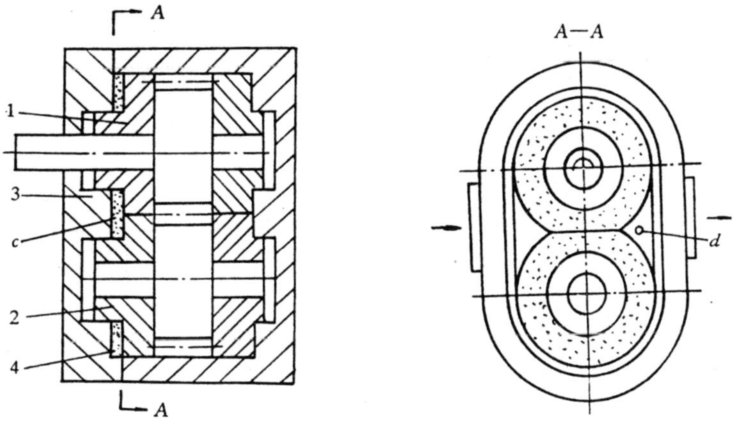

图 3-7　浮动油套的工作原理

为防止高、低压腔液体经空间 c 串通，并减缓因浮动轴套两侧油液作用力不在一条直线上产生浮动轴套歪斜，通常在靠吸油腔一侧安装一个套有 O 形圈的弓形支承板，见图 3-8 所示。O 形圈 2(其厚度大于弓形支承板的厚度)被端盖 3 压紧在浮动轴套上，一方面将空间 c 分成了 A 腔和 B 腔两个部分，同时也起到了将高、低压腔隔开的作用。A 腔在吸油侧，通过小孔与吸油腔相通；B 腔与排油腔相通。由于 A 腔作用是低压油，B 腔作用是高压油，因此空间 c 内液体的液压力产生偏移，使浮动轴套两侧油液作用力接近在一条直线上而减缓了其歪斜程度。

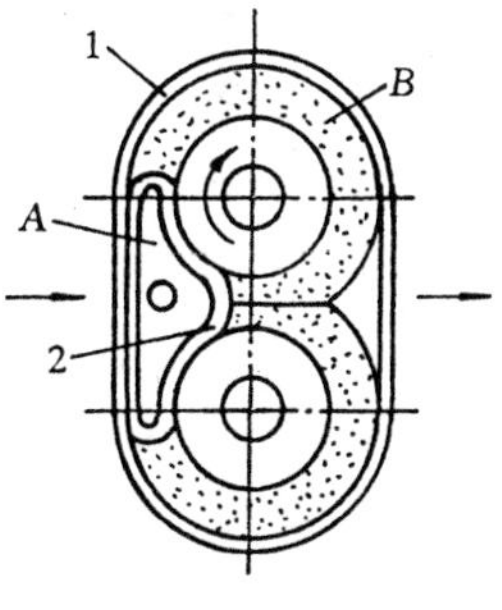

图 3-8　套有 O 形圈的弓形支承板

(5)径向力不平衡问题

实践证明，决定齿轮泵寿命的主要因素之一，是轴承的磨损；而轴承的磨损，主要是由于齿轮泵的齿轮所受的不平衡径向力作用在轴承所致。因此，分析并设法减小作用在齿轮上不平衡的径向力是十分重要的。

齿轮泵工作时，作用在每个齿轮上的径向力分为两部分：径向液压力和啮合力。

作用在齿轮外圆和齿廓表面上的液体压力是不相等的。在高压腔和低压腔处齿轮外圆和齿廓表面分别承受高压腔和低压腔的液体压力作用；在壳体内表面与齿轮齿顶的径向间隙中，可认为液体压力由高压腔压力逐渐分级下降到低压腔的压力，如图 3-9(a)所示；又可近似看成是按线性规律下降的，如图 3-9(b)所示。

径向液压力的合力 P_u 的方向基本上垂直于齿轮连心线，并从高压腔指向低压腔，如图 3-10所示。

当主动齿轮带动从动齿轮转动时，沿啮合线方向产生的啮合力 P_M 大小相等，方向相反，作用在不同轮齿上，该力为径向啮合力。

将径向液压力 P_u 和径向啮合力 P_M 合成，就可求出作用在每个齿轮上的径向力 $P_{主}$ 和 $P_{从}$。两齿轮的径向力的经验计算公式为

$$P_{主}=0.75BD_e\Delta p \tag{3-22}$$

$$P_{从}=0.85BD_e\Delta p \tag{3-23}$$

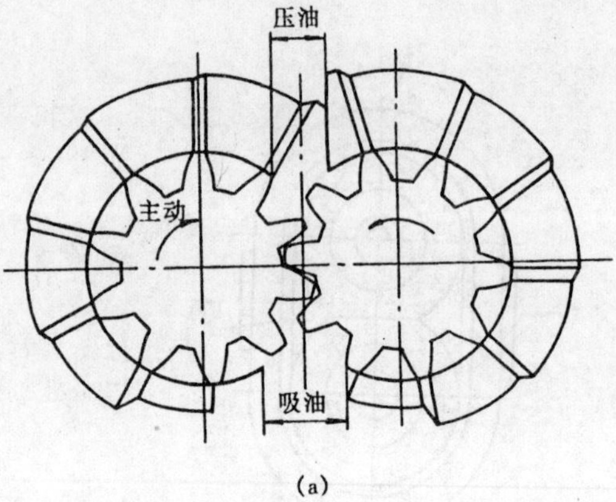

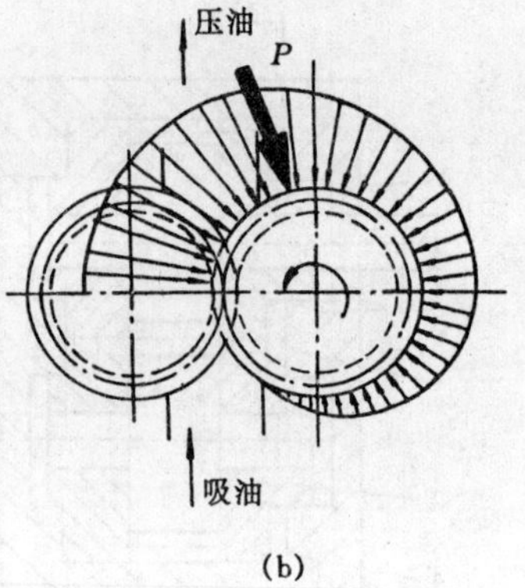

图 3-9 齿轮泵中压力分布及其合力

式中 $P_{主}$——主动轮径向力；

$P_{从}$——从动轮径向力；

D_e——齿顶圆直径；

B——齿宽；

Δp——高、低压腔压力差。

显然，作用在从动轮上的径向力 $P_{从}$ 总是大于主动轮上的径向力 $P_{主}$。因此，齿轮泵在使用中，会出现从动轮轴承早期磨损。所以，在计算和选择齿轮泵轴承时，往往以从动轮受力作为计算和选择的依据。

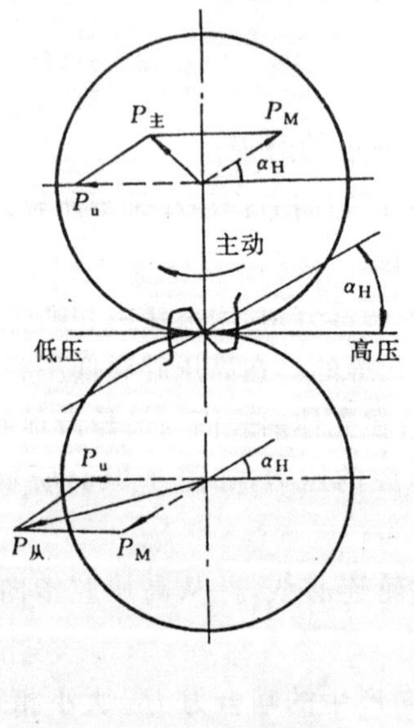

图 3-10 径向力的合成

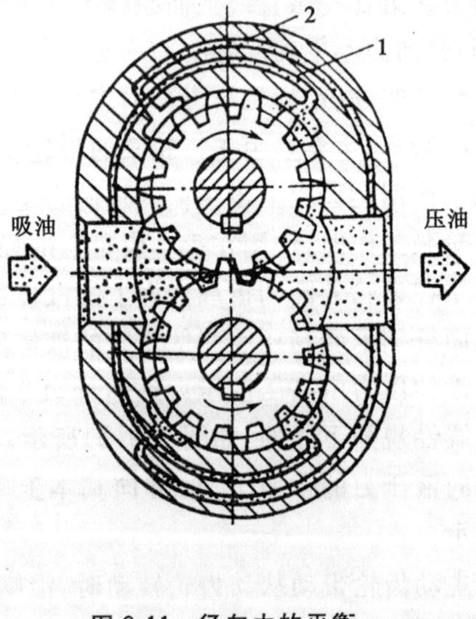

图 3-11 径向力的平衡

为降低齿轮泵轴承受力，提高泵的寿命，通常采取以下措施来减小齿轮所受的径向液压力。

① 减小排油口尺寸。缩小排油口尺寸，可减小高压腔液体的作用面积，从而降低径向液压力。但这样，只能做单向泵使用。

② 在端盖或轴承座圈上开平衡槽。如图 3-11 所示，低压腔的油经槽 2 与高压侧轮齿相通；高压腔的油经槽 1 与低压侧轮齿相通，这样，径向不平衡的液压力会得到一定程度的平衡。

③ 缩短径向间隙密封区。如图3-12所示，缩短径向间隙密封区是在靠近吸油腔的最后 1～2 个齿范围内，保留较小的径向间隙，而大部分过渡区有较大的径向间隙。图 3-13 为径向液压力分布展开图，ϕ_1 为径向间隙密封区。这样做，会使左、右两侧压力抵消一部分，使径向液压力得到较大程度的平衡。

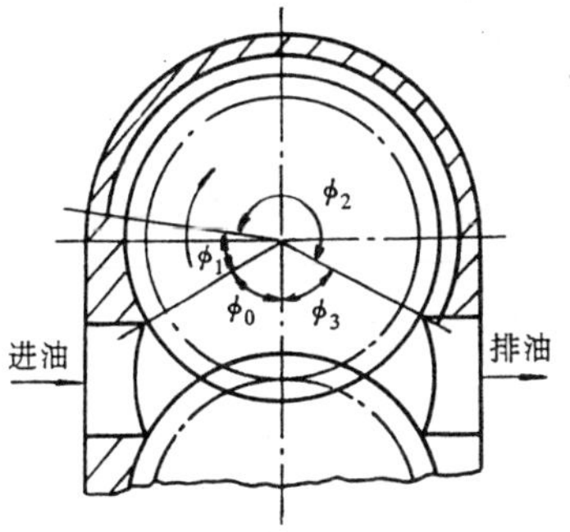

图 3-12　减小径向密封区

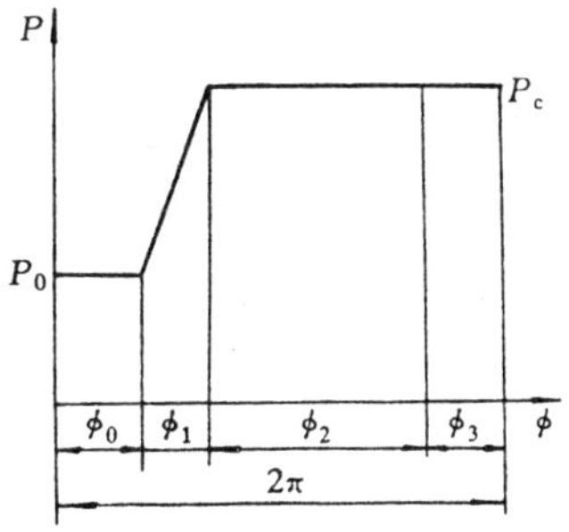

图 3-13　径向力分布展开图

3.2.2　内啮合式齿轮泵

内啮合式齿轮泵有渐开线齿形的齿轮泵和摆线齿轮泵（又称转子泵）两种，如图 3-14 所示。内啮合式齿轮泵的工作原理和主要特点与外啮合式齿轮泵完全相同。

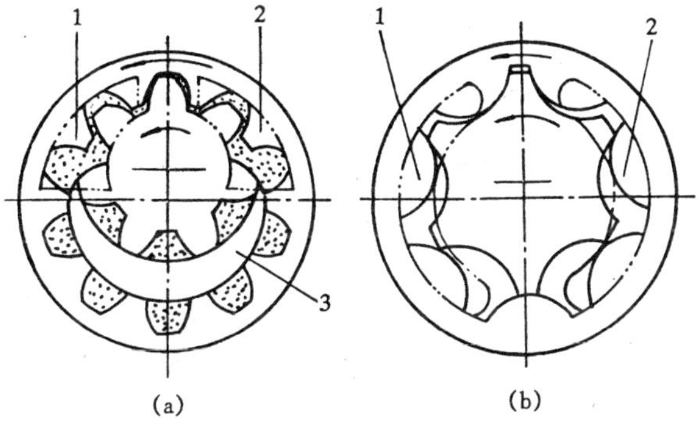

图 3-14　内啮合式齿轮泵工作原理示意图

在渐开线齿形的内啮合齿轮泵中[见图 3-14(a)]，小齿轮和内齿轮之间要装一块隔板 3，以便把吸油腔 1 和排油腔 2 隔开。这种泵与外啮合齿轮泵相比，其流量和压力脉动系数小，工作压力高，效率高，噪声低。

渐开线齿形的内啮合齿轮泵的排量计算公式为

$$q_B = \pi B\left[2R_1(h_1+h_2)+h_1^2-\frac{R_1}{R_2}h_2^2-\left(1-\frac{R_1}{R_2}\right)\frac{t_j^2}{12}\right] \tag{3-24}$$

式中　B——齿宽，cm；

R_1——小齿轮分度圆半径，cm；

R_2——内齿圈分度圆半径，cm；

h_1——小齿轮齿顶高，cm；

h_2——内齿轮齿顶高，cm；

t_j——基圆周节，cm；

q_B——泵的排量，mL/r。

渐开线齿形的内啮合齿轮泵的理论流量计算公式为

$$Q_{Bt}=q_B n_B \times 10^{-3} \tag{3-25}$$

式中 n_B——小齿轮转速，r/min；

q_B——泵的排量，mL/r；

Q_{Bt}——泵的理论流量，L/min。

在摆线齿形的内啮合齿轮泵（又称摆线泵或转子泵）中[见图 3-14(b)]，小齿轮和内齿轮只相差一个齿，因而不需设置隔板。其工作原理与渐开线齿形的内啮合齿轮泵相同。摆线泵与外啮合齿轮泵相比，结构简单且紧凑，流量脉动小，噪声低，自吸性能好；由于啮合重叠系数大，传动平稳。

摆线泵的排量计算公式为

$$q_B=\pi(\rho_1^2-\rho_2^2)B \tag{3-26}$$

式中 B——转子宽度，cm；

ρ_1——外转子齿根圆半径，cm；

ρ_2——内转子齿根圆半径，cm；

q_B——泵的排量，mL/r。

其理论流量为

$$Q_{Bt}=q_B n_B \times 10^{-3} \tag{3-27}$$

式中 n_B——内转子转速，r/min；

q_B——泵的排量，mL/r；

Q_{Bt}——泵的理论流量，L/min。

内啮合式齿轮泵的缺点是齿形复杂，加工精度要求高，造价较贵。

3.3 叶片泵

叶片泵具有结构紧凑、外形尺寸小，运转平稳，脉动小，噪声低，寿命长等优点。因此，在中低压液压系统中应用非常广泛。

叶片泵按每转吸、排油次数不同，分为单作用式和双作用式两类。所谓单作用叶片泵，是指转子转一转，吸、排油为一次；双作用叶片泵，是指转子转一转，完成两次吸、排油。

3.3.1 单作用叶片泵

(1)工作原理

单作用叶片泵工作原理如图3-15所示，它由定子 2、转子 1、叶片 3、配油盘 4 及传动轴和端盘等主要零件组成。定子 2 为空心圆柱体，两侧加工有进、出油孔。转子 1 为圆柱体，在圆周上均匀分布有转子槽，在槽中装有叶片 3，叶片可在槽中滑动。带有叶片的转子装在定子圆柱孔内。转子和定子的两侧装有配油盘 4，配油盘 4 上分别加工有吸、排油窗口。转子 1 与定子 2 的中心不重合，即存在偏心距 e。在转子转动时，在离心力以及通入叶片根部压力油的作用下，叶片顶部紧贴在定子内表面上，于是定子内表面、转子外表面、叶片及配油盘之间就形成了密封容积。

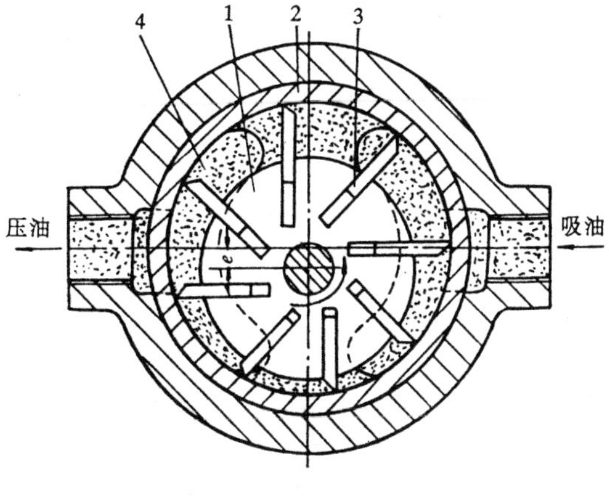

图 3-15　单作用叶片泵的工作原理

当转子 1 按图示逆时针方向转动时，在离心力作用下，图中右半部的叶片逐渐向外伸出并紧贴定子内表面沿逆时针方向滑动，于是右侧的密封容积逐渐增大，产生真空，这样油液通过吸油孔和配油盘上窗口进入右侧的密封容积，这就是单作用叶片泵的吸油过程。而在图中左半部分的叶片，被定子内表面作用而逐渐缩进转子槽内，使左侧的密封容积逐渐缩小，密封区中高压液体通过配油盘另一窗口和排油口被压出而进入系统，这是单作用叶片泵的排油过程。

综上所述，转子转一转过程中，叶片在转子槽中往复运动一次，即密封容积由小变大（由大变小）各一次，就是说吸、排油各一次，故称为单作用叶片泵。

很明显，转子转向不变，若改变转子与定子的偏心方向（转子中心移到定子中心上方时），油泵的吸、排油方向就要改变。对于转子槽沿转子半径方向加工，即叶片沿转子半径方向安装的泵，在转子与定子偏心方向不变的情况下，若改变转子的旋转方向，也会改变泵的吸、排油方向。因此，单作用叶片泵通常属于双向泵。

如果改变转子与定子间偏心距 e 的大小，则油泵的排量将随之改变。当偏心距最大时，排量最大；当偏心距 $e=0$ 时，排量为零。这一点在后面的排量计算中会得到验证。所以，单作用叶片泵常属于变量泵。

由于单作用叶片泵吸、排油腔压力不等，且分布在转子两侧，因此作用在转子上的液压力是不平衡的，致使转子轴和轴承受到不平衡的径向载荷作用，而加快磨损，缩短寿命。故称这种泵为非平衡（或非卸荷）式的泵。这是限制这种泵提高工作压力的主要因素之一

（2）流量计算

如图 3-16 所示，转子转一转，相邻两叶片之间的容积在吸油结束、排油将要开始的瞬时达到最大值 V_1，而在排油结束、吸油即将开始的瞬时具有最小值 V_2（V_2 也是从排油腔将被带回到吸油腔的容积）。

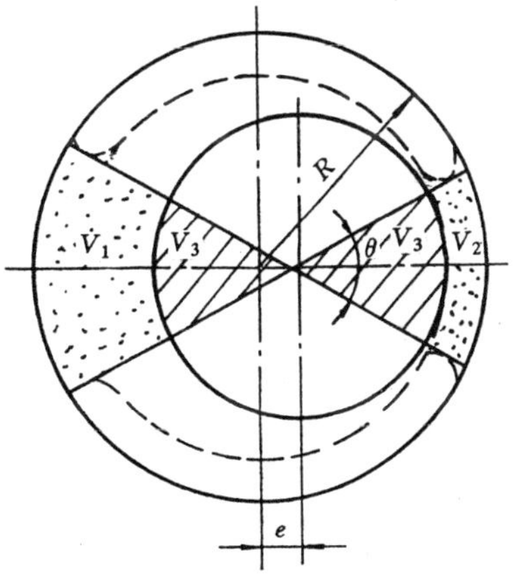

图 3-16　单作用叶片泵的流量计算

显然，转子转一转，相邻两叶片间排油体积为

$$q'=V_1-V_2=(V_1+V_3)-(V_2+V_3) \tag{3-28}$$

式(3-28)中的 V_1+V_3 和 V_2+V_3 可近似地看做两个扇形体积，即

$$V_1+V_3=\frac{\pi(R+e)^2}{2\pi}\cdot\frac{2\pi}{z}\cdot B \tag{3-29}$$

$$V_2+V_3=\frac{\pi(R-e)^2}{2\pi}\cdot\frac{2\pi}{z}\cdot B \qquad (3\text{-}30)$$

式中 R——定子半径；

e——偏心距；

z——叶片数目；

B——叶片宽度。

将式(3-29)和(3-30)代入式(3-28)得

$$q'=\frac{4\pi}{z}\cdot B\cdot R\cdot e$$

泵的排量为

$$q_B=q'z=4\pi BRe \qquad (3\text{-}31)$$

泵的理论流量和实际流量分别为

$$Q_{Bt}=q_B n_B=4\pi BRn_B e \qquad (3\text{-}32)$$

$$Q_B=Q_{Bt}\eta_{Bv}=4\pi BRn_B e\eta_{Bv} \qquad (3\text{-}33)$$

式中 n_B——叶片泵转速；

η_{Bv}——叶片泵容积效率。

如果考虑到叶片的厚度及安装角度，则实际流量为

$$Q_B=2Be\left(2\pi R-\frac{bz}{\cos\phi}\right)n_B\eta_{Bv} \qquad (3\text{-}34)$$

式中 b——叶片厚度；

ϕ——叶片安装角度。

综上看出，单作用叶片泵的排量和流量与定子与转子的偏心距 e 成正比。

以上讨论的是单作用叶片泵的平均流量计算，单作用叶片泵的瞬时流量也是脉动的，其脉动系数与叶片数的奇、偶性及多少有关，即

$$\delta=\begin{cases}2\sin^2\dfrac{\beta}{4} & (\text{叶片为偶数})\\[2ex] 2\sin^2\dfrac{\beta}{8} & (\text{叶片为奇数})\end{cases}$$

式中 δ——脉动系数；

β——相邻两叶片间夹角，$\beta=\frac{2\pi}{z}$；

z——叶片数目。

据上式可分别计算出当叶片为偶数时从 8 到 18 和叶片为奇数时的从 7 到 17 的脉动系数，如表 3-2 所示。

表 3-2 脉 动 系 数

叶片数 z(偶)	8	10	12	14	16	18
脉动系数	7.6	4.9	3.4	2.5	1.9	1.5
叶片数 z(奇)	7	9	11	13	15	17
脉动系数	2.5	1.5	1.1	0.7	0.55	0.4

由表 3-2 看出，流量脉动系数随着叶片的增加而减小，并且奇数叶片比相邻的偶数叶片时

小得多，因此单作用叶片泵均采用奇数叶片。

(3)叶片布置

单作用叶片泵的叶片布置方式有两种，其中一种是沿转子的径向布置，一种是沿转子旋转方向后倾一个角度布置，如图3-17所示。

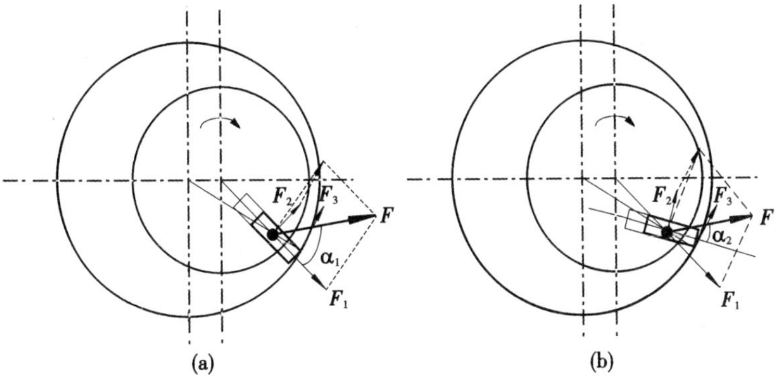

图3-17 吸油区叶片受力

若转子按顺时针方向转动，处于吸油半周的叶片主要受三个力作用，如图3-17所示。离心力 F_1，其方向沿转子的径向且向外；哥氏惯性力 F_2，其方向与相对运动方向垂直且与转动方向相反；定子内表面对叶片的摩擦力 F_3，其方向为垂直于叶片并与叶片运动方向相反。由图3-17看出，叶片后倾布置[见图3-17(b)]时与叶片径向安装[见图3-17(a)]时相比，合力 F 与叶片伸出方向间夹角小得多(即 α_2 比 α_1 小得多)，而合力 F 大小相差不多。这说明叶片后倾布置比径向安装，合力 F 在叶片伸出方向产生的分力大，有利于在吸油区叶片伸出紧贴在定子内表面上滑动，保持良好的密封。但叶片后倾布置，转子只能沿单方向转动，作为单向泵使用。叶片沿转子径向安装时，突出优点是可以改变转子转向，作为双向泵使用。

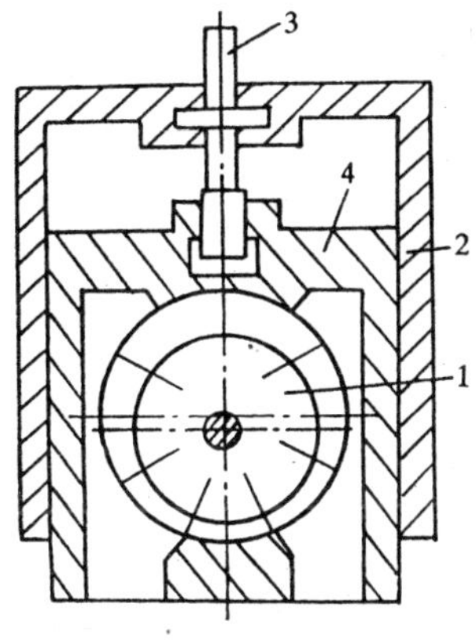

图3-18 手动变量原理

(4)变量原理

如前所述，若改变单作用叶片泵定子与转子间偏心距大小，可以改变泵的流量。而改变偏心距大小的常用方式有手动式变量和限压式变量两种。

手动变量比较简单，其原理如图3-18所示。转子1通过转轴支承在壳体2上，转动变量螺杆3，将会带动定子4在壳体2内上下移动，从而可改变定子与转子间偏心距，来改变泵的流量。

限压式变量叶片泵的变量原理如图3-19(a)所示，泵的流量压力特性曲线如图3-19(b)所示。由于配油盘对称安装，因此作用在定子上的液压力不产生水平力。定子在水平方向移动，要靠泵的输出压力油作用在定子右侧的油缸活塞1上来实现，定子左侧作用有弹簧2。当作用在活塞1上的液压力小于弹簧2的预紧力时，定子与转子偏心距不变，泵的输出流量基本不变[图3-19(b)中曲线 AB 段稍有下降是由泵泄漏所引起的]。当泵的工作压力增加到活塞上液压力超过弹簧2的预紧力时，定子向左移动，使偏心距减小，泵的输出流量减小[见图3-19

(b)中曲线 BC 段]。当泵的压力到达某一值时,偏心距接近零,泵不再有流量输出。

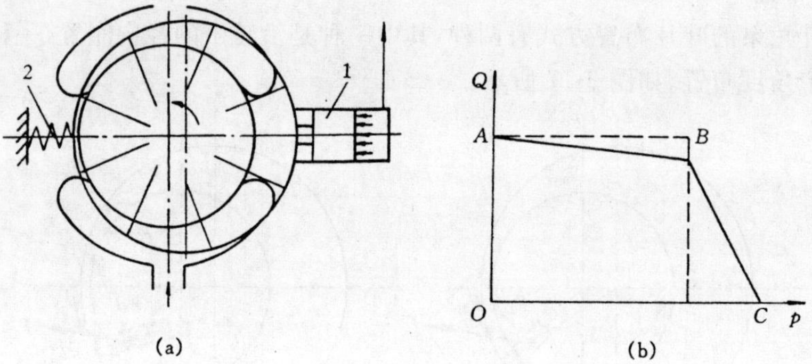

图 3-19 限压式变量叶片泵的变量原理及泵的流量压力特性曲线

3.3.2 双作用叶片泵

(1)工作原理

如图 3-20 所示,双作用叶片泵与单作用叶片泵相似,也是由转子 3、叶片 5、定子 4、配油盘 1、传动轴 2 及壳体等主要零件组成。所不同的是双作用叶片泵的转子和定子中心重合。

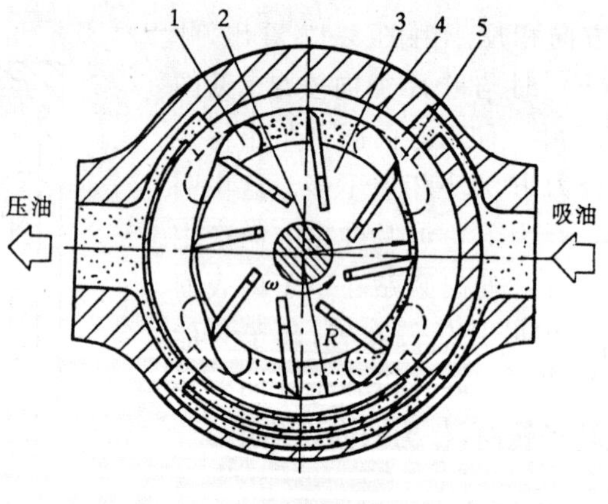

图 3-20 双作用叶片泵的工作原理

定子 4 的内表面为近似椭圆,它是由两段半径为 R 的圆弧和两段半径为 r 的圆弧及四段过渡曲线所组成。配油盘上有四个配油窗口而形成了四个密封容积。当转子 3 在传动轴 2 带动下沿图示的逆时针方向旋转时,处于一、三象限的叶片从小半径 r 处向大半径 R 处伸出并紧贴定子内表面滑动,使一、三象限密封容积逐渐增大,形成真空而吸油;相反处于二、四象限叶片从大半径 R 处向小半径 r 处缩回并紧贴定子内表面滑动,使二、四象限密封容积逐渐减小而排油。转子每转一转,密封容积由小变大和由大变小各两次,即完成两次吸、排油,这就是双作用叶片泵的工作原理。若叶片沿转子径向安装,改变转子旋转方向,可改变油泵吸、排油方向,故可常作双向泵使用。由于定子与转子同心安装,偏心距为零且不能调节,故双作用叶片泵不能变量,只能作定量泵使用。因双作用叶片泵的两个吸油区和两个排油区均为对称布置,又加上叶片数取偶数,所以作用在转子上的径向液压力是平衡的,属于卸荷式的叶片泵。也正因为如此,双作用叶片泵比单作用叶片泵工作压力可高些。

(2)流量计算

如图 3-21 所示,相邻两叶片间的工作容积一次排油体积 q' 等于扇形体积 V_1 与 V_2 之差:

$$q'=V_1-V_2=\frac{\pi R^2}{2\pi}\frac{2\pi}{z}B-\frac{\pi r^2}{2\pi}\frac{2\pi}{z}B=\frac{\pi B}{z}(R^2-r^2) \tag{3-35}$$

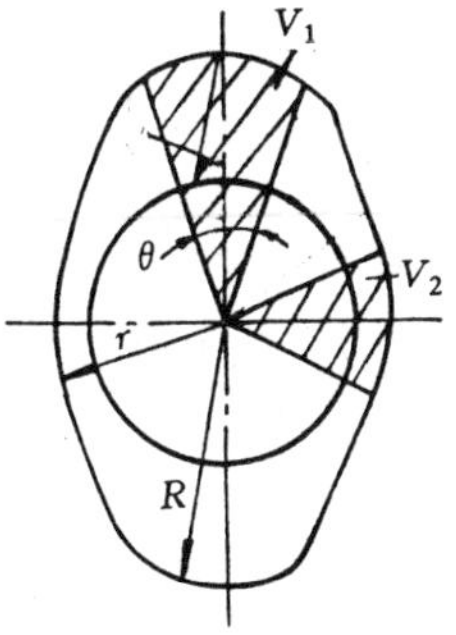

图 3-21 双作用叶片泵排量计算

式中 R——定子大圆弧半径;

r——定子小圆弧半径;

B——叶片宽度;

z——叶片数目。

转子转一转,相邻两叶片间工作容积排量为 $2q'$。整个泵的排量为

$$q_B=2q'z=2\pi B(R^2-r^2) \tag{3-36}$$

泵的理论流量为

$$Q_{Bt}=q_B n_B=2\pi B n_B(R^2-r^2) \tag{3-37}$$

泵的实际流量为

$$Q_B=Q_{Bt}\eta_{Bv}=2\pi B n_B(R^2-r^2)\eta_{Bv} \tag{3-38}$$

式中 n_B——泵的转速;

η_{Bv}——泵的容积效率。

以上计算没有考虑叶片厚度的影响,实际上叶片伸出转子部分所占的体积并没有参与吸、排油。每个叶片每次吸、排油所占的体积为

$$q_y'=\frac{R-r}{\cos\phi}Bb \tag{3-39}$$

式中 ϕ——叶片倾角;

b——叶片厚度。

转子转一转,每个叶片所占体积为 $2q_y'$。

整个泵每转一转,叶片所占体积为

$$q_y=2q_y'z=2\frac{R-r}{\cos\phi}Bbz \tag{3-40}$$

所以考虑叶片厚度的影响,双作用叶片泵的排量为

$$q_{By}=q_B-q_y=2\pi B(R^2-r^2)-2\frac{R-r}{\cos\phi}Bbz \tag{3-41}$$

考虑叶片厚度的影响,双作用叶片泵的理论流量和实际流量分别为

$$Q_{Bt}=\left[2\pi B n_B(R^2-r^2)-\frac{2(R-r)}{\cos\phi}Bbzn_B\right]$$
$$=2Bn_B(R-r)\left[\pi(R+r)-\frac{bz}{\cos\phi}\right] \tag{3-42}$$

$$Q_B=Q_{Bt}\cdot\eta_{Bv}=2Bn_B\eta_{Bv}(R-r)\left[\pi(R+r)-\frac{bz}{\cos\phi}\right] \tag{3-43}$$

(3)叶片布置

双作用叶片泵的叶片底部与排油腔相通,这样处在吸油半周的叶片,在离心力和叶片底部液压力作用下,能保证有效伸出。双作用叶片泵的叶片布置也有两种方式,一种是沿转子的径向布置,另一种是沿转子旋转方向前倾一个角度布置,如图 3-22 所示。当叶片进入排油区时,

无论是图 3-22 中的哪种布置方式，定子内表面对叶片外端的作用反力 N 大小是相等的，方向均指过接触点的法线方向。如果叶片沿转子的径向安装[见图 3-22(a)]，因压力角 α_1 较大，使定子法向反力 N 在叶片端部垂直于叶片方向的分力较大，就有可能造成叶片的卡死或折断。为解决这一问题，可将叶片沿转子旋转方向前倾一个角度安装，如图 3-22(b)所示。前倾安装的压力角 $\alpha_2<\alpha_1$，即减小了定子法向反力 N 在垂直叶片方向的分力，可防止叶片卡死或折断。当然，叶片前倾安装后，泵只能单方向运转，作单向泵使用。

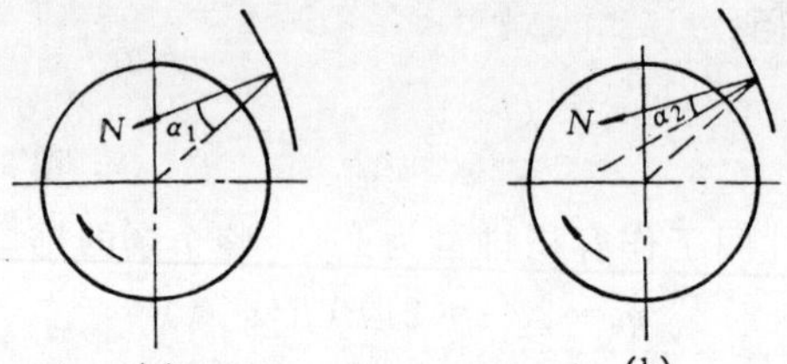

图 3-22 双作用叶片泵叶片布置

(4)定子曲线

双作用叶片泵的定子曲线形状如图 3-23 所示。它是由一对半径为 R 的圆弧曲线和一对半径为 r 的圆弧曲线及连接四段圆弧曲线的四段过渡曲线(每段过渡曲线的夹角为 α)所组成。过渡曲线的形状应保证叶片在转子槽中作伸缩运动时，速度和加速度的变化均匀，使叶片外端与定子内壁不发生脱空，并尽量减小叶片对定子内壁的冲击。

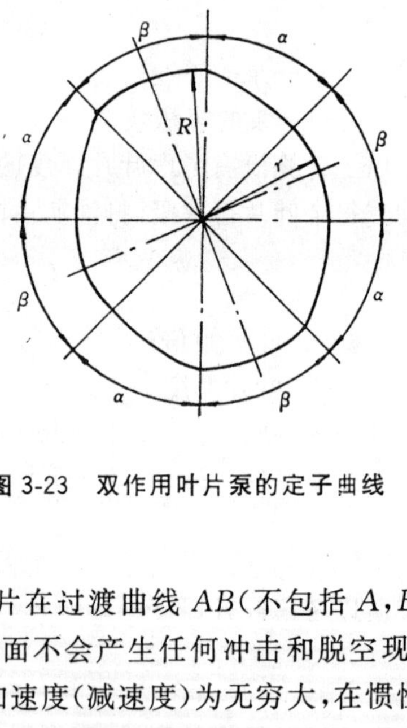

图 3-23 双作用叶片泵的定子曲线

定子过渡曲线形状对叶片泵的性能(如泵的流量脉动、局部冲击和噪声等)影响很大。

过渡曲线若采用阿基米德螺线时(径向升程或极半径按照阿基米德螺线规律变化)，叶片的伸缩位移、速度、加速度的变化规律如图 3-24 所示。

由图 3-24 看出，采用阿基米德螺线作过渡曲线时，叶片在过渡曲线 AB(不包括 A，B 两点)段，因叶片伸缩速度不变，加速度为零，故叶片对定子壁面不会产生任何冲击和脱空现象。当叶片在圆弧和过渡曲线连接处 A，B 时，因速度有突变，加速度(减速度)为无穷大，在惯性力作用下，使叶片对定子内壁产生脱空和刚性冲击现象，以致造成该处的严重磨损，并产生噪声。近年来已很少采用阿基米德螺线作为过渡曲线，而是常采用等加速等减速曲线。这种过渡曲线的伸缩运动的位移、速度、加速度的变化规律见图 3-25 所示。从图中看出，在过渡曲线的前一半(α 角的前一半)叶片按加速度规律变化，速度由零逐渐增到最大。在过渡曲线的后一半(α 角的后一半)，叶片按等减速规律变化，速度由最大减到零。因此，叶片在过渡曲线前半段(α 角的前一半)和 $\phi=0$ 时，在惯性力(有限值)作用下，有可能产生脱空现象，但只要控制好加速度 $\frac{d^2\rho}{dt^2}$ 的值，脱空是可以避免的。叶片在 $\phi=\frac{\alpha}{2}$ 时，加速度产生负向突变(有限值)，故会产生柔性冲击而不是刚性冲击。因此，这种过渡曲线会使泵的工作平稳性较好，噪声较小。我国自行设计的 YB 型双作用叶片泵定子的过渡曲线便是等加速曲线。

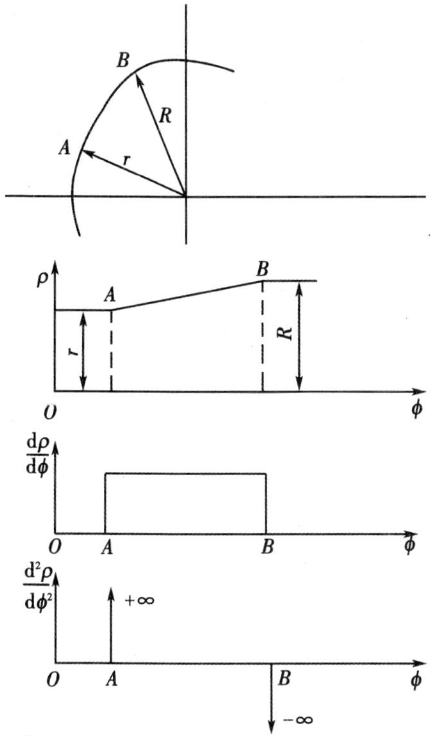

图 3-24　采用阿基米德螺线时叶片径向运动的关系图

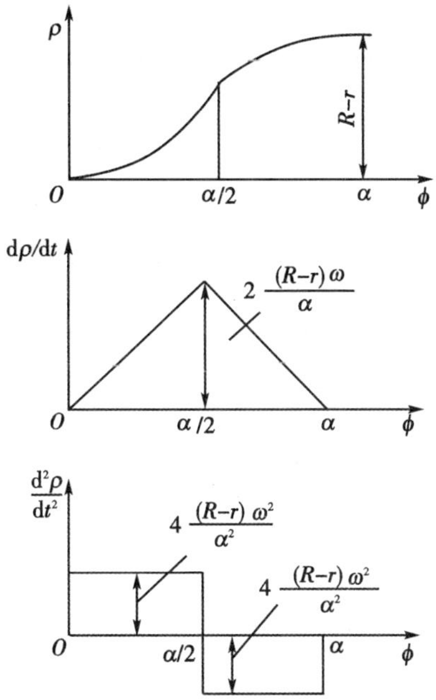

图 3-25　采用等加速-等减速曲线时叶片径向运动的关系图

3.4　轴向柱塞泵

柱塞泵是依靠柱塞在缸体孔内的往复运动，造成密封容积的变化，来实现吸油和排油。由于柱塞泵结构紧凑、工作压力高、效率高、容易实现变量等，被广泛应用于工作压力高，流量大而又需要调节的液压系统中。当然，柱塞泵也有不足之处，如结构复杂，造价较高，对油液污染敏感。

柱塞泵按其柱塞在缸体孔中排列方式不同，分为轴向柱塞泵和径向柱塞泵两类。轴向柱塞泵是指柱塞的轴线与传动轴的轴线平行或略有倾斜的柱塞泵，而径向柱塞泵的柱塞轴线与传动轴的轴线互相垂直。

轴向柱塞泵分为直轴式和斜轴式两种。

3.4.1　直轴式轴向柱塞泵

直轴式轴向柱塞泵是缸体直接安装在传动轴上，缸体轴线与传动轴的轴线重合，并依靠斜盘和弹簧使柱塞相对缸体往复运动而工作的轴向柱塞泵，亦称斜盘式轴向柱塞泵。

(1)工作原理

图 3-26 是直轴式轴向柱塞泵的工作原理图，它由斜盘 1，柱塞 2，缸体 3，配油盘 4 和传动轴 5 等主要零件组成。斜盘 1 和配油盘 4 固定不动，缸体 3 固定在传动轴 5 上并通过滚柱轴承支承在泵的壳体内。柱塞缸体沿圆周均匀分布有几个(一般为奇数个)平行于传动轴的柱塞

孔，每个柱塞孔中都装有柱塞2，柱塞可在柱塞孔中自由滑动。配油盘4通过定位销固定在泵壳体底部，其上的对称腰形孔 a 和 b 分别与泵体上的吸、排油孔相通。

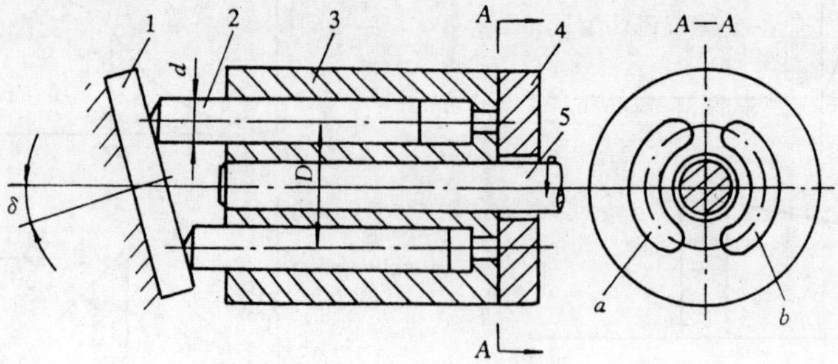

图 3-26 轴向柱塞泵

通过某种措施，可以保证每个柱塞的左端始终紧贴在斜盘表面上（允许柱塞与斜盘有相对滑动），并使柱塞缸体的右端面紧靠在配油盘上（允许两者之间有相对转动）。于是，柱塞处在最下端时，因伸出缸孔尺寸最短，柱塞右端面与缸孔内表面围成的密封工作容积为最小；当柱塞运行到最上端时，因伸出缸孔的尺寸最长，柱塞右端面与缸孔内表面围成的密封容积达最大。

当传动轴按图示方向旋转时，柱塞2在自下向上回转的半周内，既要随转动刚体作圆周运动，又要逐渐往外伸出，使柱塞底部的密封容积不断增加，产生局部真空，低压油经泵吸油口、配油盘吸油窗孔 a 吸入泵内。柱塞在自上而下半周内回转时，柱塞在作圆周运动的同时，还要逐渐向缸孔内缩回，使柱塞底部密封容积不断减小，高压油从配油盘的排油窗孔 b，泵排油口进入系统。传动轴每转一转，每个柱塞往复运动一次，完成一次吸油和排油动作。

很明显，若改变传动轴旋转方向或斜盘倾斜方向，都可改变泵的吸、排油方向；若改变斜盘倾角 δ 大小，即可改变泵的排量大小。所以，斜盘式轴向柱塞泵通常为双向变量泵。

这里说明一点，图3-26中的两个柱塞应理解为是同一个柱塞的两个不同位置，因为柱塞数往往为奇数，在对称180°的位置上不可能有两个柱塞。

图3-26所示斜盘泵的传动轴不穿过斜盘，这种泵称为非通轴斜盘泵。如果传动轴穿过斜盘，见图3-27所示，这种泵称为通轴式斜盘泵，它可利用传动轴两端轴承进行支承。

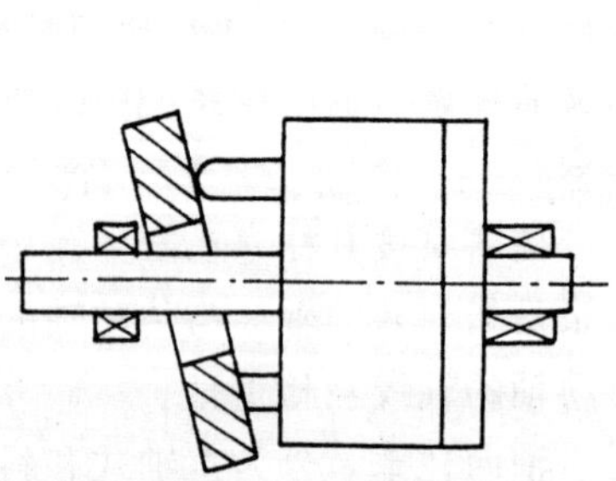

图 3-27 通轴泵

(2)流量计算

① 平均流量。转动刚体转一转，每个柱塞吸、排油各一次。由图3-26可知，柱塞的行程为

$$s=D\tan\delta \tag{3-44}$$

式中 D——柱塞分布图的直径；

δ——斜盘倾角；

s——柱塞的行程。

每个柱塞的排量为

$$q'=\frac{\pi}{4}d^2 s=\frac{\pi}{4}d^2 D\tan\delta \tag{3-45}$$

式中　d——柱塞的直径。

整个泵的排量为

$$q_B=q'\cdot z=\frac{\pi}{4}d^2\cdot Dz\tan\delta \tag{3-46}$$

式中　z——泵的柱塞数目。

泵的理论流量和实际流量分别为

$$Q_{Bt}=q_B n_B=\frac{\pi}{4}d^2 Dz n_B\tan\delta \tag{3-47}$$

$$Q_B=Q_{Bt}\eta_{Bv}=\frac{\pi}{4}d^2 Dz n_B\eta_{Bv}\tan\delta \tag{3-48}$$

式中　q_B——泵的排量；

n_B——泵的转速；

η_{Bv}——泵的容积效率；

Q_{Bt}——泵的理论流量；

Q_B——泵的实际流量。

由上看出，对于每台泵讲，柱塞直径 d，分布圆直径 D，柱塞数目 z，转速 n_B 均为不变的常数，所以泵的排量和平均流量与斜盘倾角的正切值 $\tan\delta$ 成正比。当 $\delta=0$ 时，泵的排量和平均流量均为零。

② 瞬时流量及其脉动。如图 3-28 所示，当柱塞由上死点位置 A 随缸体转过任意角度 ϕ 到达位置 B 的排油过程中，柱塞收缩的位移为

$$x=x_1-x_2=\frac{D}{2}\tan\delta-\frac{D}{2}\cos\phi\tan\delta \tag{3-49}$$

式中　D——柱塞分布圆直径；

δ——斜盘倾角；

ϕ——柱塞的位置角；

x——柱塞的位移。

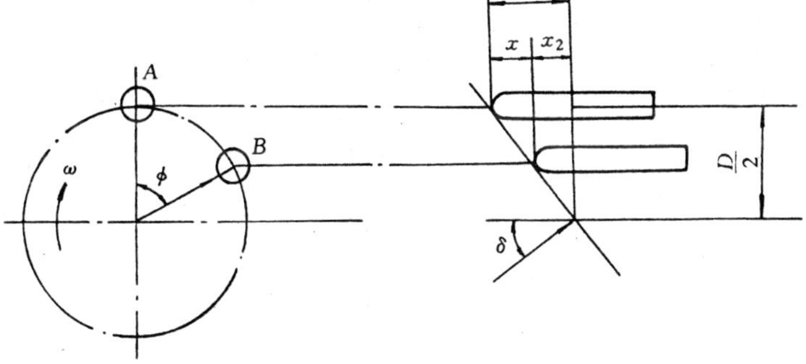

图 3-28　瞬时流量及其脉动

柱塞的相对运动速度为

$$v=\frac{dx}{dt}=\frac{dx}{d\phi}\frac{d\phi}{dt}=\frac{D}{2}\omega\tan\delta\sin\phi \tag{3-50}$$

式中　ω——缸体角速度。

每个柱塞的瞬时流量为

$$Q_i'=\frac{\pi}{4}d^2 v_i=\frac{\pi}{4}d^2\ \frac{D}{2}\omega\tan\delta\sin\phi_i \tag{3-51}$$

整个泵的瞬时流量为

$$Q_B'=\sum_{i=1}^{k}Q_i'=\frac{\pi}{8}d^2 D\omega\tan\delta\sum_{i=1}^{k}\sin\phi_i \tag{3-52}$$

式中　k——同时处于排油区柱塞数目。

若令 $A=\sum_{i=1}^{k}\sin\phi_i$，则

$$A=\sin\phi_1+\sin\left(\phi_1+\frac{2\pi}{z}\right)+\sin\left(\phi_1+2\times\frac{2\pi}{z}\right)+\cdots+\sin\left[\phi_1+(k-1)\times\frac{2\pi}{z}\right] \tag{3-53}$$

式中　ϕ_1——排油区距最高点位置 A 最近的柱塞位置角；

$\frac{2\pi}{z}$——相邻两柱塞间夹角。

经数学推导，当柱塞为偶数时，

$$A_{\max}=\frac{1}{\sin\frac{\pi}{z}} \tag{3-54}$$

$$A_{\min}=\frac{\cos\frac{\pi}{z}}{\sin\frac{\pi}{z}} \tag{3-55}$$

将式(3-54)，式(3-55)分别代入式(3-52)可得到瞬时流量的最大值和最小值为

$$Q'_{\mathrm{Bmax}}=\frac{\pi}{8}d^2 D\omega\tan\delta\ \frac{1}{\sin\frac{\pi}{z}} \tag{3-56}$$

$$Q'_{\mathrm{Bmin}}=\frac{\pi}{8}d^2 D\omega\tan\delta\ \frac{\cos\frac{\pi}{z}}{\sin\frac{\pi}{z}} \tag{3-57}$$

于是，当柱塞为偶数时的流量脉动系数为

$$\delta=\frac{Q'_{\mathrm{Bmax}}-Q'_{\mathrm{Bmin}}}{Q_{\mathrm{Bt}}}\times100\%=\frac{\pi}{z}\tan\frac{\pi}{2z}\times100\% \tag{3-58}$$

当柱塞为奇数时，

$$A_{\max}=\frac{1}{2\sin\frac{\pi}{2z}} \tag{3-59}$$

$$A_{\min}=\frac{\cos\frac{\pi}{2z}}{2\sin\frac{\pi}{2z}} \tag{3-60}$$

将式(3-59)，式(3-60)分别代入式(3-52)得到瞬时流量的最大值和最小值分别为

$$Q'_{\mathrm{Bmax}}=\frac{\pi}{16}d^2 D\omega\tan\delta\ \frac{1}{\sin\frac{\pi}{2z}} \tag{3-61}$$

$$Q'_{Bmin}=\frac{\pi}{16}d^2 D\omega\tan\delta\,\frac{\cos\dfrac{\pi}{2z}}{\sin\dfrac{\pi}{2z}} \tag{3-62}$$

于是，当 z 为奇数时，流量脉动系数为

$$\delta=\frac{\pi}{2z}\tan\frac{\pi}{4z}\times 100\% \tag{3-63}$$

根据式(3-58)和(3-63)可算出不同柱塞时流量脉动系数，见表 3-3 所示。

表 3-3　不同柱塞数时的流量脉动系数表

z	3	4	5	6	7	8	9	10	11	12	13
$\delta/\%$	14.03	32.53	4.98	14.03	2.53	7.81	1.53	4.98	1.02	3.45	0.73

由表 3-3 看出，当柱塞为奇数时，比相邻的偶数时的流量脉动系数小得多；并且柱塞数愈多，流量脉动系数就愈小。因此，为减小流量脉动，斜盘泵的柱塞一般选用奇数，并尽可能取多些，常见的柱塞数 $z=7,9,11$。

泵的流量脉动必将导致压力脉动，流量脉动的频率愈高，压力脉动的振幅就愈大。压力脉动将影响系统工作的平稳性，有时甚至会引起液压元件和管路系统的振动，造成损坏，这是应该避免的。为此，设计泵时应尽量减小流量脉动系数。单纯通过增加柱塞数目来降低脉动系数往往会受到强度限制和导致泵的结构复杂，故在要求较高的系统中，可在系统中采取措施(如管路系统采用软管或蓄能器等)，使输出流量脉动和由此产生的压力脉动降低到允许范围之内。一般情况下，有 1%～3% 的脉动通常不会造成危害。

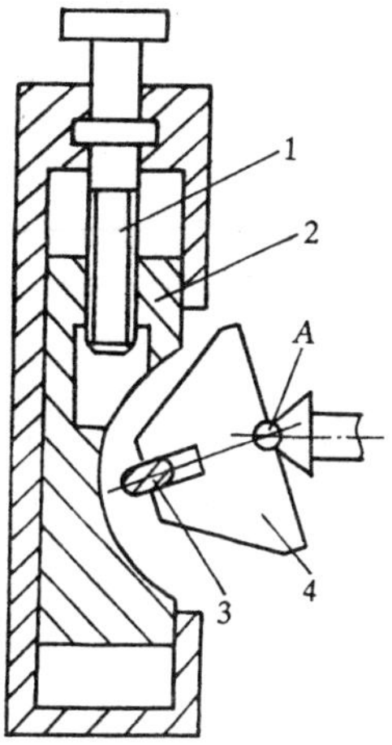

图 3-29　手动变量机构

(3)变量控制机构

变量控制机构的作用是改变泵斜盘的倾角，从而改变泵的流量。按控制方式不同，变量控制机构可分为手动变量控制机构、手动伺服变量控制机构和恒功率变量控制机构等。下面将分别介绍它们的主要结构以及工作原理。

① 手动变量控制机构。如图 3-29 所示。它是利用手直接操纵改变斜盘倾角的机械装置，称为手动变量控制机构。这种机构通过手轮使螺杆 1 转动，带动变量活塞 2 移动，通过销轴 3 使支承在耳轴上的斜盘 4 绕钢球 A 摆动，以达到改变斜盘倾角 δ 而调节流量的目的。这种泵的排量 q_B 与手轮转角 ϕ 成线性关系变化，如图 3-30 所示。

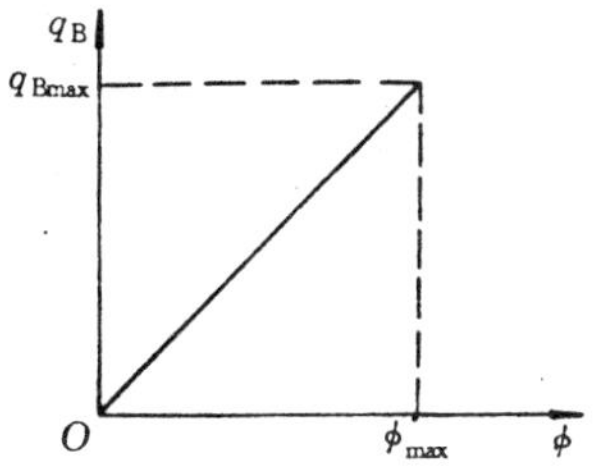

图 3-30　手动变量控制机构 q_B 与 ϕ 的关系

由于柱塞与斜盘间的作用力较大，改变斜盘倾角所需克服斜盘摩擦力很大，因此，手动变量控制机构不能在油泵工作过程中变量。通常当流量达到要求时，用锁紧机构锁紧。所以，这种变量控制机构尽管结构简单，但操纵力大且不灵便，仅适用于中小功率的泵中。

② 手动伺服变量控制机构。该机构实质上是一个阀控液压缸动力机构,它是通过操纵杆,利用控制油路来控制变量活塞的运动,从而改变斜盘倾角来实现调节流量的目的。具体可查阅“伺服控制系统”方面书籍。

手动伺服变量控制工作原理如图 3-31 所示,它由伺服滑阀 2,随动活塞 1 和变量壳体组成。随动活塞 1 中的孔道 b 和 e 分别沟通下腔 a 和上腔 d。下腔 a 始终与高压油相通,上腔 d 的压力受伺服阀 2 控制。

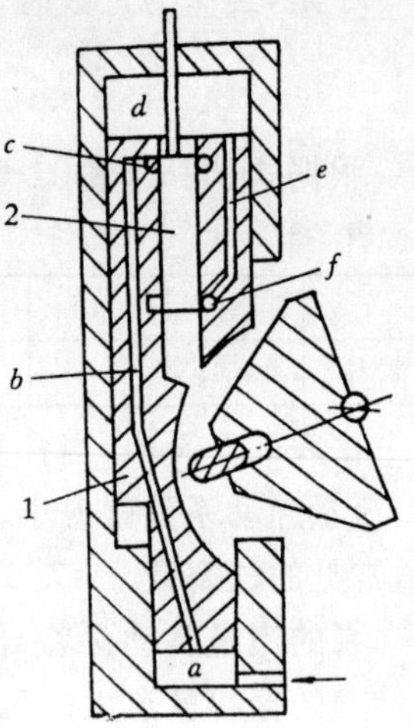

图 3-31 伺服变量机构

当伺服滑阀 2 在图示位置时(变量活塞 1 的油口 c 和 f 被伺服滑阀 2 封住,变量活塞 1 的上腔 d 的油液被封闭),变量活塞 1 被固定在图示位置上,斜盘倾角不变,油泵稳定在一定相应的流量下工作。

当伺服滑阀 2 向下移动时,油口 c 被打开,油口 f 被封闭,a 腔的压力油经通道 b 和油口 c 进入变量活塞的上腔 d。由于变量活塞 1 上腔 d 作用面积大于下腔 a 的作用面积,变量活塞 1 在上下液压力差的作用下向下移动,带动斜盘倾角增大,直到变量活塞油口 c 重新被伺服活塞 1 封住为止。于是,油泵就在某增大了的流量下工作。变量活塞 1 向下移动量刚好等于伺服滑阀 1 向下的移动量。

当伺服滑阀 2 向上移动时,伺服滑阀 2 将油口 c 封住,油口 f 被打开,上腔 d 经通道 e 和油口 f 与油箱接通而卸压,变量活塞 1 在下腔液压力作用下向上移动,带动斜盘倾角减小,直到油口 f 重新被伺服滑阀 2 封住为止,于是,油泵就在某一减小了的流量下工作。

由上可知,手动伺服变量控制机构是通过很小外力使伺服滑阀移动,然后靠变量活塞上的液压力来改变斜盘的倾角。因此,伺服变量控制机构对力具有放大作用。另外,由于被调节量(斜盘倾角)能迅速跟随给定量(伺服滑阀的位移)进行变化,因此,手动伺服变量控制机构又称为手动随动变量控制机构。

这种变量控制机构与手动变量控制机构相同,泵的排量与操纵阀杆的位移亦成线性关系变化。然而,由于这种控制机构有外界油源输入,使操纵力大为减小,一般只需克服滑阀所受的摩擦力(包括液压卡紧力)和液动力即可。

手动伺服变量控制机构使用方便,应用范围很广,常用于机床、工程机械、起重运输机械、矿山机械等传动系统中。

③ 恒功率变量控制机构。它能使斜盘倾角即泵的流量随排油压力的变化而变化,从而达到恒功率的目的。所以这种变量控制机构能满足某些工作机械在小负载下获得高速,在大负载下获得低速,而保持功率不变的需要。

恒功率变量控制机构与手动伺服变量控制机构相类似,如图 3-32 所示。当伺服滑阀 2 上移时,变量活塞 1 上腔 d 经通道 e、油口 f 和通道 h 回油,于是,变量活塞 1 在下腔 a 的压力油作用下上移,使泵斜盘倾角减小。当伺服滑阀 2 下移时,a 腔的压力油经通道 b,油口 c 进入 d 腔,因变量活塞 1 上腔作用面积大于下腔作用面积,所以变量活塞 1 在上下液压力差的作用下往下移动,使斜盘倾角增大。

恒功率变量控制机构与手动伺服变量机构在结构上所不同的是,伺服滑阀 2 的上部直径

为 d_2，下部直径为 d_1，并且 a 腔的压力油经通道 b 和油口 g 始终作用在环形面积 $\frac{\pi}{4}(d_2^2-d_1^2)$ 上。于是，伺服滑阀 2 将在下端压力油和上端弹簧力的作用下自动移动。当出口压力油的作用力大于滑阀上端弹簧力时，伺服滑阀 2 上移，使变量活塞 1 上移，斜盘倾角减小，流量减小，直到作用在伺服滑阀上的液压力和弹簧力恢复平衡为止。反之，当出口油压力降低，其液压力小于弹簧力时，弹簧就推动滑阀下移，使变量活塞 1 下移，斜盘倾角增大，流量增大。显然，泵的流量随油压力的增高而减小，随油压力的降低而增大，就这样做到了输出功率近似不变，即 $N=p\cdot Q$ = 常数。这样就能充分发挥机器的效能，稳定在高效率工况下运转。

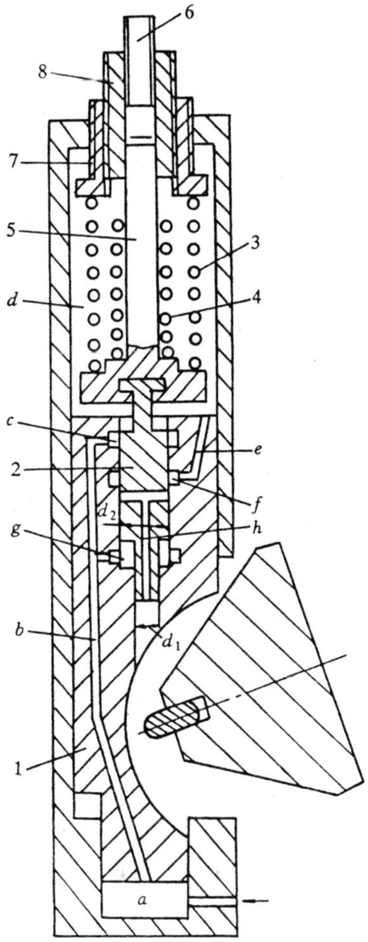

图 3-32 恒功率变量控制机构

具有恒功率变量控制机构的油泵流量与压力之间的关系特性，如图 3-33 所示。

当泵的工作压力 p 小于伺服滑阀上移所需的最小压力 p_0 时(即作用在伺服滑阀环形面积上的液压力小于外弹簧的预紧力)，伺服滑阀处于最低位置，泵在最大流量下(即 A_0A 段)工作。

当 $p_0<p<p_1$ 时(即作用在伺服滑阀环形面积上液压力大于外弹簧预紧力而小于内外两个弹簧的预紧力)，仅外弹簧被压缩，伺服滑阀上移，斜盘倾角减小，油泵流量减小，泵在曲线 AB 段工作。

当 $p_1<p<p_2$ 时(滑阀环形面积上的液压力大于内外两个弹簧的预紧力，内外弹簧均被压缩)，伺服滑阀继续上移，泵的流量继续减小，泵在 BC 段工作。

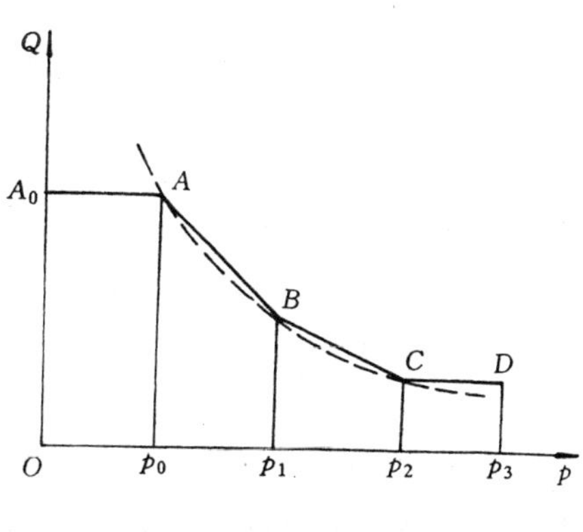

图 3-33 恒功率变量泵工作特性

当 $p_2<p<p_3$ 时(与伺服滑阀 2 相连的芯轴 5 顶到螺钉 6 上)，即使压力再增大，伺服滑阀也不再上移，斜盘倾角不再减小，流量不再降低，泵在 CD 段工作。

当泵的工作压力达到 p_3 时，液压传动系统中的限压保护元件应动作，使压力不再增高。

图 3-33 中的折线 ABC 近似于双曲线，这说明泵的功率 $N=p\cdot Q\approx$ 常数。也就是说，这种变量控制机构可使泵的输出流量 Q 随工作压力 p 的变化而自动发生变化，使泵的功率近似保持恒定不变。因此，该变量机构称为恒功率变量控制机构。

(4)典型结构

图 3-34 为一种手动变量的直轴斜盘式轴向柱塞泵的实际结构。它由泵主体和变量机构

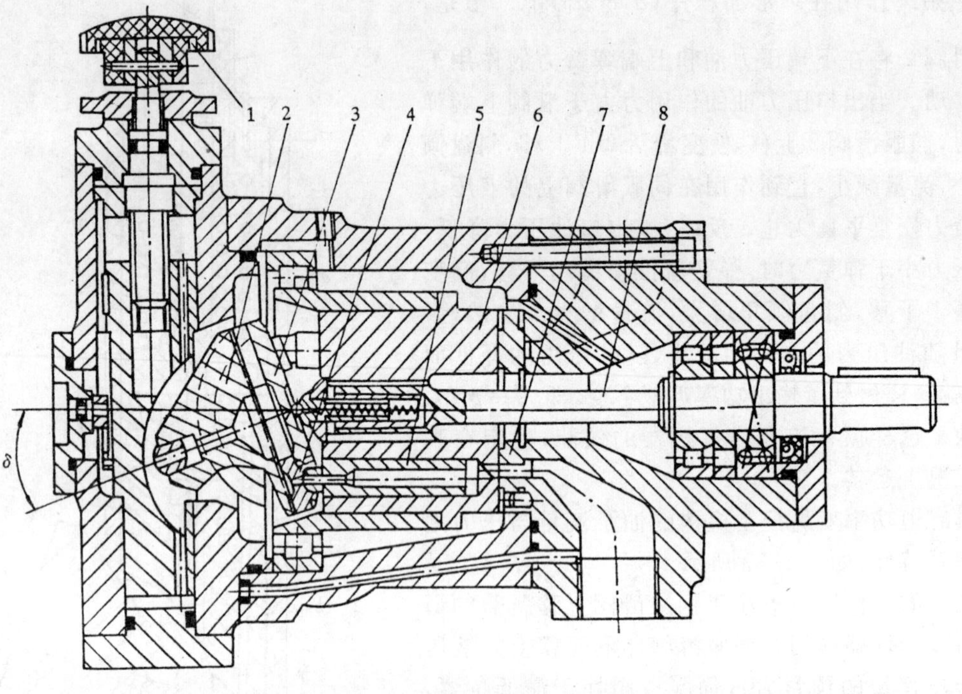

图 3-34 轴向柱塞式手动变量泵

两部分组成。泵的主体部分主要有斜盘 2,缸体 6,柱塞 5,滑履 4,压盘 3,配油盘 7,传动轴 8,中心弹簧等。柱塞左端的球头装在滑履 4 内,二者之间可作任意方向摆动。中心弹簧的作用是:一方面通过钢球和压盘 3,使与柱塞左端球头铰接在一起的滑履 4 紧靠在斜盘 2 上(允许滑履 4 与斜盘 2 之间相对滑动),这样就保证了柱塞 5 相对于缸孔的伸出运动。另一方面是使柱塞缸体 6 向右紧靠在配油盘 7 的表面上,而保证了吸、排油腔的密封。柱塞底部密封容积中的部分压力油经柱塞轴向中心孔和滑履中心孔进入滑履与斜盘接触面间缝隙而形成了一层很薄的油膜,起到静压支承作用,以减小滑履与斜盘间磨损。柱塞缸体 6 通过一个大型滚柱轴承,来平衡斜盘通过柱塞对缸体产生的径向分力和翻转力矩。传动轴 8 的左端与缸体 6 花键配合。柱塞底部的密封容积通过配油盘 7 的配油孔与进、出油口相连通。该泵的变量控制机构为手动式,通过转动手把 1 来改变斜盘倾角 δ 的大小。

直轴斜盘式轴向柱塞泵结构简单,体积小,容积效率高(可达 95% 左右),额定压力可达 32MPa,最大压力为 40MPa,排量为(10～250)cm^3/r(多种规格),转速为(1500～2000)r/min。这种泵的主要缺点是滑履与斜盘的滑动面易磨损,对油液的清洁度要求较高。

(5)主要零件的受力分析

① 柱塞。带滑履的柱塞组件与不带滑履点接触柱塞的受力情况是一样的。图 3-35 为点接触柱塞受力图。柱塞随缸体作圆周运动时,在不同区域及不同位置时,受力情况是不同的。柱塞处于收缩状态(排油过程)所受的力有:

a. 液压力 F:

$$F=\frac{\pi d^2}{4}p \tag{3-64}$$

式中　p——液压泵排油压力；

d——柱塞直径。

液压力作用在柱塞尾部，指向柱塞伸出方向。

b. 斜盘通过滑履作用在柱塞头上的法向作用力 N。法向反力 N 可分解为沿柱塞径向方向的分力 T 和沿柱塞轴向方向的分力 S。N 力方向与斜盘表面垂直，分力 S，T 的值分别为

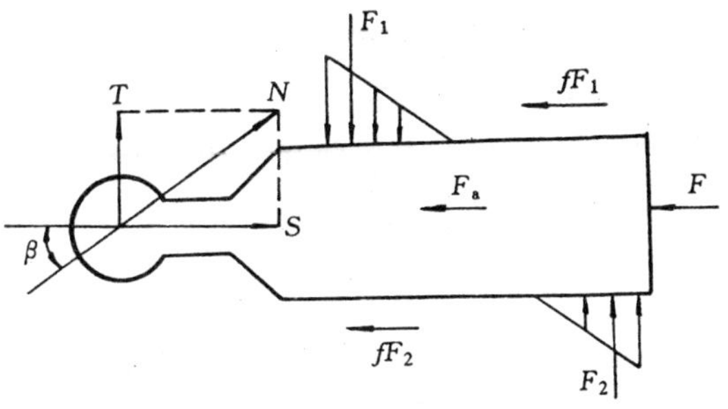

图 3-35　柱塞受力分析图

$$S=N\cos\beta \tag{3-65}$$

$$T=N\sin\beta \tag{3-66}$$

式中　β——斜盘倾角。

c. 柱塞相对运动的惯性力 F_a。F_a 是由于柱塞与缸体相对移动中相对加速度 a_p 引起的，其方向与加速度 a_p 方向相反。F_a 的表达式为

$$F_a=-ma_p=-mR\omega^2\tan\beta\cos\phi \tag{3-67}$$

式中　m——柱塞与滑履总质量；

a_p——柱塞相对加速度；

R——柱塞分布圆半径；

ω——缸体旋转角速度；

β——斜盘倾角；

ϕ——柱塞位置角。

d. 离心力 F_n。F_n 是由于柱塞随缸体作圆周运动中向心加速度 a_n 引起的，其方向指向外。F_n 的表达式为

$$F_n=ma_n=mR\omega^2 \tag{3-68}$$

式中　a_n——柱塞作圆周运动的向心加速度，其他符号含义同前。

e. 缸体对柱塞的侧向力 F_1 和 F_2。该力是由垂直于柱塞轴线的径向分力 T 和离心力 F_n 所引起的。F_1 和 F_2 均为均布载荷的合力，其方向相反。均布载荷呈线性三角形分布，如图 3-35 所示。

f. 缸体对柱塞的摩擦力 F_f。F_f 力是由侧向力 F_1 和 F_2 引起的，其方向与柱塞运动方向相反。F_f 表达式为

$$F_f=f(F_1+F_2) \tag{3-69}$$

式中　f——柱塞相对移动时摩擦系数。

此外，柱塞在工作中还要分担中心弹簧的力，斜盘与滑履的摩擦力对柱塞受力影响很小，可以忽略。

通常在不计 F_a，F_n 情况下，柱塞的受力平衡方程可写为

$$\sum F_x=N\cos\beta-f(F_1+F_2)-F=0 \tag{3-70}$$

$$\sum F_y=N\sin\beta-F_1+F_2=0 \tag{3-71}$$

在式(3-70)中，若再忽略摩擦力 $f(F_1+F_2)$，则

$$N\cos\beta\approx F \tag{3-72}$$

可见，斜盘作用在柱塞的轴向分力 $N\cos\beta$ 与作用在柱塞尾部的液压力 F 是一对平衡力。

根据定性分析可知，减小柱塞侧向力 F_1 和 F_2，可减小柱塞与缸孔的摩擦和磨损，提高机械效率。由式(3-71)看出，F_1 和 F_2 与 $N\sin\beta$ 有关，故为减小径向力，常常要限制斜盘倾角 β，一般 $\beta\leqslant 20°$。

② 斜盘作用在柱塞的径向力对缸体受力影响。若取柱塞与缸体为研究对象时，斜盘作用在柱塞上径向力对缸体受力的影响见图 3-36 所示。

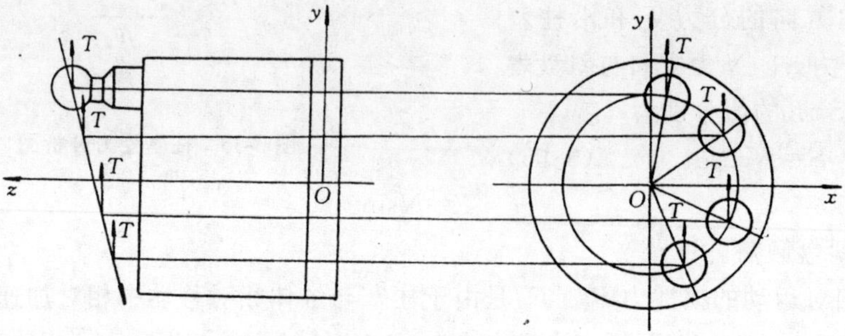

图 3-36　缸体所受径向力

图 3-36 中，忽略了吸油侧柱塞所受径向力，并取配油盘的中心为坐标原点。

排油侧各柱塞所受的径向力 T 对 z 轴的力矩之和 $\sum M_{Tz}$，与传动轴输入的转矩相平衡。可见，若产生工作压力 p，斜盘对柱塞就有轴向力 S 和径向力 T 的作用，从而就需要传动轴输入与力矩 M_{Tz} 相对应的转矩。

各柱塞所受的径向力 T 对 x 轴的力矩之和 $\sum M_{Tx}$，将引起缸体绕 x 轴的颠覆力矩。为平衡该力矩，通常在缸体外安装大的滚柱轴承。此时，传动轴只承受扭矩而不承受弯矩作用。对于通轴泵，因没有大轴承，传动轴既承受扭矩，又要承受颠覆力矩产生的弯矩作用。

③ 滑履。可以想像，若柱塞的球头直接与斜盘接触，因是点接触，故接触比压是相当大的。为降低柱塞与斜盘间的接触比压，改善接触性能，通常采用滑履结构，见图 3-37 所示。滑履 1 与柱塞 2 为球头铰接。中心弹簧 3 通过钢球 4、回程盘 5 带动滑履 1 压向斜盘 6 的表面。油液可通过柱塞和滑履的中心孔而进入滑履与斜盘的接触表面。

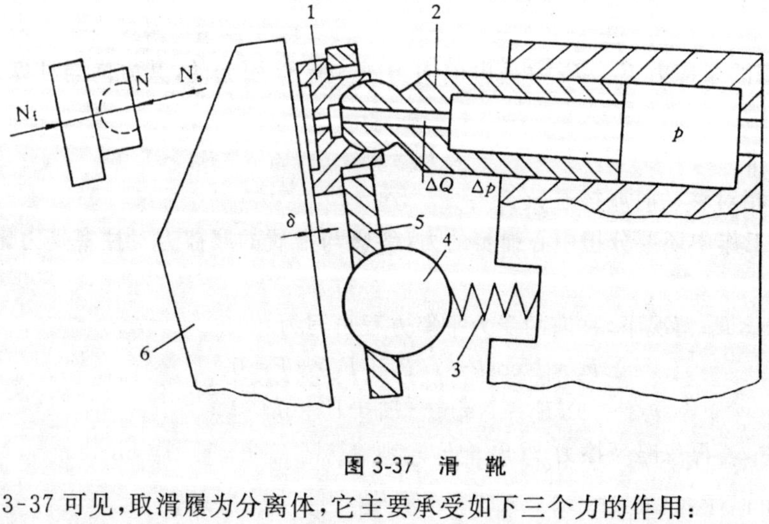

图 3-37　滑　靴

由图 3-37 可见，取滑履为分离体，它主要承受如下三个力的作用：

a. 柱塞对滑履的压紧力 N：它是由液压力 F 所引起的，其方向垂直于斜盘并使滑履压向

斜盘。不计摩擦时，压紧力 N 可按式(3-64)和(3-65)求得

$$N=\frac{\pi d^2 p}{4\cos\beta} \tag{3-73}$$

b. 中心弹簧通过回程盘对滑履的压紧力 N_S：它的方向与力 N 相同，大小可按下式计算。

$$N_S=\frac{F_S}{z\cos\beta} \tag{3-74}$$

式中　F_S——弹簧的弹力；

z——柱塞数目；

β——斜盘倾角。

c. 滑履底腔静压场的分离力 N_f：N_f 的方向垂直于滑履底平面，它由两部分组成：一部分是高压油引入滑履底腔造成的分离力 N_{fu}，该部分约占 90% 左右。若不计柱塞与滑履中心节流孔的阻力损失，由式(2-76)可得出

$$N_{fu}=\frac{\pi r_2^2 p}{2\ln\left(\frac{r_2}{r_1}\right)}\left[1-\left(\frac{r_1}{r_2}\right)^2\right] \tag{3-75}$$

式中　r_1——静压场油腔半径；

r_2——静压场密封带外半径；

p——排油压力。

另一部分是辅助支承面的支承力 N_{fz}，该部分约占 10% 左右。

$$N_f=N_{fu}+N_{fz} \tag{3-76}$$

若不计弹簧力 F_S 引起的压紧力 N_S，则剩余压紧力 $\Delta N=N-N_f$。

压紧系数 ψ 为

$$\psi=\frac{N-N_f}{N}=1-\frac{2r_2^2\cos\beta}{d^2\ln\left(\frac{r_2}{r_1}\right)}\left[1-\left(\frac{r_1}{r_2}\right)^2\right] \tag{3-77}$$

压紧系数 ψ 推荐值为

$\beta=0°$时，$\psi=-0.01\sim0$；

$\beta=18°\sim20°$时，$\psi=0.04\sim0.05$。

由于弹簧力、摩擦力、惯性力的存在，必将产生一定的附加压紧力，故尽管在较小压紧系数下，滑履与斜盘仍不会脱离。

滑履除受以上力外，还受其他几个较小的力，在此略述。

(6)配油盘的结构形式

配油盘是轴向柱塞泵的关键零件之一，它的作用是分配油液，帮助轴向柱塞泵完成吸、排油任务。

配油盘按结构大体分为两种：一种是平面配油盘[图 3-38(a)]，另一种是球面配油盘[图 3-38(b)]。平面配油盘容易加工，但当颠覆力矩较大时，加剧磨损，并容易“张口”而影响容积效率。球面配油盘加工困难，但它与缸体旋转配合时，有自动定心作用，即使缸体与配油盘的中心轴线有一点偏差，也能保持正常工作。

根据配油盘两腰形孔对称中心线与通过斜盘上下死点连线投影线间相对位置不同，配油盘又分为对称型和非对称型配油盘。

① 对称型配油盘。若配油盘对称中心线与过斜盘上下死点连线投影相重合，这种配油盘

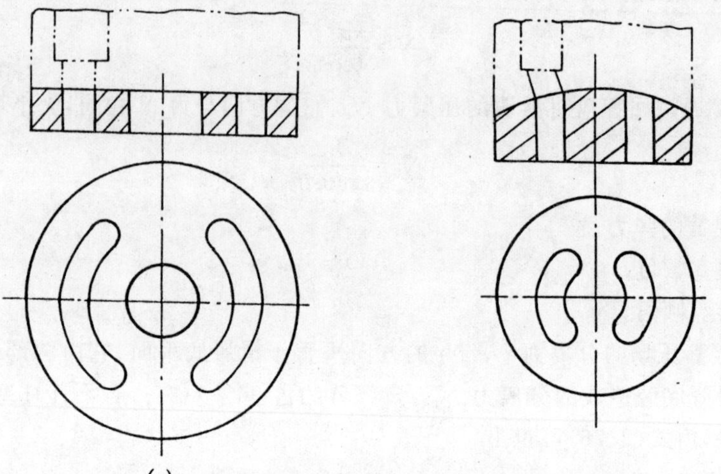
(a) (b)

图 3-38 配油盘

称为对称型配油盘。配油盘两腰形孔之间部位，称为隔挡。根据缸体窗口包角和配油盘隔挡夹角大小不同，配油盘又分为零封闭、正封闭和负封闭三种不同形式。

a. 零封闭配油盘。如图 3-39(a)所示，这种配油盘 $\alpha'=\alpha$（α'和 α 分别为缸体窗口包角和配油盘隔挡夹角）。就是说，当缸体窗口运行到最上端时，既没有高、低压油串通，也没有困油现象。但由于加工和安装误差，真正的零封闭是很难保证的。

这种配油盘，柱塞腔内的压力变化情况，见图 3-39(b)所示。当柱塞吸油结束处于上死点时，柱塞腔内压力为吸油压力 p_1。当柱塞刚一离开上死点，柱塞腔立即与高压腔相通，此时柱塞腔压力突然升高，出现高峰值而产生液压冲击。同样，在排油结束，刚与吸油腔接通时，腔内压力又会突然下降。

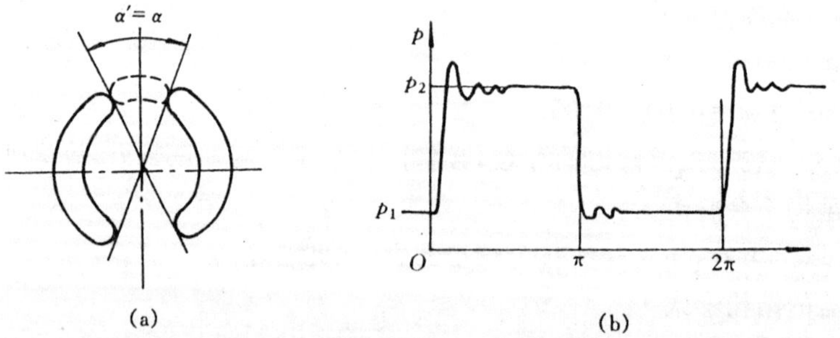

(a) (b)

图 3-39 零封闭配油盘柱塞腔内压力变化

b. 正封闭配油盘。如图 3-40(a)所示，这种配油盘 $\alpha'<\alpha$。由于缸体窗口包角小于配油盘隔挡夹角，可有效地防止高、低压油串通而提高容积效率。由于封闭角 $\Delta\phi$ 的存在，将会产生困油现象。当缸体窗口离开配油盘吸油腰形孔时，因尚未到达上死点，故随着缸体的转动，柱塞腔容积继续增加但吸不上油，使柱塞腔内压力下降，以致出现气穴。当缸体窗口离开上死点后，柱塞开始收缩，压力开始增大，直至与排油腔接通时，压力突然增大，出现高峰值，以致出现液压冲击。同样，当缸体窗口离开排油孔后，柱塞继续收缩，压力升高；过下死点后，柱塞腔容积开始增大压力下降，直到与吸油孔接通时压力急剧下降。柱塞腔内压力变化情况如图 3-40

(b)所示。使用这种配油盘，压力突变仍然较严重，所以油泵工作时仍会出现振动和噪声。

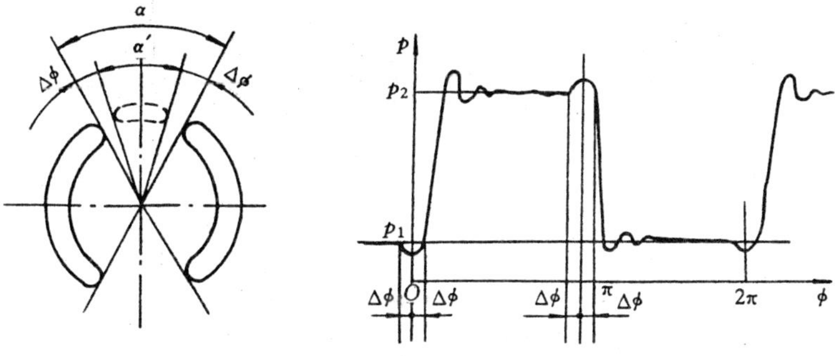

(a)　　　　(b)

图 3-40　正封闭配油盘及柱塞腔内压力变化

c. 负封闭配油盘。负封闭配油盘如图 3-41(a)所示，这种配油盘 $\alpha' > \alpha$。当柱塞在上死点附近，缸体窗口将使高、低压腔串通，降低了容积效率。但这种配油盘消除了困油现象。

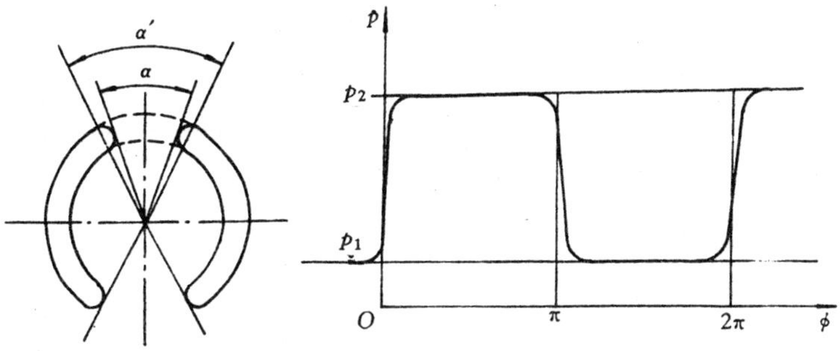

(a)　　　　(b)

图 3-41　负封闭配油盘及柱塞腔内压力变化

② 非对称型配油盘。这种配油盘是使其腰形孔中心线相对于斜盘上、下死点连线沿缸体旋转方向转过一个角度。它可分以下两种形式：

a. 不带卸荷槽的非对称配油盘。这种配油盘如图 3-42(a)所示，当柱塞位于上死点时，缸体窗口刚好离开吸油孔，这样就消除了因柱塞底腔容积增大而吸不上油的现象。在柱塞离开上死点，经封闭每 $\Delta\phi$ 与排油腔接通的过程中，柱塞腔内容积减小，起到压缩作用，压力逐渐升高；若设计合理，可使柱塞腔与排油腔接通时，腔内压力恰好上升到排油压力 p_2。这样，就防止了压力突然升高，降低了噪声和振动。

b. 带卸荷槽的非对称型配油盘。如图 3-43(a)所示，这种配油盘的卸荷槽可分为三角尖槽油沟[图 3-43(a)]和阻尼孔[图 3-43(b)]两种。油沟和阻尼孔均与排油孔相通。在缸体窗口离开上死点经 $\Delta\phi$ 与排油孔接通过程中，柱塞腔内压力一方面由于预压缩而上升，另一方面由于柱塞腔经卸荷槽与排油孔沟通而上升。这样，当缸体窗口与排油孔接通时，柱塞腔内压力已达到排油压力，就防止了压力突变。柱塞腔内压力变化情况与图3-42(b)相同。

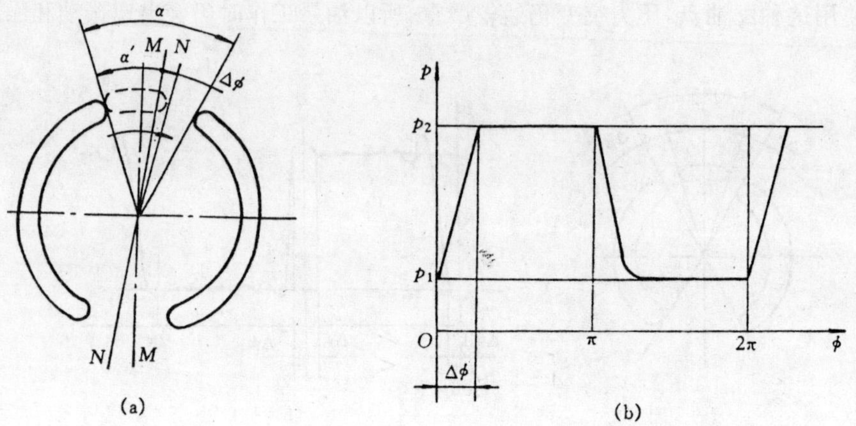

图 3-42 不带卸荷槽的非对称配油盘及柱塞腔内压力变化

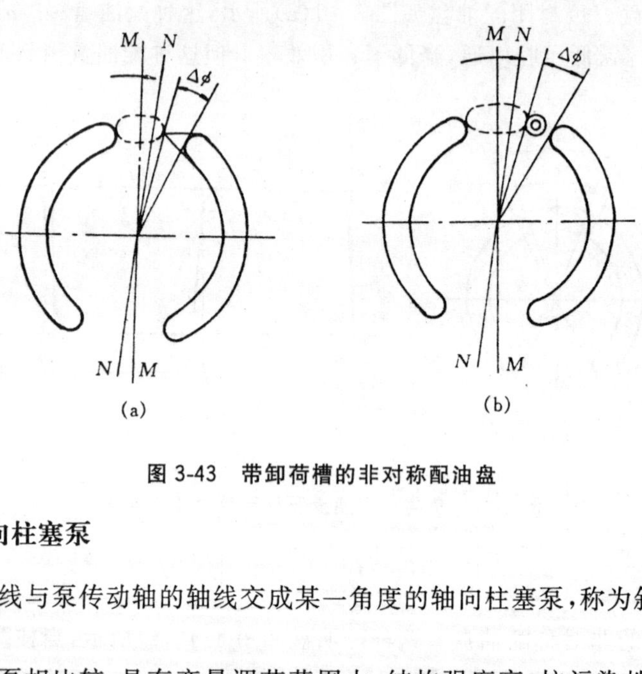

图 3-43 带卸荷槽的非对称配油盘

3.4.2 斜轴式轴向柱塞泵

柱塞缸体的轴线与泵传动轴的轴线交成某一角度的轴向柱塞泵，称为斜轴式轴向柱塞泵，简称斜轴泵。

斜轴泵与斜盘泵相比较，具有变量调节范围大，结构强度高，抗污染性能好，寿命长等优点。它的缺点是结构尺寸大、结构复杂等。

斜轴式轴向柱塞泵主要有两种形式：即双铰泵和无铰泵。

(1)双铰泵

双铰泵的工作原理如图 3-44 所示。它采用两个单万向铰串联连接方式(见图中 2)，带动缸体旋转。当传动轴 1 端部的主轴盘旋转时，通过双万向铰 2 带动柱塞缸体 3 旋转。同时，主轴盘通过连杆 4 带动柱塞 5 往复运动，经过配油盘 6 进行吸、排油。

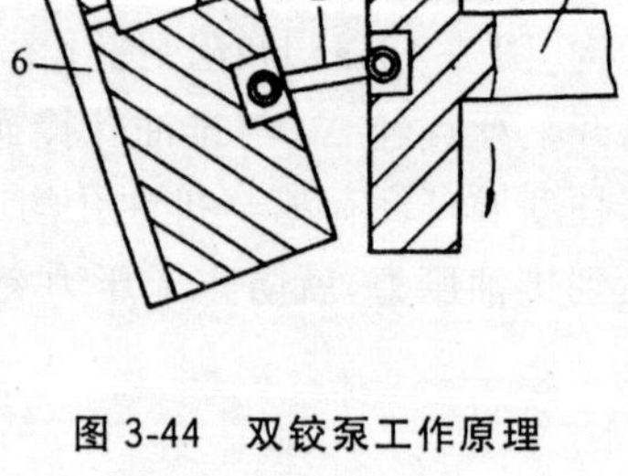

图 3-44 双铰泵工作原理

双铰泵的双铰带动缸体旋转时，只用来克服缸体与配油盘间摩擦力矩，有效力矩是靠连杆受力来完成的。由于双铰泵结构复杂，制造加工精度要求高等，目前生产和应用很少。在双铰泵的基础上，又设计制造出了无铰泵。

(2)无铰泵

无铰泵的工作原理如图 3-45 所示。缸体通过中心销轴 5 支承在壳体 6 内，连杆 2 的一端与传动轴 1 端部主轴盘铰接，另一端的球头装在柱塞 3 内。当传动轴 1 旋转时，连杆 2 的侧面与柱塞内壁接触并通过柱塞带动缸体转动。同时，柱塞在缸体的柱塞孔中作往复运动，通过配油盘 7 进行吸油和排油。

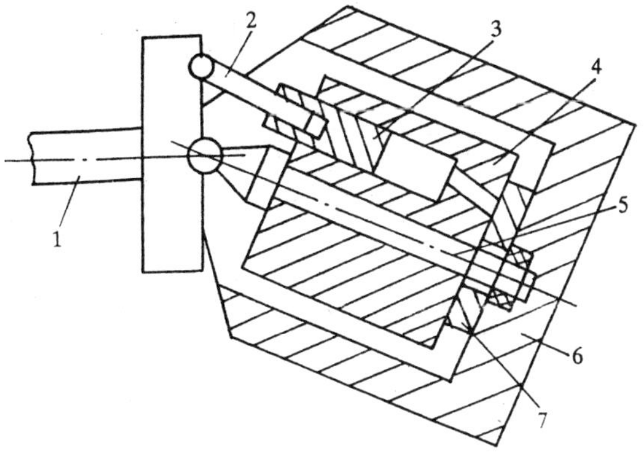

图 3-45　无铰泵工作原理

可见，无铰泵是传动轴通过连杆、柱塞带动缸体旋转，由连杆的锥形表面与柱塞内壁接触来传递扭矩的。

若改变柱塞缸体相对于传动轴的倾角大小，即可实现改变油泵的流量。因此，此种泵又称为摆缸泵。

图 3-46 为一种典型的无铰泵的实际结构。由图可见，其缸体 19 的中心线与传动轴 1 的轴线成一角度，故属于斜轴泵(或摆缸泵)。传动轴 1 旋转时通过柱塞副 3 带动缸体 19 绕中心轴 20 旋转，中心轴一端支承在传动轴 1 上，另一端支承在配油盘 18 上。碟形弹簧 21 和密封容积中液体压力使缸体 19 紧靠在配油盘 18 的端面上。这样，当传动轴带动缸体旋转时，柱塞既要围绕缸体中心线作圆周运动，又要在柱塞孔内作直线往复运动，使柱塞底部密封容积周期性地变化。配油盘的配油原理与斜盘泵相同，结构也类似，但属于球面配油盘，具有一定的自动定心作用。该泵的变量原理是，当拨销 11 在变量活塞 9 和 16 的作用下运动时，使配油盘 18 沿后壳 7 上的圆弧导轨面作上下运动，从而使缸体中心轴 20 与传动轴 1 的夹角改变，泵的排量乃至流量亦随之改变。后壳上有吸油口 S 和排油口 P，吸油口 S 和泵壳体中的空间相通。当密封容积由小变大(吸油)时，密封容积通过配油盘上的吸油孔、泵壳体中的空间和吸油口 S 相连；当密封容积由大变小(排油)时，便通过配油盘上的排油孔、圆弧导轨面上的长孔 B(C-C 剖面)而与排油口 P 相通。

斜轴泵(摆缸泵)的排量计算公式为

$$q_B=\frac{\pi}{4}d^2 zD\sin\gamma \tag{3-78}$$

式中　d——柱塞直径；

z——柱塞数目；

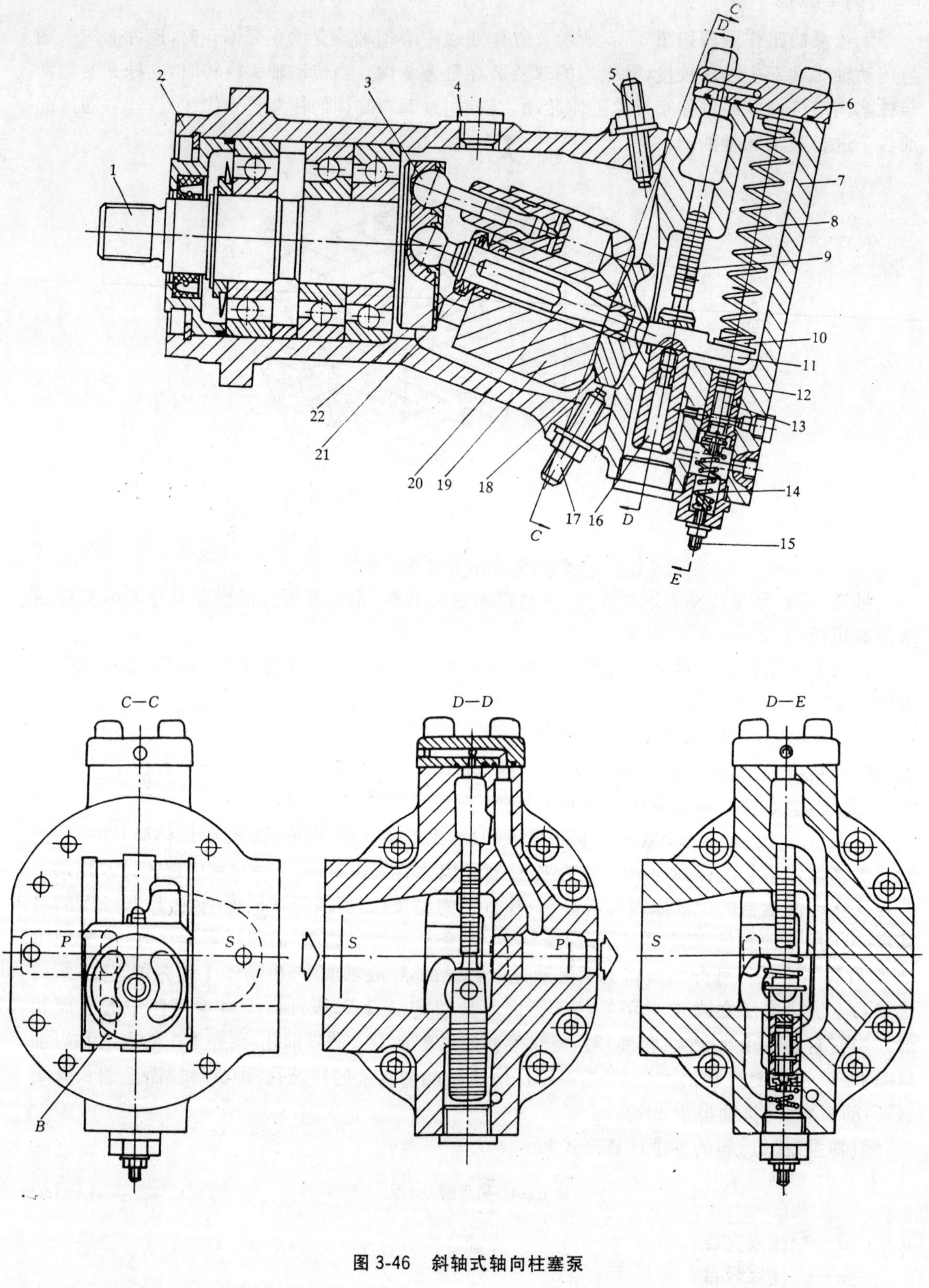

图 3-46 斜轴式轴向柱塞泵

D——主轴盘上柱塞球铰分布圆的直径；

γ——缸体(或传动轴)倾角。

其理论流量为

$$Q_{Bt}=q_B n_B=\frac{\pi}{4}d^2 zDn_B\sin\gamma \tag{3-79}$$

式中　n_B——传动轴转速。

其实际流量为

$$Q_B=Q_{Bt}\eta_{Bv}=\frac{\pi}{4}d^2 zDn_B\sin\gamma\eta_{Bv} \tag{3-80}$$

式中　η_{Bv}——泵的容积效率。

每一柱塞的瞬时流量 Q_{Bi}'为

$$Q_{Bi}'=Av_i=\frac{\pi}{4}d^2 R\omega\sin\gamma\sin\phi \tag{3-81}$$

式中　v_i——斜轴泵柱塞相对于缸体的线速度，$v_i=R\omega\sin\gamma\sin\phi$；

R——主轴盘球铰分布圆半径；

ω——主轴盘转动角速度；

γ——缸体(或主轴)倾角；

ϕ——柱塞位置角；

A——柱塞面积，$A=\frac{\pi}{4}d^2$；

d——柱塞直径。

斜轴泵的瞬时流量为

$$\begin{aligned}Q_B' &= \sum_{i=1}^{k}Q_{Bi}' = Q_{B1}'+Q_{B2}'+Q_{B3}'+\cdots+Q_{Bi}'\\ &=\frac{\pi}{4}d^2R\omega\sin\gamma\{\sin\phi_1+\sin(\phi_1+\alpha)+\sin(\phi_1+2\alpha)+\\ &\quad\cdots+\sin[\phi_1+(i-1)\alpha]\}\end{aligned} \tag{3-82}$$

式中　ϕ_1——离上死点最近的排油柱塞的位置角；

α——相邻两柱塞间隔角；

k——同时处于排油区的柱塞数目。

若令式(3-82)中的$\frac{\pi}{4}d^2R\omega\sin\gamma=H$，则式(3-82)可写为

$$Q_B' = H\sum_{i=1}^{k}\sin\phi_i \tag{3-83}$$

可见，斜轴泵瞬时流量是按正弦规律脉动的。

3.5　径向柱塞泵

径向柱塞泵是指柱塞的轴线垂直于传动轴轴线(或柱塞轴向沿传动轴的径向方向布置)的柱塞泵。按柱塞数目不同，径向柱塞泵可分为单柱塞泵、三柱塞泵(卧式柱塞泵)和多柱塞泵三种。若按柱塞安装位置不同，径向柱塞泵可分为两种结构：一种是柱塞装在固定的缸孔内，柱塞只作往复运动，采用配油阀配油，如单柱塞泵和卧式柱塞泵；另一种是柱塞沿转子径向装在

转子缸孔中，柱塞一方面随转子作圆周运动，另一方面还要作往复运动，通常采用配油轴配油。

3.5.1 单柱塞泵

(1)工作原理

常用的单柱塞泵结构比较简单，对柱塞的驱动方式有曲柄连杆机构[见图 3-47(a)]和偏心轮机构[见图 3-47(b)]两种。曲柄或偏心轮转一转，通过连杆或弹簧，使柱塞在缸孔中往复运动一次，经吸、排油阀进行吸、排油。该泵吸、排油方向不会改变，另外传动轴转一转，泵的排量也无法调节，故通常为单向定量泵。

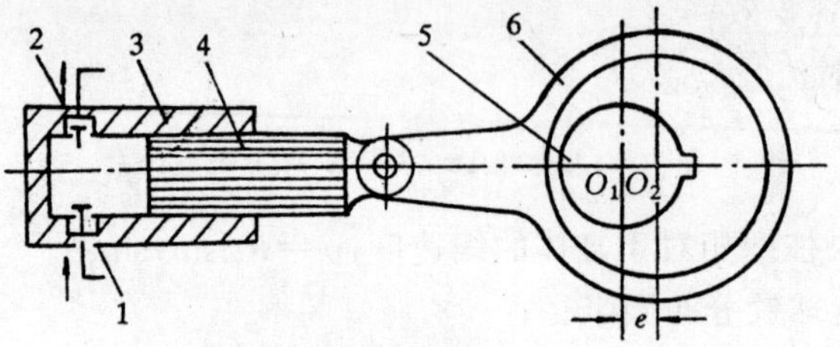

(a) 连杆式径向柱塞泵

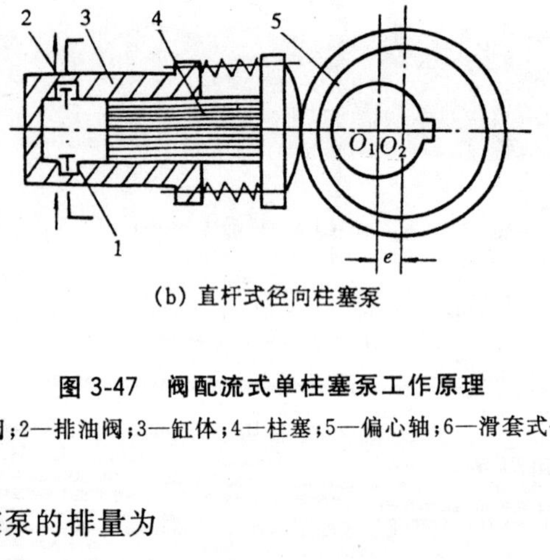

(b) 直杆式径向柱塞泵

图 3-47 阀配流式单柱塞泵工作原理

1—吸油阀；2—排油阀；3—缸体；4—柱塞；5—偏心轴；6—滑套式偏心连杆

(2)流量计算

① 平均流量。单柱塞泵的排量为

$$q_B=\frac{\pi}{4}d^2 2e=\frac{\pi}{2}d^2 e \tag{3-84}$$

式中 d——柱塞直径；

e——曲柄半径或偏心距。

单柱塞泵的理论流量和实际流量分别为

$$Q_{Bt}=q_B n_B=\frac{\pi}{2}d^2 e n_B \tag{3-85}$$

$$Q_B=Q_{Bt}\eta_{Bv}=\frac{\pi}{2}d^2 e n_B \eta_{Bv} \tag{3-86}$$

式中 n_B——传动轴转速；

η_{Bv}——泵的容积效率。

② 瞬时流量。曲柄连杆式单柱塞泵瞬时流量计算如图3-48所示。当曲柄沿图示方向转

动时，若铰接点处于位置 A(排油的起始位置)时，柱塞在位置 A'处。当曲柄转过任意角度 ϕ 到达位置 B 时，柱塞移到 B'位置。那么，柱塞产生的位移为

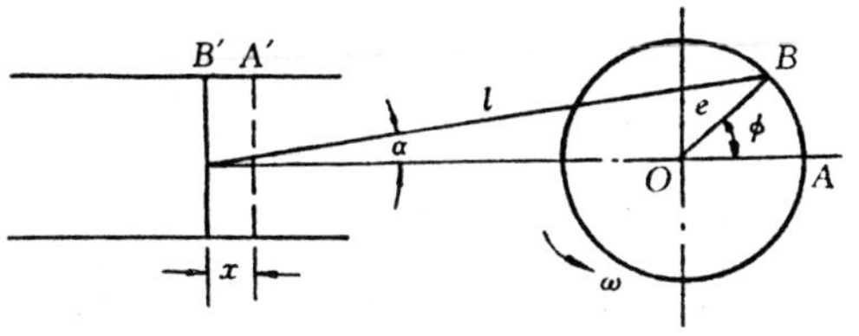

图 3-48 曲柄连杆单柱塞泵瞬时流量计算

$$x=(l\cos\alpha-e\cos\phi)-(l-e)=e(1-\cos\phi)-l(1-\cos\alpha) \quad (3\text{-}87)$$

式中 l——连杆长度；

α——连杆与柱塞轴线夹角；

e——曲柄半径；

ϕ——位置角。

由于 l 较大，α 较小，故 $\cos\alpha\approx1$。所以式(3-87)可近似写为

$$x\approx e(1-\cos\phi) \quad (3\text{-}88)$$

偏心轮式单柱塞泵瞬时流量计算如图3-49所示。柱塞位移为

$$x=e-e\cos\phi=e(1-\cos\phi)$$

可见，偏心轮式和曲柄连杆式单柱塞泵位移表达式是近似相同的。

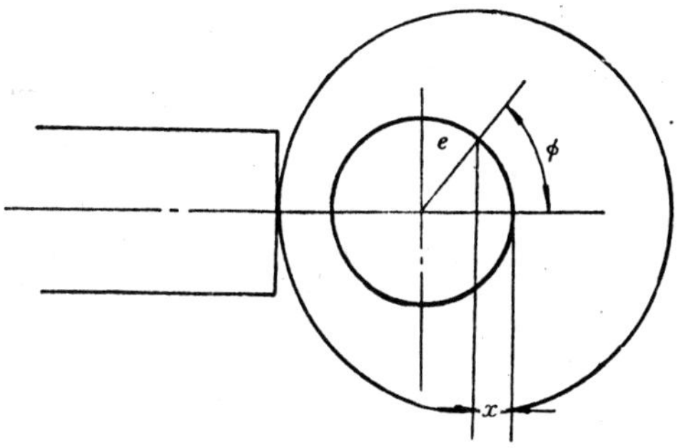

图 3-49 偏心轮单柱塞泵瞬时流量计算

柱塞的瞬时速度为

$$v'=\frac{dx}{dt}=\frac{dx}{d\phi}\frac{d\phi}{dt}=e\omega\sin\phi \quad (3\text{-}89)$$

式中 ω——传动轴角速度。

单柱塞泵的瞬时流量为

$$Q_B'=\frac{\pi}{4}d^2\omega e\sin\phi \quad (3\text{-}90)$$

式中 d——柱塞直径。

可见，单柱塞泵瞬时流量脉动比较严重，是按正弦曲线规律变化的。在 $\phi=0\sim\pi$ 间为排油阶段，在 $\pi\sim2\pi$ 间为吸油阶段。当 $\phi=\frac{\pi}{2}$时，单柱塞泵瞬时排油流量最大，即

$$Q'_{Bmax}=\frac{\pi}{4}d^2\omega e \quad (3\text{-}91)$$

当 $\phi=0$(或 π)时，泵瞬时排油流量最小，即

$$Q'_{Bmin}=0 \quad (3\text{-}92)$$

单柱塞泵的流量脉动系数求法与斜盘泵相同。

由于单柱塞泵流量较小，脉动较大，当采用单柱塞泵不能满足要求时，可采用缸体平行并列的三柱塞泵，即卧式柱塞泵。

3.5.2 卧式柱塞泵

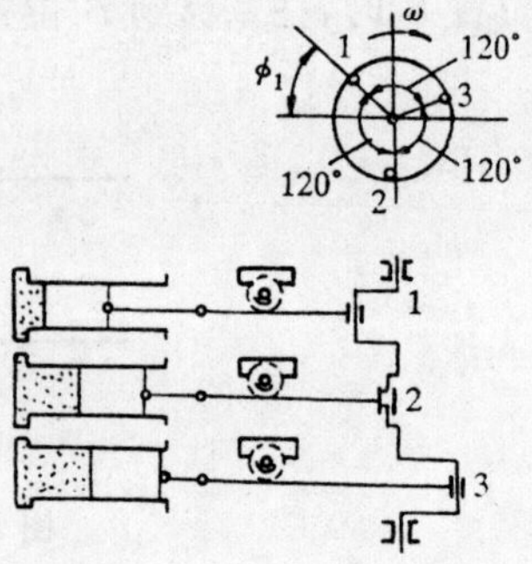

图 3-50 卧式柱塞泵工作原理

卧式柱塞泵的工作原理如图3-50所示。平行并列安装的三个柱塞，用一根曲轴(曲轴的曲柄互成 120°)通过连杆带动作往复伸缩运动，进行吸油和排油。综采工作面液压支架系统用的乳化液泵就属于该种形式的泵。

这种泵在每一个工作瞬间内至少有一个柱塞，最多有两个柱塞处于排油(或吸油)过程。卧式柱塞泵与单柱塞泵相比，其优点是：柱塞几何尺寸相同的情况下排量大，因为有三个柱塞工作；另外大大减小了流量脉动系数，因为卧式柱塞泵的瞬时流量曲线是三条互成 120°相位角的单柱塞泵正弦瞬时流量曲线的叠加，这样就大大减小了流量脉动，如图 3-51 所示。

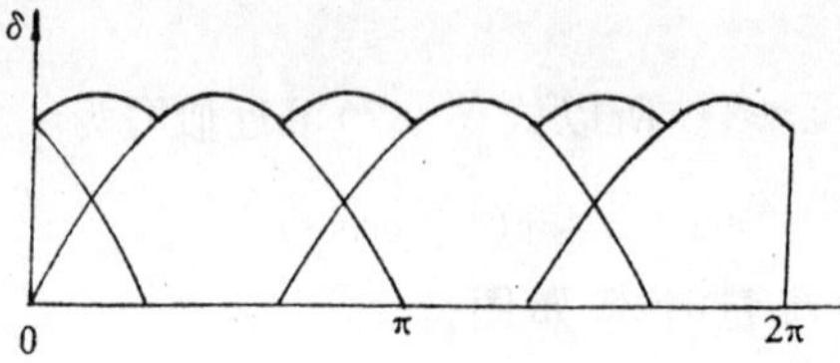

图 3-51 卧式柱塞泵的瞬时流量

3.5.3 柱塞装在转子中的径向柱塞泵

(1)工作原理

这种泵的工作原理如图 3-52 所示，它由定子 4，转子 2，配油轴 5，衬套 3 和柱塞 1 等主要零件组成。补套 3 和转子 2 压配成一体，转子 2 与定子 4 中心不重合，存在偏心距 e。配油轴

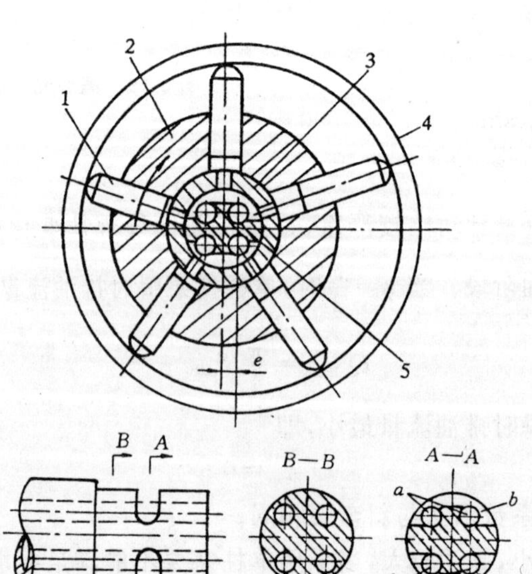

图 3-52 径向柱塞泵工作原理

5 与转子 2 同心，但不转动。配油轴上的隔挡正好位于转子和定子的连心线上，将其吸、排油腔隔开。转子 2 的径向均布有若干个柱塞孔，每个孔中装有柱塞 1。

当转子沿图示方向(顺时针)转动时，柱塞在上半周范围内，柱塞随转子作圆周运动同时，还要在离心力的作用下逐渐伸出，柱塞底部的密封容积逐渐增大，形成局部真空，通过配油轴的吸油孔吸油；当柱塞转至下半周范围内，柱塞随转子作圆周运动同时，还要在定子迫使下逐渐收缩，柱塞底部密封容积的油液受挤压，通过配油轴的排油孔排油。当柱塞处于定子与转子连心线位置时，因柱塞底腔被配油轴隔挡封住，故既不吸油，也不排油。

由此可见，转子每转一转，每个柱塞均吸油一次，排油一次。若转子连续转动，泵就可实现连续吸、排油。

这种泵在结构尺寸确定后，其排量取决于定子与转子的偏心距大小，即改变偏心距 e，就可改变泵的排量。若改变定子与转子的偏心方向或转子转向，即可改变泵的吸、排油方向。

(2)流量计算

① 平均流量。泵中每一个柱塞的排量与单柱塞泵完全相同，整个泵的排量为

$$q_B=\frac{\pi}{2}d^2ez \tag{3-93}$$

式中 d——柱塞直径；

e——转子与定子偏心距；

z——柱塞数目。

泵的理论和实际流量分别为

$$Q_{Bt}=q_Bn_B=\frac{\pi}{2}d^2ezn_B \tag{3-94}$$

$$Q_B=Q_{Bt}\eta_{Bv}=\frac{\pi}{2}d^2ezn_B\eta_{Bv} \tag{3-95}$$

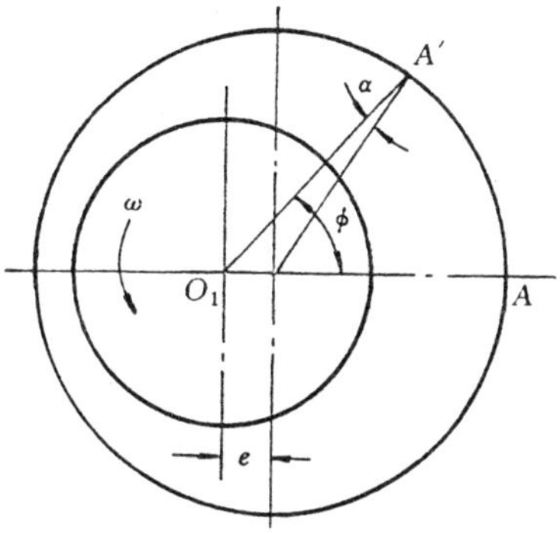

图 3-53 径向柱塞泵的瞬时流量

式中 n_B——传动轴转速；

η_{Bv}——泵的容积效率。

② 瞬时流量。见图 3-53，当柱塞由位置 A 转过任意角度 ϕ 到达位置 A' 的排油过程中，柱塞的径向位移为

$$x=AO_1-A'O_1=(R+e)-(R\cos\alpha+e\cos\phi)=e(1-\cos\phi)+R(1-\cos\alpha) \tag{3-96}$$

式中 R——定子半径；

e——定子与转子偏心距；

ϕ——柱塞位置角。

因 α 角很小，故上式可近似写为

$$x=e(1-\cos\phi) \tag{3-97}$$

柱塞的瞬时收缩速度为

$$v'=\frac{dx}{dt}=\frac{dx}{d\phi}\frac{d\phi}{dt}=\omega e\sin\phi \tag{3-98}$$

式中 ω——转子角速度。

泵的瞬时流量为

$$Q_B'=\sum_{i=1}^{k}Av'=\frac{\pi}{4}d^2\omega e\sum_{i=1}^{k}\sin\phi_i \tag{3-99}$$

式中 k——同时位于排油半周的柱塞数。

可见，这种泵瞬时流量变化规律与轴向柱塞泵完全相同。

以上介绍了液压泵的基本参数及其计算；液压系统常用液压泵的工作原理、结构及其特点、流量计算、性能分析等。为使用和查找方便，现将常用液压泵的性能及特点列于表 3-4 中；液压泵的基本参数计算公式列于表 3-5 中；常用液压泵的排量计算公式列于表 3-6 中。

表 3-4 常用液压泵的性能及特点

性能	外啮合齿轮泵	双作用叶片泵	限压式变量叶片泵	径向柱塞泵	轴向柱塞泵	螺杆泵
输出压力	低压	中压	中压	高压	高压	低压
流量调节	不能	不能	能	能	能	不能
效率	低	较高	较高	高	高	较高
输出流量脉动	很大	很小	一般	一般	一般	最小
自吸特性	好	较差	较差	差	差	好
对油的污染敏感性	不敏感	较敏感	较敏感	很敏感	很敏感	不敏感
噪声	大	小	较大	大	大	最小

表 3-5 液压泵的基本参数计算公式

理论流量	$Q_{Bt}=q_Bn_B=\frac{Q_B}{\eta_{Bv}}$	附注： 1. 表中功率公式适用于吸油腔压力为零的情况。 2. 若液压泵吸油腔压力不为零时，输出功率 $N_{Bo}=p_BQ_B$ 不变，而理论功率应为 Δp_BQ_{Bt}，输入功率应为 $\Delta p_BQ_{Bt}/\eta_{Bm}$，输入扭矩应为 $\Delta p_BQ_{Bt}/\eta_{Bm}\omega_B$。
实际流量	$Q_B=q_Bn_B\eta_{Bv}=Q_{Bt}-\Delta Q_B$	
理论功率	$N_{Bt}=p_BQ_{Bt}=M_{Bt}\omega_B=N_{Bi}\eta_{Bm}=\frac{N_{Bo}}{\eta_{Bv}}$	
输出功率	$N_{BD}=p_BQ_B=p_BQ_{Bt}\eta_{Bv}$	
输入功率	$N_{Bi}=M_B\omega_B=\frac{N_{Bt}}{\eta_{Bm}}=\frac{N_{BD}}{\eta_{Bm}\eta_{Bv}}$	
输入扭矩	$M_B=\frac{N_{Bi}}{\omega_B}=\frac{N_{Bi}}{2\pi n_B}$	
容积效率	$\eta_{Bv}=\frac{Q_B}{Q_{Bt}}=1-\frac{\Delta Q_B}{Q_{Bt}}=\frac{N_{Bo}}{N_{Bt}}=\frac{\eta_B}{\eta_{Bm}}$	
机械效率	$\eta_{Bm}=\frac{N_{Bt}}{N_{Bi}}=\frac{\eta_B}{\eta_{Bv}}$	
总效率	$\eta_B=\frac{N_{Bo}}{N_{Bi}}=\eta_{Bv}\eta_{Bm}$	

表 3-6 液压泵排量计算公式

液压泵类型		几何排量	注释
齿轮泵	外啮合	$q_B=2\pi m^2zB$	m——模数 z——齿数 B——齿宽
	摆线转子	$q_B=\pi(\rho_1^2-\rho_2^2)B$	ρ_1——外转子齿根圆半径 ρ_2——内转子齿根圆半径 B——转子宽度

续表 3-6

液压泵类型		几何排量	注释
叶片泵	单作用	$q_B=4Be\left(\pi R-\frac{\delta z}{\cos\theta}\right)$	B——转子宽度 e——偏心距 R——定子半径 δ——叶片厚度 θ——叶片倾角 z——叶片数目
	双作用	$q_B=2B(R-r)\left[\pi(R+r)-\frac{bz}{\cos\phi}\right]$	R——定子长半径 r——定子短半径 ϕ——叶片倾角 b——叶片厚度 B——转子宽度
轴向柱塞泵	直轴式	$q_B=\frac{\pi}{4}d^2Dz\tan\delta$	d——柱塞直径 D——柱塞分布圆直径 z——柱塞数目 δ——斜盘倾角
	斜轴式	$q_B=\frac{\pi}{4}d^2Dz\sin\gamma$	D——柱塞球铰分布圆直径 γ——缸体倾角 其他与直轴式相同
径向柱塞泵	单柱塞泵	$q_B=\frac{\pi}{2}d^2e$	d——柱塞直径 e——偏心距
	柱塞装在转子中的泵	$q_B=\frac{\pi}{2}d^2ez$	d——柱塞直径 e——偏心距 z——柱塞数目

思考题与习题

3-1　液压泵正常工作必须具备哪几个基本条件？

3-2　液压泵的工作压力取决于什么？它对泵的理论流量、实际流量有无影响？为什么？

3-3　解释如下概念：单向泵、双向泵；定量泵、变量泵；油泵的容积效率、机械效率、总效率；油泵的最高压力、额定压力、工作压力；输入功率、理论功率、输出功率；排量、理论流量、实际流量、泄漏流量；单作用和双作用叶片泵；直轴式和斜轴式轴向柱塞泵。

3-4　说明齿轮泵、叶片泵、柱塞泵的工作原理。

3-5　何谓油泵的困油现象？齿轮泵的困油现象是怎样产生的？有何危害？如何克服？

3-6　齿轮泵的泄漏有哪些途径？如何克服泄漏？

3-7　齿轮泵径向不平衡的力是如何产生的？怎样克服？

3-8　叶片泵的叶片安装方式有哪几种？各有什么优缺点？

3-9　斜盘泵的中心弹簧有何作用？

3-10　双作用叶片泵定子过渡曲线通常有哪几种？各有什么特点？

3-11　哪种形式配油盘的斜盘泵会产生困油现象？是怎样产生的？如何克服？

3-12　齿轮泵、叶片泵、柱塞泵的瞬时流量脉动大小与什么因素有关？泵的流量脉动有何危害？

3-13　斜盘泵的柱塞受哪些力的作用？各力产生的原因是什么？方向如何？

3-14　选择题

(1)若改变油泵的转速可以改变油泵的：a. 排量；b. 工作压力；c. 排油方向；d. 流量。

(2)油泵的理论流量取决于油泵的：a. 机械效率；b. 外负载；c. 转速；d. 工作压力。

(3)双作用叶片泵采用偶数叶片，目的是：

a. 改善轴承受力；b. 便于加工制造；c. 减小流量脉动；d. 增大泵的强度。

(4)一转速为 n，容积效率为 η_v 的油泵，其实际流量为 Q，则泵的排量为：

a. $\frac{Q\eta_V}{n}$；b. $\frac{Q}{n\eta_V}$；c. $\frac{Qn}{\eta_V}$；d. $Qn\eta_V$。

(5)油泵的职能符号

a. 只能反映出泵的结构形式，而反映不出职能作用；

b. 只能反映出泵的职能作用，而反映不出结构形式；

c. 既能反映出泵的职能作用，又能反映其结构形式。

(6)斜盘泵的理论流量与下列因素成正比：

a. 斜盘倾角；b. 容积效率；c. 斜盘倾角正切值；d. 外负载。

3-15　简述斜盘泵的结构特点，并推导出该种泵的理论流量计算公式。

3-16　某液压泵排量 q 为 150mL/r，转速 n 为 960r/min，机械效率和容积效率均为 0.9，若其出口压力表读数为 10MPa，试求其输出功率，理论功率和输入功率及输入扭矩。

3-17　某液压泵排量为 10mL/r，额定工作压力为 10^7Pa，转速为 1500r/min，泄漏系数为 $\lambda_B=2.5\times10^{-6}$mL/Pa·s，机械效率为 0.9，试求

(1)输出流量；

(2)容积效率；

(3)总效率；

(4)理论功率、输出功率、输入功率；

(5)理论扭矩和输入扭矩。

3-18　某液压泵额定工作压力为 10^7Pa，几何排量为 12mL/r，理论流量为 24L/min，容积效率为 0.9，机械效率为 0.8。试求：

(1)转速和角速度；

(2)输出和输入功率；

(3)液压泵输入轴上的扭矩。

3-19　齿轮泵转速为 1200r/min，理论流量为 16.286L/min，齿数 $z=8$，齿宽 $B=30$mm，机械效率和容积效率均为 0.9，工作压力为 50×10^5Pa。试求：

(1)模数 m；

(2)输出功率；

(3)输入功率。

3-20　某变量叶片泵转子外径 $d=83$mm，定子内径 $D=89$mm，叶片宽度 $B=30$mm，试

求：

(1)叶片泵排量为16mL/r时的偏心距e；

(2)叶片泵最大可能的排量q_{Bmax}。

3-21　某直轴式轴向柱塞泵柱塞分布圆半径R=30mm，斜盘最大倾角β_{max}=18°，柱塞直径d=12mm，柱塞数z=7，斜盘泵转速n_B=1500r/min。试求：

(1)最大排量；

(2)实际输出流量的最大值(η_{Bv}=0.9)；

(3)柱塞相对缸体的最大速度。

3-22　斜盘泵的柱塞数z=9，柱塞直径d=16mm，其分布圆直径D=125mm，容积效率η_{Bv}=0.95，机械效率η_{Bm}=0.9，工作压力为150×10^5Pa，输出流量Q_B=90L/min，泵转速n_B=1500r/min。试求：

(1)斜盘泵的斜盘倾角β；

(2)斜盘泵的理论功率N_{Bt}；

(3)斜盘泵的输入功率N_{Bi}；

(4)斜盘泵的输入扭矩M_{Bi}。

第4章 液压马达

液压马达是将液体的压力能转换成旋转运动机械能的转换元件。液压马达能起到与电动机相类似的作用,所不同的是,在液压系统中,它是靠输入的压力油产生转矩,实现连续旋转运动,驱动工作机构作功。所以,液压马达在液压系统中,又属于液压执行元件。

4.1 概 述

4.1.1 液压马达与液压泵比较

液压马达与液压泵的相同之处在于,二者均为能量转换元件。从原理上讲,在一定条件下,液压马达和液压泵具有可逆性。所以,同一种结构形式的液压马达和液压泵从结构上基本是相同的。

由于液压马达和液压泵性能要求及工作条件不同,二者之间仍有许多不同的地方,主要体现在以下几点。

① 功用完全不同。液压泵是将输入的机械能(转矩和转速)转换为液压能(压力和流量)的转换元件,它是向液压系统提供具有一定压力和流量工作液体的动力油源。液压马达是将液压泵所提供的液压能(压力和流量)转换成旋转运动的机械能(转矩和转速)的转换元件,它是液压系统中一种执行元件。可见,液压马达与液压泵相比,在功能作用上是有本质区别的。

② 转向要求不同。对液压马达来说,必须能实现正、反转的双向运转。因此,要求液压马达的结构必须对称。液压泵通常可单方向旋转,故在结构上不一定有对称要求。

③ 自吸性能的要求不同。由于液压泵是吸入低压液体,排出高压液体,故必须具有良好的吸油性能(当然要防止因吸油腔压力过低而产生气穴现象)。液压马达输入的是高压液体,故不必具备自吸能力。

④ 初始密封性能要求不同。由于液压马达属于先输入高压液体、后产生转矩,因此为提供必要的启动转矩,保证液压马达正常运转,要求液压马达在启动之前必须具有良好的密封性能,即具有良好的初始密封条件。由于液压泵属于先输入转矩,后吸、排油,尽管液压泵启动前密封性能差些,液压泵启动后密封性能马上会得到补偿。因此,对液压泵的初始密封性能可不作要求。

⑤ 转速要求不同。液压马达为液压系统中的执行元件,所以要求它能在较大转速范围内转速可进行调节,并要求在较低转速时不产生爬行现象。液压泵通常是在电动机带动下,高速稳定(转速不变)运转。

4.1.2 液压马达的基本参数及其计算

液压马达的基本参数有压力、排量、流量、转矩、效率、转速和功率等。

(1)压 力

液压马达的压力主要包括入口压力(工作压力),记为 p_M;出口压力(回油压力或称背压),

记为 p_M'；压力差(指入口与出口的压力差)，记为 Δp_M($\Delta p_M = p_M - p_M'$)。压力的单位常用 Pa(帕斯卡)。

(2)排　量

液压马达的排量定义与泵相似，即在不考虑泄漏情况下，推动马达输出轴转一转所需的供油体积(马达进液腔或回液腔容积变化量)，记为 q_M。它只取决于马达的结构原理和几何尺寸，而与载荷工况无关。排量的常用单位为 m^3/r，L/r。

(3)流　量

液压马达的平均流量是指推动马达输出轴旋转作功，在单位时间内所需的供油体积，通常单位为 m^3/s，L/s，L/min，mL/min 等。

液压马达的平均流量亦包括理论流量、泄漏流量和实际流量三种形式。

液压马达的理论流量是指在没有泄漏情况下的平均流量，通常记为 Q_{Mt}。若液压马达转速 n_M 根据工作机构要求确定后，液压马达的理论流量为

$$Q_{Mt} = q_M n_M \tag{4-1}$$

液压马达泄漏流量是指在压力差 Δp_M 作用下，经各缝隙中损失的流量，记为 ΔQ_M。它大体上与压力差成正比，即

$$\Delta Q_M \approx L \Delta p_M \tag{4-2}$$

式中　L——泄漏系数；

Δp_M——马达压力差。

液压马达的实际流量是指在考虑马达泄漏的实际工作情况下，所需实际输入的平均流量，记为 Q_M。

液压马达的理论流量、泄漏流量和实际流量三者间关系为

$$Q_M = Q_{Mt} + \Delta Q_M \tag{4-3}$$

显然，$Q_M > Q_{Mt}$(这一点与泵是相反的)。

液压马达理论流量、泄漏流量、实际流量随压力差的变化关系见图 4-1 所示。

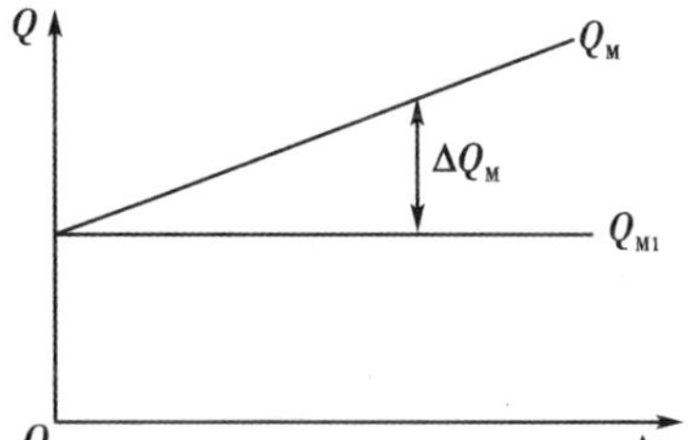

图 4-1　液压马达理论流量、泄漏流量、实际流量与压力差关系

(4)平均转矩

液压马达平均输出转矩包括理论转矩 M_t，摩擦损失转矩 ΔM 和实际转矩 M。转矩的单位为 Nm。

所谓理论转矩是指在不考虑马达摩擦损失情况下的平均输出转矩。若假设液压马达回油背压 $p_M'=0$，则输入的压力油推动马达输出轴转一转所作的功为

$$A_{入} = p_M q_M \tag{4-4}$$

式中　p_M——马达输入液体的压力；

q_M——马达的排量。

液压马达输出轴转一转，输出的功为

$$A_{出} = M_{Mt} 2\pi \tag{4-5}$$

根据输入功与输出功相等的原则，得

$$M_{Mt}=\frac{1}{2\pi}p_M q_M \tag{4-6}$$

考虑到液压马达回油不为零的情况，上式可写为

$$M_{Mt}=\frac{1}{2\pi}\Delta p_M q_M \tag{4-7}$$

式中 Δp_M——马达进、出油口的压力差；

M_{Mt}——马达的理论转矩。

在式(4-7)中，若 Δp_M 用单位 Pa，q_M 用 m^3/r 单位，则 M_{Mt} 的单位为 N·m。

摩擦损失转矩 ΔM 主要是指液压马达在工作中，因机械摩擦和剪切流动摩擦所消耗的转矩。摩擦损失转矩的经验公式为

$$\Delta M_M \approx q_M(C_d \mu \omega_M + C_f \Delta p_M) \tag{4-8}$$

式中 q_M——马达的排量；

C_d——马达剪切流动摩擦损失转矩系数；

μ——液体动力黏度；

ω_M——马达角速度；

C_f——马达机械摩擦损失转矩系数；

Δp_M——马达进、出油口的压力差。

液压马达的实际转矩是指在考虑马达摩擦损失实际工作情况下的平均输出转矩。很明显，液压马达的实际转矩应写为

$$M_M = M_{Mt} - \Delta M_M \tag{4-9}$$

(5)效　率

同液压泵相类似，液压马达的效率是表征液压马达在能量转换过程中功率损耗的一个系数，可用 η_M 表示。液压马达也包括容积效率 η_{Mv} 和机械效率 η_{Mm}。

液压马达的容积效率是指理论流量与实际流量之比，即

$$\eta_{Mv}=\frac{Q_{Mt}}{Q_M}=\frac{Q_M-\Delta Q_M}{Q_M}=1-\frac{\Delta Q_M}{Q_M}=1-\frac{L\cdot \Delta p_M}{Q_{Mt}+L\cdot \Delta p_M} \tag{4-10}$$

式中 Q_{Mt}——马达理论流量；

Q_M——马达实际流量；

ΔQ_M——马达泄漏流量；

L——泄漏系数；

Δp_M——马达压力差。

液压马达的机械效率是实际转矩(或输出功率)与理论转矩(或理论功率)之比，即

$$\eta_{Mm}=\frac{M_M}{M_{Mt}}=\frac{N_M}{N_{Mt}} \tag{4-11}$$

式中 $M_M(N_M)$——实际转矩(或输出功率)；

$M_{Mt}(N_{Mt})$——理论转矩(或理论功率)。

由式(4-11)可得

$$M_M = M_{Mt}\eta_{Mm}=\frac{1}{2\pi}\Delta p_M q_M \eta_{Mm} \tag{4-12}$$

液压马达的总效率等于容积效率与机械效率的乘积，即

$$\eta_M = \eta_{Mv}\eta_{Mm} \tag{4-13}$$

液压马达的总效率也可定义为输出功率与输入功率之比，即

$$\eta_M=\frac{N_M}{N_{Mi}} \tag{4-14}$$

式中　N_M——马达输出功率；

N_{Mi}——马达输入功率；

η_M——马达总效率。

值得说明的是，式(4-13)是在马达背压 $p_M'=0$ 时成立；若 $p_M'>0$，则 $\eta_M\neq\eta_{Mv}\eta_{Mm}$，应为

$$\eta_M=\eta_{Mv}\eta_{Mm}\eta_{Mp} \tag{4-15}$$

式中　η_{Mp}——液压马达的压力效率(或对压力的利用率)，$\eta_{Mp}=\frac{\Delta p_M}{p_M}$。

(6)转　速

液压马达的平均转速包括理论转速和实际转速。

理论转速是指在不考虑泄漏情况下，实际输入流量产生的转速，即

$$n_{Mt}=\frac{Q_M}{q_M} \tag{4-16}$$

式中　Q_M——实际流量；

q_M——排量；

n_{Mt}——理论转速。

实际转速是在考虑泄漏情况下，理论流量产生的转速，即

$$n_M=\frac{Q_M\eta_{Mv}}{q_M}=\frac{Q_{Mt}}{q_M} \tag{4-17}$$

式中　Q_{Mt}——理论流量；

η_{Mv}——容积效率；

n_M——实际转速。

由式(4-17)可见，只要改变马达的实际输入的流量 Q_M，或者改变马达的排量 q_M，就可以改变马达的输出转速 n_M，这就是对马达实现调速的理论根据。

(7)功　率

液压马达的功率也包括理论功率、输入功率和输出功率。

理论液压功率是指理论流量所对应的液压功率，即

$$N_{Mt}=p_MQ_{Mt}=p_MQ_M\eta_{Mv}=N_{Mi}\eta_{Mv} \tag{4-18}$$

式中　p_M——马达输入液体压力；

Q_{Mt}——马达理论流量；

Q_M——马达实际流量；

η_{Mv}——马达容积效率；

N_{Mt}——马达理论功率；

N_{Mi}——马达输入功率。

理论机械功率是指理论转矩对应下的机械功率，即

$$N_{Mt}=M_{Mt}\omega_M=\frac{M_M}{\eta_{Mm}}\omega_M=\frac{N_M}{\eta_{Mm}} \tag{4-19}$$

式中　ω_M——马达角速度；

M_{Mt}——马达理论转矩；

M_M——马达实际转矩；

N_M——马达输出功率；

η_{Mm}——马达机械效率。

马达的理论液压功率和理论机械功率也是等价的。

马达的输入功率是指实际输入液体所具有的液压功率，即

$$N_{Mi}=p_M Q_M=p_M\frac{Q_{Mt}}{\eta_{Mv}}=\frac{N_{Mt}}{\eta_{Mv}} \tag{4-20}$$

式中 p_M——马达输入压力；

Q_M——马达实际输入流量；

Q_{Mt}——马达理论流量；

N_{Mt}——马达理论功率；

N_{Mi}——马达输入功率；

η_{Mv}——马达容积效率。

液压马达的输出功率是指实际输出转矩所对应的机械功率，即

$$N_M=M_M\omega_M=M_{Mt}\eta_{Mm}\omega_M=N_{Mt}\eta_{Mm}=N_{Mi}\eta_{Mv}\eta_{Mm}=N_{Mi}\eta_M \tag{4-21}$$

应注意的是，当马达回油背压 $p_M'=0$ 时，利用式(4-21)计算马达输出功率是成立的。若 $p_M'>0$，说明马达的压力效率 $\eta_{Mp}<1$，故应利用下式计算马达输出功率。

$$N_M=\Delta p_M Q_M\eta_{Mv}\eta_{Mm} \tag{4-22}$$

式中 Δp_M——马达进、出口压力差。

4.1.3 液压马达分类

① 按结构形式不同可分为：齿轮马达（包括外啮合渐开线齿轮马达和内啮合摆线齿轮马达等），叶片马达（包括单作用叶片马达和双作用叶片马达等）和柱塞马达（包括轴向柱塞马达和径向柱塞马达两大类）。

② 按工作速度范围不同可分为：高速马达和低速马达两大类。一般认为，额定转速超过500r/min，称为高速马达；额定转速低于500r/min，称为低速马达。

高速马达主要包括齿轮马达、叶片马达和轴向柱塞马达。这类液压马达的优点是：转动惯量较小，便于启动、换向和制动；轴向柱塞马达还可实现无级调速。缺点是启动机械效率较低，低速稳定性较差。由于高速马达输出转矩较小，故又称高速小扭矩马达。通常，高速马达与同类型液压泵相比，在结构上是基本相似的。

低速液压马达主要包括曲轴连杆马达、静力平衡马达、内曲线径向柱塞式马达，以及摆线马达等。低速马达具有较好的低速稳定性，较高的启动机械效率；因此，可以直接和工作机构相连接，从而大大简化了机器的传动装置。通常低速液压马达的输出转矩较大，可达几千牛·米至几万牛·米，所以又称低速大扭矩液压马达。这种马达被广泛应用在重载高压系统中。这类液压马达的缺点是转动惯量大，制动较为困难。

③ 按作用次数不同可分为：单作用和多作用两种液压马达。若液压马达转子旋转一周，每个挤子往复工作一次者，称为单作用液压马达。转子旋转一周，每个挤子往复工作两次以上者，则称为多作用液压马达。

单作用液压马达主要包括齿轮液压马达、偏心叶片马达、轴向柱塞马达、曲轴连杆和静力平衡液压马达。一般说来，这种液压马达结构比较简单，工艺性较好，因而造价较低。但因为

是单作用，在相同性能参数下，比多作用马达的结构尺寸稍大些。而且，单作用液压马达在有限挤子数的影响下，输出转速的脉动较大，所以低速稳定性较差。另外，由于转子体难于实现完全的液压平衡，致使轴承载荷加大，有关表面磨损增加。

多作用液压马达主要包括同心叶片马达和内曲线径向柱塞式液压马达。一般说来，这种液压马达结构比较复杂，个别零件（如定子曲面）的加工比较困难，且需用较好的钢材，因而造价较高。但由于是多作用，只要有关结构参数选取合理，就可使液压马达的转速无脉动，从而使低速稳定性较好。另外，转子的径向力能够实现完全平衡，因而启动机械效率较高。

④ 按液压马达排量是否可调可分为：定量液压马达和变量液压马达。

⑤ 按机构运动学形式不同，液压马达可分为如下三大类：

以啮合原理工作的液压马达，如齿轮马达、摆线马达等；

以平面机构运动学工作的液压马达，如叶片马达、曲轴连杆马达、静力平衡马达和内曲线径向柱塞马达；

以空间机构运动学工作的液压马达，如各种轴向柱塞马达（包括斜盘式和斜轴式）。

4.1.4　液压马达的主要性能指标

液压马达的工作性能指标是在设计液压系统时选择液压马达的重要依据，因为它涉及能否满足所驱动的工作机械的使用要求。评价液压马达性能的指标较多，除规定的额定压力、排量、转矩、转速及效率以外，液压马达的性能指标主要还有以下几方面。

（1）启动性能

液压马达的启动性能如何主要用启动机械效率来描述。启动机械效率是指液压马达的启动输出转矩与同一压力差作用时正常运转工况下的理论输出转矩之比，即

$$\eta'_{\mathrm{Mm}}=\frac{M'_{\mathrm{M}}}{M_{\mathrm{Mt}}} \tag{4-23}$$

式中　M'_{M}——马达的启动转矩；

M_{Mt}——马达的理论转矩；

η'_{Mm}——马达的启动机械效率。

马达由静止状态启动时输出的转矩，称为启动转矩。通常，由于马达的启动转矩 M'_{M} 小于同一压力差作用时正常运转工况下的实际转矩 M_{M}；因此，马达的启动机械效率 η'_{Mm} 也小于正常运转时的机械效率 η_{Mm}。

液压马达的启动机械效率 η'_{Mm} 越大，表明液压马达的启动性能就越好。

（2）制动性能

当液压马达停止运转（马达的进、回液口被关闭）时，从理论上讲，马达输出轴应当完全不转动，但是，输出轴在外负载转矩作用下，将马达原进液腔中的液体经各运动副间缝隙慢慢挤出，并随之慢慢转动。输出轴的这种转动称为滑转。通常用额定转矩作用下输出轴的滑转值来表征马达的制动性能。显然，液压马达的滑转值愈小，其制动性能就愈好。

（3）工作平稳性

液压马达的瞬时输出转速和转矩的脉动性（不均匀），会造成液压马达工作不平稳。这种不平稳，可能引起马达低速爬行现象、系统压力脉动及振动和噪声等不良后果。

液压马达工作平稳性好坏，常常用转速和转矩不均匀系数 δ_n 和 δ_M 来描述，即

$$\delta_n=\frac{n'_{\max}-n'_{\min}}{n} \tag{4-24}$$

$$\delta_M=\frac{M'_{\max}-M'_{\min}}{M} \tag{4-25}$$

式中 $n'_{\max}$,$n'_{\min}$——马达最大、最小瞬时转速；

n——马达的平均转速；

$M'_{\max}$,$M'_{\min}$——马达最大、最小瞬时转矩；

M——马达的平均转矩。

显然，不均匀系数 δ_n 和 δ_M 愈小，马达的工作平稳性愈好。

(4)最低稳定转速

液压马达在额定负载作用下，不出现爬行(抖动或时转时停)现象的最低转速，称为最低稳定转速。

液压马达的最低稳定转速 $n_{\min}$ 愈低，表明可以工作的速度范围就愈大，性能就愈好。

通常，马达只有在低速时才可能发生爬行现象，产生这种现象的主要原因是：

① 摩擦阻力的数值不稳定；

② 瞬时输出转矩不均匀；

③ 泄漏流量大小不稳定。

一般说来，在相同输出功率下，液压马达的额定压力高、额定转速高、最低稳定转速低、回油背压低、容积效率和总效率高、转速脉动小、启动机械效率高、滑转值低、承受冲击负荷能力强、寿命长以及单位功率的重量小；就认为这个液压马达的性能优良。

目前液压马达能够达到的主要性能指标可查阅有关的手册和资料。

4.2 高速液压马达

常见的高速液压马达有外啮合齿轮马达、叶片马达和轴向柱塞马达等。它们的结构与同类型液压泵基本相同，但由于马达工作时的一些特殊要求，同类型的马达与泵相比在具体结构上仍有一些差别。

下面主要介绍几种高速液压马达的工作原理、基本参数计算、主要结构及其特点等。

4.2.1 外啮合齿轮马达

(1)基本工作原理

所谓液压马达的工作原理是指液压马达产生输出转矩的原理。齿轮马达的工作原理如图 4-2 所示。若上腔为进液腔，其压力为 p；下腔为回液腔，其压力为 $p'=0$。c 为两齿轮的啮合点，c 点至两齿轮齿根的距离分别为 a 和 b，全齿高为 h。由于 a 和 b 都小于 h，所以压力油作用在齿面上时，在两个齿轮上各有一个使它们产生转矩的作用力，分别为 F_1 和 F_2(在图中液压力平衡的部分未画出或未画箭头表示)。液压力 F_1 和 F_2 分别为

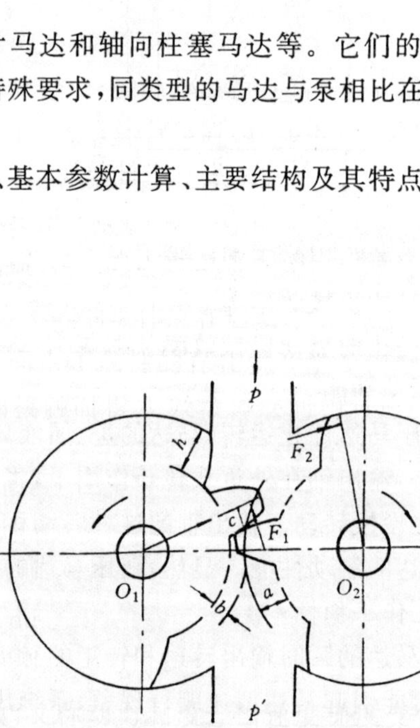

图 4-2 齿轮马达工作原理图

$$F_1 = pB(h-b) \tag{4-26}$$

式中　B——齿宽。

齿轮 O_1 在合力 F_1 所产生的力矩作用下，沿逆时针方向旋转，并将工作液体带到回液腔排出。

$$F_2 = pB(h-a) \tag{4-27}$$

齿轮 O_2 在合力 F_2 所产生的力矩作用下，沿顺时针方向旋转，并将工作液体带到回液腔排出。齿轮 O_2 所受的顺时针转矩是通过啮合点 c 传递给齿轮 O_1 的，与齿轮 O_1 所受的逆时针转矩合成在一起，输出给工作机构。

(2)基本参数计算

① 排量。齿轮马达排量计算方法与齿轮泵完全相同，即

$$q_M = 2\pi z m^2 B \tag{4-28}$$

式中　z——齿轮齿数；

m——齿轮模数；

B——齿宽。

② 输出转速。将式(4-28)代入式(4-17)可得齿轮马达的输出转速为

$$n_M = \frac{Q_M \eta_{Mv}}{2\pi z m^2 B} \tag{4-29}$$

式中　Q_M——马达实际流量；

η_{Mv}——马达容积效率；

n_M——马达输出转速。

③ 输出转矩。将式(4-28)代入式(4-12)可得齿轮马达输出转矩为

$$M_M = \Delta p_M z m^2 B \eta_{Mm} \tag{4-30}$$

式中　Δp_M——齿轮马达压力差；

η_{Mm}——齿轮马达机械效率。

上面计算的转速和转矩均为平均值，齿轮马达的瞬时转速和转矩要随啮合点位置的变化而变化，其变化规律与齿轮泵瞬时流量的变化规律相同。

(3)典型结构及特点

图 4-3 所示为国产 CM-F 型齿轮马达结构。与齿轮泵相比，在结构上的主要区别如下。

① 为保证齿轮马达正、反两个方向旋转时，工作性能不变，在结构上是对称的(如卸荷槽结构对称，进、出液口直径相等)。而齿轮泵，为减小不平衡的径向液压力，通常将排液口的直径做得比吸液口直径小，于是这种泵就成了单方向旋转的单向泵。

② 由于齿轮马达回油一般具有背压，故内部的泄漏不能像齿轮泵那样直接引到低压腔去，而设置有单独的泄漏口 e，将马达的泄漏液体单独引回油箱。

③ 为了减小齿轮马达的启动摩擦损失转矩，以提高启动机械效率，一般都采用了滚针轴承和固定间隙侧板。

④ 为减小齿轮马达的转矩脉动系数，齿轮马达的齿数通常都稍多于同类型齿轮泵的齿数。

图 4-3 所示的 CM-F 型齿轮马达，是榆次液压件厂生产的，以齿轮泵为基础的齿轮马达。尽管这种马达额定工作压力较高，但由于固定侧板不起端面间隙自动补偿作用，所以容积效率较低(通常 $\eta_{Mv}=0.81\sim0.85$)。

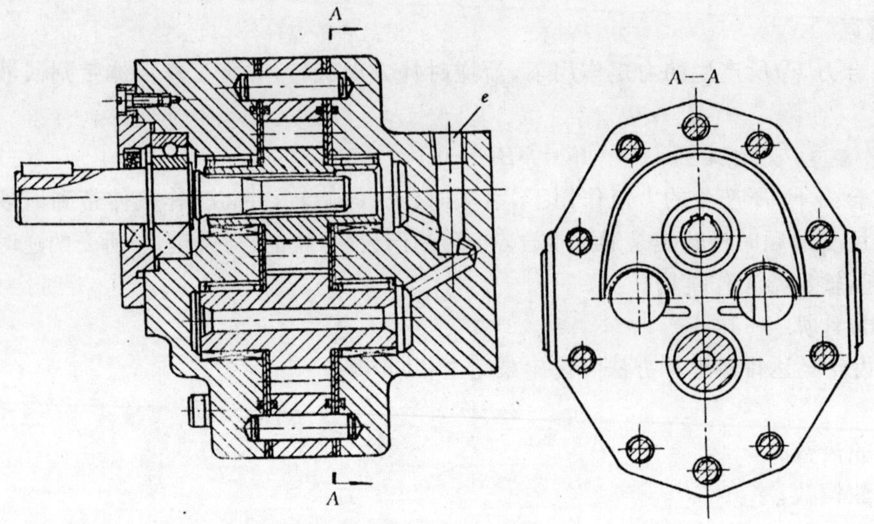

图 4-3 CM－F 型齿轮马达结构图

目前，除了以齿轮泵为基础的齿轮马达外，还有一种为了满足一些特殊要求（如外载荷冲击、振动比较严重、带负载启动等），而专门设计的齿轮马达。

总之，齿轮马达具有结构简单，体积小，价格低，使用可靠等优点。它的主要不足是：第一，启动机械效率低，通常只有 0.7～0.8，也就是说启动转矩只是理论转矩的 70%～80%。第二，低速稳定性差，由于齿轮马达流量脉动大、密封性差、容积效率低，因此它的低速稳定性差，当转速在 50～100r/min 以下时，就不稳定。

4.2.2 叶片马达

叶片马达与叶片泵一样，亦有单作用和双作用之分。

(1)单作用叶片马达

① 基本工作原理。单作用叶片马达的工作原理如图4-4所示。当 A 为进液口，B 为排液口时，位于进液腔的叶片 1,2 和位于排液腔的叶片 4,5,6，因每个叶片两侧所受的液体作用力相互平衡，对转子中心不产生转矩。位于密封区的叶片 3 和 7，每个叶片两侧伸出面积相同，但每个叶片左侧和右侧所受液体压力不等，故每个叶片左右两侧所受液体作用力是不平衡的。作用在叶片 3 上液体作用力对转子产生顺时针转矩，而作用在叶片 7 上液体作用力产生逆时针转矩。由于叶片 3 伸出面积大于叶片 7 伸出面积，所以顺时针转矩大于逆时针转矩，马达输出轴仍按顺时针方向旋转并输出转矩。随着转子的转动，进液口的液体被带到排液口 B 排出。

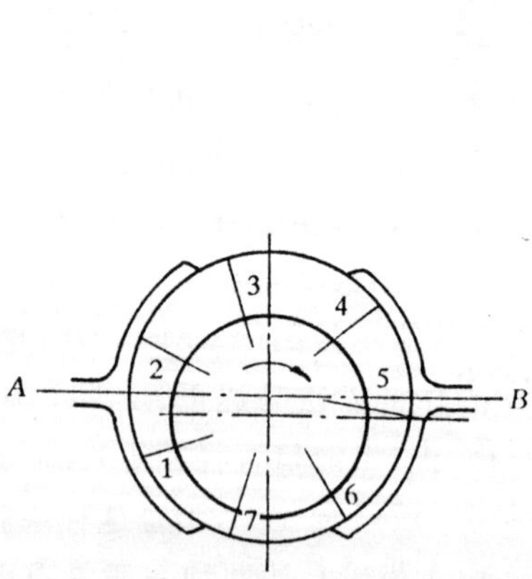

图 4-4 单作用叶片马达的工作原理

若改变马达进、回液方向，则马达就会改变旋转方向。

② 基本参数计算。单作用叶片马达的排量 q_M 为

$$q_M = 2\pi BDe \tag{4-31}$$

式中　B——转子宽度；

D——定子直径；

e——偏心距。

将式(4-31)分别代入式(4-17)和式(4-12)可得单作用叶片马达的输出转速和转矩为

$$n_M=\frac{Q_M\eta_{Mv}}{2\pi BDe} \tag{4-32}$$

$$M_M=\Delta p_M BDe\eta_{Mm} \tag{4-33}$$

(2)双作用叶片马达

① 基本工作原理。双作用叶片马达的工作原理如图 4-5 所示。与单作用叶片马达道理相同，若 a 为配油盘的进液孔，b 为排液孔，液体作用在叶片 1，3，5，7 两侧，因两侧液体压力相等，面积相同，故对转子不产生转矩。液体作用在叶片 2，6 两侧后对转子产生顺时针转矩；作用在叶片 4，8 两侧液体对转子产生逆时针转矩。由于叶片 2，6 所受液体作用力大于叶片 4，8 所受液体作用力，因此，转子仍按顺时针方向旋转并输出转矩。

若改变马达进、回液方向，马达转向将随之改变。

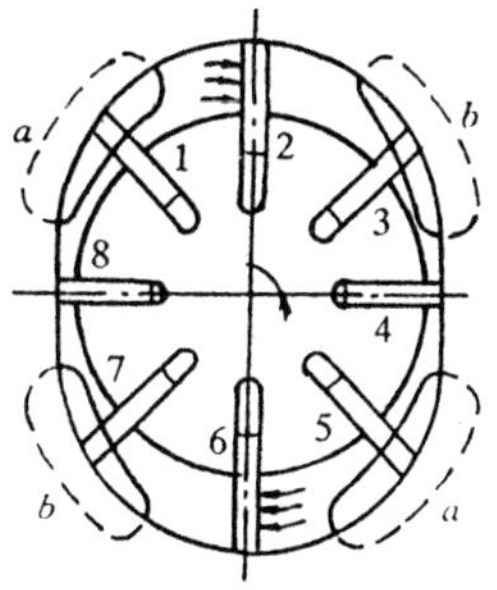

图 4-5　双作用叶片马达工作原理

② 基本参数计算。双作用叶片马达的排量计算公式与双作用叶片泵基本相同，只是因为叶片径向安装，使 $\theta=0°$；于是排量为

$$q_M=2B(R-r)[\pi(R+r)-\delta z] \tag{4-34}$$

式中　B——转子宽度；

R——定子长半径；

r——定子短半径；

δ——叶片厚度；

z——叶片数目。

将式(4-34)分别代入式(4-17)和式(4-12)可得双作用叶片马达输出转速和转矩为

$$n_M=\frac{Q_M\eta_{Mv}}{2B(R-r)[\pi(R+r)-\delta z]} \tag{4-35}$$

$$M_M=\Delta p_M B(R-r)\left[(R+r)-\frac{\delta z}{\pi}\right]\eta_{Mm} \tag{4-36}$$

式中　Q_M——马达实际流量；

Δp_M——马达进、出液口压力差；

η_{Mv}——马达容积效率；

η_{Mm}——马达机械效率。

③ 结构特点。双作用叶片马达和双作用叶片泵相比在结构上有如下特点：

a. 为保证叶片马达的初始密封性能，形成足够的启动转矩，在马达转子两侧开有环形槽，在槽中装有燕形扭力弹簧 1，并将弹簧 1 套在小轴 2 上，见图4-6所示。扭力弹簧 1 的两臂各顶在一个

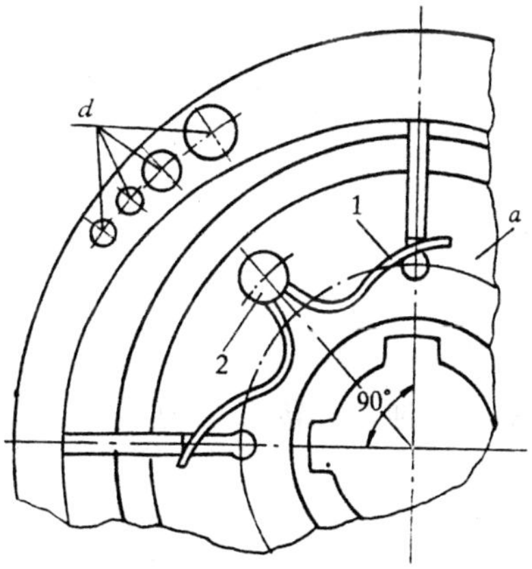

图 4-6　叶片马达的弹簧结构

叶片的底部。被燕形弹簧所预紧的两叶片互成90°。

b. 为保证马达的双向运转，叶片在转子槽中只能径向安装，而没有倾斜角度。

c. 在定子上开有四组圆孔 d（见图4-6）。在另一只配油盘上开有不通的配油窗口，从而实现双向进油以减少压力损失。

d. 为保证叶片马达在正、反转时，叶片底部始终都通有高压腔液体，保证密封，而设置了两个交替逆止阀。交替逆止阀的工作原理见图4-7所示。图中2和3为阀座，1为钢球。

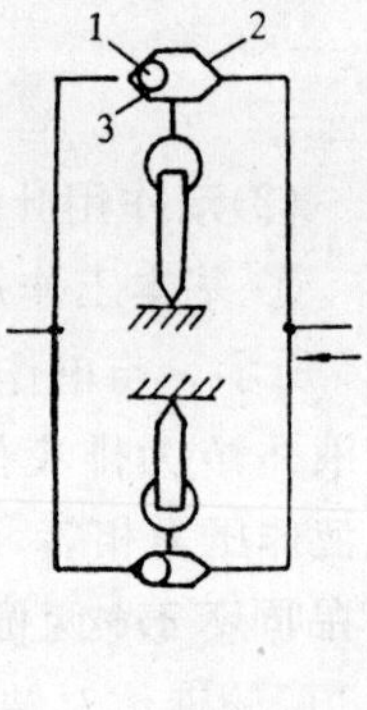

图4-7 交替逆止阀工作原理

叶片马达体积小、转动惯量小，因此动作灵敏。但因泄漏较大，低速稳定性和效率仍较低（尽管好于齿轮马达）。因此，叶片马达一般适用于高转速、小转矩，以及要求动作灵敏的工作场合。

4.2.3 轴向柱塞马达

同轴向柱塞泵一样，轴向柱塞马达也分直轴式和斜轴式两种形式。现以直轴式为例，介绍轴向柱塞马达的工作原理和基本参数计算。

(1)基本工作原理

轴向柱塞马达工作原理如图4-8所示。斜盘1和配油盘4固定不动，缸体2和马达传动轴5连接在一起，柱塞3通过缸体2带动传动轴5绕其水平轴线旋转。

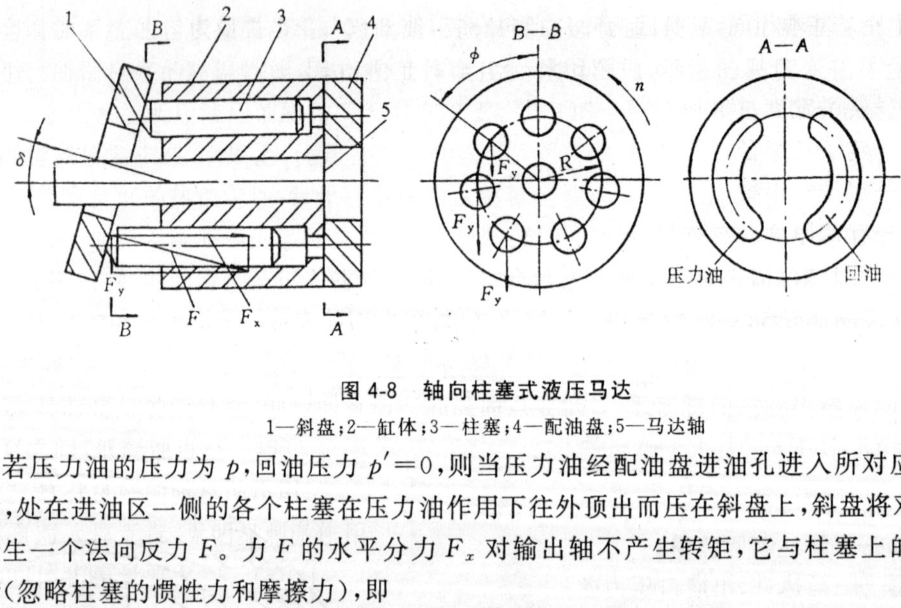

图4-8 轴向柱塞式液压马达

1—斜盘；2—缸体；3—柱塞；4—配油盘；5—马达轴

若压力油的压力为 p，回油压力 $p'=0$，则当压力油经配油盘进油孔进入所对应的柱塞底孔时，处在进油区一侧的各个柱塞在压力油作用下往外顶出而压在斜盘上，斜盘将对这些柱塞要产生一个法向反力 F。力 F 的水平分力 F_x 对输出轴不产生转矩，它与柱塞上的液压力相平衡（忽略柱塞的惯性力和摩擦力），即

$$F_x = p\frac{\pi}{4}d^2 \tag{4-37}$$

式中 p——进油压力；

d——柱塞直径。

力 F 的垂直分力 F_y 使每个柱塞对转动刚体中心都产生一个逆时针方向（从左往右看）的转矩，使传动轴沿逆时针方向转动。F_y 的表达式为

$$F_y = F_x\tan\delta \tag{4-38}$$

式中 F_x——力 F 的水平分力；

δ——斜盘倾角。

每个柱塞上垂直分力对回转中心产生的转矩为

$$M_i = F_y h = F_y R \sin\phi_i \tag{4-39}$$

式中　F_y——作用在柱塞上的垂直分力；

h——力 F_y 对缸体轴线垂直距离；

R——柱塞分布圆半径；

ϕ_i——柱塞的方位角。

轴向柱塞马达的瞬时输出转矩为处于进油区内各个柱塞瞬时转矩的总和，即

$$M = \sum_{i=1}^{k} M_i = \frac{\pi}{4} d^2 pR\tan\delta \sum_{i=1}^{k} \sin\phi_i \tag{4-40}$$

式中　k——同时位于进油区的柱塞数目。

可见，轴向柱塞马达瞬时转矩的变化规律与轴向柱塞泵瞬时流量的变化规律完全相同，也是按正弦规律脉动的。该转矩通过缸体带动输出轴逆时针(从左往右看)转动作功。

若改变马达的进、回油方向，就会改变马达的旋转方向。

(2)基本参数计算

① 排量。直轴式轴向柱塞马达的排量计算公式与同类泵一样，即

$$q_M = \frac{\pi}{4} d^2 Dz\tan\delta \tag{4-41}$$

式中　d——柱塞直径；

D——柱塞分布圆直径；

z——柱塞数目；

δ——斜盘倾角。

② 转速。将式(4-41)代入式(4-17)得马达转速为

$$n_M = \frac{4Q_M \eta_{Mv}}{\pi d^2 Dz\tan\delta} \tag{4-42}$$

式中　Q_M——马达的实际流量；

η_{Mv}——马达的容积效率。

③ 转矩。将式(4-41)代入式(4-12)可得轴向柱塞马达的输出转矩为

$$M_M = \frac{1}{8} \Delta p_M d^2 Dz\tan\delta \eta_{Mm} \tag{4-43}$$

式中　Δp_M——马达进、出油口压力差；

η_{Mm}——马达机械效率。

图4-9所示为125EX-8WP1型斜轴式轴向柱塞马达，其芯部与同种形式的泵基本相同。因马达缸体摆角固定不变，因此结构比泵简单得多。当压力油经马达后盖 K 和配油盘进入柱塞孔后，柱塞底部作用的液压力经球头连杆作用到主轴盘球窝内，它垂直于主轴轴线的分力便对主轴产生转矩，使主轴不停旋转并输出转矩。

斜轴式轴向柱塞马达的排量计算公式参看斜轴泵。

斜轴式轴向柱塞马达的转矩为

$$M_M = \frac{\Delta p_M q_M}{2\pi} \eta_{Mm} = \frac{1}{8} d^2 \Delta p_M zD\sin\gamma \eta_{Mm} \tag{4-44}$$

式中　d——柱塞直径；

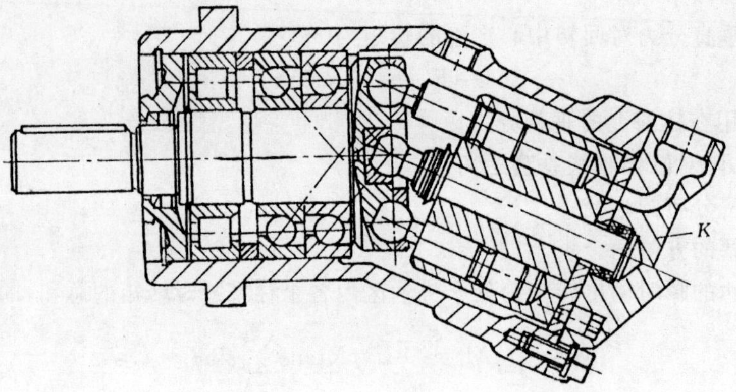

图 4-9 125EX-8WP1 型液压马达结构图

Δp_M——马达压力差；

z——柱塞数目；

D——柱塞球铰分布圆直径；

γ——缸体倾角；

η_{Mm}——马达机械效率。

斜轴式轴向柱塞马达的转速为

$$n_M=\frac{Q_M\eta_{Mv}}{q_M}=\frac{4Q_M\eta_{Mv}}{\pi d^2zD\sin\gamma} \tag{4-45}$$

式中 Q_M——马达实际流量；

η_{Mv}——马达容积效率。

关于斜轴式液压马达的转矩脉动规律和转速脉动规律与斜轴泵相同。

4.3 低速液压马达

近些年来，低速液压马达得到了较大的发展和应用。低速液压马达的主要特点是排量大、启动效率高、低速稳定性好。采用低速液压马达，一般可以不用减速装置而直接与工作机构连接，使传动机构大大简化。通常低速马达输出转矩较大，所以又称为低速大扭矩马达。当前各种类型的低速大扭矩液压马达被广泛地使用于重载设备的高压系统中。例如，工程机械、船舶、冶金机械、矿山机械、起重机械和制塑机械等方面。

低速大扭矩液压马达种类较多，一般有内啮合摆线齿轮式、双斜盘轴向柱塞式、径向柱塞式（曲轴连杆式、静力平衡式、内曲线多作用式）等，其中径向柱塞式低速大扭矩液压马达使用最广。本节着重介绍目前常用的几种低速大扭矩液压马达：行星转子式摆线马达、曲轴连杆马达、静力平衡马达和内曲线径向柱塞式马达。

4.3.1 行星转子式摆线马达

（1）基本工作原理

行星转子式摆线马达的工作原理如图 4-10 所示。具有 z_1（$z_1=8$）个短幅外摆线轮齿的转子（中心为 O_1）与具有 z_2（$z_2=9$）个内齿的定子相啮合，形成 z_2 个密封容积。右侧辅助配油板与定子固定在一起，其上的z_2个虚线配油孔分别与左侧的z_2个密封容积对应相通。重合在右侧辅助配油板上面的配油盘与转子固定在一起，并与转子同步转动。配油盘上的实线孔分为两组，一组为与进油腔相通的进油孔 P，另一组是与回油腔相通的回油孔 T。配油盘上的 P 孔和 T 孔交替均匀布置，各有 z_1 个。

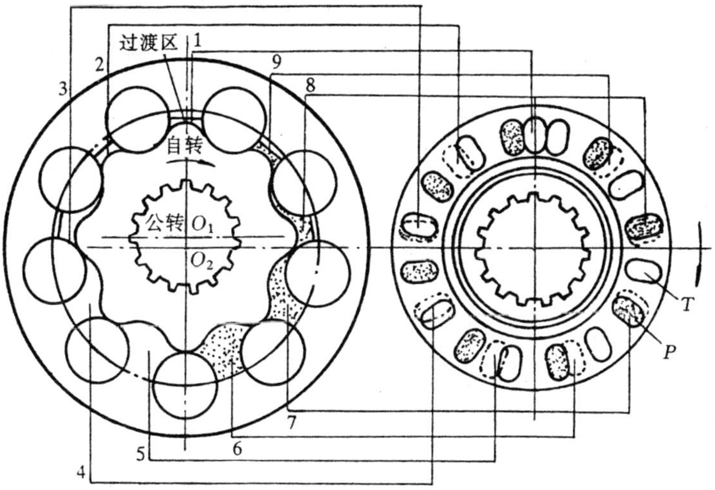

图 4-10　BM 型摆线马达配流原理图

图示的密封容积 1 位于过渡区，既不进油，也不回油。密封容积 2,3,4,5 均与配油盘回油孔 T 相通，处于回油状态。密封容积 6,7,8,9 均与配油盘进油孔 P 相通，处于进油状态。

密封容积 6,7,8,9 中的高压液体将推动转子沿顺时针方向(高压腔齿间容积增大方向)围绕转子中心 O_1 自转。由于与其啮合的定子固定不动，故转子在绕 O_1 自转同时，转子中心 O_1 还绕定子中心 O_2 高速反向公转。随着转子自转，各密封容积将依次与进、回液孔 P 和 T 相通，但始终以连心线 O_1O_2 为界，一侧齿间容积增大，为高压腔；另一侧的齿间容积减小，为低压腔。与 P 孔相通顺序为密封容积 6,7,8,9→7,8,9,1→8,9,1,2,…；与 T 孔相通的顺序为密封容积 2,3,4,5→3,4,5,6→4,5,6,7,…。转子公转一周(每个密封容积完成一次进、回液)，自转过一个齿。转子连续转动，通过输出轴连续输出转矩。

若改变马达的进、回液方向，就会改变马达的旋转方向。

(2)基本参数计算

由摆线马达工作原理可知，转子公转一周(自转过一个齿)时有 z_2 个密封容积完成一次进、回液循环；转子自转一周时，马达密封容积完成进、回液循环次数为 $z_1 \cdot z_2$，故马达排量等于同参数摆线泵排量的 z_1 倍，即

$$q_M = \pi(R_1^2 - R_2^2)Bz_1 \tag{4-46}$$

式中　R_1——转子长半径；

R_2——转子短半径；

B——转子宽度。

将式(4-46)代入式(4-17)得到马达的转速为

$$n_M = \frac{Q_M \eta_{Mv}}{\pi(R_1^2 - R_2^2)Bz_1} \tag{4-47}$$

式中　Q_M——马达实际流量；

η_{Mv}——马达容积效率。

将式(4-46)代入式(4-12)得到马达的输出转矩为

$$M_M=\frac{1}{2}\Delta p_M(R_1^2-R_2^2)Bz_1\eta_{Mm} \tag{4-48}$$

式中 Δp_M——马达进、出口压力差；

η_{Mm}——马达机械效率。

(3)基本结构

摆线马达的结构如图 4-11 所示，它主要由转子 1、定子 2、辅助配油板 3、配油盘 4、连接轴 5 和花键轴 6 等零部件组成。

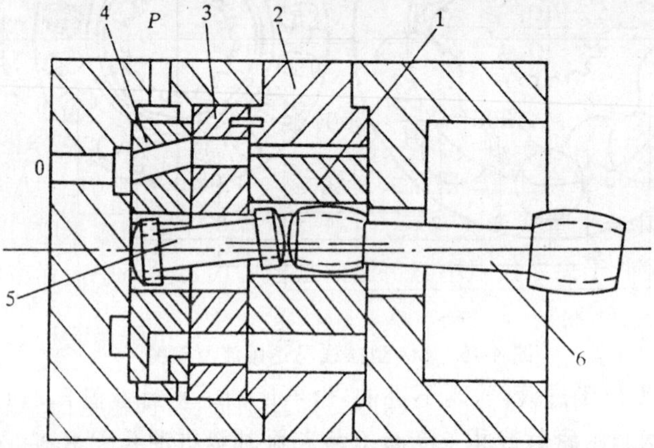

图 4-11 摆线马达

转子 1 为短幅外摆线形齿轮，具有 z_1 个齿，与具有 z_2 个齿的定子 2 相啮合，形成 z_2 个密封容积。辅助配油板 3 与定子 2 固定在一起，其上有 z_2 个孔分别与各密封容积相通。配油盘 4 用连接轴 5 与转子 1 连接，并与转子同步转动；它上面有交替均布的两组孔道，每组孔道有 z_1 个孔。其中一组孔道与进液口相通，另一组孔道与回液口相通。当配油盘 4 与转子 1 同步转动时，两组孔道轮流与辅助配油板上的孔道接通，实现对马达的配油，使转子转动。转子转动后，通过花键轴 6 输出转矩而驱动工作机构作功。

4.3.2 曲轴连杆马达

曲轴连杆式低速大扭矩液压马达应用较早。国外称它为斯达法(Staffa)液压马达。我国称这种马达为 JMD 型马达。

(1)基本结构及工作原理

曲轴连杆马达的工作原理如图 4-12 所示。

在固定不动的壳体 7 内沿圆周均匀布置数个(通常为 5 个或 7 个)油缸孔，呈星形壳体。每个缸孔内装有柱塞 3。连杆 5 的一端与柱塞 3 铰接，另一端通过鞍型圆柱面紧贴曲轴 6 的偏心圆上(曲轴 6 的形心为 O_1，回转中心为 O，偏心距为 e)。

配油轴 1 用十字接头与偏心曲轴 6 相连，曲轴(输出轴)转动时，配油轴在配油套 2 内随之转动。

配油套 2 固定在壳体 7 上，其上开有总进、回油口 a 和 b，它们通过套内的环形槽和配油轴上通道 c，d 分别与配油轴上的弓形进、回油腔相通，进、回油腔之间被隔墙隔开。配油套上的

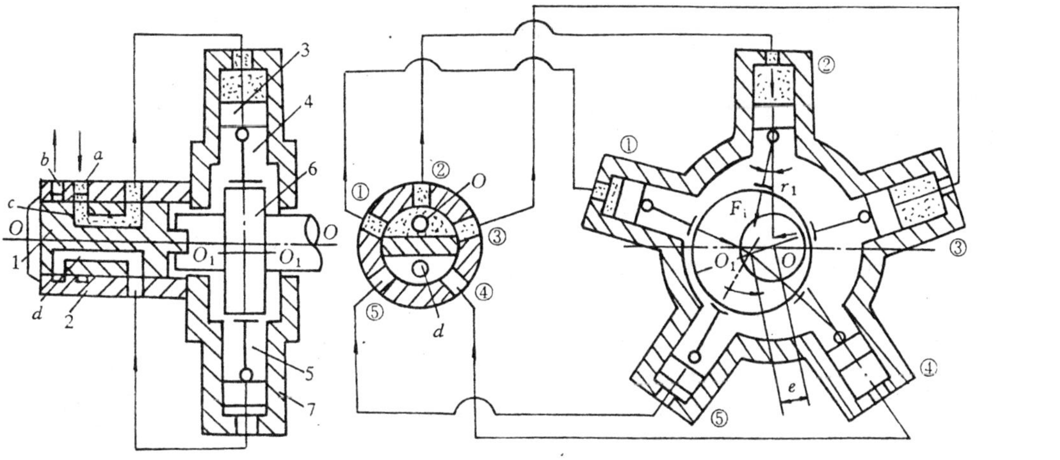

图 4-12　曲轴连杆马达结构原理图

径向孔①～⑤分别与油缸孔①～⑤对应连通。

在图示瞬间，若配油套 a 为进油口，b 为回油口，则油缸孔①，②，③与进油腔相通；油缸孔④，⑤与回油腔相通。高压油作用在油缸孔①，②，③内柱塞上的液压力 F 通过连杆作用到曲轴上的力为 F_i，该力的方向沿连杆的中心线，指向曲轴形心 O_1。力 F_i 对曲轴旋转中心 O 产生转矩，使曲轴克服外负载转矩而绕中心 O 逆时针方向旋转。

曲轴旋转时，油缸孔①，②，③内柱塞伸出，容积增大，不断进油；油缸孔④，⑤内柱塞收缩，容积减小，不断回油。当配油轴随曲轴转过一个角度后，配油套上的孔③被隔墙封闭(既不进油也不回油)。此时，曲轴在油缸孔①，②内柱塞推动下继续旋转。曲轴再转过很小角度后，油缸孔③与回油腔相通而开始回油；油缸孔⑤与进油腔相通而开始进油。这样不停地循环下去，使马达不停地旋转，并输出转矩。

若改变进、回油方向，马达转向也随之改变。

可以看出，配油轴隔墙方位与连心线 OO_1 的方向一致，并且同时旋转。于是，连心线 OO_1 将马达分为两侧，一侧进油，另一侧回油，恰好处于连心线 OO_1 上的油缸孔既不进油也不回油。

综上所述，马达每转一周，每个柱塞往复运动一次，完成一次进、回油，故称为单作用式液压马达。

以上讨论的是壳体固定，曲轴旋转的情况。若将曲轴固定，进、回油直接与配油轴接通，就能实现壳体旋转的目的。

(2)基本参数计算

曲轴连杆式液压马达是按曲柄连杆机构的动作原理进行工作的。因此，液压马达的运动规律及其受力情况可简化为一组柱塞副的曲柄连杆机构来进行分析。

经分析得知，曲轴连杆马达的排量与径向柱塞泵相同，即

$$q_M = \frac{\pi}{2} d^2 e z \tag{4-49}$$

式中　d——柱塞直径；

e——偏心距；

z——每排柱塞数目。

平均转速为

$$n_M=\frac{2Q_M}{\pi d^2 ez}\eta_{Mv} \tag{4-50}$$

式中 η_{Mv}——马达的容积效率。

平均转矩为

$$M_M=\frac{\pi}{4}d^2 ez\Delta p_M\eta_{Mm} \tag{4-51}$$

式中 Δp_M——马达进、出油口压力差；

η_{Mm}——马达机械效率。

(3)瞬时转矩

由于每个柱塞所产生的转矩的数值是随曲轴偏心位置的变化而变化的，另外同时产生转矩的柱塞数目也会发生变化(因柱塞为奇数)，所以马达每个瞬间输出转矩是发生变化的。

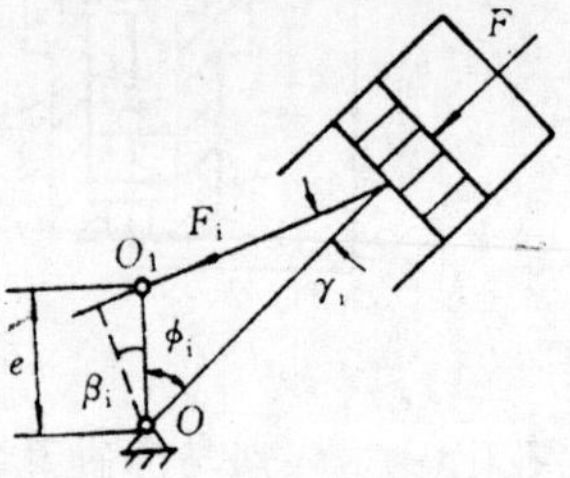

图 4-13 曲轴连杆马达的瞬时转矩大小和变化规律

下面利用图 4-13 来分析曲轴连杆马达的瞬时转矩大小和变化规律。假设图中柱塞处于进油状态，作用在该柱塞的液压力 F 对曲轴回转中心 O 产生的转矩为

$$M_i'=F_i e\cos\beta_i=\frac{F}{\cos\gamma_i}e\cos\beta_i \tag{4-52}$$

式中 F_i——连杆对曲轴的作用力；

F——进油柱塞所受的液压力；

e——偏心距；

β_i——连心线 OO_1 与 F_i 力臂间夹角；

γ_i——柱塞中心线与力 F_i 作用线间夹角。

在小直角三角形中，因为

$$\pi-\left(\frac{\pi}{2}-\beta_i\right)=\phi_i+\gamma_i$$

所以

$$\cos\beta_i=\sin(\phi_i+\gamma_i) \tag{4-53}$$

式中 ϕ_i——柱塞轴心线与连心线 OO_1 间夹角。

因 γ_i 很小，$\cos\gamma_i\approx1$，故式(4-52)可写为

$$M_i'=Fe\sin\phi_i \tag{4-54}$$

整个马达产生的瞬时转矩为

$$M'=\sum_{i=1}^{k}M_i'=Fe\sum_{i=1}^{k}\sin\phi_i \tag{4-55}$$

式中 k——同时处于进油状态的柱塞数目。

可见，曲轴连杆马达瞬时转矩的变化规律与径向柱塞泵瞬时流量的变化规律完全相同。

(4)典型结构

图 4-14 是 JMD 型曲轴连杆马达。它由配油轴 1、阀体 2、缸体 3、曲轴 4、活塞 5、连杆 6 和十字接头 7 等主要零件组成。活塞通常是 5 个或 7 个，沿缸体径向均匀布置。图中 a,b 为液压马达进、出油孔，分别与高压油管及低压油管相连接。高、低压油在断面 A-A 处通过壳体中

的五条铸造流道分别与相对应的柱塞缸孔相通。配油轴支承在两个滚针轴承上，并通过十字接头 7 与曲轴 4 浮动联接。这种浮动联接，既能保证配油轴与曲轴同步旋转，也可避免加工与装配误差带来的不同心产生的卡死现象。活塞 5 与连杆 6 是以球铰相联，连杆球头端用卡环和挡圈卡在活塞中的球窝内。连杆另一端的鞍形内表面紧贴在曲轴 4 的偏心圆柱表面上，两侧用挡圈卡住，使它不脱离偏心圆柱表面。

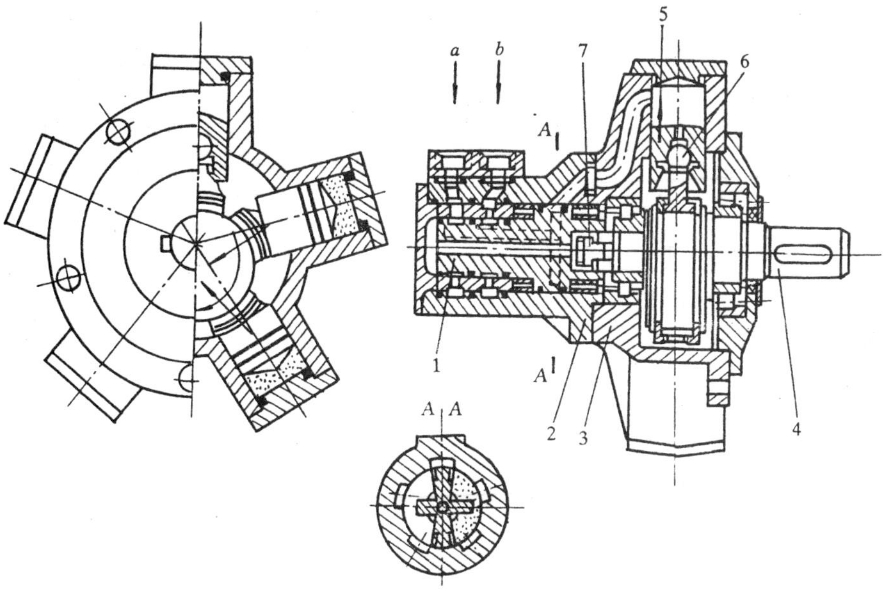

图 4-14 JMD 型曲轴连杆马达结构图

配油轴结构可参看图 4-15。它有两个环形槽 a 和 b。其中环形槽 a 经过轴向孔 c 和 d，环形槽 b 经过轴向孔 e 和 f。轴向孔 c，d 和 e，f 分别接通配油轴颈 C-C 剖面的进、回油窗口。

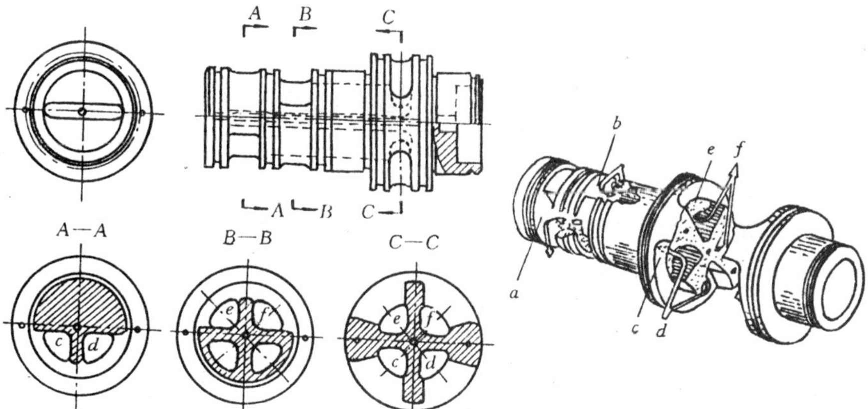

图 4-15 JMD 型液压马达的配流轴

(5)几个问题

从曲轴连杆工作性能角度来看，大致有以下几个问题：

① 关于连杆磨损。因连杆两端摩擦面比压较大，容易发生磨损甚至咬合。

在图 4-16 中，柱塞顶面液压力 P 传递给连杆的作用力 N 为

$$N=\frac{P}{\cos\beta_i} \tag{4-56}$$

式中 P——柱塞顶面所受的液压力，$P=\frac{\pi}{4}d^2\cdot p$；

d——柱塞直径；

p——工作压力；

β_i——连杆偏摆角度，通常 β_i 值不超过 12°。

通常 $N=(1\sim1.02)P$。

由于 β_i 值较小，近似计算时可认为

$$N\approx P$$

在连杆球头和底面处，都受力 N 的作用，因这两处配合面的比压都比较大，所以磨损较为严重。

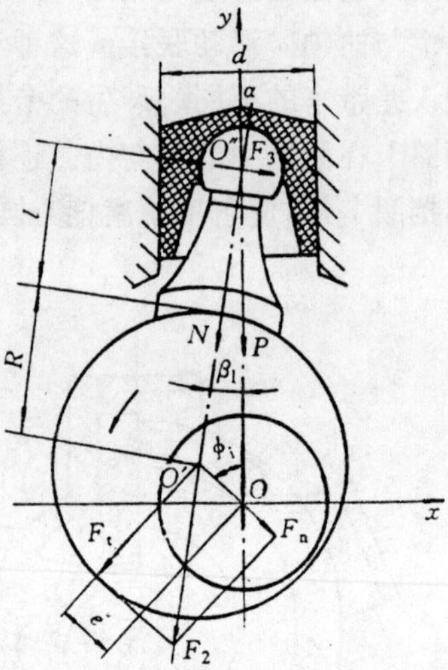

图 4-16 柱塞的运动构件

例如，“斯达法”B 200 型液压马达：

柱塞直径 $d=0.1014$ m；

连杆球头直径 $d_0=0.057$ m；

额定工作压力 $p_H=210\times10^5$ Pa。

作用在柱塞上的液压力为

$$P=\frac{\pi d^2}{4}p_H=170100\ \text{N}$$

假设连杆最大摆角 $\beta_i=12°$，则

$$N=1.02P=173400\ \text{N}$$

球头的投影面积 $A_0=\frac{\pi d_0^2}{4}=25.5\times10^{-4}\ \text{m}^2$

于是，球头接触面的比压为

$$p_K=\frac{N}{A_0}=680\times10^5\ \text{Pa}$$

当连杆用渗碳钢，球头硬度 HRC＝58～62，柱塞用高强度铸铁时，许用比压为 $[p_K]=(600\sim700)\times10^5$ Pa。

再例如：“斯达法”MK4 型液压马达：

连杆底部接触面投影宽度 $b=0.053$ m；

连杆底部接触面的投影长度 $L=0.089$ m；

额定压力 $p_H=17.5\times10^6$ Pa；

最大压力 $p_{max}=22.5\times10^6$ Pa。

在额定压力时，连杆受力为

$$N=1.02\times\frac{\pi d^2}{4}p_H=144590\ \text{N}$$

连杆底面比压为

$$p_K=\frac{N}{bL}=\frac{144590}{0.058\times0.089}=27.8\times10^6\ \text{Pa}$$

在最大压力时

$$N=1.02\frac{\pi d^2}{4}p_{max}=185900\ \text{N}$$

$$p_K=\frac{N}{bL}=\frac{185900}{0.058\times0.089}=36\times10^6\ \text{Pa}$$

若在连杆底面浇一层优质锡基轴承合金。厚度为 0.75～1mm 时，$[p_K]=(35\sim40)\times10^6$ Pa。

连杆底面的摩擦损失是引起马达转矩损失的主要原因。该底面的平均转矩损失可用下式计算

$$\Delta M_f=\frac{z}{2}fRP \tag{4-57}$$

式中　f——连杆底面与曲轴间摩擦系数；
R——偏心距；
z——柱塞数；
P——柱塞所受液压力。

② 转矩脉动及低速稳定性。由于曲轴连杆式液压马达的曲轴在不同位置时，单个柱塞的液压力 P 所产生的转矩 M_i 值是不同的。因此，总的输出转矩 $\sum M_i$ 也在变化。图 4-17 为五缸曲轴连杆马达$\left(K=\frac{e}{R+L}=0.2\right.$，式中 e,R,L 含义见图 4-16$\left.\right)$的转矩脉动曲线。由图可见，偏心每转一转，转矩脉动为 10 次，脉动周期为 $\frac{360°}{5}=72°$。在一个周期中有二次最大值 M_{max}（当 $z=5$ 时，该值在 $\phi_i=23°45'$ 和 $48°12'$ 处）和二次最小值 M_{min}。

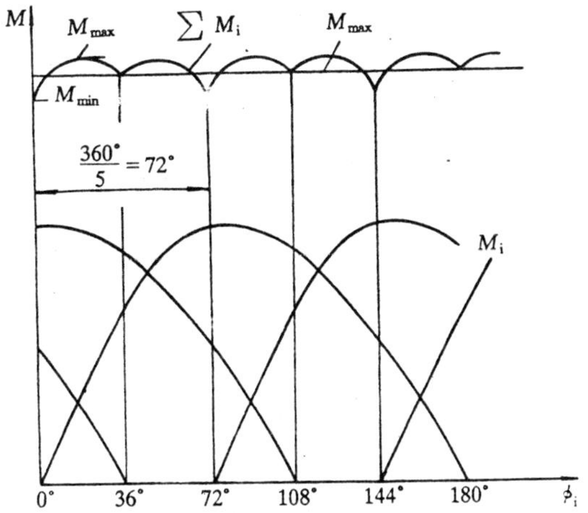

图 4-17　曲轴连杆式马达输出扭矩脉动率曲线

分析计算结果如下：

当 $z=5$ 时，　$M_{max}=1.622Pe$

$M_{min}=1.503Pe$

当 $z=7$ 时，　$M_{max}=2.241Pe$

$M_{min}=2.178Pe$

液压马达的理论转矩（平均值）为

$$M_{Mt}=\frac{1}{2\pi}pq=\frac{z}{\pi}Pe。$$

当 $z=5$ 时　$M_{Mt}=1.592Pe$

$z=7$ 时　$M_{Mt}=2.225Pe$

液压马达的瞬时转矩的脉动系数为

$$\delta_M=\frac{M_{max}-M_{min}}{M_{Mt}}\times100\%$$

当 $z=5$ 时，$\delta_M=7.5\%$

$z=7$ 时，$\delta_M=2.8\%$

可见，曲轴连杆马达转矩脉动是较大的，这种脉动在转速高和惯性较大时，会造成较大的压力脉动。而在低速和惯性较小时，会引起转速显著的不均匀(爬行)。当然，低速爬行现象还有一个很重要的原因，那就是连杆底面比压大，使润滑条件在低速时变坏，甚至转为干摩擦，发热急剧增大，摩擦力的变化会造成液压马达压力波动增大，加剧泄漏的不均匀程度，于是液压马达的低速稳定性就更差。因此，这种液压马达一般不宜在 10r/min 以下运转。

③ 启动转矩。曲轴连杆马达除了有连杆底面摩擦(这是主要的)和球铰摩擦外，还有柱塞和缸孔侧面，配油轴和轴套及曲轴两端滚动轴承的摩擦。另外由于配油轴颈处很大的不平衡液压力(例如 IMD 3000 液压马达配流部分直径是 $\phi=100$mm，径向力达 41200N)会引起很大的摩擦力(多数属于滑动摩擦)，并启动时还不能保证充分润滑。综上所述，这种液压马达的启动转矩较小，通常只有理论转矩的 80%～85%。

4.3.3 静力平衡马达

静力平衡马达是在曲轴连杆马达的基础上改进发展而来的。它的主要特点是取消了连杆，改由装在偏心轮上能自由转动的五星轮传力；去掉了配油轴，改由偏心轴实现配油。此外，柱塞、压力环和五星轮均利用液体静压力大致做到静压平衡状态，故称之为静力平衡马达。国外这类典型的马达称“罗斯通”(Roston)马达。

(1)基本结构及工作原理

常见的静力平衡马达的基本结构和工作原理如图 4-18 所示。它主要由壳体 1、五星轮 2、

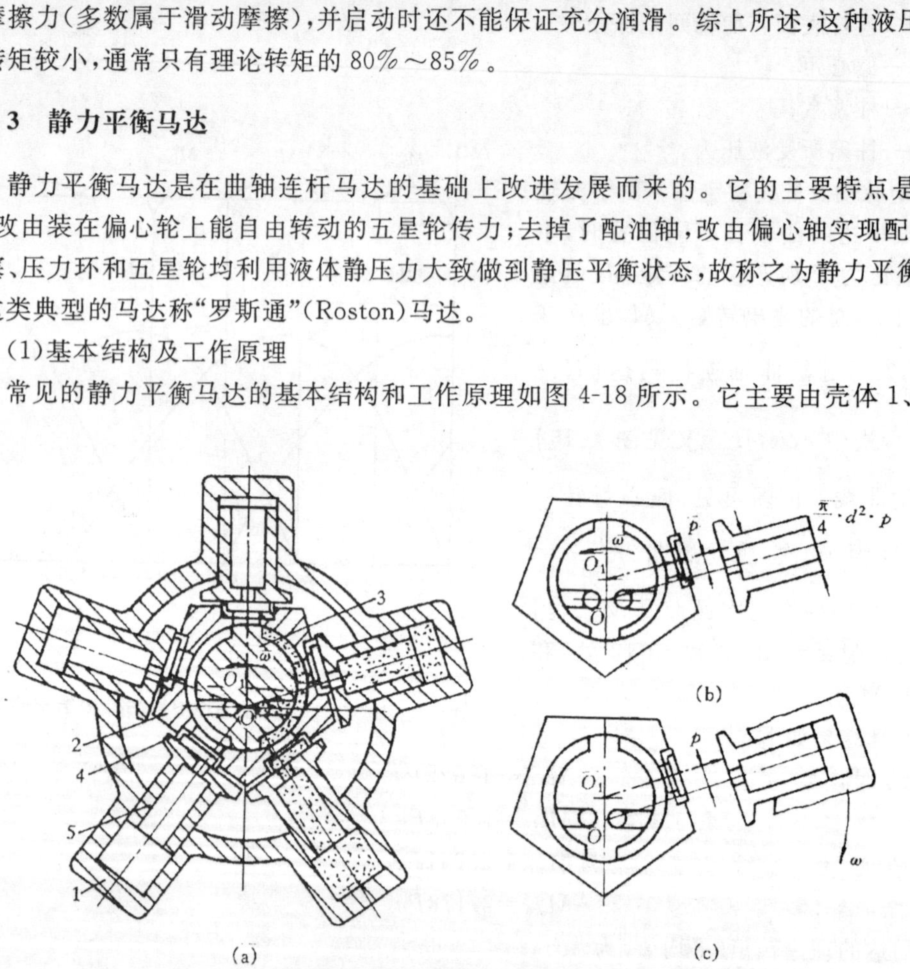

图 4-18 静力平衡油马达的工作原理

1—缸体；2—五星轮；3—曲轴；4—压力环；5—空心柱塞

偏心轴 3、压力环 4 和空心柱塞 5 等零件组成。壳体 1 的径向缸孔配置有五个空心柱塞 5。偏心轴 3 既是输出轴，又是配油轴。五星轮 2 滑套在偏心轴的凸轮上，在它的五个平面中各嵌装一个压力环 4，压力环的上平面与空心柱塞 5 的底面接触。空心柱塞内装有弹簧(图上未画出)，以防液压马达启动或空载运转时柱塞表面与压力环脱开。压力环相对于五星轮可微量浮动，以消除零件制造误差影响，并保证柱塞与压力环之间的良好密封性能。五星轮 2 凹槽中心

的径向孔与偏心轴 3 中的配油孔相通。偏心轴的几何中心(也是五星轮的几何中心)为 O_1,回转中心为 O(偏心距为 e)。油马达壳体的几何中心为 O,它与偏心轴回转中心是一致的。

高压油经配油轴上的轴向孔进入配油槽,再经五星轮上的径向孔、压力环、柱塞底孔而进入柱塞腔内。低压油则通过柱塞底孔、五星轮径向孔、压力环、配油轴的低压槽,再经配油轴的轴向孔回油(图中位置有两个柱塞处于进油状态,两个柱塞处于回油状态,一个柱塞处于既不进油又不回油状态)。

这种液压马达与前面介绍的 JMD 径向柱塞马达有所不同,它是靠高压油对柱塞产生的液压力通过五星轮作用到偏心轴的侧面上,其合力的作用线通过偏心轴的几何中心 O_1,从而对偏心轴的回转中心 O 产生转矩[如图 4-18(b)]。这里需要指出的是,只有当五星轮上液压力达到完全平衡(处于“悬浮”状态)时,液压马达的转矩才是完全由液压力直接产生的。否则,五星轮与配油轴之间仍然有机械接触的作用力。

偏心轴在高压油推动下作逆时针方向转动,而五星轮因受柱塞底面的限制,只能作平面平行运动。偏心轴转过一周,各柱塞往复运动一次。随着曲轴位置的不同,有时三个柱塞进油(二个柱塞回油),有时二个柱塞进油(三个柱塞回油)。

以上介绍的是壳体固定,偏心轴旋转的静力平衡马达。这种马达还可以作成偏心轴固定,壳体旋转型马达[见图 4-18(c)]。这种马达特别适用于作车轮马达,装在轮胎的轮毂内,用作汽车、拖拉机、挖掘机的行走机构。

(2)静力平衡分析

静力平衡液压马达名称的由来,主要是因马达的主要工作部件所受的静压力基本上是平衡的,从而减小了磨损,提高了效率。这一点是这种马达的重要特点之一。下面将分析柱塞、压力环、五星轮的静力平衡问题。

① 柱塞的静力平衡。由图 4-19 可以看出,柱塞上端所受的液压力 F_1 为

$$F_1=\frac{\pi}{4}d^2p \tag{4-58}$$

式中符号含义见图 4-19。F_1 的方向为指向马达旋转中心 O。

柱塞底面所受的液压力 F_2 为

$$F_2=\frac{\pi}{4}d_1^2p+\frac{\pi}{4}(d^2-d_1^2)\frac{p}{2}=\frac{\pi}{8}(d^2+d_1^2)p \tag{4-59}$$

式中符号含义见图 4-19。F_2 方向为背离五星轮中心 O_1。

为使柱塞工作时可靠地紧贴在压力环上,以达到良好的密封效果,应使 F_1 略大于 F_2,通常 F_1 比 F_2 大 5%～10%,即 $F_2=(0.9\sim0.95)F_1$。所以说,柱塞所受的液压力基本上是平衡的。

由于力 F_1 指向偏心轴回转中心 O,而力 F_2 的作用线通过五星轮几何中心 O_1,二者作用线不重合,所以有力矩 $F_2\rho$ 作用在缸孔侧壁上。于是就产生了缸孔侧壁对柱塞的侧向力 P_S。在一般情况下,可以认为均布载荷为三角形规律分布,P_S 为集中力。$P_Sh=F_2\rho$,可见这是一对平衡转矩。

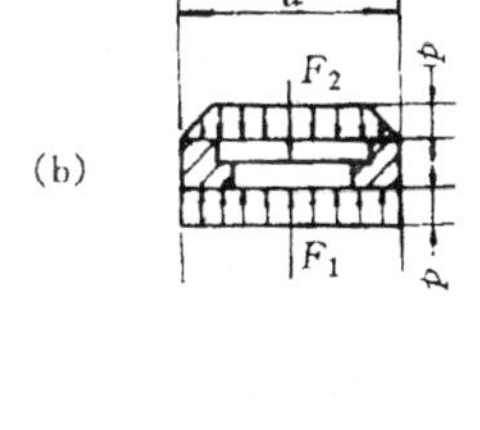

图 4-19　柱塞和压力环静力平衡
(a)柱塞的液压力平衡
(b)压力环的液压力平衡

由于侧向力 P_S 的存在,便引起了缸孔壁对柱塞的摩擦力 P_Sf,通常油缸及柱塞都是铸铁件,此处静摩擦系数可取 $f=$

0.2，动摩擦系数可取 $f=0.1$。因与高压腔相通的柱塞运动方向指向壳体中心 O，所以摩擦力的方向为离心方向。

关于柱塞运动的惯性力及柱塞内弹簧预紧力可忽略不计。柱塞底面摩擦力亦可忽略不计。

根据力的平衡方程，即

$$\sum F_X=0$$

$$\sum F_Y=0$$

$$\sum M_B=0$$

即可找出柱塞受力的平衡条件。

② 压力环的静力平衡。压力环的功用是补偿缸体，柱塞和五星轮的加工误差，保证柱塞底部的端面密封。

作用在压力环顶面上的液压力与作用在柱塞底面上的液压力为作用力与反作用力的关系，故大小相等(为 F_2)，方向向下，作用在同一条直线上(如图 4-19 所示)。

作用在压力环底面上的力应为 F_1。因为压力环的外径等于柱塞直径，力 F_2 与 F_1 位于同一作用线上而又基本上相互平衡，故没有力矩存在。

当柱塞处于进油状态时，因压力环上 F_1 稍大于 F_2，说明压力环有向上运动的趋势，故对压力环侧面的摩擦力方向向下，大小等于柱塞孔壁对柱塞的摩擦力。

综上看出，压力环的静力平衡情况比较好。另外，在马达的具体结构上，往往使压力环的外径与五星轮上凹槽之间配合具有一定径向间隙(约 0.1～0.3mm)，并且它与固定套之间存在一定的轴向间隙(约 0.25～0.75mm)。这样做的目的是使压力环具有足够的活动裕度，当压力油进入时，压力环可向上浮动，从而保证压力环与柱塞端面间的密封性能。

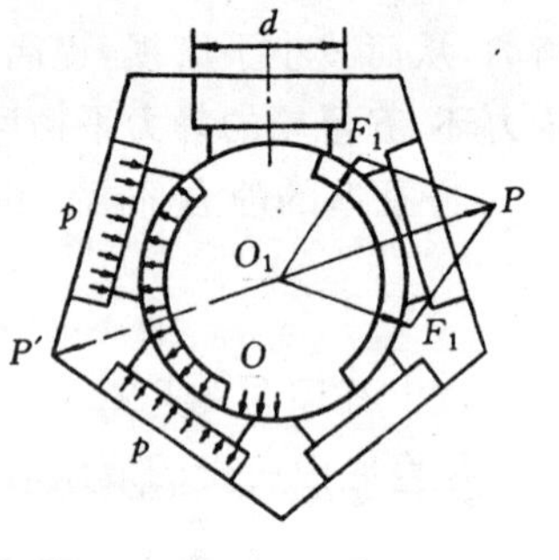

图 4-20 五星轮的静力平衡

③ 五星轮的静力平衡。图 4-20 表示两个柱塞处于进油状态的情况下，来分析五星轮的静力平衡问题。五星轮端面放置压力环的凹槽直径，与柱塞直径相等，所以作用在凹槽底部端面的力也为 F_1，方向指向五星轮中心 O_1。两个凹槽力 F_1 的合力为 P。另一方面，五星轮弧形内表面也受液压力的作用，其合力为 P'，方向与 P 方向相反，且在同一条直线上。P' 的大小取决于配油窗口的尺寸，若尺寸选择得当，就可达到 $P'=P$，也就是说使五星轮处于静力平衡状态。当三个柱塞进油时，分析方法相同。

由于静力平衡马达采用了液压静力平衡后，改善了马达受力情况，减小了摩擦损失，因而这种马达机械效率高，使用寿命长。

静力平衡液压马达与曲轴连杆马达相比，结构较简单，工艺性较好，对材料要求不高。这种马达的启动转矩较大，可达正常运转时转矩的 95%。但由于五星轮在壳体内作平面平行运动，壳体上需要有足够的空间，这样使油马达的外形尺寸较大。

4.3.4 内曲线径向柱塞马达

内曲线径向柱塞式马达是一种多作用式低速大扭矩马达。它具有结构紧凑，体积小，径向受力平衡，输出转矩大，转矩脉动较小，低速稳定性好等优点。因此，得到了广泛应用。

(1)基本结构及工作原理

内曲线液压马达的结构形式很多。就使用方式而言，有轴转和壳转两种形式。从内部传力方式不同，可分为柱塞传力、横梁传力和滚轮传力三种结构。无论哪种形式的内曲线马达，其主要工作原理和过程是相同的。现以图 4-21 为例来说明其基本结构及工作原理。

它由定子 1，转子 2，柱塞组 3(包括柱塞、横梁和滚轮)和配油轴 4 等主要部件组成。

定子 1 的内表面由 X 段(图中 $X=6$)均布的形状完全相同的曲面组成。每段曲面又分为对称的两部分，一部分允许柱塞组件伸出，称为进油区段(工作区段)；另一部分迫使柱塞组件收缩，称为回油区段(非工作区段)。定子内表面的最外、最里端分别为上、下死点。

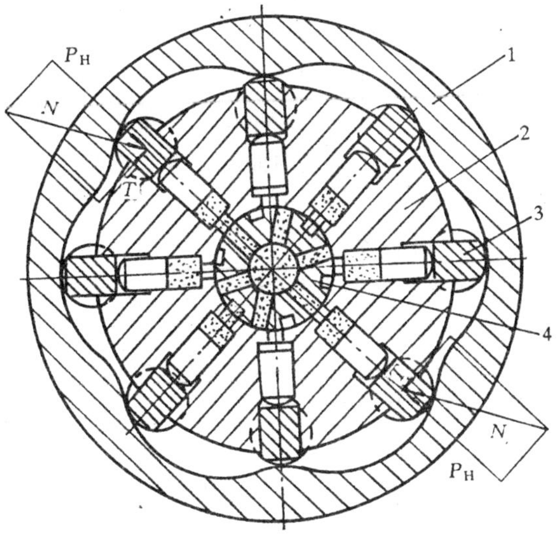

图 4-21　内曲线多作用式低速大扭矩液压马达的工作原理

在转子 2 径向均匀分布有 Z 个(图中 $Z=8$)柱塞缸孔，每个缸孔底部有一配油窗孔可与配油轴 4 的配油口相通。

转子每个缸孔中都装有柱塞组件 3，它可在缸孔中往复运动。

配油轴 4 与定子 1 固定在一起，上面圆周上均布有 $2X$ 个配油口，其中有 X 个配油口分别与定子曲面的进油区段相对应，并与马达进油相通；有 X 个配油口分别与定子曲面回油区段相对应，并与马达回油相通。

当高压油经配油轴进油窗口进入处于进油区段的各柱塞缸孔时，相应的柱塞组在液压力作用下外伸而紧压在定子曲面上。在接触处定子曲面对柱塞组产生一反力 N，此法向力 N 可分解为沿柱塞轴线方向的分力 P_H 和垂直于柱塞轴线方向的分力 T。其中力 P_H 与作用在柱塞底部的液压力相平衡(忽略柱塞的惯性力及摩擦力)。而力 T 则克服负载转矩对转子产生顺时针方向转矩，推动转子 2 旋转。此时，柱塞组的运动为复合运动，即随转子作圆周运动的同时还在转子径向缸孔中作直线往复运动。处于定子曲面回油区段的柱塞组在定子曲面迫使下收缩并通过配油轴回油口回油。位于定子曲面上、下死点的柱塞组处于既不进油也不回油的封闭状态。内曲线马达全部柱塞组就这样有规律地依次进、回油，带动转子连续运转。

若改变马达的进、回油方向，马达转向也随之改变。

转子转一周，每个柱塞组在转子中往复伸出和缩回 X 次，称 X 为马达的作用次数。由于 $X>1$，所以该马达称为多作用式马达。

上述分析的马达为轴转型马达。若将转子固定，则定子和配油轴将反向(逆时针方向)旋转，于是就变成了壳体旋转型马达。

为保证转子(输出轴)径向力相平衡，内曲线马达的柱塞数 Z 和作用次数 X 通常均为偶数。

值得指出的是，在前面介绍各种形式液压马达工作原理时，提到的高压油(或压力油)输入给液压马达，这只是为了叙述方便假设的而已。其实输入给马达液体的压力不是凭空而来的，只有在外负载存在时，系统的压力才能建立起来，使马达得到足够的驱动转矩，去拖动这个外负载而作功。油的压力和外负载尽管在时间上是同时发生，但有因果关系。外负载是因，油压力的建立及由它产生的驱动转矩是果。如果外负载不存在，并忽略马达本身的摩擦，输入给马达油的压力就等于零。如果考虑到摩擦损失，马达即使为空转，输入给马达的油也需有点压力。总之，输入给马达的油压力大小取决于外负载和摩擦阻力大小。这个概念在液压传动中是相当重要的。

(2)平均参数

内曲线径向柱塞马达的排量可按下式计算：

$$q_{M}=\frac{\pi}{4}d^{2}HXZY \tag{4-60}$$

式中 d——柱塞直径；

H——柱塞行程；

X——作用次数；

Z——单排的柱塞数目；

Y——柱塞排数。

将式(4-60)分别代入式(4-17)和(4-12)可分别写出马达的平均转速和转矩计算公式，即

$$n_{M}=\frac{4Q_{M}\eta_{Mv}}{\pi d^{2}HXZY} \tag{4-61}$$

式中 Q_{M}——马达实际流量；

η_{Mv}——马达容积效率。

$$M_{M}=\frac{1}{8}\Delta p_{M}d^{2}HXZY\eta_{Mm} \tag{4-62}$$

式中 Δp_{M}——马达进、出口压力差；

η_{Mm}——马达机械效率。

(3)典型结构

内曲线径向柱塞式液压马达的结构形式较多，除了有轴转式、壳转式，定量、变量，单排、多排之分外，还可按柱塞部件受力情况来分为：

由柱塞直接传递切向力形式；

由横梁传递切向力形式；

由滚轮传递切向力形式；

由连杆传递切向力形式。

对柱塞部件的主要要求是：结构简单、尺寸紧凑、工作可靠、摩擦力小。柱塞组件应具有必要的密封性，使用寿命长等。

常见的几种柱塞部件的结构形式见图 4-22 所示。

由柱塞直接传递切向力[图 4-22(a)]：定子反作用力的切向分力 T 经横梁通过柱塞传递到转子上。这种形式柱塞部件的结构形式较为简单，但柱塞和缸壁间要承受侧向作用力，易于磨损。因此，只能用在转矩较小的场合。

由横梁传递切向力[图 4-22(b)]：它的结构特点是切向力完全由横梁侧面传递到转子上。柱塞与横梁间无刚性联结，在液压力作用下，柱塞顶端的球面与横梁的底部相接触。由于柱塞不承受侧向作用力，所以磨损大为减轻。横梁与转子侧壁间虽有磨损，但不影响柱塞副的密封性能。这种形式的主要缺点是横梁与侧壁间的摩擦力大，因此机械效率不高。此外，径向尺寸

比上述结构形式大一些，加工较为困难。目前这种传力形式的结构在轴转式内曲线马达中较为常见。

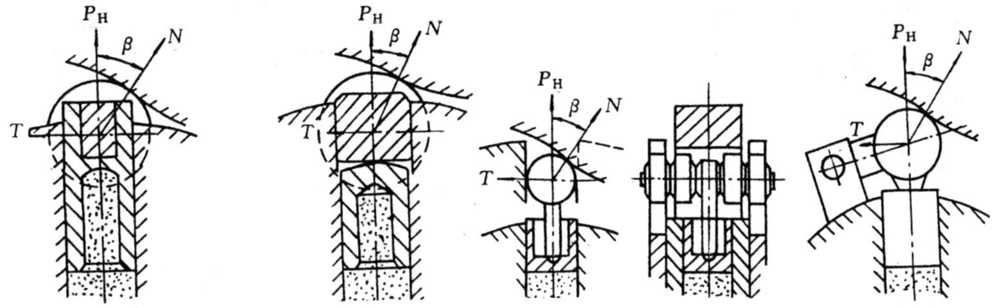

(a)以柱塞传递切向力　(b)以横梁传递切向力　(c)以导向滚轮传递切向力　(d)以连杆传递切向力

图 4-22　柱塞副结构形式

由导向滚轮传递切向力[图 4-22(c)]：横梁中有四个滚轮，其中除有二个滚轮沿滚道运动外，还有二个嵌装在转子的缺口槽中，切向力通过这二个嵌装在转子缺口槽中的卸载滚轮传递到转子上，这种结构形式除了由于承压面上用滚动摩擦来代替前面横梁受力形式中的滑动摩擦，提高了马达的机械效率外，还可以使柱塞的相对行程选取较大的值，因为在这里不会发生柱塞部件的卡死现象。这种传力形式的主要缺点是径向尺寸较大，结构也复杂一些。该种传力形式目前在壳转型马达中较为多见。

由连杆传递切向力[图 4-22(d)]：这种液压马达的定子曲面与滚轮间产生的切向力是通过与它铰接的连杆传递给转子，它的结构较为复杂。

图 4-23 所示为 NJM-1.0 型内曲线马达的结构，它是一种横梁传力形式的轴转型内曲线马达。

凸轮环 8 系由结构完全相同的两片构成，用螺钉将它与前、后盖 2，9 固定在壳体 12 上。两片凸轮环的相对位置由定位销 13 定位。作用次数 $X=6$。

配油轴 3 为整体无套式，它的装配相位可利用微调机构 14 调整。配油轴结构简单，加工方便。

在转子 5 的圆周上，径向布置一排(10 套)柱塞组。柱塞 6 顶着横梁 7，横梁可在转子径向槽中滑动，横梁两端轴颈上装有滚轮 4，滚轮与横梁轴颈间装有滚针轴承。凸轮环 8 对滚轮的反作用力的切向分力通过横梁侧面直接作用在转子上，推动转子旋转，而柱塞并不承受侧向力，这样就保持了稳定的密封间隙和较高的容积效率。

NJM-1.0 型内曲线马达主要性能如下：

$q_M=0.964$(L/r)——排量；

$p_H=25$(MPa)——额定工作压力；

$p_{max}=31.5$(MPa)——最大工作压力；

$M_H=3247$(N·m)——额定转矩；

$M_{max}=4199$(N·m)——最大输出转矩；

$n_H=100$(r/min)——额定转速；

$\eta_{Mv}=0.91$——容积效率；

$\eta_{Mm}=0.90$——机械效率；

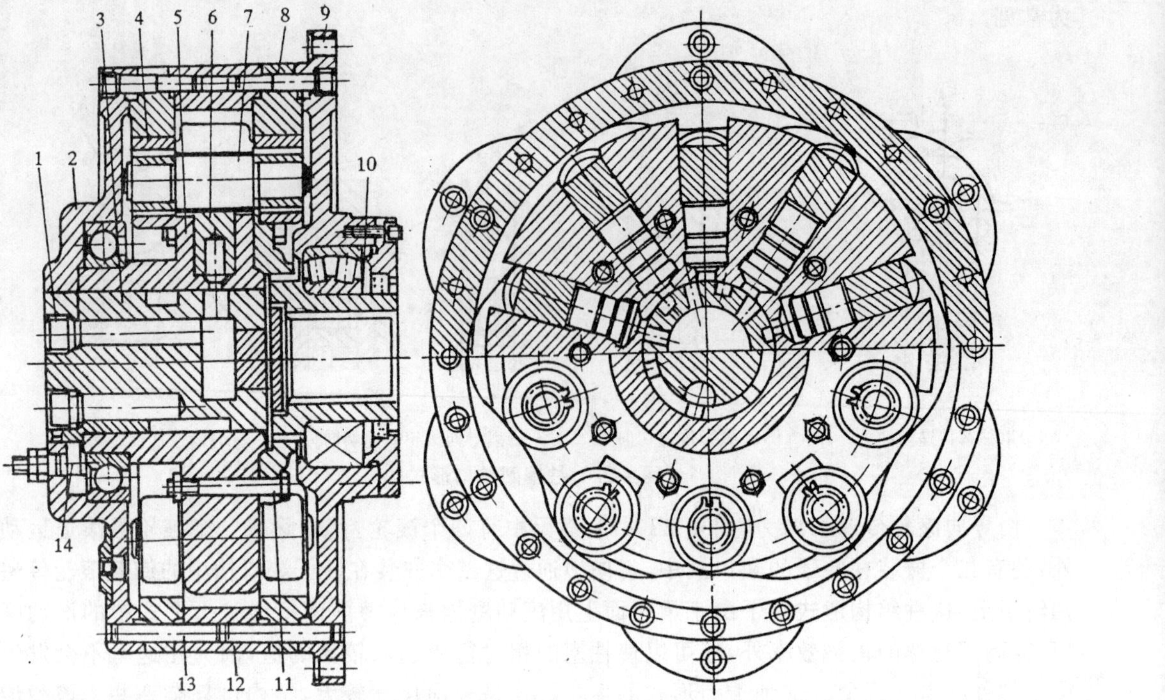

图 4-23 NJM-1.0 型液压马达的结构图

$G=1500(N)$——重量。

(4)定子曲线

柱塞组件的运动情况是由定子导轨曲线所决定的。不同的导轨曲线,柱塞组件的位移、速度、加速度和受力亦不同。因此,导轨曲线的形状直接影响到柱塞运动的平稳性、马达转速的均匀性、受力情况及导轨与滚轮的工作寿命等。

目前常见的定子导轨曲线有以下几种:

① 等加速类导轨曲线:在这种导轨上柱塞的运动特点是曲线某一区段内的径向加速度相等(位移按抛物线规律变化),在这类导轨曲线中,最常用的是由等加速曲线——等速曲线——等减速曲线所组成,在高、低压过渡区用不长的圆弧来联结。此外,还有"幅角修正等加速曲线"等。

② 余弦类导轨曲线:在这种曲线上,柱塞运动的径向加速度是按余弦规律变化的。"余弦修正曲线"亦属这类曲线。

③ 正弦类导轨曲线(亦称摆线曲线):柱塞运动径向加速度按正弦规律变化,导轨曲线的形状为摆线。

④ 圆弧导轨曲线:它的线型由二个相切圆弧所组成,一个圆弧其中心在通过内死点的向径上,且位于导轨的外侧,另一个圆弧经外死点,圆心在导轨的内侧。由于这种导轨曲线性能不好,现不推荐使用。

(5)柱塞组件的运动学分析

柱塞组件是由柱塞、横梁和滚轮等组成的。油马达在运转过程中,柱塞组件一方面与转子作圆周运动(牵连运动),另一方面柱塞组件又在转子的径向孔内作往复运动(相对运动)。可见,柱塞组件作的是复合运动。

柱塞组件的速度由二个分量组成,即

$$\boldsymbol{v}=\boldsymbol{v}_\rho+\boldsymbol{v}_n \tag{4-63}$$

式中　$\boldsymbol{v}_\rho$——柱塞组件的相对运动速度(不同定子曲线是不同的);

$\boldsymbol{v}_n$——柱塞组件的牵连运动速度,$\boldsymbol{v}_n=\omega\rho$;

ω——转子转动角速度;

ρ——柱塞组件的滚轮中心到转子中心之距。

柱塞组件加速度由三个分量组成,即

$$\boldsymbol{a}=\boldsymbol{a}_\rho+\boldsymbol{a}_n+\boldsymbol{a}_k \tag{4-64}$$

式中　$\boldsymbol{a}_\rho$——柱塞组件的相对运动加速度(曲线不同,$\boldsymbol{a}_\rho$ 有所不同);

$\boldsymbol{a}_n$——柱塞组件牵连加速度,$a_n=\omega^2\rho$;

$\boldsymbol{a}_k$——哥氏加速度。

由图 4-24 看出,柱塞滚轮中心的运动轨迹与定子曲线的形状是完全一样的。设滚轮中心由 O_1 沿轨迹曲线移到 O_2 时,转子转过的角度为 $\mathrm{d}\phi$,这时滚轮中心到转子中心之距由 ρ 增大到 $\rho+\mathrm{d}\rho$。

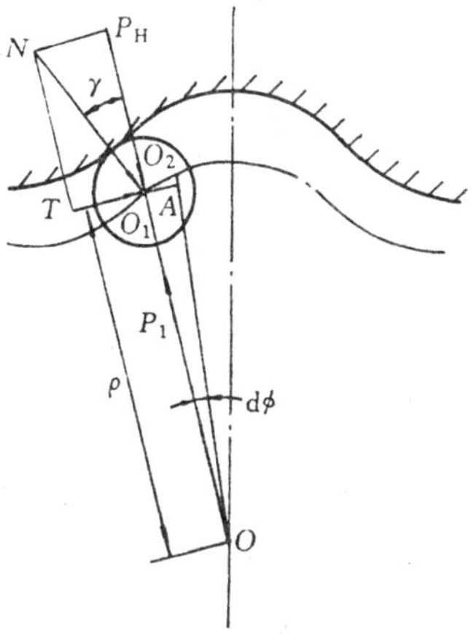

图 4-24　定子和滚轮的受力分析

柱塞组件径向位移对转子转角的变化率称为度速度,即

$$v_\phi=\frac{\mathrm{d}\rho}{\mathrm{d}\phi} \tag{4-65}$$

度加速度为

$$a_\phi=\frac{\mathrm{d}v_\phi}{\mathrm{d}\phi}=\frac{\mathrm{d}^2\rho}{\mathrm{d}\phi^2} \tag{4-66}$$

柱塞相对运动的线速度和线加速度分别为

$$v_\rho=\frac{\mathrm{d}\rho}{\mathrm{d}t}=\frac{\mathrm{d}\rho}{\mathrm{d}\phi}\frac{\mathrm{d}\phi}{\mathrm{d}t}=v_\phi\omega \tag{4-67}$$

$$a_\rho=\frac{\mathrm{d}v_\rho}{\mathrm{d}t}=\omega\ \frac{\mathrm{d}v_\phi}{\mathrm{d}t}=\omega\ \frac{\mathrm{d}v_\phi}{\mathrm{d}\phi}\frac{\mathrm{d}\phi}{\mathrm{d}t}=\omega^2a_\phi \tag{4-68}$$

式中　ω——转子转动角速度。

以上谈到的柱塞组件度速度与线速度,度加速度与线加速度是柱塞组件相对运动的两种不同表达方式,其物理意义是类似的。如线速度是位移对时间的变化率,而度速度是位移对转子转角的变化率,区别在于其自变量不同而已。线速度的自变量是时间,度速度的自变量是角度。

关于柱塞组件牵连运动的速度(切向速度)和加速度(向心加速度)分别为

$$v_n=\rho\omega \tag{4-69}$$

$$a_n=\rho\omega^2 \tag{4-70}$$

由上述各式可知,当马达角速度 ω 一定时,柱塞组件的运动学只取决于定子曲线的形状,即相对位移方程 $\rho=f(t)$ 或 $\rho=f(\phi)$。

(6)转矩-转速均匀性分析

液压马达输出转矩和转速均匀性如何,直接影响到液压系统的工作质量及工作寿命。影响液压马达输出转矩和转速不均匀的主要因素有:

液压马达本身泄漏的不稳定；

液压泵的流量脉动；

油液的容积压缩；

液压马达定子曲线的形状。

在上述几个因素中，起决定性影响的是最后一点，因为有的定子曲线在柱塞工作时，所有柱塞的相对瞬时速度迭加值相差很大。

对于输出转矩不均匀程度如何，通常以转矩不均匀系数 δ_M 来描述，即

$$\delta_M=\frac{M_{max}-M_{min}}{M_t} \tag{4-71}$$

式中 M_{max}——最大输出转矩；

M_{min}——最小输出转矩；

M_t——理论平均转矩。

对于输出转速不均匀程度如何，通常以转速不均匀系数 δ_n 来描述，即

$$\delta_n=\frac{n_{max}-n_{min}}{n} \tag{4-72}$$

式中 n_{max}——最大转速；

n_{min}——最小转速；

n——平均转速。

下面分析讨论一下 δ_M，δ_n 为零（即无脉动）的条件是什么？

① 转矩不均匀系数 $\delta_M=0$ 的条件：由图 4-24 可知，定子曲面对柱塞滚轮反作用力 N 所分解的垂直于柱塞轴线方向的分力 T 为

$$T=P_H\tan\gamma \tag{4-73}$$

式中 P_H——压力油作用在柱塞底面上的液压力，$P_H=\frac{\pi}{4}d^2p$；

p——进油腔液体压力；

d——柱塞直径；

γ——压力角。

单个柱塞所产生的转矩为

$$M_i=T\rho=P_H\rho\tan\gamma \tag{4-74}$$

式中 ρ——滚轮中心到转子回转中心的距离。

在不同的瞬时，同一柱塞组随着在定子曲面内位置的变化，其压力角 γ 和滚轮中心至转子中心的距离 ρ 也随着变化。因此，柱塞组产生的转矩也是变化的。

由图 4-24 中 ΔO_1O_2A 可知，$AO_2\approx d\rho$，$O_1A\approx\rho d\phi$，$O_1A\perp OO_1$，$O_1O_2\perp N$，因此，$\angle AO_1O_2=\gamma$，于是

$$\tan\gamma\approx\frac{d\rho}{\rho d\phi}=\frac{1}{\rho}v_\phi \tag{4-75}$$

式中 v_ϕ——滚轮相对运动的度速度。

将式(4-75)代入式(4-74)得

$$M_i=P_Hv_\phi \tag{4-76}$$

可见，每一个柱塞产生的转矩变化规律与该柱塞相对运动的度速度 v_ϕ 的变化规律相同，两者之间只相差一个常系数 P_H。

内曲线马达产生的总瞬时转矩为

$$M = Y\sum_{i=1}^{K} M_i = YP_{\mathrm{H}}\sum_{i=1}^{K} v_{\phi} \tag{4-77}$$

式中　Y——柱塞排数；

K——单排同时位于进油区段的柱塞数目。

在式(4-77)中，通常认为 Y，P_{H} 均为常数。因此，内曲线马达的瞬时转矩的变化规律只取决于单排柱塞中同时位于进油区段柱塞的度速度之和 $\sum_{i=1}^{K} v_{\phi}$ 。

如果各瞬间的 $\sum_{i=1}^{K} v_{\phi}$ 值不相等，则必有其最大值与最小值，即液压马达的转矩也就有其最大值与最小值。

$$M_{\max} = YP_{\mathrm{H}}\left(\sum_{i=1}^{K} v_{\phi}\right)_{\max} \tag{4-78}$$

$$M_{\min} = YP_{\mathrm{H}}\left(\sum_{i=1}^{K} v_{\phi}\right)_{\min} \tag{4-79}$$

液压马达的理论平均转矩 M_{t} 为

$$M_{\mathrm{t}} = \frac{1}{2\pi} p q_{\mathrm{M}} \tag{4-80}$$

式中　q_{M}——马达排量；

p——压力油的压力。

将式(4-78)，式(4-79)，式(4-80)同时代入式(4-71)得到马达转矩不均匀系数 δ_M 为

$$\delta_M = \frac{2\pi AY}{q_{\mathrm{M}}}\left[\left(\sum_{i=1}^{K} v_{\phi}\right)_{\max} - \left(\sum_{i=1}^{K} v_{\phi}\right)_{\min}\right] \tag{4-81}$$

式中　Y——柱塞排数；

A——柱塞作用面积。

由式(4-81)看出，Y，q_{M} 与 A 均为常数，故 $\delta_M = 0$ 的充分必要条件为

$$\left(\sum_{i=1}^{K} v_{\phi}\right)_{\max} = \left(\sum_{i=1}^{K} v_{\phi}\right)_{\min} = \sum_{i=1}^{K} v_{\phi} = \text{常数} \tag{4-82}$$

或

$$\sum_{i=1}^{K} a_{\phi} = 0 \tag{4-83}$$

② 转速不均匀系数 $\delta_n = 0$ 的条件：由式(4-72)得

$$\delta_n = \frac{n_{\max} - n_{\min}}{n} = \frac{HZX}{2\pi}\,\frac{\left(\sum_{i=1}^{K} v_{\phi}\right)_{\max} - \left(\sum_{i=1}^{K} v_{\phi}\right)_{\min}}{\left(\sum_{i=1}^{K} v_{\phi}\right)_{\max}\left(\sum_{i=1}^{K} v_{\phi}\right)_{\min}} \tag{4-84}$$

式中　H——柱塞行程；

X——作用次数；

Z——单排柱塞数目。

可见，$\delta_n = 0$ 的充分必要条件亦为 $\sum_{i=1}^{K} v_{\phi} = \text{常数}$，或 $\sum_{i=1}^{K} a_{\phi} = 0$ 。

在式(4-81)和式(4-84)中，通常认为 Y，A，q_{M}，H，X，Z 均为常数。因此，内曲线马达的瞬

时转矩和转速的变化规律只取决于每一排柱塞中同时位于进油区柱塞的数目 K 和度速度之和 $\sum_{i=1}^{K} v_{\phi}$。下面进一步讨论内曲线马达瞬时转矩等瞬时参数的变化周期。

(7)瞬时转矩的脉动周期

下面以图 4-25 所示的作用次数 $X=6$，单排柱塞数 $Z=8$ 的马达为例分析内曲线马达瞬时转矩等瞬时参数的脉动周期与 X 和 Z 之间关系。

图 4-25 中，每条定子曲面所对应的圆心角，称为作用幅角，其值为

$$\alpha=\frac{2\pi}{X}=60^{\circ}$$

$\Delta\phi$ 为马达相邻两柱塞之间夹角，其值为

$$\Delta\phi=\frac{2\pi}{Z}=45^{\circ}$$

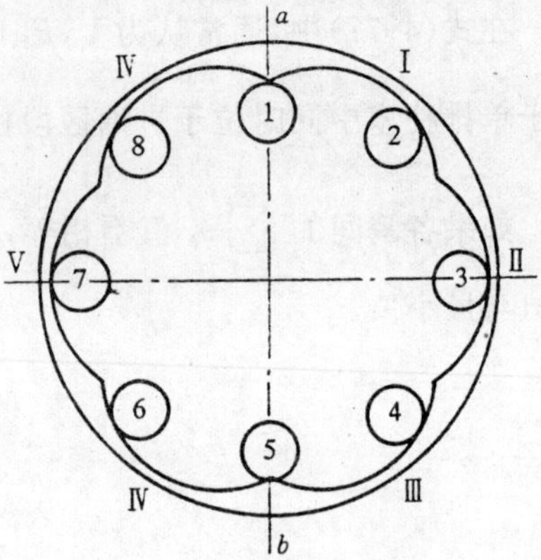

图 4-25　$X=6, Z=8$ 马达柱塞相对位置图

为使分析过程简化，现将图 4-25 表示的所有柱塞按相对于定子曲面原有位置依次排列在同一条定子曲面上，如图 4-26(a)所示。

图 4-26(a)中，角 α 为作用幅角，角 $\Delta\phi$ 为马达实际相邻两柱塞之间夹角。

若使柱塞随转子依次转过 $\Delta\theta$ 角之后，便得到图 4-26(b)。比较图 4-26(a)和 4-26(b)，转子转过 $\Delta\theta$ 角之后，原来位于下死点位置的柱塞 1,5 代替了原来位于进油区段的柱塞 4,8 位置；原来位于进油区段的柱塞 4,8 代替了原来位于上死点的柱塞 3,7 位置；原来位于上死点的柱塞 3,7 代替了原来位于回油区段的柱塞 2,6 位置；原来位于回油区段的柱塞 2,6 代替了原来位于下死点 1,5 柱塞位置。

由式(4-74)看出，柱塞相对于定子曲面位置不同，因压力角 γ 和滚轮中心到转子回转中心的距离 ρ 的变化，柱塞组件产生的转矩也要发生变化。

由图 4-26 不难看出，转子转过 $\Delta\theta$ 角之前后，位于进油区段柱塞数目以及进油区段柱塞与定子曲面相对位置完全相同，仅仅是定子曲面相同位置上的柱塞序号发生了变化。因此，转子转过 $\Delta\theta$ 角后，马达瞬时转矩等瞬时参数将重复出现一次，即内曲线马达的瞬时转矩等瞬时参数的变化规律是以角 $\Delta\theta$ 为一个变化周期。我们称角 $\Delta\theta$ 为内曲线马达瞬时转矩的脉动周期角。

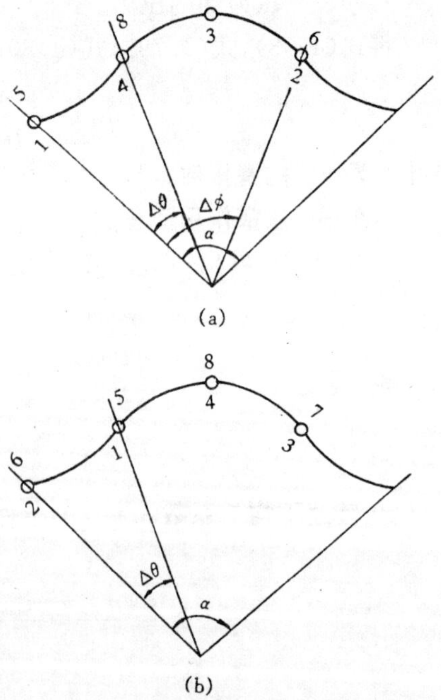

图 4-26　将所有柱塞依次排列在同一曲面上

由图 4-26 得出图 4-25 所示的内曲线马达瞬时转矩脉动周期角为

$$\Delta\theta=\frac{\alpha}{4}=\frac{60^{\circ}}{4}=15^{\circ}$$

可见，脉动周期角 $\Delta\theta$ 并不等于马达实际相邻两柱塞间夹角 $\Delta\phi$。

下面由图 4-26 求出内曲线马达瞬时转矩脉动周期角的通用表达式，即

$$\Delta\theta=\frac{\alpha}{4(Z')}=\frac{\frac{2\pi}{X}}{\frac{8(Z)}{2(m)}}=\frac{2\pi m}{XZ} \tag{4-85}$$

式中 Z'——马达单排柱塞排列在同一条定子曲面后每组柱塞数目；

Z——马达单排柱塞数目；

X——定子曲面条数；

m——定子曲面条数 X 与单排柱塞数 Z 之间的最大公约数，也是排列到同一条定子曲面上的柱塞组数。

(8)柱塞组件动力学分析及背压值的确定

① 动力学分析。柱塞组件沿定子导轨曲线各不同区段运动时，所受的合力亦不同。

如图 4-27 所示，内曲线马达(定子曲线为具有等速过渡区段的等加速运动规律)工作时柱塞组主要受以下作用力的作用：

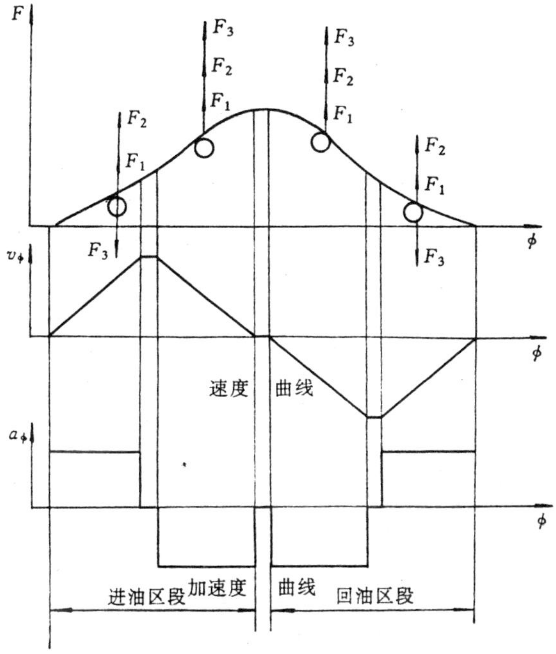

图 4-27 内曲线马达工作时柱塞组受力分析

a. 液压力 F_1：液压力 F_1 方向沿径向并使滚轮压向定子曲面，其值分别为

在进油区段

$$F_1=\frac{\pi}{4}d^2 p \tag{4-86}$$

在回油区段

$$F_1=\frac{\pi}{4}d^2 p' \tag{4-87}$$

式中 d——柱塞直径；

p——进油压力；

p'——回油压力(或背压)。

b. 离心力 F_2：离心力 F_2 的方向始终沿径向并使滚轮压向定子曲面，其值为

$$F_2 = ma_n \tag{4-88}$$

式中 m——柱塞组质量；

a_n——柱塞组向心加速度。

c. 相对运动惯性力 F_3：相对运动惯性力 F_3 方向与相对运动加速度方向相反，其值为

$$F_3 = -ma_\rho \tag{4-89}$$

式中 a_ρ——柱塞组相对运动加速度；

m——柱塞组质量。

② 最小背压 p'_{min}的确定。为保证马达正常工作，使滚轮在任何位置都压紧在定子曲面上而不脱离，马达应具有所需的最小背压 p'_{min}。由图 4-27 看出，柱塞组在进油区段的负加速度段和回油区段的负加速度段，力 F_1，F_2 和 F_3 均使柱塞组压向定子曲面，故柱塞组不会脱离定子曲面。柱塞组在进油区段的正加速度段，因液压力 F_1 较大，$F_1+F_2>F_3$，故柱塞也不会脱离定子曲面。柱塞组在回油区段的正加速度段(即回油区段的减速段)有可能使柱塞组压向定子曲面的合力为负值而脱离定子曲面。为保证在这个阶段，柱塞组不脱离定子曲面，最小背压值 p'_{min}必须满足：

$$F_1 + F_2 \geqslant F_3$$

或

$$\frac{\pi}{4}d^2 p_{min}' + ma_n \geqslant ma_\rho$$

所以

$$p_{min}' \geqslant \frac{m(a_\rho - a_n)}{\frac{\pi}{4}d^2} \tag{4-90}$$

式中 m——柱塞组质量；

d——柱塞直径；

a_ρ——柱塞组相对运动加速度，$a_\rho = \omega^2 a_\phi$；

ω——转子角速度；

a_ϕ——柱塞相对运动的度加速度；

a_n——相塞组向心加速度，$a_n = \rho\omega^2$；

ρ——柱塞组回转半径。

中、高压马达的回油背压一般为(0.5～0.6)MPa。

(9)幅角分配系数

为了设计和绘制定子导轨曲线，下面引入幅角分配系数的概念。所谓幅角分配系数是指定子曲线各区段所包含的幅角(夹角)与脉动周期角 $\Delta\theta$ 之比值。对于等加速—等速—等减速定子导轨曲线而言(参照图4-28)总的分配系数 K 为

$$K = \frac{\phi_X}{\Delta\theta} = \frac{\frac{2\pi}{2X}}{\frac{2\pi m}{XZ}} = \frac{Z}{2m} \tag{4-91}$$

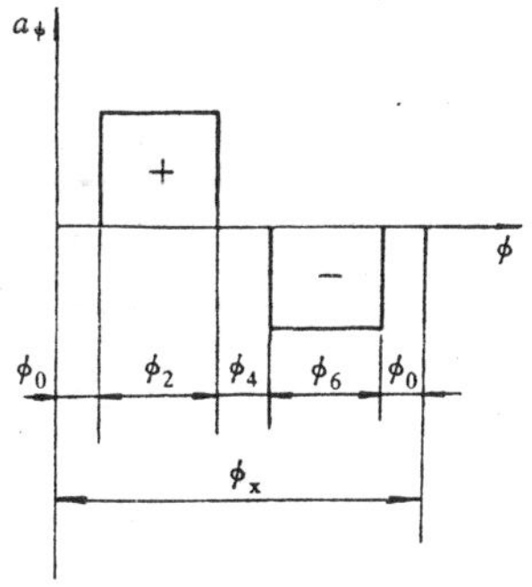

图 4-28　等加速—等速—等减速定子导轨曲线分析

式中　ϕ_X——总的幅角，$\phi_X=\phi_2+\phi_6+\phi_4+2\phi_0$；

$\Delta\theta$——脉动周期角；

m——柱塞数 Z 与作用次数 X 之间最大公约数。

加速区段的幅角分配系数 K_1 为

$$K_1=\frac{\phi_2}{\Delta\theta} \tag{4-92}$$

式中　ϕ_2——加速区段幅角。

减速区段的幅角分配系数 K_2 为

$$K_2=\frac{\phi_6}{\Delta\theta} \tag{4-93}$$

式中　ϕ_6——减速区段幅角。

等速区段(包括零速区段)幅角分配系数 K_3 为

$$K_3=\frac{2\phi_0+\phi_4}{\Delta\theta} \tag{4-94}$$

式中　ϕ_4——等速区段幅角；

ϕ_0——零速区段幅角。

$$K=K_1+K_2+K_3$$

若使马达的转矩和转速脉动系数 δ_M 和 δ_n 均为零，则必须使加速段及减速段的幅角(ϕ_2 和 ϕ_6)均为脉动周期角 $\Delta\theta$ 的整数倍，即 K_1 与 K_2 须均为正整数。由于 K_1 与 K_2 最少为 1，所以必须满足以下条件，即

$$K=\frac{\phi_X}{\Delta\theta}>2 \tag{4-95}$$

NJM-1.0 液压马达采用的是等加速—等速—等减速定子曲线，其作用次数 $X=6$，柱塞数 $Z=10$。下面讨论一下马达定子曲面幅角分配情况。

由于 $Z=10$，$X=6$，故二者最大公约数 $m=2$。

幅角：$\phi_X=\dfrac{2\pi}{2X}=30°$

脉动周期角：$\Delta\theta=\dfrac{2\pi m}{ZX}=12°$

总的幅角分配系数：$K=\dfrac{Z}{2m}=2.5$

由 K 合理选取 K_1，K_2 和 K_3，为保证液压马达的 δ_M 和 δ_n 均为零，选 $K_1=1$，$K_2=1$，则 $K_3=K-K_1-K_2=0.5$。

加速区段幅角：$\phi_2=K_1\Delta\theta=12°$

减速区段幅角：$\phi_6=K_2\Delta\theta=12°$

若选 $\phi_0=1.5°$，则等速区段的幅角为

$$\phi_4=K_3\Delta\theta-2\phi_0=3°$$

(10)变速方式

内曲线马达变速方式分无级变速和有级变速两类。目前有级变速方式应用较多，其常用的方法是通过改变作用次数 X，柱塞数 Z，柱塞的排数 Y；以及对双排柱塞马达进行串、并联的变换来改变马达的排量，最终实现改变马达转速之目的。

① 改变作用次数 X。改变马达作用次数的变速原理如图 4-29 所示。图中给出了定子曲面和配油轴的配油口相对位置展开图。定子曲面有 15 条，其中③，⑥，⑨，⑫，⑮定子曲面所对应的配油轴的配油口分别与 C,D 油路相通，而其余 10 条定子曲面所对应的配油轴的配油口分别与 A,B 油路相通。当油路 A,C 进油，B,D 回油时，马达作用次数 X 为 15，排量最大，转速最低；当油路 C 进油，油路 A,B,D 均回油时，马达作用次数 X 为 5，排量最小，转速最高；当油路 A 进油，油路 C,B,D 均为回油时，作用次数 X 为 10，排量居中间，转速居中间。

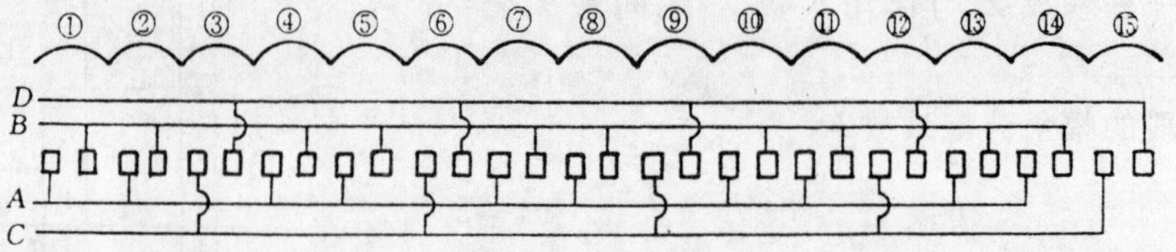

图 4-29 改变作用次数变速原理

② 改变柱塞数 Z。改变柱塞数的变速原理如图 4-30 所示。图中显示出定子曲面与配油轴的配油口相对位置。定子曲面进油区段所对应的配油轴的配油口为两排，分别与油路 A,B 相通；定子曲面回油区段所对应的配油轴的配油口为一排，与油路 C 相通。柱塞分为两组，每组柱塞数目都为柱塞总数的一半。a 组柱塞的缸孔可以同与 A,C 管路沟通的配油口相通，b 组柱塞的缸孔可以同与 B,C 管路沟通的配油口相通。当管路 A,B 进油，C 回油时，两组柱塞均参加工作，排量大，转速低；当油路 $A(B)$ 进油，B,$C(A,C)$ 回油时，只有 a 组(b 组)柱塞参加工作，工作的柱塞数目减少一半，转速增加一倍。

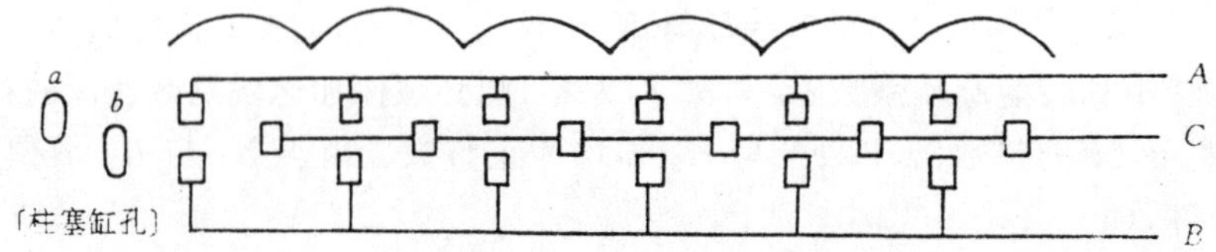

图 4-30 改变柱塞数变速原理

③ 改变双排柱塞的串、并联。对于双排柱塞的内曲线马达，可以通过改变两排柱塞连接方法来实现两级变速。在马达总供油流量不变的前提下，两排柱塞并联供油流量为串联供油流量的一半。因此，两排柱塞并联供油时为低速工况；串联供油时为高速工况。

④ 改变柱塞的工作排数。对于双排或多排柱塞内曲线马达，可以通过向每排柱塞分别配油，使其中一排，几排或全部柱塞参加工作，从而获得马达不同档次的转速。

(11)基本结构参数的选择

内曲线径向柱塞马达的基本结构参数主要有作用次数 X，柱塞数 Z，柱塞直径 d，柱塞行程 H，滚道最小半径 ρ 和柱塞排数 Y。以上各参数往往是相互关联的，它们的变动会影响到液压马达的尺寸大小、定子导轨曲线的合理性、导轨—滚轮—柱塞—转子间受力情况、液压马达的机械效率、回油背压等等。现将基本结构参数的选择原则说明如下：

① 作用次数 X。在选择 X 时，应与柱塞数 Z 同时考虑，力求使液压马达定子曲面轨道与转子之间的径向作用力相平衡，并使液压马达输出转矩无脉动。

在排量和柱塞行程一定情况下，增加作用次数 X，虽然能减小柱塞直径和柱塞数目，会减小液压马达外形尺寸；但会使定子导轨曲线变陡，压力角增大，度速度和度加速度增加，这样柱塞组件上的动载荷增加，导轨内曲面接触应力增加。这对有关零件的磨损和马达的效率是不利的。因此，对压力角要加以限制，一般为25°～35°。

为了容易实现转子的径向力平衡，作用次数 X 一般采用偶数，常取 $X=4,6,8,10,12$；其中 $X=4,6$ 用于小排量马达，$X=8,10,12$ 用于大排量马达。

综上所述，内曲线柱塞马达的作用次数 X 应根据排量、压力角、导轨曲线以及柱塞数 Z 全面综合考虑而确定。

② 单排柱塞数 Z。柱塞数与作用次数是确定定子导轨曲线工作幅角分配的一对重要参数。Z 和 X 的组合情况对马达的脉动情况、径向力平衡、加工、寿命和结构尺寸都有密切关系。当柱塞数 Z 和作用次数 X 均为偶数时，柱塞缸孔易于加工，转子体径向力可以完全平衡，因此，可以延长轴承寿命，减小配油轴表面的磨损。同时，当定子轨道曲线设计合理时，还可做到马达运转无脉动。因此，内曲线马达的柱塞数 Z 常采用偶数，小排量一般取 Z 为6,8,10，大排量一般取 Z 为12,14。

③ 柱塞直径 d。由于液压马达的排量与柱塞直径的平方成正比，所以从增大排量角度，增大柱塞直径比增加柱塞数更为有利。在满足排量要求前提下，柱塞直径大时，行程 H 就可取小些，定子导轨曲线的性能会有些改善；同时，柱塞的长度也可相应缩短，故液压马达外径也会减小。但是，也应该看到，由于柱塞底面上的液压作用力也与柱塞直径的平方成正比，增大柱塞直径 d 应在定子导轨曲线接触应力及柱塞部件的受力允许的前提下。

④ 柱塞的排数 Y。内曲线马达的柱塞排数 Y 通常取为1。只是在要求排量较大，且径向尺寸受限制时；或者要利用改变柱塞排数来改变排量时，才选用 $Y=2$，Y 最多不超过3。

⑤ 柱塞行程 H。当上述参数 X,Z,Y 和 d 确定之后，根据排量计算公式(4-60)即可推算出行程 H 的值。为了保证定子导轨曲线的性能，行程不宜过大。通常，根据内曲线马达的传力结构的不同，柱塞行程 H 与柱塞直径 d 的比值也有所不同。对于柱塞传力结构，由于柱塞和缸壁间的侧向力较大，该比值应取得较小，一般为0.3～0.5。对于横梁传力结构，由于可增大滑动的接触面积，对滑动面进行表面处理，或采用特殊耐磨材料，该比值可提高到0.5～0.7。对于滚轮传力结构，由于切向力由滚轮传给导向板，接触应力通常都在许用范围内，因此该比值可取为最大，一般为0.7～1.0。

并且为了使液压马达有较高的机械效率及结构紧凑起见，在设计时，推荐保持如下条件：

$$0.75 \leqslant \frac{XH}{\rho_0} \leqslant 1.4 \tag{4-96}$$

式中　X——马达作用次数；

H——柱塞行程；

ρ_0——定子滚道的最小半径。

当采用滚轮传力结构时，由于柱塞行程 H 可以增大而对机械效率不会有明显的影响，所以不必遵守式(4-96)条件。

⑥ 滚道的最小半径 ρ_0。内曲线马达滚道的最小半径 ρ_0 可参照式(4-96)，并根据定子导轨最小曲率半径 r_{min}，导轨的接触应力 σ_k，最大压力角 β_{max} 以及液压马达的径向尺寸指标选用。

以上介绍的内曲线多作用径向柱塞式液压马达总的说来，结构工艺性较好，外形尺寸比单作用径向柱塞式液压马达小，容易达到大转矩(某些内曲线马达的输出转矩介绍已达到了100000～200000N·m)，工作的可靠性好，其他一些使用性能亦比单作用的优越。

内曲线多作用径向柱塞马达已获得广泛的应用。在国内，内曲线马达主要应用在工程机械、起重运输机械、矿山机械、船舶等方面。

根据系列的规定，轴转型内曲线液压马达（NJM）有 16 个排量规格（0.63～50L/r），额定工作压力为 16～25MPa，最高工作压力为 20～31.5MPa。液压马达采用横梁传递切向力的结构，并考虑可以变速，如图 4-22 所示。

壳转内曲线液压马达（NKM）有 15 个排量规格（0.2～8.0L/r），额定工作压力为 16～20MPa，最高工作压力为 25～31.5MPa，液压马达为外壳旋转式，并可以直接安装在各种相应规格的车轮轮壳内。

值得一提的是径向内曲线钢球马达，结构如图 4-31 所示。它具有内曲线液压马达的特点，并以一只钢球代替了一般内曲线液压马达所用的二只以上的滚轮和横梁。因而结构更为简单、体积小、重量轻。钢球与活塞具有静压平衡结构，活塞在缸孔中作旋转往复运动，并具有良好的强迫润滑条件，因此具有较高的机械效率和总效率。

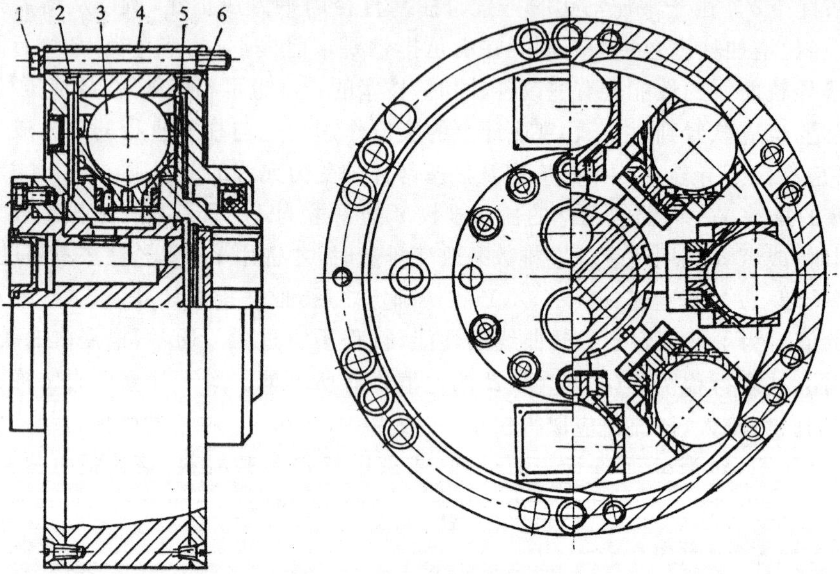

图 4-31 钢球式内曲线液压马达

思考题与习题

4-1 比较液压马达与液压泵的异、同点。

4-2 解释如下概念：

单作用马达，双作用马达，多作用马达；定量马达，变量马达；马达的容积效率，机械效率，总效率。

4-3 试说明齿轮马达、叶片马达、轴向柱塞马达、曲轴连杆马达、静力平衡马达和内曲线柱塞式马达的工作原理。

4-4 如何计算液压马达的输出转速、转矩和功率。

4-5 判断下列说法正确与否：

(1)液压马达的入口压力取决于它的输入流量；

(2)液压马达的输出转速只取决于其输入流量而与其排量和入口压力无关；

(3)液压马达的输出转矩取决于工作压力、输入流量；

(4)液压马达的理论流量总是大于它的实际流量；理论转矩总是大于它的实际转矩。

4-6　解释内曲线马达的如下概念：压力角；度速度；度加速度。

4-7　何谓内曲线马达的脉动周期角和幅角分配系数？分别如何计算？

4-8　等加速—等速—等减速曲线的内曲线马达，柱塞在工作过程中，受哪些力的作用？背压有何作用？最小背压应如何确定？

4-9　内曲线马达输出转矩和转速无脉动的条件是什么？

4-10　内曲线马达的作用次数 X，柱塞数 Z，柱塞直径 d，行程 H 和柱塞排数 Y 的确定原则是什么？

4-11　某液压马达排量为 250mL/r，入口压力为 10MPa，出口压力为零，机械效率为 0.9，总效率为 0.81，若输入流量 40L/min，试求：

(1)理论转速和实际转速；

(2)理论转矩和实际转矩；

(3)输入功率、理论功率和输出功率。

4-12　已知某内曲线马达的柱塞直径为 6cm，行程为 2cm，作用次数为 12，柱塞数为 10，排数为 1，转速为 0～10r/min，入口压力为 12MPa，出口压力为 0，容积和机械效率均为 0.9，试计算该马达的实际转矩的流量。

4-13　有一油泵向一油马达供油。油泵的转速为 1450r/min，出口压力为 10MPa，入口压力为 0；油泵和油马达的排量均为 10mL/r，油泵和油马达的容积效率和机械效率均为 0.9，若不计管路损失和马达回油压力，试求：

(1)油泵的输入功率；

(2)油马达的输出转速；

(3)油马达的输出转矩；

(4)油马达的输出功率。

4-14　某定量马达输出转矩为 25N·m，工作压力为 5MPa，最低转速为 500r/min，最高转速为 2000r/min。设回油压力为 0，机械效率和容积效率均为 0.9，试求：

(1)所需的最大和最小输入流量；

(2)最大和最小输出功率。

4-15　已知液压泵出口压力为 100×10^5Pa，其吸油压力为大气压力，几何排量 $q_B=$ 10mL/r，机械效率 $\eta_{Bm}=0.95$，容积效率 $\eta_{Bv}=0.9$。液压马达参数如下：$q_M=q_B$，$\eta_{Mv}=\eta_{Bv}$，$\eta_{Mm}=\eta_{Bm}$，回油压力为零，液压泵与液压马达之间的管道无压力损失和流量损失，试求：

(1)液压泵转速 $n_B=1500$r/min 时所需输入功率；

(2)液压泵—液压马达之间管道中的液压功率；

(3)液压马达的输出转速 n_M；

(4)液压马达的输出转矩 M_M；

(5)液压马达的输出功率 N_M。

4-16　设液压马达几何排量 $q_M=50\pi$mL/r，背压 $p_M'=10^5$Pa，泄漏系数 $\lambda_M=10^{-5}$mL/Pa·s，总效率 $\eta_M=0.81$。当负载转矩为 225N·m 时，输出功率为 $N_M=9$kW，试求：

(1)转速 n_M 和角速度 ω_M；

(2)入口油压力 p_M；

(3)容积效率和机械效率。

第5章 液压缸

液压缸(油缸)是液压传动系统中的执行元件,它和液压马达一样,都是将液压能转变为机械能的能量转换装置,统称为液动机。但二者的运动方式不同,液压马达作旋转运动,而液压缸作直线往复运动和小于360°的摆动。作直线运动的液压缸称为推力液压缸,作摆动的液压缸称为摆动液压缸。液压缸具有结构简单,工作可靠,制造容易,使用维护方便,易于实现远控和自控等优点。因此,液压缸广泛应用于工业生产各部门。

5.1 液压缸工作原理和基本参数计算

液压缸的形式多种多样,分类方法也各不相同。按照液压缸的运动方式可分为推力液压缸和摆动液压缸两大类。在生产中应用最多的是推力液压缸。在推力液压缸中,根据液压力作用方式的不同,又有单作用和双作用之分;根据结构形式的不同,又有柱塞式、活塞式和伸缩式之分;根据组合方式的不同,又有串联式、增压式和齿条活塞式等之分。常用液压缸的类型及其职能符号如表5-1所示。

5.1.1 单作用液压缸

单作用液压缸有柱塞式、活塞式和伸缩式三种结构形式。其中柱塞式和活塞式较为常用,下面仅介绍这两种单作用液压缸的工作原理与基本参数计算。

柱塞式和活塞式单作用液压缸的工作原理如图5-1所示。当压力为 p 的工作液体由液压缸进液口 A 以流量 Q 进入柱塞或活塞底腔后,液体压力均匀作用在柱塞或活塞底面上,柱塞或活塞杆在该液体压力的作用下,产生推力 F,并以速度 v 向外伸出。若柱塞或活塞底腔卸压,则柱塞或活塞杆在自重(垂直安装时)或弹簧力等外力作用下缩回。由于液压力只能推动柱塞或活塞杆朝一个方向运动,因此这两种液压缸属于单作用液压缸。

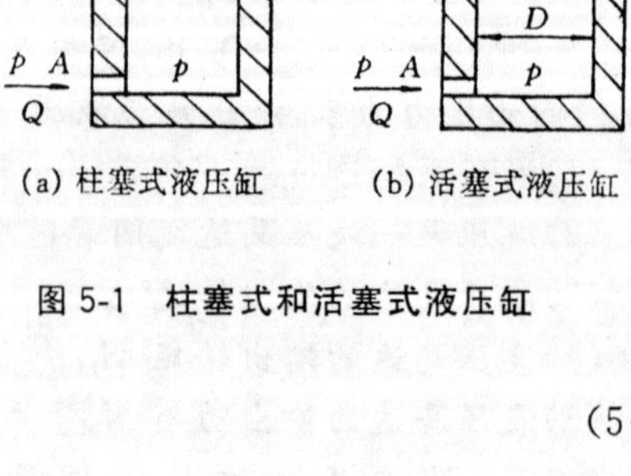

(a) 柱塞式液压缸 (b) 活塞式液压缸

图5-1 柱塞式和活塞式液压缸

柱塞式或活塞式单作用液压缸产生的推力 F 为

$$F=\frac{\pi}{4}D^2 p\eta_m \tag{5-1}$$

式中 D——柱塞或活塞直径;

p——液压缸进液压力;

η_m——液压缸机械效率。

推力 F 是与外负载相平衡的,因此液压缸的进液压力 p,取决于外负载。

表 5-1　　常用液压缸的类型及职能符号

分类		型式	职能符号
推力液压缸	单作用	柱塞式	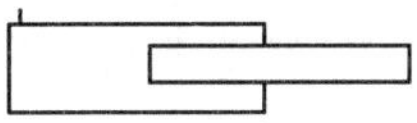
		活塞式	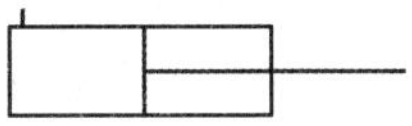
		伸缩式	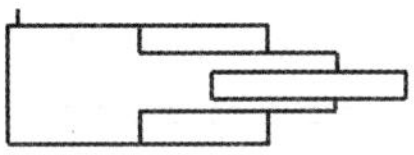
	双作用	单活塞杆式	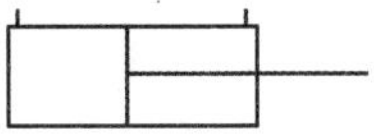
		差动式	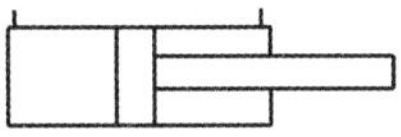
		双活塞杆式	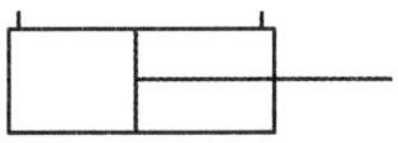
		伸缩式	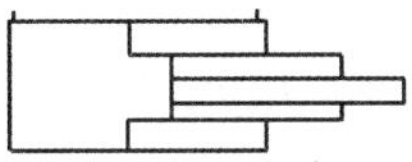
	组合	串联式	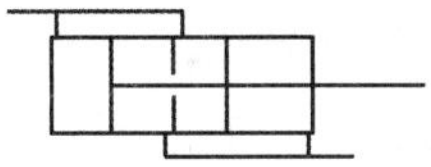
		增压式	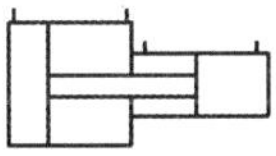
		齿条活塞式	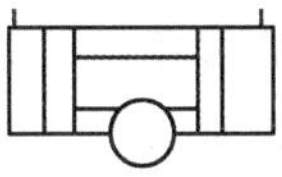
摆动液压缸		单叶片式	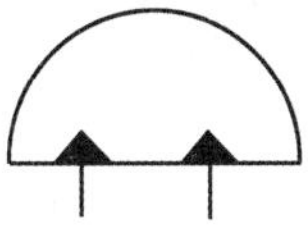
		双叶片式	

柱塞或活塞杆的伸出速度 v 为

$$v=\frac{4Q\eta_V}{\pi D^2} \tag{5-2}$$

式中　Q——液压缸进液流量；

η_V——液压缸容积效率。

由式(5-1)和(5-2)可以看出，对于确定的液压缸，推力 F 的大小取决于进液压力 p，与进液流量 Q 无关；柱塞或活塞杆的伸出速度 v 的大小取决于进液流量 Q，与进液压力 p 无关。

上述结论，对各种类型的推力液压缸都具有普遍的适用性。

5.1.2 双作用液压缸

双作用液压缸主要有单活塞杆式、差动式、双活塞杆式和伸缩式等类型。

(1)单活塞杆式双作用液压缸

单活塞杆式双作用液压缸如图 5-2 所示。其进、出液口的布置视安装方式而定。工作时可以缸筒固定，活塞杆驱动负载；也可以活塞杆固定，缸筒驱动负载。在缸筒固定情况下，当 A 口进液，B 口回液时，活塞杆伸出；当 B 口进液，A 口回液时，活塞杆缩回。由于液压力能推动活塞杆作正反两个方向的运动，因此这种液压缸属于双作用液压缸。

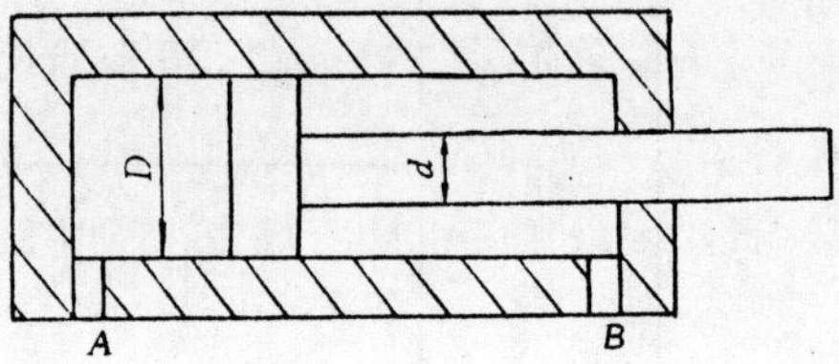

图 5-2 单活塞杆式双作用液压缸原理图

活塞杆伸出和缩回时产生的推力 F_1 和拉力 F_2 分别为

$$F_1=\frac{\pi}{4}[D^2(p-p_0)+d^2p_0]\eta_m \tag{5-3}$$

$$F_2=\frac{\pi}{4}[D^2(p-p_0)-d^2p]\eta_m \tag{5-4}$$

式中 D——活塞直径；

d——活塞杆直径；

p——进液压力；

p_0——回液压力；

η_m——机械效率。

活塞杆伸出速度 v_1 和缩回速度 v_2 分别为

$$v_1=\frac{4Q\eta_V}{\pi D^2} \tag{5-5}$$

$$v_2=\frac{4Q\eta_V}{\pi(D^2-d^2)} \tag{5-6}$$

式中 Q——进液流量；

η_V——容积效率。

活塞杆伸缩运动的速比 φ 为

$$\varphi=\frac{v_2}{v_1}=\frac{D^2}{D^2-d^2} \tag{5-7}$$

由式(5-3)至(5-6)可以看出，由于单活塞杆式双作用液压缸活塞腔和活塞杆腔的液体有效作用面积不等，因此当活塞腔进液时，推力大而速度慢；当活塞杆腔进液时，拉力小而速度快。这个特点符合大多数工作机械的作业要求，所以这种液压缸在工程和矿山等机械中广为应用。另外，从式(5-7)还可看出，活塞杆越粗，伸缩比越大，即活塞杆缩回速度越快。

(2)差动式液压缸

差动式液压缸本身结构同单活塞杆式双作用液压缸完全一样，只是二者活塞杆伸出时的供液方式不同而已。如图 5-3 所示，差动式液压缸是将活塞腔和活塞杆腔相连通，并同时向其通压力液体，尽管两腔液体压力相同，但由于两腔的液体有效作用面积不等，使得活塞杆在差压面积形成的液压力作用下而伸出。活塞杆腔流出的液体流量 Q_1 和供给液压缸的流量 Q 同时进入液压缸的活塞腔。活塞杆缩回时，与普通单活塞杆式双作用液压缸一样，仍为活塞杆腔进液、活塞腔回液。由于差动式液压缸活塞杆的伸出和缩回都是依靠液压力来实现的，因此这种液压缸也属于双作用液压缸。

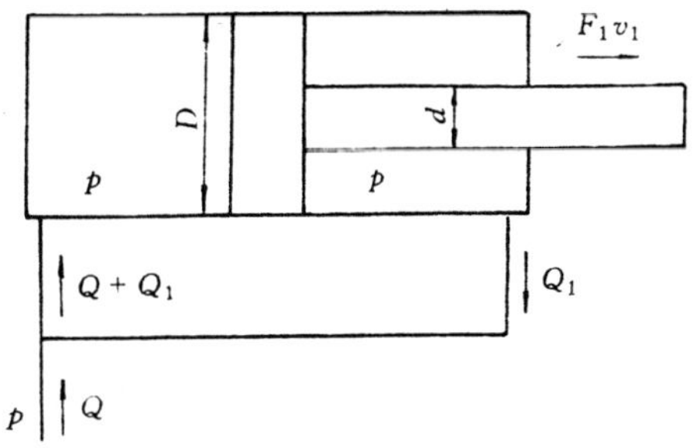

图 5-3　差动式液压缸原理图

差动式液压缸活塞杆伸出和缩回时产生的推力 F_1 和拉力 F_2 分别为

$$F_1=\frac{\pi}{4}d^2 p\eta_m \tag{5-8}$$

$$F_2=\frac{\pi}{4}[D^2(p-p_0)-d^2 p]\eta_m \tag{5-9}$$

活塞杆伸出速度 v_1 和缩回速度 v_2 分别为

$$v_1=\frac{4Q\eta_V}{\pi d^2} \tag{5-10}$$

$$v_2=\frac{4Q\eta_V}{\pi(D^2-d^2)} \tag{5-11}$$

式中各符号意义与单活塞杆式双作用液压缸相同。

若使差动式液压缸活塞杆的伸出速度 v_1 和缩回速度 v_2 满足下述关系，即

$$v_1\gtreqless v_2$$

则应

$$\frac{4Q\eta_V}{\pi d^2}\gtreqless\frac{4Q\eta_V}{\pi(D^2-d^2)}$$

由此可得

$$D\gtreqless\sqrt{2}\,d$$

也就是说，差动式液压缸当其活塞直径大于、等于、小于活塞杆直径的 $\sqrt{2}$ 倍时，活塞杆的伸出速度大于、等于、小于缩回速度。

由上述可见，在供液压力和流量以及液压缸结构参数相同的条件下，同单活塞杆式双作用液压缸相比，差动式液压缸的推力较小，活塞杆伸出速度较大，拉力和活塞杆缩回速度不变。另外，差动式液压缸通过采用不同的活塞直径 D 和活塞杆直径 d 之值，可得到不同的活塞杆伸出速度 v_1 和缩回速度 v_2 之间的大小关系。而单活塞杆双作用液压缸不论怎样改变活塞直径 D 和活塞杆直径 d 之值，活塞杆伸出速度 v_1 也永远不会大于缩回速度 v_2。

(3)双活塞杆式双作用液压缸

如图 5-4 所示，这种液压缸的两个直径相同的活塞杆，分别从缸筒的两端伸出，且常使两活塞杆固定，而将缸筒作为活动件。当分别从 A 口进液、B 口回液和 B 口进液、A 口回液时，即可实现缸筒的往复运动，并牵引负载进行工作。

双活塞杆式双作用液压缸往复运动的牵引力和速度都是相等的，分别为

$$F=\frac{\pi}{4}(D^2-d^2)(p-p_0)\eta_m \tag{5-12}$$

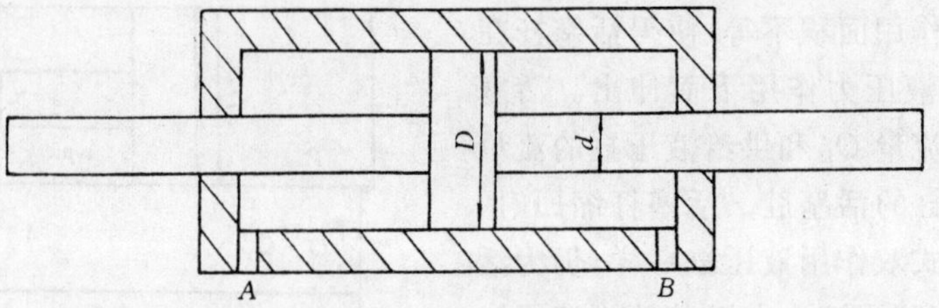

图 5-4 双活塞杆式双作用液压缸原理图

$$v=\frac{4Q\eta_V}{\pi(D^2-d^2)} \tag{5-13}$$

式中各符号意义与单活塞杆式双作用液压缸相同。

(4)伸缩式双作用液压缸

伸缩式双作用液压缸是一种多级液压缸，其特点是行程大而缩回后的长度短，适用于安装空间受到限制但行程要求却很大的设备中。

下面以矿山机械中常用的双伸缩液压支柱为例，来说明伸缩式双作用液压缸的工作原理。如图 5-5 所示，它由一级缸筒 1、一级活塞杆(二级缸筒亦称外柱)2、二级活塞杆(亦称内柱)3 等组成。当压力液体从 A 口进入一级缸筒下腔后，推动一级活塞杆(二级缸筒)带着二级活塞杆一起伸出，一级缸筒上腔经 B_1 口回液。此时单向阀 4 处于关闭状态，压力液体不能进入二级缸筒，二级活塞杆不能从二级缸筒里伸出。当二级缸筒达到最大行程而不能再伸出时，一级缸筒下腔的液体压力开始升高，当压力升高到能克服弹簧力而打开单向阀后，压力液体进入二级缸筒下腔，二级活塞杆伸出，二级缸筒上腔经二级活塞杆中心孔从 B_2 口回液。液压缸缩回时，B_1，B_2 口同时进压力液体，A 口回液。开始时由于单向阀关闭，二级活塞杆不能缩回，但从 B_1 口进入的压力液体可迫使二级缸筒带着二级活塞杆一起缩回。当二级缸筒接近完全缩回时，顶杆 5 被一级缸筒的缸底顶起，从而打开单向阀，二级缸筒下腔经单向阀、A 口回液，二级活塞杆在 B_2 口进入的压力液体作用下缩回。由于这种液压缸具有一级缸筒与一级活塞杆(二级缸筒)、二级缸筒与二级活塞杆间的两种相对伸缩关系，因此常将其称之为双伸缩(或双级)液压缸。而前面所介绍的几种液压缸，都只有缸筒与活塞杆(或柱塞)间的一种相对伸缩关系，因此是单伸缩(或单级)液压缸。

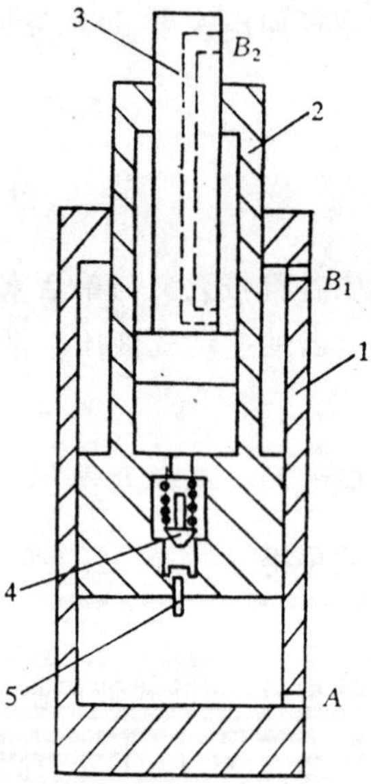

图 5-5 伸缩式双作用液压缸原理图

伸缩式液压缸的推拉力和伸缩速度的计算与单级液压缸类似，但由于各级液压缸承压的有效作用面积不同，因而各级的推拉力和伸缩速度也不同，应分别进行计算。

5.1.3 组合液压缸

在生产中除了利用以上各种液压缸直接驱动工作机构外，还常将几个液压缸或将液压缸和机械传动部件联合组成组合式液压缸，以满足某种特殊需要。组合式液压缸常见的有串联式、增压式和齿条活塞式等类型。

(1)串联式液压缸

如图 5-6 所示，串联式液压缸是在一个缸筒内安装两个串联活塞而构成的液压缸。当 A 口进液，B口回液时，活塞杆伸出；反之，则活塞杆缩回。

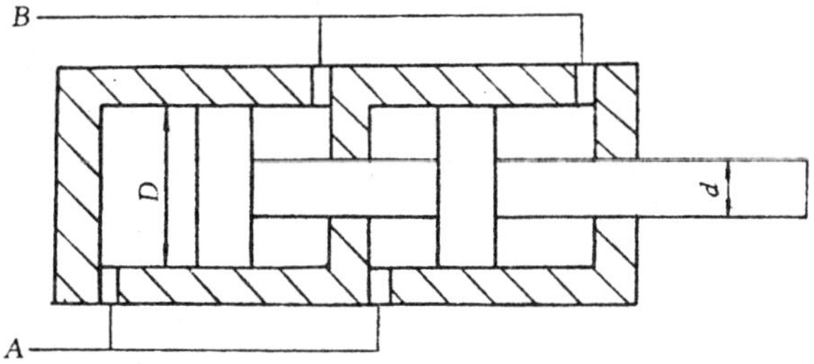

图 5-6　串联式液压缸原理图

串联式液压缸产生的推力 F_1 和拉力 F_2 分别为

$$F_1=\frac{\pi}{4}[(2D^2-d^2)p-2(D^2-d^2)p_0]\eta_m \tag{5-14}$$

$$F_2=\frac{\pi}{4}[2(D^2-d^2)p-(2D^2-d^2)p_0]\eta_m \tag{5-15}$$

活塞杆伸出速度 v_1 和缩回速度 v_2 分别为

$$v_1=\frac{4Q\eta_V}{\pi(2D^2-d^2)} \tag{5-16}$$

$$v_2=\frac{2Q\eta_V}{\pi(D^2-d^2)} \tag{5-17}$$

以上各式中符号意义与单活塞杆式双作用液压缸相同。

由上述可见，同单活塞杆式双作用液压缸相比，串联式液压缸的推拉力几乎增加一倍，活塞杆的伸缩速度几乎减小一半。这种液压缸适用于要求推拉力大而伸缩速度慢，但长度不受限制的场合。

(2)增压式液压缸

图 5-7 所示为增压式液压缸，它是将柱塞缸(或活塞缸)和活塞缸串联在一起，且无输出杆。当 A 口进液、B 口回液时，则可在 C 口输出比 A 口进液压力高若干倍的压力液体。

若忽略回液压力，则根据活塞受力平衡条件可得

$$\frac{\pi}{4}D^2p_1=\frac{\pi}{4}d^2p_2$$

所以有

$$p_2=\frac{D^2}{d^2}p_1 \tag{5-18}$$

式中　D——活塞直径；

d——柱塞直径；

p_1——活塞腔进液压力；

p_2——柱塞腔出液压力。

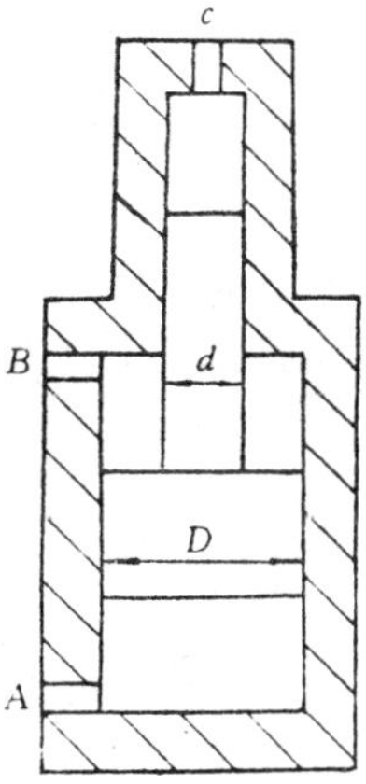

图 5-7　增压式液压缸原理图

由式(5-18)可见，输出压力 p_2 随比值 D^2/d^2 的加大而增高。这种液压缸常用在高压细射流技术上。

(3)齿条活塞式液压缸

图 5-8 所示为齿条活塞式液压缸，它是齿条机械传动与液压缸液压传动相结合的一种液

压缸。当 A 口进液、B 口回液时，压力液体推动齿条活塞向右运动，从而带动齿轮和轴逆时针回转；当 B 口进液、A 口回液时，齿轮和轴顺时针回转，从而将活塞的直线运动转化成齿轮的周期性回转运动和步进运动。这种液压缸多用于组合机床和磨床的进给装置上。

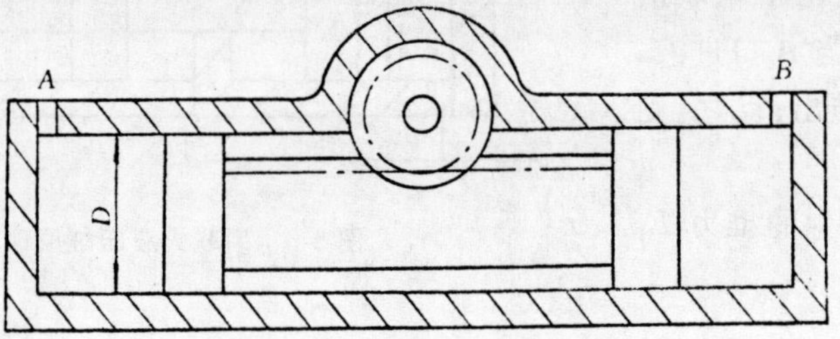

图 5-8 齿条活塞式液压缸原理图

齿条活塞式液压缸转轴输出的转矩 M 和角速度 ω 分别为

$$M=\frac{\pi}{8}D^2D_f(p-p_0)\eta_m \tag{5-19}$$

$$\omega=\frac{8Q\eta_V}{\pi D^2D_f} \tag{5-20}$$

式中 D——活塞直径；

D_f——齿轮节圆直径；

p——进液压力；

p_0——回液压力；

Q——供液流量。

5.1.4 摆动液压缸

摆动液压缸也叫摆动液压马达，它是将液压能转变为回转运动机械能的液动机。结构上有单叶片和双叶片两种形式。

单叶片式摆动液压缸的工作原理如图 5-9(a)所示。当缸体上的 A 口进液、B 口回液时，在压力液体作用下，叶片带动转轴逆时针回转并输出转矩；当 B 口进液、A 口回液时，转轴顺时针回转。单叶片摆动液压缸转轴的摆动角度小于 360°。

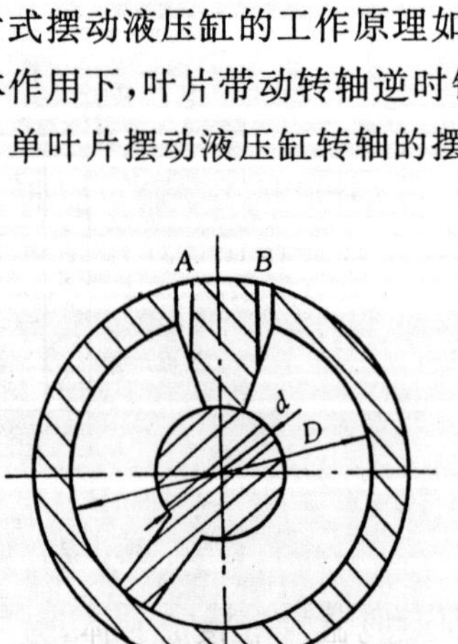

(a) 单叶片式

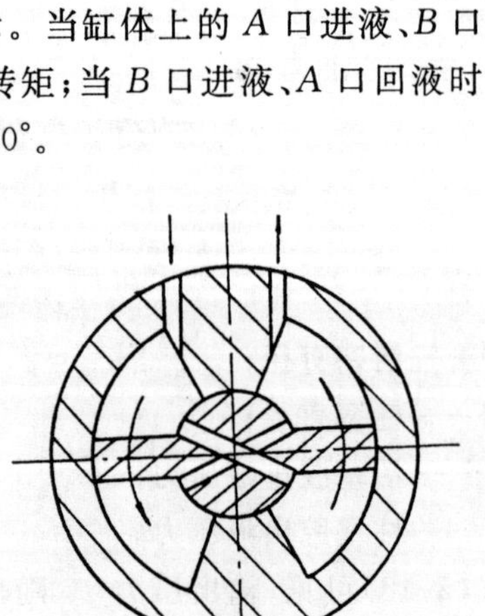

(b) 双叶片式

图 5-9 摆动液压缸原理图

单叶片式摆动液压缸输出的转矩 M 和角速度 ω 分别为

$$M=\frac{1}{8}b(D^2-d^2)(p-p_0)\eta_m \tag{5-21}$$

$$\omega=\frac{8Q\eta_V}{b(D^2-d^2)} \tag{5-22}$$

式中 b——叶片宽度；
D——叶片外径；
d——叶片内径；
p——进液压力；
p_0——回液压力；
Q——供液流量；
η_m——机械效率；
η_V——容积效率。

双叶片式摆动液压缸的工作原理如图 5-9(b)所示。转轴的摆动角度小于 180°。双叶片式摆动液压缸输出的转矩和角速度分别是单叶片式摆动液压缸的两倍和二分之一。

5.2 液压缸的典型结构

前面介绍了各类液压缸的基本结构和工作原理，实际上由于液压缸的工作条件和使用目的不同，其结构多种多样，要比前面介绍的基本结构复杂得多。下面就工程中常用液压缸的典型结构和组成作一介绍。

5.2.1 单作用柱塞式液压缸

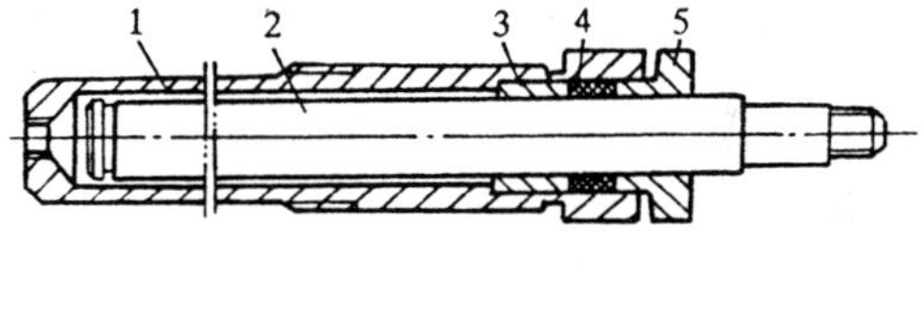

图 5-10 单作用柱塞式液压缸结构
1—缸筒；2—柱塞；3—导向套；4—密封圈；5—缸盖

图 5-10 所示为单作用柱塞式液压缸的一种典型结构。它由缸筒 1、柱塞 2、导向套 3、密封圈 4 和缸盖 5 等组成。其特点是柱塞较粗，受力条件好，而且柱塞在缸筒内与缸壁不接触，两者无配合要求，因而只需对柱塞表面进行精加工即可，缸筒内孔不必进行精加工，而且表面光洁度要求也不高。可见柱塞式液压缸的制造工艺性较好，故行程较长的单作用液压缸多采用柱塞式结构。另外，为了减轻重量，柱塞往往做成空心的。行程特别长的柱塞缸，还可以在缸体内设置辅助支承，以增强刚性。

5.2.2 双作用单活塞杆式液压缸

图 5-11 所示为工程机械中通用的一种双作用单活塞杆式液压缸的典型结构。它由缸底 2、缸筒 11、缸盖 15、活塞 8 和活塞杆 12 等组成。缸筒一端与缸底焊接成一体，另一端则与缸盖通过螺纹联接，便于拆装和检修，两端设有液口 A 和 B。活塞 8 利用卡键 5、卡键帽 4 和挡圈 3 与活塞杆固定。活塞上套有聚四氟乙烯或尼龙等耐磨材料制成的支承环 9，以支承活塞。缸内两腔间的密封靠活塞内孔与活塞杆配合处的 O 型密封圈 10，以及反方向安装在活塞外缘上的两个 Y_x 型密封圈 6 和挡圈 7 来保证。为防止油液外泄，导向套 13 的外缘有 O 型密封圈

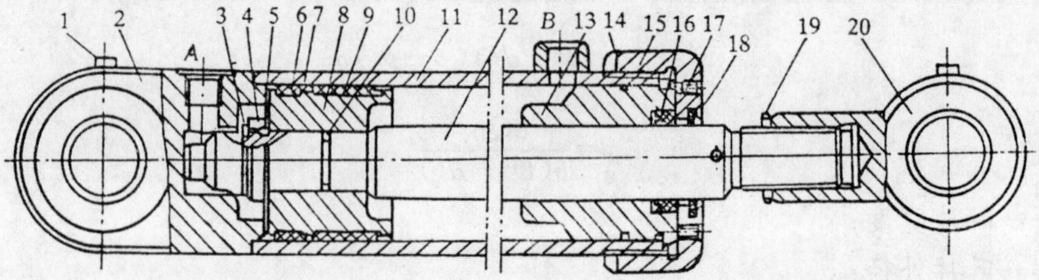

图 5-11 双作用单活塞杆式液压缸结构

1—油嘴；2—缸底；3,7,17—挡圈；4—卡键帽；5—卡键；6—Y_x 型密封圈；8—活塞；9—支承环；10—O型密封圈；11—缸筒；12—活塞杆；13—导向套；14—O型密封圈；15—缸盖；16—Y型密封圈；17—挡圈；18—防尘圈；19—紧固螺母；20—耳环

14，内孔有Y型密封圈16及挡圈17进行密封。防尘圈18的作用是刮除沾附在活塞杆外露部分的尘土。在缸底和活塞杆顶端的连接耳环20上，有供安装用或与工作机械连接用的销轴孔，销轴孔必须保证液压缸中心受压。销轴孔由油嘴1供给润滑油。此外，为了减轻活塞在行程终了时对缸底或缸盖的冲击，两端设有缝隙节流缓冲装置，当活塞快速运行临近缸底时（图示位置），活塞杆端部的缓冲柱塞将回液口堵柱，迫使剩余液体只能从柱塞周围的缝隙挤出，形成液压阻力，使液压缸速度迅速减慢实现缓冲。反向行程亦同样原理获得缓冲。

5.2.3 双作用双活塞杆式液压缸

图5-12所示为机床中所用的一种双作用双活塞杆式液压缸的典型结构。它由缸筒10、活塞杆1和15、导向套6和19、缸盖18和24等组成。由图可见，液压缸的左右两腔是通过液口 b 和 d 经活塞杆1和15的中心孔与左右径向孔 a 和 c 相通的。由于活塞杆固定在床身上，缸筒10固定在工作台上，当径向孔 c 进液、径向孔 a 回液时，工作台向右移动；反之则向左移动。缸盖18和24是通过螺钉（图中未画出）与压板11和20相连，并经钢丝环12和21固定在缸筒10上的。考虑到液压缸工作中要发热伸长，它只以右缸盖18与工作台固定相连，左缸盖24空套在托架3孔内，可以自由伸缩。空心活塞杆的一端用堵头2堵死，并通过锥销9和22与活塞8相连。缸筒相对于活塞的运动由左右两个导向套6和19导向。活塞与缸筒之间、缸盖与活塞杆之间以及缸盖与缸筒之间分别用O型密封圈7，Y型密封圈4和17及纸垫

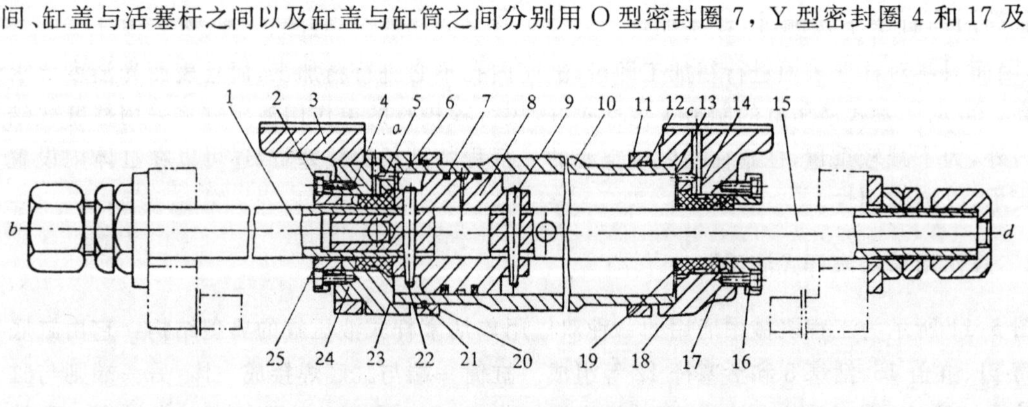

图 5-12 双作用双活塞杆式液压缸结构

1,15—活塞杆；2—堵头；3—托架；4,7,17—密封圈；5,14—排气孔；6,19—导向套；8 活塞；9,22 锥销，10—缸筒；11,20—压板；12,21—钢丝环；13,23—纸垫；16,25—压盖；18,24—缸盖；

13 和 23 进行密封，以防止液体的内、外泄漏。缸筒在接近行程的左右终端时，径向孔 a 和 c 的开口逐渐减小，对移动部件起制动缓冲作用。为了排除液压缸中剩留的空气，缸盖上设置有排气孔 5 和 14，经导向套环槽的侧面孔道(图中未画出)引出与排气阀相连。

5.2.4　齿条活塞式液压缸

图 5-13 所示为齿条活塞式液压缸的一种典型结构。它由壳体 1、齿条活塞 2、齿轮 3、转轴 4、左右端盖 7 和 6，小活塞 8 和调节手把 9 等组成。当压力液体从进液孔 5 进入左腔时，推动齿条活塞向右运动，从而带动齿轮和轴逆时针回转，其回转角度的大小取决于齿条活塞的行程，而齿条活塞的行程是由手把通过小活塞调节的。

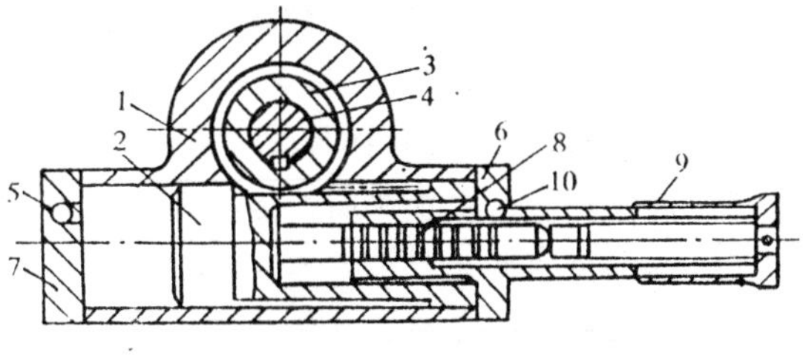

图 5-13　齿条活塞式液压缸结构

1—壳体；2—齿条活塞；3—齿轮；4—转轴；5—进液孔；6—右端盖；7—左端盖；8—小活塞；9—调节手把；10—回液孔

5.2.5　单叶片式摆动液压缸

图 5-14 所示为单叶片式摆动液压缸的一种典型结构。它由缸体 6、左右支承盘 4 和 14、端盖 3 和 15、隔板 1、叶片 7、花键套 5 等组成。隔板通过螺钉 2、圆销 11 与缸体 6 紧固在一起；叶片由螺钉 10 与花键套 5 连成一体。为防止泄漏，在隔板内侧和叶片外缘上各嵌有一小叶片 12，并由两个弹簧片 13 分别与花键套 5 和缸体 6 密合。叶片两侧开有径向槽 8，与外圆两端的三角槽 9 相通，便于启动并使叶片摆到终端位置时起缓冲作用。

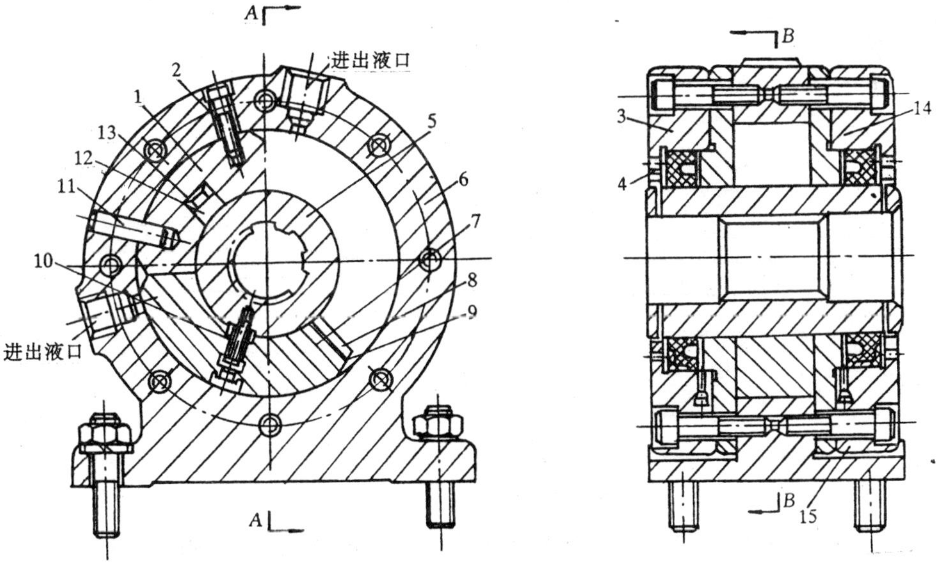

图 5-14　单叶片式摆动液压缸结构

1—隔板；2—螺钉；3—端盖；4—支承盘；5—花键套；6—缸体；7—叶片；8—径向槽；9—三角槽；10—螺钉；11—圆销；12—叶片；13—弹簧片；14—支承盘；15—端盖

思考题与习题

5-1 常用液压缸有哪些类型？各有什么特点？

5-2 画出各种液压缸的职能符号，并写出它们的速度与流量、牵引力与压力关系式。

5-3 液压缸缸筒与缸盖、活塞与活塞杆间如何连接？

5-4 活塞与缸筒、活塞杆与缸盖间的密封形式有哪些？各有何特点？

5-5 活塞杆如何实现导向？最小导向长度如何确定？

5-6 举例说明液压缸有哪些支承形式？

5-7 液压缸为什么要设缓冲装置？缓冲装置有哪些类型？叙述各种缓冲装置的工作原理和特点。

5-8 液压缸为什么要设置排气装置？排气装置有哪些类型？

5-9 液压缸设计步骤和内容如何？

5-10 什么是液压缸的稳定性？如何判别？

5-11 试证差动式液压缸活塞杆伸出速度和缩回速度相等的条件。

5-12 两结构尺寸相同的单活塞杆式双作用液压缸，均为缸筒固定，一为差动联接，另一为非差动联接，试比较：

(1)供液压力相同时，推动负载的大小；

(2)供液流量相同时，活塞杆伸缩速度的大小；

(3)两液压缸推动负载相同，活塞杆伸出速度也相同，供液压力和流量的大小。

5-13 如图 5-42 所示，两个结构、尺寸相同相互串联的液压缸无杆腔的面积 $A_1=100\text{cm}^2$，有杆腔的面积 $A_2=80\text{cm}^2$，缸 1 的供液压力 $p_1=9\times10^5\text{Pa}$，供液流量 $Q_1=12\text{L/min}$，不计各种损失，求：

(1)两缸承受相同负载时($F_1=F_2$)，该负载和两缸的运动速度大小；

(2)缸 2 的供液压力是缸 1 的一半时，两缸各能承受多大负载？

(3)缸 1 不承受负载时($F_1=0$)，缸 2 能承受多大负载？

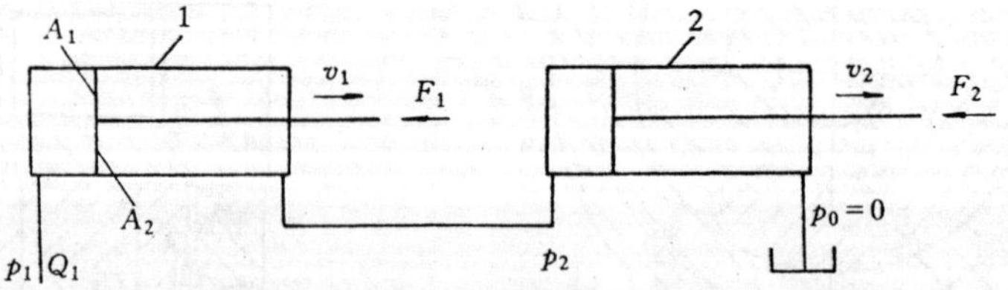

图 5-42 题 5-13 附图

5-14 两个结构、尺寸相同的双活塞杆液压缸并联，如图 5-43 所示。假定 $F_1\gg F_2$，供液流量为 Q，当缸 2 活塞运动时，确定两缸的运动速度 v_1，v_2 和供液压力 p 的大小。

5-15 如图 5-44 所示，两液压缸，缸内径 D 和活塞杆直径 d 均相同，若液压缸的供液流量都为 Q，供液压力都为 p，不计各种损失，试比较它们的推力、运动速度和运动方向。

5-16 一单活塞杆式双作用液压缸，快进时采用差动联接，快退时油液输入液压缸的有杆腔，设缸快进、快退的速度均为 0.1m/s，快进时杆受压，推力为 25000N。已知输入流量 $Q=25\text{L/min}$，背压 $p_2=2\times10^5\text{Pa}$，求：

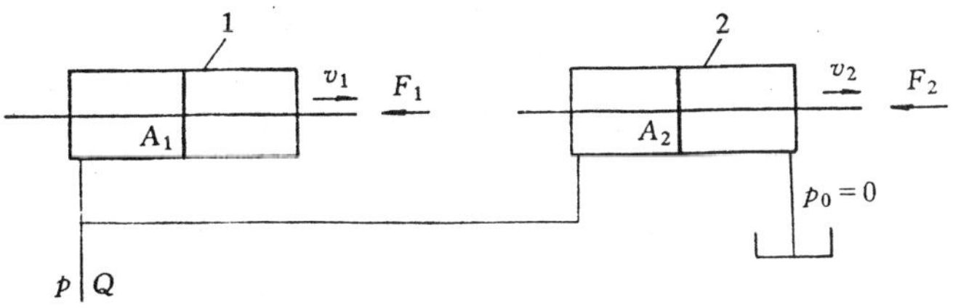

图 5-43　题 5-14 附图

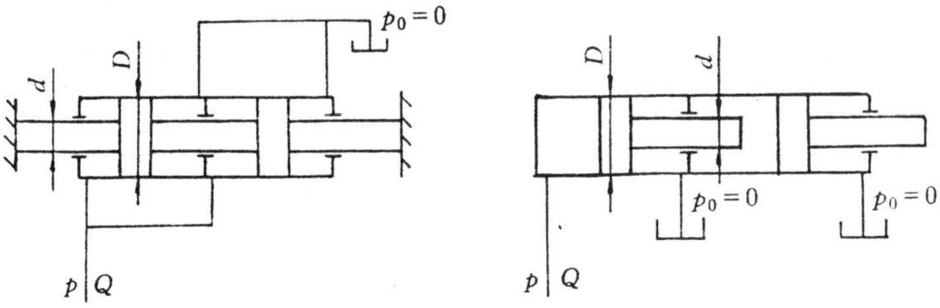

图 5-44　题 5-15 附图

(1)缸筒内径 D 和活塞杆直径 d；

(2)缸筒材料为 45 号钢，缸筒的壁厚；

(3)如活塞杆铰接，缸筒固定，安装长度为 1.5m，活塞杆材料为 45 号钢，校核活塞杆的稳定性和强度。

5-17　单叶片摆动液压缸的供液流量 $Q=25\text{L/min}$，供液压力 $p=20\times10^5\text{Pa}$，回液压力 $p_0=3\times10^5\text{Pa}$，缸体内径 $D=240\text{mm}$，叶片安装轴直径 $d=80\text{mm}$。设输出轴的回转角速度 $\omega=0.7\text{rad/s}$，试求：

(1)叶片宽度；

(2)输出轴的转矩。

5-18　某垂直工作的液压缸，其缸筒内径 $D=63\text{mm}$，活塞杆直径 $d=28\text{mm}$，采用节流缓冲装置，缓冲柱塞直径 $d_c=35\text{mm}$，求缓冲行程 $L=25\text{mm}$，运动部件质量 $m=2000\text{kg}$，运动速度 $v=0.3\text{m/s}$，摩擦力 $F_f=950\text{N}$，工作腔压力 $p=70\times10^5\text{Pa}$ 时的最大冲击压力。如缸筒强度不够时应采取什么措施？

第6章 液压控制阀

在液压传动系统中，控制或调节工作液体的压力、流量和流动方向的液压元件，统称为液压控制阀。液压控制阀可以对液压执行元件进行开启、停止和换向等操作，调节它的运动速度和输出力(或扭矩)，对液压传动系统或某些液压元件实行安全保护等。液压控制阀性能的优劣，直接影响到液压传动系统的工作过程和工作特性，对液压控制阀的研究，有利于提高系统的各种性能。

本章主要介绍液压控制阀的分类、结构、工作原理及其应用等内容。

6.1 液压控制阀的分类

液压控制阀作为液压传动系统中的控制元件，其应用数量大，种类繁多，并且有许多分类方法。常用的液压控制阀分类法有以下几种。

6.1.1 根据阀的基本功能分类

(1)方向控制阀

凡是用于变换液流通道、控制工作液体方向的元件，均称为方向控制阀。如单向阀、换向阀等。

(2)压力控制阀

控制液压系统中工作液体压力的元件，称为压力控制阀。如溢流阀、减压阀、顺序阀、电液比例溢流阀等。

(3)流量控制阀

控制液压系统中工作液体流量的元件，称为流量控制阀。如节流阀、调速阀、电液比例流量阀等。

6.1.2 根据阀的基本控制原理分类

(1)开关控制阀

通过操纵工作液体流道的连通和截断，以控制液压系统中各流道的连接关系的元件，一般称为开关控制阀。这种阀所控制的每一条流道，只有开或关两个工作位置，通常的方向控制阀都属于开关阀。

(2)定值控制阀

这种元件的基本控制原理，是通过其内部的给定装置(一般为弹簧)，使液压系统中的某参数(一般为压力)保持定值。普通的压力控制阀均为定值控制阀。

(3)比例控制阀

这是一种以给定的输入信号变化规律，连续地控制被控参数(压力和流量)的元件，被控参数与输入信号成比例变化。各种电液比例阀都属于比例控制阀。

(4)伺服控制阀

伺服控制阀的基本工作原理是，根据输入信号与反馈信号的差值(偏差信号)，自动控制、调节工作液体的流量和压力等参数。如电液流量伺服阀、电液压力伺服阀等。

(5)数字控制阀

这是一种利用数字信号进行控制的电液阀，它可与计算机直接连接，实现对压力和流量等参数的精确控制。目前应用较为成熟的有增量式和脉宽调制式数字控制阀等。

6.1.3 根据阀的结构形式分类

液压控制阀一般由阀体、阀芯、操纵控制机构等主要零部件组成。根据阀芯的结构形式不同，液压控制阀又可分为以下几类。

(1)滑 阀

这类阀的阀芯为圆柱形。通过阀芯在阀体孔内的滑动来改变液流通路开口的大小，以实现液流压力、流量以及方向的控制。

(2)锥 阀

阀芯为圆锥形。利用锥形阀芯的位移来改变液流通路开口的大小，以实现液流压力、流量以及方向的控制。

(3)球 阀

阀芯为圆球形。利用球形阀芯的开启、关闭动作，来控制液流的通与断。球阀多用于单向阀中，而不用来控制液流压力和流量。

(4)喷嘴挡板阀

这种阀是利用喷嘴与挡板间的相对位移来改变液流通路开口的大小，以实现对压力和流量的控制。这种阀主要用于液压伺服控制系统中。

6.1.4 根据阀的连接方式分类

(1)管式连接

这类阀是采用标准螺纹管接头进行连接的。管接头的重量轻、连接方便，适用于流量较小的阀类。其缺点是元件布置分散，系统不够紧凑。

(2)法兰连接

这类阀采用法兰盘进行连接。法兰盘的结构尺寸和重量都较大，适用于大流量的阀类。其缺点与管式连接相似。

(3)板式连接

这类阀通过连接板组成一定的控制回路，以减少管道和连接件，使元件布置集中，系统更紧凑，操纵和调整都比较方便，这是目前应用很广泛的阀类元件。

(4)集成连接

集成连接是由标准元件或以标准参数制造的元件按典动要求组成基本回路，然后将各基本回路集成在一起组成较为完整的液压系统的一种连接形式。它又包括集成块、迭加阀、嵌装阀、插装阀等。

① 集成块。集成块为六面体，块内钻成(或铸成)连通各阀间的油路(一般每一块为一个基本回路)，标准的板式元件安装在集成块的侧面，集成块的上下两面为密封面，中间用O形密封圈密封。将集成块进行有机组合即可构成完整的液压系统。集成块连接有利于液压装置的标准化、系列化、通用化，有利于生产与设计，因此是一种比较良好(特别是机床行业)的连接形式。

② 迭加阀。它是由各种规格不同的阀类(方向阀、压力阀、流量阀等)及底板块组成。阀的性能、结构要素与一般阀并无区别,只是为了便于迭加,要求同一规格的不同阀的连接尺寸相同。这种集成形式在工程机械中应用较多,如多路换向阀等。

③ 嵌装阀。将几个阀的阀芯合并在一个阀体内,阀间通过阀体内部油路沟通的一种集成形式。这种形式结构紧凑,但较复杂,专用性强,如磨床液压系统中的操纵箱等。

④ 插装阀。将阀按标准参数做成圆筒形专用元件,然后将这些元件插入不同的阀体(或集成块),得到不同组合的一种集成形式。它不仅结构紧凑,而且具有一定的互换性。逻辑阀属于这种集成形式。

除了上述分类方法以外,我国目前大量生产的标准通用阀类,还按其工作压力的不同,分为中低压阀(不大于 63×10^5 Pa)、中高压阀 $(35\sim350)\times10^5$ Pa 和高压阀(不小于 315×10^5 Pa)三大系列。但从整个发展趋势来看,中低压阀将逐渐被淘汰,而不断扩大从低压到高压都适用的阀类生产。

6.2 方向控制阀

在液压传动系统中用来控制工作液体流动方向的液压元件,总称为方向控制阀。它分为单向阀和换向阀两大类。

6.2.1 单向阀

单向阀的基本功能是控制工作液体只能向一个方向流动,而不允许它反向通过。对单向阀的性能要求主要是:液流通过阀口的压力损失要小;阀口反向密封性要好;阀芯运动灵敏而平稳,启闭时不应产生撞击和噪声。

液压系统中常用的单向阀有普通单向阀和液控单向阀两种。下面分别对它们的结构和工作原理作一介绍。

(1)普通单向阀的结构和工作原理

图 6-1 所示为常用普通单向阀的典型结构。它由阀体 1、阀芯 2 和弹簧 3[见图 6-1(b)]等主要零件组成。图 6-1(d)为普通单向阀的职能符号。

工作液体从进液口 p_1 正向流入时,液压力克服弹簧力,推开阀芯,液体从出液口 p_2 流出;当液体从出液口 p_2 反向流入时,阀芯在液压力和弹簧力共同作用下,压向阀座而关闭阀口,不允许液体通过。

单向阀阀芯通常采用标准钢球或锥形圆柱。球形阀芯的单向阀[图 6-1(a)]结构简单,钢球可用标准件。但密封性差,工作不平稳,只适用于低压小流量工况;锥形阀芯的单向阀[图 6-1(b),(c)]密封性好,工作平稳。但结构和制造工艺稍复杂,多用于高压大流量工况。

阀中弹簧的作用是为了克服阀芯反向移动时的摩擦阻力和惯性力,以保证阀芯复位可靠。为了使阀的开启压力和通过额定流量时(即阀的开口量和弹簧的被压缩量最大时)的压力损失尽可能小,要求弹簧的刚度和预压缩量都要小。一般用途的单向阀,其开启压力为 $(0.35\sim0.5)\times10^5$ Pa,通过额定流量时的压力损失不超过 $(1\sim3)\times10^5$ Pa。用作背压阀的单向阀,其弹簧刚度需根据背压大小确定。液压传动系统回液管路的背压通常为 $(2\sim6)\times10^5$ Pa,故背压阀的弹簧刚度较大。

根据阀体内液流方向的不同,单向阀又有直通式[图 6-1(a),(b)]和直角式[图 6-1(c)]之

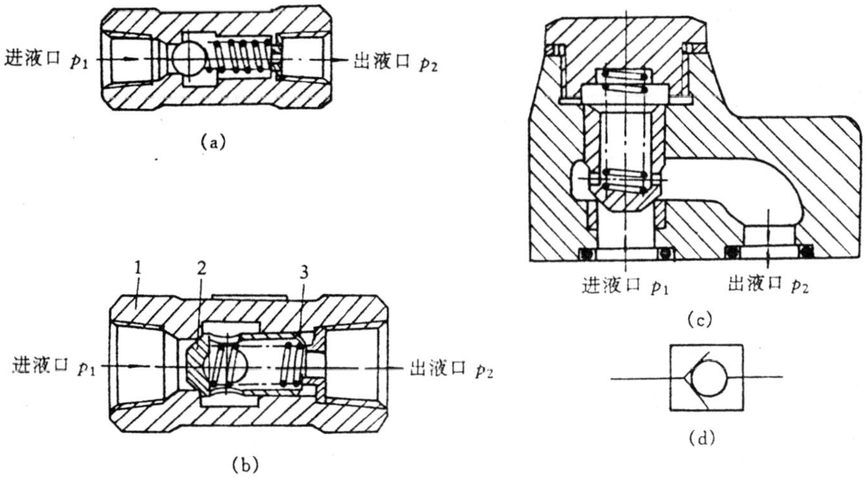

图 6-1　常用普通单向阀的结构图

1—阀体；2—阀芯；3—弹簧

分。直通式单向阀，结构简单，尺寸小，但与直角式相比，其压力损失较大，容易产生振动和噪声，弹簧和阀芯的拆装、更换不方便。

根据连接方式的不同，还可将单向阀分为管式[图 6-1(a)，(b)]和板式[图 6-1(c)]。管式连接单向阀，可以直接装在管路上，比较简单，但维修、拆装不方便。

(2)液控单向阀的结构和工作原理

前面介绍的普通单向阀，只允许工作液体单向流动。在某些情况下还要求单向阀能进行反向液体流动，此时应采用液控单向阀。液控单向阀的结构类型很多，它们的基本工作原理都是相同的。现就实际中常用的几种液控单向阀介绍如下。

① IY 型液控单向阀。图 6-2 所示为 IY 型液控单向阀的结构和职能符号。它实际上是由一个普通单向阀和一个小型控制液压缸组成的。当控制阀口 K 未引入控制压力液体时，其作用与普通单向阀完全相同，它只允许液体从 p_1 口向 p_2 口流动。当控制阀口 K 引入压力液体时，控制活塞 1 和顶杆 2 向右移动，推开阀芯 3，于是工作液体便可通过 p_1 和 p_2 口正、反向流动。活塞右腔 a 直接与 p_1 口连通的结构，称为内泄式；单独引回油箱(如图 6-2 所示)，则称为外泄式。一般在反向压力较低时采用内泄式，反向压力较高时采用外泄式。

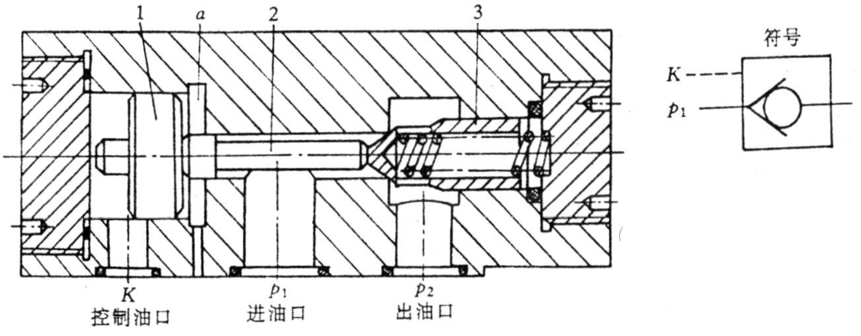

图 6-2　IY 型液控单向阀的结构图

1—控制活塞；2—顶杆；3—阀芯

另外,值得注意的是,从控制口 K 引入的压力液体始终是与 p_1 和 p_2 口不通的。低压液控单向阀的控制压力 p_K 为入口压力的 25%～50%;高压液控单向阀的控制压力 p_K 为入口压力的 2%～5%。显然,内泄式阀的控制压力应当大于外泄式阀的控制压力。

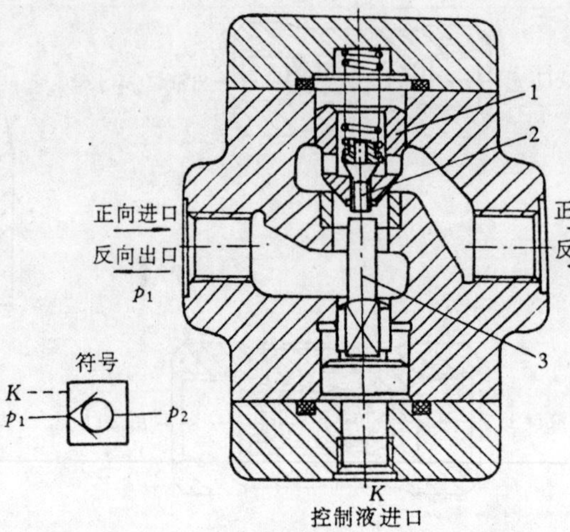

图 6-3 复式液控单向阀的结构图

1—主阀芯; 2—卸载阀芯; 3—顶杆

② 复式液控单向阀。在高压系统中,为了减小控制压力,避免过大的控制活塞直径,常常采用带卸载阀芯的复式液控单向阀,其结构如图 6-3 所示。主阀芯 1 在高压下关闭时,欲直接推开它,需要很大的控制压力或控制活塞直径。如果采用图示复式结构,顶杆 3 先用较小的力推开卸载阀芯 2,使主阀两边的液压力趋于平衡后,再推开它就容易了。

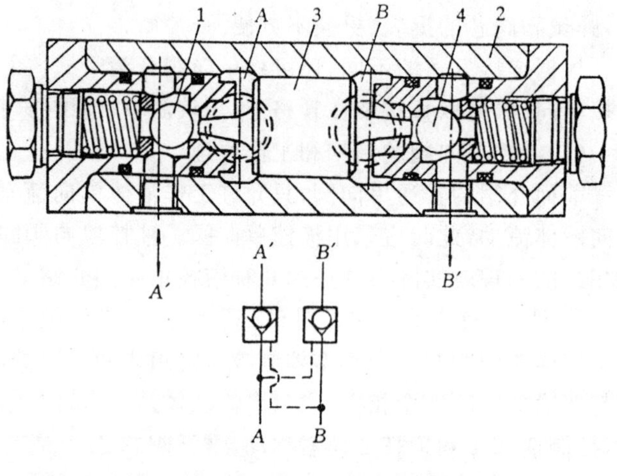

图 6-4 双液控单向阀的结构图

1,4—阀球; 2—阀体; 3—小活塞

③ 双液控单向阀(液压锁)。在工程机械中,经常需要使液压执行元件(多为液压缸)在载荷作用下长时间地保持固定位置。这时可以采用两个液控单向阀来闭锁执行元件的进、回液口,且保证密封绝对可靠,使其不发生缓慢移动。为了使回路简单紧凑,常将这两个液控单向阀做成如图 6-4 所示的单一元件,称之为双液控单向阀或液压锁。在系统中,A',B'二口接液压执行元件的进、回液口,A,B 二口则接系统的进、回液管路。当 A 口进液时,压力液体推开阀球 1 进入 A'口,同时推动小活塞 3 向右,顶开阀球 4,使 B'口的回液从 B 口流出;反之,B 口进液时,压力液体推开阀球 4 进入 B'口,同时推动小活塞向左,顶开阀球 1,接通 A'和 A 口;A,B 二口均不进液时,则两阀球同时关闭,可靠地将液压执行元件闭锁在相应的位置上。

(3)单向阀的基本应用回路

单向阀,特别是普通单向阀应用极为广泛,应用回路多种多样。下面举几个普通的应用例子,来说明单向阀的基本功能。

① 简单单向回路。图 6-5 所示为一简单的单向回路。单向阀不允许系统中的工作液体倒灌入液压泵,以防止系统发生液压冲击时,将泵损坏。在这个回路中,单向阀必须安装在泵的出口与换向阀之间,而且在泵与单向阀之间,还应设置一个溢流阀,以避免液压泵过载。

② 背压回路。图 6-6 所示为采用单向阀的背压回路。背压回路可使液动机运转平稳。背压的大小取决于液动机和系统工作性能的要求，由改变单向阀（亦称背压阀）的弹簧刚度或预压缩量来实现。背压阀必须安装在换向阀与油箱之间。

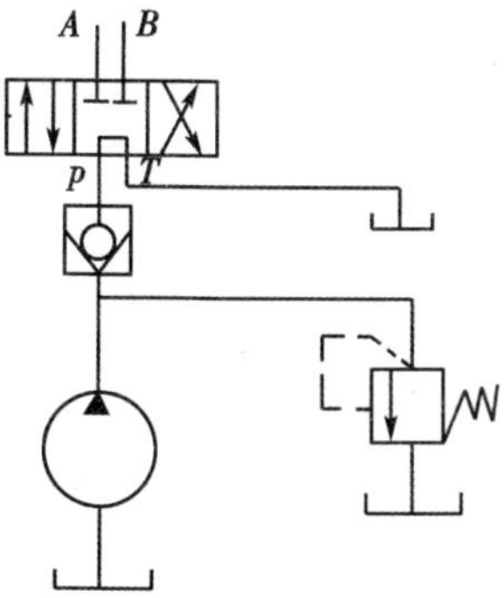

图 6-5　简单单向回路

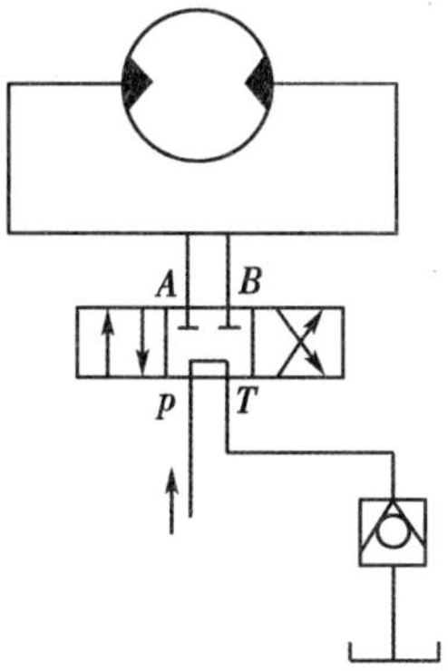

图 6-6　背压回路

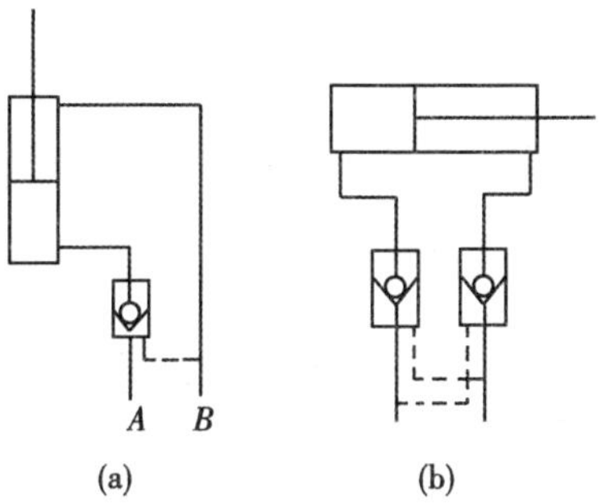

图 6-7　锁紧回路

③ 锁紧回路。如图 6-7 所示，(a)为单向锁紧回路，(b)为双向锁紧回路。单向锁紧回路常用于垂直工作的液压缸上，在液压缸的下腔接入一个液控单向阀，在 A，B 两条管路停止供液以后，液控单向阀关闭，将液压缸下腔液体锁住，避免活塞杆在垂直载荷或自重作用下而向下移动，使其停在所要求的位置上，一直到 A 或 B 管路重新供液为止。双向锁紧回路多用于水平工作且有固定位置要求的液压缸上，这种回路常利用双液控单向阀，在液压缸停止运动后，将两腔液体同时锁住，其工作原理见双液控单向阀部分内容。

④ 定向回路。图 6-8 所示为定向回路，它将四个单向阀接成类似于电路中的桥式整流回路。由图可见，无论双向液压泵的吸、排油方向怎样改变，都可保证从左侧油箱吸油，从右侧排油供给系统。

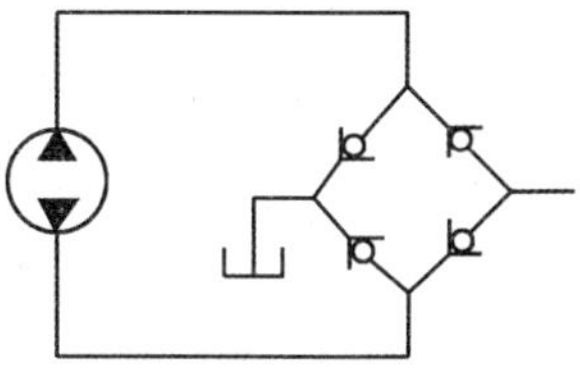

图 6-8　定向回路

6.2.2　换向阀

换向阀是利用阀芯与阀体之间的相对位置变化，来变换阀体上各阀口间的连通关系，以达到接通、断开液路，控制液体流动方向的目的。对换向阀的性能要求主要是：对各阀口之间的连通关系控制可靠，工作准确无误；阀芯运动平稳、迅速，无振动和噪声；工作液体通过各阀口时的压力损失要尽可能小；阀运动副的间隙密封性要好，泄漏量要尽可能小。

(1)换向阀的分类

换向阀应用非常广泛，品种繁多，因此其分类方法也很多，常见的分类方法如下（参见表 6-1）。

① 按工作位置分类。根据阀芯工作位置的数量不同，分为二位、三位、四位和多位阀等。

② 接通道数目分类。根据阀芯在每一工作位置所控制的通道（阀口）数目不同，分为二通、三通、四通和多通阀等。

③ 按阀芯结构分类。根据阀芯结构不同，分为滑阀和转阀等。滑阀阀芯多为带有许多凸肩的细长圆柱体，它在阀孔中相对于阀体作轴向往复滑动。转阀阀芯多为带有许多孔槽的短

粗圆柱体，它在阀孔中相对于阀体作转动。滑阀是应用最为普遍的一类换向阀，而转阀应用较少。

④ 按操作方式分类。根据阀的操作方式不同，可分为手动、机动、液动、气动、电磁动及组合动(如电液动、气液动等)阀等。

表 6-1 换 向 阀 的 分 类

按工作位置	二 位		三 位		四 位		过渡三位	
	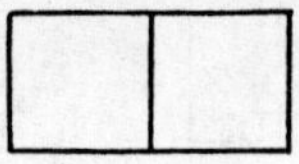		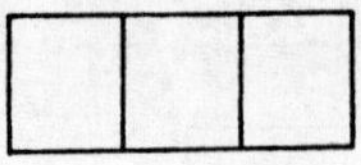		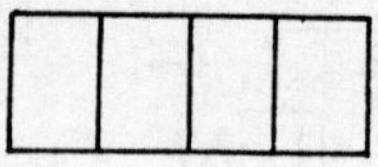		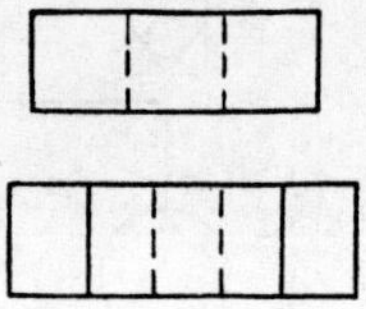	
按通道数目	二 通		三 通		四 通		五 通	
	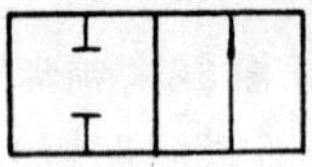		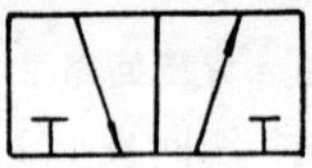				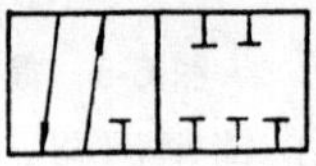	
按阀芯结构	滑 阀				转 阀			
	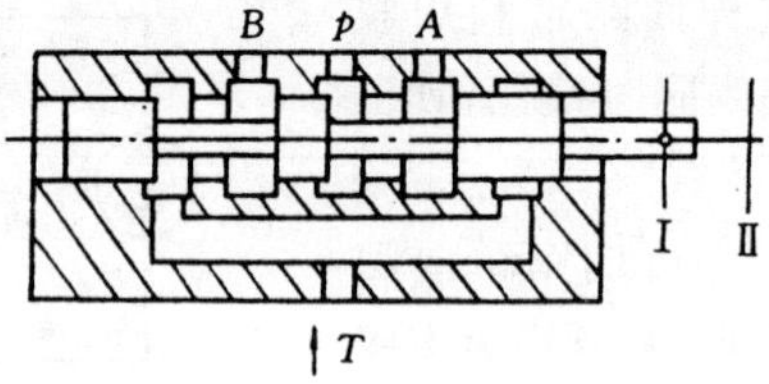				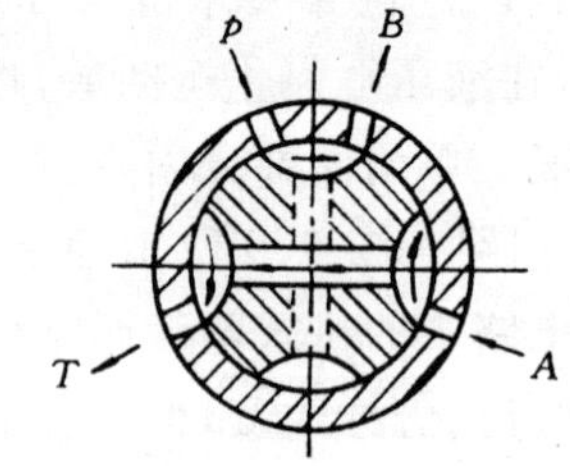			
按操作方式	手 动	机 动	液 动	气 动	电磁动	电液动	电气动	弹簧对中电磁动
		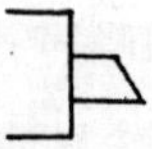	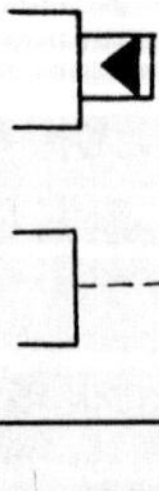	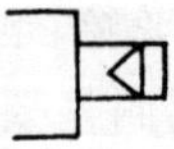	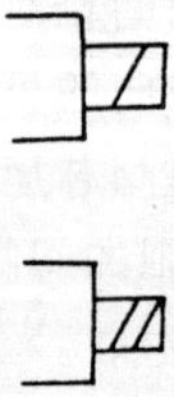	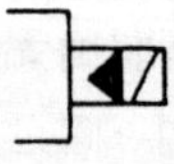	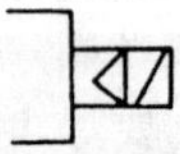	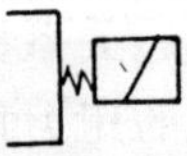

换向阀主要是以其工作位置和所控制的通道数目来命名的。常用换向滑阀的结构原理和职能符号见表 6-2。

(2) 换向滑阀的典型结构和工作原理

换向滑阀的结构类型和规格品种很多，下面仅在常用几种类型中各举一典型结构，说明其基本工作原理。

表 6-2　常用换向滑阀的结构原理职能符号

名　称	结 构 原 理	职能符号	特　性
两位两通阀	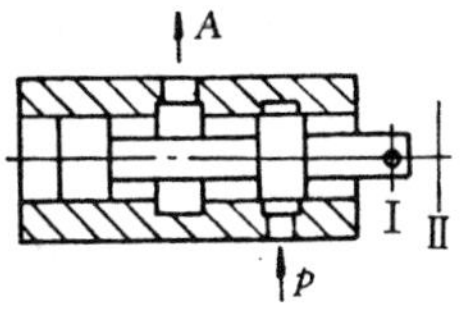	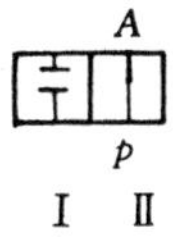	只起开关作用，不能换向
两位三通阀	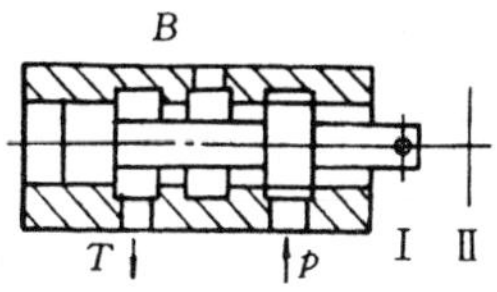	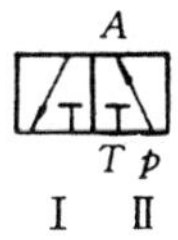	起开关作用，同时执行元件在外力作用下可以换向
两位四通阀	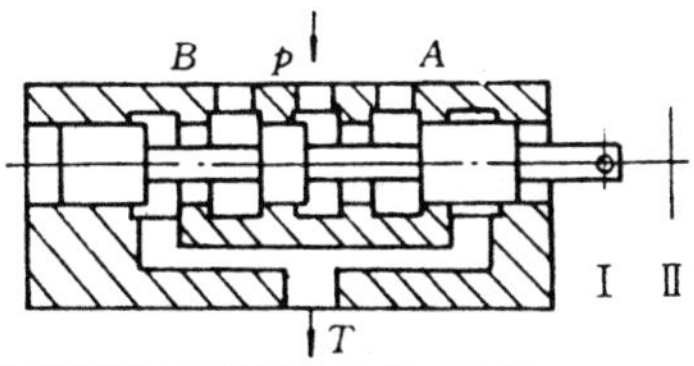	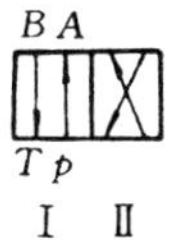	都是通路，可以换向，不能断路
三位三通阀	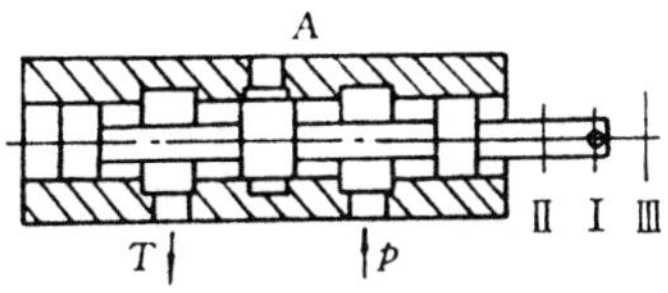		同两位三通阀，但Ⅰ位完全闭死
三位五(四)通阀	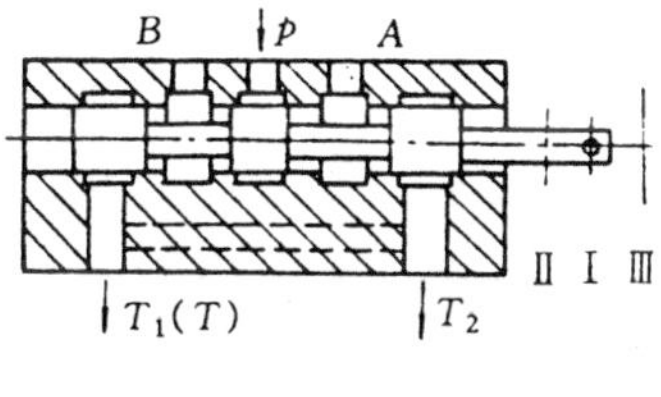		可以开关，并换向

① 手动换向滑阀。图 6-9 所示为三位四通手动换向滑阀的结构和职能符号图。其中图(a)为弹簧复位式，阀芯在中间位置时，供液口 p，回液口 T 以及连接执行元件的阀口 A，B 均互不相通。阀芯向右拉时，p 与 B，A 与 T 接通；向左推时，则 p 与 A，B 与 T 接通。从而可以变换执行元件的进、回液口，达到换向目的。手柄放松时，阀芯便在弹簧力的作用下，自动恢复到中间位置。图(b)为钢球定位式，这种结构操作轻便，阀可以停留在任一工作位置，而不需手把持。

② 机动换向滑阀。图 6-10 所示为二位三通机动滑阀的结构和职能符号图。阀芯 2 是靠随同工作机械一起移动的挡块或凸轮机构，压下阀杆端部的滚轮 1 来实现移动的，机动换向阀的这种操作方式，决定了它们都是二位阀。这种阀在机床中应用很广泛。由于它可以很方便地实现对机床工作台或其他移动设备的行程控制，所以也称其为行程阀。阀左端开设的泄漏

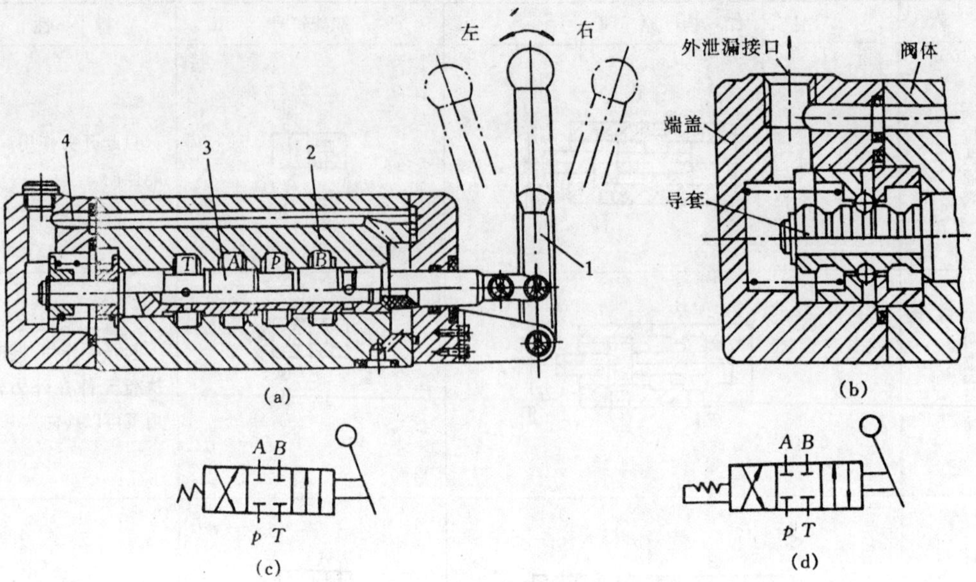

图 6-9　手动换向滑阀的结构图

1—手柄；2—阀体；3—阀芯；4—弹簧

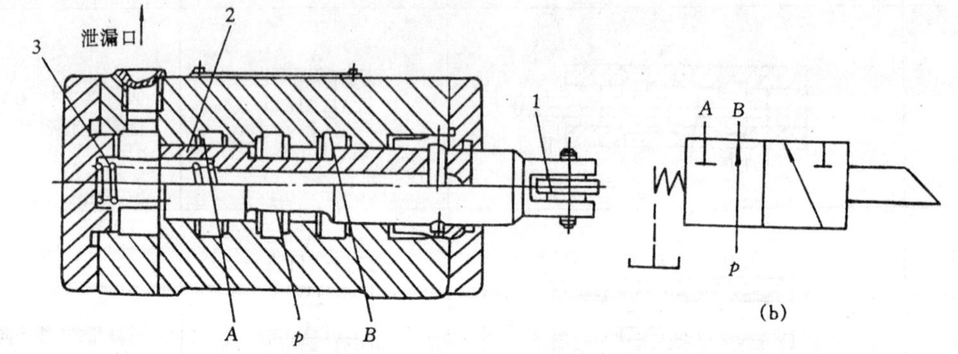

图 6-10　机动换向阀的结构图

1—滚轮；2—阀芯；3—弹簧

口是必要的，它将泄入弹簧 3 所在腔的液体引回油箱，避免因泄漏液体积聚而影响阀正常工作。另外，若改变挡块斜面的斜角（或改变凸轮外廓形状），可以使阀芯获得要求的移动速度，最大限度地减轻换向时系统中的液压冲击和噪声。

③ 电磁换向滑阀。电磁换向滑阀是利用电磁铁的吸引力，来驱动阀芯运动的。由于采用了电气控制，而大大地提高了液压传动的自动化程度。因此，电磁换向滑阀是目前应用最广泛的一种换向阀。

图 6-11 所示为 23D-25B 型电磁阀的结构和职能符号图。由该阀的型号可知，这是一个二位三通交流电磁铁驱动的板式连接换向滑阀，其额定流量为 25L/min。阀体左端有一个交流电磁铁，当其未通电时，阀芯 2 在复位弹簧 3 的作用下，被推向左端（图示位置），这时进液腔 p 与工作腔 A 相通，工作腔 B 被堵；电磁铁通电后，推杆 1 推阀芯 2 至右端，使 p 与 B 相通，A

被堵，从而实现执行元件的换向。若阀体内有压力液体泄入阀芯2两端时，可经通道4引回油箱。

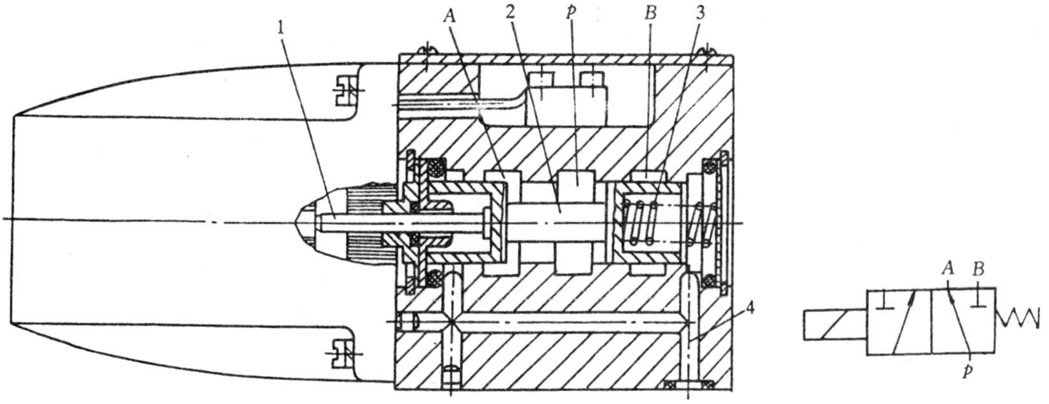

图6-11 23D-25B型电磁阀的结构图

1—推杆；2—阀芯；3—弹簧

该阀采用了一个电磁铁，因此它所驱动的滑阀也只能是二位阀。如果采用两个电磁铁(分别布置在阀体两端)，便可以驱动三位阀了。当然，电磁阀所控制的通道数量与其电磁铁的个数无关，它只取决于阀芯和阀孔的结构。根据阀位和通道数，在电磁换向滑阀中，常见的有二位二通、二位三通、二位四通、三位四通和三位五通阀等。

阀用电磁铁既可以是交流电磁铁，也可以是直流电磁铁。交流电磁铁主要使用50Hz，220V的民用电源(也有使用360V或36V交流电源的)，代号为D，其特点是启动力大，换向时间短，价格低。但由于换向可靠性差，寿命低，换向冲击大，常用于换向频率不高的场合。直流电磁铁常用电压为24V，也有使用110V的，代号为E，其特点是换向可靠，冲击小，体积小，换向频率高，寿命长，但要备有直流电源，成本高。

阀用电磁铁从结构上还可分为干式和湿式两种，它们的结构原理如图6-12所示。

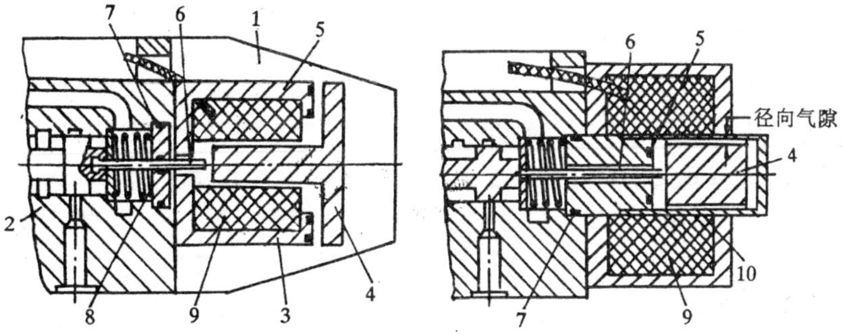

(a) 干式　　(b) 湿式

图6-12 阀用电磁铁的结构图

1—外壳；2—阀体；3—定铁芯；4—动铁；5—分磁环；

6—推杆；7—静密封；8—O形密封圈；9—线圈；10—衔铁管

干式电磁铁[图6-12(a)]由外壳1，阀体2，定铁芯3，动铁4，分磁环5，推杆6，静密封7，O形密封圈8和线圈9等组成。线圈9内不允许漏进工作液体，在推杆6与阀盖之间需装O形密封圈进行密封，因而推杆的摩擦阻力较大。为了清除推杆端部的液压力作用，它与阀芯最好是刚性连结。如果不采用刚性连结，就要用T形槽联结[如图(a)所示]。

湿式电磁铁[图6-12(b)]的线圈9装在衔铁管10之外，动铁则在衔铁管内运动，推动推杆6。衔铁管内允许有工作液体，因此推杆与阀端盖之间不需密封件，因而推杆的摩擦阻力较小。所以当电磁铁的结构尺寸相同时，湿式的比干式的有效作用力大，工作可靠，而且结构简单。此外，湿式电磁铁中运动零件的润滑条件好，散热性能也比较好，故其寿命也较干式电磁铁有很大提高。

④ 液动换向滑阀。液动换向阀是利用控制回路的液压力来推动阀芯运动的。由于液压力可以在阀芯端部产生很大的推力，因此体积庞大的大流量换向阀特别适于采用液压驱动方式。液动换向阀的结构简单、易于实现自动控制。在额定流量相同情况下，它的体积最小，重量最轻。

液动换向阀有不可调式和可调式两种。不可调式的阀芯两端作用的液压力较大，换向时阀芯运动速度较快，但不能调节，因而容易产生冲击。

可调式液动换向阀的结构和职能符号如图6-13所示，它在阀体两端的控制阀口K_1，K_2之前装有单向节流阀1，2(阻尼器)。改变节流阀阀口的通流面积，便可以调节阀芯3的运动阻力和运动速度。因此这种阀的换向比较平稳，且其换向时间可以调节。

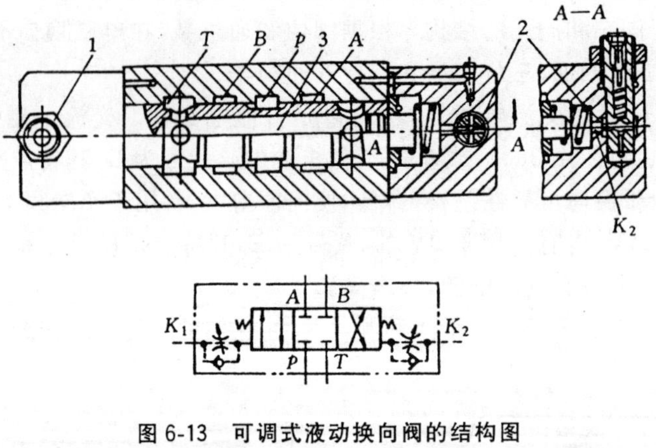

图6-13 可调式液动换向阀的结构图

1—节流阀；2—阻尼器；3—阀芯

⑤ 电液换向滑阀。当通过滑阀的流量较大时，作用在滑阀上的稳态液动力(液流通过滑阀容腔时，由于液流速度大小和方向的变化而对阀芯产生的作用力)较大，为了不使电磁铁过大，已不宜采用电磁换向阀，需要改用电液换向阀。电液换向阀也分交、直流两种，其型号分别以字母DY和EY表示。图6-14所示为一常用的34EY型三位四通直流电液换向滑阀的结构和职能符号。由图可见，这种电液换向阀是由电磁换向阀和可调式液动换向阀组合而成，属于二级结构。其中电磁换向阀起先导阀作用，即用来改变液动换向阀控制液流的方向。由于控制液流的流量很小，因此电磁换向阀的规格可以取得较小。液动换向阀作为主阀，用来改变主回路液流的方向，其工作位置由电磁换向阀的工作位置相应确定，它的换向时间则通过控制回路中的阻尼器(单向节流阀)进行调节。

由图6-14(b)的职能符号，可以清楚地看出这种阀的工作原理。当二电磁铁都断电时，先导阀阀芯处于中间位置，控制回路(虚线)中的A'，B'和T'口连通，p'口关闭(结构图未剖出)。于是，主阀芯两端均处于回液压力作用下，它同时在弹簧力作用下也处于中间位置，主阀的四

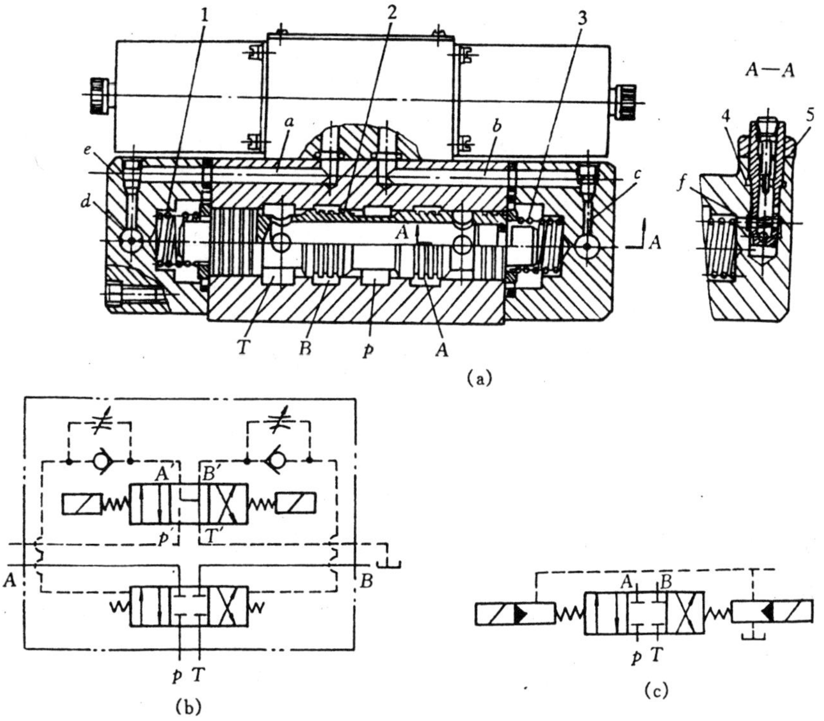

图 6-14　34EY 型电液换向滑阀的结构图

1,3—左右弹簧；2—阀芯；4—节流阀；5—紧固螺母

个阀口 A,B,p,T 均不相通。左电磁铁通电时，先导阀芯右移，使 p' 与 A'，B' 与 T' 连通，于是主阀芯左端进入控制压力液体，右端通回液口 T'，主阀芯也向右移，使 p 与 A，B 与 T 连通；左电磁铁断电，右电磁铁通电，则控制回路和主回路的液流同时反向，即 p' 与 B'，A' 与 T' 连通，而使 p 与 B，A 与 T 连通，实现主回路换向。

(3)滑阀机能及其结构

① 三位四通(或五通)滑阀的机能。三位四通(或五通)滑阀，是应用最广泛的一类换向滑阀。一般的三位四通阀，其左、右二工作位置用于执行元件换向，中间位置的阀口连接情况，则根据系统工作性能的要求不同而异。三位滑阀中间位置时的阀口连接关系，就称为滑阀机能。三位四通滑阀有多种机能形式，一般都按照它们的职能符号形象命名。常用的滑阀机能主要有 O,H,M 和 Y 型四种，它们的职能符号参见图 6-17。此外，实际使用中还有 P,J,C,D,X,U,N,K 等形式，它们的职能符号如图 6-15 所示。如果出于某种特殊要求，滑阀右位或左右二位都要完成某种机能，则可用两个或三个字母表示滑阀机能。如 OP 型，表示中位是 O 型连接，右位是 P 型连接；又如 NDO 型，表示中位是 N 型连接，右位是 D 型连接，左位是 O 型连接。下面分述 O,H,M 和 Y 型四种常用滑阀机能的特点以及应用场合。

a. O 型机能：中间位置时各阀口互不相通，故又称中间封闭型机能，其特点是：

中间位置时执行元件的进、回液口均被封闭，可以使执行元件停止在需要的位置，并能保持系统压力；执行元件启动较平稳，但在换向和制动时，因运动部件惯性所引起的冲击较大；液压泵不能卸荷运转。

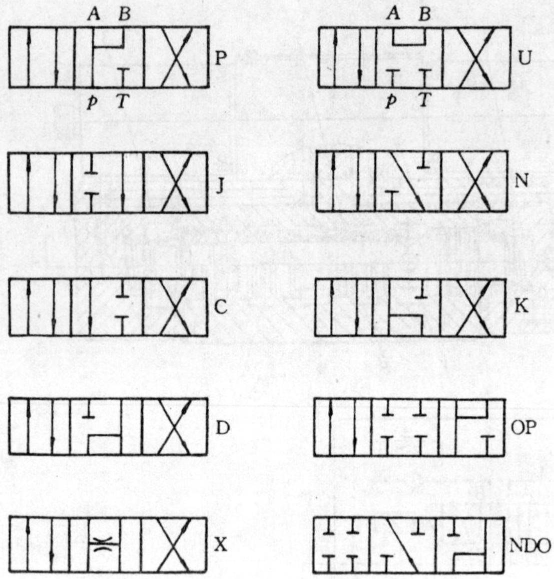

图 6-15 滑阀机能符号

O 型阀适用于多执行元件并联的系统，不能用于有手动调节机构（如机床工作台驱动系统）的设备。

b. H 型机能：中间位置时各阀口连通在一起，所以又称为中间连通型机能，其特点是：

中间位置时执行元件浮动；执行元件启动不够平稳，但换向和制动时的冲击较小；液压泵卸荷运转。

H 型阀适用于有手动调节机构的设备，但不能用于多个执行元件并联的系统。

c. M 型机能：中间位置时进、回液口 p，T 连通，工作阀口 A，B 闭锁，可称为 pT 连通型机能。

对于执行元件来讲，M 型机能的特点与 O 型的相同；对于液压泵而言，则其特点与 H 型的一样。

d. Y 型机能：中间位置时 A，B，T 三阀口连通，p 口关闭，又称为 ABT 连通型机能。

对于执行元件来讲，Y 型机能的特点与 H 型的相同；对于液压泵而言，则其特点与 O 型的一样。

因此，Y 型阀既可以用于多个执行元件并联的系统，也可以用于有手动调节机构的设备。

② 三位四通（或五通）滑阀的标准结构。三位四通（或五通）滑阀机能的实现，只取决于阀孔和阀芯的结构，同一种机能可以用多种不同的结构实现。但是为了便于制造和使用，应尽量采用简单的标准化结构。通常都是采用标准通用的阀体，通过改变阀芯的结构而获得不同的机能。常用的标准阀体有五槽式、四槽式和三槽式三种。图 6-16 所示为采用这三种标准阀体的 O 型阀的结构示意图。

五槽式阀体的阀孔内开有五条沉割槽，与之相配的阀芯有三台肩[图 6-16(a)]和四台肩[图 6-16(b)]两种结构；四槽式阀体的孔内开有四条沉割槽，与之相配的阀芯为四台肩式[图 6-16(c)]；三槽式阀体的阀孔内开有三条沉割槽，对应的阀芯为两台肩式[图 6-16(d)]。这三种标准通用阀体的优缺点比较如表 6-3 所示。

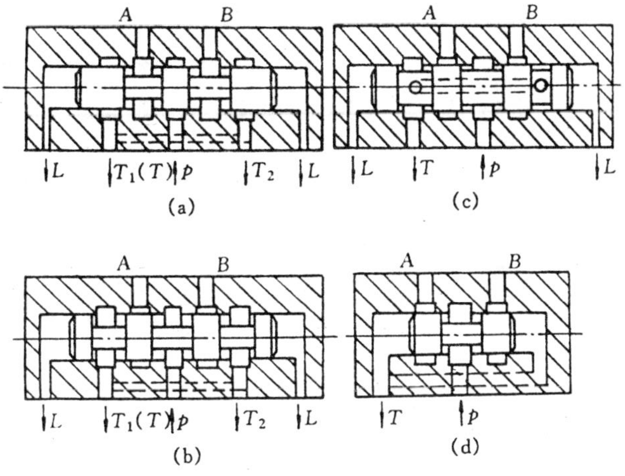

图 6-16 O型阀的标准结构示意图

表 6-3 三种标准通用阀体比较表

阀体结构 / 比较内容	五 槽 式	四 槽 式	三 槽 式
外形尺寸	轴向最长，径向较小	轴向中等，径向较大	轴向最短，径向较小
加工工艺性	工艺复杂，要求高	比较复杂，要求较高	工艺简单，要求较低
换向性能	摩擦阻力最大，但由四个阀口所构成两个控制体积都是完整的，这两部分稳态液动力都使阀芯趋于关闭，故其复位性好	摩擦阻力较大，稳态液动力性质同五槽式	摩擦阻力最小，只有一个完整的控制体积，两部分液动力方向相反，故复位性较差。而且其两端自由腔都是回液管路，当存在背压时，电磁阀推杆阻力较大
泄漏引出方式	需单独的泄漏口	需单独的泄漏口	不需单独的泄漏口
背 压	因泄漏回路与回液路分离，故回液路的背压允许较高，最高可与进液路压力相等	同五槽式	因无单独的泄漏回路，故其背压必须小于进液路压力
适用范围	适用中小流量的电磁阀	适于大中流量的液动阀	同五槽式

五槽式三台肩滑阀和四槽式四台肩滑阀应用得比较多，这两种阀的常用机能结构如图6-17所示。

(4)多路换向阀

在起重运输机械、工程机械以及矿山机械中，常常一个液压传动系统中有多个执行元件，每个执行元件都需要一个换向阀操纵。这时，为了便于集中操作，通常将各个换向阀装在一个阀壳内，或者将各个换向阀做成片状，将它们迭加在一起，构成一个集成式阀组。这种以换向阀为主体，加上整个系统公用的安全溢流阀和必要的单向阀等构成的阀组，称为多路换向阀，或简称多路阀。

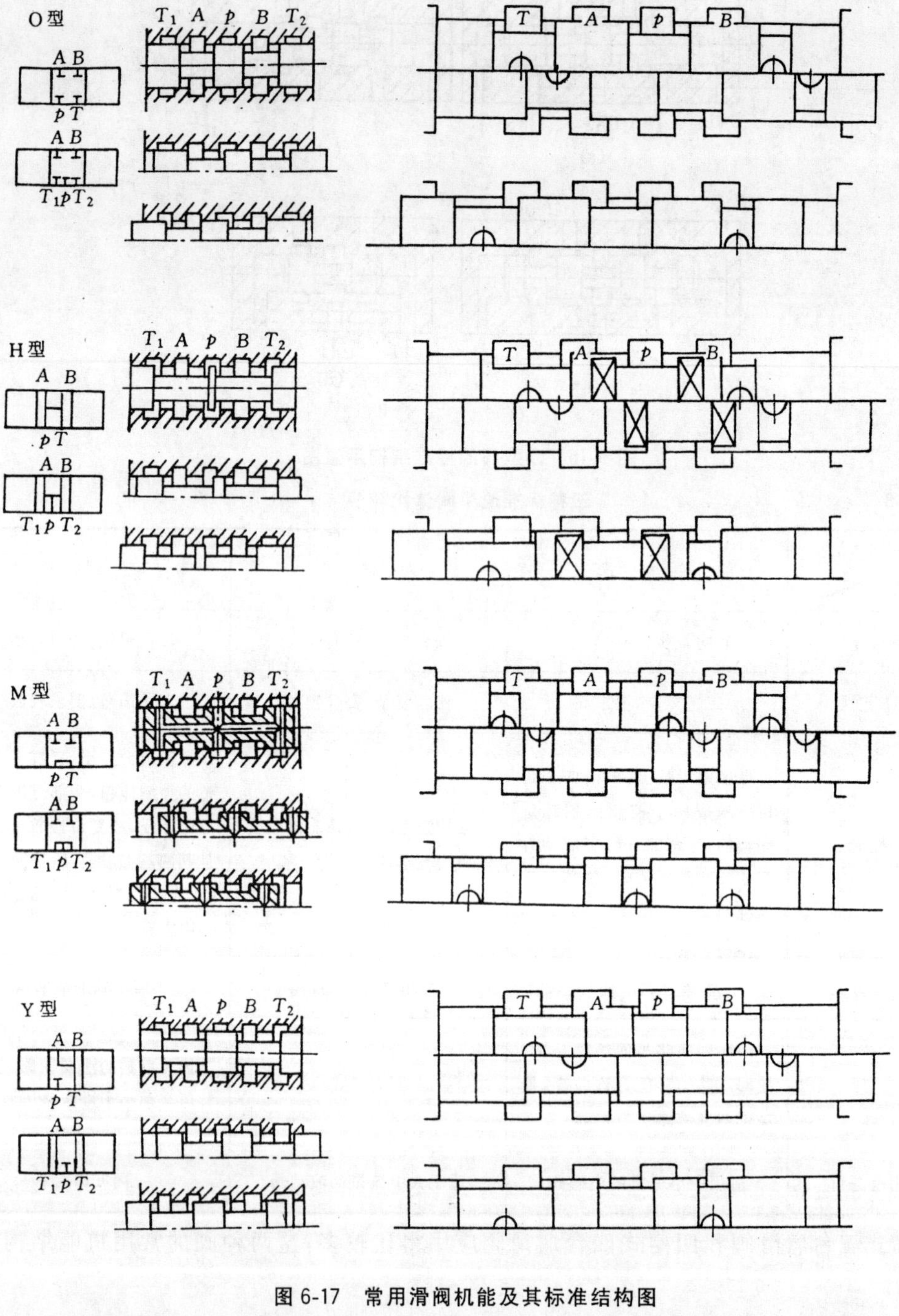

图 6-17 常用滑阀机能及其标准结构图

多路阀根据其各个换向阀的回路连通关系不同，共有以下三种类型。

① 并联回路多路阀。这种阀的结构原理和职能符号如图 6-18 所示。它的回路特点是，总进液口同时与各换向阀的进液口相通，而总回液口也同时与各换向阀的回液口相通。当采用这种并联多路阀同时操纵多个执行元件同时工作时，压力液体总是先进入压力较低的执行元件，因此只有各执行元件进液腔的压力相等时，它们才能同时动作。

② 串联回路多路阀。这种阀的结构原理和职能符号如图 6-19 所示。它的回路特点是，

每一个换向阀的进液口都与前一个换向阀中间位置的回液口相通，也可以说是每一个换向阀的回液口都与后一个换向阀中间位置的进液口相通。采用这种串联多路阀，可使串联回路内数个执行元件同时动作。条件是液压泵所能提供的液体压力要大于所有正在工作的执行元件两腔压差之和。

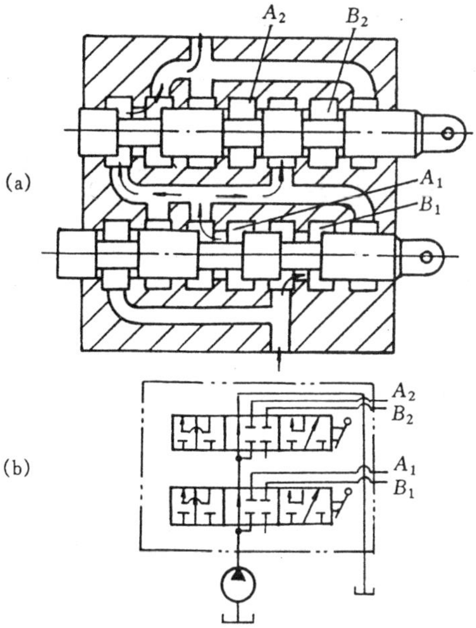

图 6-18　并联回路多路阀的结构图

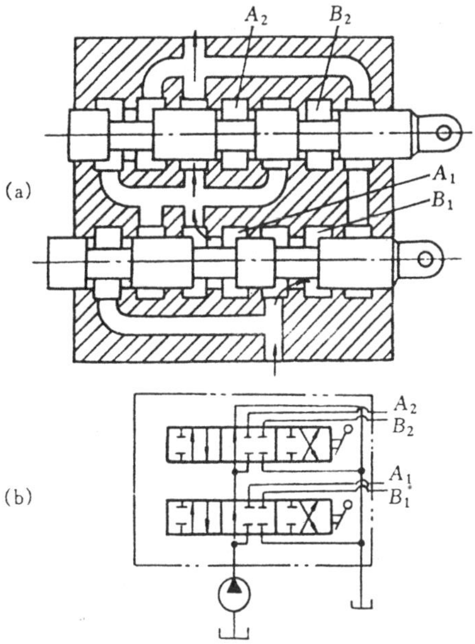

图 6-19　串联回路多路阀的结构图

③ 串并联回路多路阀。这种阀的结构原理和职能符号如图 6-20 所示。它的回路特点是，每一个换向阀的进液口都与前一个换向阀中间位置的回液口相通，而各个换向阀的回液口则同时与总回液口连接。即各个换向阀的进液口是串联，回液口为并联。其中一个换向阀处于工作位置时，其后面各个换向阀的进液通道被切断。因此，一个多路阀中只能有一个换向阀工作，即各换向阀之间具有互锁功能，这样可以防止误操作。

图 6-18，图 6-19 和图 6-20 中只表示了两个换向阀构成的多路阀，而且都是 O 型机能阀。实用中，根据系统中的执行元件数量和工作性能要求，还可以照图示方法装入更多的换向阀，各个换向阀的机能也可能不一样。多路阀中常用换向阀的机能如图 6-21 所示。

(5)换向滑阀的性能分析

分析换向滑阀性能的理论基础是工作液体通过控制阀口的压力-流量特性和阀芯的受力特性。

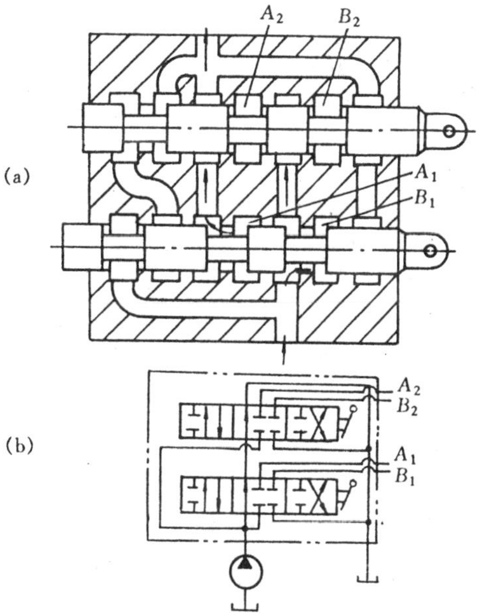

图 6-20　串、并联回路多路阀的结构图

① 滑阀的压力-流量特性。滑阀的压力-流量特性是指液流通过滑阀的流量与阀前后压力差及控制阀口开口量三者之间的关系。

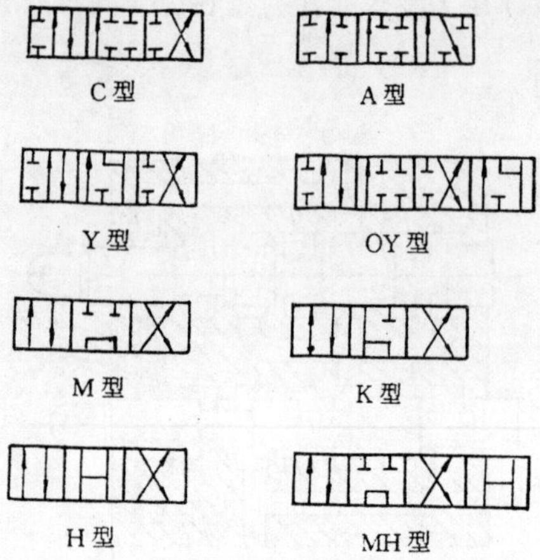

图 6-21 多路阀中换向阀的常用机能

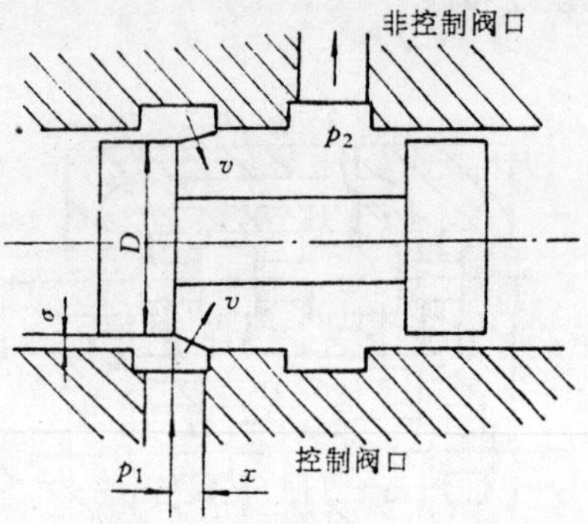

图 6-22 圆柱形滑阀的控制阀口简图

如图 6-22 所示，设阀芯台肩处直径为 D，控制阀口开口量为 x，阀芯与阀体内孔之间的径向间隙为 δ，控制阀口前后压力差 $\Delta p=p_1-p_2$，根据流体力学中薄壁小孔的出流公式，可得到滑阀控制阀口的流量 Q 表达式

$$Q=C_q A\sqrt{\frac{2}{\rho}\Delta p} \tag{6-1}$$

式中 A——滑阀控制阀口的通流面积，$A=w\sqrt{x^2+\delta^2}$；

w——滑阀开口周向长度，又称通流面积梯度，对于圆柱形滑阀，$w=\pi D$。

如果滑阀为理想滑阀（即 $\delta=0$），控制阀口简图其通流面积 $A=\pi Dx$。因此，式(6-1)又可写成

$$Q=C_q\pi Dx\sqrt{\frac{2}{\rho}\Delta p} \tag{6-2}$$

式中 ρ——工作液体的密度；

C_q——薄壁小孔的流量系数，与雷诺数 Re 有关，当 $Re>260$ 时，C_q 为常数。一般情况下，由于控制阀口开口量 x 很小，而雷诺数 Re 相当大，所以若不特别说明，C_q 也即滑阀阀口的流量系数取为常数。对于锐边阀口，$C_q=0.61\sim0.65$；对于有圆角或倒角的阀口，$C_q=0.8\sim0.9$。

式(6-2)称为圆柱滑阀的压力-流量特性方程，它表明通过滑阀的流量 Q 与滑阀开口量 x 和阀前后压力差的 1/2 次方成正比。

② 阀芯的轴向受力分析。阀芯的轴向受力情况，因阀的结构类型不同而不同，但其分析方法都是一样的。下面以常用的五槽三台肩式 O 型阀为例进行讨论。这种阀的基本结构与阀芯受力情况如图 6-23 所示。为了简化分析讨论，假设阀芯台肩与沉割槽在中间位置时无搭接量，即阀芯位移 x 就等于控制阀口的开口量；此时，阀芯两端弹簧的结构参数和预压缩量均相等，故在阀芯运动过程中可以不考虑弹簧预压力的影响。

于是在图示位置上，阀芯的受力平衡方程式为

$$F=F_s+F_f+F_m+F_w+F_t \tag{6-3}$$

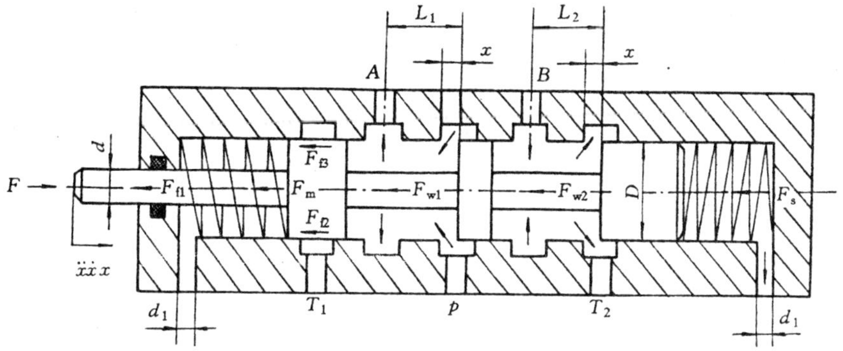

图 6-23 滑阀阀芯轴向受力简图

式中 F——驱动机构作用在阀芯上的驱动力；

F_s——弹簧对阀芯的作用力；

F_f——阀芯运动时所受的摩擦阻力，$F_f=F_{f1}+F_{f2}+F_{f3}$，F_{f1}、F_{f2}、F_{f3}分别为密封件、阀芯与阀孔间固体接触、工作液体黏性所引起的摩擦阻力；

F_m——阀芯运动时的惯性力；

F_w——作用于阀芯上的稳态液动力，$F_w=F_{w1}+F_{w2}$，阀芯处于图 6-23 所示工作位置时，F_{w1}，F_{w2}分别为 p 口与 A 口，T_2 口与 B 口之间液流对阀芯的稳态液动力；

F_t——作用于阀芯上的瞬态液动力（图中未表示出），$F_t=F_{t1}+F_{t2}$，阀芯处于图 6-23 所示工作位置时，F_{t1}，F_{t2}分别为 p 口与 A 口，T_2 口与 B 口之间液流对阀芯的瞬态液动力。

下面分别讨论上述各力的计算方法。

a. 驱动力 F：驱动力 F 可以是人力、液动力、电磁力或其他机构的作用力，一般可根据经验数据来确定。如阀用电磁铁的电磁力 $F=(20\sim35)D$(N)，其中 D 为阀芯台肩直径，以 cm 单位数值代入。驱动力的大小一定不能小于式(6-3)的计算值。

b. 弹簧力 F_s：如果弹簧的刚度系数为 K_s，则

$$F_s=K_s x \tag{6-4}$$

当阀芯在驱动力 F 作用下运动时，弹簧力 F_s 为阻力。当 F 力撤消后，阀芯便在 F_s 力的作用下复位，这时它又是驱动力了。

c. 摩擦阻力 F_f：阀芯运动时的摩擦阻力包括以下几部分：

密封元件对阀杆的摩擦阻力 F_{f1}。常用的 O 型橡胶密封圈对阀杆的摩擦阻力可由下式计算，即

$$F_{f1}=0.08d_0 d\Delta p_0 \tag{6-5}$$

式中 d_0——O 型密封圈的断面直径；

d——阀杆直径；

Δp_0——O 型密封圈两边的压力差。如果阀芯两端自由腔有泄漏口接油箱（如图 6-23 所示），则 $\Delta p_0\approx0$，于是 $F_{f1}\approx0$。

阀芯在径向不平衡液压力作用下与阀孔接触时产生的摩擦阻力 F_{f2}。由于作用在一个密封台肩上的最大径向不平衡液压力为 $0.27KLD\Delta p$[见式(6-23)及图 6-29]，所以 F_{f2}的最大可能值为

$$F_{f2}=0.27nfKLD\Delta p_1 \tag{6-6}$$

式中 n——阀芯的密封台肩个数；

f——阀芯与阀孔间的摩擦系数，可取 $f=0.1\sim0.15$；

K——由台肩上平衡槽条数决定的系数：一条平衡槽时，$K=0.4$，三条平衡槽时，$K=0.06$，七条平衡槽时，$K=0.027$；

L——一个台肩的宽度；

D——台肩处阀芯直径；

Δp_1——每个台肩两侧的压力差。

工作液体作用于阀芯的黏性摩擦阻力 F_{f3}。实践证明，F_{f3} 的数值与上述两种摩擦阻力值相比，要小得多，可以忽略不计。所以

$$F_f\approx F_{f1}+F_{f2}=0.08d_0d\Delta p_0+0.27nfKLD\Delta p_1 \tag{6-7}$$

d. 惯性力 F_m：阀芯运动时的惯性力 F_m 可由下式计算，即

$$F_m=\left(m_1+\frac{1}{3}m_2+m_3+\lambda^4m_4\right)\frac{d^2x}{dt^2} \tag{6-8}$$

式中 m_1——阀芯和与其固定在一起的零件总质量；

m_2——每一侧弹簧的质量；

m_3——随控制体积（或随阀芯）一同运动的液体质量；

m_4——每一条泄漏管路中的液体质量；

λ——D/d_1，即阀芯台肩处直径与泄漏管路内径之比；

d^2x/dt^2——阀芯运动的加速度。

e. 稳态液动力 F_w：滑阀的稳态液动力 F_w 是指滑阀控制阀口开口量 x 一定（稳定流动）时，由于流经各阀口和阀腔的液流截面积及方向的改变而引起液流速度的改变，导致液流动量变化而产生的液动力。为了计算稳态液动力 F_w，应首先选择阀腔进、出液口过流断面和腔内壁表面为控制面的液流控制体，然后利用动量定理来进行求解。图 6-23 所示滑阀的液流控制体，是由两个独立部分组成的。滑阀阀芯处于图示工作位置时，p 口和 A 口之间为一个，T_2 口和 B 口之间为另一个；滑阀换向后，则 p 口和 B 口之间为一个，T_1 口和 A 口之间为另一个。现分析图示情况，将两个独立的控制体放大为图 6-24。

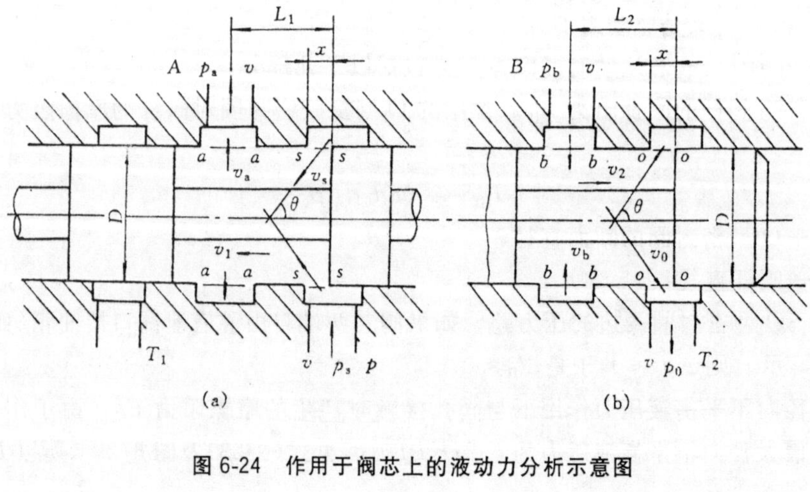

图 6-24 作用于阀芯上的液动力分析示意图

对于 p 口和 A 口之间的液流控制体[图 6-24(a)]，假设：阀芯作用于该控制体的稳定力(控制体作用于阀芯的稳态液动力的反作用力)为 F_{w1}'；通过 p 口流入控制体的液流速度为v_s，其方向与阀芯轴线成 θ 角(称射流角)，流入的液流流量为 Q_s；而由 A 口流出控制体的液流速度为 v_a，它基本上是径向流入沉割槽的，流出的液流流量为 Q_a。如果不考虑泄漏流量的影响，根据流量的连续性原理，则$Q_a=Q_s$。

由液体力学中的动量定理可知，作用于液流控制体的稳态力 F_{w1}'，等于液体流出与流入此控制体的动量变化率，也即等于单位时间内液体经 A 口流出与经 p 口流入时的动量之差。显然，液体流经这两个阀口时，动量的径向分量自相平衡，即其径向稳态力为零。因此，作用于此液流控制体的稳态力 F_{w1}'，就等于单位时间内液流通过 A 口和 p 口时动量的轴向分量之差，即

$$\begin{aligned} F_{w1}' &= \rho Q_a v_a \cos 90° - (-\rho Q_s v_s \cos\theta) \\ &= \rho Q_s v_s \cos\theta \end{aligned} \tag{6-9}$$

在上式推导过程中，力、动量(或动量变化率)和流速，其方向与阀芯位移 x 方向(向右)相同时取正，相反时取负。由式(6-9)和图 6-24(a)可见，F_{w1}'的方向与流速 v_s 的轴向分量 $v_s\cos\theta$ 的方向相反，而与阀芯位移 x 的方向相同。

对于 T_2 口和 B 口之间的液流控制体[图 6-24(b)]，利用同样方法可得作用于该控制体的稳态力 F_{w2}'为

$$F_{w2}' = \rho Q_0 v_0 \cos\theta \tag{6-10}$$

F_{w2}'的方向与流速 v_0 的轴向分量 $v_0\cos\theta$ 的方向相同，也与阀芯位移 x 的方向相同。

由式(6-2)可得

$$\left.\begin{aligned} Q_s &= C_q \pi x D \sqrt{\frac{2}{\rho}(p_s - p_a)} \\ v_s &= C_v \sqrt{\frac{2}{\rho}(p_s - p_a)} \\ Q_0 &= C_q \pi x D \sqrt{\frac{2}{\rho}(p_b - p_0)} \\ v_0 &= C_v \sqrt{\frac{2}{\rho}(p_b - p_0)} \end{aligned}\right\} \tag{6-11}$$

式中　C_v——流速系数，一般 $C_v=0.95\sim0.98$。

一般情况下，$Q_s \neq Q_0$。对用于结构对称的双活塞杆液压缸或液压马达换向的滑阀来讲，如果不考虑泄漏的影响，则有 $Q_s=Q_0$。这时由式(6-11)还可推得 $p_s-p_a=p_b-p_0$，即液体流经两控制体(两阀腔)的压降相等。

由式(6-9)，式(6-10)和式(6-11)可得工作液体流经图 6-23 所示换向阀时的总稳态力 F_w'为

$$\begin{aligned} F_w' &= F_{w1}' + F_{w2}' \\ &= \rho Q_s v_s \cos\theta + \rho Q_0 v_0 \cos\theta \\ &= 2C_q C_v \pi x D \cos\theta (p_s + p_b - p_a - p_0) \end{aligned} \tag{6-12}$$

设 F_{w1}，F_{w2}，F_w 分别为 F_{w1}'，F_{w2}'，F_w' 的反作用力，即 F_{w1} 为图 6-24(a)所示 p 口和 A 口之间液流控制体对阀芯的稳态液动力；F_{w2} 为图 6-24(b)所示 T_2 口和 B 口之间液流控制体对阀芯的稳态液动力；F_w 为作用于阀芯的总稳态液动力。于是，F_w 为

$$\begin{aligned} F_w &= -F_w' = -F_{w1}' - F_{w2}' \\ &= F_{w1} + F_{w2} \\ &= -2C_q C_v \pi x D\cos\theta(p_s + p_b - p_a - p_0) \end{aligned} \tag{6-13}$$

综上所述，对于图 6-23 所示换向阀，作用于阀芯上的稳态液动力 F_w，其大小与阀芯位移 x 成正比，但方向相反；换向时，阀芯位移反向，稳态液动力也反向。所以，这种阀的稳态液动力与其复位弹簧的作用相同，它总是使阀口趋于关闭。但这并不是一般的规律，对于结构不同的换向阀阀芯所受稳态液动力的大小和方向，必须进行具体分析。

式(6-13)中的各项参数的意义和数值，除射流角 θ 以外，都很容易确定。当控制阀口的开口量 x 比阀腔的其他几何尺寸小得很多时，θ 角的大小只与比值 x/δ 有关，这里的 δ 为阀芯与阀孔之间的径向间隙。根据理论分析得

$$\frac{x}{\delta} = \frac{1+\frac{\pi}{2}\sin\theta - \ln\left[\tan\left(\frac{\pi-\theta}{2}\right)\right]\cos\theta}{1+\frac{\pi}{2}\cos\theta + \ln\left[\tan\frac{1}{2}\left(\frac{\pi}{2}-\theta\right)\right]\sin\theta} \tag{6-14}$$

图 6-25 所示曲线为 θ 角和 $\cos\theta$ 与 x/δ 之间的关系曲线，它表明在上式中存在一条 $\theta=69°$ 的渐近线，当然也存在一条 $\cos\theta=0.358$ 的渐近线。

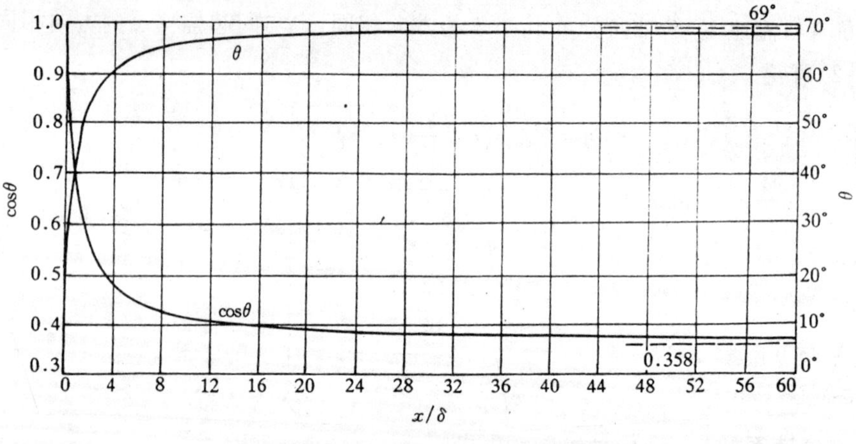

图 6-25 滑阀阀口射流角 θ 的曲线

当控制阀口的台肩和沉割槽都是锐边，间隙 δ 值小到可以忽略不计时，θ 角就等于 69°。具有这种阀口结构的滑阀称为理想滑阀。

在实用中，常取 $C_v=0.98$，$C_q=0.61$，$\cos\theta=0.358$。这样，式(6-13)又可以写成

$$\begin{aligned} F_w &= -2\times 0.61\times 0.98\times 0.358\times \pi x D(p_s + p_b - p_a - p_0) \\ &= -0.43\pi x D(p_s + p_b - p_a - p_0) \end{aligned} \tag{6-15}$$

实际计算结果证明，稳态液动力较前几种力的数值都大，在设计换向阀、特别是设计电磁换向阀时，必须考虑它的影响。为了减小滑阀的稳态液动力，可采用如下一些补偿措施。

第一，采用二级结构，这是最常见的一种措施。如电磁滑阀的流量大于 63L/min 时，改用电液滑阀；如手动滑阀通过的流量较大时，改用手操纵减压阀式先导阀实行先导控制，滑阀通

过控制压力液体推动。

第二，在阀套上开设多个径向小孔。由式(6-13)可知，当阀口射流角 $\theta=90^\circ$ 时，稳态液动力 F_w 等于零。而对一个通液孔，当开口很小时，其射流角接近 69°，当开口完全打开后，其射流角为 90°。基于这一事实，可以采用图 6-26 所示的结构，将阀套上的通液孔由一个大孔改成多个直径为 d 的小孔，并排成螺旋线状，使孔与孔之间重叠一个距离 s。当采用这种措施后，在前一个小孔还未完全打开时，后一个小孔已经开启，以保证流量连续性。而已经完全开启的小孔其射流角 $\theta=90^\circ$，稳态液动力为零。因此，采用这种结构后，稳态液动力可大大减小，通液孔的数目越多，稳态液动力补偿的效果越好。

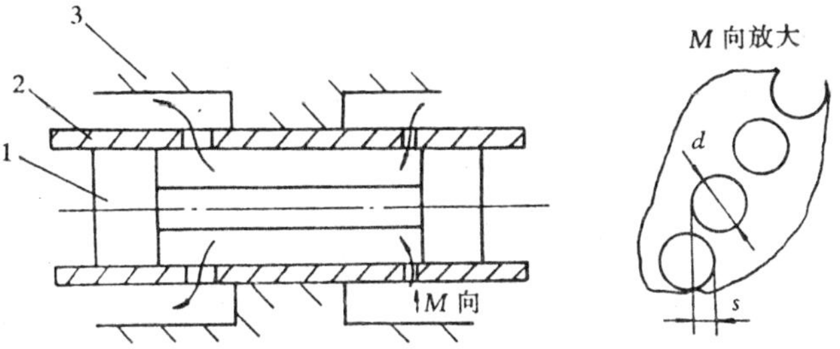

图 6-26　开设多个径向小孔补偿稳态液动力

1—阀芯；2—阀套；3—阀体

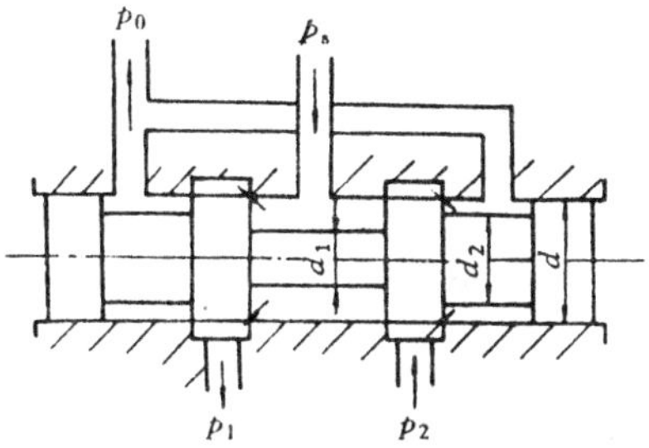

图 6-27　利用压力降补偿稳态液动力

第三，利用压力降来补偿稳态液动力。如图 6-27所示，增大阀芯两端颈部直径 d_2，使环状通道面积减小。这样，对于大流量的情况，液流流经环状通道时将会出现压力降，因而产生一个液压力作用于阀芯台肩上。该液压力的方向与稳态液动力相反，大小与环形通道液流速度的平方成正比。因此环形通道面积越小，补偿效果越好。这种补偿方法比较简单，但只在大流量时才有效。

第四，利用负力窗口补偿稳态液动力。如图 6-28 所示，采用这种结构后，因液腔的回液在阀芯两端颈部锥面上发生动量变化，而产生一个开启力，从而使稳态液动力得到补偿。如果两端颈部锥角选择恰当，补偿效果可以很高。

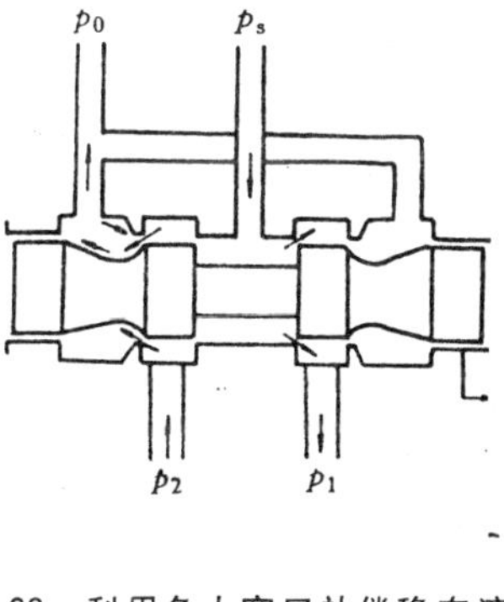

图 6-28　利用负力窗口补偿稳态液动力

f. 瞬态液动力 F_t：除稳态液动力外，作用在阀芯上的液流力还有瞬态液动力。所谓瞬态液动力是指因滑阀控制阀口开口量 x 变化时，引起流经滑阀的液流速度改变，而导致阀腔内液流动量变化而产生的液动力。设 F_t 为作用于滑阀阀芯的总瞬态液动力；F_{t1} 为图 6-24(a)所示 p 口和 A 口之间液流控制体对阀芯的瞬态液动力；F_{t2} 为图 6-24(b)所示 T_2 口和 B 口之间液流控制体对阀芯的瞬态液动力；F_t'，F_{t1}'，F_{t2}' 分别为 F_t，F_{t1}，F_{t2} 的反作用力，又将它们分别称为相应的瞬态力。下面就图 6-24(a)，(b)两种情况进行分析。

首先讨论图 6-24(a)所示 p 口和 A 口之间的液流控制体。这里仍然只考虑瞬态力的轴向分量，而认为其径向分量自相平衡。并假设液体不可压缩，即控制体内的液体质量为常数 m_1，液体在控制体内的实际流程为 L_1，轴向平均流速为 v_1，控制体的环形断面积为 A_1。由流体不定常运动的动量定理可知，作用于该液流控制体上的瞬态力 F_{t1}'，等于控制体内液流动量的变

化率，即

$$F_{t1}'=m_1\frac{dv_1}{dt}=\rho A_1L_1\frac{dv_1}{dt}$$

$$=\rho L_1\frac{dQ_1}{dt}$$

根据流量连续性原理有

$$Q_1=Q_s=C_q\pi xD\sqrt{\frac{2}{\rho}(p_s-p_a)}$$

所以

$$\frac{dQ_1}{dt}=\frac{dQ_s}{dt}=C_q\pi D\sqrt{\frac{2}{\rho}}\left[\sqrt{p_s-p_a}\frac{dx}{dt}-\frac{x}{2\sqrt{p_s-p_a}}\frac{d(p_s-p_a)}{dt}\right]$$

在一般情况下，阀腔压差变化率较小，因此上式右端第二项可以忽略不计。另外，考虑到 F_{t1}' 总是与液流加速度 dv_1/dt 的方向一致，而在图 6-24(a)所示情况下，液流加速度 dv_1/dt 又与阀芯运动速度 dx/dt 的方向相反，所以

$$F_{t1}'=-C_q\pi DL_1\sqrt{2\rho(p_s-p_a)}\frac{dx}{dt}\tag{6-16}$$

于是该液流控制体作用于阀芯上的瞬态液动力 F_{t1} 应为

$$F_{t1}=-F_{t1}'=C_q\pi DL_1\sqrt{2\rho(p_s-p_a)}\frac{dx}{dt}\tag{6-17}$$

这表明 F_{t1} 与阀芯的运动速度 dx/dt 的方向一致，它促使阀芯运动。当阀芯反向运动关闭控制阀口时，虽然 dx/dt 的方向改变了，但同时液流的加速度 dv_1/dt 的方向也改变了(这时液流减速流动)，所以 F_{t1} 与 dx/dt 的方向关系仍保持不变。但是，当滑阀换向时，原来 p 口和 A 口之间的液流控制体变为 T_1 口和 A 口之间的液流控制体了，液流流过这个控制体的流动情况与图 6-24(b)所示情况一样。

对于图 6-24(b)所示 T_2 口和 B 口之间的液流控制体，液流加速度 dv_2/dt 的方向与阀芯运动速度 dx/dt 的方向一致，同理可得

$$F_{t2}'=C_q\pi DL_2\sqrt{2\rho(p_b-p_0)}\frac{dx}{dt}\tag{6-18}$$

$$F_{t2}=-F_{t2}'=-C_q\pi DL_2\sqrt{2\rho(p_b-p_0)}\frac{dx}{dt}\tag{6-19}$$

这说明 F_{t2} 与阀芯的运动速度 dx/dt 的方向相反，它阻止阀芯运动。当阀芯反向运动关闭 T_2 口时，F_{t2} 和 dx/dt 的方向仍保持这个关系。但是，当滑阀换向时，原来 T_2 口和 B 口之间的控制体变为 p 口和 B 口之间的控制体了，此时液体流动的情况则与图 6-24(a)所示情况一样。

由式(6-17)和式(6-19)可得作用于阀芯上的总瞬态液动力 F_t 为

$$F_t=F_{t1}+F_{t2}$$

$$=-C_q\pi D(L_2-L_1)\sqrt{2\rho}\left(\sqrt{p_b-p_0}-\sqrt{p_s-p_a}\right)\frac{dx}{dt}\tag{6-20}$$

以上分析表明，作用于换向滑阀阀芯上的瞬态液动力，其大小与阀芯的运动速度成正比，但方向各不相同。不仅各阀腔内液体的瞬态力的方向可能不同，而且换向以后，由于阀腔组成的变化，也会使瞬态力的方向发生改变。凡是与阀芯运动速度的方向相反的瞬态液动力，因其作用性质与黏性摩擦阻力相似，阻止阀芯运动，而称为正阻尼力，其液流流程长度或所在的阀腔长度称为正阻尼长度[如式(6-19)中的 L_2]；与阀芯运动速度的方向相同的瞬态液动力，促

使阀芯运动，而称为负阻尼力，其液流流程长度或所在的阀腔长度称为负阻尼长度[如式(6-17)中的 L_1]。不同的阀，在不同的工况时，对其瞬态液动力的方向必须进行具体分析，不能一概而论。但是，对于图 6-23 所示的滑阀，只要其阀腔长度 $L_1=L_2$，由式(6-20)可知，任何时刻作用于阀芯上的瞬态液动力的合力都恒等于零。这就为滑阀设计时，为了减小瞬态液动力的影响，提供了一种十分有效的途径。

③ 阀芯的径向力分析与液压卡紧现象。滑阀阀芯的径向力常常不平衡，出现不平衡的原因主要有两个。一是由于某些结构不合理，如阀体上只钻阀孔，不切沉割槽，或者阀芯中心流道的引出径向孔不对称等。消除的方法，就是改变这些不合理的结构。另一个原因是，由于阀孔或阀芯配合表面(台肩处)存在几何形状误差，加之阀孔与阀芯不平行或不同心，这时，液体在压力差作用下，通过它们之间的环形间隙流动所形成的压力场的压力分布规律不对称，从而使得作用在阀芯上的径向力不平衡，有时可能将阀芯压向一边而与阀孔接触，产生很大的摩擦阻力，阻止阀芯轴向运动。这就称为液压卡紧现象，产生这种现象的径向不平衡力，便称为液压卡紧力。

锥度是圆柱形表面最常见的几何形状误差，现在以此为例讨论卡紧现象的产生。假设配合表面的锥度综合集中于阀芯的配合表面上，阀孔则为理想的圆柱孔，如图 6-29 所示。

阀芯的半锥角 α 实际上是很小的，图中作了夸大。当阀芯与阀孔同心时[图 6-29(a)]，台肩大端的间隙为 δ_1，小端的间隙为 δ_2。这时，环形间隙的数值，在同一横截面的圆周上均为常数。因此，液体在台肩两端的压力差 p_1-p_2 的作用下，轴向流过此间隙所形成的压力场的压力分布规律，在横截面的圆周上是一样的，不会产生液压卡紧力和液压卡紧现象。

实际上，在换向阀的工作过程中常常发生偏心。假设偏心距为 e[见图 6-29(b)]。这时，环形间隙沿同一轴截面的圆周上是变化的，从而使得阀芯上作用有不平衡的径向液压力。根据文献[1]的计算，作用于阀芯锥面斜长上整个长条小面积 dA 上的径向总液压力 f 为

$$f=\frac{LR\mathrm{d}\theta}{2}\left[(p_1+p_2)-(p_1-p_2)\frac{\Delta h}{h_\mathrm{m}}\right] \tag{6-21}$$

式中　$h_\mathrm{m}=\dfrac{h_1+h_2}{2}$；$\Delta h=\dfrac{h_2-h_1}{2}$；

h_1——阀芯台肩大端($x=0$ 处)横截面上环形间隙的数值，其变化规律为 $h_1=\delta_1-e\cos\theta$；

h_2——阀芯台肩小端($x=L$ 处)横截面上环形间隙的数值，其变化规律为 $h_2=\delta_2-e\cos\theta$。

其他各符号的意义参看图 6-29。

式(6-21)虽然是根据有锥度的配合表面推导出来的，但它仍具有普遍意义，下面逐点进行讨论。

a. 当 $\Delta h=0$ 时，表示阀芯也无锥度，它与阀孔一样，都是理想圆柱表面。这时作用于整个阀芯上的径向总液压力在 y 方向上的分量 F_y 为

$$F_y=\int_0^{2\pi} f\sin\theta=\frac{LR}{2}(p_1+p_2)\int_0^{2\pi}\sin\theta=0$$

在 z 方向上的分量 F_z 为

$$F_z=\int_0^{2\pi} f\cos\theta=0$$

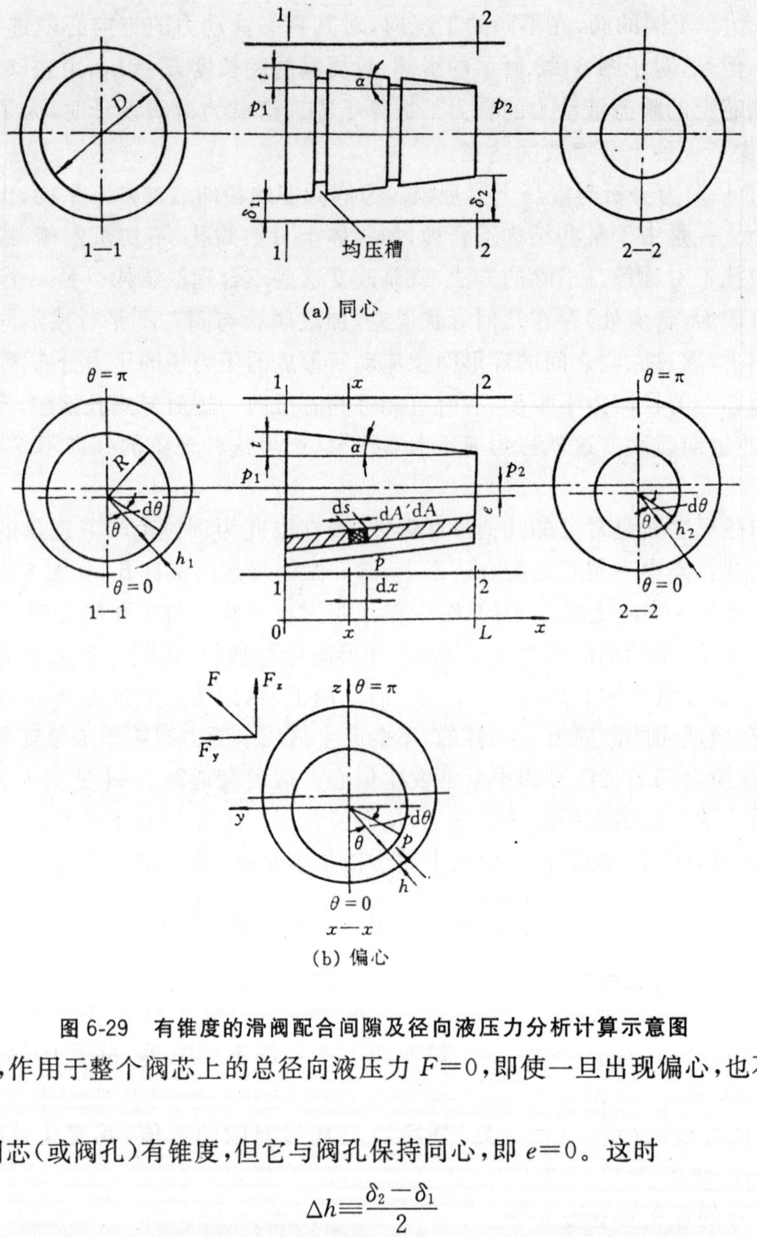

图 6-29　有锥度的滑阀配合间隙及径向液压力分析计算示意图

计算结果表明，作用于整个阀芯上的总径向液压力 $F=0$，即使一旦出现偏心，也不会产生液压卡紧现象。

b. 如果阀芯(或阀孔)有锥度，但它与阀孔保持同心，即 $e=0$。这时

$$\Delta h \equiv \frac{\delta_2-\delta_1}{2}$$

$$h_m \equiv \frac{\delta_1+\delta_2}{2}$$

Δh 和 h_m 均为常数，通过上述计算，同样可说明 $F=0$，不会发生液压卡紧现象。

c. 如果阀芯(或阀孔)有锥度，同时与阀孔之间存在偏心，其偏心距为 e，偏心方向如图 6-29(b)所示。这时可能有两种情况：

第一种情况，阀芯小端在高压(p_1)侧，大端在低压(p_2)侧，形成沿液流方向减小的收缩间隙，阀芯的大、小端与图 6-29(b)相反。这时 $h_2<h_1$，$\Delta h<0$。从式(6-21)可以看出，f 力将随 $\Delta h/h_m$ 的绝对值增加而增大。显然，在阀芯下部，即 $\theta=0$ 处 $|\Delta h/h_m|$ 有最大值为

$$\left|\frac{\Delta h}{h_m}\right|_{max}=\left|\frac{\delta_2-\delta_1}{\delta_2+\delta_1-2e}\right|$$

而在阀芯上部，即 $\theta=\pi$ 处 $|\Delta h/h_m|$ 有最小值为

$$\left|\frac{\Delta h}{h_m}\right|_{\min}=\left|\frac{\delta_2-\delta_1}{\delta_2+\delta_1+2e}\right|$$

于是，作用于阀芯上的总径向液压力向上，推动阀芯向着偏心距减小的方向移动。具有这种性能的锥度，称为“顺锥”。“顺锥”有自动消除阀芯偏心的能力，这种滑阀不会发生液压卡紧现象。

第二种情况，即为图 6-29(b)所示情况，其间隙是沿液流方向增加的扩大间隙。这时，$h_2>h_1$，$\Delta h>0$。从式(6-21)可以看出，f 力将随 $\Delta h/h_m$ 的增加而减小。与前一种情况恰好相反，作用于阀芯上的总径向液压力向下，推动阀芯向着偏心距增大的方向移动，直到使阀芯与阀孔表面接触为止，因此而导致液压卡紧现象的产生。具有这种性能的锥度，称为“倒锥”。

经计算可得作用于“倒锥”上的总径向液压力 F_y 和 F_z 分别为

$$F_y=0$$

$$F_z=-LD(p_1-p_2)\frac{\pi\Delta\delta}{2e}\left[\frac{1}{\sqrt{1-\left(\frac{e}{\delta_m}\right)^2}}-1\right] \tag{6-22}$$

式中　$\Delta\delta=\frac{\delta_2-\delta_1}{2}$；$\delta_m=\frac{\delta_2+\delta_1}{2}$。

其他各符号意义同前。

可见，作用于阀芯上的总径向液压力 $F=F_z$，式中“－”号表示 F_z 与 z 轴正向相反，即力 F 的方向向下，推动阀芯向着偏心距增大的方向移动，完全证明了前面所得到的结论。当阀芯大端与阀孔壁接触时(即 $e=\delta_1$ 时)，滑阀发生液压卡紧现象，这时作用于阀芯上的总径向液压力就是它的液压卡紧力，其绝对值用 F_K 表示，于是

$$\begin{aligned}F_K&=|F_z|=LD(p_1-p_2)\frac{\pi\Delta\delta}{2\delta_1}\left[\frac{1}{\sqrt{1-\left(\frac{\delta_1}{\delta_m}\right)^2}}-1\right]\\&=BLD(p_1-p_2)\end{aligned} \tag{6-23}$$

式中　B——液压卡紧系数。

$$B=\frac{\pi\Delta\delta}{2\delta_1}\left[\frac{1}{\sqrt{1-\left(\frac{\delta_1}{\delta_m}\right)^2}}-1\right] \tag{6-24}$$

显然，系数 B 值只与阀芯大小端环形间隙的数值有关。如果阀芯大小端半径之差为 t，则

$$\Delta\delta=\frac{\delta_2-\delta_1}{2}=\frac{t}{2}$$

$$\delta_m=\frac{\delta_2+\delta_1}{2}=\delta_1+\frac{t}{2}$$

将上述二式代入式(6-24)，便得系数 B 的常用表达式为

$$B=\frac{\pi}{4}\frac{t}{\delta_1}\left[\frac{2+\frac{t}{\delta_1}}{\sqrt{4\frac{t}{\delta_1}+\left(\frac{t}{\delta_1}\right)^2}}-1\right] \tag{6-25}$$

此式说明，液压卡紧系数 B 为比值 t/δ_1 的函数，其函数曲线如图 6-30 所示。由曲线可以看出，当 $t/\delta_1=0.9$ 时，B 有最大值 $B_{\max}=0.27$；$t/\delta_1>0.9$ 时，B 值下降很缓慢；$t/\delta_1<0.9$ 时，B

值迅速下降；$t=0$ 时，$B=0$，说明无锥度时，液压卡紧力也等于零。因此，应当尽量限制圆柱面的锥度（即 t 值），使 $t<\delta_1$，一般应保证

$$t=\left(\frac{1}{2}\sim\frac{1}{3}\right)\delta_1 \tag{6-26}$$

减小圆柱配合表面上的液压卡紧力的有效方法是，在该表面上切压力平衡槽（简称均压槽），如图 6-29(a)所示。由于液压卡紧力是因间隙内液压力分布不均造成的，切了均压槽后，能使不同的压力区域互相沟通，压力分布趋于均匀。试验证明，在阀芯中部靠近大端范围内切一条均压槽，可减小液压卡紧力 60% 左右；切三条均布均压槽，就可减小液压卡紧力 94%；切七条均布均压槽，则可减小液压卡紧力 97%。均压槽的宽度和深度都应大于间隙值的十倍，通常槽宽为 0.2～0.5mm；槽深为 0.5～0.8mm；槽距为 1～5mm。槽的条数要视台肩的密封长度而定，一般为 3～7 条。均压槽两侧应保持锐边，以减少污物卡住的可能性。

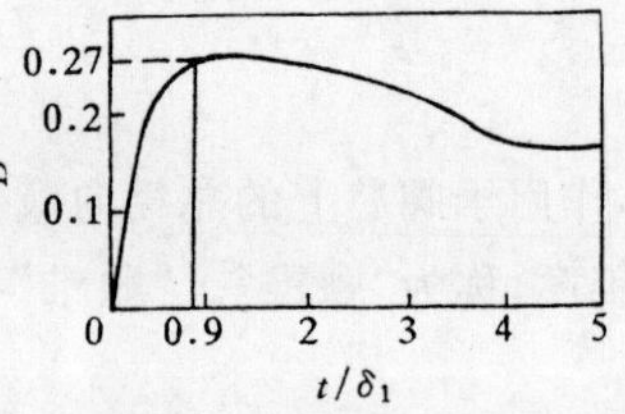

图 6-30 液压卡紧系数曲线

实践证明，阀芯在液压卡紧力作用下停留的时间越长，它启动时的摩擦阻力就越大。这是由于阀芯在液压卡紧力的作用下，要将其接触表面间的油膜挤出而形成干摩擦。但是，挤出或破坏接触面间的油膜需要一定的时间。所以，阀芯在液压卡紧力作用下停留的时间越长，其接触表面间残存的油膜就愈少，它启动时的摩擦阻力就越大。为了改善这种情况，可以对阀芯或阀体施加微小振幅的轴向或旋转的高频振动（通常为 50～200Hz），使它们之间始终处于相对运动的状态中，以减小阀芯启动时的摩擦阻力。这种振动称为“颤振”。

除此以外，阀芯和阀孔的表面质量，工作液体的污染程度及其物理化学性质，都对阀芯的移动阻力有显著的影响。在设计、制造和使用换向滑阀时，应当充分注意。

(6)换向滑阀的基本应用回路

① 一般换向回路。在开式液压传动系统中，必须采用换向阀来操纵执行元件的启动、停止和换向。图 6-31 所示为一液动三位四通 M 型换向阀操纵液压缸的换向回路。为了操纵主阀，又设置一个小型手动三位四通 Y 型阀的换向回路。前者为主回路，后者称控制回路。控制回路既可以由一台小型流量泵供液，如本图所示；也可以从主泵出口处引出一个支路供液。

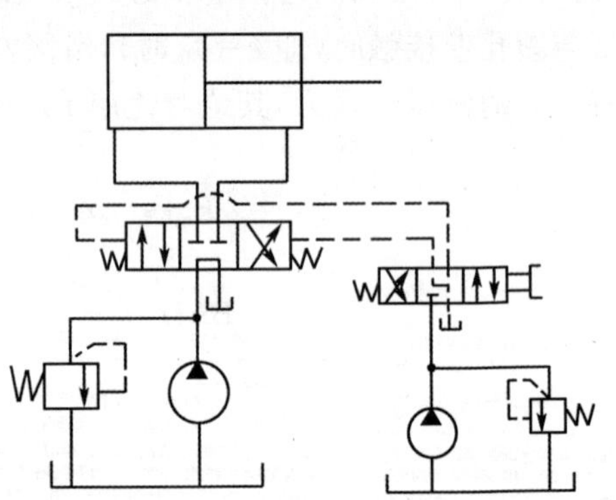

图 6-31 采用液动换向阀的换向回路

② 液压缸的差动回路。图 6-32 所示为液压缸的两种常用差动回路。图(a)为采用二位三通换向阀的阀外差动回路；图(b)为采用三位四通 OP 型换向阀的阀内差动回路。有关差动回路的力和速度计算，可参见第 5 章，这里从略。

③ 顺序动作回路。图 6-33 为采用电磁换向阀的顺序动作回路。按下启动按钮，电磁铁 1DT 通电，阀 1 左位接入回路，压力液体进入液压缸 3 左腔，其活塞杆向右运动；当挡块压下行程开关 6 时，1DT 断电，3DT 通电，液压缸 3 的活塞杆停止运动，阀 2 左位接入回路，液压缸 4 的活塞杆向右运动；当其运动到规定位置时，压下行程开关 8，于是 3DT 断电，2DT 通电，缸 4 的活塞杆停止运动，缸 3 的活塞杆左移；当其返回原位时，它的挡块压下行程开关 5，2DT 断

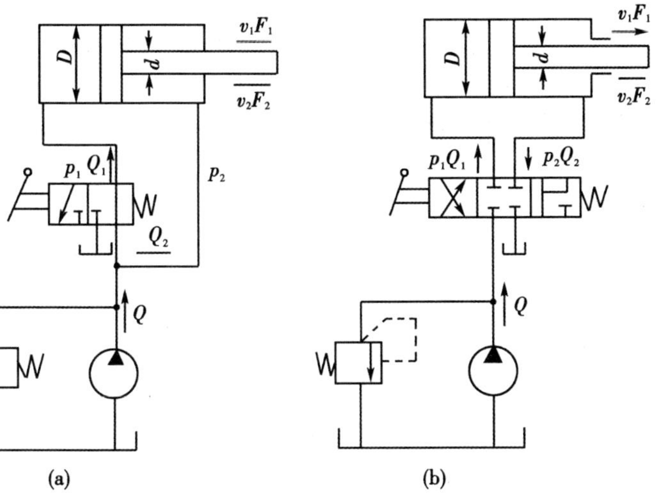

图 6-32　液压缸的差动回路

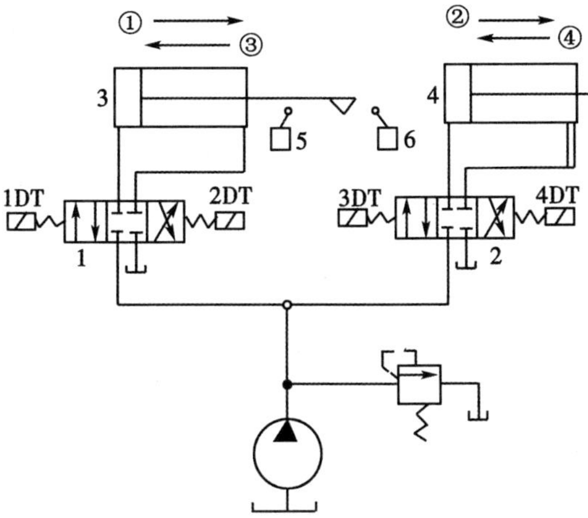

图 6-33　采用电磁换向阀的顺序动作回路

电，4DT 通电，缸 4 的活塞杆左移；当其反回原位时，挡块又压下行程开关 7，使 4DT 断电，于是两个电磁换向阀都处于中位状态，完成顺序动作循环。这种回路调整液压缸行程方便，动作可靠。如若改变动作顺序，只需在电路上做些变动，即可实现新的顺序动作循环。

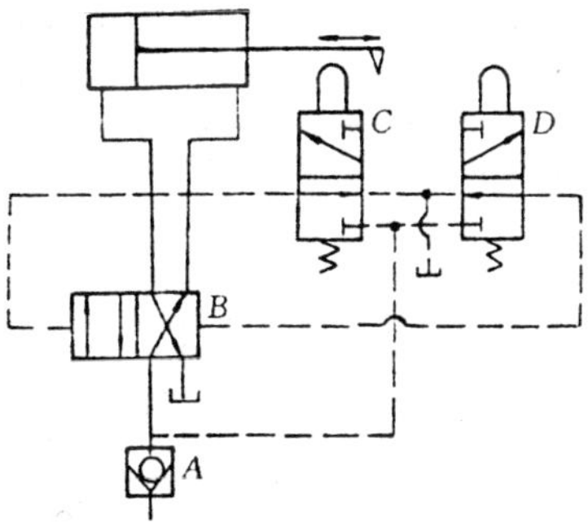

图 6-34　连续往复运动回路

④ 连续往复运动回路。如图 6-34 所示，阀 C 及阀 D 为行程换向阀，阀 B 为液动换向阀。在图示位置时，活塞杆向左运动，当挡块压下阀 C 的触头后，压力液体使液动换向阀 B 左位接入系统，活塞杆开始向右运动。当挡块压下阀 D 触头后，活塞杆便又向左运动。如此左右换向以实现连续往复运动。

6.3 压力控制阀

在液压传动系统中用来控制和调节工作液体压力的液压元件，总称为压力控制阀。它大致可分为溢流阀、顺序阀和减压阀三大类。各类压力控制阀常常由于应用的场合不同，其具体功能和名称也不相同。目前还将液压传动系统中用得很广泛的压力继电器，也列入压力控制元件之中。

6.3.1 溢流阀

溢流阀的基本功能有两个，一是限制液压传动系统的最高工作压力，起安全保护作用，通常又称为安全阀；另一个是保持系统压力（主要是液压泵的输出压力）基本稳定不变，起稳压作用，一般称为稳压阀或就称其为溢流阀。对安全阀的性能要求主要是：当系统工作压力小于阀的开启压力即阀关闭时，其阀口的密封性要好；当系统压力大于开启压力时，其阀口要及时开启，反应灵敏，以可靠地保护系统和元件的安全。对稳压阀的性能要求主要是：控制压力的变化范围应尽量小；当系统的流量发生变化时，阀芯在运动过程中不应发生冲击和振荡，运动要尽量平稳。

溢流阀按其结构和工作原理，可分为直动式和先导式两种。

(1)直动式溢流阀的结构和工作原理

直动式溢流阀，从其阀芯结构来看，又有球阀、锥阀、圆柱滑阀和平面密封阀等形式，其中锥阀和滑阀型溢流阀应用最为广泛。下面以这两种阀为例介绍直动式溢流阀的结构和工作原理。

图 6-35 所示为锥阀型直动式溢流阀的结构。它由锥阀芯 4，阀座 6，调压弹簧 2，调压螺钉 1，阀体 5 和阀盖 3 等组成。这种阀结构十分简单，与单向阀很相似，不同之处在于它的调压弹簧很硬，并增加了一个调压螺钉。图 6-36 所示为滑阀型直动式溢流阀的结构。它由圆柱阀芯 7，底座 8，调压弹簧 3，调压杆 1，调压螺帽 2，阀体 6 和阀盖 5 等组成。这两种直动式溢流阀是依靠作用在阀芯上的液压力与调压弹簧力直接相平衡来控制阀口启闭的原理进行工作的。它们常并联在变量泵出口处，或并联在需要保护的液压元件进液口附近，用作安全阀，其工作过程如下。

在正常工作条件下，当作用于锥阀芯或圆柱阀芯上的液压力小于调压弹簧的预压缩力时，阀芯不动而阀口关闭，其受力关系为

$$\frac{\pi}{4}d_1^{\,2}p<K_s x_0$$

式中 p——系统的工作压力；

d_1——锥阀前孔直径或圆柱阀芯下端面直径；

K_s——调压弹簧的刚度；

x_0——调压弹簧的预压缩量。

当液压力与弹簧预压缩力相等时，即阀口即将开启而还未开启时，系统所对应的工作压力定义为阀的开启压力，用 p_K 表示，则

$$p_K=\frac{4K_s x_0}{\pi d_1^{\,2}} \tag{6-27}$$

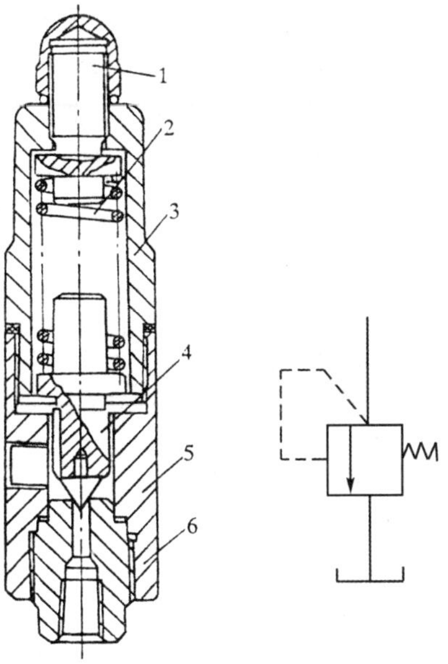

图6-35　锥阀型直动式溢流阀(管式)的结构图

1—调压螺钉;2—调压弹簧;3—阀盖;
4—锥阀芯;5—阀体;6—阀座

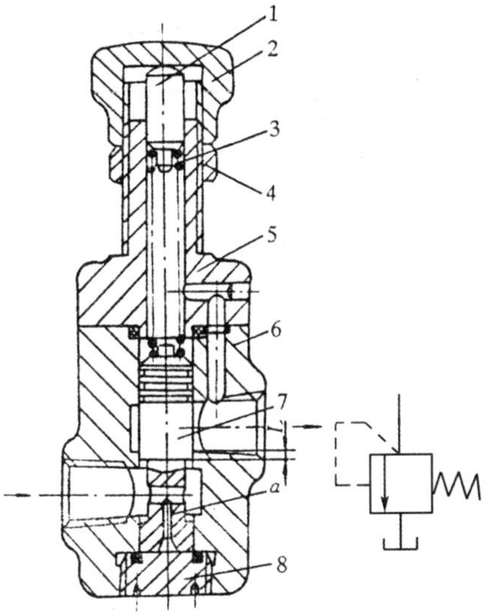

图6-36　滑阀型直动式溢流阀(管式)的结构图

1—调压杆;2—调压螺帽;3—调压弹簧;4—紧固螺母;
5—阀盖;6—阀体;7—圆柱阀芯;8—底座

当系统的工作压力因载荷增加或其他故障原因而增大,致使液压力大于调压弹簧力即系统的工作压力 p 大于开启压力 p_K 时,阀芯动作而阀口开启,工作液体经阀口溢流回油箱,同时限制系统压力继续上升,从而保护液压系统或元件。这时阀芯的受力关系为

$$\frac{\pi}{4}d_1{}^2 p=K_s(x+x_0)$$

系统的工作压力为

$$p=\frac{4K_s(x+x_0)}{\pi d_1{}^2} \tag{6-28}$$

式中　x——阀芯位移,即阀口的开口量。

显然,随着系统工作压力的升高,阀的开口量也不断增加。当系统压力达到最高许用压力 p_{max} 时,阀的开口量也达到最大值 x_{max}。这时如果阀是并联在液压泵出口处,则泵的输出流量全部经阀口流回油箱,液压执行元件停止运动,实现过载保护的目的。因为

$$p_{max}=\frac{4K_s(x_{max}+x_0)}{\pi d_1{}^2} \tag{6-29}$$

可见,系统的最高许用压力是由阀调压弹簧的预压缩量 x_0 所决定的。调节调压弹簧的 x_0 值,便可获得不同的 p_{max} 值,以满足不同液压系统和元件的要求。系统的实际工作压力范围为 $0\sim p_{max}$。

锥阀型直动式溢流阀,密封可靠,灵敏度较高,但由于阀口处采用锥面密封,阀开启后,阀芯受压面积突然增大,从而产生冲击振动和噪声,使得工作不平稳。滑阀型直动式溢流阀,其密封性和灵敏度都不如锥阀型,但由于其阀口处采用圆柱面密封,阀开启后,阀芯受压面积基本不变,因此这种阀的工作平稳性优于锥阀型。另外,这种阀在其阀芯下端部中心开设有阻尼孔 a,它除了将压力液体引入阀芯底部外,还可用来对阀芯启闭时因惯性引起的振动提供阻

尼，以提高阀的工作稳定性。

如果要求直动式溢流阀的控制压力高，或通过流量大，都必须增大其调压弹簧的刚度。很硬的弹簧在装配和调压时都很费力，而且随着溢流量的变化，它所控制的系统压力波动程度也很严重。因此，在中高压或大流量系统中，一般只用直动式溢流阀作安全阀使用，而不用它作稳压阀使用。在中高压或大流量系统中，使用得最多的安全阀和稳压阀还是先导式溢流阀。

(2)先导式溢流阀的结构和工作原理

先导式溢流阀由主阀和先导阀两部分组成，其中先导阀部分就是一种直动式溢流阀(多为锥阀型结构)。如果按主阀部分的阀芯配合形式不同来分类，先导式溢流阀可分为三级同心结构、二级同心结构和滑阀型结构等型式。图 6-37 所示为三级同心结构的 YF 型先导式溢流阀，这种阀目前应用较少，但它作为较早出现的一种先导式溢流阀，其结构和工作原理非常典型。图 6-38 所示为二级同心结构的 DB 型先导式溢流阀，有时又将其称为单向阀型先导式溢流阀。图 6-39 所示为滑阀型结构的 Y 型先导式溢流阀，这种阀目前应用也较广。下面以 YF 型溢流阀为例来介绍先导式溢流阀的结构和工作原理。

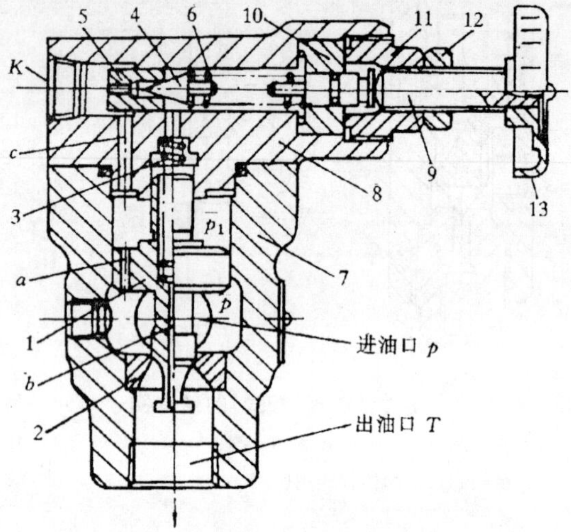

图 6-37 YF 型先导式溢流阀(三级同心结构，管式)的结构图

1—主阀芯；2—主阀座；3—主阀平衡弹簧；4—先导阀芯；5—先导阀座；6—先导阀调压弹簧；7—主阀体；8—先导阀体；9—调节螺杆；10—弹簧座；11—阀盖；12—紧固螺母；13—调节旋钮

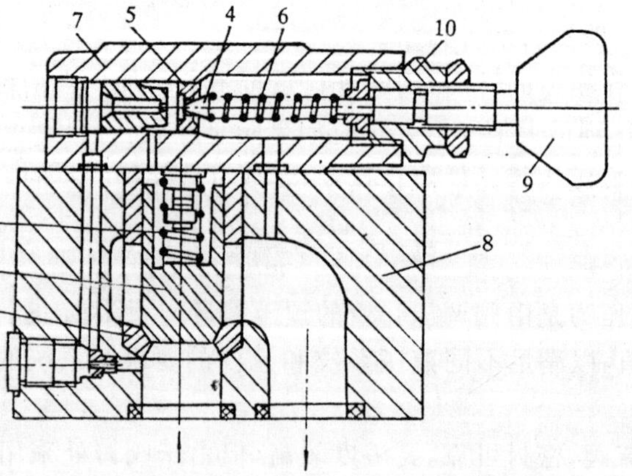

图 6-38 DB 型先导式溢流阀(二级同心结构，板式)的结构图

1—主阀芯；2—主阀座；3—主阀弹簧；4—先导阀芯；5—先导阀座；6—先导阀调压弹簧；7—先导阀体；8—主阀体；9—调节旋钮；10—阀盖

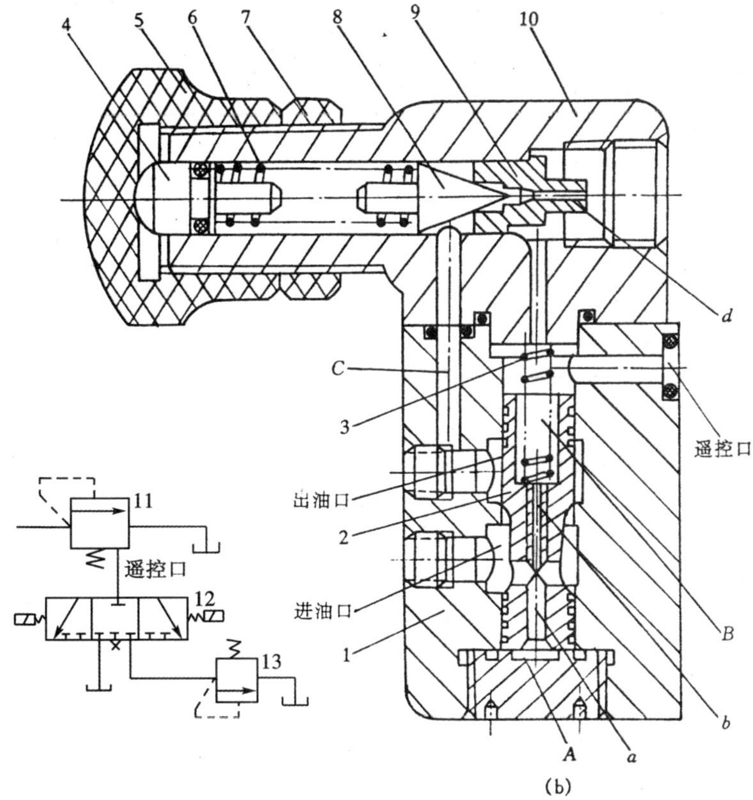

图 6-39　Y 型先导式溢流阀(滑阀型结构,板式)的结构图

1—阀体;2—滑阀;3—主阀平衡弹簧;4—调节杆;5—调节螺帽;6—先导阀调压弹簧;7—螺帽;8—先导锥阀芯;9—锥阀座;10—上盖;11—溢流阀;12—电磁换向阀;13—远程调压阀

如图 6-37 所示,YF 型溢流阀的主阀部分由主阀芯 1,主阀座 2,主阀平衡弹簧 3 和主阀体 7 等组成;先导阀部分由先导阀芯 4,先导阀座 5,先导阀调压弹簧 6,调节螺杆 9,先导阀体 8 和先导阀盖 11 等组成。

工作液体从进液口 p 进入阀腔,通过阻尼孔 a 作用在主阀芯 1 的平衡活塞两边,并经孔道 c 作用在先导阀芯 4 的前端。平衡活塞上边的有效作用面积 A_1,稍大于其下边的有效作用面积 A,通常 $A_1/A\approx1.04$。平衡活塞下边的液体压力 p 为进液口压力,即主阀所控制的系统工作压力;上边的液体压力 p_1 为先导阀前孔的压力。

当工作液体的压力 p_1,还不足以推开先导阀的阀芯时,在阻尼孔 a 中无液体流动。平衡活塞两边的压力相等,即 $p_1=p$。但由于 $A_1>A$,并有主阀平衡弹簧 3 的作用,而使主阀芯的锥部紧压在主阀座 2 上,主阀阀口不溢流。

当压力 p_1 随着 p 值增加而上升到可以推开先导阀芯 4 时,工作液体就经过先导阀阀口和主阀芯的中心孔 b 流回油箱,这时阻尼孔 a 中有液体流动,由于它的阻尼作用,使平衡活塞上边的压力 p_1 小于其下边的压力 p。于是主阀芯被推开,绝大部分液体通过主阀阀口直接流回油箱。

综上所述,先导阀的作用只是控制主阀动作,可以做得很小,一般都是按照在阻尼孔中流过主阀公称流量的 1%(即先导阀的溢流流量)时,所产生的压力降能够推开主阀芯这一条件,来决定其几何尺寸的，所以，即使在高压条件下，先导阀的调压弹簧刚度也不大。而主阀平稳弹簧的作用，只是保证主阀芯在闭合时更灵敏可靠，并不控制系统的压力（与直动式溢流阀不同），故其刚度很小。从而解决了大刚度调压弹簧所存在的一系列问题。此外，利用遥控口K外接其他控制阀，先导式溢流阀还可以兼作卸荷阀使用（参见图 6-48），并能进行远程调压（参看图 6-49）。

(3)溢流阀的稳态特性分析及其性能指标

溢流阀的工作性能包括稳态（静态）和动态（瞬态）两方面的特性。所谓稳态特性，是指溢流阀处于某一稳定工况时的性能。

① 压力—流量特性方程。压力—流量特性方程，是分析溢流阀稳态特性的理论基础。溢流阀的结构不同，其压力—流量特性方程的形式也不同。下面仅以锥阀为例进行讨论。

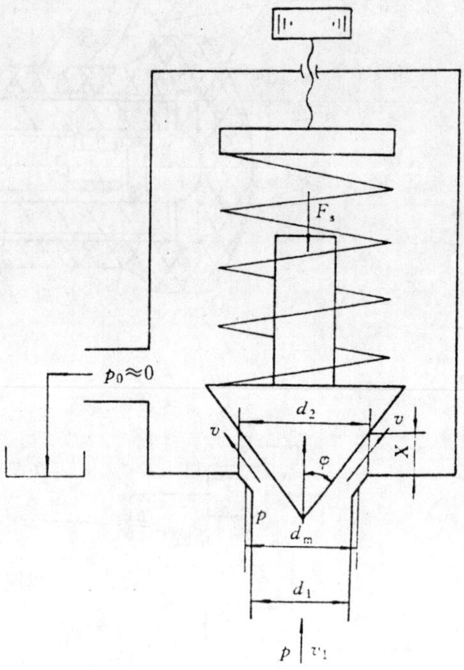

图 6-40 直动式溢流阀的结构示意图

a. 直动式溢流阀的压力—流量特性方程。图 6-40 所示为直动式溢流阀的结构示意图。通常将锥阀阀口当作薄壁小孔来进行分析，于是溢流阀在某一稳定工况时，通过锥阀阀口的流量Q为

$$Q = C_q A \sqrt{\frac{2}{\rho}(p - p_0)} = C_q A \sqrt{\frac{2}{\rho} p} \tag{6-30}$$

式中 C_q——锥阀阀口的流量系数，在紊流时，考虑到阀口倒角和阀芯锥度的影响，可取$C_q = 0.8$；

A——阀口的过流面积，可以证明$A \approx \pi d_m x \sin\varphi$；

d_m——阀口的平均直径，$d_m = (d_1 + d_2)/2$；

d_1——阀前孔直径；

d_2——阀口倒角处的最大直径；

x——溢流阀在某一稳定工况时的开口量；

φ——阀芯的半锥角；

p——进液口的液体压力；

p_0——回液口的液体压力，通常$p_0 \approx 0$；

ρ——工作液体的密度。

将A值代入式(6-30)，得

$$Q = C_q \pi d_m x \sin\varphi \sqrt{\frac{2}{\rho}} p \tag{6-31}$$

如果不考虑阀芯重力、摩擦力、阀口倒角分布液压力和稳态液动力的影响，这时阀芯的受力平衡方程式应为

$$\frac{\pi}{4}d_m^2 p=K_s(x+x_0) \tag{6-32}$$

式中 K_s——调压弹簧的刚度；

x_0——调压弹簧的预压缩量。

其他符号意义同前。

考虑到阀口刚要开启时的开启压力 p_K，可得

$$\frac{\pi}{4}d_m^2 p_K=K_s x_0 \tag{6-33}$$

所以式(6-32)可写成

$$\frac{\pi}{4}d_m^2 p=\frac{\pi}{4}d_m^2 p_K+K_s x \tag{6-34}$$

由式(6-34)解得开口量 x 值，并将其代入式(6-31)，化简后可得

$$Q=C_e(p-p_K)\sqrt{p} \tag{6-35}$$

式中系数 C_e 为

$$C_e=\frac{C_q\pi^2 d_m^2\sqrt{\frac{2}{\rho}}\sin\varphi}{4K_s} \tag{6-36}$$

式(6-35)便是直动式溢流阀的压力—流量特性方程。式中系数 C_e 和开启压力 p_K，对于一个已调定好的溢流阀来说，均为已知数值。为了便于测定其 p_K 值，一般规定溢流流量达到阀的公称流量的 1% 时，所对应的液体压力为该阀的开启压力。

当溢流阀通过其公称流量(或额定流量)Q_H 时，所对应的阀前孔液体压力称为该阀的调定压力 p_H，由式(6-35)可知

$$Q_H=C_e(p_H-p_K)\sqrt{p_H} \tag{6-37}$$

由以上分析和式(6-37)，可以得到以下几点结论。

ⅰ. 当溢流阀的进液口压力 $p<p_K$ 时，由式(6-35)所算出的溢流流量为负值，这表明阀口没有开启，实际溢流量应为零。

ⅱ. 对于溢流阀给定的额定流量 Q_H，通过调节调压弹簧的预压缩量给定不同的开启压力值 p_K，便可获得不同的调定压力 p_H 值，从而可以获得一簇不同起点的压力-流量特性曲线，如图 6-41 所示。

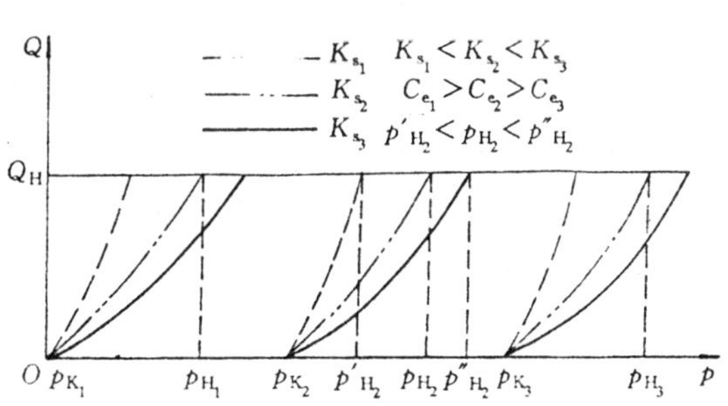

图 6-41 直动式溢流阀的压力-流量特性曲线

ⅲ. 对于一定的额定流量 Q_H 和开启压力 p_K，调压弹簧的刚度 K_s 越大，则系数 C_e 值越小，所获得的调定压力 p_H 也越高(参见图 6-41)。

b. 先导式溢流阀的压力-流量特性方程。图 6-42 所示为先导式溢流阀的结构示意图。为了分析问题方便起见，都不考虑阀芯重力、摩擦力、阀口倒角分布液压力和稳态液动力的影响。于是，溢流阀在某一稳定工况时，通过其主阀阀口的溢流流量 Q 为

$$Q=C_q\pi d_0 y\sin\alpha\sqrt{\frac{2}{\rho}p} \tag{6-38}$$

式中 d_0——主阀阀前孔直径；

y——某一稳定工况时，主阀阀口的开口量；

α——主阀阀芯的半锥角。

其他符号意义同前。

此时，主阀阀芯的受力平衡方程式为

$$pA-p_1A_1=K_s(y+y_0) \tag{6-39}$$

式中 A——平衡活塞下边有效作用面积，$A=\pi(D^2-D_1^2)/4$；

A_1——平衡活塞上边有效作用面积，$A_1=\pi(D^2-D_2^2)/4$；

K_s——主阀平衡弹簧的刚度；

y_0——主阀平衡弹簧的预压缩量。

其他符号意义参见图 6-42。

因为主阀阀口刚刚开启时，其阀芯的受力平衡方程式为

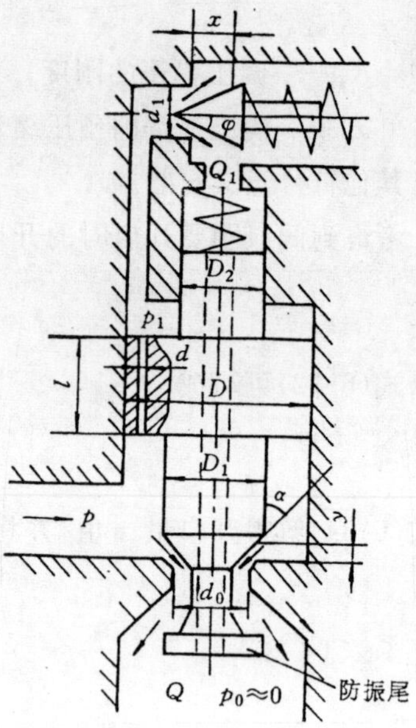

图 6-42 先导式溢流阀的结构示意图

$$p_KA-p_1{}'A_1=K_sy_0 \tag{6-40}$$

式中 p_K——主阀的开启压力；

$p_1{}'$——主阀刚开启时，先导阀阀前孔的液体压力。

由式(6-39)和(6-40)解出 y，代入式(6-38)并经化简，可得

$$Q=C_e[(p-p_K)A-(p_1-p_1{}')A_1]\sqrt{p} \tag{6-41}$$

系数 C_e 为

$$C_e=\frac{C_q\pi d_0\sqrt{\frac{2}{\rho}}\sin\alpha}{K_s} \tag{6-42}$$

主阀开启压力 p_K 为

$$p_K=\frac{K_sy_0+p_1{}'A_1}{A} \tag{6-43}$$

式(6-41)便是主阀的压力-流量特性方程。

按照式(6-35)的推导过程，可得先导阀的压力-流量特性方程为

$$Q_1=C_{e_1}(p_1-p_{1K})\sqrt{p_1} \tag{6-44}$$

系数 C_{e_1} 为

$$C_{e_1}=\frac{C_q\pi^2d_1^3\sqrt{\frac{2}{\rho}}\sin\varphi}{4K_{s_1}} \tag{6-45}$$

式中 p_{1K}——先导阀的开启压力；

K_{s_1}——先导阀调压弹簧的刚度。

其他符号意义见图 6-42。

主阀进液口的压力 p 与先导阀阀前孔的压力 p_1 的关系，可以采用阻尼小孔的压力-流量

特性方程来描述，即

$$Q_1=\frac{\pi}{4}d^2C_q'\sqrt{\frac{2}{\rho}(p-p_1)} \tag{6-46}$$

式中细长孔淹没出流的流量系数 C_q'，可以参阅文献[1]的有关内容，区别不同情况进行选择；其他符号意义见图 6-42。

注意，式(6-46)只有在 $p_1>p_{1K}$ 时才成立。当 $p_1<p_{1K}$ 时，先导阀的阀口是关闭的，$Q_1=0$，阻尼孔中无液体流过，此时 $p_1=p$。

式(6-41)，式(6-44)和式(6-46)是先导式溢流阀的压力-流量特性方程组。显然，要从这个方程组中求出主阀的流量 Q 与压力 p 的单一关系式是比较复杂的。下面将这三个方程的曲线，画在同一坐标系中，如图 6-43 所示，利用图解分析法，说明这种阀的工作过程与特点。先导式溢流阀的工作过程如表 6-4 所示。

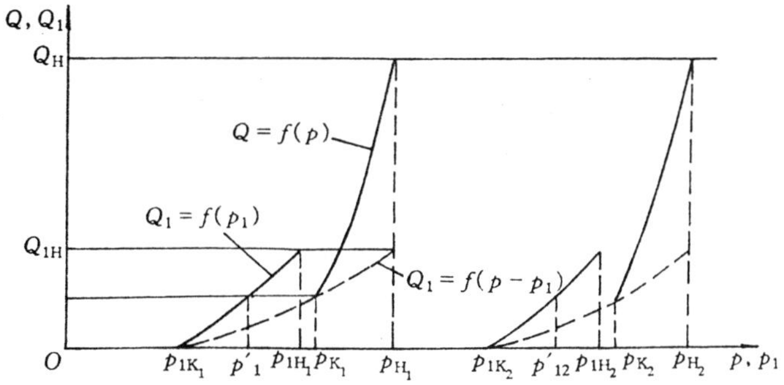

图 6-43　先导式溢流阀的压力-流量特性曲线

表 6-4　先导式溢流阀的工作过程

p_1	p	p_1 与 p 的关系	Q_1	Q	总溢流流量
$p_1<p_{1K}$	$p<p_K$	$p_1=p$	0	0	0
$p_{1K}\leqslant p_1<p_1'$	$p<p_K$	$p_1<p$	由式(6-33)或式(6-34)决定	0	Q_1
$p_1\geqslant p_1'$	$p\geqslant p_K$	$p_1\leqslant p$	由式(6-33)或式(6-34)决定	由式(6-32)决定	$Q+Q_1$
$p_1=p_{1H}$	$p=p_H$	$p_{1H}<p$	由式(6-36)决定	由式(6-35)决定	Q_H+Q_{1H}

在先导式溢流阀中，主阀平衡弹簧的刚度很小，而且其预压缩量 y_0 是不可调的。只有先导阀的调压弹簧的预压缩量 x_0 可调。不同的 x_0 便对应着不同的 p_{1K} 值，从而可以获得不同的 p_1'和 p_K 值；对于同一额定流量值 Q_H，又可获得不同的调定压力 p_H。在图 6-43 上表现为一簇起点不同的压力-流量特性曲线。先导式溢流阀在额定工况时的压力-流量特性方程组为

$$Q_H=C_e[(p_H-p_K)A-(p_{1H}-p_1')A_1]\sqrt{p_H} \tag{6-47}$$

$$Q_{1H}=C_{e_1}(p_{1H}-p_{1K})\sqrt{p_{1H}} \tag{6-48}$$

$$Q_{1H}=\frac{\pi}{4}d^2C_q'\sqrt{\frac{2}{\rho}(p_H-p_{1H})} \tag{6-49}$$

② 稳态性能指标。具体包括以下内容。

a. 开启压力。阀口刚要开启时的进液口压力，称为该阀的开启压力。开启压力取决于调压弹簧的刚度和预压缩量。通过调节调压弹簧的预压缩量，可以得到不同的开启压力值，从而获得不同起点的压力-流量特性曲线，如图 6-41 和图 6-43 所示。

b. 调定压力。当溢流阀阀口开口量达最大值、通过流量为额定流量时的进液口压力，称为该阀的调定压力。同开启压力一样，它也取决于调压弹簧的刚度和预压缩量，其值不唯一。

c. 额定流量。当阀口开口量达最大值时，通过阀口的流量称为该阀的额定流量。此时所对应的压力为调定压力(参见图 6-41 和图 6-43)。

d. 公称流量和公称压力。在满足溢流阀的各项性能指标的条件下，允许通过阀口的额定流量，称为该阀的公称流量。

溢流阀的公称压力一般是指其调压范围内的最大调定压力值。

e. 压力调节范围。如前所述，当溢流阀的额定流量一定时，通过改变调压弹簧的预压缩量，便可以获得不同的调定压力。那么由最小调定压力值到最大调定压力值所决定的范围，就是该阀的压力调节范围。显然，溢流阀的压力调节范围愈大，其应用范围就愈广。但是，由于受到阀体结构和弹簧性能的限制，一定的调压弹簧预压缩量是不能无限制增加的。因此，任何一个溢流阀的调压范围都是有限的。为了扩大高压溢流阀的应用范围，一般采用更换调压弹簧的方法来改变其调压范围。

f. 最小稳定流量和许用流量范围。实践表明，当溢流阀的通过流量很小时，其阀芯容易发生振动和噪声，同时进液口的压力也不稳定。溢流阀的控制压力稳定，工作无噪声时的最小溢流量，就是它的最小稳定流量。最小稳定流量与额定流量(或公称流量)间的范围，便称为溢流阀的许用流量范围。显然，最小稳定流量值越小，许用流量范围越大，其性能就越好。通常规定溢流阀的最小稳定流量为其额定流量的 15%。

g. 卸荷压力。将先导式溢流阀的遥控口接油箱当卸荷阀用时(参见图 6-48)，先导阀阀前孔的压力 $p_1 \approx 0$，主阀进液口的压力 p 只要很小的数值便可推开主阀芯，使系统的全部流量在低压下流回油箱，系统卸荷。这时，主阀进液口的压力 p 就称为溢流阀的卸荷压力。溢流阀的卸荷压力越小，其性能也越好。一般规定溢流阀的卸荷压力为$(2 \sim 4) \times 10^5$ Pa。

h. 密封性能与泄漏流量。溢流阀的密封性能用其泄漏流量大小来衡量。溢流阀的主要泄漏部位是阀口，其他部位的泄漏液体也通过内部通道汇集到溢流阀口，而不允许从阀壳的接合表面渗漏出来。当阀口关闭，并将其加压到最高调定压力值时，由阀口所测得的溢流流量，就是该阀的泄漏流量。泄漏流量越小，阀的密封性能越好。

i. 稳态压力超调量和稳态压力超调率。溢流阀的调定压力 p_H 与它所对应的开启压力 p_K 之差，称为稳态压力超调量 Δp_W，即

$$\Delta p_W = p_H - p_K \tag{6-50}$$

稳态压力超调量表示溢液阀所控制的进液口压力随阀的溢流流量变化而变化的波动范围。Δp_W 值越小，说明阀所控制的系统压力越稳定。稳态压力超调量可由计算法确定。

直动式溢流阀的 Δp_W 值：

将式(6-31)中的 Q，x 和 p 代以 Q_H，x_{max} 和 p_H，并同式(6-37)联立求解，可得

$$p_H = p_K + \frac{4K_s x_{max}}{\pi d_m^2} \tag{6-51}$$

$$\Delta p_W = \frac{4K_s x_{max}}{\pi d_m^2} = \frac{K_s x_{max}}{A_m} \tag{6-52}$$

式中　A_m——阀芯所受液压力的平均有效作用面积，$A_m = \pi d_m^2/4$，$d_m = (d_1 + d_2)/2$。

其他符号意义同前。

先导式溢流阀的 Δp_W 值：

由先导式溢流阀主阀芯的受力平衡方程式可得(参见图 6-42)

$$p_K A = K_s y_0 + p_1' A_1 \tag{6-53}$$

$$p_H A = K_s(y_0 + y_{max}) + p_{1H} A_1 \tag{6-54}$$

由式(6-53)和式(6-54)可得

$$\Delta p_W = \frac{K_s y_{max}}{A} + \frac{A_1}{A}(p_{1H} - p_1') \tag{6-55}$$

而先导阀阀芯的受力平衡方程式为

$$p_{1H} A'_m = p_{1K} A'_m + K_{s1} x'_{max} \tag{6-56}$$

$$p_1' A'_m = p_{1K} A'_m + K_{s1} x' \tag{6-57}$$

由式(6-56)和式(6-57)解出 p_{1H} 和 p_1' 并代入式(6-55)，便得

$$\Delta p_W = \frac{K_s y_{max}}{A} + \frac{A_1}{AA_m'} K_{s1}(x'_{max} - x') \tag{6-58}$$

式中　y_{max}——主阀通过额定流量时的最大开口量；

x'_{max}——先导阀对应于主阀 y_{max} 时的最大开口量；

x'——先导阀对应于主阀开启时的开口量；

A'_m——先导阀阀芯所受液压力的平均有效作用面积。

其他符号意义同前。

由式(6-52)和式(6-58)可见，溢流阀的稳态压力超调量仅与阀的几何参数和弹簧刚度有关。

在实用中，还常常采用稳态压力超调率的概念来描述溢流阀所控制的系统压力的稳定性。稳态压力超调量与调定压力之比的百分数，称为稳态压力超调率，也称为压力不均匀度，用符号 δ_{PW} 表示，即

$$\delta_{PW} = \frac{\Delta p_W}{p_H} \times 100\% \tag{6-59}$$

由上述分析可得：

直动式溢流阀的稳态压力超调率为

$$\delta_{PW} = \frac{\dfrac{K_s x_{max}}{A_m}}{\dfrac{K_s(x_0 + x_{max})}{A_m}} = \frac{x_{max}}{x_0 + x_{max}} \tag{6-60}$$

先导式溢流阀的稳态压力超调率为

$$\delta_{PW} = \frac{\dfrac{K_s y_{max}}{A} + \dfrac{A_1}{AA'_m} K_{s1}(x'_{max} - x')}{\dfrac{K_s(y_0 + y_{max})}{A} + \dfrac{A_1}{AA_m'} K_{s1}(x_0' + x'_{max})}$$

$$=\frac{K_s y_{max} A'_m + K_{s1}(x'_{max} - x')A_1}{K_s(y_0 + y_{max})A'_m + K_{s1}(x_0' + x'_{max})A_1} \tag{6-61}$$

式中 x_0'——先导阀调压弹簧的预压缩量。

其他符号意义同前。

显然，为了减小溢流阀的超调率，最有效的方法便是增大弹簧的预压缩量 x_0' 和 y_0。这对于直动式溢流阀是比较困难的，因此它的 δ_{PW} 值较大，一般为 15%～20% 左右；而先导式溢流阀的主阀平衡弹簧的刚度很小，其 y_0 值可以取得相当大，所以它的 δ_{PW} 值较小，一般为 5%～10% 左右。由此可见，先导式溢流阀的稳定性优于直动式溢流阀。

j. 启闭特性。溢流阀从开启到最大开口量过程（简称开启过程）中的压力—流量关系，以及它从最大开口量到闭合的过程（简称闭合过程）中的压力—流量关系，就是它的启闭特性。

如果不考虑摩擦力对阀芯运动的影响，那么阀的开启压力 p_K 应等于闭合压力 p_b，其开启过程与闭合过程的压力—流量特性曲线应当重合，如图6-44中虚线所示。实际上由于摩擦阻力的作用，使阀的实际开启压力 p_K' 大于前面计算的 p_K 值，而实际的闭合压力 p_b' 又小于此值。因此，阀的启闭特性曲线并不重合，而如图 6-44 中实线所示。

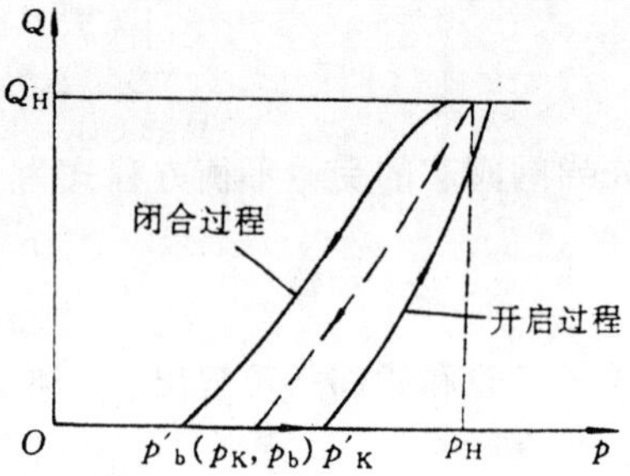

图 6-44 溢流阀的启闭特性曲线

溢流阀的实际开启压力与闭合压力之差 $p_K'-p_b'$，称为压力不灵敏区或死区。其值越小，说明该阀的启闭特性越好，一般希望 $p_K'-p_b' \leqslant 0.05p_H$。

(4)溢流阀的动态特性分析简介及其性能指标

溢流阀的运动部件是一个典型的质量（阀芯）—弹簧系统，它是依靠弹簧力与液压力相平衡的原理对系统压力进行控制的。因此，当阀的工作条件（压力或流量）发生变化时，阀芯—弹簧系统便要产生振动，从而引起它所控制的压力（或流量）也发生相应的波动。溢流阀的动态特性，通常是指它由一种稳定工况向另一稳定工况过渡时，阀芯—弹簧系统的运动特性，以与其相对应的压力（或流量）变化特性。

当溢流阀的进液口压力从零突然增加到 p_H，或从 p_K 值突然增加 Δp_W 值时，系统压力并不立刻稳定在 p_H 值处，阀口的开口量也不是立刻稳定在 x_{max} 处溢流。它们都要经过一个衰减振荡的过程，逐渐趋向于 p_H 值和 x_{max} 位置，其振荡过渡过程的曲线如图 6-45 所示。

溢流阀的动态性能指标包括动态稳定性和过渡过程品质两方面的内容。一个振动系统在下述两种情况下将发生不稳定现象，即：

当其阻尼比等于或小于零时，系统在突加载荷（阶跃输入）作用下将产生等幅振动或发散振动；

当输入载荷为交变载荷，而且其变化频率与系统的自振频率相等或很接近时，系统将发生共振。

这两种情况都说明系统是不稳定的，决不允许出现。

溢流阀的过渡过程品质，由其动态压力超调量、动态压力超调率和过渡时间来表征。通常采用以下几个性能指标（参见图 6-45）。

① 动态压力超调量 Δp_d 和动态压力超调率 δ_{pd}。溢流阀的最大瞬时压力与稳定压力（即调定压力）之差，称为动态压力超调量，即

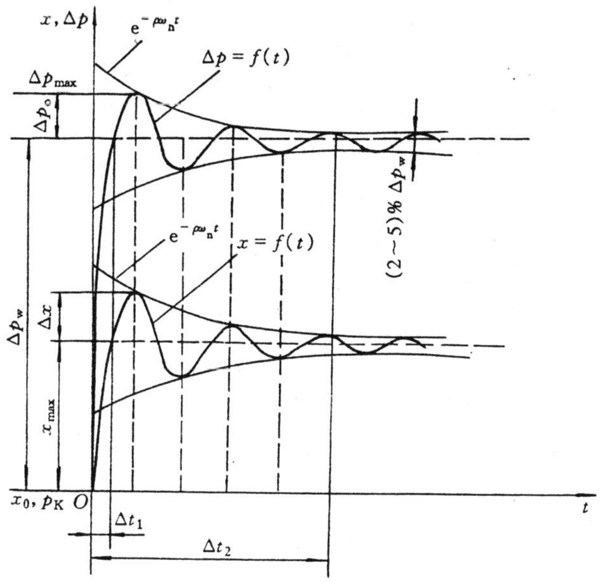

图 6-45　溢流阀的阀芯振动和压力振荡曲线

$$\left.\begin{aligned}\Delta p_d &= \Delta p_{max} - \Delta p_W \\ \Delta p_d &= p_{max} - p_H\end{aligned}\right\} \tag{6-62}$$

动态压力超调量与稳态压力(即调定压力)之比的百分数,称为动态压力超调率,即

$$\delta_{pd} = \frac{\Delta p_d}{p_H} \times 100\% \tag{6-63}$$

溢流阀的动态压力超调量或动态压力超调率越小,说明它在工况突然变化时产生的冲击压力越小,其动态特性就越好。

② 压力上升时间 Δt_1。从给定压力开始,到瞬时压力值第一次达到调定压力值时的时间,称为压力上升时间。

③ 升压稳定时间 Δt_2。从给定压力开始,到压力稳定于调定压力值的时间,称为升压稳定时间。从理论上讲,$\Delta t_2 = \infty$。实际上,人们规定压力超调量的瞬时值 Δp 达到 95%～98% 的稳态压力超调量 Δp_W,并保持在此数值范围之内的最短时间,就是该阀的升压稳定时间(见图 6-45)。而 2%～5% 的 Δp_W 值则称为压力超调量的允许误差范围。

时间 Δt_1 和 Δt_2 越短,说明溢流阀的灵敏度越高,反应越快。

溢流阀的灵敏度与稳定性和动态压力超调量或超调率往往是矛盾的。例如,直动式溢流阀的灵敏度高,但其稳定性就较差,动态压力超调量或超调率也较大;而先导式溢流阀的稳定性好,动态压力超调量或超调率也比较小,可是灵敏度较低。因此,必须根据系统的性能要求和溢流阀的主要作用,选择溢流阀的性能指标和结构类型。

(5)溢流阀的基本应用回路

① 限压回路。图 6-46 所示为最简单,也最常用的限压回路,也叫安全保护回路。它是将溢流阀(通常为直动式溢流阀)并联在变量泵的出口处,起压力限定或安全保护作用。由于变量泵的输出流量可以根据执行元件的需要进行调节,在系统中不会产生多余的工作液体。因此,在正常工作条件下,溢流阀总是关闭的。当系统压力因载荷增加或其他故障原因而增大,

达到或超过溢流阀所限定的压力时，溢流阀开启溢流，从而限制系统压力的继续上升，对系统或元件起到过载保护作用。

② 稳压回路。图 6-47 所示为常见的稳压回路，也叫调压回路。它是将溢流阀（通常为先导式溢流阀）并联在定量泵出口处，并与节流阀配合使用，对系统起稳定压力的作用。由于系统采用的是定量泵，其输出流量固定不变，而执行元件所需流量且经常发生变化，所以系统必定产生多余的工作液体。因此，在正常工作条件下，溢流阀总是开启的。当根据执行元件的运动速度要求，用节流阀调节输入系统的流量时，通过溢流阀的流量也相应变化，于是阀芯位移（或阀口开口量）x 及其所控制的液体压力亦随之变化。由于 x 的变化很小，而且采用先导式溢流阀时，其主阀平衡弹簧的刚度也很小，因此溢流阀所控制的系统工作压力变化范围就很小，可近似认为稳定不变，这样就达到了稳定压力的目的。

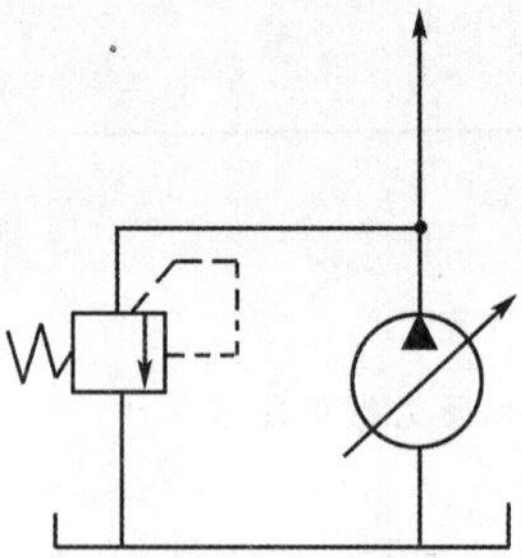

图 6-46　限压回路

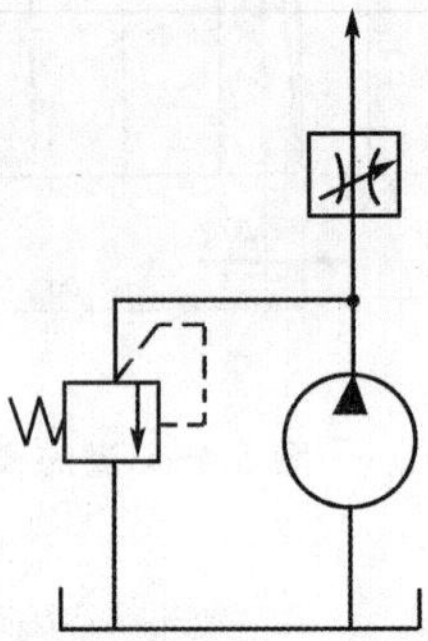

图 6-47　稳压回路

③ 卸荷回路。卸荷回路的类型很多，图 6-48 所示为采用先导式溢流阀的卸荷回路工作原理和职能符号图。它是由一个先导式溢流阀 2 和一个微型两位两通阀 3 组成的。阀 3 连接在阀 2 的遥控口处，连接管道愈短，阀 2 卸荷时的动态性能就愈好。实用中常将先导式溢流阀和一个微型两位两通电磁阀组合成一个单独的控制元件，称为电磁溢流阀，其职能符号与工作回路可参见图 6-62。

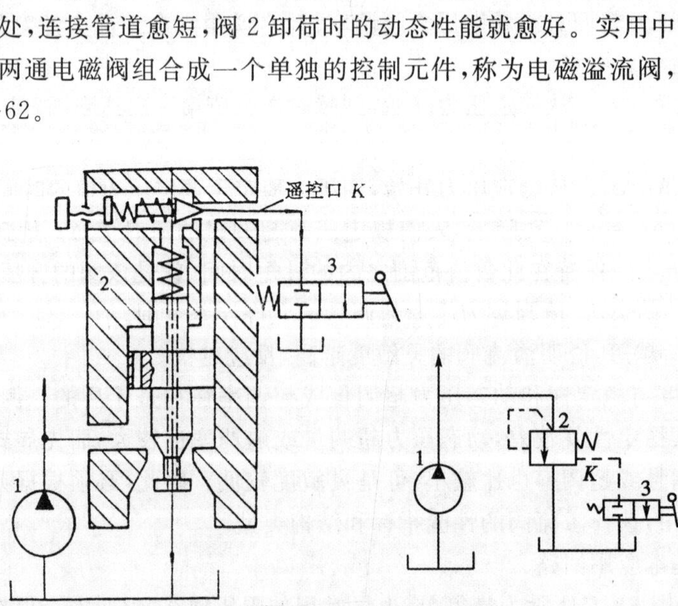

图 6-48　先导式溢流阀的卸荷回路

当液压泵需要卸荷时，可操纵两位两通阀，将先导式溢流阀的遥控口 K 与油箱接通，此时先导阀关闭，其前腔液体压力为零，少量液体经主阀芯平衡活塞上的阻尼孔、遥控口 K、两位两通阀回油箱，由于阻尼孔中存在液体流动，主阀芯平衡活塞上下两边产生压差，于是主阀芯在向上液压力的作用下而打开主阀阀口，液压泵输出的液体，绝大部分经主阀阀口直接流回油箱，实现卸荷。

④ 远程调压回路。如图6-49所示，在先导式溢流阀2的遥控口K上连接一个微型（小流量）溢流阀3，只要阀3的调定压力p_{2H}小于阀2的调定压力p_{1H}，就可以对主阀2的调定压力进行远距离调节。微型溢流阀3通常又称为远程调压阀。

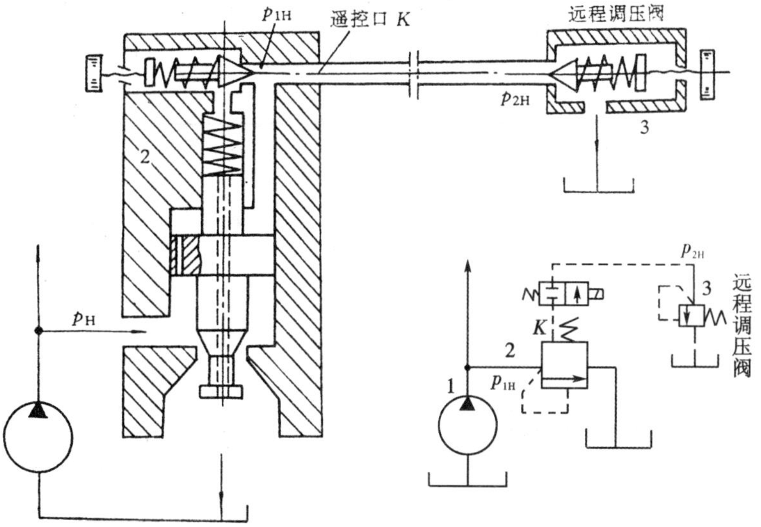

图6-49　先导式溢流阀的远程调压回路

系统压力（或泵出口压力）p_H，通过主阀芯平衡活塞上的阻尼孔、遥控口K和一条长管道作用于远程调压阀3的阀芯上，当系统压力p_H由于某种原因而增加，达到远程调压阀3的开启压力时，阀3开启溢流，主阀芯平衡活塞上的阻尼孔中有液体流动，平衡活塞上下两边产生压差，主阀芯在液压力作用下开启，系统液体经主阀阀口溢流，从而限制系统压力p_H的继续上升，稳定在由阀3的调定压力p_{2H}所限定的压力上。此时由于p_{1H}大于p_{2H}，所以主阀先导阀是关闭的，不起调压作用。这样，通过调节远程调压阀3的调压弹簧预压缩量，就可以得到不同的p_{2H}，也就得到不同的与p_{2H}相对应的系统压力p_H。这种远程调压回路，在实验台和一些大型设备的集中控制系统中应用很广。

6.3.2　减压阀

减压阀是一种将其出口液体压力（也称二次回路压力）调节到低于它的进口液体压力（又称一次回路压力）的压力控制阀。根据调节规律不同，减压阀分为定压减压阀、定差减压阀和定比减压阀三类。定压减压阀的出口压力为稳定的调定值，它不随外部干扰而改变。这种阀应用最广泛，通常就称为减压阀；定差减压阀是其进口压力与出口压力之差的稳定的调定值；定比减压阀则是其进口压力与出口压力之比为稳定的调定值。定比减压阀一般应用较少，本书不作介绍。

定压减压阀也有直动式和先导式两种。常用的是先导式减压阀。但为理解它的工作原理方便起见，首先介绍直动式减压阀的工作原理。

(1)直动式定压减压阀的工作原理

图 6-50 所示为直动式定压减压阀的结构原理和职能符号图。压力为 p_1 的高压液体从进液口经过节流口减压，降为 p_2 以后输出，同时又通过内部通道进入阀芯下端，对阀芯作用一个向上的总液压力与其调压弹簧的作用力相平衡。如果此时节流口的开口量为 x，则阀芯的受力平衡方程式为

$$p_2 A = K_s (x_0 + B - x) \quad (6\text{-}64)$$

所以

$$p_2 = \frac{K_s}{A}(x_0 + B - x) \quad (6\text{-}65)$$

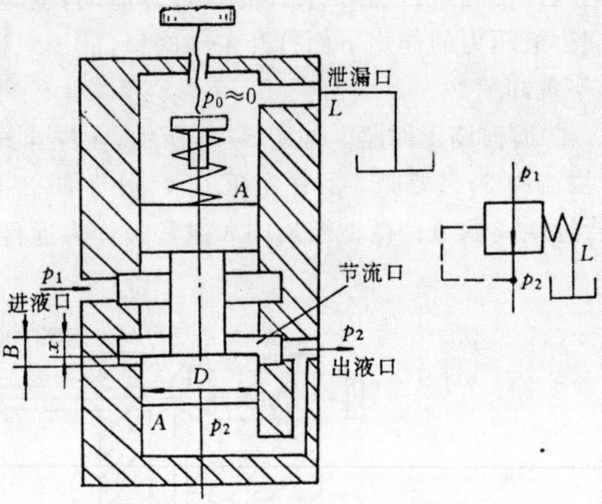

图 6-50 直动式定压减压阀的结构原理图

式中 K_s——调压弹簧的刚度；

A——阀芯端面的有效作用面积，$A=\pi D^2/4$；

x_0——调压弹簧的预压缩量；

B——节流口全开时的开口量。

当出口压力 p_2 因某种外部干扰(如进液口压力 p_1 上升、二次回路载荷增加等)而增大时，它便破坏了由式(6-64)所决定的平衡状态，使阀芯上移，进一步压缩弹簧。于是节流口的开口量 x 相应减小，液阻增大，反过来又要使 p_2 值减小。这时如果 p_2 值不无限增加，那么它将在稍大于原有值的新的平衡位置稳定下来；如果 p_2 值要继续无限制地增大，它将使 x 值趋向于零，即节流口的液阻也无限增大。这样，从理论上讲，出口液体压力 p_2 存在一个有限的最大可能值 $p_{2\max}$ 为

$$p_{2\max} = \frac{K_s}{A}(x_0 + B) \quad (6\text{-}66)$$

实际上，p_2 的最大值将永远小于 $p_{2\max}$。这是因为 $p_{2\max}$ 值对应于 $x=0$ 的条件，此时节流口已完全关闭，切断了二次回路的液压源，它必定迅速减小而开启节流口。所以，$p_2=p_{2\max}$ 和 $x=0$ 是减压阀的一个不稳定工况点。减压阀只有在 $x>0$，$p_2<p_{2\max}$ 的条件下才能稳定工作。

反之，当出口压力 p_2 因外部干扰而减小时，破坏了由式(6-64)所决定的平衡状态，阀芯便下移放松弹簧，节流口的开口量 x 随之增加，液阻减小，它反过来又要使 p_2 值上升。这时如果 p_2 值不无限减小，那么它将在稍低于原有值的新的平衡位置稳定下来；如果 p_2 值要继续无限制地减小，当 $x=B$ 时，节流口完全开启，它便失去了自动调节作用，而成为一个固定开口量 B 的阀口了，这时可得 p_2 的最小值为

$$p_{2\min} = \frac{K_s}{A} x_0 \quad (6\text{-}67)$$

综上所述，定压减压阀可以保持其出口压力 p_2 基本稳定在 $p_{2\min} \sim p_{2\max}$ 之间，如果设计得当，$p_{2\min}$ 和 $p_{2\max}$ 之值相差较小，则 p_2 可以基本上认为是常数。调节调压弹簧的预压缩量 x_0，便可获得不同的出口压力 p_2 的调定值。

与直动式溢流阀的道理相类似，欲想通过减小调压弹簧的刚度来减小出口压力 p_2 的波动范围，是比较困难的。为了有效地减小 p_2 的波动范围，提高减压阀的工作性能，通常都采用先导式减压阀。

(2)先导式定压减压阀的工作原理和典型结构

① 基本工作原理。先导式减压阀是由一个先导阀（微型高压阀）和一个主阀（减压阀）组成的，其基本结构和主要参数如图6-51所示。

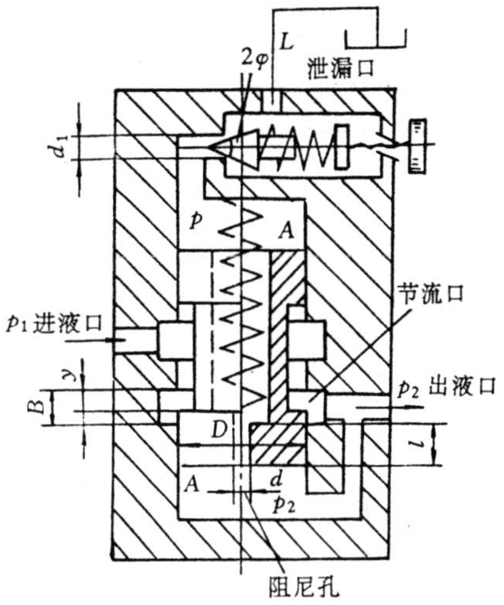

图6-51　先导式定压减压阀的结构原理图

当主阀的出口压力 p_2 低于其先导阀的开启压力时，先导阀关闭，主阀阀芯中的阻尼孔内无液体流动，上下两腔中的液压力相等。于是，主阀芯便在平衡弹簧的作用下降到最下端，节流口完全开启，开口量 $y=B$，出口压力为最小值 $p_{2\min}$，减压阀失去自动调节作用。

当压力 p_2 达到或超过先导阀的开启压力时，先导阀开启溢流。这时阻尼孔内有液体流动，由于它的液阻作用，使上腔内的液体压力 p 小于下腔的液体压力 p_2，于是主阀芯上升，减小节流口，增大液阻，反过来要使 p_2 值下降，从而使 p_2 值基本保持稳定。这种自动调节的过程与直动式减压阀很相似，这里就不再重复。

由于在任意调节工况时，主阀阀芯的受力平衡方程式为

$$p_2A=pA+K_s(y_0+B-y) \tag{6-68}$$

先导阀阀芯的受力平衡方程式为

$$pA'=K_{s1}(x_0'+x') \tag{6-69}$$

由以上两式可得出口压力 p_2 为

$$p_2=\frac{K_s(y_0+B-y)}{A}+\frac{K_{s1}(x_0'+x')}{A'} \tag{6-70}$$

显然，p_2 可能的最大理论值 $p_{2\max}$ 为

$$p_{2\max}=\frac{K_s(y_0+B)}{A}+\frac{K_{s1}(x_0'+x'_{\max})}{A'} \tag{6-71}$$

而 p_2 的最小值则为

$$p_{2\min}=\frac{K_sy_0}{A}+\frac{K_{s1}x_0'}{A'} \tag{6-72}$$

式中　K_s——主阀平衡弹簧的刚度；

y_0——主阀平衡弹簧的预压缩量；

A——主阀芯上下两端的有效作用面积，假设它们相等，均为 $A=\pi D^2/4$；

K_{s1}——先导阀调压弹簧的刚度；

x_0'——先导阀调压弹簧的预压缩量；

x'——先导阀阀口开口量；

A'——先导阀阀芯受压面积，$A'=\pi d_1^2/4$。

其他符号意义参见图 6-51。

出口压力 p_2 的理论波动范围为 $p_{2\min} \sim p_{2\max}$。对于先导式减压阀，由于主阀平衡弹簧和先导阀调压弹簧的刚度均可以很小，故可使 p_2 的波动范围缩小，从而提高阀的工作稳定性。先导阀调压弹簧预压缩量 x_0 为调节变量，改变 x_0 的数值，便可获得不同的 p_2 调定值。

② 典型结构。国产标准系列的定压减压阀都是先导式的，图 6-52 所示为 JF 型中高压减压阀的结构图。图中 K 为遥控口，在遥控口上只要另外再接一个调压阀，便可对主阀进行远程调压。由于减压阀的进、出液口均为工作回路，故先导阀的溢流流量必须通过泄漏口单独接回油箱。泄漏口在图 6-52 中未示出，可参见图 6-57。

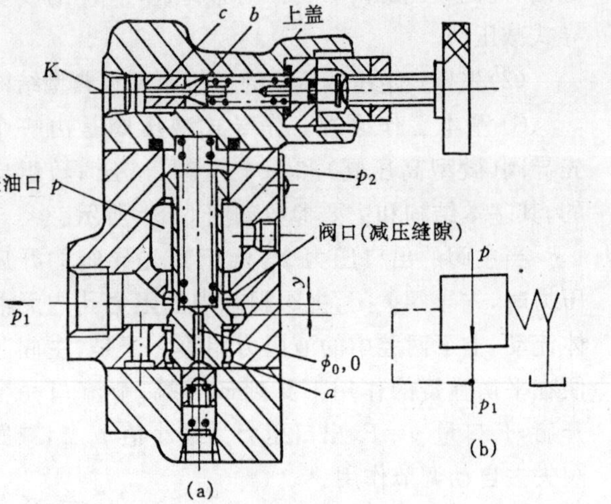

图 6-52 JF 型减压阀的结构图

由减压阀的工作原理可知，它不允许液体反向流动。如果在装有减压阀的回路中，有时需要液体反向流动，就必须用一个单向阀与其并联。实用中常将减压阀与单向阀做成单一元件，称为单向减压阀。单向减压阀有系列产品可供选用。

(3)定差减压阀的工作原理

图 6-53 所示为定差减压阀的结构原理和职能符号图。当它处于某一稳定工况时，其节流口的开口量为 x，阀芯受力平衡方程式为

$$p_1 A = p_2 A + K_s (x_0 + x) \quad (6\text{-}73)$$

所以

$$\Delta p = p_1 - p_2 = \frac{K_s}{A}(x_0 + x) \quad (6\text{-}74)$$

式中 x_0——调压弹簧的预压缩量；

K_s——调压弹簧的刚度。

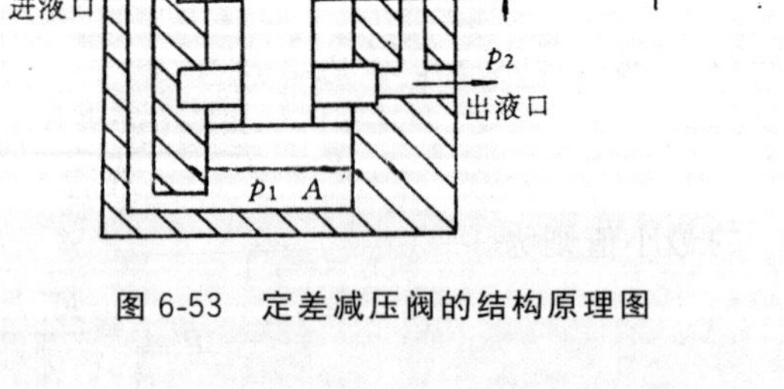

图 6-53 定差减压阀的结构原理图

其他符号意义见图 6-53。

由式(6-74)可知，一次回路的压力与二次回路的压力之差 Δp 可以基本保持稳定。而且由于外界干扰作用，当压差值 Δp 发生变化时，节流口的开口量 x 也相应改变，并对 Δp 值有一定的自动调节作用。因此，只要 x 的变化较小，Δp 值就可以近似看做常数。

这种定差减压阀常常作为某种液压元件的一个部件，以改善其工作性能，很少单独使用，例如在调速阀中用它来保持节流阀的流量稳定等。

(4)定压减压阀的基本应用回路

定压减压阀主要用于由同一液压源供液，而需不同工作压力的多回路系统中。例如图

6-54所示为利用减压阀从机床的主传动回路中分出一支液压夹紧回路。在此系统中，减压阀的进口压力 p_1 等于溢流阀的调定压力，夹紧油缸的工作压力则等于减压阀的出口压力 p_2。单向阀可以防止夹紧油缸的冲击振动对主回路的不利影响。

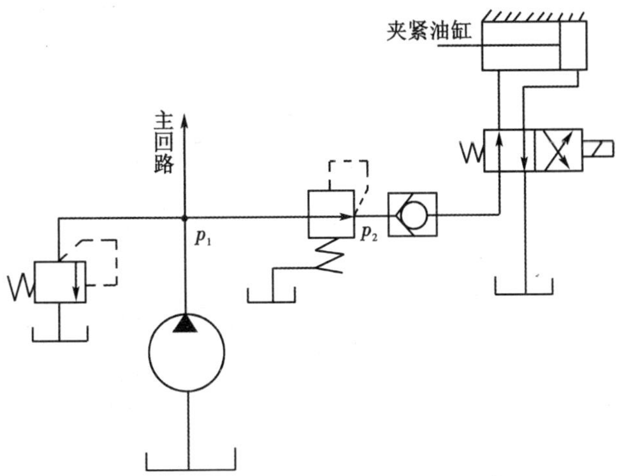

图 6-54　机床的液压夹紧回路

6.3.3　顺序阀

顺序阀的主要功能是利用液体压力来控制液压传动系统中各个执行元件动作的先后次序，它广泛应用于机床和压力机械中。对顺序阀的性能要求主要是：其开启压力和闭合压力应尽量接近调定压力，而且当流量变化时压力的变化要小，即压力—流量特性要好。顺序阀也有直动式和先导式两类。

(1)直动式顺序阀的结构和工作原理

顺序阀根据其控制液体的来源不同，又可分为内控式和外控式两种。直接利用顺序阀的进液口(一次回路)压力进行控制的，称为内控式顺序阀；而由独立控制回路的压力进行控制的，则称为外控式顺序阀。一般顺序阀(不论是直动式，还是先导式)都具有这两种控制方式，只需稍加改装便可实现。

图 6-55 所示为内控式直动顺序阀的结构和职能符号图。它的结构和工作原理与滑阀型直动式溢流阀十分相似，所不同的是顺序阀出口仍为压力液体，故泄漏流量需单独经泄漏口 L 引回油箱。实际上，将图 6-36 所示的直动式溢流阀的阀盖旋转 90°或 180°安装，并将阀盖上被堵住的工艺孔打开，接上泄漏管，则溢流阀就可以作顺序阀使用。反过来，顺序阀也可作溢流阀使用。

如图 6-55 所示，进液口压力液体经阀芯 1 下部径向孔和轴向阻尼孔 a 作用于阀芯下端，当进液口的压力 p_1 低于调压弹簧 3 的调定压力时，阀芯 1 位于下部位置，将出液口关闭，切断一次回路与二次回路。当进液口的压力达到或超过调压弹簧的调定压力时，它便推动阀芯上移，接通进、出液口，使二次回路中的液压执行元件工作。

图 6-56 所示为外控式直动顺序阀的结构和职能符号图。它与图 6-55 所示的顺序阀的区别在于，其阀芯下端没有与进液口相通的轴向阻尼孔，并单独开设一控制口 K 与阀芯下端液腔相通，利用与 K 口外接的控制回路，来操纵阀口的启、闭。若将该阀的出液口直接接油箱，那么它就成为一个卸荷阀了，其职能符号如图 6-56(c)所示。

用一个单向阀和顺序阀并联可组成单向顺序阀。这种阀的特点是当液流反向流动时，可从单向阀顺利通过，而不受顺序阀的限制。

综上所述，顺序阀实质上是一个控制压力可调的两位两通液动阀。为了尽量减小其阀口的压力损失，使开启压力和闭合压力尽量接近调定压力，顺序阀调压弹簧的刚度要尽量地小。对于直动式顺序阀，过分减小其调压弹簧的刚度是比较困难的，通过的流量越大，工作压力越高，弹簧刚度就越大。因此，直动式顺序阀一般只用于 80×10^5 Pa 以下的中小流量系统中。对于高压大流量系统，应当采用先导式顺序阀。

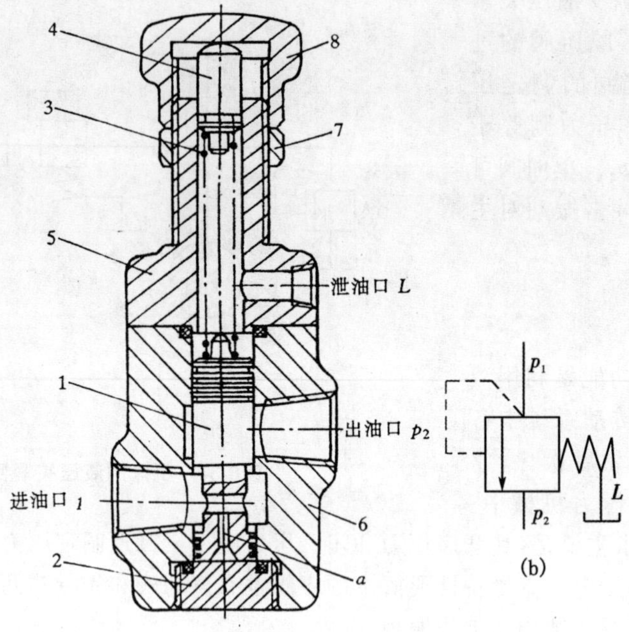

图 6-55 内控式直动顺序阀的结构图

1—阀芯；2—底座；3—调压弹簧；4—调压杆；5—阀盖；6—阀体

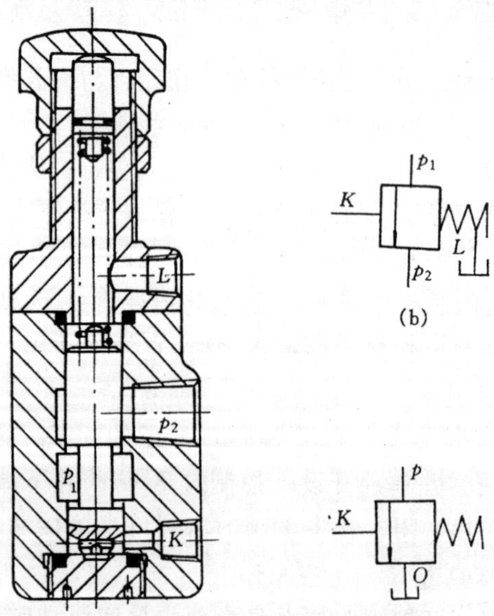

图 6-56 外控式直动顺序阀的结构图

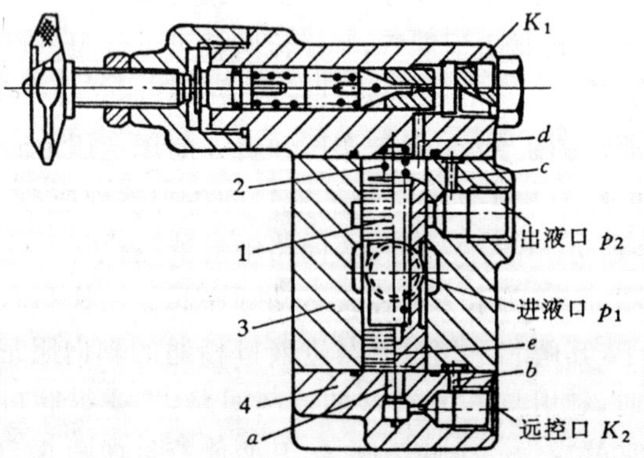

图 6-57 先导式顺序阀的结构图

1—主阀芯；2—主阀平衡弹簧；3—主阀体；4—底盖

(2)先导式顺序阀的结构和工作原理

图 6-57 所示为先导式顺序阀的一种典型结构，它由一个先导阀(微型调压阀)和一个主阀(顺序阀)组合而成。先导阀的结构同溢流阀中的先导阀完全一样；主阀(顺序阀)由主阀芯 1，

主阀平衡弹簧 2，主阀体 3 和底盖 4 组成。在底盖 4 上开设有远控口 K_2，孔 a 和孔 b；在主阀体上除了进出液口外，还开设有孔 c。

这种先导式顺序阀，可以通过不同的安装方式，得到不同型式的顺序阀和卸荷阀。图6-57 所示安装方式为外控式顺序阀；在此基础上将底盖 4 旋转 90°或 180°安装，使孔 b 与进液口连通，并将远控口 K_2 用螺堵封住，就成为了内控式顺序阀；在外控式顺序阀（图 6-57 所示情况）基础上，将先导阀旋转 90°或 180°安装，使孔 c 与先导阀弹簧腔相通，并将主阀出液口接油箱，就成为了卸荷阀。

对于图 6-57 所示外控式先导顺序阀，外部控制回路的压力液体，由远控口 K_2 经孔 a 进入主阀芯 1 的下腔，并通过主阀芯 1 中心阻尼孔 e 和 d 孔作用于先导阀芯上，当控制回路液体压力达到或超过先导阀调压弹簧所调定的压力时，先导阀开启溢流，阻尼孔 e 中有液体流动，主阀上下两腔产生压差，主阀芯在液压力作用下上移，打开主阀阀口，接通一次回路和二次回路，二次回路的执行元件开始动作。这种顺序阀也可以通过遥控口 K_1，对该阀的动作压力（调定压力）进行远程调节。

（3）顺序阀的基本应用回路

① 顺序回路。图 6-58 所示为钻床上应用的一种顺序回路。它利用两个与单向阀并联的内控式顺序阀，便可实现夹紧工件①→钻孔进给②→退刀③→放松工件④等四个工步的顺序。回路的具体工作过程如下。

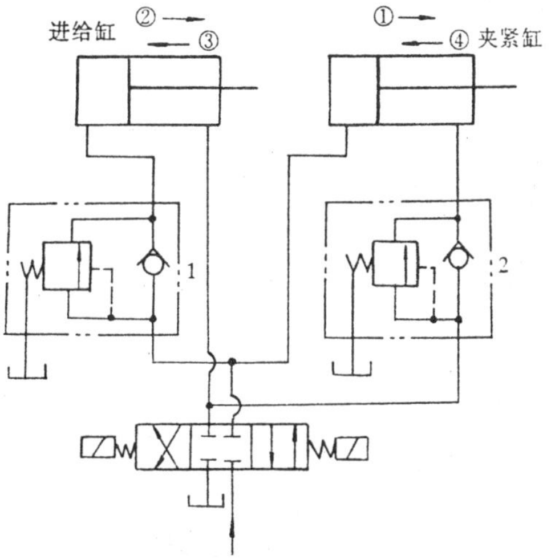

图 6-58　钻床液压系统中的顺序回路

首先使三位四通电磁换向阀右端通电，工作液体直接进入夹紧油缸左腔，其右腔液体经单向阀流回油箱，工件夹紧；在执行工步①的过程中，系统压力逐渐上升，当上升到能可靠地夹紧工件时，工作液体便推开顺序阀 1，流入钻孔进给缸的左腔，其右腔液体直接流回油箱，执行进给工步②；钻孔完毕后，令电磁换向阀右端断电，左端通电换向。工作液体首先流入钻孔进给缸的右腔，其左腔液体经单向阀流回油箱，执行退刀工步③；完成退刀工步③后，液体继续进入系统，致使系统压力上升，上升到一定程度时便推开顺序阀 2，于是工作液体又流入夹紧油缸右腔，执行放松工件工步④。保证这个顺序可靠实现的条件是：顺序阀 1 的调定压力，必须大于夹紧工件所需的最大压力值；顺序阀 2 的调定压力，必须大于退刀时所需的最大压力值。

② 平衡回路。在一些垂直安装的液压缸系统中，为了控制活塞向下运动的速度，保证液压缸安全工作，常在液压缸下腔的回液管路中，安装一内控式单向顺序阀，如图 6-59 所示。顺序阀在液压缸下腔产生一个背压，调节顺序阀的调压弹簧，便可改变背压的大小，从而实现对活塞向下运动的速度控制。此系统中的单向顺序阀也可称为平衡阀。

③ 卸荷回路。图 6-60 所示为压力机液压系统中常用的卸荷回路。当系统压力达到卸荷阀（由顺序阀改装而成）的调定压力时，卸荷便开启，使液压泵卸荷运转。此时系统所需的液体压力和流量均由蓄能器提供。图中单向阀是隔离系统高低压部分必不可少的元件。

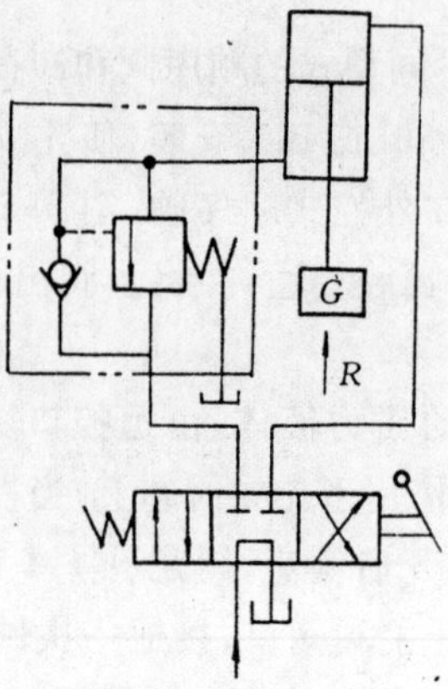

图 6-59 平衡回路

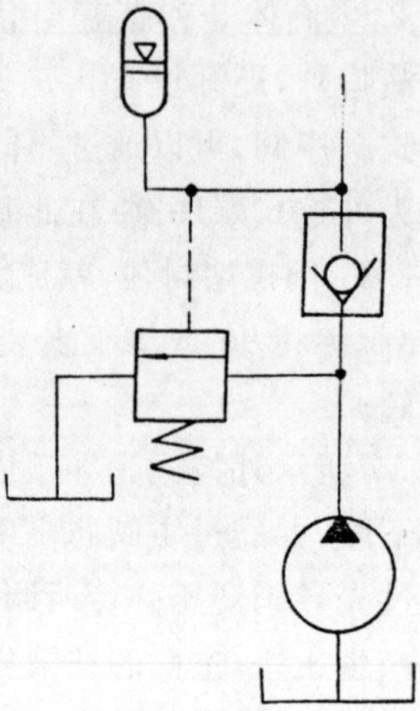

图 6-60 卸荷回路

6.3.4 压力继电器

压力继电器是利用工作液体的压力进行操纵的电气开关，它是使用十分广泛的一种电—液信号转换元件。根据其结构原理不同，压力继电器可分为柱塞式、弹簧管式和薄膜式等类型。

图 6-61 所示为 PD 型柱塞式单点压力继电器的结构图。工作液体从控制口 K 经小孔 d 进入 a 腔，作用在柱塞 5 的底部。当系统压力达到调压弹簧 2 的调定压力时，便推动柱塞 5 和阀座 3 上升，抬起微动开关 4 的触头，于是便发出接通或切断电源的信号。调节杆 6 用以调整微动开关的位置。从 a 腔泄漏到 c 腔的液体，经过 b 孔和泄漏口 L 流回油箱。

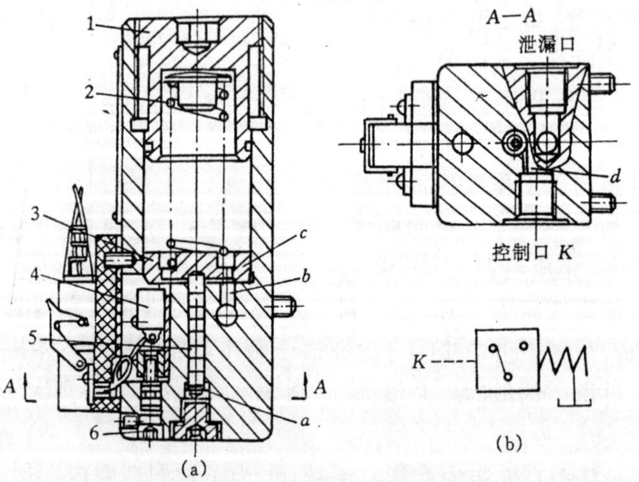

图 6-61 PD 型单点压力继电器的结构图

1—调压螺母；2—调压弹簧；3—阀座；4—微动开关；5—柱塞；6—调节杆

压力继电器发出的电信号可以直接操纵阀用电磁铁或其他中间继电器。图 6-62 所示回路，便是利用压力继电器控制电磁溢流阀的卸荷回路。当系统压力达到压力继电器的调定压力时，它便发出电信号使电磁溢流阀的电磁铁吸合，溢流阀开启溢流，液压泵卸荷运转。当系统压力低于压力继电器的断开压力时,则电信号中断,溢流阀升压溢流,液压泵继续向系统提供压力液体。

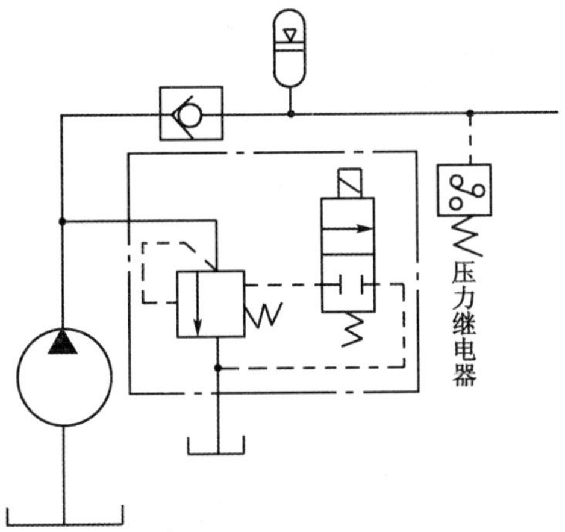

图 6-62　采用压力继电器和电磁溢流阀的卸荷回路

6.4　流量控制阀

在液压传动系统中用来控制和调节工作液体流量的液压元件,称为流量控制阀。常用的流量控制阀有节流阀、调速阀、溢流节流阀和分流集流阀等。其中,节流阀是其他各种流量控制阀的基础,应用也最为广泛,因此本节将节流阀作为重点来讨论。

6.4.1　节流阀

节流阀的基本功能就是在一定的阀口压差作用下,通过改变阀口的通流面积,来调节其通过流量,因而可对液压执行元件进行调速。另外,节流阀实质上还是一个局部的可变液阻,因而还可利用它对系统进行加载。对节流阀的性能要求主要是:要有足够宽的流量调节范围,微量调节性能要好;流量要稳定,受温度变化的影响要小;要有足够的刚度;抗堵塞性好;节流损失要小。

(1)常用节流阀阀口的结构和几何参数

任何一个流量控制阀都有一个起节流作用的阀口,通常简称为节流口,其结构形式和几何参数如何,对流量控制阀的工作性能起着决定性作用。

节流口的结构形式很多,常用的如图 6-63 所示。各种节流口的主要几何参数计算方法,列于表 6-5,计算式中各符号的意义见图 6-63。

表 6-5　常用节流阀阀口的主要几何参数

主要参数 / 阀口结构	通流面积 A/m^2	通流面积梯度 $\mathrm{d}A/\mathrm{d}x(\mathrm{d}A/\mathrm{d}\varphi)$	阀口湿周 L_n/m	阀口水力半径 R_b/m
圆柱滑阀阀口	πDx	πD	$2\pi D$	$\frac{x}{2}$
锥阀阀口	$\pi d_m \sin\alpha$ $\left(d_m=\frac{d_1+d_0}{2}\right)$	$\pi d_m \sin\alpha$	$2\pi d_m-\pi x\sin 2\alpha$	$\frac{d_m x\sin\alpha}{2d_m-x\sin 2\alpha}$

续表 6-5

主要参数 / 阀口结构	通流面积 A/m^2	通流面积梯度 $\mathrm{d}A/\mathrm{d}x(\mathrm{d}A/\mathrm{d}\varphi)$	阀口湿周 L_n/m	阀口水力半径 R_b/m
轴向斜槽阀口	三角形截面(一条) $x^2-\frac{a}{2}\tan^2\beta$	$xa\tan^2\beta$	$(2+a)x\tan\beta$	$\frac{a}{2(2+a)}x\tan\beta$
	矩形截面(一条) $xb\tan\beta$	$b\tan\beta$	$2(x\tan\beta+b)$	$\frac{xb\tan\beta}{2(x\tan\beta+b)}$
圆周三角槽阀口	$x^2\tan\frac{\alpha}{2}$ x 见图 6-57	$2x\tan\frac{\alpha}{2}$	$2x\frac{1+\sin\alpha/2}{\cos\alpha/2}$	$\frac{x}{2}\frac{\sin\alpha/2}{1+\sin\alpha/2}$
圆周缝隙阀口	$br\varphi$	br	$2(b+r\varphi)$	$\frac{br\varphi}{2(b+r\varphi)}$

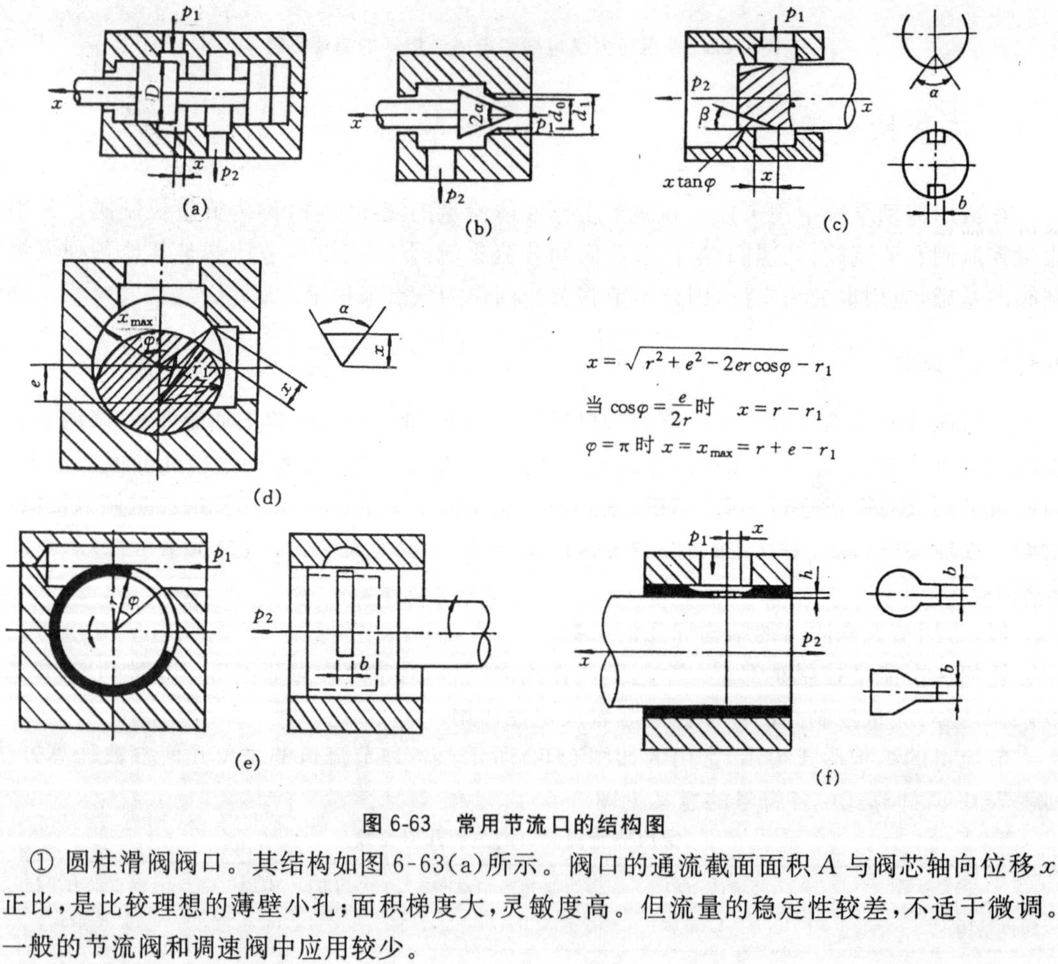

图 6-63 常用节流口的结构图

① 圆柱滑阀阀口。其结构如图 6-63(a)所示。阀口的通流截面面积 A 与阀芯轴向位移 x 成正比，是比较理想的薄壁小孔；面积梯度大，灵敏度高。但流量的稳定性较差，不适于微调。在一般的节流阀和调速阀中应用较少。

② 锥阀阀口。其结构如图 6-63(b)所示。它的通流截面面积 A 与阀芯的轴向位移 x 近似成正比。阀口的距离较长，水力半径较小，在小流量时阀口易堵塞。但其阀芯所受径向液压力平衡，适用于高压节流阀。

③ 轴向斜槽阀口。其结构如图 6-63(c)所示。斜槽的横断面一般为三角形或矩形，通常

在阀芯上切两条对称斜槽，使其径向液压力平衡。这种阀口加工方便，水力半径较大，小流量时阀口不易堵塞。故应用较广。

④ 圆周三角槽阀口。其结构如图 6-63(d)所示。这种阀口的加工工艺性较好，但径向液压力不平衡。故不适用高压节流阀。

⑤ 圆周缝隙阀口。其结构如图 6-63(e)所示。它的加工工艺性较差，但可做成接近薄壁小孔的结构，因而可以获得较小的最小稳定流量值。但其阀芯的径向液压力不能完全平衡，所以只适用于中低压节流阀。

⑥ 轴向缝隙阀口。它开在套筒上，可以做成很接近薄壁小孔的结构，其缝隙厚度 h 可达 0.07～0.09mm，如图 6-63(f)所示。因此，这种阀口的流量受温度变化的影响较小，而且不易堵塞。它的缺点是结构比较复杂，缝隙在高压下易发生变形。它主要应用于对流量稳定性要求较高的中低压节流阀中。

(2)节流阀的典型结构

图 6-64(a)所示为 L 型圆周缝隙阀口的节流阀。这种阀的最小稳定流量可达 50mL/min。为了避免阀口堵塞，在其进液口前，最好装置精过滤器以净化液体。由于这种阀阀芯所受径向液压力不平衡，当流量较大时，阀的结构增大，其阀芯所受径向不平衡液压力也随之增大，于是调节不灵活。所以对于流量大于 25L/min 的节流阀，则多采用轴向三角槽阀口。图 6-64(b)所示 LF 型节流阀，采用的就是这种阀口。

在许多回路中，常常只要求液流通过一个方向时被节流，反向要求自由通过。这时需要一个单向阀与节流阀并联工作。当将单向阀与节流阀合并做成一个单一的元件时，就称为单向节流阀。这种阀应用很广泛。

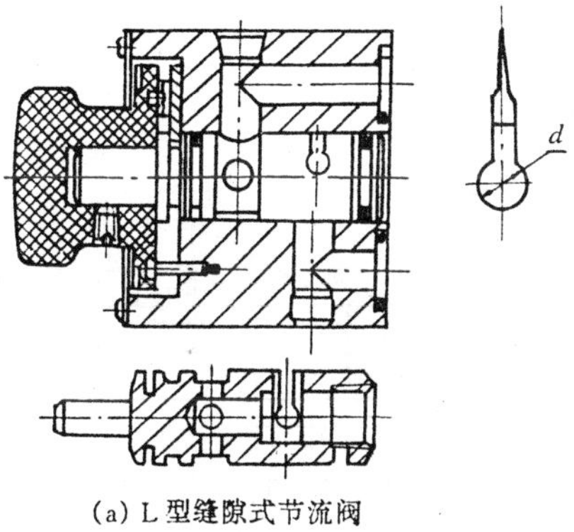

(a) L 型缝隙式节流阀

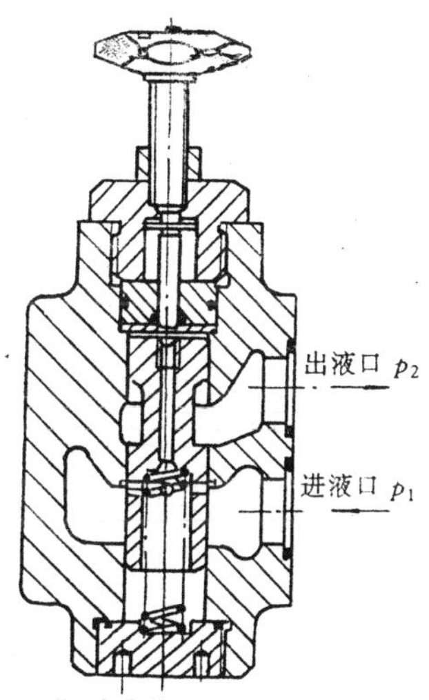

(b) LF 型可调节流阀

图 6-64　常用节流阀的结构图

(3)节流阀的性能分析

① 节流阀的压力—流量特性。由流体力学可知，理想的薄壁小孔在紊流时，其淹没出流的流量公式为

$$Q=C_{\mathrm{q}}A\sqrt{\frac{2}{\rho}\Delta p} \tag{6-75}$$

式中 A——阀口通流截面面积，由阀孔结构决定；

Δp——阀口两边的压力差；

ρ——流过液体的密度；

C_q——流量系数，对于薄壁小孔，C_q 为常数，约为 0.61～0.65。

细长小孔在层流时，其流量公式为

$$Q=\frac{\pi d^4}{128\mu L}\Delta p=\frac{d^2}{32\mu L}A\Delta p \tag{6-76}$$

式中 d——小孔直径；

L——小孔长度；

μ——流过液体的动力黏度。

其他符号意义同前。

研究证明，液体流经实际小孔的流量，均在上述两式计算值之间。为了分析问题方便起见，可将液体流经各种小孔时的流量公式，写成统一的一般表达式，即

$$Q=K_1A\Delta p^m \tag{6-77}$$

这时，式(6-75)和(6-76)可以看作它的两种特殊情况。

式中 K_1——节流系数，它是一个常数，其值与孔口结构、液体性质和流动状态有关，一般需由试验确定。显然，对于式(6-75)，$K_1=C_q\sqrt{2/\rho}$；而对于式(6-76)，则 $K_1=d^2/(32\mu L)$；

m——指数，其数值取决于液流状态和孔口结构，在 0.5～1.0 的范围内变化。对于紊流薄壁小孔，$m=0.5$；对于层流细长孔，$m=1.0$。

式(6-77)即为节流阀的压力-流量特性方程。液体流经不同结构的阀口，在不同的流动状态时的压力-流量特性曲线如图 6-65(a)所示；液体流经同一结构的阀口，在同一流动状态时的压力-流量特性曲线如图 6-65(b)所示。这时如果压力差 Δp 一定，那么其通过流量就与通流截面面积 A 成正比。

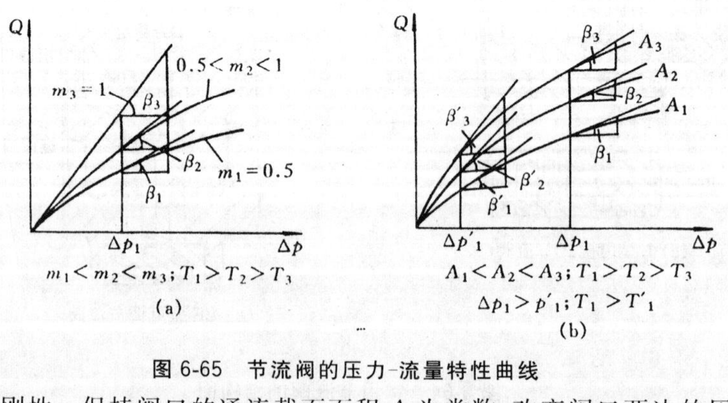

图 6-65 节流阀的压力-流量特性曲线

② 节流阀的刚性。保持阀口的通流截面面积 A 为常数，改变阀口两边的压力差 Δp 而引起通过流量发生变化，这种变化程度就称为节流阀的刚性。流量变化程度越小，表明阀的刚性越大，其性能越好；反之，其性能越差。刚性表征节流阀抵抗外部干扰，保持流量稳定的能力，通常采用刚度 T 来衡量。刚度 T 的定义式为

$$T=\frac{\partial \Delta p}{\partial Q}=\frac{\Delta p^{1-m}}{mK_1A} \tag{6-78}$$

显然，节流阀的刚度 T 就是其压力-流量特性曲线(图 6-65)上某点斜率的倒数。T 值越大，曲线越平缓，表明阀的刚性越好；反之，阀的刚性就越差。由式(6-78)可以得到以下几点结论。

ⅰ. 对于同一节流阀，在阀口压差 Δp 值一定的情况下，通流面积 A 越小，则阀的刚度 T 越大。但是，A 过小时，会引起阀口堵塞，流量不稳定。

ⅱ. 对于同一节流阀，在通流面积 A 一定的条件下，阀口压差 Δp 值越小，阀的刚度 T 也越小。因此，为了保证节流阀具有足够的刚度，在工作时必须保持其压差 Δp 为适当的数值。但 Δp 不能过大，否则将严重降低系统的效率。

ⅲ. 减小指数 m 的数值，可以提高节流阀的刚性。这是采用薄壁小孔的优点之一。

③ 节流阀的堵塞现象与最小稳定流量。节流阀在小开口状态下工作时，即使保持压差和液温不变，通过阀口的流量也会发生脉动，甚至完全断流。这就是节流阀的堵塞现象。因此，为保证节流阀的正常工作，必须限制其通流面积的最小值，即限制其最小通过流量。节流阀正常工作时的最小通过流量值，就是它的最小稳定流量 Q_{min}。Q_{min} 值越小，说明阀的抗堵塞能力越强。

造成节流阀阀口堵塞的原因，除了工作液体中的污物杂质以外，还有液体老化或受到挤压后产生的极化分子，由于阀口金属表面存在电位差而被吸附于其上，形成一层厚约 5～8μm 的不流动的吸附层，它们进一步减小了本来就很小的阀口通流面积。堵塞阀口的污物和吸附层，因压力液体的冲刷而遭到周期性的破坏，使其通过流量发生脉动。这就是阀口被堵塞的迹象。

为了提高节流阀的抗堵塞能力，使其最小稳定流量值 Q_{min} 尽可能地小，一般可采取以下措施。

ⅰ. 在节流阀前装置精过滤器，是防止阀口堵塞的最有效措施之一。为了保持一定的清洁度，工作液体应定期更换。

ⅱ. 选择适当的阀口压差 Δp。Δp 值过大，对于同样的流量，所需阀口的通流面积小，因而容易堵塞，而且阀口的能量损失大，致使液温上升过高，从而加速液体的氧化变质和老化过程，促使阀口堵塞。而 Δp 过小，又会降低阀的刚度。所以推荐节流阀的压差 $\Delta p=(2\sim3)\times 10^5$ Pa。

ⅲ. 采用水力半径大的薄壁式阀口。污物和极化分子在这种阀口附近黏着和吸附的机会较少，因而不易堵塞。

ⅳ. 正确选择工作液体和阀口零件的材料。工作液体应具有良好的抗氧化性和防老化性，不易产生极化分子；阀口零件材料的电位差要尽量小。研究证明，在这方面以钢对钢最好，钢对铜次之，铝对铝最差。

ⅴ. 采用多级式节流阀。当节流阀口压差较大时，为使节流口通流面积不致过小，可采用多级式节流阀。它由若干个节流口串联而成，从而使每个节流阀口的压差减小。

④ 液体温度对流量的影响。由于工作液体的黏度 μ 随温度的变化而变化，所以由式(6-76)可知，对于细长小孔流时，其流量也要随液体温度的变化而变化，当温度升高时，黏度 μ 下降，流量增加；反之流量减小。由式(6-75)可以看出，对于薄壁小孔紊流时，其流量与黏度 μ 无关，因此流量基本不受液体温度的影响。对于一般阀口的任意流动状态，因为其流量系数 C_q 是雷诺数 Re 的函数，而 Re 又与液体的黏度有关，所以通过它的流量也将随液体温度的变化而改变。因此，采用节流阀控制流量的系统，应当使液温的变化保持在适当的范围内。

(4)节流阀的基本应用回路

节流阀主要用于调节液压执行元件的运动速度。凡是采用这种方式调速的液压传动系统,均称为节流调速系统。有关节流调速系统的回路形式和工作特性,将在后面的有关章节中详细讨论。这里只举一个非节流调速的应用实例。

图 6-66 所示为采用单向节流阀的平衡回路。它实际上是将图 6-59 所示平衡回路中的单向顺序阀用单向节流阀来代替而构成的。这种平衡回路,是通过调节节流阀阀口的通流面积,来控制活塞的下降速度,保证液压缸安全可靠地工作。

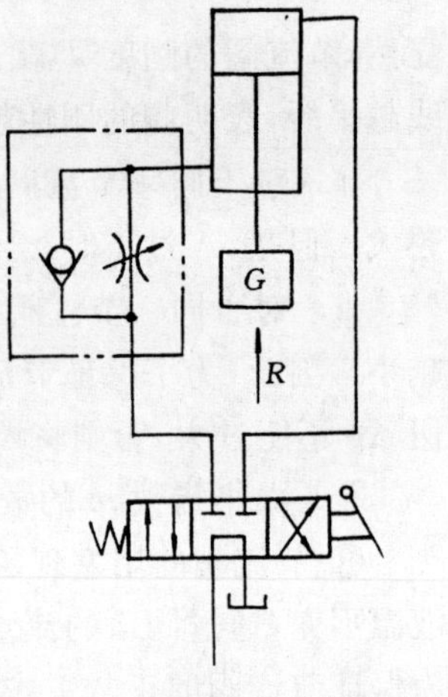

图 6-66　采用单向节流阀的平衡回路

6.4.2　调速阀

(1)调速阀的工作原理

调速阀是由节流阀和定差减压阀组成的复合阀。通常将定差减压阀串联在节流阀的进液口之前(或出液口之后),对节流阀阀口压力进行补偿,以保证阀口压差基本不变。因此,这种调速阀又称为串联压力补偿节流阀,其结构原理和职能符号如图 6-67 所示。

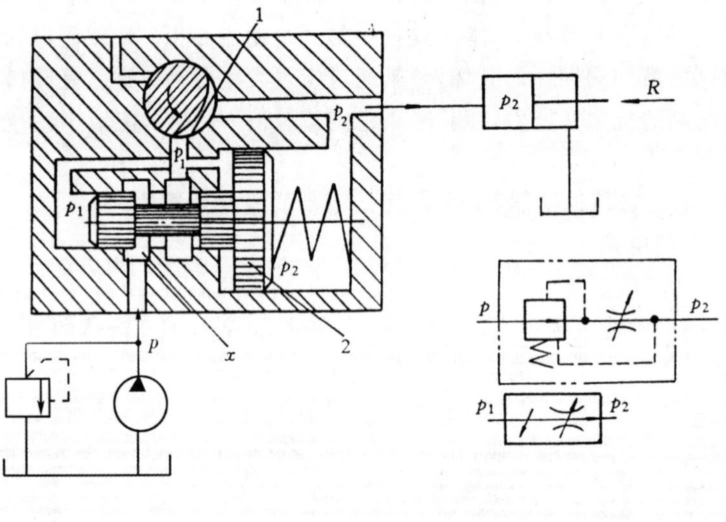

图 6-67　调速阀的结构原理图

当调速阀处于图示稳定工况时,其节流阀口 1 的通流面积 A 为调定值,此时只需节流阀口两边的压差 $\Delta p=p_1-p_2$ 保持恒定,其通过流量 Q 就可以保持稳定,而使液压缸的运动速度稳定。Δp 是由串联的定差减压阀控制的,由减压阀阀芯 2 的受力平衡方程式

$$p_1A_1=p_2A_1+K_s(x_0+B-x) \tag{6-79}$$

可得

$$\Delta p=\frac{K_s}{A_1}(x_0+B-x) \tag{6-80}$$

式中　A_1——减压阀阀芯 2 两端的有效作用面积;

K_s——阀芯平衡弹簧的刚度;

x_0——平衡弹簧的预压缩量;

B——减压阀控制阀口的最大开口量；

x——减压阀控制阀口的实际开口量。

当系统的载荷 R 变化时，例如 R 增大，则 p_2 增大而使 Δp 减小，减压阀阀口的开口量 x 随之增加，液阻减小，于是节流口的入口压力 p_1 上升，而自动使 Δp 回升；反之，如果 R 减小，则 p_2 减小而使 Δp 增大，x 随之减小，液阻增加，于是 p_1 下降，Δp 也随之下降。串联的定差减压阀，如此进行自动调节，保持节流阀阀口压差 Δp 基本为常数。它的最大可能波动范围为

$$\Delta p_{\min}=\frac{K_s}{A_1}x_0$$

$$\Delta p_{\max}=\frac{K_s}{A_1}(x_0+B)$$

如果 $\Delta p\leqslant\Delta p_{\min}$，减压阀阀口完全开启，$x=B$，它将失去自动调节作用；而 $\Delta p=\Delta p_{\max}$ 时，对应于 $x=0$，即减压阀阀口关闭的工况，这实际上是不可能存在的一种非稳定工况。

假设调速阀的节流阀阀口为薄壁小孔，则其压力—流量方程为

$$Q=C_qA\sqrt{\frac{2}{\rho}(p_1-p_2)}$$

式中　A——节流阀阀口通流面积。

将式(6-80)代入上式，得

$$Q=C_qA\sqrt{\frac{2}{\rho}\frac{K_s}{A_1}(x_0+B-x)}=C_qA\sqrt{\frac{2K_s}{\rho}\frac{x_0+B}{A_1}\left(1-\frac{x}{x_0+B}\right)} \tag{6-81}$$

显然，$x\ll x_0+B$

所以

$$Q\approx C_qA\sqrt{\frac{2K_s}{\rho A_1}(x_0+B)} \tag{6-82}$$

由式(6-82)可见，只要节流阀口的流量系数 C_q 为常数，调速阀的通过流量 Q 只与节流阀口通流面积 A（调节变量）成正比，而与其他节流阀口两边的压差 Δp 无关（实际上是 Δp 值基本为常数）。对于一定的 A 值，流量 Q 可以认为基本上是常数，它的实际可能波动范围，则对应于 Δp 的可能波动范围 $\Delta p_{\min}\sim\Delta p_{\max}$。图 6-68所示曲线，为节流阀与调速阀的压力-流量特性曲线的比较示意图。在调速阀的压差 $\Delta p\leqslant K_sx_0/A_1$ 的范围内，它们的压力—流量曲线重合，说明调速阀的减压阀阀口已完全开启，失去了自动调节作用，故此时调速阀的性能与节流阀完全相同。

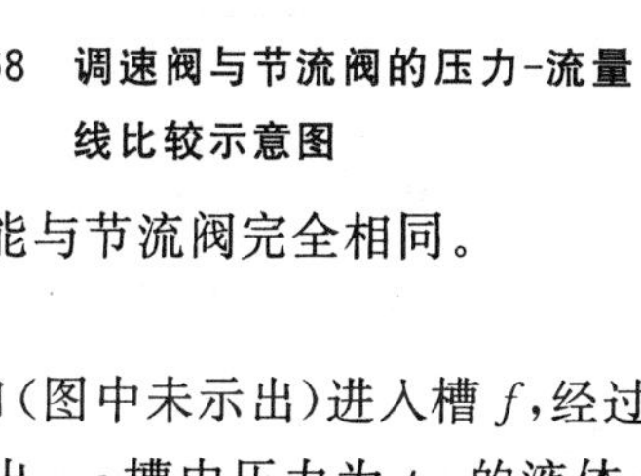

图 6-68　调速阀与节流阀的压力-流量曲线比较示意图

(2)调速阀的典型结构

图 6-69 所示为 Q 型调速阀的结构图。工作液体从进液口（图中未示出）进入槽 f，经过减压阀阀口到 e 槽，再从孔 g 经节流阀口到 b 腔，最后由 a 口输出。e 槽中压力为 p_1 的液体，由小孔 d 和中心孔同时作用于减压阀阀芯右端面；b 腔中压力为 p_2 的液体则经 c 孔（c 孔与 b 腔间的通道图中未示出）作用于减压阀阀芯左端面。

(3)调速阀的基本应用回路

同节流阀一样，调速阀也主要用于液压执行元件的调速。这里仅举一个利用调速阀的同

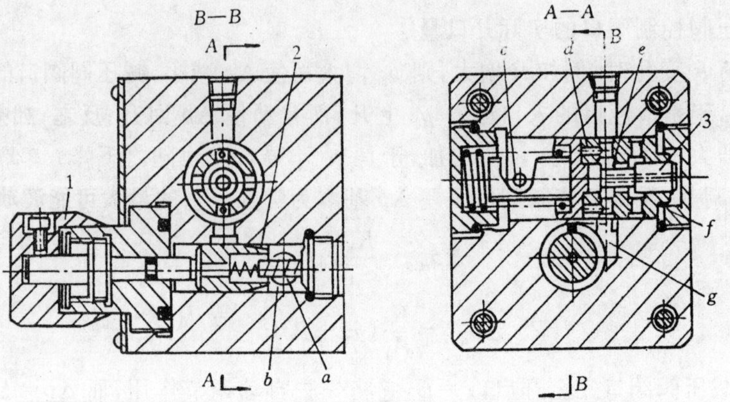

图 6-69 Q型调速阀的结构图

1—节流阀调节手柄；2—节流阀阀芯；3—减压阀阀芯

步回路，如图 6-70 所示。图中执行元件是由多个液压缸(图中只画两个)支承推动的平台，为了保证平台水平升降，避免歪斜或卡住，采用调速阀来调节进、出液压缸的流量，使各个液压缸同步运动。又因为调速阀只能单向起作用，故使用了四个单向阀组成的定向回路，以保证调速阀在液体进、出液压缸时都能进行调节。图中还采用了液控单向阀的锁紧回路，使平台能长时间地停留在任意工作位置。

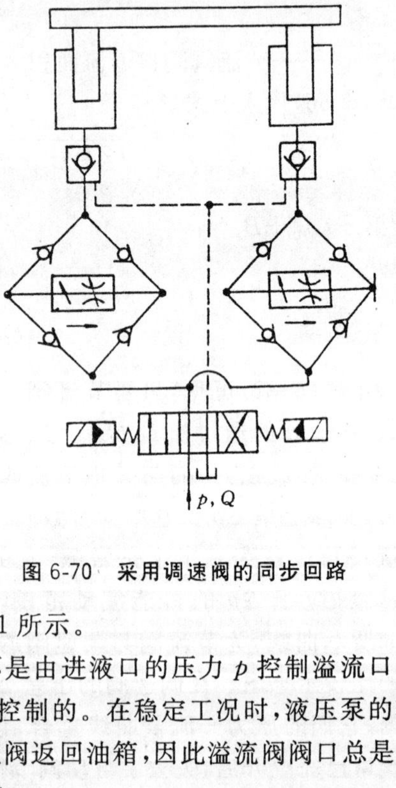

图 6-70 采用调速阀的同步回路

6.4.3 溢流节流阀

(1)溢流节流阀的工作原理

溢流节流阀是由节流阀和定压溢流阀组成的复合阀。通常将定压溢流阀并联在节流阀的进液口之前(或出液口之后)，对节流阀阀口压力进行补偿，以保证阀口压差基本不变。因此这种溢流节流阀又称为并联压力补偿节流阀，其结构原理和职能符号如图 6-71 所示。

溢流节流阀中的定压溢流阀与普通溢流阀不同，它不是由进液口的压力 p 控制溢流口的大小，而是由进液口压力 p 与节流阀出口压力 p_2 之差来控制的。在稳定工况时，液压泵的输出流量总是多于系统的需要量，多余的液体必须通过溢流阀返回油箱，因此溢流阀阀口总是开启的，其开口量为x，于是由溢流阀阀芯的受力平衡方程式

$$pA_1 = p_2 A_1 + K_s(x_0 + x) \tag{6-83}$$

可得

$$\Delta p = \frac{K_s}{A_1}(x_0 + x) \tag{6-84}$$

式中 A_1——溢流阀阀芯两端的有效作用面积；

K_s——溢流阀弹簧的刚度；

x_0——溢流阀弹簧的预压缩量。

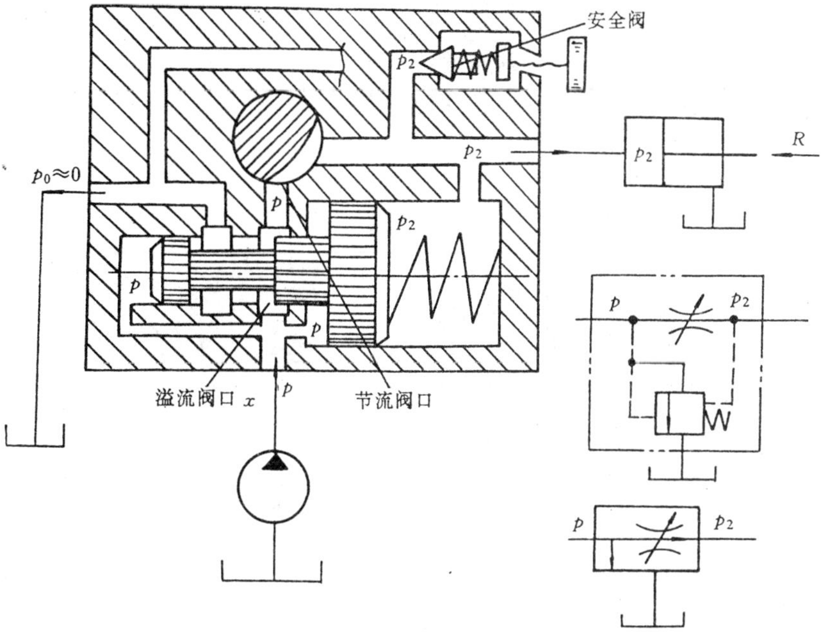

图 6-71　溢流节流阀的结构原理图

显然，由溢流阀弹簧力所决定的压差 Δp 就是节流阀口的压差，只要 x_0 比 x 的值足够大，那么 Δp 值就可以近似看作常数。因此，当节流阀阀口的通流面积 A 调定时，它的通过流量 Q 也基本保持恒定。如果由于系统负载增加而使 p_2 上升，那么 Δp 就相应减小，这时溢流阀口随之减小，压力 p 上升，于是 Δp 自动回升；反之，当 p_2 减小时，则 Δp 增大，溢流阀口增大，于是 p 随之减小，Δp 又自动下降。并联溢流阀就是这样自动调节其入口压力 p（即节流阀口的入口压力），使节流阀阀口的压差 Δp 基本保持恒定，它的可能波动范围与调速阀相同。如果 $\Delta p\leqslant K_s x_0/A_1$ 时，溢流阀就完全关闭；$\Delta p\geqslant K_s(x_0+B)/A_1$ 时（B 为溢流阀阀口的最大开口量），则溢流阀口完全开启。在这两种情况下，它都失去了自动调节作用。

将式(6-84)代入节流阀口的流量公式，可得溢流节流阀的通过流量

$$Q=C_q A\sqrt{\frac{2}{\rho}\frac{K_s x_0}{A_1}\left(1-\frac{x}{x_0}\right)} \tag{6-85}$$

当 $x\ll x_0$ 时，则

$$Q\approx C_q A\sqrt{\frac{2}{\rho}\frac{K_s x_0}{A_1}} \tag{6-86}$$

同样说明，调节变量 A 一定时，其通过流量 Q 基本上为常数。溢流节流阀的压力—流量特性曲线形状与调速阀相同。

由溢流节流阀的工作原理可知，在使用它的系统中，液压泵的输出压力不是常数，而是随系统载荷变化而改变的变量，因此系统的效率较高。另外，在使用溢流节流阀的系统中，必须设置安全阀，防止因压力 p_2 过大而损坏系统和元件。通常都将此安全阀直接装在溢流节流阀内，作成一个单一的组合元件，如图 6-71 和图 6-72 所示。

(2)溢流节流阀的典型结构

图 6-72 所示为 LY 型溢流节流阀的结构图。工作液体从进液口 h 进入 a 槽，一方面经节

流阀口到 c 腔，然后从 b 口输出；另一方面由 g 腔经过溢流阀口到 f 槽，再从回液口(图中未示出)返回油箱。节流阀口前压力为 p 的液体在 g 腔并通过溢流阀阀芯中心孔作用于溢流阀阀芯左端面；阀口后压力为 p_2 的液体，则经过 d 孔和 i 孔(d 孔与 i 孔之间的通道图中未示出)作用在溢流阀阀芯右端面，同时经 d 孔直接作用于安全阀阀芯 3 上。

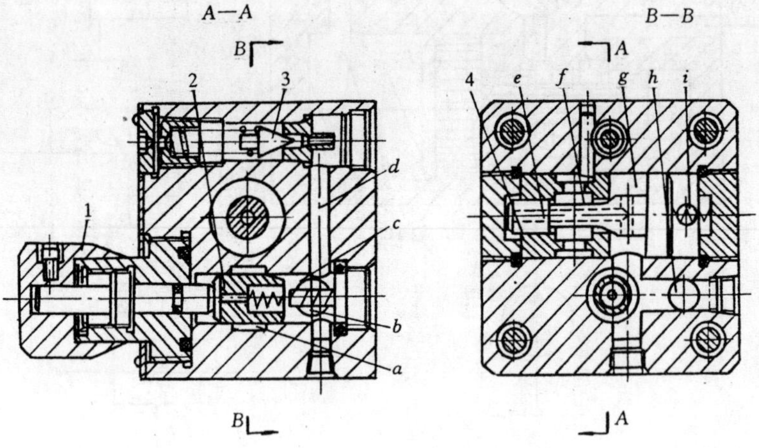

图 6-72 LY 型溢流节流阀的结构图

1—节流阀调节手柄；2—节流阀阀芯；3—安全阀阀芯；4—溢流阀阀芯

6.4.4 分流、集流阀的工作原理简介

自动将输入工作液体的流量，等分或按一定比例分成两部分后，再输出的流量控制阀，称为分流阀；反之，自动将两部分液体等量或按一定比例输入后，再合流输出的流量控制阀，称为集流阀；同时兼有这两种功能的称为分流集流阀。这三种阀的结构原理都相似。现以等量分流阀为例，说明它的工作原理。

图 6-73 所示为一等量分流阀的结构原理图。流量为 Q，压力为 p 的工作液体由进液口输入，分别通过两个固定的薄壁阻尼孔 R_1 和 R_2，然后经Ⅰ腔和Ⅱ腔分别从可变阻尼的圆柱阀口 R_3 和 R_4 输出，进入执行元件 M_1 和 M_2。R_1 和 R_2 的结构和几何尺寸完全相同，故其液阻恒等；R_3 与 R_4 的结构也一样，当它们的开口量相等时，其液阻也相等。Ⅱ腔中压力为 p_2 的液体经轴向孔作用于阀芯左端面；Ⅰ腔中压力为 p_1 的液体则作用于阀芯右端面。两端对中弹簧的结构参数、刚度 K_s 和预压缩量 x_0 都完全相同，而且它们的 K_s 值很小。

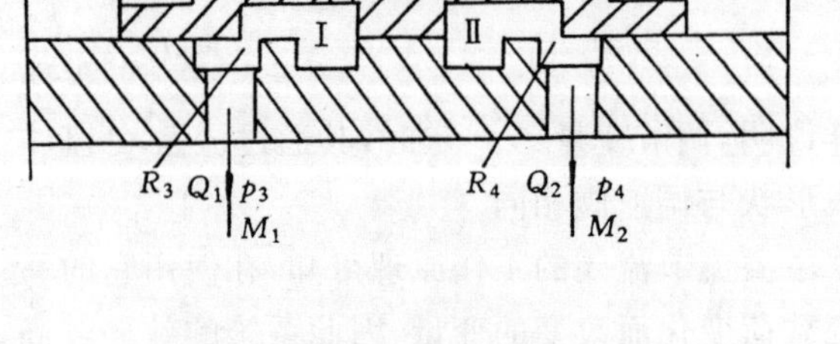

图 6-73 等量分流阀的结构原理图

当液压执行元件 M_1 和 M_2 的载荷相等时，$p_3=p_4$，于是 $p_1=p_2$。阀芯在对中弹簧的作用下，处于中间位置，阀口 R_3 和 R_4 的开口量也相等。所以 $Q_1=Q_2$，M_1 和 M_2 同步运动。

如果 M_2 的载荷增大，使 p_4 上升，于是压差 p_2-p_4 下降，$Q_2<Q_1$，这时固定阻尼孔 R_2 的压力降也小于 R_1 的压力降，故 $p_2>p_1$，推动阀芯右移。阀芯右移的结果，使阀口 R_4 增加，而 R_3 减小，这又使得 p_2 下降，p_1 回升，当阀芯处于新的平衡位置时，$p_1\approx p_2$。于是，由 R_1 和 R_2 所决定的流量近似相等，即 $Q_1\approx Q_2$；反之，当 M_1 的载荷增加时，阀芯就向左移动，直到一个新的平衡位置处才停止不动，这时的 Q_1 仍近似等于 Q_2。这就是等量分流阀在输入流量和压力一定的条件下，可以随执行元件的载荷变化而自动等分流量的工作原理。

综上所述，等量分流阀只有在执行元件的载荷相等，阀芯处于中间位置时，流量 Q_1 与 Q_2 才绝对相等；而当二执行元件的载荷不等，阀芯偏离中间位置时，由于弹簧力和稳态液动力不相等，以及摩擦力的影响等原因，压力 p_1 与 p_2 实际上是不相等的，因此流量 Q_1 与 Q_2 并不绝对相等，而存在一定的误差。下面只分析一下由于弹簧力不等而产生的流量误差。

假设由于 M_2 的载荷增加、阀芯向右移动距离 x 后重新平衡不动，此时阀芯的受力平衡方程式为

$$p_2A+K_s(x_0-x)=p_1A+K_s(x_0+x) \tag{6-87}$$

所以

$$p_2-p_1=\frac{2K_sx}{A} \tag{6-88}$$

式中　A——阀芯端面面积。

又因为

$$Q_1=K_1a\sqrt{p-p_1} \tag{6-89}$$

$$Q_2=K_1a\sqrt{p-p_2} \tag{6-90}$$

可得

$$Q_1^2-Q_2^2=K_1^2a^2(p_2-p_1) \tag{6-91}$$

即

$$Q_1-Q_2=\frac{K_1^2a^2(p_2-p_1)}{Q_1+Q_2}=\frac{2K_sx}{AQ}K_1^2a^2 \tag{6-92}$$

式中　K_1——固定阻尼孔的节流系数，$K_1=C_q\sqrt{2/\rho}$；

a——固定阻尼孔的通流面积。

式(6-92)描述了等量分流阀由于弹簧力不相等所引起的流量绝对误差值。

二支路流量的绝对误差与输入流量 Q 之半的比值，称为分流阀的分流精度，可用符号 Δ_q 表示，即

$$\Delta_q=\frac{Q_1-Q_2}{0.5Q} \tag{6-93}$$

分流精度就是分流阀的相对分流误差。由于弹簧力不等所引起的相对分流误差值为

$$\Delta_q=\frac{4K_1^2a^2}{AQ^2}K_sx \tag{6-94}$$

或

$$\Delta_q=\frac{8C_q^2a^2}{\rho AQ^2}K_sx \tag{6-95}$$

通常，分流阀的分流精度 $\Delta_q<5\%$。

图 6-74 所示为分流阀、集流阀和分流集

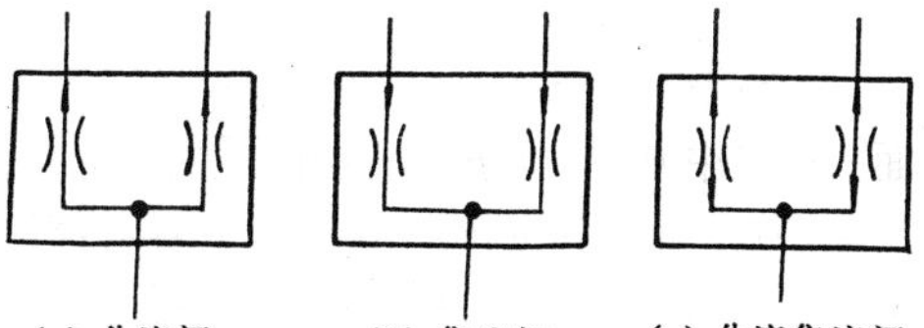

(a) 分流阀　(b) 集流阀　(c) 分流集流阀

图 6-74　分流阀、集流阀和分流集流阀的职能符号

流阀的职能符号。图 6-75 则为分流阀控制的同步回路。采用分流阀控制的同步回路,具有结构简单,安装方便,成本低等优点,它特别适于与变量泵配合使用。分流阀的主要缺点是具有固定的分流误差,在工作过程中无法进行调整。

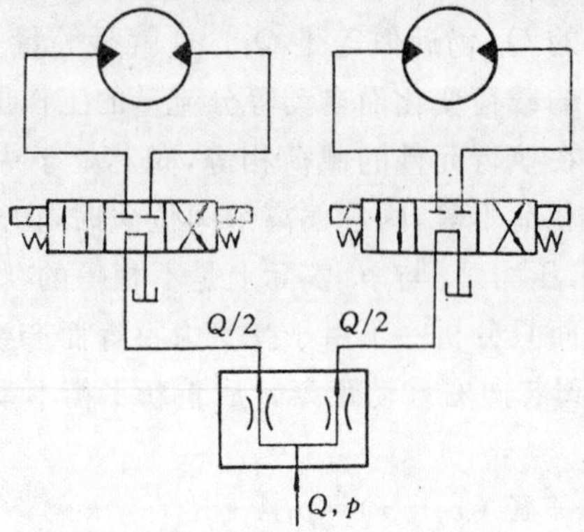

图 6-75 采用分流阀控制的同步回路

6.5 自动控制用电液阀简介

随着液压技术在工业、农业、国防和航空航天等领域的广泛应用,为了满足各种液压机器设备对自动化的要求,以及液压传动系统向着高压、高速、大功率方向发展的需要,近年来,电液比例阀、电液伺服阀和电液数字阀等的研制与应用,取得了较快发展。由于这些控制阀的成功开发和利用,使液压机器设备的自动化程度,得到了前所未有的提高,同时也使液压技术的总体水平上升到一个斩新阶段。

本节仅就电液比例阀、电液伺服阀和电液数字阀的基本结构和工作原理等作一简单介绍。

6.5.1 电液比例阀

电液比例阀是由直流比例电磁铁(亦称力马达)和液压阀两部分构成的。比例电磁铁的特点是,其电磁力的大小只与输入电流近似成正比,而与动铁芯的位移大小无关,它可将电信号按比例、连续地转换为力或位移。液压阀就是利用这种力或位移,按比例、连续地调节液压基本参数(如压力、流量等)。

电液比例阀按其控制的液压参数不同,可分为电液比例压力阀、电液比例流量阀、电液比例换向阀和电液比例复合阀四类。前两类为单参数控制阀,应用比较普遍;后两类可同时控制两种以上的参数,它们的结构比较复杂,应用较少。下面以电液比例溢流阀、电液比例调速阀和电液比例换向阀为例,说明电液比例阀的基本结构和工作原理。

(1)电液比例溢流阀

电液比例溢流阀是电液比例压力阀中最常用的一种。图 6-76 所示为国产 BYF 型电液比例溢流阀的结构和职能符号图。它由比例电磁铁 1 和一个先导式溢流阀组成。其中比例电磁铁和先导调压阀一起,又称为电液比例先导调压阀,它可以用于各种电液比例压力阀中,是一个通用的元件。

在电液比例溢流阀中,用比例电磁铁代替了手动调压螺杆。当输入电流信号 I 时,比例电

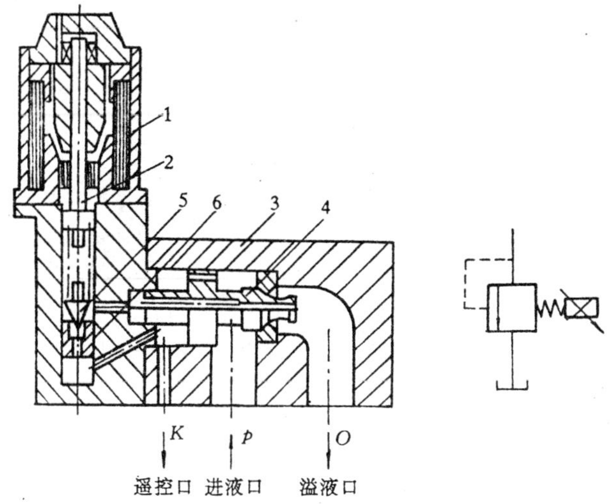

图 6-76　BYF 型电液比例溢流阀的结构图

1—比例电磁铁；2—调压杆；3—阀体；4—主阀芯；5—先导阀芯；6—先导阀座

磁铁便产生相应的电磁力 $F_D=K_iI$，此力通过推杆与弹簧作用于先导阀阀芯上。这时，顶开先导阀阀芯的液压力值，就是与主阀的调定压力 p_H 所对应的先导阀调定压力 p_{1H}，于是

$$p_{1H}=\frac{F_D}{A_1}=\frac{K_i}{A_1}I \tag{6-96}$$

式中　K_i——比例电磁铁的比例常数；

I——比例电磁铁的输入电流；

A_1——先导阀阀芯的有效作用面积。

由式(6-96)可见，电液比例溢流阀所控制的液体压力与输入电流的大小成正比，给定了输入电流的数值，就等于给出了溢流阀的调定压力。在电液比例溢流阀中，先导阀弹簧只起传力的作用，不起调压作用，故又称为传力弹簧，它不需要预先压缩。

电液比例溢流阀，目前主要用于各种液压机中，基本回路如图 6-77 所示。用它实现多级压力控制，比采用普通溢流阀进行多级压力控制，具有液压元件少，回路简单，并能按照电流信号的连续变化规律实现压力连续控制等优点。它的缺点是电气系统较复杂，所使用的电气元件也较多。

(2)电液比例调速阀

电液比例流量阀主要是电液比例调速阀。图 6-78 所示为国产 BQF 型电液比例调速阀的结构和职能符号图。它由比例电磁铁 5 和一个调速阀组成，比例电磁铁代替了普通调速阀中的调节手柄。

当有电流信号输入时，电磁力 F_D 通过推杆 4 推动节流阀阀芯 3，克服复位弹簧的弹性力 F_s 向左移动，使节流阀口的开口量为 x，此时所对应的流量

$$Q=K_1A\Delta p^m=K_1\frac{\partial A}{\partial x}x\Delta p^m \tag{6-97}$$

显然，$Q\propto A\propto\frac{\partial A}{\partial x}x=bx$。又因为节流阀阀芯的受力平衡方程式为

$$F_D=F_s$$

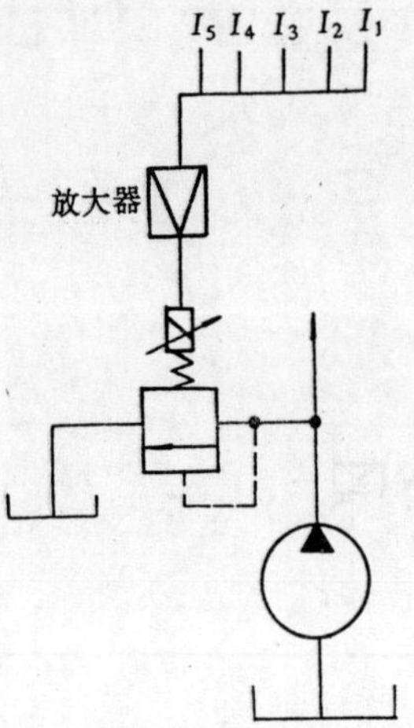

图 6-77 采用电液比例溢流阀的多级压力控制回路

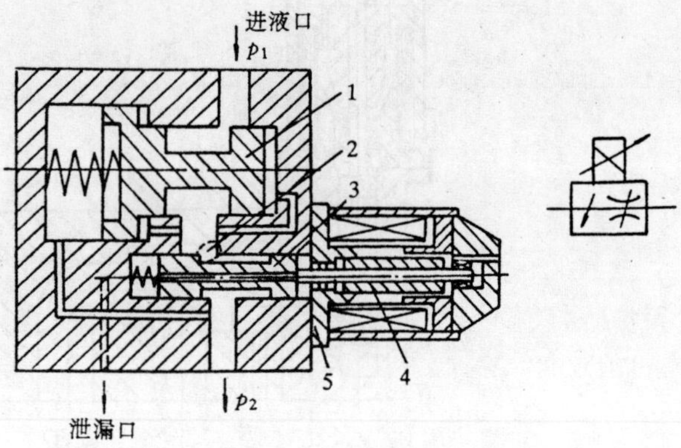

图 6-78 BQF 型电液比例调速阀的结构图

1—定差减压阀阀芯；2—节流口；3—节流阀阀芯；4—推杆；5—比例电磁铁组件

即

$$K_i I = K_s x$$

所以

$$x = \frac{K_i}{K_s} I$$

于是

$$Q \propto \frac{K_i b}{K_s} I \tag{6-98}$$

式中 K_i——比例电磁铁的比例常数；

K_s——节流阀阀芯复位弹簧的刚度；

b——节流阀阀口的通流面积梯度；

I——比例电磁铁的输入电流。

由式(6-98)可见，电液比例调速阀的输出流量与输入电流的大小成比例，它将随着输入电流的数值和程序，有规律成比例地变化。

图 6-79 所示为采用电液比例调速阀的行程控制速度回路，它多用于金属切削机床和液压机的速度控制系统中

(3)电液比例换向阀

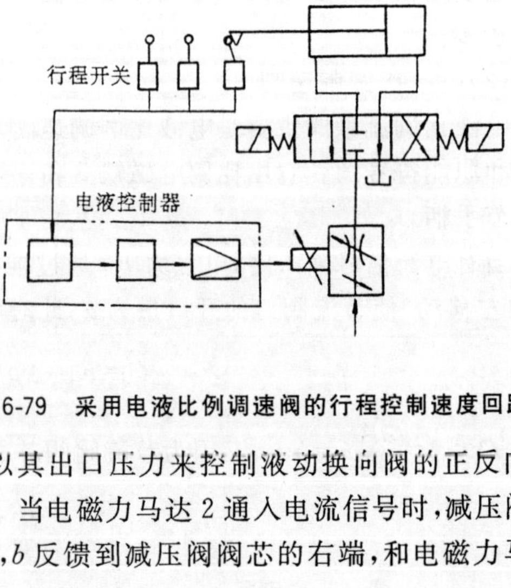

图 6-79 采用电液比例调速阀的行程控制速度回路

图 6-80 所示为电液比例换向阀的结构图。它由电磁力马达、比例减压阀和液动换向阀组成。比例减压阀在这里作为先导级使用，以其出口压力来控制液动换向阀的正反向开口量的大小，从而控制液流的方向和流量的大小。当电磁力马达 2 通入电流信号时，减压阀阀芯 3 右移，压力液体经右边阀口减压后，经孔道 a，b 反馈到减压阀阀芯的右端，和电磁力马达

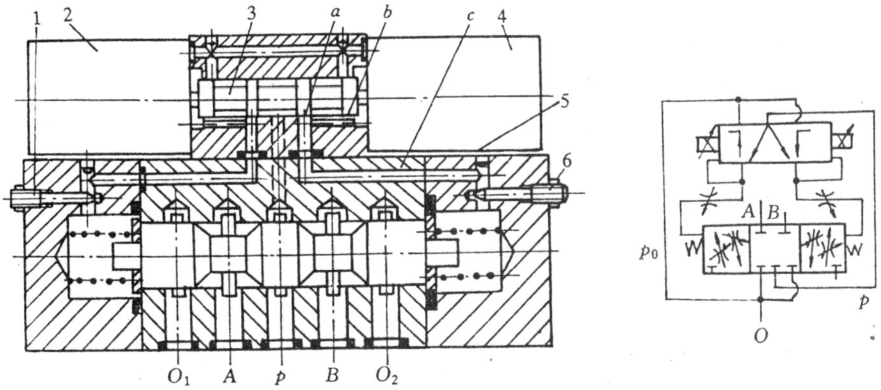

图 6-80 电液比例换向阀的结构图

1,6—节流阀;2,4—电磁力马达;3—减压阀阀芯;5—换向阀阀芯

2 的电磁力相平衡。因而减压后的压力和输入电流信号大小成比例。减压后的压力液体经孔道 a、c 作用在液动换向阀的右端,使换向阀阀芯 5 左移,打开 p 到 B 的阀口,同时压缩左端弹簧。换向阀阀芯的移动量和控制液体压力大小成比例,亦即使通过阀的流量和输入电流成比例。同理,当电磁力马达 4 通电时,压力液体由 p 经 A 输出。

液动换向阀的端盖上装有节流阀 1,6,可以根据需要分别调节换向阀的换向时间。此外,这种换向阀和普通换向阀一样,可以具有不同的中位机能。

6.5.2 电液伺服阀

电液伺服阀是一种将电气信号变为液压信号以实现流量或压力控制的转换元件。它充分发挥了电气信号具有传递快,线路连接方便,适于远距离控制,易于测量、比较和校正的优点,以及液压传动具有输出力大、惯性小、反应快的优点。这两者的结合使电液伺服阀成为一种控制灵活、精度高、快速性好、输出功率大的控制元件。

根据输出液压信号的不同,电液伺服阀可分为流量伺服阀和压力伺服阀两大类。下面仅以流量伺服阀为例,说明电液伺服阀的基本结构和工作原理。

图 6-81 所示为一种电液流量伺服阀的结构示意图,它由电磁和液压两部分组成。衔铁 7 与挡板 2 连接在一起,由固定在阀座 9 上的弹簧管 3 支承。挡板 2 下端为一球头,嵌装在滑阀 10 的凹槽内,永久磁铁 5 和导磁体 6,8 形成一个固定磁场,当线圈 4 中没有电流通过时,导磁体 6,8 和衔铁 7 间四个气隙中的磁通大小和方向相同,衔铁 7 处于中间位置。当有控制电流通入线圈 4 时,一组对角方向气隙中的磁通增加,另一组对角方向气隙中的磁通减小,于是衔铁 7 就在磁力作用下克服弹簧管 3 的弹性反作用力而偏转一角度,并偏转到磁力所产生的转矩与弹性反作用力所产生的反转矩平衡时为止。同时,挡板 2 因随衔铁 7 偏转而发生挠曲,改变了它与两个喷嘴 1 间的间隙,一个间隙减小,另一个间隙增大。

通入伺服阀的压力油经滤油器 12,两个对称的节流孔 11 和左右喷嘴 1 流出,通向回油。

当挡板 2 挠曲,出现上述喷嘴—挡板的两个间隙不等的情况时,两喷嘴后侧的压力就不相等,它们作用在滑阀 10 的左、右端面上,使滑阀 10 向相应方向移动一段距离,压力油就通过滑阀 10 上的一个阀口输向执行元件(如液压缸),由执行元件返回的油液则经滑阀 10 上另一个阀口通向回油。滑阀 10 移动时,挡板 2 下端球头跟着移动。在衔铁挡板组件上产生了一个转

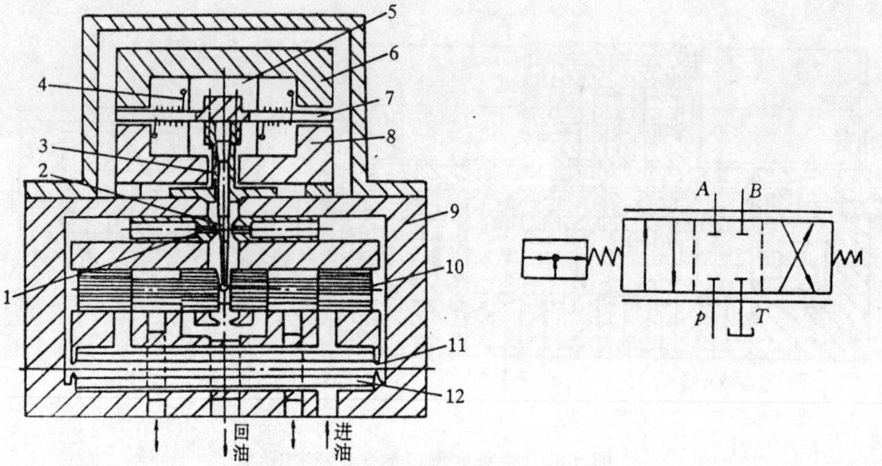

图 6-81 电液流量伺服阀的结构示意图

1—喷嘴；2—挡板；3—弹簧管；4—线圈；5—永久磁铁；6，8—导磁体；
7—衔铁；9—阀座；10—滑阀；11—节流孔；12—滤油器

矩，使衔铁 7 向相应方向偏转，并使挡板 2 在两喷嘴 1 间的偏移量减少，这就是反馈作用。反馈作用的结果是使滑阀 10 两端的压差减小。当滑阀 10 上的液压作用力和挡板 2 下端球头因移动而产生的弹性反作用力达到平衡时，滑阀 10 便不再移动，并一直使阀口保持在这一开度上。

通入线圈 4 的控制电流越大，使衔铁 7 偏转的转矩、挡板 2 挠曲变形、滑阀 10 两端的压差以及滑阀 10 的偏移量就越大，伺服阀输出的流量也越大。由于滑阀 10 的位移、喷嘴 1 与挡板 2 之间的间隙、衔铁 7 的转角都依次与输入电流成正比，因此，这种阀的输出流量也和输入电流成正比。输入的电流反向时，输出流量亦反向。

综上所述可以看到，电液伺服阀中电磁部分的作用，是把输入电流转变成转矩，使衔铁偏转，所以一般称它为力矩马达。液压部分的喷嘴—挡板装置是使微小的电信号借助于挡板间隙的改变使滑阀移动，它是一个液压放大器。滑阀在移动后接通传递动力的主回路，因而也是一个液压放大器。前者称为第一放大级或前置放大级，后者称为第二放大级或功率放大级。电液伺服阀按其放大级数多少和每级具体结构的不同又有多种形式。图 6-81 所示为由喷嘴—挡板和滑阀组成的两组放大器，它是电液伺服阀中最典型、最普遍的形式之一。

图 6-81 中滑阀的最终位置是通过挡板弹性反作用力的反馈作用而达到平衡的，因此这种伺服阀属于力反馈式。电液伺服阀实现其反馈作用的方式还有多种，如直接位置反馈、电反馈、压力反馈、动压反馈和流量反馈等。

由于电液伺服阀的控制精度高、响应速度快，所以在工业设备、航空航天以及军事装备中获得了广泛的应用，它常用来实现电液位置、速度、加速度和力的控制。

图 6-82 所示为利用电液伺服阀的典型位置伺服控制系统。图中两个电位器接成桥式电路，用以测量输入（指令电位器）与输出（工作台位置）之间的偏差（用电压表示）。若反馈电位器滑臂与指令电位器滑臂电位不同时，偏差电压通过伺服放大器放大，经电液伺服阀转换并输出液压能，推动液压缸，驱动工作台向消除偏差的方向运动。当反馈电位器与指令电位器处于同电位位置时，工作台停止运动，从而使工作台位置总是按照指令电位器给定的规律变化。这种系统常用于机床等工作台的位置控制中。

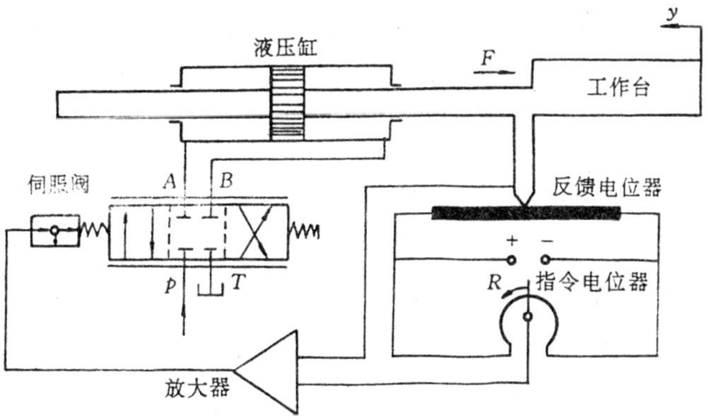

图 6-82　电液位置伺服控制系统

图 6-83 所示为利用电液伺服阀的速度伺服控制系统。它是将旋转负载的转速变化，经转速计反馈到输入端，与速度指令信号进行比较，得一偏差信号，将偏差信号放大后输入给电液伺服阀，电液伺服阀根据偏差信号的大小和方向，输出相应的液压能给执行元件液压马达，液压马达按相应的转速大小和方向驱动负载。这种系统经常用于转台、炮塔、雷达天线等设备的速度控制中。

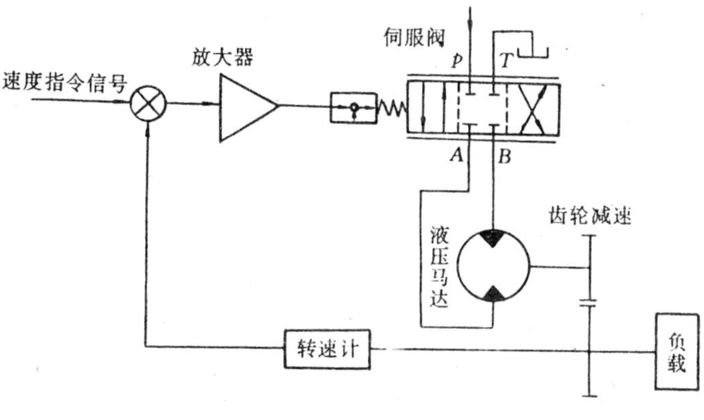

图 6-83　电液速度伺服控制系统

6.5.3　电液数字阀

利用数字信号直接控制的电液阀，称为电液数字阀。数字阀可直接与计算机接口，不需要 D/A 转换器。与比例阀和伺服阀相比，这种阀结构简单、工艺性好、价廉、抗污染能力强、重复性好、工作稳定可靠、功耗小。在微机实时控制的电液系统中，它已部分取代了比例阀或伺服阀，为计算机在液压控制系统中的应用开拓了一条新的途径。

根据数字信号控制方法的不同，电液数字阀可分为脉数调制（PNM）式（也称增量式）和脉宽调制（PWM）式两种；从驱动装置来看，又有步进电机驱动式和力矩马达驱动式两种。

图 6-84 所示为步进电机驱动的脉数调制式（增量式）电液数字流量阀的结构图。它由步进电机、丝杠机构和节流阀三部分组成。如图 6-84 所示，当步进电机接到由计算机发出的脉冲数字信号（脉冲数目根据所需的阀输出流量或步进电机的转角来调制）后，开始步进转动，产

生转角，通过丝杠 5 将转角变为轴向位移，驱动节流阀阀芯 6，控制节流阀口的启闭和开度，从而控制输出流量。该阀有两个节流阀口，它们的通流面积梯度不同。阀芯移动时，首先打开右边的节流阀口，由于该阀口为非全周界通流，故流量较小；阀芯继续移动时，打开左边的全周界通流的节流阀口，流量增大。

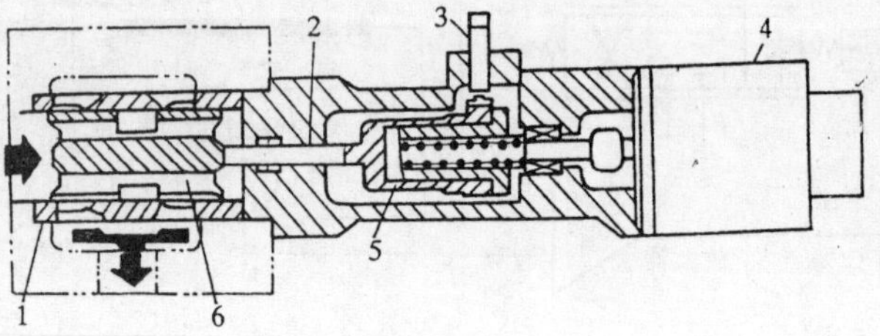

图 6-84　步进电机驱动的电液数字流量阀（增量式）结构图

1—阀套；2—连杆；3—零位传感器；4—步进电机；5—滚珠丝杠；6—节流阀阀芯

图 6-85 所示为力矩马达驱动的脉宽调制式电液数字阀的结构图。它由力矩马达和一组球阀组成。如图6-85所示，当力矩马达其中之一线圈接到由计算机发出并经脉宽调制的电信号（脉冲宽度根据所需的输出流量或阀开启时间的长短进行调制）后，衔铁发生偏转（假定偏转方向如图 6-85 所示），推动先导级球阀 2 向下运动，关闭压力液口 p_P。L_2 腔与回液口 p_R 接通，球阀 4 在液压力作用下上升，p_A 腔与压力液口 p_P 相通。而左边的先导级球阀 1 压在上边位置，L_1 腔与压力液口 p_P 相通，球阀 3 向下关闭，p_A 腔与回液腔 p_R 断开。反之，当另一线圈接到电信号后，情况刚好相反，p_A 腔与 p_R 腔相通。该阀的输出流量由脉宽调制信号所限定的阀开启时间长短来控制。

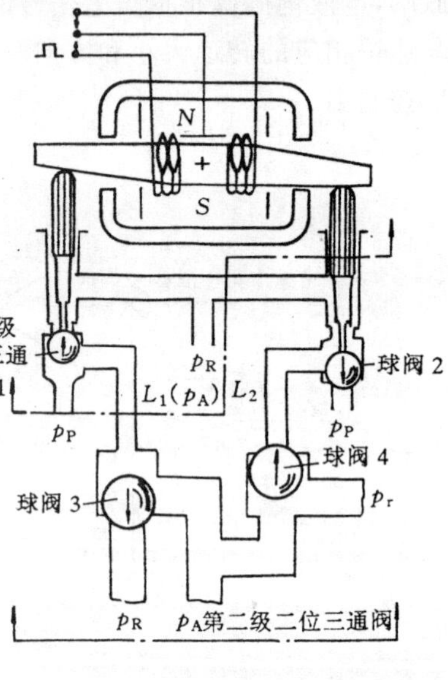

图 6-85　力矩马达驱动的电液数字阀结构图

如上所述的电液数字阀，目前在注塑机、压铸机、机床、飞行器等方面得到了广泛应用。由于它将计算机和液压技术紧密地结合起来，所以它的应用前景是极为广阔的。

思考题与习题

6-1　液压控制阀如何分类？

6-2　单向阀在系统中起背压作用时与起单向作用时的性能要求有何差异？

6-3　何谓换向阀的位、通和滑阀机能？

6-4　试说明三位换向阀的 O,M,H,Y 型机能的特点，各适用于什么场合？

6-5　举例说明单向阀、液控单向阀的作用。

6-6　何谓滑阀的液动力？如何计算？

6-7　滑阀阀芯都受有哪些力的作用？

6-8　何谓液压卡紧现象？产生原因是什么？如何克服？

6-9　换向阀有哪些类型？各用怎样的符号表示？

6-10　溢流阀有何基本功能？对其性能有何要求？

6-11　直动式溢流阀和先导式溢流阀的性能有何差别？

6-12　先导式溢流阀的工作原理如何？主阀芯上的阻尼孔有何作用？主阀弹簧和先导阀弹簧各有何作用？遥控口有何作用？

6-13　溢流阀的稳态性能指标和动态性能指标有哪些？其意义如何？

6-14　如何利用先导式溢流阀进行卸荷和远程调压？

6-15　定压减压阀的工作原理如何？

6-16　溢流阀、减压阀、顺序阀在工作原理、结构及职能符号上有何异同？

6-17　节流阀口有哪些结构形式？各有何特点？

6-18　流量控制阀的节流口为什么要采用薄壁小孔而不采用细长孔？

6-19　什么是节流阀的刚性？它受哪些因素影响？

6-20　调速阀的工作原理如何？为什么调速阀比节流阀的调速性能好？

6-21　举例说明节流阀和调速阀的用途？

6-22　试比较调速阀和溢流节流阀在结构和工作原理上有何异同？

6-23　电液比例阀、电液伺服阀和电液数字阀的工作原理如何？

6-24　如图 6-86 所示液压缸，$A_1=30\text{cm}^2$，$A_2=12\text{cm}^2$，$F=30\times10^3\text{N}$，液控单向阀用作闭锁以防止液压缸下滑。阀内控制活塞面积 A_K 是其阀芯承压面积 A 的三倍。若摩擦力、弹簧力均忽略不计，试计算需要多大的控制压力才能开启液控单向阀？开启前液压缸中最高压力为多少？

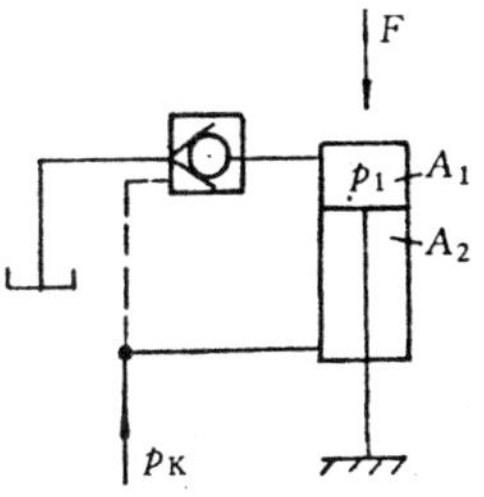

图 6-86　题 6-24 附图

6-25　如图 6-87 所示，回路中的电液换向阀不能正常工作，指出故障的原因并改正之。

6-26　二位四通电磁换向阀能否作二位三通或二位二通阀用？应如何接法？

6-27　如图 6-88 所示的(a)，(b)回路中，减压阀能否起到减压或稳压作用？为什么？

6-28　若将先导式溢流阀主阀芯的阻尼小孔堵死，会出现什么问题？如果先导阀锥阀座上的进油小孔堵死，又会出现什么问题？

6-29　如图 6-89 所示，系统中溢流阀的调定压力分别为 $p_A=2\text{MPa}$，$p_B=1.4\text{MPa}$，$p_C=2\text{MPa}$。试求系统的外负载趋于无限大时，泵输出的压力为多少？如果将溢流阀 B 的远程控制口堵住，泵输出的压力又为多少？

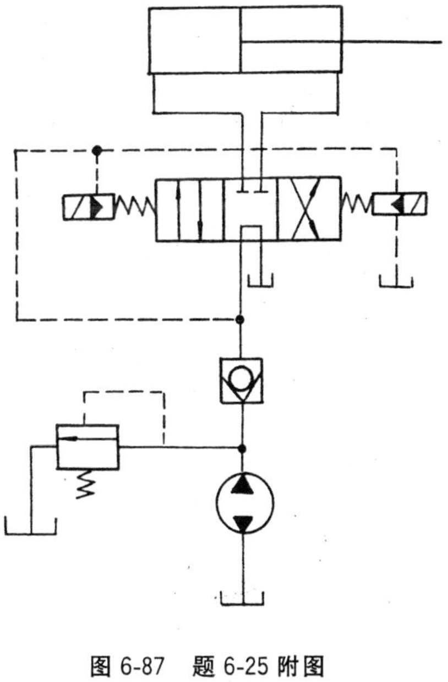

图 6-87　题 6-25 附图

6-30　如图 6-90 所示，两个系统中，各溢流

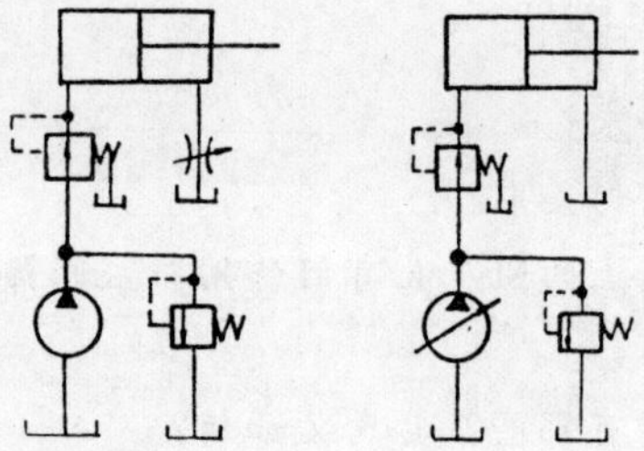

(a) (b)

图 6-88 题 6-27 附图

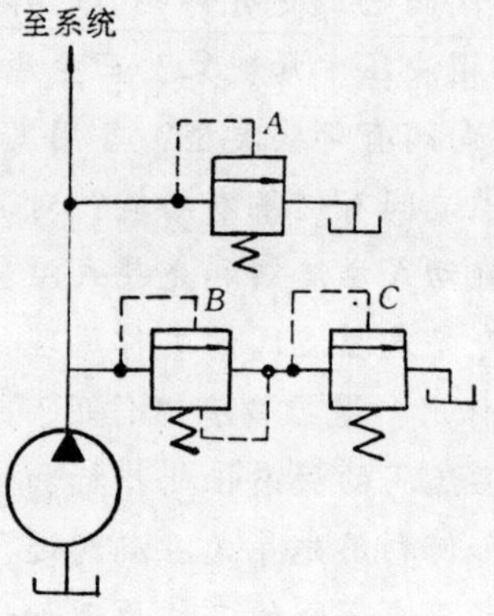

图 6-89 题 6-29 附图

阀的调定压力分别为 $p_A=4\text{MPa}$，$p_B=3\text{MPa}$，$p_C=2\text{MPa}$，如果系统的外负载无限大，泵的工作压力各为多少？对(a)系统，要求说明溢流量是如何分配的？

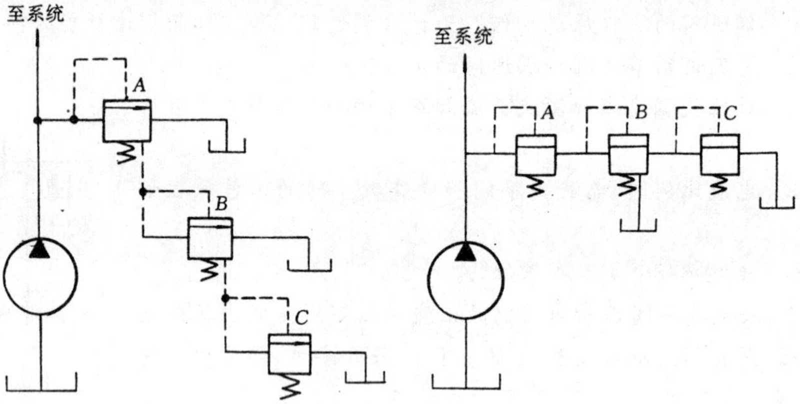

(a) (b)

图 6-90 题 6-30 附图

6-31 在图 6-91 所示回路中，系统压力由溢流阀调定不变，$p_B=5\text{MPa}$，p_2 调定为 3.2MPa，$A_1=100\text{cm}^2$。试求当负载 $F=0$，$F=30000\text{N}$，$F=40000\text{N}$ 以及活塞杆碰到死挡铁等四种情况下，减压阀出口压力 $p_2=$？并说明这四种情况下减压阀的工作状态。

6-32 如图 6-92 所示的液压系统中，$D=10\text{cm}$，$d=7\text{cm}$，活塞及负载的总重量 $G=15000\text{N}$。要求活塞上升速度 $v=0.1\text{m/s}$；停止时，活塞不得下落。若不计泄漏和压力损失，试确定溢流阀和单向顺序阀的调定压力。(提示：确定溢流阀调定压力时应考虑提升时惯性的影响)

6-33 试用定量泵、两位两通电磁阀、先导式溢流阀各一个，组成两种卸荷回路。

6-34 如图 6-93 所示回路，顺序阀的调定压力 $p_X=3\text{MPa}$，溢流阀的调定压力 $p_Y=5\text{MPa}$，问在下列情况下：

(1)液压缸运动时，负载压力 $p_L=4\text{MPa}$；

(2)如果负载压力变为 $p_L=1\text{MPa}$；

(3)若活塞运动到右端时。

A，B 点的压力为多少？

6-35 如图 6-94 所示系统，缸Ⅰ，Ⅱ的外负载 $F_1=20000\text{N}$，$F_2=30000\text{N}$，有效作用面积

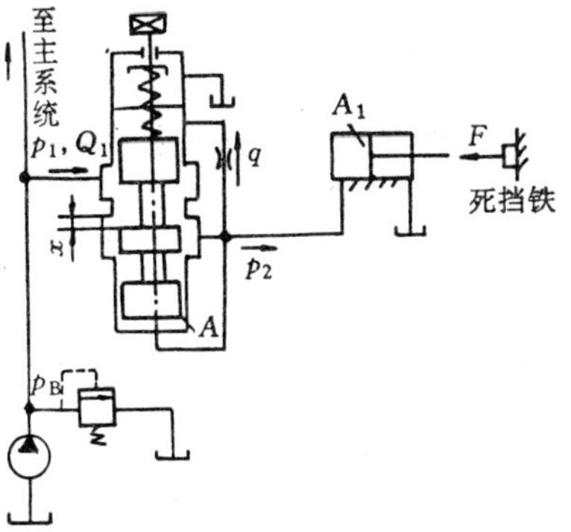

图 6-91　题 6-31 附图

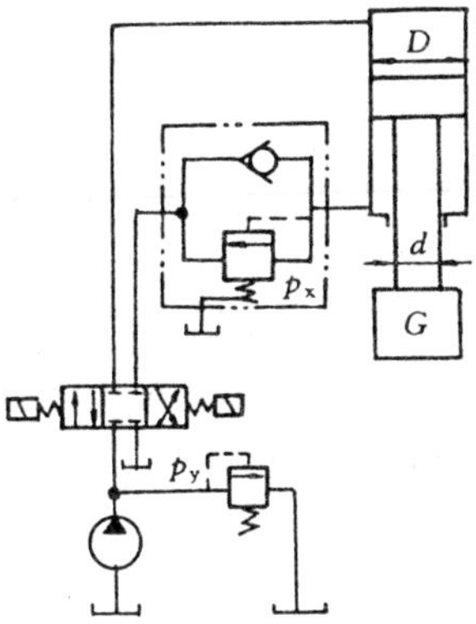

图 6-92　题 6-33 附图

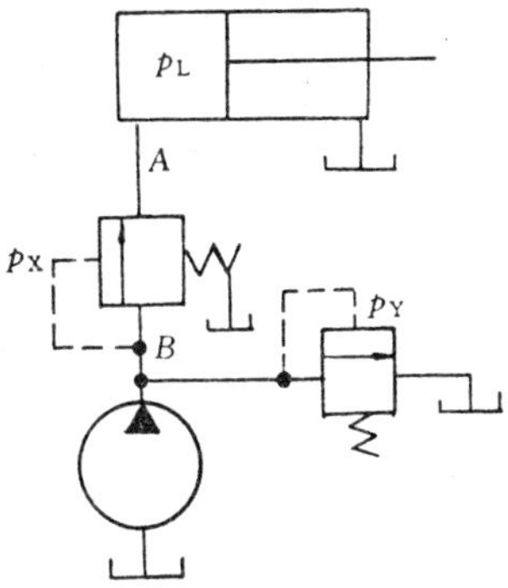

图 6-93　题 6-34 附图

都是 $A=50\text{cm}^2$，要求缸Ⅱ先于Ⅰ动作，问：

(1)顺序阀和溢流阀的调定压力分别为多少？

(2)不计管路阻力损失，缸Ⅰ动作时，顺序阀进液口、出液口压力分别为多少？

6-36　根据顺序阀结构原理图(图 6-95)，试问：

(1)若将调压弹簧的外泄漏口安装成内部回液形式，即 L 口与 p_2 口相通时，顺序阀能否正常工作？

(2)如果阻尼孔 a 堵塞，将会出现什么故障？

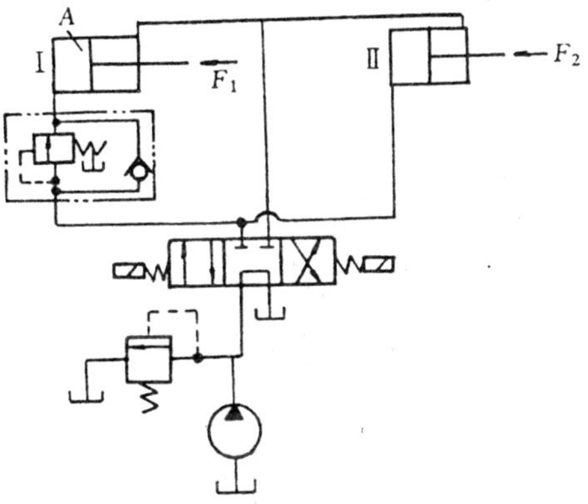

图 6-94　题 6-35 附图

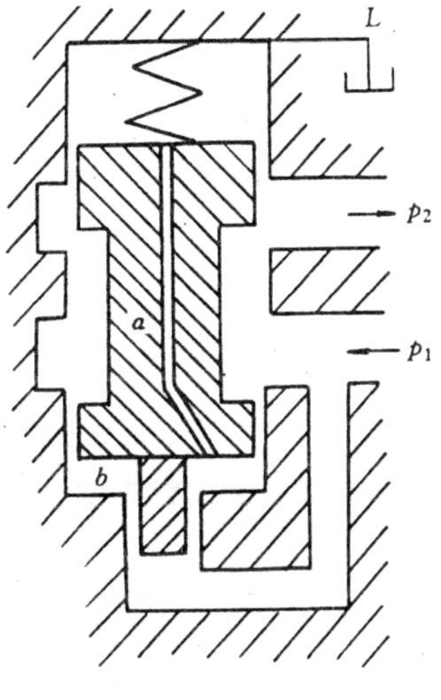

图 6-95　题 6-36 附图

6-37　如图 6-96 所示三个系统，哪个可调节流量？哪个不可调节流量？为什么？

6-38　在图 6-97 所示回路中，液压泵输出流量 $Q_B=10\text{L/min}$，溢流阀调定压力 $p_B=2\text{MPa}$，两个节流阀的流量系数都是 $C_q=0.67$，阀口开口面积分别为 $A_1=0.02\text{cm}^2$，$A_2=0.01\text{cm}^2$，工作液体密度 $\rho=900\text{kg/m}^3$，如不考虑溢流阀的调压偏差，试问在液压缸克服阻力向右运动时：

(1)液压缸无杆腔的最高工作压力能否达到 $20\times10^5\text{Pa}$？

(2)溢流阀的最大溢流量是多少？

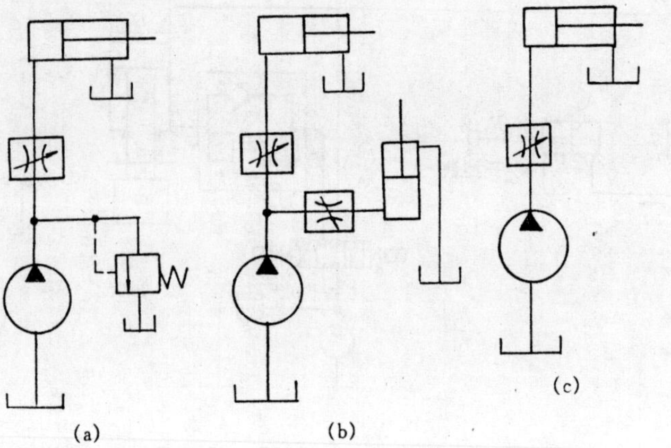

图 6-96　题 6-37 附图

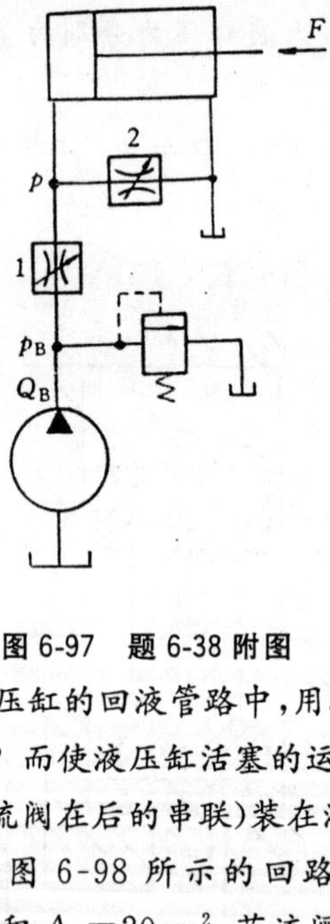

图 6-97　题 6-38 附图

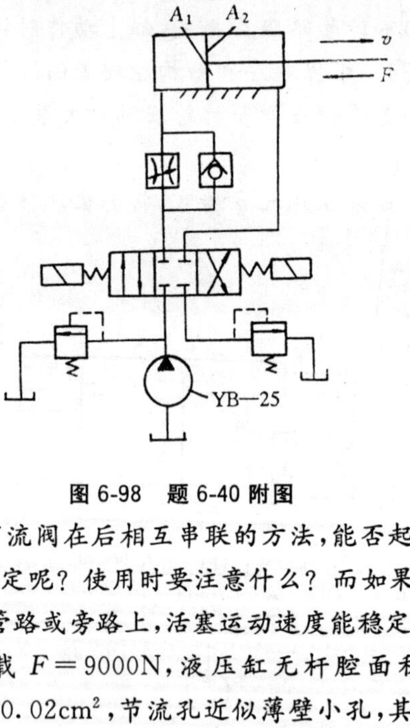

图 6-98　题 6-40 附图

6-39　在液压缸的回液管路中，用减压阀在前，节流阀在后相互串联的方法，能否起到和调速阀相同的作用？而使液压缸活塞的运动速度得到稳定呢？使用时要注意什么？而如果将它们(减压阀在前、节流阀在后的串联)装在液压缸的进液管路或旁路上，活塞运动速度能稳定吗？

6-40　在如图 6-98 所示的回路中，已知：负载 $F=9000\text{N}$，液压缸无杆腔面积 $A_1=50\text{cm}^2$，有杆腔面积 $A_2=20\text{cm}^2$，节流阀开口面积 $a=0.02\text{cm}^2$，节流孔近似薄壁小孔，其前后压差 $\Delta p=0.4\text{MPa}$，背压阀的调定压力 $p_b=0.5\text{MPa}$。当活塞向右运动时，若通过换向阀和管道的压力损失不计，试求：

(1)液压缸进液腔压力 p_1；

(2)液压缸回液腔压力 p_b；

(3)溢流阀调定压力 p_B；

(4)进入液压缸的流量 Q_1；

(5)通过溢流阀的流量 Q_Y；

(6)通过背压阀的流量 Q_2；

(7)活塞向右运动的速度 v；

(8)假设液压泵的效率 $\eta_v=0.8$，$\eta_m=0.9$，求驱动液压泵的电动机功率 N。

第 7 章　辅助元件

在液压传动系统中，起辅助作用的元件称为液压辅助元件。它主要包括油箱、过滤器、蓄能器、热交换器、密封装置、油管和管接头等。尽管这些元件在液压传动中是起辅助作用的，但它对保证液压传动系统有效地工作和一定的工作性能是十分重要的。因此，液压辅助元件的研制和选用，必须给予足够的重视。

7.1　油　箱

7.1.1　功用和结构

油箱的功用主要是储存油液，此外还起着散发油液中热量(在周围环境温度较低的情况下则是保持油液中热量)、释放混在油液中的气体、沉淀油液中污物等作用。

液压系统中的油箱有整体式和分离式两种。整体式油箱利用主机的内腔作为油箱，这种油箱结构紧凑，各处漏油易于回收，但增加了设计和制造的复杂性，维修不便，散热条件不好，且会使主机产生热变形。分离式油箱单独设置，与主机分开，减少了油箱发热和液压源振动对主机工作精度的影响，因此得到普遍的应用，特别在精密机械上。

油箱的典型结构如图 7-1 所示。由图可见，油箱内部用隔板 7 将吸油管 4，滤油器 9 和泄油管 3，回油管 2 隔开。顶部、侧部和底部分别装有空气滤清器 5，注油器 1 及液位计 12 和排放污油的堵塞 8。安装液压泵及其驱动电机的安装板 6 则固定在油箱顶面上。

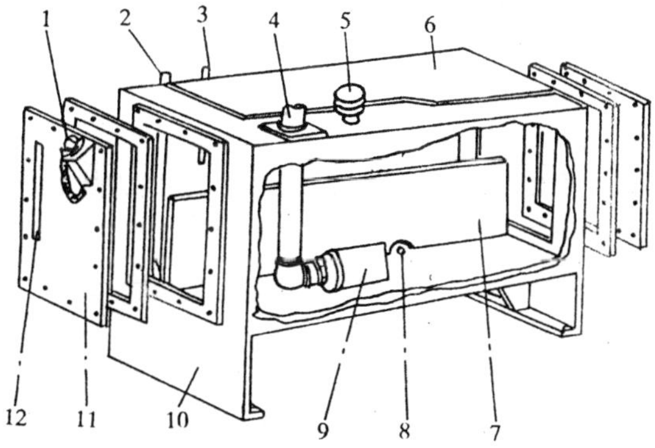

图 7-1　油　箱

1—注油器；2—回油管；3—泄油管；4—吸油管；5—空气滤清器；
6—安装板；7—隔板；8—堵塞；9—滤油器；10—箱体；11—端盖；12—液位计

近年来又出现了充气式的闭式油箱，它不同于图 7-1 开式油箱之处，在于油箱是整个封闭的，顶部有一个充气管，可送入 0.05～0.07MPa 经滤清、干燥的压缩空气。空气或直接与油液接触，或者被输入到蓄能器式的皮囊内不与油液接触。这种油箱的优点是改善了液压泵的吸油条件，但它要求系统中的回油管、泄油管承受背压。油箱本身还需配置安全阀、电接点压力表等元件以稳定充气压力，因此，它只在特殊情况下使用。示意图如图 7-2 所示。

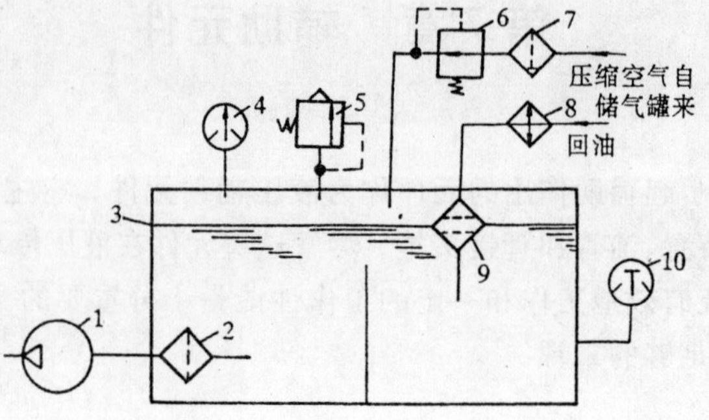

图 7-2　压力油箱示意图

1—液压泵；2—粗滤油器；3—压力油箱；4—电接点压力表；5—安全阀；

6—减压阀；7—分水滤气器；8—冷却器；9—精滤油器；10—电接点温度表

油箱的职能符号如图 7-3(a)所示，图 7-3(b)表示油管管口在液面之下，图 7-3(c)表示管口在液面之上。

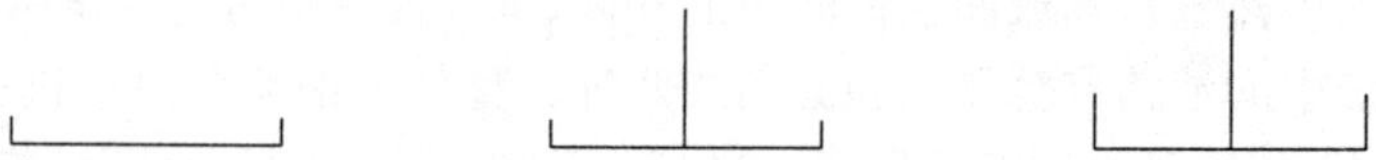

图 7-3　油箱的职能符号

7.1.2　设计油箱的注意事项

① 油箱的有效容积(液面高度为油箱高度 80％时的容积)应根据液压系统发热、散热平衡的原则来计算，这项计算在系统负载较大、长期连续工作时是必不可少的。但对于一般情况来说，油箱的有效容积可以按液压泵的额定流量 Q_B(L/min)估计出来。例如，适用于机床或其他一些固定式机械的估算式为

$$V=\xi \cdot Q_B \tag{7-1}$$

式中　V——油箱的有效容积，L；

ξ——与系统压力有关的经验值：低压系统 $\xi=2\sim4$，中压系统 $\xi=5\sim7$，高压系统 $\xi=10\sim12$。

② 吸油管和回油管应尽量相距远些，两者之间要用隔板隔开，以增加油液循环距离，使油液能够有足够的时间分离气泡，沉淀杂质，消耗热量。隔板高度最好为箱内油面高度的 $\frac{3}{4}$。

吸油管入口要装粗滤油器。精滤油器与回油管管端在油面最低时仍应没在油中，防止吸油时卷吸空气或回油冲入油箱时搅动油面而混入气泡。回油管管端宜斜切 45°，以增大出油口截面积，减慢出油口处油流速度，此外，应使回油管斜切口面对箱壁，以利油液散热。当回油管排回的油量很大时，宜使它出口处高出油面，向一个带孔或不带孔的斜槽(倾角为 5°～15°)排油，使油流散开，一方面减慢流速，另一方面排走油液中空气(见图 7-4)。减慢回油流速、减少它的冲击搅拌作用，也可以采取让它通过扩散室的办法来达到(参见图 7-5)。泄油管管端亦可斜切并面壁，但不可没入油中。

管端与箱底、箱壁间距离均不宜小于管径的 3 倍。粗滤油器距离箱底不应小于 20mm。

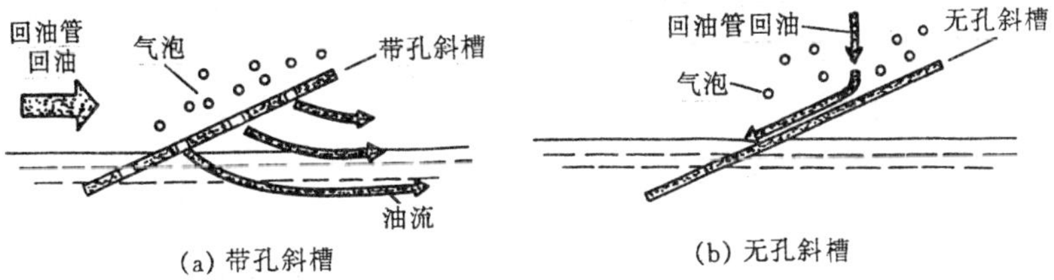

图 7-4 油箱中的排气斜槽

③ 为了防止油液污染起见，油箱上各盖板、管口处都要妥善密封。注油器上要加滤油网。防止油箱出现负压而设置的通气孔上须安装空气滤清器。空气滤清器的容量至少应为液压泵额定流量的2倍。油箱内回油集中部分及清污口附近宜装设一些磁性块，以去除油液中的铁屑和带磁性颗粒(图7-6)。

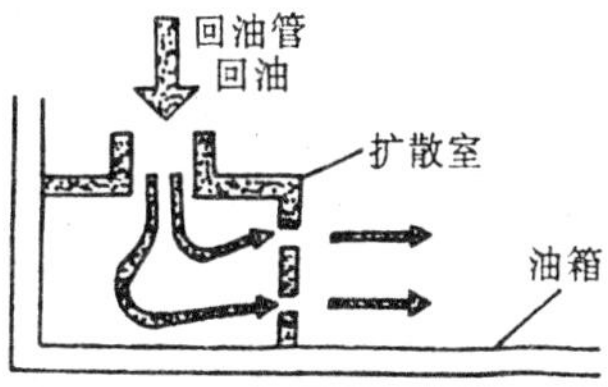

图 7-5 油箱中的扩散室

④ 为了易于散热和便于对油箱进行搬移及维护保养，箱底离地面至少应在150mm以上。箱底应适当倾斜，在最低部位处设置堵塞或放油阀，以便排放污油。箱体上注油口的近旁必须设置液位计。滤油器的安装位置应便于装拆。箱内各处应便于清洗。

⑤ 油箱中如要安装热交换器，必须考虑好它的安装位置，以及测温、控制等措施。

⑥ 分离式油箱一般用2.5～4mm钢板焊成。箱壁愈薄，散热愈快。大尺寸油箱要加焊角板、筋条，以增加刚性。当液压泵及其驱动电机和其他液压件都要安装在油箱上时，油箱顶盖要相应地加厚。

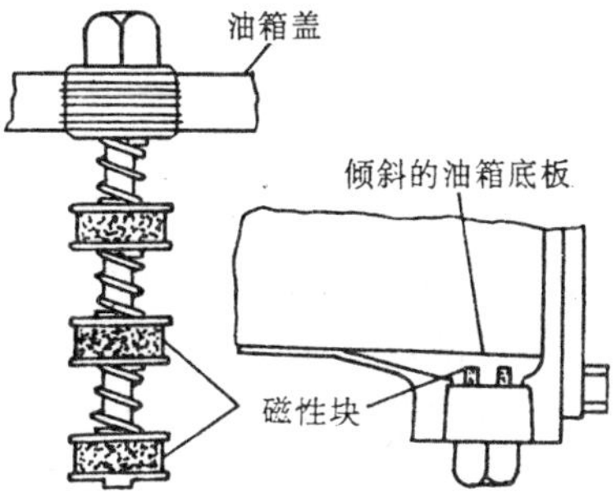

图 7-6 油箱中的磁铁块

⑦ 油箱内壁应涂上耐油防锈的涂料。外壁如涂上一层极薄的黑漆(不超过0.025mm厚度)，会有很好的辐射冷却效果。铸造的油箱内壁一般只进行喷砂处理，不涂漆。

7.2 滤油器

7.2.1 功用、分类和结构

滤油器用于滤除油液中非可溶性颗粒污染物，对油液进行净化，以保证系统工作的稳定和延长液压元件的使用寿命。

液压系统中油液常有来自外部或系统内部的污染物。来自外部的污染原因有液压元件及系统的加工、装配过程中残留的切屑、毛刺、型砂、锈片、漆片、棉絮、灰尘等污染物进入油液。来自系统内部的污染原因是系统运行过程中零件磨损的脱落物和油液因理化作用而生成的氧化物、胶状物等。这些污染物加速液压元件中相对运动表面磨损，擦伤密封件，影响元件及系统的性能和使用寿命。同时污染物亦可堵塞系统中的小孔、缝隙，卡住阀类元件，造成元件动作失灵甚至损坏。有资料记载，75%以上的液压系统故障是由于油液污染造成的。

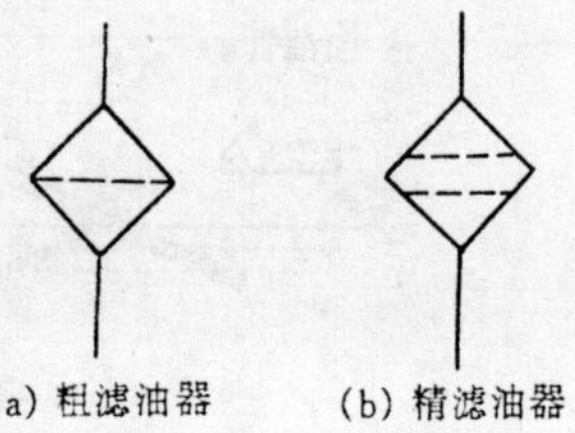

图 7-7 滤油器的图形符号

滤油器按过滤精度分为粗、普通、精、特精四类，并用图形符号表示粗滤油器和精滤油器两种，如图 7-7 所示。

除按过滤精度分类外，滤油器还可以按以下方法分类。

(1)按滤芯的结构分类

① 网式滤油器。液流流经此滤油器时，由滤网(金属网)上的小孔起滤清作用。

② 线隙式滤油器。滤芯由金属丝烧制而成，依靠金属丝间的微小间隙来过滤混入油液中的杂质。

③ 纸质滤油器。滤芯为多层酚醛树脂处理过的微孔滤纸，由微孔滤除混入油液中的杂质。

④ 磁性滤油器。依靠永久磁铁，利用磁化原理来滤除混入油液中的铁屑。

⑤ 烧结式滤油器。滤芯为颗粒状青铜粉等金属粉末压制烧结而成，利用颗粒之间的微孔滤去混入油液中的杂质。

⑥ 不锈钢纤维滤油器。滤芯为不锈钢纤维挤压制成，由纤维丝之间的间隙滤除混入油液中的杂质。这种滤油器的过滤精度高(0.001～0.01mm)，可承受 20MPa 压差，可以清洗。但因为滤芯价格昂贵，一般液压系统并不采用，只推荐在高压伺服系统中应用。

⑦ 合成树脂滤油器。滤芯由一种无机纤维经液态树脂浸渍处理制成。由于微孔很小，密度很大，因此过滤精度高(0.001～0.01mm)，且能承受 21MPa 的压差。

(2)按过滤方式分类

① 表面型过滤器。这类过滤器的过滤元件的表面与油液接触，一般油液从外向内流动，只是过滤材料(如金属网、金属丝绕线、滤线)的表面起滤除杂质的作用。滤纸由于本身强度低，因此很少单独使用。金属网或金属丝绕线做成的滤油器的优点是，需要清除的杂质的颗粒大小可以限定；清洗后可以反复使用；压力损失较小。缺点是杂质不易滤清，过滤精度较低。表面型过滤器有网式和线隙式两种。

② 深度型过滤器。这类过滤器的过滤材料为毛毡、人造丝纤维、粉末冶金等。当油液通过上述物质中的一种或几种混合物挤压或烧结成的具有一定厚度的过滤层时，由过滤层内部细长而曲折的通道将混入油液的杂质滤除。它的优点是过滤精度较高，使用寿命较长。缺点是不能严格限定要清除的杂质颗粒大小，过滤材料的容积较大，压力损失也较大。

③ 中间型过滤器。这类过滤器的过滤方式介于上述二种之间，如采用经过特殊方式处理过的滤线作滤芯的纸质滤油器。它可以在一定程度上限定要清除的杂质颗粒大小，可以加大过滤面积，因此体积小，重量轻。缺点是滤芯不能清洗，只能一次使用。

(3)按滤油器的安装部位不同分类

① 油箱加油口或通气口用滤油器。

② 吸油管路用滤油器。

③ 回油管路用滤油器。

④ 压油管路用滤油器。

上述四类滤油器中第①，②类多采用粗滤油器，第③，④类滤油器为精滤油器。

常用滤油器结构及特点示于表 7-1 中。

表 7-1 常用滤油器结构及特点

类型	名称及结构简图	特点说明
表面型	网式滤油器 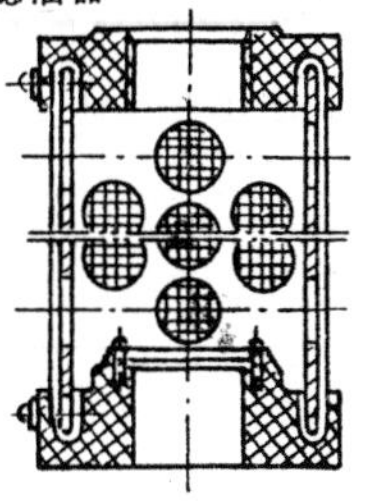	1. 过滤精度与铜丝网层数及网孔大小有关。在压力管路上常采用 100, 150, 200 目(每英寸长度上孔数)的铜丝网，在液压泵吸油管路上常采用 20～40 目铜丝网 2. 压力损失不超过 0.004MPa 3. 结构简单，通流能力大，清洗方便，但过滤精度低
	线隙式滤油器 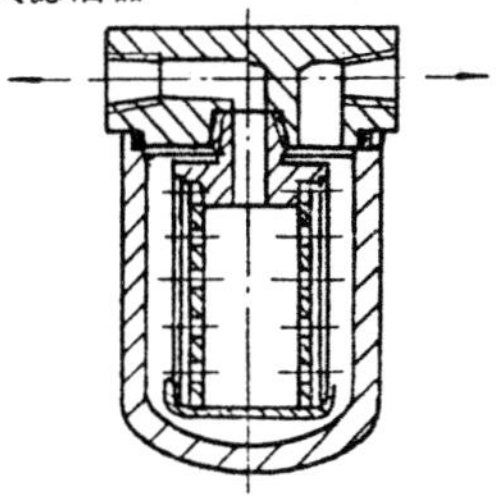	1. 滤芯由绕在芯架上的一层金属线组成，依靠线间微小间隙来挡住油液中杂质的通过 2. 压力损失约为 0.03～0.06MPa 3. 结构简单，通流能力大，过滤精度高，但滤芯材料强度低，不易清洗 4. 用于低压管道中，当用在液压泵吸油管上时，它的流量规格宜选得比泵为大
深度型	纸芯式滤油器 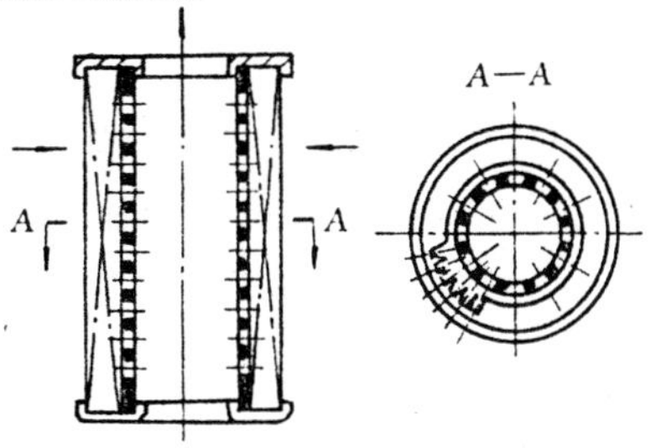	1. 结构与线隙式相同，但滤芯为平纹或波纹的酚醛树脂或木浆微孔制成的纸芯。为了增大过滤面积，纸芯常制成折叠形 2. 压力损失约为 0.01～0.04MPa 3. 过滤精度高，但堵塞后无法清洗，必须更换纸芯 4. 通常用于精过滤
	烧结式滤油器 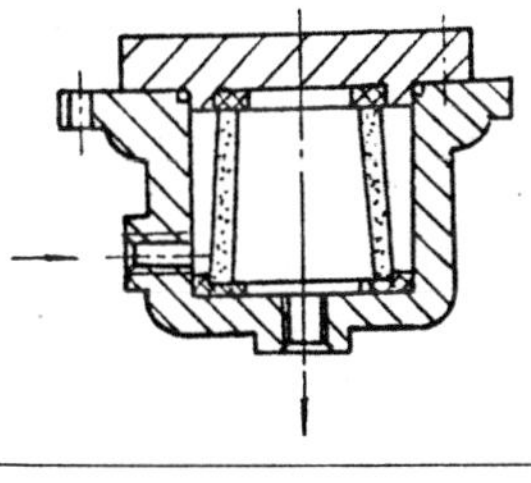	1. 滤芯由金属粉末烧结而成，利用金属颗粒间的微孔来挡住油中杂质通过，改变金属粉末的颗粒大小，就可以制出不同过滤精度的滤芯 2. 压力损失约为 0.03～0.2MPa 3. 过滤精度高，滤芯能承受高压，但金属颗粒易脱落，堵塞后不易清洗 4. 适用于精过滤
吸附型	磁性波油器	1. 滤芯由永久磁铁制成，能吸住油液中的铁屑、铁粉或带磁性的磨料 2. 常与其他形式滤芯合起来制成复合式滤油器 3. 对加工钢铁件的机床液压系统特别适用

7.2.2 滤油器的主要性能指标

(1) 过滤精度

它表示滤油器对各种不同尺寸的污染物滤除能力，用绝对过滤精度、过滤比和过滤效率等指标来评定。

绝对过滤精度是指通过过滤芯的最大坚硬球状颗粒的尺寸。它反映了过滤材料中最大的通孔尺寸，以 μm 表示。它可以用试验的方法进行测定。

过滤比（β 值）是指滤油器上游油液单位容积中大于某给定尺寸的颗粒与下游油液单位容积中大于同一尺寸的颗粒数之比，即对于某一尺寸 x 的颗粒来说，其过滤比 β_x 的表达式为

$$\beta_x=\frac{N_u}{N_d} \tag{7-2}$$

式中 N_u——上游油液中大于某一尺寸 x 的颗粒浓度；

N_d——下游油液中大于同一尺寸 x 的颗粒浓度。

从式(7-2)可看出，β_x 愈大，过滤精度愈高。当过滤比的数值达到 75 时，y 即被认为是滤油器的绝对过滤精度。过滤比能确切地反映滤油器对不同尺寸颗粒污染物的过滤能力，它已被国际标准化组织采纳作为评定滤油器过滤精度的性能指标。

过滤效率 E_c 可以通过下式由过滤比 β 值直接换算出来：

$$E_c=\frac{N_u-N_d}{N_u}=1-\frac{1}{\beta} \tag{7-3}$$

(2)压降特性

液压回路中的滤油器对油液流动来说是一种阻力，因而油液通过滤芯时必然要出现压力降。所谓压降特性，是指滤油器进、出液口两端的压力差与其通过流量、液体黏度、工作时间以及过滤介质的通道形状和尺寸等因素的关系。其中，更具实际意义的是，压差与工作时间的关系，其特性如图 7-8 所示。随着滤油器工作时间的延长，过滤介质逐渐被污垢堵塞，压降逐渐增加，当达到一定的工作时间后压差的增长速度急剧加快，迅速使过滤介质破裂。图中曲线的拐点表示过滤介质严重堵塞、压差急剧增长开始的时间，该点的压差称为饱和压差，并将此值作为滤油器堵塞报警信号，预告应当更换过滤元件了。滤油器的最大允许压差略高于饱和压差，而低于过滤介质的破裂压差。对于具有旁通阀的滤油器，阀的开启压力一般比饱和压差值大 10%左右。

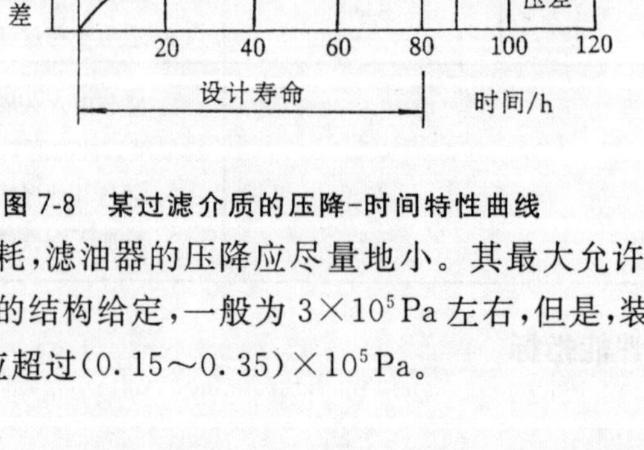

图 7-8 某过滤介质的压降-时间特性曲线

为了减少系统的能量损耗，滤油器的压降应尽量地小。其最大允许压差通常由制造厂家根据过滤介质的强度和元件的结构给定，一般为 3×10^5 Pa 左右，但是，装于液压泵吸液管路的滤油器，其最大允许压差不应超过 $(0.15\sim0.35)\times10^5$ Pa。

(3)纳垢容量

在滤油器达到其工作寿命（压降达到最大允许值）时的整个使用期间，被过滤元件截留的

污染物总质量，就称为滤油器的纳垢容量，其单位为克(g)。

(4)额定工作压力

额定工作压力是滤油器正常工作时所允许的最大压力。它主要取决于滤油器外壳的材料和结构。

(5)额定过滤流量

额定过滤流量是指在一定压差下允许通过的最大流量。可由下式计算：

$$Q=\frac{KA\Delta p}{\mu}\ (\mathrm{m^3/s}) \tag{7-4}$$

式中　K——滤芯的通油能力系数($\mathrm{m^3/m^2}$)，K 值大小取决于滤芯的材料和结构，常用滤芯的 K 值为：

网式滤芯　$K=0.34\ (\mathrm{m^3/m^2})$；

线隙式滤芯　$K=0.17\ (\mathrm{m^3/m^2})$；

纸式滤芯　$K=0.06\ (\mathrm{m^3/m^2})$；

烧结式滤芯　$K=\frac{1.04D^2}{8}\times 10^3\ \ (\mathrm{m^3/m^2})$。

D——烧结颗粒的平均直径，cm；

δ——滤芯壁厚；

A——滤油器的有效过滤面积，即滤芯上工作液体的过流断面总面积，$\mathrm{m^2}$；

Δp——滤油器的允许压降，Pa；

μ——工作液体的动力黏度，Pa·s。

由式(7-4)计算出的额定过滤流量，对于液压泵的吸液滤油器，应大于泵的流量两倍以上；对于一般压力管路或回液管路中的滤油器，应大于管路所通过的最大流量。

7.2.3　滤油器的应用回路

滤油器在液压系统中的应用，常根据系统其他液压元件的精密度来确定滤油器的过滤精度，并根据不同的滤清保护作用和对象，将其安装在液压系统中不同的位置上，构成各种形式的滤清回路。滤油器常用回路有以下几种。

(1)液压泵吸液滤清回路

如图 7-9 所示，滤油器 1 安装在液压泵的吸液管道上，它可以保护整个液压系统免受大颗粒杂质的侵入破坏。为了减少泵的吸液阻力，只能用粗滤油器，如网式和线隙式，其滤油阻力应小于 $(0.1\sim0.2)\times10^5$ Pa。

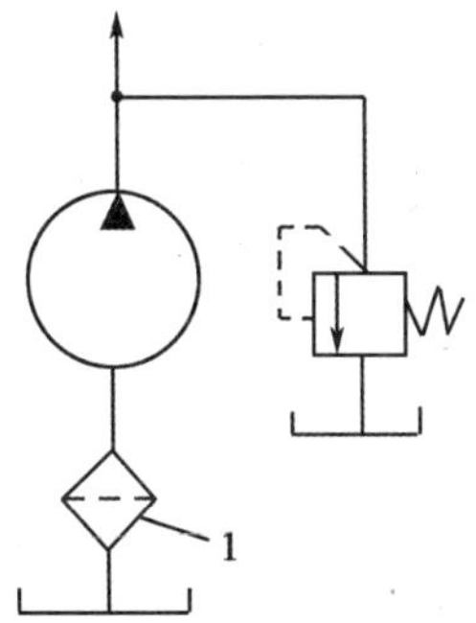

图 7-9　液压泵吸液滤清回路

(2)液压泵排液滤清回路

如图 7-10 所示，将滤油器 2 安装在液压泵的排液管道上，用于保护除液压泵以外的所有其他元件，它一般采用机械强度较高的精过滤器，通常安装在溢流阀之后。这种滤油器一般要求带有发讯装置或安全阀，当不带安全阀时，可并联一单向阀或低压顺序阀(如图中 3)，并令它们的开启压力稍低于滤油器的最大允许压差值。

(3)系统回液滤清回路

如图 7-11 所示，在液压系统的回液管道上安装一滤油器(通常为精滤油器)，不断净化返回油箱的工作液体，间接地保护整个液压系统。

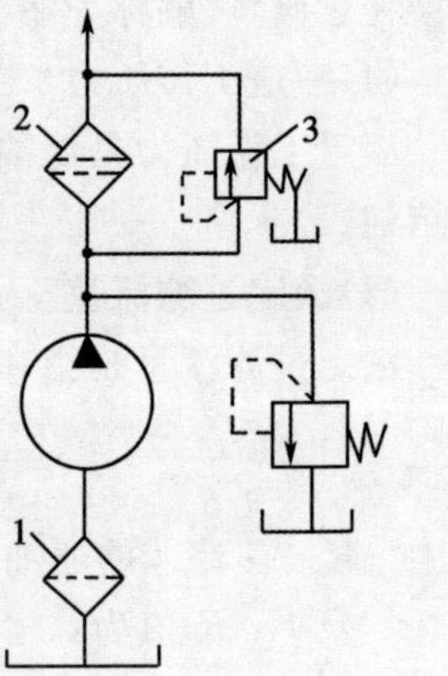

图 7-10 液压泵排液滤清回路

(4)支路滤清回路

在某些大流量的开式液压系统中，为减小滤油器尺寸，常采用通过能力较小的滤油器，并将其安装在系统的某些支路上，对部分工作液体进行滤清。为保证过滤效果，支路的流量不得小于系统流量的20%～30%。图 7-12 所示为滤油器安装在溢流口上的滤清回路。

(5)独立滤清回路

在一些大型、复杂的多回路液压系统中，常用专设的低压泵和滤油器组成一个如图 7-13 所示的独立滤清回路，经常不断地对油箱中的工作液体进行单独滤清。

此外，对于一些精密、重要的液压元件(如伺服阀、微量调节阀等)，可在它们的进液口前专设一个精滤油器进行单独保护。

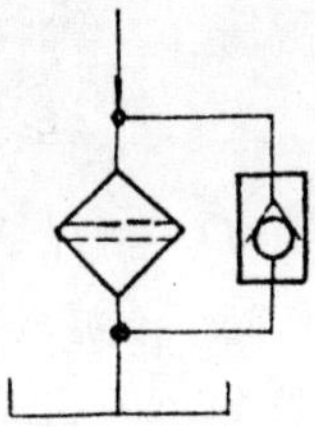

图 7-11 回液滤清回路

(6)双向滤清回路

滤油器一般用于液流单向通过的管路中，对于液流经常改变的管路，如果一定要装设滤油器进行双向滤清时，就必须采用如图 7-14 所示的回路，对两个方向流动的工作液体都具有滤清保护作用。

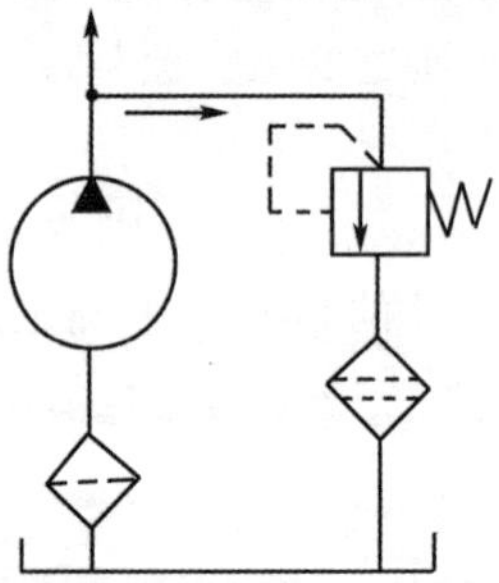

图 7-12 支路滤清回路

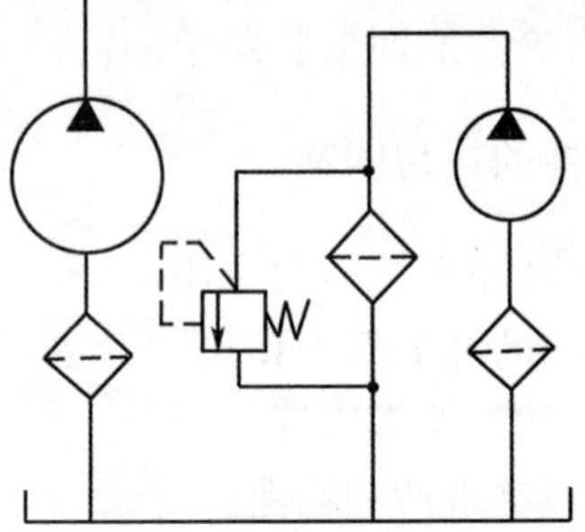

图 7-13 独立滤清回路

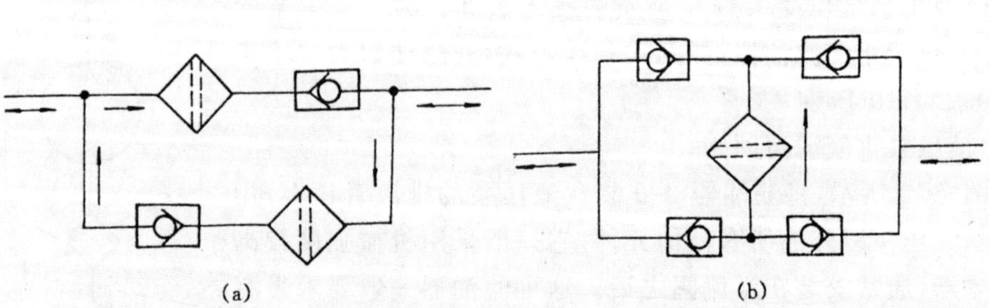

图 7-14 双向滤清回路

7.2.4 滤油器的选用和安装

滤油器按其过滤精度(滤去杂质的颗粒大小)的不同，有粗过滤器、普通过滤器、精密过滤器和特精过滤器四种，它们分别能滤去大于100μm，10～100μm，5～10μm 和 1～5μm 大小的杂质。

选用滤油器时，要考虑下列几点：

① 过滤精度应满足预定要求。

② 能在较长时间内保持足够的通流能力。

③ 滤芯具有足够的强度，不因液压的作用而损坏。

④ 滤芯抗腐蚀性能好，能在规定的温度下持久地工作。

⑤ 滤芯清洗或更换简便。

因此，滤油器应根据液压系统的技术要求，按过滤精度、通流能力、工作压力、油液黏度、工作温度等条件来选定其型号。

滤油器在液压系统中的安装位置及其有关的简单说明示于图 7-15 中。

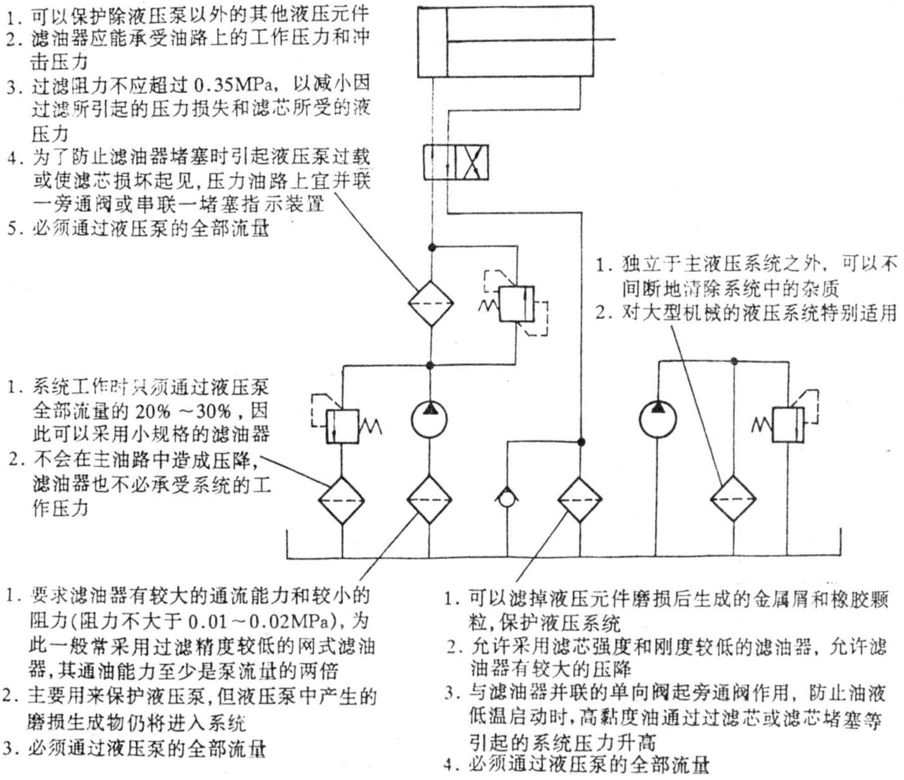

图 7-15　滤油器在液压系统中的安装位置

液压系统中除了整个系统所需的滤油器外，还常常在一些重要元件(如伺服阀、精密节流阀等)的前面单独安装一个专用的精滤油器来确保它们的正常工作。

7.3　蓄能器

7.3.1　功用、分类及结构

蓄能器是液压系统中的一种能量储存装置。它在适当的时机将液压系统的液压能转变为压缩能或位能储存起来，当系统需要时，又将压缩能或位能转变为液压能而释放出来，重新供给液压系统。利用蓄能器可改善液压系统的工作性能，使其更加有效、合理地使用能量。蓄能器在液压系统中的主要用途有以下几种。

(1)作辅助动力源

这是蓄能器最常见的用途，常用于液压系统短时间内需要大量压力油的场合。在一些间歇动作的液压系统中，或某些液压系统的执行元件虽不是间歇动作，但在一个工作循环内或一次行程内速度差别很大的情况下，系统不需大量油液时，蓄能器能把液压泵输出的压力油储存起来，然后根据需要快速释放，以实现系统的动作循环。这样，系统就可以使系统选用流量较小的液压泵，既能减少功率损耗，又能降低系统温升，使整个液压系统尺寸小、重量轻、价格低。

(2)补偿泄漏和维持系统压力

在液压泵停止向系统提供油液的情况下，蓄能器能把储存的压力油液供给系统，补偿系统泄漏或充当应急能源，使系统在一段时间内维持系统压力，避免停电或系统发生故障时油源突然中断所造成的机件损坏。

(3)吸收冲击压力或液压泵的脉动压力

对于由液压缸的突然停止或换向，换向阀的突然关闭或换向以及液压泵的突然开、停所引起的液压冲击，常采用蓄能器来加以吸收，以避免系统压力过高造成元件损坏。对于一些要求液压泵供油压力波动小的液压系统，可以在液压泵出口处安装蓄能器，以吸收液压泵的脉动压力。

除以上主要用途外，蓄能器还可以作紧急动力源，以及用作热膨胀补偿器等。

蓄能器的种类主要有弹簧式和充气式两种，它们的结构及特点参见表 7-2 所示。还有一种重力式蓄能器，体积庞大，结构笨重，反映迟钝，现在工业上已很少应用。

表 7-2 蓄能器的种类和特点

名称		结构简图	特点和说明
弹簧式		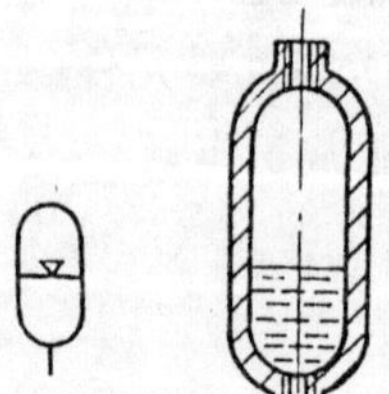	1. 利用弹簧的压缩和伸长来储存、释放压力能 2. 结构简单，反应灵敏，但容量小 3. 供小容量、低压($p \leqslant 1 \sim 1.2$MPa)回路缓冲之用，不适用于高压或高频的工作场合
充气式	气瓶式		1. 利用气体的压缩和膨胀来储存、释放压力能；气体和油液在蓄能器中直接接触 2. 容量大，惯性小，反应灵敏，轮廓尺寸小，但气体容易混入油内，影响系统工作平稳性 3. 只适用于大流量的中、低压回路

续表 7-2

名称		结构简图	特点和说明
充气式	活塞式	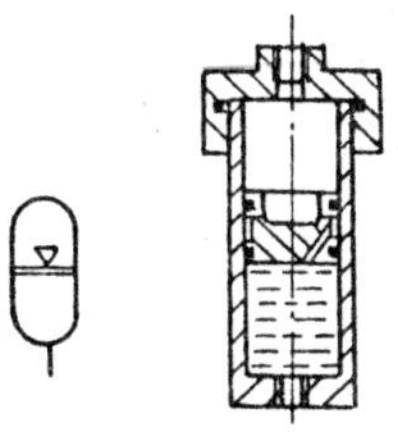	1. 利用气体的压缩和膨胀来储存、释放压力能；气体和油液在蓄能器中由活塞隔开 2. 结构简单，工作可靠，安装容易，维护方便，但活塞惯性大，活塞和缸壁间有摩擦，反应不够灵敏，密封要求较高 3. 用来储存能量，或供中、高压系统吸收压力脉动之用
	皮囊式	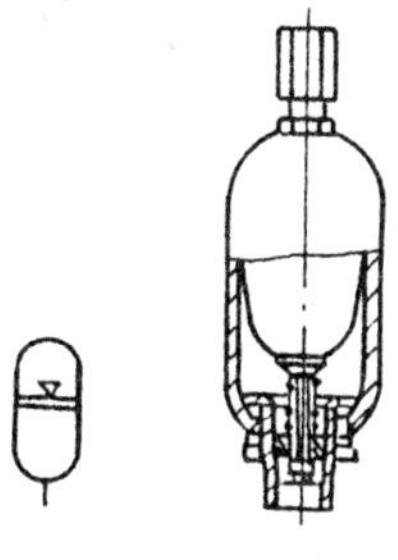	1. 利用气体的压缩和膨胀来储存、释放压力能；气体和油液在蓄能器中由皮囊隔开 2. 带弹簧的菌状进油阀使油液能进入蓄能器但防止皮囊自油口被挤出。充气阀只在蓄能器工作前皮囊充气时打开，蓄能器工作时则关闭 3. 结构尺寸小，重量轻，安装方便，维护容易，皮囊惯性小，反应灵敏；但皮囊和壳体制造都较难 4. 折合型皮囊容量较大，可用来储存能量；波纹型皮囊适用于吸收冲击

7.3.2　容量计算

液压系统所用的蓄能器要根据其使用情况及系统有关参数进行容量计算，以便选用或设计出合理的蓄能器。下面着重叙述气体加载式蓄能器容量的计算。

(1)蓄能用的蓄能器总容量 V_0 的计算

① 确定液压泵的总流量 $\sum Q$ 及泵的型号和台数。首先根据各执行元件的工况变化情况，制定出所需油量 Q 与时间 t 关系的循环图（如图 7-16所示）。然后根据流量-时间循环图，求出在一个工作循环内系统所需的平均流量

$$Q_m = \frac{\sum Q_i \Delta t_i}{\sum \Delta t_i} \tag{7-5}$$

式中　Δt_i——时间间隔，s；

Q_i——在各时间间隔 Δt_i 内的流量，m^3/s。

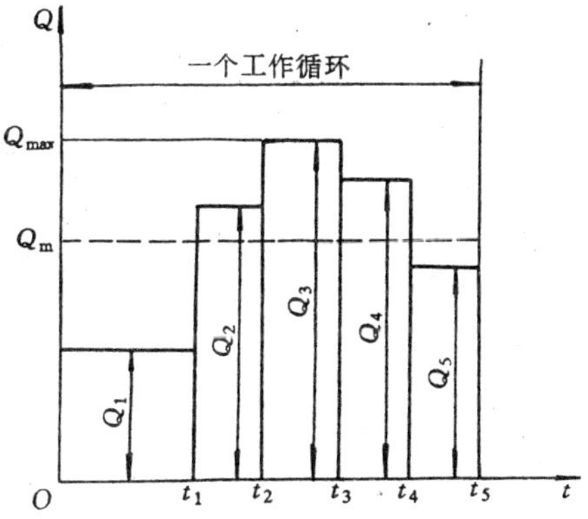

图 7-16　流量-时间图

由图 7-16 可知，超出平均流量 Q_m 的部分，就是要蓄能器供给的流量，小于 Q_m 的部分是由液压泵供给的流量。

按式(7-5)所得的 Q_m 可以认为是液压泵的计算流量，而实际液压泵的额定输出流量则要按泵的产品规格而定。

若考虑系统泄漏损失，则在式(7-5)的计算公式中再乘以系数 K_m（一般 $K_m = 1.1 \sim 1.25$）。

所选的液压泵可以是一台，也可以是几台，但其总流量 $\sum Q$ 应该等于一个工作循环内的平均流量 Q_m。

② 有效工作容积 ΔV 的计算。有效工作容积可按下式计算

$$\Delta V = \sum V_i K - \sum Qt \tag{7-6}$$

式中 i——系统所需最大耗油量的工作点数(执行元件数)；

$\sum V_i$——系统所需最大耗油量的各工作点的总耗油量之和，m^3；

K——考虑到密封、管路连接及其他液压元件泄漏的系数，一般取 $K=1.2$；

$\sum Q$——泵站总供油量，m^3/s；

t——最大耗油量时泵的工作时间，s。

③ 计算蓄能器的总容量 V_0。现以图 7-17 的气液直接接触式蓄能器为例，说明气体加载式蓄能器的总容量 V_0 和有效工作容积 ΔV 的关系。

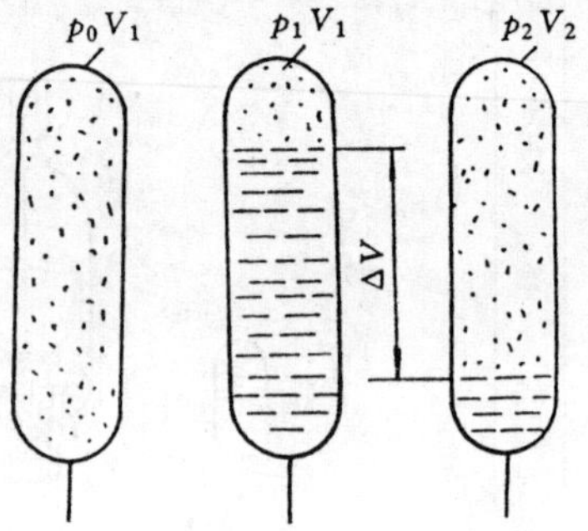

图 7-17 气液直接接触式蓄能器的三种状态

假设开始时，蓄能器充满气体，容积为 V_0，充气压力为 p_0。当系统压力达到最高工作压力值 p_1 时，油液充入蓄能器内，气体的容积被压缩为 V_1。当系统压力下降到最低工作压力值 p_2 时，压力油从蓄能器内排出，气体容积变为 V_2。因此，蓄能器的有效工作容积 ΔV 为

$$\Delta V = V_2 - V_1 \tag{7-7}$$

气体容积的变化遵循下列规律，即

$$p_0 V_0^n = p_1 V_1^n = p_2 V_2^n = \text{常数} \tag{7-8}$$

式中 n——气体方程式的指数，对于等温过程，$n=1$；对于绝热过程，$n=1.4$(氮气、空气)。从式(7-8)得

$$\left.\begin{aligned} V_2 &= \left(\frac{p_0}{p_2}\right)^{\frac{1}{n}} V_0 \\ V_1 &= \left(\frac{p_0}{p_1}\right)^{\frac{1}{n}} V_0 \end{aligned}\right\} \tag{7-9}$$

将式(7-9)代入式(7-7)并整理得

$$V_0 = \frac{\Delta V \left(\dfrac{p_2}{p_0}\right)^{\frac{1}{n}}}{1 - \left(\dfrac{p_2}{p_1}\right)^{\frac{1}{n}}} \tag{7-10}$$

式(7-10)就是作蓄能用的蓄能器总容量的计算公式。计算时采用绝对压力。

选用蓄能器时，系统的最高工作压力 p_1 不得高于蓄能器的额定工作压力。系统的最低工作压力 p_2 根据工作要求决定。充气压力 p_0 不应高于 p_2，一般取 $p_0=(0.8\sim0.85)p_2$。

(2)吸收液压冲击用的蓄能器总容量 V_0 的计算

在这种情况下，要进行准确计算比较困难，因为影响因素很多，如管路布置、液体流态、阻尼状况和泄漏大小等。下面介绍一种近似的理论计算方法。

当液压回路中的换向阀突然关闭时，如果阀前管路中液体质量为 m，流速为 v，则其动能

为$\frac{1}{2}mv^2$。这些动能由蓄能器吸收后转变为气体的压力能，于是蓄能器内的气体就从原来充气状态下的压力 p_0 和体积 V_0 转变为缓冲状态下的最高允许冲击压力 p_1 及其对应的体积 V_1，由于冲击是瞬时发生的，故可认为这个过程是绝热的，因此有

$$pV^{1.4}=p_0V_0^{1.4}=p_1V_1^{1.4}=\text{常数} \tag{7-11}$$

根据热力学第一定律求得气体的压缩功为

$$\int_{V_0}^{V_1} p\mathrm{d}V=\int_{V_0}^{V_1}\frac{p_0V_0^{1.4}}{V^{1.4}}\mathrm{d}V=-\frac{p_0V_0}{0.4}\left[\left(\frac{p_1}{p_0}\right)^{0.285}-1\right] \tag{7-12}$$

上式中负号表示气体压缩功。

由于液体的动能应与气体压缩功的绝对值相等，所以

$$\frac{1}{2}mv^2=\frac{p_0V_0}{0.4}\left[\left(\frac{p_1}{p_0}\right)^{0.285}-1\right] \tag{7-13}$$

故有

$$V_0=\frac{0.2mv^2}{p_0\left[\left(\frac{p_1}{p_0}\right)^{0.285}-1\right]} \tag{7-14}$$

按式(7-14)计算出的数值往往是偏小的，因为未考虑液体压缩性和管道弹性。实际选用蓄能器时 V_0 值可适当加大。

7.3.3　蓄能器应用回路

根据蓄能器在回路中所起的作用不同，蓄能器回路可分为：蓄能用蓄能器回路和吸收脉动、吸收液压冲击的蓄能器回路。

(1)蓄能用蓄能器回路

① 采用蓄能器的快速运动回路。图 7-18 所示是一种采用蓄能器的快速运动回路。采用蓄能器的目的是可以使用流量较小的液压泵。当系统短期需要大流量时(例如电磁换向阀 5 的左电磁铁通电时)，系统就由泵 1 和蓄能器 4 共同向缸 6 供油，实现快速运动。当系统间隙停止工作时，换向阀 5 的电磁铁都断电，阀处于中位，这时泵 1 经单向阀 3 向蓄能器充油。蓄能器充油完毕，则压力升高，控制液控顺序阀 2 打开阀口；泵 1 输出的油液即经液控顺序阀 2 卸荷。

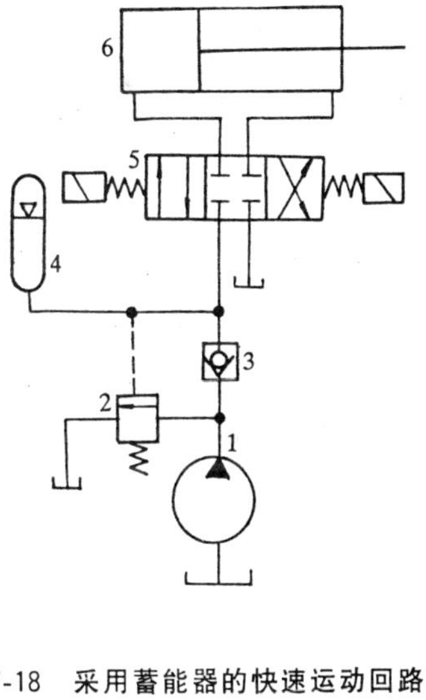

图 7-18　采用蓄能器的快速运动回路

② 采用蓄能器的保压回路。当系统中不需要液压泵供油，但需要继续保持压力时，可应用蓄能器保持系统中的油压，并使液压泵卸荷。在液压夹紧装置中经常应用这种回路。

如图 7-19 所示，泵 1 输出的油液经单向阀 2 进入系统，同时也进入蓄能器 3。当工作部件停止运动时，系统压力升高，压力继电器 4 发出电信号，使二位二通电磁阀 5 通电，于是泵 1 输出的油液就在低压下经过先导式溢流阀 6 和电磁阀 5 流回油箱，使泵 1 卸荷。这时蓄能器 3 使系统继续保持压力，并使单向阀 2 关闭。系统中的泄漏则由蓄能器放出的压力油进行补偿。当蓄能器中压力过低时，压力继电器 4 可以发出电信号使二位二通电磁阀 5 断电，泵 1 再次向

系统供油。

③ 采用蓄能器的支承回路。图 7-20 是用蓄能器起支承作用的回路。立式机床拖板一般采用平衡锤来平衡，但尺寸大而笨重，并且由于空间位置的限制，一般只能平衡三分之二的重量。此回路用液压缸与小蓄能器 C 来平衡拖板重量。图 7-20(a)的结构为活塞杆 1 与拖板 2 连接，螺杆 L 在液压缸后面。图 7-20(b)的结构为活塞杆 1 与滑轮 2 连接，拖板移动距离为活塞行程的 2 倍，适用于拖板移动距离较大的场合。

(2)用于吸收液压冲击的蓄能器回路

如图 7-21 所示，回路中蓄能器用于控制换向阀的突然关闭或换向所引起的液压冲击，避免系统压力过高而造成元件的损坏。

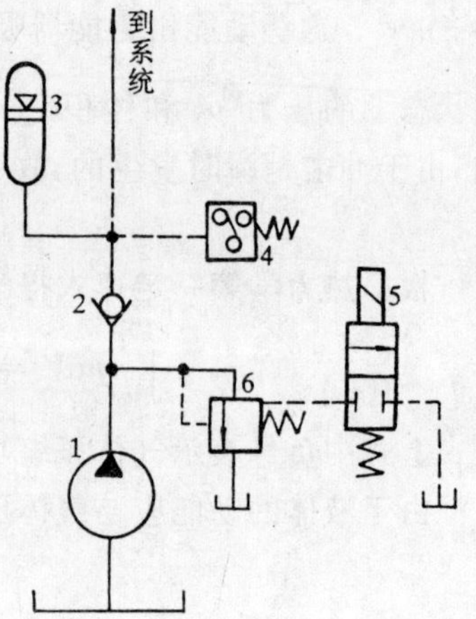

图 7-19　用蓄能器保压并使液压泵卸荷回路

如果蓄能器和管路参数匹配得好，也可以起到吸收泵的脉动压力的作用。

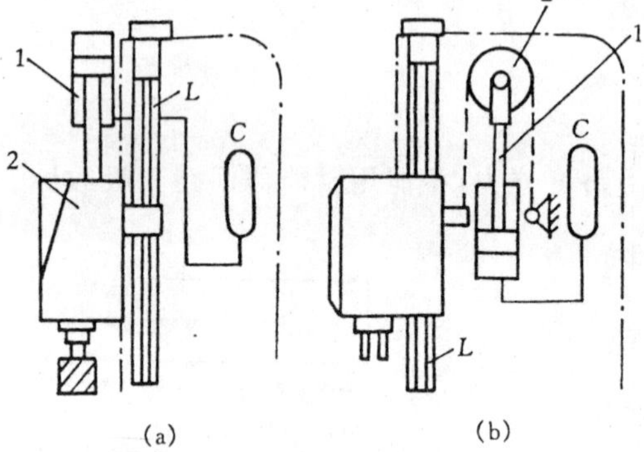

图 7-20　用蓄能器支承的回路

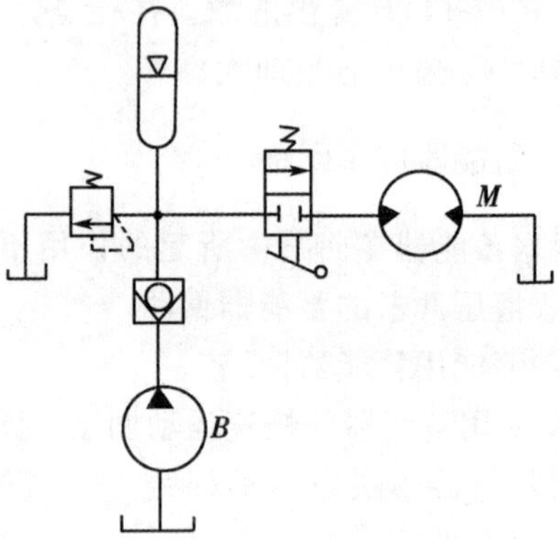

图 7-21　用于吸收液压冲击的蓄能器回路

7.3.4　蓄能器在回路中的安装位置

蓄能器在液压回路中的安装位置，应考虑其使用功能的不同。

蓄能器安装使用时应注意以下问题。

① 蓄能器一般应尽量垂直安装，油口向下，对于重力式、气瓶式蓄能器，则必须这样安装。皮囊式蓄能器原则上应垂直安装，油口向下，只有在空间位置受到限制时才考虑倾斜或水平安装，因为倾斜或水平安装会因浮力而使皮囊与壳体单边接触，既有碍于正常伸缩，又易加速磨损。

② 装在管路上的蓄能器必须用支持板或支持架固定。

③ 用于吸收冲击压力和脉动压力的蓄能器应尽可能安装在靠近振源处。

④ 泵与蓄能器之间应设置单向阀，以防止液压泵停转或卸荷时蓄能器存在的压力油倒流。蓄能器与管路系统之间应设置截止阀。当系统的压力低于蓄能器的充气压力时，应关闭截止阀。截止阀还可以用于调整蓄能器的排出量和便于蓄能器的充气与检修。

⑤ 蓄能器是压力容器，使用时必须注意安全，搬运和装拆时应先将充入内部的压缩气体排出。

7.4　热交换器

液压系统工作时，液压泵和马达（液压缸）的容积损失和机械损失、阀类元件和管路的压力损失及液体摩擦损失等消耗的能量几乎全部转化为热量。这些热量除一部分散发到周围空间外，大部分使系统油液温度升高。如果油液温度过高（大于 80℃），将严重影响液压系统的正常工作。一般规定液压用油的正常油温范围为 15℃～65℃。在设计液压系统时，合理地设计油箱，保证油箱有足够的容量和散热面积，是一种控制油温过高的有效措施。但是，某些液压装置（如行走机械等）由于受结构限制，油箱不能很大；一些采用液压泵—马达的闭式回路，由于油液需要往复循环，工作时不能回到油箱冷却。这样就不可能单靠油箱散热来控制油温的升高。此外，有的液压装置还要求能够自动控制油液温度。对以上这些场合，就必须采取强制冷却的办法，通过冷却器来控制油液温度，使之合乎系统工作要求。

液压系统工作前，如果油液温度低于 10℃，将因油的黏度较大，使液压泵的吸入和启动发生困难。为保证系统正常工作，必须设置加热器，通过外界加热的办法来提高油液的温度。

综上所述，冷却器和加热器的作用在于控制液压系统的正常工作温度，保证液压系统的正常工作。二者又总称为热交换器，它们的图形符号如图7-22所示。

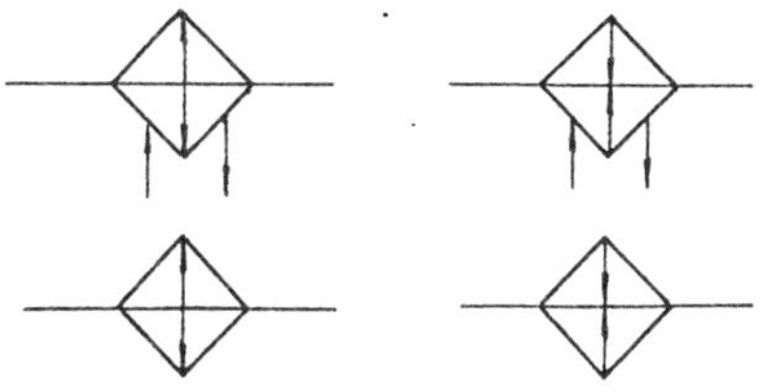

(a) 冷却器　(b) 加热器

图 7-22　冷却器和加热器的图形符号

7.4.1　冷却器

冷却器按冷却介质可分为水冷、风冷和氨冷等形式，常用的是水冷和风冷。最简单的冷却器是蛇形管式冷却器（图 7-23）。它直接装在油箱内，冷却水从蛇形管内部通过，带走热量。这种冷却器结构简单，但冷却效率低，耗水量大。

液压系统中采用较多的冷却器是强制对流式多管冷却器（图7-24）。油液从进油口 5 流入，从出油口 3 流出；冷却水从进水口 7 进入，通过多根水管后由出水口 1 流出。油液在水管外部流动时，它的行进路线因冷却器内设置了隔板而加长，因而增加了热交换效果，冷却效率高。但这种冷却器重量较大。

此外，还有一种翅片式冷却器也是多管式水冷却器（图 7-25）。它是在圆管或椭圆管外嵌

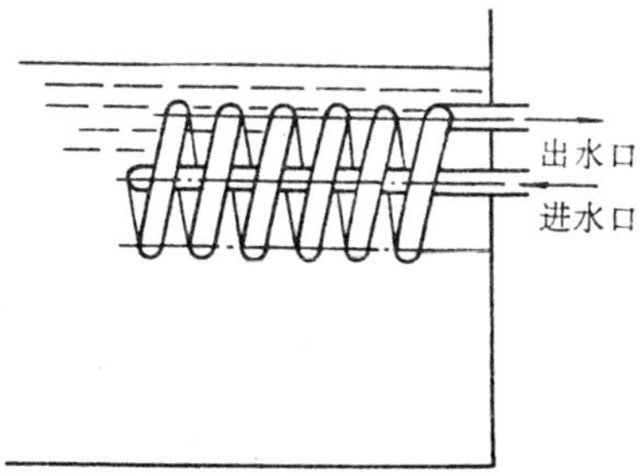

图 7-23　蛇形管冷却器

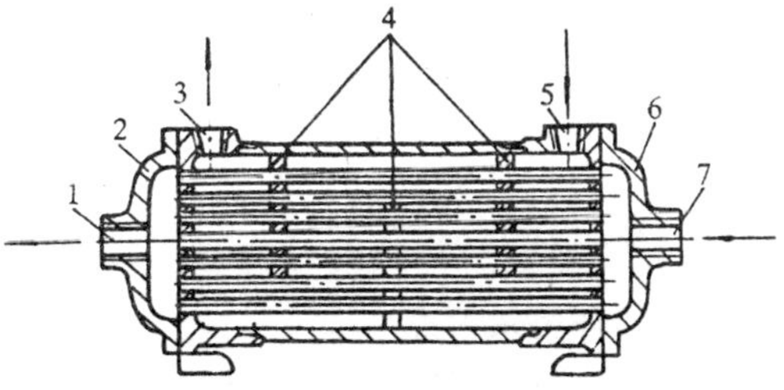

图 7-24　多管式冷却器

1—出水口；2—端盖；3—出油口；4—隔板；5—进油口；6—端盖；7—进水口

套上许多径向翅片，其散热面积可达光滑管的8～10倍。椭圆管的散热效果一般比圆管更好。

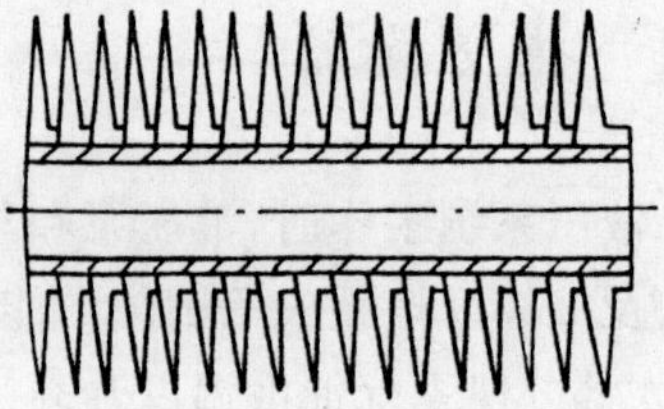

图 7-25 翅片管式冷却器

液压系统亦可采用汽车的风冷式散热器来进行冷却。这种方式不需要水源，结构简单，使用方便，特别适用于行走机械的液压系统，但冷却效果较水冷式差。

冷却器一般应安装在回油管或低压管路上，图 7-26 所示为其在液压系统中的各种安装位置及有关的简单说明。

冷却器造成的压力损失一般为(0.1～1)×10^5MPa。

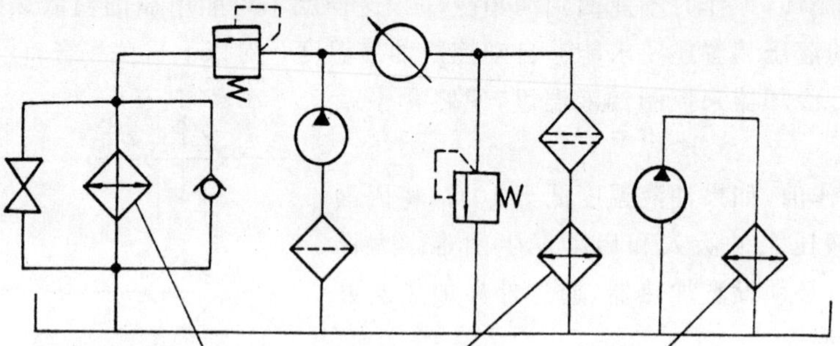

图 7-26 冷却器在液压系统中的各种安装位置

7.4.2 加热器

液压系统的加热一般常采用结构简单，能按需要自动调节最高和最低温度的电加热器。这种加热器的安装方式如图7-27所示。加热器应安装在油箱内液流流动处，以利于热量的交换。由于油液是热的不良导体，单个加热器的功率容量不能太大，以免其周围油液过度受热后发生变质现象。

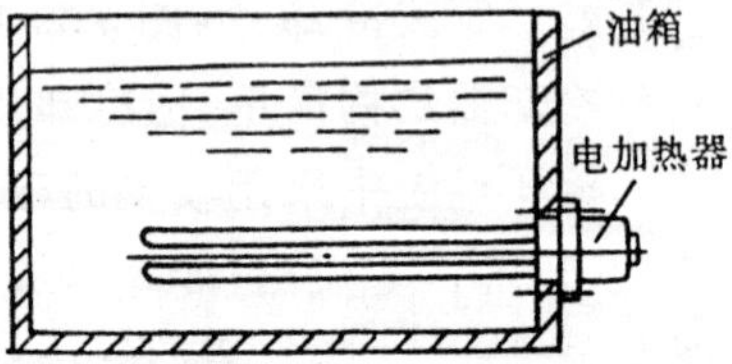

图 7-27 加热器的安装位置

7.5 油管及管接头

7.5.1 油 管

(1)油管的种类及特点

液压系统中使用的油管种类很多，有钢管、铜管、尼龙管、塑料管、橡胶管等，须按照安装位置、工作环境和工作压力来正确选用。油管的特点及其适用范围如表 7-3 所示。

表 7-3 液压系统中使用的油管

种类		特点和适用场合
硬管	钢管	能承受高压，价格低廉，耐油，抗腐蚀，刚性好，但装配时不能任意弯曲；常在装拆方便处用作压力管道——中、高压用无缝管，低压用焊接管
	紫铜管	易弯曲成各种形状，但承压能力一般不超过 6.5～10MPa，抗振能力较弱，又易使油氧化；通常用在液压装置内配接不便之处
软管	尼龙管	乳白色半透明，加热后可以随意弯曲成型或扩口，冷却后又能定型不变，承压能力因材质而异，自 2.5MPa 至 8MPa 不等
	塑料管	质轻耐油，价格便宜，装配方便，但承压能力低，长期使用会变质老化，只宜用作压力低于 0.5MPa 的回油管、泄油管等
	橡胶管	高压管由耐油橡胶夹几层钢丝编织网制成，钢丝网层数越多，耐压越高，价昂，用作中、高压系统中两个相对运动件之间的压力管道 低压管则耐油橡胶夹帆布制成，可用作回油管道

(2)油管参数的确定

① 油管内径的确定。油管内径主要由油液通过的流速来确定，直径小流速高，压力损失小，甚至产生噪声和振动；直径大，不但难于弯曲安装，而且管路所占空间加大，机器重量增加，因此要合理选择油管内径。油管内径由下式确定

$$d \geqslant 1130\sqrt{\frac{Q}{v}} \ (\mathrm{mm}) \tag{7-15}$$

式中 Q——液体流量，m^3/s；

v——流速，m/s，荐用流速：对于吸油管 $v \leqslant 1 \sim 2$m/s（一般取 1m/s 以下）；对于压油管 $v \leqslant 3 \sim 6$m/s（压力高、管道短或油液黏度小的情况取大值，反之取小值，局部或特殊情况可取 $v \leqslant 10$m/s）；对于回油管 $v \leqslant 1.5 \sim 2.5$m/s。

② 金属管管子壁厚 δ 的计算：

$$\delta \geqslant \frac{pd}{2[\sigma]} \ (\mathrm{mm}) \tag{7-16}$$

式中 p——工作压力，MPa；

d——管子内径，mm；

$[\sigma]$——许用应力，MPa，对于钢管 $[\sigma]=\frac{\sigma_b}{s}$（$\sigma_b$——抗拉强度，MPa，$s$——安全系数，当 $p<$ 7MPa 时，$s=8$；当 $p \leqslant 17.5$MPa 时，$s=6$；当 $p>17.5$MPa 时，$s=4$）。对于铜管 $[\sigma] \leqslant 25$MPa。

③ 胶管的选择及设计中应注意事项。根据工作压力和按式(7-15)求得的管子内径，选择胶管的尺寸规格。高压胶管的工作压力，对不经常使用的情况可提高 20%；对于使用频繁，经常弯扭者要降低 40%。胶管在使用及设计中应注意下列事项。

a. 胶管的弯曲半径不宜过小，一般不应小于表 7-4 的值。胶管与管接头的联接处应留有一段直的部分，此段长度不应小于管外径的两倍。

表 7-4 钢丝编织胶管最小弯曲半径 mm

钢丝层数	胶管内径	4	6	8	10	13	16	19	22	25	32	38	45	51
I	胶管外径	13	15	17	19	23	26	29	32	36	43.5	49.5	—	—
	最小弯曲半径	90	100	110	130	190	220	260	320	350	420	500	—	—

续表 7-4

钢丝层数	胶管内径	4	6	8	10	13	16	19	22	25	32	38	45	51
Ⅱ	胶管外径	—	17	19	21	25	28	31	34	37.5	45	51	58	64
	最小弯曲半径	—	120	140	160	190	240	300	350	380	450	500	550	600
Ⅲ	胶管外径	—	19	21	23	27	30	33	36	39	47	53	60	60
	最小弯曲半径	—	140	160	180	240	300	330	380	400	450	500	550	600

b. 胶管的长度应考虑到胶管在通入压力油后，长度方向将发生收缩变形，一般收缩量为管长的3%～4%。因此，胶管安装时避免处于拉紧状态。

c. 胶管在安装时应保证不发生扭转变形，为便于安装，可沿管长涂以色纹，以便检查。

d. 胶管的管接头轴线，应尽量放置在运动的平面内，避免两端互相运动时胶管受扭。

e. 胶管应避免与机械上尖角部分相接触和摩擦，以免管子损坏。

7.5.2 管接头

管接头是油管与油管、油管与液压元件间的可拆装的连接件。它应满足拆装方便、连接牢固、密封可靠、外形尺寸小、通油能力大、压力损失小及工艺性好等要求。管接头的种类很多，按其通路数和流向可分为直通、弯头、三通和四通等；按管接头和油管的连接方式不同又可分为扩口式、焊接式、卡套式等。管接头与液压元件之间都采用螺纹连接：在中低压系统中采用英制螺纹，外加防漏填料；在高压系统中采用公制细牙螺纹，外加端面垫圈。常用管接头类型如图 7-28 所示。

(1)扩口管接头[图 7-28(a)]

这种管接头利用油管 1 管端的扩口在管套 2 的紧压下进行密封。其结构简单，适用于铜管、薄壁钢管、尼龙管和塑料管低压管道的连接处。

(2)焊接管接头[图 7-28(b)]

这种管接头连接牢固，利用球面进行密封，简单可靠。缺点是装配时球形头 1 需与油管焊接，因此适用厚壁钢管。其工作压力可达 31.5MPa。

(3)卡套式管接头[图 7-28(c)]

这种管接头利用卡套 2 卡住油管 1 进行密封。其轴向尺寸要求不严，装拆方便。但对油管的径向尺寸精度要求较高，需采用精度较高的冷拔钢管。其工作压力可达 31.5MPa。

(4)扣压式管接头[图 7-28(d)]

这种管接头由接头外套 1 和接头芯子 2 组成，软管装好后再用模具扣压，使软管得到一定的压缩量，此种结果具有较好的抗拔脱和密封性能，在机床的中、低压系统中得到应用。

(5)可卸式管接头[图 7-28(e)]

这种结构在外套 1 和接头芯子 2 上做成六角形，便于经常拆装软管，适用于维修和小批量生产。由于装配比较费力，故只用于小管径连接。

(6)快速管接头[图 7-28(f)]

这种结构能快速拆装。当将卡箍 6 向左移动时，钢珠 5 可以从插嘴 4 的环形槽中向外退出，插嘴不再被卡住，就可以迅速从插座 1 中拔出来。这时管塞 2 和 3 在各自弹簧力的作用下将两个管口都关闭，使拆开后的管道内液体不会流失。这种管接头适用于经常拆卸的场合，其结构较复杂，局部阻力损失较大。

(7)伸缩管接头[图 7-28(g)]

这种管接头由内管 1 和外管 2 组成。内管可在外管内自由滑动并用密封圈密封。内管外径经过精密加工。这种管接头适用于连接两元件有相对直线运动的管道。

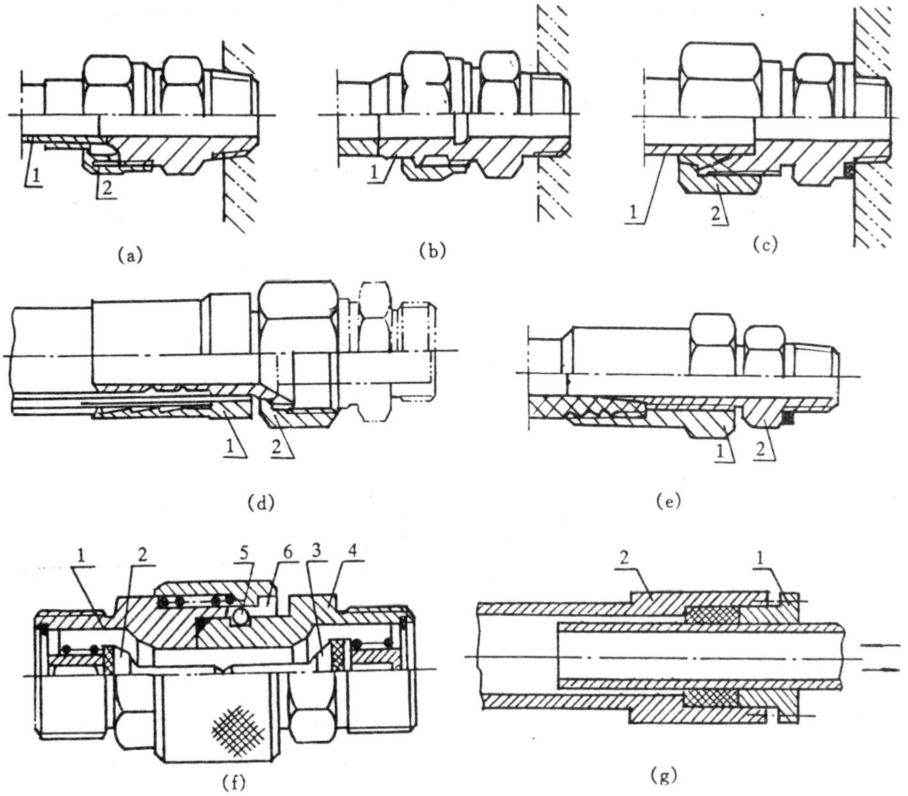

图 7-28　常用管接头

7.6　密封装置

7.6.1　密封装置的作用与分类

密封装置用来防止液体泄漏(内泄和外泄)或杂质(如灰尘、水等)从外部侵入液压系统。

根据密封部位的运动状况,密封装置有静密封(固定密封)和动密封(往复运动密封、旋转运动密封)之分;根据密封原理的不同,密封装置又可分为接触密封(挤压密封、唇边密封)和非接触式密封(间隙密封)两大类。

7.6.2　常用密封元件的结构和特点

在液压装置中常用的密封元件有 O 形、Y 形、Yx 形、V 形、J 形、鼓形、蕾形密封圈以及防尘密封圈、油封和活塞环等。其中,O 形、鼓形和蕾形密封圈用于挤压密封,其他密封元件除了活塞环以外用于唇边密封。下面就一些常用密封元件的结构和特点分别介绍如下。

(1)O 形密封圈

O形密封圈是断面形状呈圆形的橡胶环，如图7-29所示。它的结构简单、密封性能好、摩擦阻力小、安装空间小、使用方便，广泛用于固定密封和运动密封。对于固定密封，一般当工作压力大于32MPa时要加设挡圈；对于运动密封，一般当工作压力大于10MPa时应加设挡圈。单侧受压时，在其非受压侧加设一个挡圈；双侧受压时，在其两侧各加设一个挡圈。这种密封圈不宜用于直径大、行程长、运动速度快的液压缸密封。

图7-29 O形密封圈

(2)Y形和Yx形密封圈

Y形密封圈一般采用丁腈橡胶制成，其结构如图7-30(a)所示。它一般在工作压力不大于20MPa条件下工作，使用温度为－30～80℃。这种密封圈密封可靠、摩擦阻力小，适用往返速度较高的液压缸密封。使用时Y形密封圈的唇边面向压力液体一方，在压力波动较大，运动速度较高情况下，为防止密封圈在工作中翻转和扭曲，要用支承环固定。

图7-30 Y形和Yx形密封圈

Yx形密封圈由聚氨酯橡胶制成，其结构如图7-30(b)，(c)所示。这种密封圈强度高，耐高压，化学稳定性、耐磨性、低温性能好，能在－30～－40℃的低温下工作，工作压力可达32MPa。目前Yx形密封圈正逐渐代替Y形密封圈。它的缺点是耐高温性能较差，一般工作温度不超过＋100℃。

(3)V形密封圈

V形密封圈由多层涂胶织物制成，其结构如图7-31所示。它由支承环1、密封环2和压环3组装而成。V形密封圈耐高压性能好，可在50MPa以上的压力下工作，随着压力的增大，可以增加密封环的数目。它的耐久性也很好，当其长期工作磨损而渗漏时，可以调整压盖，压紧补偿。它的缺点是安装空间大，摩擦阻力大。安装V形密封圈时，应使唇边朝向压力液体一方，用螺纹压盖等压紧。

图7-31 V形密封圈

(4)L形和J形密封圈

L形和J形密封圈均采用耐油橡胶制成，其结构分别如图7-32和图7-33所示。这两种密封圈一般用于工作平稳、速度较低、压力在1MPa以下的低压缸中。L形密封圈用于活塞密封，J形密封圈用于活塞杆密封。

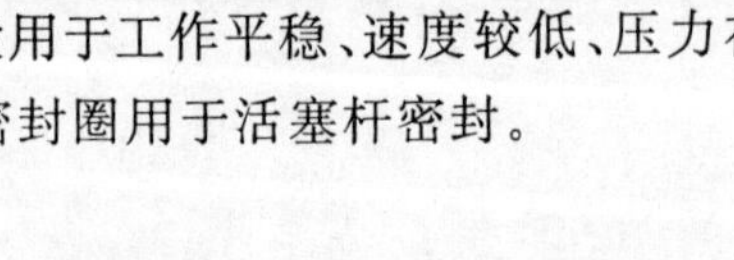

图7-32 L形密封圈

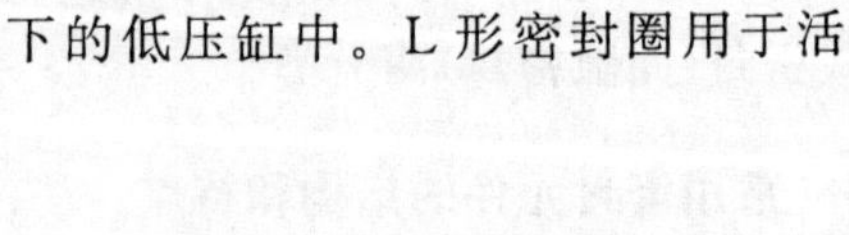

图7-33 J形密封圈

(5)鼓形密封圈

鼓形密封圈为各种液压支架液压缸中专用的密封元件。其结构如图7-34所示,截面呈鼓形,芯部为橡胶1,外层为夹布橡胶2。用于介质为乳化液、工作压力为20～60MPa的液压缸活塞的往复运动密封。当压力超过25MPa时,则应在两侧加L形活塞导向环。

(6)蕾形密封圈

蕾形密封圈也是专用于液压支架液压缸中的密封元件。其结构如图7-35所示,由橡胶1和夹布橡胶2两部分压制而成,截面呈蕾形。它用于液压缸口与活塞杆的密封上,使用工作压力与鼓形密封圈相同。当压力超过25MPa时,应加聚甲醛挡圈。

图7-34　鼓形密封圈

图7-35　蕾形密封圈

7.6.3　间隙密封

间隙密封,是依靠相对配合面之间的微小间隙形成的液流阻力以及液体与密封面之间的张力和分子间的作用力实现密封的。由于间隙密封不需要密封元件,而且摩擦阻力小,动作快,因此成为泵、阀等的主要密封形式。但是,由于密封面之间存在一定间隙,所以它的密封性能较差,泄漏较大。液压缸采用间隙密封时,压力不能超过1MPa,否则会有严重的泄漏,降低液压缸的出力、速度和效率。

为了提高间隙密封的工作性能,一般在活塞或柱塞上,沿圆周方向开几道环形沟槽。这样,一方面可以平衡活塞或柱塞的径向力,防止液压卡紧;另一方面由于间隙的通路截断面发生几次骤变,从而增加液流阻力,提高密封效果。沟槽有矩形和三角形两种。

思考题与习题

7-1　油箱的主要作用是什么?设计油箱有哪些注意事项?

7-2　滤油器的作用是什么?有哪些类型?主要性能指标有哪些?常见的应用回路有哪些?

7-3　蓄能器的功用有哪些?蓄能器常见的应用回路有哪些?安装使用蓄能器时应注意哪些问题?

7-4　在一个由最高工作压力为20MPa降到最低工作压力为10MPa的液压系统中,假设蓄能器充气压力为9MPa,问需要多大容量的蓄能器才能输出5L的油液?

7-5　常用的密封元件有哪些?各有何特点?

第 8 章 液压传动系统

任何液压系统都是由一个或多个基本液压回路组成的。所谓基本液压回路是指那些为了实现特定的功能而把某些液压元件和管道按一定方式组合起来的油路结构。基本液压回路又可分为系统的主回路和系统的基本控制回路。熟悉和掌握这些回路有助于更好地分析、设计和使用各种液压系统。

8.1 液压传动系统的主回路

液压传动系统的主回路是由液压泵和执行元件(液压马达或液压缸)所组成的回路,它是液压传动系统的主体。主回路分类方法较多,可按工作液体循环方式、执行元件类型以及执行元件的连接方式的不同进行分类。

8.1.1 按工作液体循环方式分类

按工作液体循环方式的不同,可以把液压系统的主回路分为开式回路和闭式回路。

(1)开式回路

如图 8-1 所示,油泵从油箱吸油,将排出的油液供给执行元件,驱动它(们)作功,执行元件排出的油液直接返回油箱。这种系统称为开式系统。

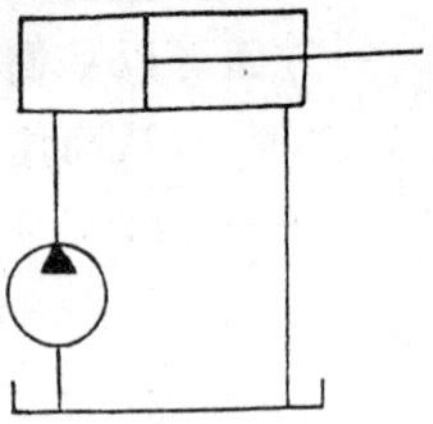

图 8-1 开式系统

实际上,图 8-1 所示的主回路不能独立正常工作,因为系统还缺少油泵的卸荷、油缸的换向等措施。图 8-2 为一实际开式系统实例。

显然,开式回路结构比较简单、油液能得到较好的冷却及沉淀。但开式回路油箱的结构尺寸大,空气和脏物容易侵入回路,影响正常工作。而且开式回路要求油泵的自吸能力较强,若油泵自吸能力较差,则需采用辅助泵向其供油。

(2)闭式回路

闭式回路中的液压泵将油液输入执行元件的进油腔,又从执行元件的回油腔处吸油。如图 8-3 所示,油泵排出的压力油送至油马达的入口,油马达的回油又返回油泵的入口,油液在封闭的主回路中进行循环,这种系统即属闭式回路。闭式回路采用双向液压泵或双向液压马达时可以很方便地变换执行元件的运动方向。

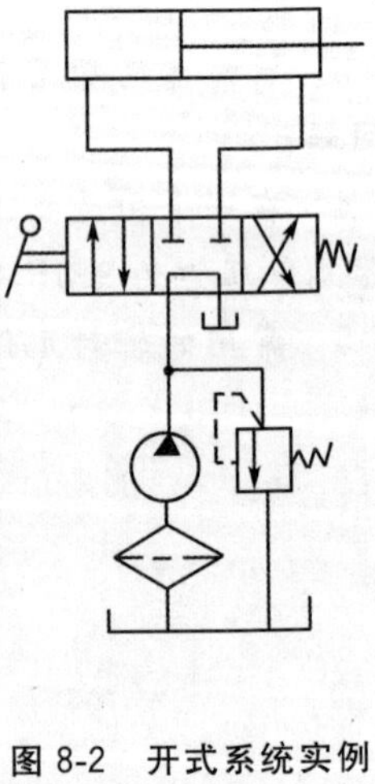

图 8-2 开式系统实例

实际上,图 8-3 所示的主回路也不能正常工作,因为油液在主回路循环中的泄漏、散热及系统的保护等问题要解决。图 8-4 为闭式系统的一个实例。

主泵 1 和马达 2 组成的主回路为闭式回路。辅助泵 3 排出的压力油经精滤油器 13,单向阀送入主回路的低压管路,补偿系统泄漏。辅助泵 3 流量应略高于系统的泄漏量。低压补油回路由安全阀 4 进行保护。马达回油管路的一部分热油经液控三位五通梭动阀 5，低压溢流阀(背压阀)6 及冷却器 7 冷却后流入油箱。阀 4 的调定压力应高于阀 6 的调定压力，否则就不能进行补油及冷热油的交换。图中元件 8 是主回路中高压安全阀，对主回路起保护作用。

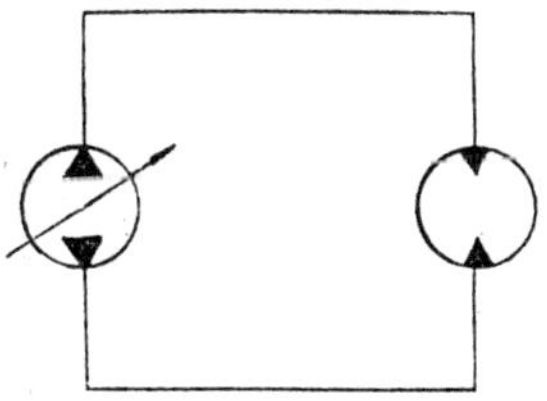

图 8-3　闭式系统

1—双向变量泵；2—双向定量马达

闭式回路的结构紧凑，减少了空气侵入的可能性，油质容易保持清洁；主回路低压侧有一定背压，传动平稳。但是其散热条件差；且为了补偿回路中的泄漏、补偿执行元件进油腔与回油腔之间的能量差额，常常需设置补油装置，因此使回路结构复杂化。

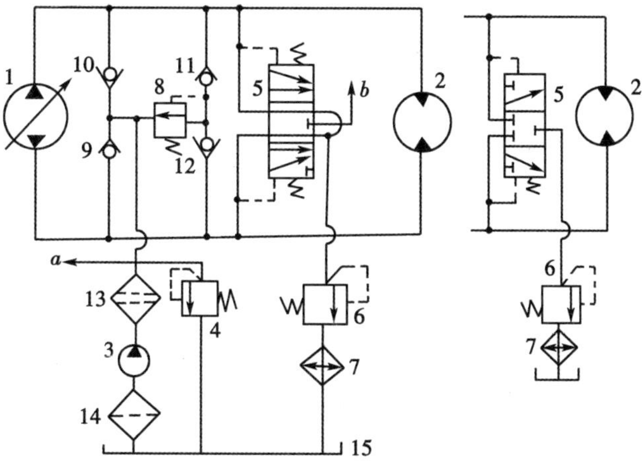

图 8-4　闭式系统实例

1—双向变量泵；2—双向定量马达；3—辅助泵；4—低压安全阀；5—三位五通梭动阀；6—溢流阀(背压阀)；7—冷却器；8—高压安全阀；9，10，11，12—单向阀；13—精滤油器；14—粗滤油器；15—油箱

8.1.2　按执行元件的类型分类

按执行元件的类型可以把液压系统的主回路分为泵-缸式、泵-马达式和混合式三种形式。

(1)泵-缸系统

主回路由液压泵和液压缸组成的系统称为泵-缸系统。

凡是往复运动的机械和机构都采用这种系统。如图 8-2 所示的开式系统，若按执行元件的类型分类，即为泵-缸系统。

(2)泵-马达系统

主回路由液压泵和液压马达组成的系统称为泵-马达系统。

旋转运动的机械均采用这种系统，它可以是开式系统也可以是闭式系统。

(3)混合系统

执行元件既有液压缸又有液压马达的系统称为混合系统。图 8-5 所示为一滚筒采煤机辅助液压系统，该系统利用油缸调整滚筒的高度，用油马达驱动挡煤板的翻转。

8.1.3 按执行元件连接方式分类

按执行元件连接方式的不同，液压系统主回路可分为独立系统和组合式系统两大类；而组合式系统又可分为串联系统，并联系统，串、并联系统和复联系统。

(1)独立系统

液压泵只向一个执行元件供油的系统，称为独立系统。图 8-2 和图 8-4 所表示的系统均为独立系统。

(2)组合式系统

液压泵向两个或两个以上执行元件供油的系统，称为组合式系统。组合式系统又可按执行元件连接方式的不同分为串联系统，并联系统，串、并联系统和复联系统。

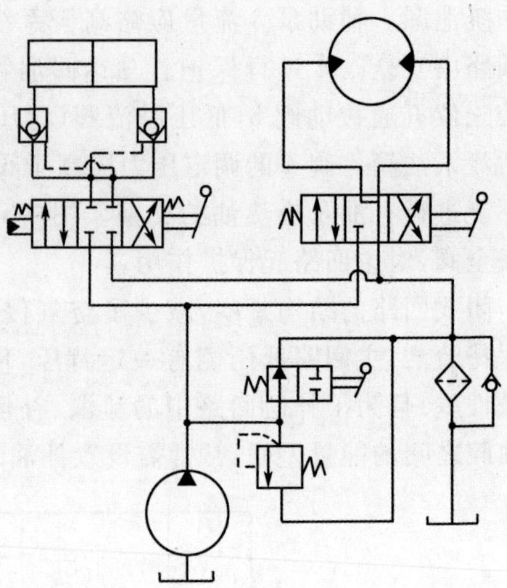

图 8-5 混合系统

① 串联系统。在组合系统中，除第一个执行元件的进口和最末一个执行元件的出口分别与液压泵和油箱相连外，其余执行元件进、出口都顺次相连，这种系统为串联系统，如图 8-6 所示为两个液压缸串联的系统。

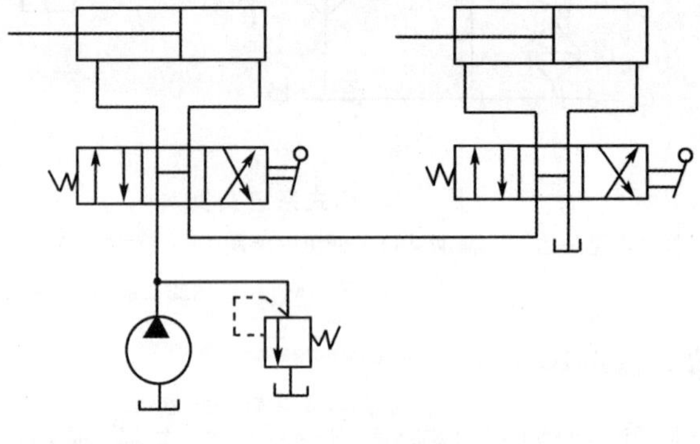

图 8-6 串联系统

在串联系统中，既可单独操纵一个执行元件，也可同时操纵几个执行元件。油泵可通过换向阀卸荷。

串联系统中，若液压泵同时向几个执行元件供油时，液压泵的工作压力等于各执行元件的压差之和，即

$$p=\Delta p_1+\Delta p_2+\cdots+\Delta p_n \tag{8-1}$$

式中 p——液压泵的工作压力；

$\Delta p_1,\Delta p_2,\cdots,\Delta p_n$——系统中串联的各执行元件的压差。

串联系统中，若不考虑油缸两端有效工作面积的差异，则通过各执行元件的流量等于液压泵输出的流量，即

$$Q_1=Q_2=\cdots=Q_n=Q \tag{8-2}$$

式中 Q——液压泵输出的流量；

$Q_1, Q_2, \cdots Q_n$——系统中串联的各执行元件的流量。

② 并联系统。油泵排出的高压液体同时进入两个或两个以上执行元件，执行元件排出的液体又同时回油箱的系统，称为并联系统。如图 8-5 所示为一个液压缸和一个液压马达为执行元件组成的并联系统。并联系统中的每个执行元件，可以单独操纵，也可几个执行元件同时操纵。为保证各执行元件的动作，油泵的卸荷不能采用操纵执行元件换向的换向阀，而应采用其他方法。如图 8-5 中采用的是一个二位二通阀。

在并联系统中，各执行元件的工作压力都相等，即

$$p_1 = p_2 = \cdots = p_n \tag{8-3}$$

式中 $p_1, p_2, \cdots, p_n$——系统中并联的各执行元件的工作压力。

若各执行元件的外载荷不等时，系统的工作压力由外载荷最小的执行元件所决定。在这种情况下各执行元件很难同时动作。

在并联系统中，油泵的流量等于各工作执行元件流量之和，即

$$Q = Q_1 + Q_2 + \cdots + Q_n \tag{8-4}$$

③ 串、并联系统。串、并联系统，如图 8-7 所示，各换向阀在中位时，进油路串联，回油路与总回油路并联。

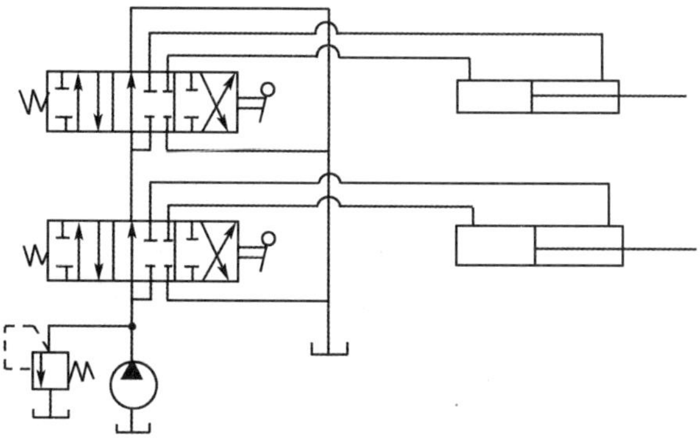

图 8-7 串、并联系统

串、并联系统的特点是，一台泵在同一时间只能向一个执行元件供油，各执行元件不能同时动作。原因在于，当前面的一个执行元件工作时，后面几个执行元件的进油路被前一个执行元件换向阀某工作位置所切断。后面的一个执行元件工作时，前面几个执行元件的换向阀必在中位而不能工作。油泵的参数由执行元件分别工作时的最大工作压力和最大流量来决定。

④ 复联系统。系统是由以上三种系统中的任意两种或三种组合而成的，这种系统称为复联系统。如：并联-串联，并联-串、并联，串联-串、并联系统等。

如图 8-8，液压马达 1，液压缸 2，液压缸 3，串联后又与油马达 4 组成串、并联系统。当液压马达 4 工作时，控制液压马达的换向阀的中位会切断其他执行元件的进油路，防止其他执行元件与液压马达 4 同时工作。

液压传动系统中的主回路除按以上几种方式分类以外，还可以按系统调速方式分为容积调速系统和节流调速系统；按系统中泵的数目分为单泵系统和多泵系统等。

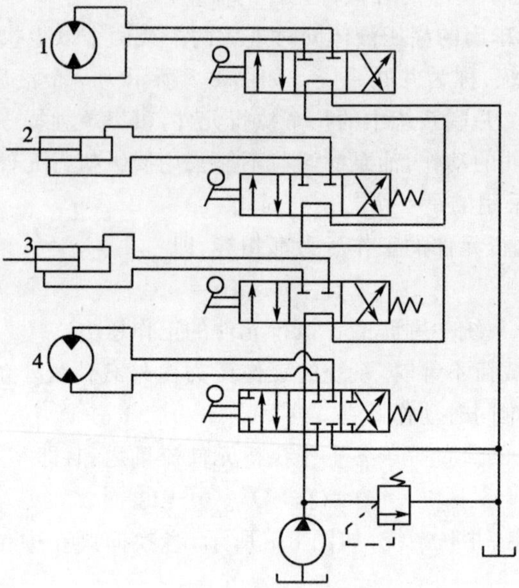

图 8-8 复联系统

1,4—液压马达;2,3—液压缸

8.2 液压传动系统的基本控制回路

正如前面图 8-1 和图 8-3 所示的情况一样,欲构成一个能实际应用的系统,单独有主回路是不行的,还必须具有一定数量的基本控制回路。这些基本控制回路可用来控制系统的压力、方向和速度,并对系统起必要的保护作用。

本节主要介绍常用的方向控制回路、压力控制回路和速度控制回路这三大类型的基本控制回路。

8.2.1 方向控制回路

方向控制回路是利用各种方向控制阀或双向变量泵,来控制液压系统中液流的通断或流向,从而控制执行元件按工况需要相应地做出启动、停止或换向等一系列动作。常用的方向控制回路有:换向回路、锁紧回路、顺序动作回路和连续往复回路等。

(1)换向回路

换向回路是利用各种换向阀或双向变量泵来实现执行元件换向。开式系统常用换向阀换向;闭式系统常用改变双向泵的排油方向换向。而用换向阀进行换向时,根据液压系统所采用的控制原理、控制方式及换向性能要求的不同,使用的换向阀类型也不同。对简单的、换向不频繁的和不要求自动换向的液压系统,采用手动换向阀实现换向较好;对于工作台移动速度高、惯性大的液压系统,采用机动换向阀较为合理;对于换向精度较高,换向平稳性有一定要求的系统,宜采用机-液或电-液换向阀实现。

图 8-2 是利用手动换向阀换向;图 8-9 是利用电—液动换向阀组成的换向回路;图 8-4 则是利用双向变量泵进行换向的回路。

另外，对换向精度要求高的(例如各类磨床)上换向回路中的换向阀又可以按其换向要求的不同分为时间控制制动式和行程控制制动式两种。

(2)锁紧回路

锁紧回路的功用是在液压执行元件不工作时切断其进、出油液通道，确切地使它保持在既定位置上。

例如，在立式机床中，特别是垂直或斜置式组合机床中，为防止液压缸停止运动后，在外力或自重作用下突然下滑造成事故，常常在液压系统中设置液压锁紧回路。最简单的办法可用M型或O型中位机能的换向阀实现液压锁紧，但这种方法由于换向阀密封性能差，锁紧效果不好，只能用在锁紧精度要求较低的场合。图8-9是利用液压控制单向阀实现双向锁紧的回路，它能在液压缸不工作时使活塞迅速、平稳、准确、可靠且长时间地停止在所需要的位置上。这种回路常在工程机械中应用。其工作原理如下：

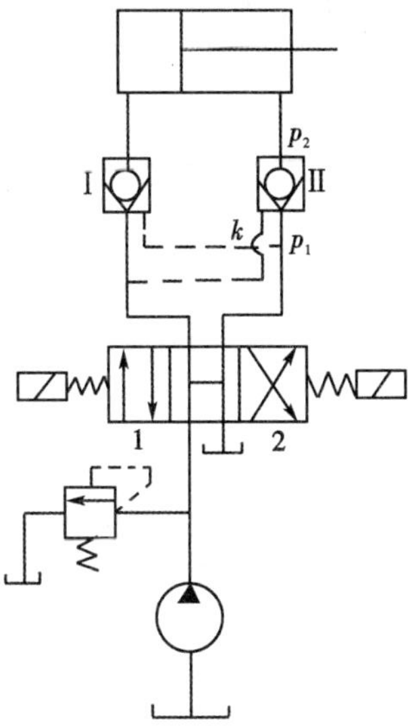

图8-9 液控单向阀锁紧回路

当换向阀处于1位时，压力油经液控单向阀Ⅰ进入液压缸左腔，同时压力油也进入液控单向阀Ⅱ的控制油口 k，打开阀Ⅱ，使液压缸右腔的回路油经阀Ⅱ及换向阀回油箱，活塞向右运动。当换向阀处于中位时，液压泵排出的压力油利用电磁换向阀的中位机能(H)实现卸荷。由于控制压力油的压力卸除，阀Ⅰ及阀Ⅱ即关闭，将活塞锁紧。因为液控单向阀是锥面密封，泄漏很小，所以这种锁紧回路效果好，锁紧时间长。值得注意的是这种回路在活塞向前或向后退时，回油路要有一定的压力(即背压)，尤其当液压缸垂直安装时，在活塞下行时，回油路一定要设置起背压作用的元件(如单向节流阀、顺序阀等)。这是由于液控单向阀Ⅱ打开后，活塞会因自重而加速下降，使液压缸上腔失压，液控单向阀Ⅱ关闭，活塞停顿，待进油路油压重新升起，阀Ⅱ又打开，活塞又前冲一下，上述过程将又开始重复，结果是活塞继续向下跃动，产生激烈振动。若回路中设置起背压作用的阀类(一般称作背压阀)，上述情况就不会发生。

(3)定向回路

定向回路的作用是当液压系统中某些管路液流方向发生变化时，可保持其他某些管路液流方向不变。定向回路通常由四个单向阀组成，它与电桥十分相似，故也称桥式整流回路。在图8-10所示的定向回路中，双向泵的排油方向无论如何改变，经定向回路使油泵从油箱吸油，并可保持输出供给系统的压力油方向固定不变。

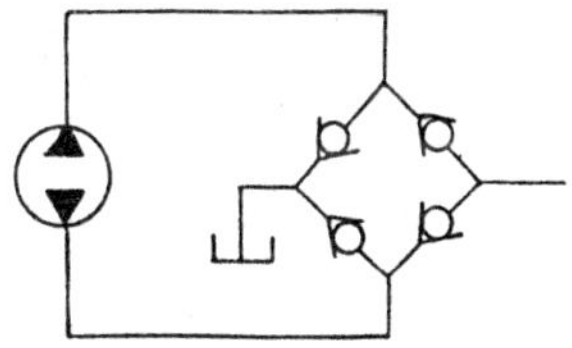
图8-10 定向回路

8.2.2 压力控制回路

压力控制回路的作用主要是控制液压系统整体或某部分的压力，以使执行元件获得所需的力或转矩、或保持受力状态的回路。这类回路包括限压、调压、卸荷、背压、增压、减压、保压和平衡回路。

(1)压力限定回路

在压力限定回路中，用安全阀来限定系统的最大工作压力，防止系统过载，对系统和元件起安全保护作用。当系统正常工作(不过载)时,安全阀处于常闭状态。

图 8-11 是一种限压回路,系统需要的流量由变量泵调节,没有多余的油液溢流,因此溢流阀 3 的阀口常闭。只有当系统过载,超过系统限定的最大工作压力时,溢流阀才开启卸载,以保护液压泵及系统的安全。溢流阀在该系统中实际上只起安全保护阀的作用。

图 8-4 所示闭式系统中,由于双向工作,采用一个高压安全阀 8 和两个单向阀组成了双向限压回路。无论主泵 1 排油方向如何,主回路的高压油均经其中一个单向阀作用在安全阀 8 上,对主回路进行保护。

(2)压力调定回路

在压力调定回路中,溢流阀呈常开状态,起溢流和维持回路压力恒定的作用,有些调压回路还可实现多级压力的变换。调压回路的性能主要取决于溢流阀的压力—流量特性。

在定量泵系统中,溢流阀常和节流阀配合组成调压回路,如图 8-12 所示,这是一种最基本的常用调压回路。它的作用原理如下:

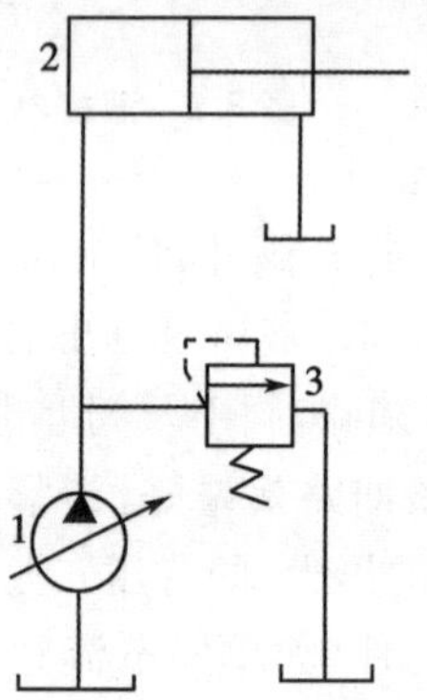

图 8-11 限压回路

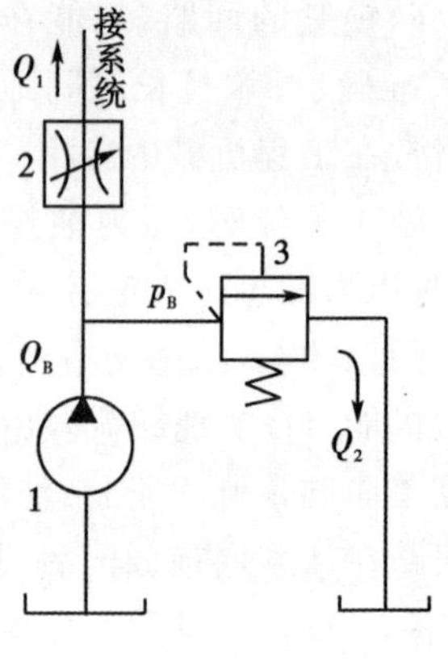

图 8-12 调压回路

系统中需要的流量为 Q_1,由节流阀 2 调节,一般 $Q_B > Q_1$,油液在节流阀前受阻,致使液压泵出口管道系统的压力增高,达到溢流阀 3 的调定压力时,溢流阀开启,有溢流量 Q_2 流过。回路的压力靠溢流阀调定,并在不断溢流的过程中保持回路的压力基本稳定。

图 8-13 是一种多级调压回路。当系统需要多级压力控制时,则可将主溢流阀 1 的远程控制口通过三位四通换向阀 4 分别接至远程调压阀 2,3 的进油口上,使系统有 3 种压力调定值:换向阀 4 左位时,系统压力由阀 2 来调定;换向阀 4 右位时,系统压力由阀 3 调定;换向阀 4 中位时,系统压力由阀 1 来调定。但这时 3 个溢流阀的调定压力应满足一定条件,即 $p_1 > p_2$,$p_1 > p_3$。

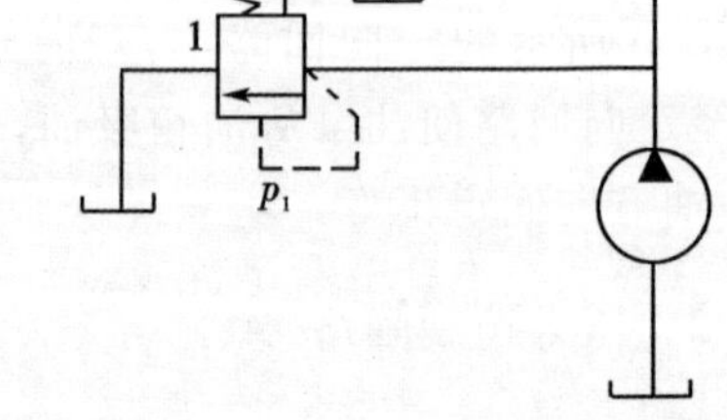

图 8-13 多级调压回路

(3)压力卸荷回路

卸荷回路的功用是在液压泵驱动电机不需频繁启闭的情况下,使液压泵在零压或很低压力下运行,以减少功率损耗,降低系统发热,延长液压泵和电机的使用寿命。

① 采用M(或H,K)型换向阀中位卸荷。图8-2就是采用M型换向阀的卸荷回路。由图可见,换向阀在中位时,执行元件不工作,油泵排出的油液经换向阀中位在几乎无负载状态下流回油箱。这种卸荷方式结构简单,液压泵在极低压力下运转,但切换时压力冲击较大,只适用于低压小流量的系统。图8-14为采用M型电液换向阀的卸荷回路。这种回路切换时压力冲击小,但回路中必须设置单向阀,以使系统保持0.2～0.3MPa的压力,供操纵控制油路使用。

② 采用二位二通阀卸荷。图8-5所示系统,当执行元件不工作时,油泵通过二位二通阀进行卸荷。

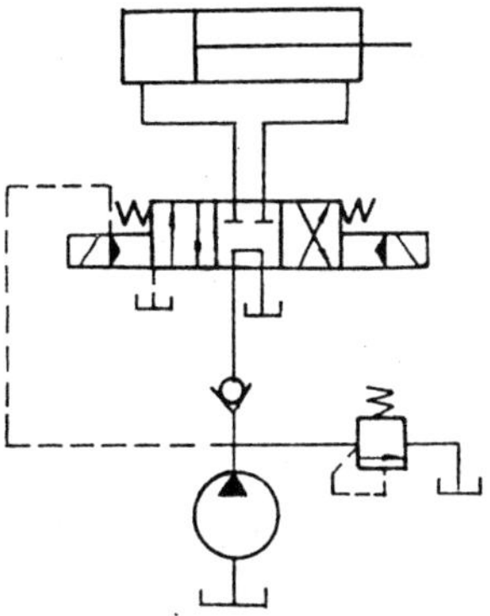

图8-14　利用M型电液换向阀中位机能的卸荷回路

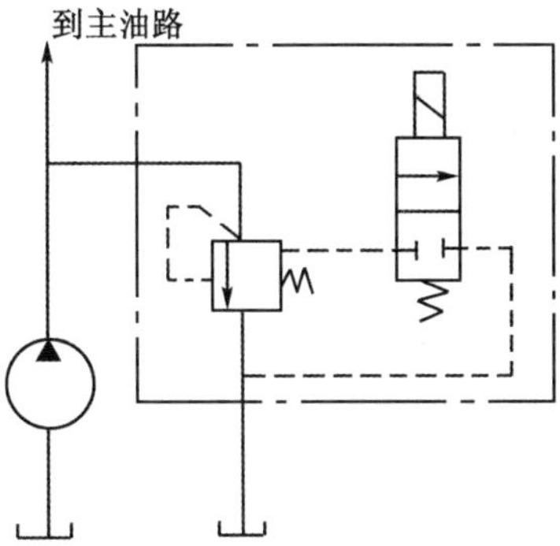

图8-15　先导式溢流阀用于卸荷的回路

③ 采用先导式溢流阀卸荷。如图8-15所示,先导式溢流阀的远程控制口通过二位二通电磁阀与油箱连通。当电磁阀不带电时,二位二通电磁阀的通路被隔开,系统正常工作。当电磁铁通电时,溢流阀的远程控制口接通油箱,溢流阀主阀芯上腔压力接近于零,由于主阀芯弹簧很软,主阀芯很容易被抬到最高位置,使阀口开到最大,这时,泵输出的全部油液,将通过溢流阀流回油箱,使主油路卸荷。卸荷压力越低,功率损失越小。目前已将二位二通电磁阀和溢流阀组合为一体,称为电磁溢流阀。

④ 采用液控顺序阀组成卸荷回路。在采用双联泵供油的系统中,可用液控顺序阀组成卸荷回路(详见图8-21双泵供油的快速运动回路)。

(4)背压回路

背压回路可为系统的低压侧提供一定的背压,其主要作用是提高执行元件运动的平稳性,并有缓和压力冲击的作用。通常可应用单向阀、溢流阀等作背压回路的背压元件。

如图8-16所示是三种背压回路,图8-16(a)是采用溢流阀的单向背压回路,它的特点是活塞前进时,回油路有背压(其值由溢流阀调定),活塞后退时,回油直接回油箱,没有背压。这种单向背压回路常用于典型的快进—工进—快退工作循环。图8-16(b)是双向背压回路,用于对活塞往返都有运动平稳性要求的场合。图8-16(c)是一种采用单向液控顺序阀的自调背压回路。它用于保证进油腔压力稳定或用于进油节流调速的场合。当负载变化时,进油腔的压力就要发生变化。如进油腔的压力因负载减小(或增大)而减小(或增大),液控顺序阀的阀口随之关小(开大),背压上升(下降),使得进油腔压力基本稳定。这种回路的最大特点是当液压缸上的负载突变时,保持运动基本稳定。图8-35(b)所示的出口节流调速回路的节流阀,也可在回油腔造成背压,但这种背压是不可调的(但可随负载而变)。

(5)增压回路

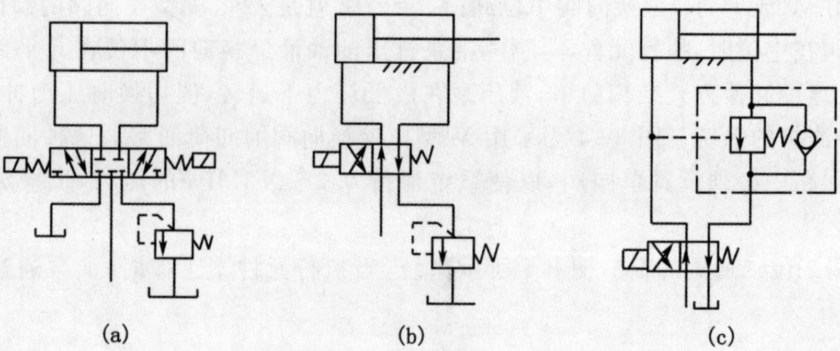

图 8-16 背压回路

增压回路的作用是使系统的支路获得比主油路高得多的工作压力。增压回路可通过增压油缸获得。

图 8-17(a)为单作用增压回路。换向阀在左位时，向增压油缸小活塞腔供油，活塞回位；换向阀在右位时，向增压油缸大活塞供油，推动活塞上移，使小活塞腔排出的液体压力 p_2 大于大活塞腔输入液体的压力p_1，压力增加的倍数等于增压油缸大小活塞面积之比。单作用增压式，回路为间断式增压。

图 8-17(b)为双作用增压回路。换向阀在图示位置时，增压油缸活塞左移增压；换向阀在左位时，增压油缸右移增压。因此双作用增压回路为连续性增压。

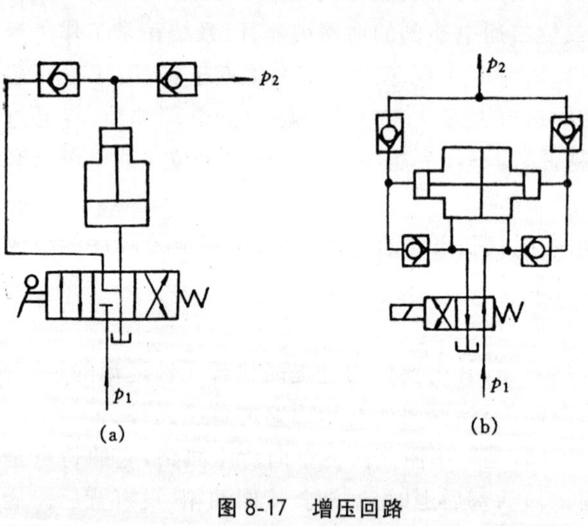

图 8-17 增压回路

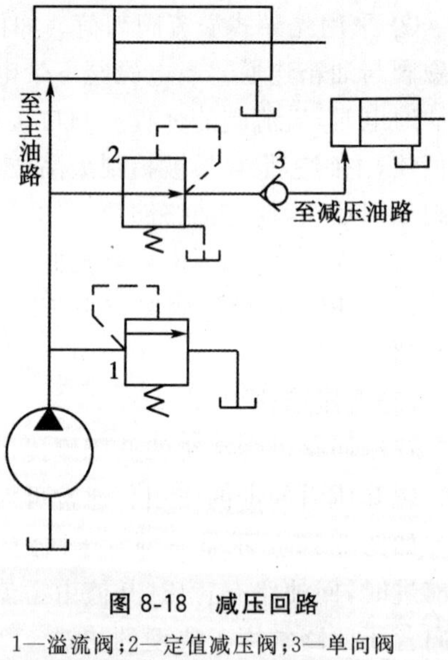

图 8-18 减压回路

1—溢流阀；2—定值减压阀；3—单向阀

(6)减压回路

减压回路的功用是使系统中某一部分油路具有比主油路低的稳定压力。最常见的减压回路通过定值减压阀与主油路相连。如图 8-18 所示，回路中的单向阀 3 供主油路压力降低（低于减压阀 2 的调定压力）时防止油液倒流，起短时保压作用。减压回路中也可以采用比例阀来实现无级减压。

为了使减压回路工作可靠起见，减压阀的最低调整压力应不小于 0.5MPa，最高调整压力至少比系统压力小 0.5MPa。当减压回路上的执行元件需要调速时，调速元件应放在减压阀的后面，这样才可以避免减压阀泄漏（指由减压阀泄油口流回油箱的油液）对执行元件的速度发生影响。

(7)保压回路

保压回路的功用是使系统在液压缸不动或仅有微小的位移下稳定地维持住压力。最简单的保压回路是使用密封性能较好的液控单向阀的回路；但是阀类元件处的泄漏使这种回路的保压时间不能维持很久。图 8-19 所示为一种采用液控换向阀和电接触式压力表的自动补油式保压回路。其工作原理如下：当换向阀 2 右位接入回路时，液压缸上腔成为压力腔，在压力到达预定上限值时，电接触式压力表 4 发出信号，使换向阀切换成中位；这时液压泵卸荷，液压缸由液控单向阀 3 保压。

当液压缸上腔压力下降到预定下限值时，电接触式压力表又发出信号，使换向阀左位接入回路，这时液压泵给液压缸上腔补油，使其压力回升。换向阀左位接入回路时，活塞快速向上退回。这种回路保压时间长，压力稳定性高，适用于保压性能较高的高压系统，如液压机等。

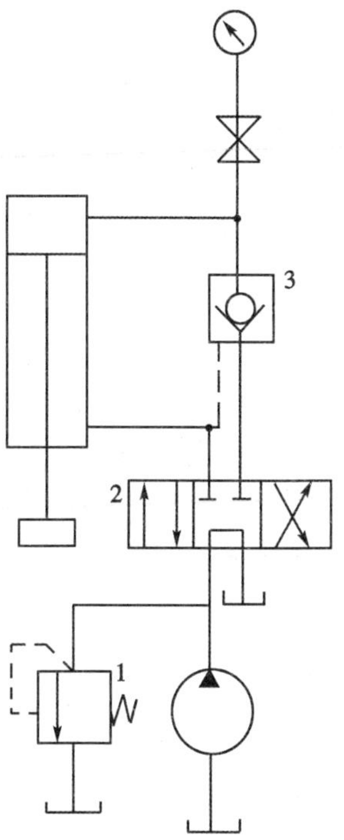

图 8-19　自动补油的保压回路

1—溢流阀；2—换向阀

3—液控单向阀；4—电接触式压力表

(8)平衡回路

平衡回路的功用在于防止垂直或倾斜放置的液压缸和与之相连的工作部件因自重而自行下落。图 8-20(a)是用单向顺序阀组成的平衡回路。调整单向顺序阀 1 的开启压力，使其稍大于立式液压缸活塞与工作部件自重形成的下腔背压，即可防止活塞因自重而下落。在这里，单向顺序阀起了平衡阀的作用，所以这种回路称为平衡回路。该回路在活塞下行时，回油腔有一定的背压，故运动平稳，但功率损失较大。而图 8-20(b)的远程单向顺序阀 2，在活塞下行时，顺序阀被进油路油压打开，回油的背压很小，因此回油路功率损失也较小。这种平衡回路因背压小，活塞下行的惯性很大造成下冲，液压缸上腔的液压油来不及补充，会出现瞬时降压甚至负压，导致液控顺序阀关闭，活塞下行受阻又使液压缸上腔

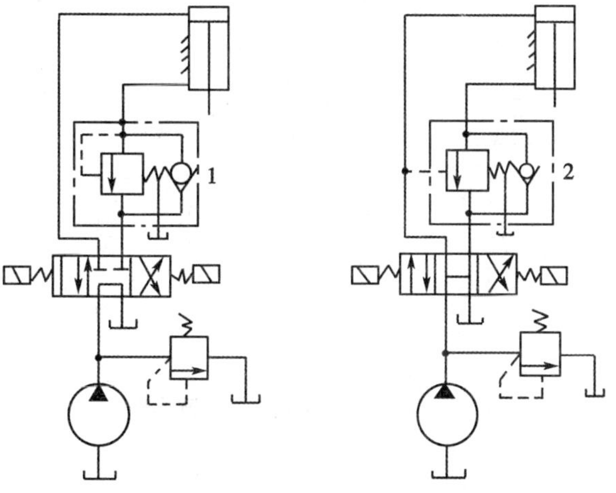

图 8-20　用单向顺序阀组成的平衡回路

压力上升打开顺序阀，活塞处于时走时停的不稳定运动状态。若在回油路上加背压阀可改善活塞运动稳定性。

由于顺序阀也有泄漏，在长期停留时活塞将缓慢下降，因而它仅适用于支承运动部件的重量不大和停留时间较短的系统。

8.2.3　有级调速回路

有级调速回路是调速回路中的一种，它的作用是通过控制输入给执行元件的流量，使执行元件获得有级速度的调节和变换。（速度调节电路的另一种为无级调速回路，将在后面分为节流调速和容积调速进行专门的介绍）。

(1)双泵双级调速回路

双泵调速回路如图 8-21 所示。这种回路利用低压大流量泵 1 和高压小流量泵 7，用以实现执行元件的高低两种速度的运动。其工作原理如下：图中小流量泵 7 的压力按系统最大所需工作压力由溢流阀 6 调定；大流量泵 1 的压力按大于快速运动时系统所需的压力由卸荷阀 2 调定（此压力小于溢流阀的调整压力）。当换向阀 4 右位接入回路时，两个泵同时向液压缸左腔供油，活塞以快速向右运动。当换向阀左位接入回路时，因节流阀 5 接入，液压缸右腔出现较大的背压，系统压力升高，小流量泵 7 在溢流阀 6 的调定压力下单独向液压缸左腔供油，使活塞向右慢速移动。这种回路的效率较高，且能实现比最大工进速度大得多的快速运动，因此在机床上得到广泛的应用。

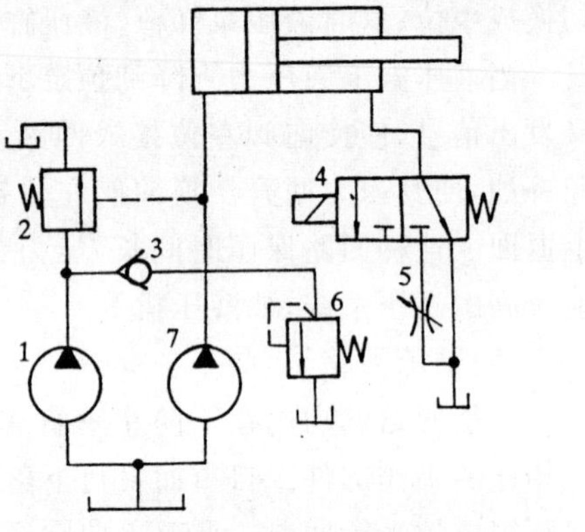

图 8-21　双泵供油式快速运动回路

1—大流量泵；2—卸荷阀；3—单向阀；4—换向阀；5—节流阀；6—溢流阀；7—小流量泵

(2)多泵多级调速回路

多泵多级调速回路如图 8-22 所示。三个流量不同的泵 1，2，3，分别用电磁阀 4，5，6 控制。通过操纵其中的一个、两个或三个电磁阀动作，共可获得 7 种流量，故可得到 7 种不同的速度。

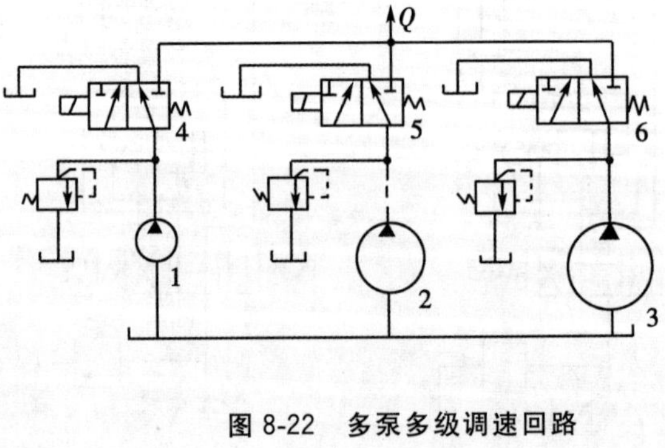

图 8-22　多泵多级调速回路

(3)差动联接回路

图 8-23 是由双作用单杆液压缸和换向阀等元件组成，并可使液压缸实现差动连接的一种速度控制回路。图(a)为二位二通阀控制的阀外差动回路。图(b)为三位四通阀控制的阀内差动回路。

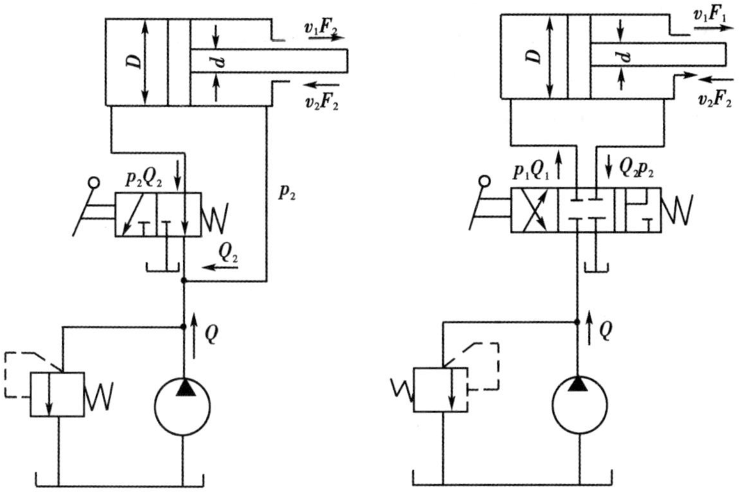

(a)　　　　(b)

图 8-23　液压缸的差动连接有级调速回路

这种回路比较简单，应用较多；但是液压缸的两级速度相差不多，当 $D=\sqrt{2}d$ 即无杆腔有效作用面积是有杆腔有效作用面积的 2 倍时，差动连接只比非差动式连接的最大速度快一倍，有时不能满足主机快速运动的要求，因此常要和其他方法联合使用。

(4)速度换接回路

速度换接回路的功用是使液压执行机构实现运动速度的变换，即在原来设计或调节好的几种运动中，从一种速度换成另一种速度。对这种回路的要求是速度换接要平稳，即不允许在速度变换的过程中有前冲(速度突然增加)的现象。常见的形式有以下几种。

① 用行程阀来实现快慢速度换接的回路。如图 8-24是用单向行程节流阀换接快速运动和工作进给运动的速度的回路。在图示位置液压缸 3 右腔的回油可经行程阀和换向阀 2 流回油箱，使活塞快速向右运动。当快速运动到达所需位置时，活塞上挡块压下行程阀 4，将其通路关闭，这时液压缸 3 右腔的回油就必须经过节流阀 6 流回油箱，活塞的运动转换为工进。当操纵换向阀 2，使活塞换向后，压力油可经换向阀 2 和单向阀 5 进入液压缸 3 右腔，使活塞快速向左退回。

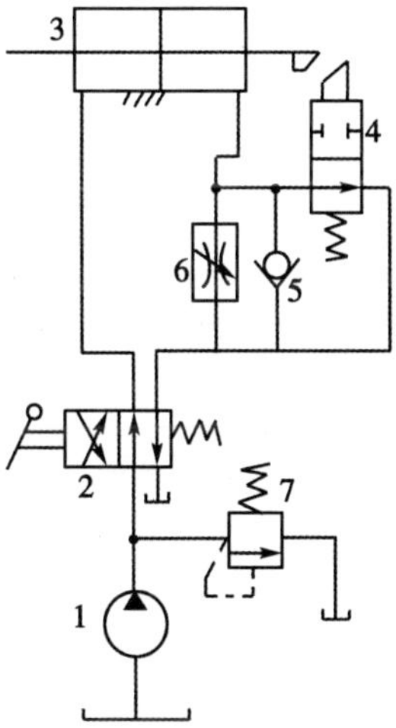

图 8-24　用行程节流阀的速度换接回路

这种回路由于行程阀的通油路是由液压缸活塞的行程控制阀芯移动而逐渐关闭的，所以换接位置精度高，冲击量小，运动速度的变换比较平稳。缺点是行程阀的安装位置不能任意布置(要由挡铁压下)，所以有时管路连接较复杂。行程阀也可用电磁换向阀来代替，这时电磁阀的安装位置不受限制(挡铁只需压下行程开关)，但其换向精度及速度变换的平稳性较差。

② 利用液压缸本身的管路连接实现速度换接的回路。图 8-25 所示为采用一个调速阀来

实现速度换接的回路。在图示位置时，活塞快速向右移动，液压缸右腔的回油经油路 1 和换向阀流回油箱。当活塞运动到将油路 1 封闭后，液压缸右腔的回油需经节流阀 3 流回油箱，活塞则快速运动变换为工作进给运动。

这种速度换接回路方法简单，换接可靠，但速度换接的位置不能调整，工作行程也不能过长，以免活塞过宽，所以适用于工作情况固定的工作部件。这种回路也常用作活塞运动到达端部时的缓冲制动回路。

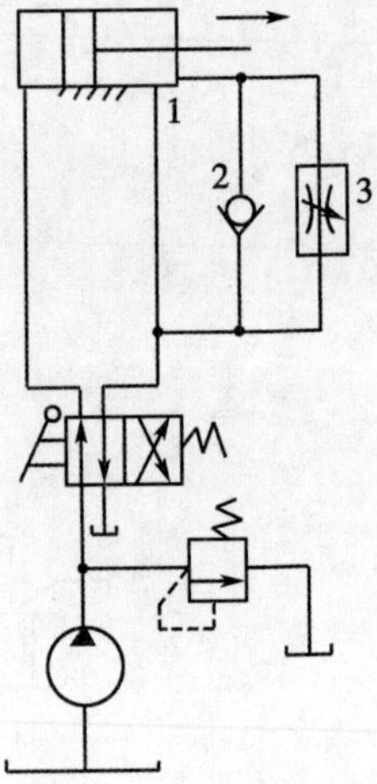

图 8-25　利用液压缸自身结构的速度换接回路

③ 利用调速阀实现速度换接的回路。图 8-26 是用两个调速阀来实现不同工进速度的换接回路。8-26(a)中两个调速阀并联，在图示位置时，液压泵输出的压力油经调速阀 3 和电磁阀 5 进入液压缸获得一种速度。当需要第2种速度时，电磁阀 5 通电，其右位接入回油，液压泵输出压力油就经调速阀 4 和电磁阀 5 进入液压缸。这种回路中两个调速阀的节流口可以单独调节，互不影响，即第一种速度和第二种速度互相间没有什么限制，但一个调速阀工作时，另一个调速阀中没有油液通过，它的减压阀则处于完全打开的位置，在速度换接开始的瞬间不能起减压作用，容易出现工作部件突然前冲的现象。因此它不宜用于在加工过程中实现速度换接，只能用在速度预选的场合。

图 8-26(b)为另一种两个调速阀并联的速度换接回路。在这个回路中，两个调速阀始终处于工作状态，在由一种速度转换为另一种速度时，不会出现工作部件突然前冲现象，因而工作可靠。但是液压系统在工作中总有一定量的油液通过不起调速作用的那个调速阀流回油箱，造成能量损失，系统发热。

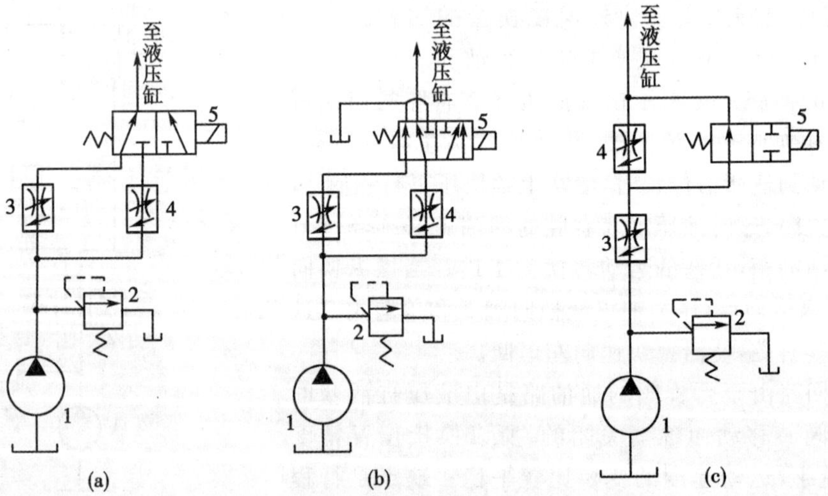

图 8-26　用两个调速阀的速度换接回路

图 8-26(c)为两个调速阀串联的速度换接回路。图中液压泵输出的压力油经调速阀3和电磁阀 5 进入液压缸，这时的流量由调速阀 3 控制。当需要第二种速度时，电磁阀 5 通电，其右位接入回路，则液压泵输出的压力油先经调速阀 3，再经调速阀 4 进入液压缸，这时的流量应由调速阀 4 控制。这种回路中调速阀 4 的节流口应调得比调速阀 3 小，否则调速阀 4 不起作

用。另外，这种回路中的调速阀 3 一直处于工作状态，它在速度换接时，限制着进入调速阀 3 的流量，因此这种回路的速度换接平稳性较好。但在调速阀 4 工作时，油液需经两个调速阀，故能量损失较大，系统发热大，但比图 8-26(b)所示的回路要小。

8.2.4　多缸动作回路

在液压系统中，如果由一个液压源给多个液压缸输送压力油，这些液压缸会因压力和流量的彼此影响而在动作上相互牵制，必须使用一些特殊的回路才能实现预定的动作要求。常见的这类回路有顺序动作回路、同步回路和多缸卸荷回路。

(1)顺序动作回路

顺序动作回路的作用是使多缸液压系统的各个液压缸严格地按指定的不同动作顺序进行动作。实现顺序动作的方法很多，可以用液压缸运行一段行程后发出信号，使下一个缸动作；也可以利用油路工作时压力上的差别使多缸先后动作；也可利用延时元件使液压缸按时间先后完成顺序动作。

图 8-27 是利用电磁阀和行程开关控制实现顺序动作的回路。其工作原理是：

按下启动按钮 1DT 通电，阀 1 左位接入油路，压力油进入缸 3 左腔，其活塞向右运动，当挡块压下行程开关 6 时，1DT 断电，3DT 通电，缸 3 活塞停止运动，阀 2 左位接入系统，缸 4 活塞向右运动，当其活塞移动到规定位置时，压下行程开关 8，于是 3DT 断电，2DT 通电，缸 4 活塞停止运动，缸 3 活塞左移，当其活塞返回原位时，挡块又压下行程开关 5，使 2DT 断电，4DT 通电，缸 4 活塞左移，当其活塞返回原位时，挡块又压下行程开关 7，使 4DT 断电，于是两个电磁换向阀都处于中位状态，完成顺序动作循环。这种回路调整液压缸行程方便，动作可靠。如若改变动作顺序，只需在电路上做些变动，即可实现新的顺序动作循环。此种方法适合于动作循环经常要求改变的场合。

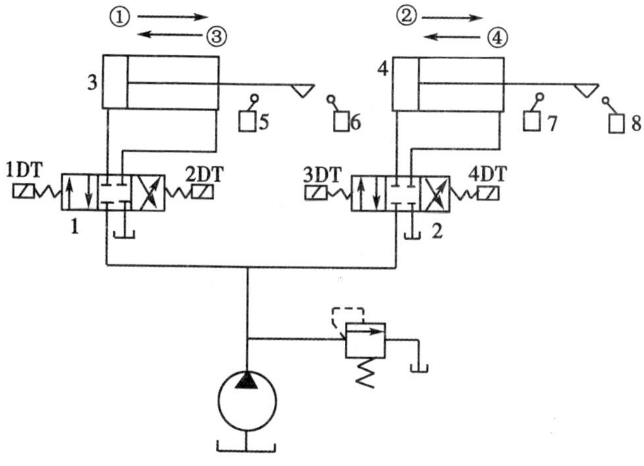

图 8-27　用电磁换向阀的顺序动作回路

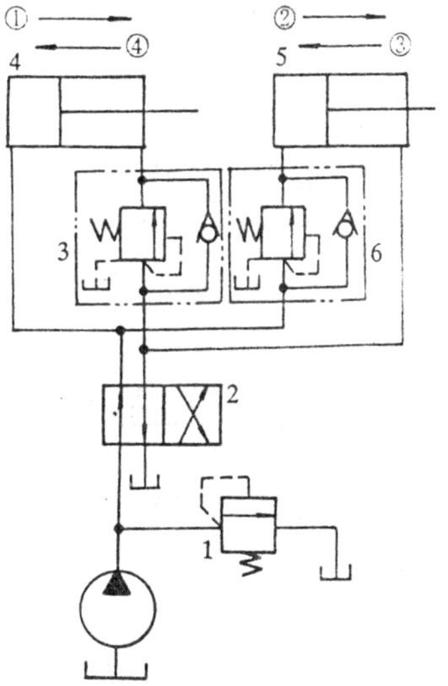

图 8-28　使用顺序阀的顺序动作回路

1—溢流阀；2—换向阀；3，6—顺序阀；4，5—液压缸

图 8-28 所示为一种使用顺序阀的顺序动作回路。当换向阀 2 左位接入回路且顺序阀 6 的调定压力大于液压缸 4 的最大前进压力时，压力油先进入液压缸 4 的左腔，实现动作 1。当这项动作完成后，系统中压力升高，压力油打开顺序阀 6 进入液压缸 5 的左腔，实现动作②。

同样地，当换向阀 2 右位接入回路，且顺序阀 3 的调定压力大于液压缸 5 的最大返回工作压力时，两液压缸按③和④的顺序向左返回。很明显，这种回路顺序动作的可靠性取决于顺序阀的性能及其压力调定值：后一个动作的压力必须比前一个动作压力高出 0.8～1MPa。顺序阀打开和关闭的压力差值不能过大，否则顺序阀会在系统压力波动时造成误动作，引起事故。由此可见，这种回路只适用于系统中液压缸数目不多、负载变化不大的场合。

(2)同步回路

同步回路的功用是保证系统中两个或两个以上液压缸在运动中的位移量相同或以相同的速度运动。例如，在立式车床、龙门刨床或龙门铣床上，当使用两个液压缸（或液压马达）来控制横梁的升降运动时，就应采用同步回路，以保证横梁在移动中不会侧倾、卡死。在多缸液压系统中，影响同步精度的因素是很多的。例如，液压缸外载，泄漏，摩擦阻力，制造精度，结构弹性变形以及油液中含气量，都会使运动不同步。采用同步回路就是为了克服或减少这些影响。

① 速度同步回路。所谓速度同步是指各执行元件的运动速度相同。常见的速度同步回路有以下几种：

a. 并联调速阀的速度同步回路。如图 8-29 所示，液压缸 5 和 6 并联，分别用调速阀 1 和 3 调节两缸活塞的运动速度。当要求两个工作面积相同的液压缸作同步运动时，两个调速阀通过流量要调节得一样。当操纵换向阀时，压力油可通过单向阀 2 和 4 使两缸的活塞快速同步退回，这种同步同速的方法比较简单，但因两个调速阀的性能不可能完全一致，同时还受到载荷变化和泄漏的影响，所以同步精度不高。

b. 采用分流阀的速度同步回路。分流阀又称同步阀，它通过控制两个液压缸或液压马达的进油或出油的流量分配，使液压缸在载荷相同或不同的情况下以同步速度运动。

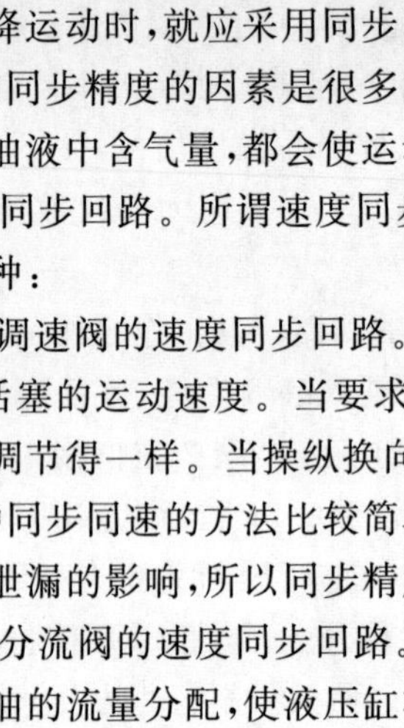

图 8-29 采用并联调速阀的速度同步回路

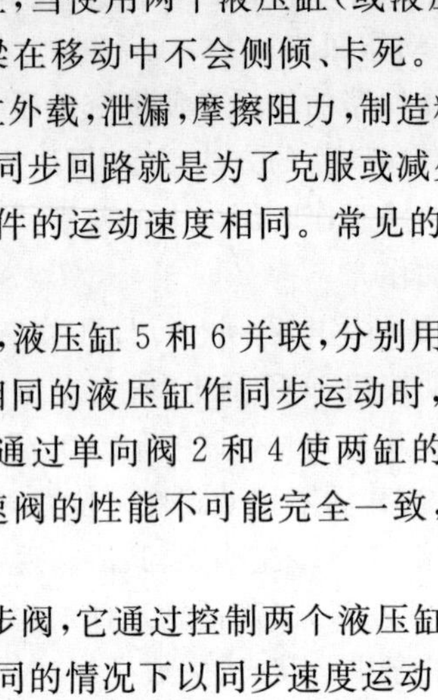

图 8-30 等量出口分流阀的速度同步回路

图 8-30 为采用等量出口分流阀控制的双缸速度同步回路。图示位置，压力油经换向阀 1 后，分两路分别经固定节流孔 2 和 3 到平衡阀 5 的左右两腔，然后经环槽 a，b 分别进入液压缸 7 和 8，使两缸活塞向右运动。节流孔 2 和 3 做成同样大小，当平衡阀 5 的阀芯平衡时，左腔的压力 $p_左$ 等于右腔的压力 $p_右$，所以两个节流孔前后的压差值（$p-p_左$）和（$p-p_右$）也是相等

的，因此通过节流孔 2 和 3 的流量是相等的。因为通过节流孔 2 和 3 的流量就是分别进入液压缸 7 和 8 的流量，所以液压缸 7 和 8 的两个活塞运动的速度也是相同的。当换向阀 1 换向后，液压缸 7 和 8 的活塞反向运动，它们的回油可经单向阀 4 和 6，再经换向阀 1 流回油箱。

这种同步回路可以自动补偿活塞上载荷变化的影响。例如液压缸 7 活塞上的载荷增加时，缸 7 中的油压就升高，当平衡阀 5 的阀芯尚未动作时，阀芯左端的压力 $p_{左}$ 也随着升高，使平衡阀芯右移，使环槽 a 的通道加大，环槽 b 的通道减小，于是 $p_{左}$ 降低，$p_{右}$ 升高，使平衡阀芯在新的位置达到平衡。这时变化后的 $p_{左}$ 和 $p_{右}$ 仍是相等的，即液压缸 7 和 8 的活塞仍能同步动作。

② 位置同步回路。就是各液压缸在运动中或停止时，都保持相同的位置。位置同步与上述速度同步有着密切的联系，不能截然分开。

如图 8-31 中，两个液压缸串联，当两个液压缸的有效工作面积相同时，就能得到同步运动。这种回路结构简单、效率高，但是液压泵的供油压力高，必须是两个液压缸的压力之和。此外对密封性能要求较高，否则同步精度会越来越低。因为这种回路的两液压缸串通，腔内的泄漏会造成容积变化，这项差值如不加以补正，误差就会积累到严重失调的地步。

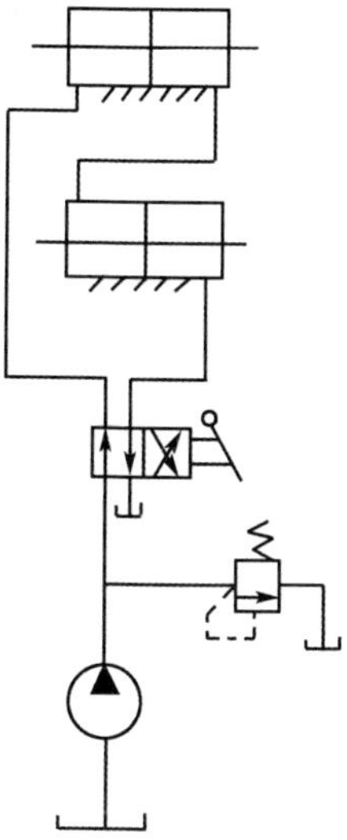

图 8-31　液压缸串联的同步回路

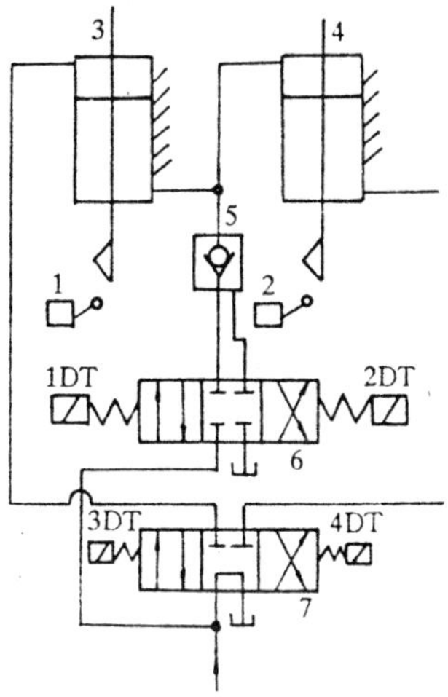

图 8-32　有补正装置的液压缸串联同步回路

图 8-32 所示为一种有补正装置的液压缸串联同步回路，可以在行程端点消除两液压缸的位置误差。其工作原理如下：当两个活塞同时向下运动时，若缸 3 的活塞先到达行程端点，则行程开关 1 先被挡块压下，电磁铁 1DT 通电（这时 3DT 已通电，换向阀 7 左位接入回路），换向阀 6 的左位接入回路，压力油经阀 6 和液控单向阀 5 进入液压缸 4 的上腔，使液压缸 4 的活塞继续运动到行程端点。反之，若液压缸 4 的活塞比液压缸 3 的活塞先到达行程端点，则行程开关 2 先被挡块压下，电磁铁 2DT 通电，阀 6 的右位接入回路，液控单向阀 5 打开，使液压缸 3 下腔与油箱连通，也使液压缸 3 的活塞继续运动到行程端点。

液压缸串联式同步回路只适用于负载较小的液压系统。

当液压系统有高的同步精度要求时，必须采用由比例调速阀或伺服阀组成的同步回路。图 8-33 为其中一例。图中的伺服阀 6 根据两个位移传感器 3 和 4 的反馈信号持续不断地控制其阀口的开度，使通过的流量与通过换向阀 2 阀口的流量相同，从而保证了两个液压缸获得双向的同步运动。

这种同步回路的同步精度很高，但由于伺服阀必须通过与换向阀相同的较大的流量，规格尺寸要选得很大，因此价格昂贵。这种同步回路适用于两个液压缸相距较远而同步精度又要求很高的场合。

(3)多缸卸荷回路

多缸卸荷回路的功用在于使液压泵在各执行元件都处于停止位置时自动卸荷，而当任一执行元件要求工作时又立即由卸荷状态转换成工作状态。如图 8-34 所示是这种回路的一种串联式结构。液压泵的卸荷油路只有在各换向阀都处于中位时才能接通油箱，只要有一换向阀不处在中间位置，液压泵都会立即恢复压力油的供应。这种回路对液压泵卸荷的控制十分可靠。但当执行元件数目较多时，卸荷油路较长，使泵的卸荷压力增加增大，影响卸荷效果。

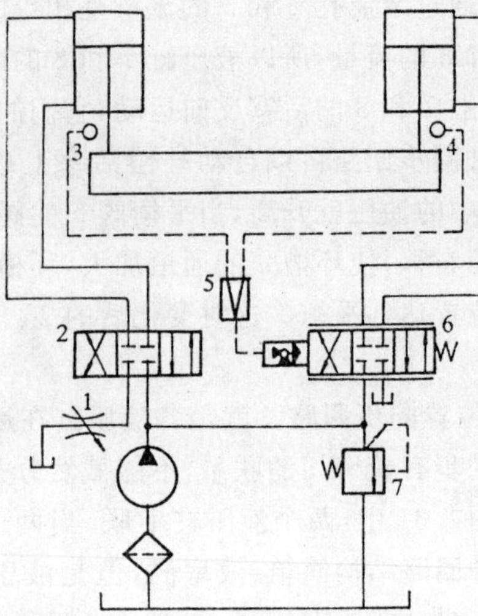

图 8-33　使用电液伺服阀的同步回路

1—节流阀；2—换向阀；3，4—位移传感器；5—伺服放大器；6—电液伺服阀；7—溢流阀

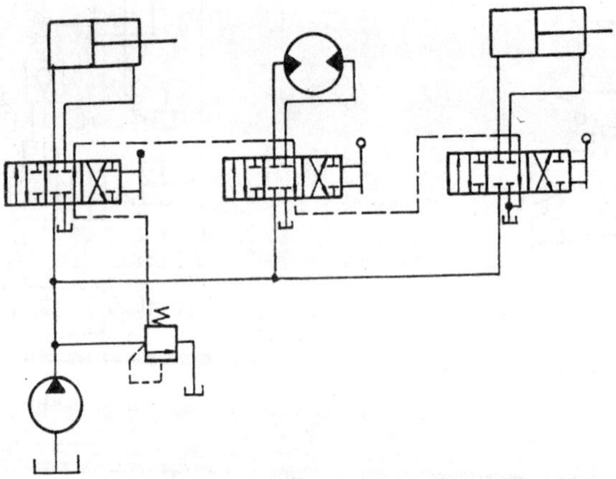

图 8-34　多缸卸荷回路

8.3　节流调速

8.3.1　节流调速的原理

节流调速回路的工作原理是通过改变回路中流量控制元件通流截面积的大小来控制流入执行元件或自执行元件流出的流量，以调节其运动速度。

将节流阀串联在回路中[如图 8-35(a)，(b)所示]，节流阀和溢流阀相当于并联的两个液阻，定量泵输出的流量 Q_B 不变，经节流阀流入液压缸的流量 Q_1 和经溢流阀流回油箱的流量 ΔQ 的大小，由节流阀和溢流阀液阻的相对大小决定。节流阀通过改变其通流截面，可以在较大范围内改变其液阻，从而改变进入液压缸的流量，调节液压缸的速度。

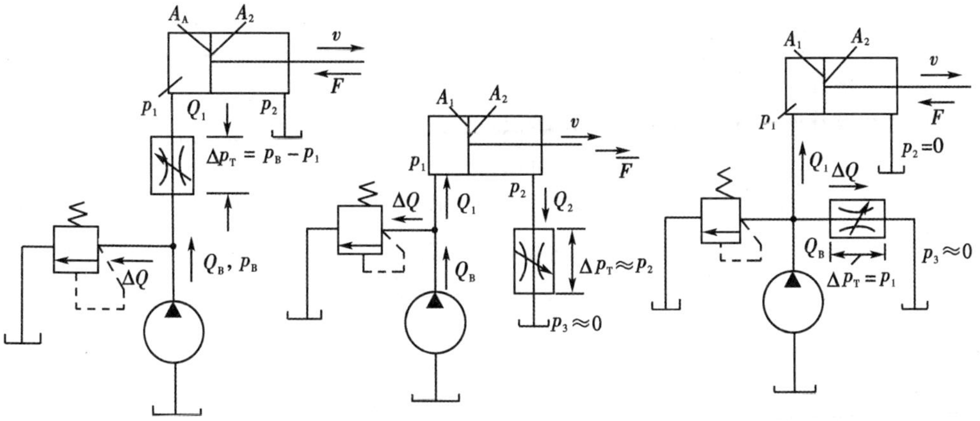

(a)进口节流　　(b)出口节流　　(c)洋路节流

图 8-35　节流阀的三种节流调速回路

如果调速回路中只有节流阀，如图 8-36 所示，则节流阀就不能起调节流量的作用，此时液压泵输出的油液全部经节流阀流入液压缸，改变节流口的大小，只能改变油液流经节流阀流速的大小，而总的流量不会改变，因此液压缸的速度不会改变。

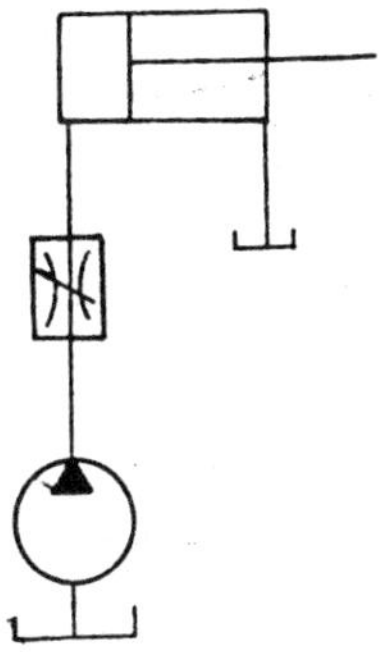

图 8-36　节流阀与液压缸串联(不正确的接法)

此外，将节流阀与液压缸并联起来，不用溢流阀也能实现节流调速[如图 8-35(c)]。此时回路的溢流阀在调速时并不溢流，而作为回路的安全保护装置。当改变节流口大小时，即可改变节流阀回油箱的流量 ΔQ，从而改变进入液压缸的流量，调整了液压缸的速度。

根据节流调速回路在工作中回路压力是否随负载变化而变化，可将其分为定压式节流调速回路[如图 8-35(a)，(b)]和变压式节流调速回路[如图 8-35(c)]；根据节流阀在系统中安置位置的不同，节流调速回路又可分为进口节流调速[如图 8-35(a)]，出口节流调速[图 8-35(b)]和旁路节流调速回路[如图 8-35(c)]。下面主要按后一种分类方式，对节流调速的不同类型进行介绍。

8.3.2　进口节流调速

进口节流调速回路是在执行元件的进口油路上串接节流阀，如图 8-35(a)所示。如前所述，该回路中，使用定量泵并且必须并联一个溢流阀。回路中液压缸的输入流量由节流阀调节，而定量泵输出的多余油液则经溢流阀排回油箱；油泵的工作压力 p_B 等于溢流阀的调定压力(由于这种回路中的压力一经溢流阀调定后，基本保持不变，所以它又称为定压式节流调速回路)。通过改变节流阀的通流截面，即可改变流入液压缸的液体流量，从而调节执行元件的伸出速度。

(1)机械特性(即速度负载特性)

调速回路的机械特性是以它所驱动的液压缸工作速度和外负载之间的关系来表达的。

① 活塞受力平衡方程。如图 8-35(a)，若忽略摩擦力，则作用于活塞上的力平衡方程式为

$$p_1A_1=p_2A_2+F \tag{8-5}$$

式中 p_1——液压缸工作腔压力；

p_2——液压缸排油腔(有杆腔)的油压；

A_1——液压缸无杆腔的有效工作面积；

A_2——液压缸有杆腔的有效工作面积；

F——作用在活塞上的负载(例如，机床工作部件上切削负载，摩擦负载等的总和)。

若液压缸出口直接接通油箱，即 $p_2\approx0$，则上式变为

$$p_1A_1=F \tag{8-6}$$

或

$$p_1=F/A_1 \tag{8-7}$$

则节流阀两端的压差为

$$\Delta p_T=p_B-p_1=p_B-F/A_1 \tag{8-8}$$

② 进入液压缸的流量。根据通过节流阀的流量特性公式，进入液压缸的流量 Q_1 为：

$$Q_1=Q_T=K_TA_T(\Delta p_T)^m=K_TA_T(p_B-p_1)^m \tag{8-9}$$

式中 Q_T——流过节流阀通流截面的液体流量；

A_T——进口节流阀的通流截面积；

K_T——节流阀的系数；

m——节流阀的指数。

将式(8-8)代入式(8-9)得：

$$Q_1=K_TA_T(p_B-F/A_1)^m \tag{8-10}$$

③ 液压缸活塞的运动速度。根据流量连续性方程，活塞运动速度 v 为：

$$v=\frac{Q_1}{A_1} \tag{8-11}$$

将式(8-10)代入式(8-11)得：

$$v=\frac{K_TA_T(p_BA_1-F)^m}{A_1^{m+1}} \tag{8-12}$$

④ 机械特性。由式(8-12)描述的速度与负载的关系可作图 8-37。

速度随负载变化的程度可以用曲线的斜率表示，该斜率的倒数为速度刚度，以 k_v 表示，即

$$k_v=-\frac{\partial F}{\partial v}=-\frac{1}{\tan\alpha} \tag{8-13}$$

特性曲线上某点的斜率越小，速度刚度就越大，活塞运动速度受负载波动的影响就越小，活塞运动就越平稳。

由式(8-12)可得速度刚性为：

$$k_v=\frac{A_1^{1+m}}{K_TA_T(p_BA_1-F)^{m-1}m}=\frac{p_BA_1-F}{mv} \tag{8-14}$$

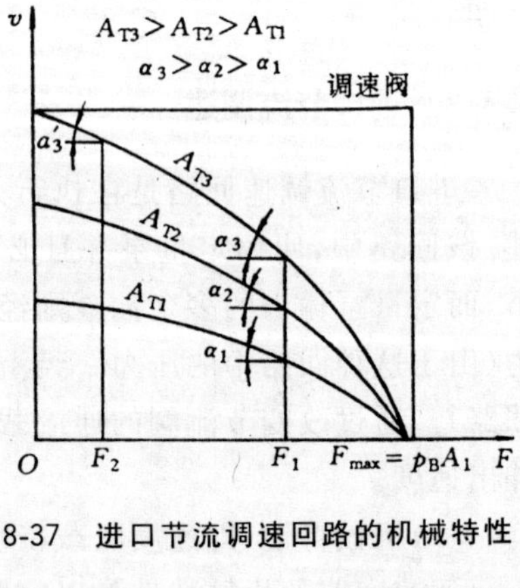

图 8-37 进口节流调速回路的机械特性

由图 8-37 和式(8-14)可以看出，进口节流调速回路的机械(速度负载)特性有以下特点：

a. 当节流阀的通流截面积 A_T 不变时，负载 F 越小则速度刚度 k_v 越大，机械特性就越好；

b. 在特定负载下，节流阀的通流截面积 A_T 越小（即活塞运动慢），则 k_v 越大；

c. 活塞面积 A_1 越大，则 k_v 也越大；

d. 最大承载能力 $F_{max}=p_BA_1$，在 p_B 已调定的情况下，不随 A_T 或 v 的变化而变化；

e. 指数 m 越小，刚度 k_v 越大，故常采用薄壁小孔型的节流阀调速。

(2)功率特性和回路效率

调速回路的功率特性是以其自身的功率损失（不包括液压泵、液压缸和管路中的功率损失），功率损失分配情况和效率来表达的。

对于进口节流调速，由于采用的是定量泵，Q_B 是常数，p_B 由溢流阀调定，也是常数。所以回路的输入功率（即定量泵回路的输出功率）N_B 为

$$N_B=p_BQ_B \tag{8-15}$$

回路的输出功率（即有效功率）N_1 为

$$N_1=p_1Q_1=p_1A_1v \tag{8-16}$$

则回路的功率损失为：

$$\Delta N=N_B-N_1=p_BQ_B-p_1Q_1=p_B\Delta Q+\Delta p_TQ_1 \tag{8-17}$$

式(8-17)表明，这种回路的功率损失由两部分组成，即

$$\Delta N_1=p_B\Delta Q \tag{8-18}$$

$$\Delta N_2=\Delta p_TQ_1 \tag{8-19}$$

式中　ΔN_1——溢流损失，即溢流量 ΔQ 在 p_B 下流经溢流阀所产生的功率损失；

ΔN_2——节流损失，即流量 Q_1 在压差 Δp_T 下流经节流阀所产生的功率损失。

溢流损失 ΔN_1 和节流损失 ΔN_2 都将转化为热量，从而使液压系统温度升高，影响系统的工作性能。因此，应尽量减少这两方面的损失。

下面分别讨论下述两种负载情况下，进行调速时的功率特性：

① 负载恒定时：当负载恒定时，工作压力 $p_1=F/A_1$，液压泵供油压力 p_B（它按 p_1 调定），节流阀工作压差 Δp_T 都是定值，工作流量 Q_1 只随节流阀通流截面积变化。这时调速回路中的有效功率 N_1 和节流功率损失 ΔN_2 都随工作流量加大而线性地加大，溢流功率损失 ΔN_1 则随工作流量加大而线性地减小，如图 8-38 所示。N_1 与损失功率（$\Delta N_1+\Delta N_2$）之和为常数都等于泵的输出功率 N_B。这种情况下的回路效率为

$$\eta_c=\frac{p_1Q_1}{p_BQ_B}=\frac{p_1Q_1}{(p_1+\Delta p_T)Q_B} \tag{8-20}$$

此式表明，通过溢流阀的流量越小，Q_1/Q_B 越大，效率就越高；负载越大，p_1/p_B 越大，效率也高。

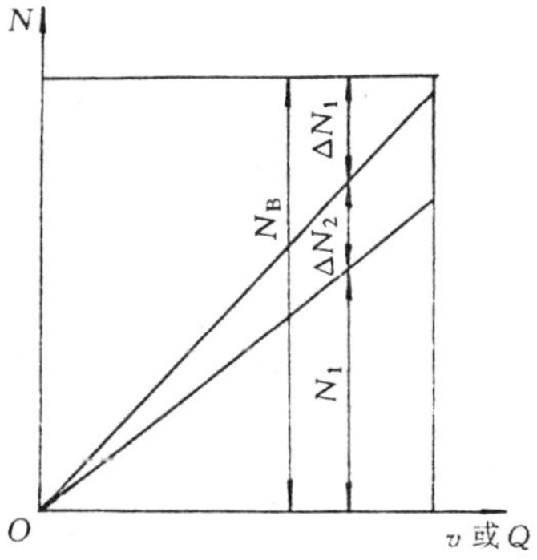

图 8-38　进口节流调速回路在恒定负载下的功率特性

② 负载变化时：当液压缸在变载下工作时，工作压力 p_1 是个变量，液压泵供油压力 p_B 按所需最大工作压力 p_{1max} 调定。这时如节流阀的通流截面积保持不变，则工作流量将随负载而变化，参见公式(8-10)，F 增大，流量 Q_1 呈抛物线下降，如图 8-39 虚线所示。注意图 8-39 是按节流阀是薄壁小孔，即 $m=\frac{1}{2}$ 时画出的。在这里回路的有效功率 N_1 可由式(8-9)代入式(8-16)得

$$N_1 = K_T A_T p_1 (p_B - p_1)^m \tag{8-21}$$

此式在 $p_1=0$ 和 $p_1=p_B$ 处都等于零，在这两者之间的 $p_1=\frac{p_B}{1+m}$ 处则有一极大值：

$$N_{1\max} = \frac{K_T A_T}{m}\left(\frac{m p_B}{1+m}\right)^{1+m} \tag{8-22}$$

由式(8-22)及图 8-39 可见，这时即便液压缸在其最大输出功率下工作，整个回路的功率损失还是很大的，回路的效率很低：

$$\eta_c \leqslant \frac{K_T A_T}{Q_B(1+m)}\left(\frac{m p_B}{1+m}\right)^{m} \tag{8-23}$$

图 8-39 中虚线表示的抛物线是流量—压力曲线，Q'_1 为空载时通过节流阀的流量，当 $p_1/p_B=\frac{2}{3}$ 时，通过节流阀的流量为

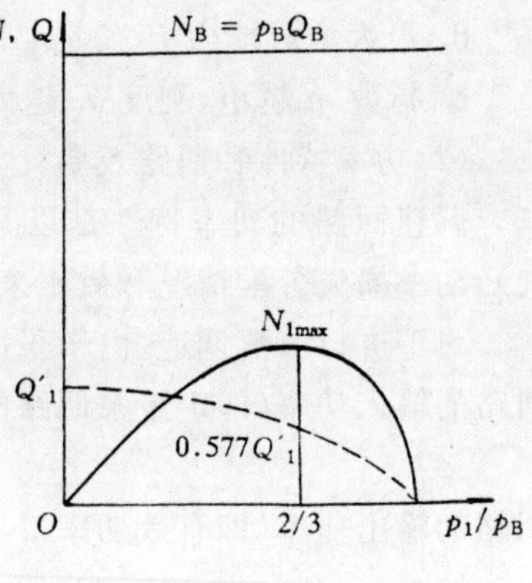

图 8-39 进口节流调速回路在变载下的功率特性

$$Q_1 = K_T A_T\left(p_B - \frac{2}{3}p_B\right)^{\frac{1}{2}} = 0.577 K_T A_T p_B^{\frac{1}{2}} = 0.577 Q'_1$$

由于液压泵的输出功率 $N_B=p_B \cdot Q_B=$常数，故在图 8-39 中是一条平行于横坐标的直线。它与液压缸的有效功率曲线之间的差值，便是功率损失 ΔN 的值。

(3)调速特性

调速回路的调速特性是以其所驱动的液压缸在某个负载下可能得到的最大工作速度和最小工作速度之比(调速范围)来表示的。按式(8-12)可求得定压式进口节流调速回路的调速范围为

$$R_c = \frac{v_{\max}}{v_{\min}} = \frac{A_{T\max}}{A_{T\min}} = R_T \tag{8-24}$$

式中 R_c——调速回路的调速范围；
R_T——节流阀的调速范围；
$v_{\max}$——活塞的最大工作速度；
$v_{\min}$——活塞的最小工作速度；
$A_{T\max}$——节流阀的最大通流截面积；
$A_{T\min}$——节流阀的最小通流截面积。

式(8-24)表明，进口节流调速回路的调速范围只受流量控制元件(这里是节流阀)调节范围的限制。

8.3.3 出口节流调速

出口节流调速回路是在执行元件的出口油路上串接节流阀，如图 8-35(b)所示(这种节流调速回路的工作压力也等于溢流阀的调定压力，所以也是一种定压式节流调速)。它的调速过程类似于进口节流调速。

(1)机械特性

① 活塞受力平衡方程式。由于节流阀装在液压缸的回路上，若不考虑管道损失，则进入液压缸的油压 $p_1=p_B$，而液压缸的出口压力 p_2 为节流阀的进口压力，节流阀的出口压力 $p_3\approx$

0。因此活塞上力平衡方程式为

$$p_B A_1 = p_2 A_2 + F \tag{8-25}$$

所以节流阀压差为

$$\Delta p_T = p_2 - p_3 \approx p_2 = \frac{p_B A_1 - F}{A_2} \tag{8-26}$$

② 进入液压缸的流量。因为

$$Q_2 = K_T A_T (\Delta p_T)^{\phi} = K_T A_{T2} p_2^m \tag{8-27}$$

所以

$$Q_1 = \frac{A_1}{A_2} Q_2 = \frac{A_1}{A_2} K_T A_T (\Delta p_T)^m = \frac{A_1}{A_2} K_T A_T p_2^m \tag{8-28}$$

式中　A_T——出口节流阀的通流截面积。

将式(8-26)代入式(8-28)得

$$Q_1 = \frac{A_1}{A_2} K_T A_T \left(\frac{p_B A_1 - F}{A_2} \right)^m \tag{8-29}$$

③ 液压缸活塞的运动速度。根据流量连续性方程，活塞运动速度 v 为

$$v = \frac{Q_1}{A_1} = \frac{K_T A_T}{A_2^{1+m}} (p_B A_1 - F)^m \tag{8-30}$$

④ 速度负载特性。由式(8-30)可绘制该调速回路的机械特性曲线，同进口节流调速回路的类似。参见图 8-37。

由式(8-30)可知，当外负载 F 不变时，速度 v 与节流阀通流截面 A_T 成正比；通过改变 A_T 可获得不同的速度，而泵多余的流量 $\Delta Q = Q_B - Q_1 = Q_B - \frac{A_1}{A_2} Q_2$ 变为损失从溢流阀流回油箱；当通流截面 A_T 不变时，速度 v 随负载 R 的增加而减少。

回路的速度刚度为

$$k_v = -\frac{\partial F}{\partial v} = -\frac{1}{\tan\alpha} \tag{8-31}$$

由式(8-30)得

$$k_v = -\frac{\partial F}{\partial v} = \frac{A_2^{m+1}}{K_T A_T m (p_B A_1 - F)^{m-1}} = \frac{p_B A_1 - F}{m v} \tag{8-32}$$

由式(8-32)与式(8-14)对比，可知出口节流调速回路的速度刚度与进口节流调速回路的速度刚度相同。

可见出口节流调速回路与进口节流调速回路具有相似的机械特性的特点。即在进口节流调速回路中所具有的 a,b,c,d,e 条机械特性的特点同样适合于出口节流调速回路。所不同的只是在于出口节流调速回路中执行元件的背压较大，故运动平稳性较好；油液经节流阀回油箱，故散热条件好。因此出口节流调速可用在负载变化稍大，要求工作平稳的系统中。

(2)功率特性和回路的效率

对于出口节流调速回路，定量泵的输出功率仍为 $N_B = p_B Q_B$。因而液压缸的有效功率(输出功率)则为

$$N_1 = p_B Q_1 - p_2 Q_2 = \left(p_B \frac{A_1}{A_2} - p_2 \right) Q_2 \tag{8-33}$$

回路的功率损失为

$$\Delta N=N_B-N_1=p_BQ_B-(p_BQ_1-p_2Q_2)=p_B\Delta Q+p_2Q_2 \tag{8-34}$$

由式(8-34)可知：出口节流调速回路的功率损失也是由溢流损失($\Delta N_1=p_B\Delta Q$)和节流损失($\Delta N_2=p_2Q_2$)两部分组成，这两部分损失也都转变成热量使回路中的油液温度升高。

① 负载恒定时：当负载恒定时，工作压力 $p_1=p_B$(即液压泵供油压力)及泵的输出流量 Q_B 均为定值，节流阀工作压差 Δp_T 由式(8-26)可见也为定值，工作流量 Q_2 只随节流阀的通流截面积变化。这时调速回路的有效功率 N_1 为[由式(8-26)代入式(8-33)]

$$N_1=\left(p_B\frac{A_1}{A_2}-p_2\right)Q_2=\left(p_B\frac{A_1}{A_2}-\frac{p_BA_1-F}{A_2}\right)Q_2 \tag{8-35}$$

即 N_1 随工作流量的加大而线性地加大。

而节流损失 $\Delta N_2=p_2Q_2=\frac{p_BA_1-F}{A_2}Q_2=\frac{p_BA_1-F}{A_2}\cdot\frac{A_2}{A_1}Q_1$ 也随工作流量加大而线性地加大。溢流损失 $\Delta N_1=p_B\cdot\Delta Q=p_B\cdot(Q_B-Q_2)$，即溢流损失随工作流量加大而线性地减小。这种情况下的回路效率为

$$\eta_c=\frac{N_1}{N_B}=\frac{\left(p_B\frac{A_1}{A_2}-p_2\right)Q_2}{p_B\cdot Q_B} \tag{8-36}$$

即出口节流调速回路的恒定负载下的功率特性同进口节流调速回路的恒定负载下的功率特性；功率特性曲线如图 8-38。

② 负载变化时：变载时，$p_1=p_B$ 为常量，而 $p_2=(p_BA_1-F)/A_2$ 为变量，液压泵供油压力 p_B 按所需的最大工作压力 p_{2max} 调定。这时如节流阀的通流截面积保持不变，则工作流量由式(8-26)代入式(8-27)再代入式(8-28)得

$$Q_1=\frac{A_1}{A_2}Q_2=\frac{A_1}{A_2}\cdot K_TA_T\cdot\left(\frac{p_BA_1-F}{A_2}\right)^m$$

即工作流量 Q_1 将随着 F 的增加而呈抛物线下降。这时回路的有效功率 N_1 由式(8-27)代入式(8-33)得

$$N_1=\left(p_B\frac{A_1}{A_2}-p_2\right)Q_2=\left(p_B\frac{A_1}{A_2}-p_2\right)\cdot K_TA_Tp_2^m \tag{8-37}$$

上式在 $p_2=0$ 和 $p_2=p_B\cdot\frac{A_1}{A_2}$ 处都等于零，在两者之间 $p_2=\frac{A_1}{A_2}\cdot\frac{m}{1+m}p_B$ 处则有一极大值

$$N_{1max}=\frac{K_TA_T}{m}\left[\frac{mp_B}{1+m}\times\left(\frac{A_1}{A_2}\right)\right]^{1+m} \tag{8-38}$$

回路效率

$$\eta_c\leqslant\frac{K_TA_T}{Q_B(1+m)}\left(\frac{mp_B}{1+m}\right)^m\cdot\left(\frac{A_1}{A_2}\right)^{1+m} \tag{8-39}$$

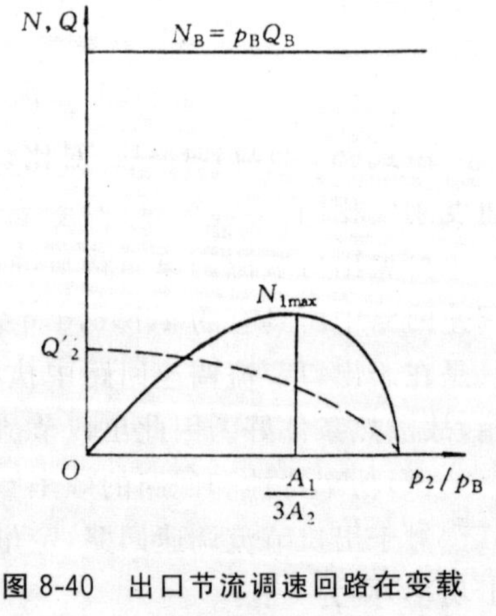

图 8-40 出口节流调速回路在变载下的功率特性曲线

若画出出口节流调速回路的“功率＋特性”曲线应类似进口节流调速回路的功率特性曲线，如图 8-40。(注意此图仍为 $m=\frac{1}{2}$时的功率特性曲线)

由于液压泵的输出功率 $N_B = p_B \cdot Q_B =$ 常量，故在图 8-40 中是一条平行于横坐标的直线。它与液压缸的有效功率 N_1 曲线之间的差值，是功率损失 ΔN 的值。图中虚线表示 Q_2 随 p_2 的变化规律，Q'_2 也为空载时通过节流阀的流量。

(3)调速特性

根据前面对调速回路调速特性的定义可知，出口节流调速回路的调速特性为

$$R_c = -\frac{v_{max}}{v_{min}} = \frac{\dfrac{K_T A_{Tmax}}{A_2^{1+m}}(p_B A_1 - F)^m}{\dfrac{K_T A_{Tmin}}{A_2^{1+m}}(p_B A_1 - F)^m} = \frac{A_{T1max}}{A_{T1min}}$$

$$= R_{T2} \tag{8-40}$$

式(8-40)表明，出口节流调速回路具有和进口节流调速回路相类似的调速特性，即调速回路的调速范围与节流阀调速范围相同。

8.3.4　旁路节流调速

旁路节流调速回路是节流阀安放在执行元件进油管路的支路上，如图 8-35(c)所示。

这种调速回路，油泵的流量等于进入液压缸流量和经节流阀回油箱的流量之和。因此，通过调节节流阀便可以控制进入液压缸的流量，从而调节液压缸活塞的伸出速度。(由于这种回路使用定量泵，必须并联一个安全阀，且回路工作压力随负载而变化；溢流阀在此起安全阀的作用，只在回路过载时才打开。因此这种调速又称变压式节流调速回路)。

(1)机械特性

① 活塞受力平衡方程。与出口节流相同 $p_1 = p_B$(忽略管道的压力损失)。液压缸的回油和节流阀的出口压力可视为 0。因此活塞上力的平衡方程式为

$$p_1 = p_B = \frac{F}{A_1} \tag{8-41}$$

所以节流阀两端的压差为

$$\Delta p_T = p_1 = \frac{F}{A_1} \tag{8-42}$$

② 进入液压缸的流量。这种回路的机械特性可用前面推导进、出口节流调速回路机械特性的同样方法进行分析，但是液压泵的流量损失(主要是泄漏)在这里对液压缸的工作速度有很大影响，泄漏的大小则直接与回路的工作压力有关。

$$Q_B = Q_t - k_1 p_B \tag{8-43}$$

式中　Q_t——液压泵的理论流量；

k_1——液压泵的泄漏系数；其余符号同前。

因此旁路节流回路进入液压缸的流量为

$$Q_1 = Q_B - \Delta Q \tag{8-44}$$

把式(8-41)，式(8-42)及式(8-43)代入式(8-44)得：

$$Q_1 = Q_t - k_1\left(\frac{F}{A_1}\right) - K_T A_T \left(\frac{F}{A_1}\right)^m \tag{8-45}$$

③ 液压缸活塞的运动速度。旁路节流阀调速回路液压缸活塞的运动速度 v 应为

$$v = \frac{Q_1}{A_1} = \frac{Q_t - k_1\left(\dfrac{F}{A_1}\right) - K_T A_T \left(\dfrac{F}{A_1}\right)^m}{A_1} \tag{8-46}$$

④ 速度负载特性。由式(8-46)即可描出该回路的速度负载特性曲线，如图 8-41 所示。

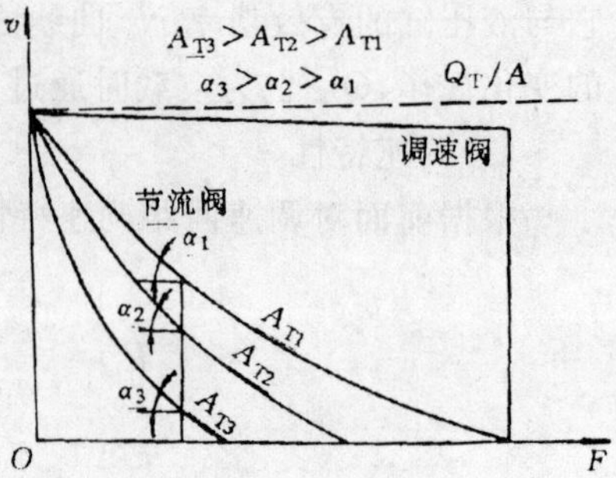

图 8-41 旁路节流调速回路的机械特性

由式(8-46)和图 8-41 可知，这种回路在节流阀通流截面积不变的情况下，活塞速度因液压缸外负载的增大而减小很多，因此其机械特性比进、出口节流调速回路都“软”得多；当负载增大到某值时，活塞会停止不动。节流阀的通流截面积越大(活塞的运动速度越小)，使活塞停止运动的负载就越小，因此旁路节流调速回路的承载能力是变化的(图 8-41 中各曲线在速度为零时并不汇聚到同一点上)，低速下承载能力很差。

旁路节流调速回路的速度刚度表达式可根据式(8-46)求得

$$k_v=-\frac{\partial F}{\partial v}=-\frac{1}{\tan\alpha}=\frac{A_1 F}{m(Q_t-A_1 v)+(1-m)k_1\left(\frac{F}{A_1}\right)} \tag{8-47}$$

由图 8-41 和式(8-47)可见，旁路节流调速回路的速度机械特性的特点如下：

a. 若 A_T＝常数，负载越大，k_v 也越大；

b. 若 F＝常数，A_T 越小(速度越大)，则 k_v 也越大；

c. 减小泵的输出流量 Q_B 和加大活塞面积 A_1，也都使 k_v 增大。

(2)功率和回路效率

定量泵的输出功率为

$$N_B=p_B\cdot Q_B=p_1\cdot Q_B \tag{8-48}$$

油液通过节流阀的功率损失为

$$\Delta N=p_1\Delta Q=K_T A_T p_1^{m+1} \tag{8-49}$$

所以液压缸的有效功率为

$$N_1=p_1 Q_1=p_1(Q_B-K_T A_T p_1^m) \tag{8-50}$$

① 负载恒定时：当负载恒定时，工作压力 p_1 保持不变，N_1 则随液压缸活塞的运动速度 v 增大(A_T 调小，使 Q_1 增加，v 便上升)而线性上升；回路功率损失 ΔN(仅为节流损失)则随 v 的增大而线性地下降(因 Q_1 增加，则 ΔQ 减小)，此时泵的输出功率 N_B 与 v 无关。如图 8-42 所示。

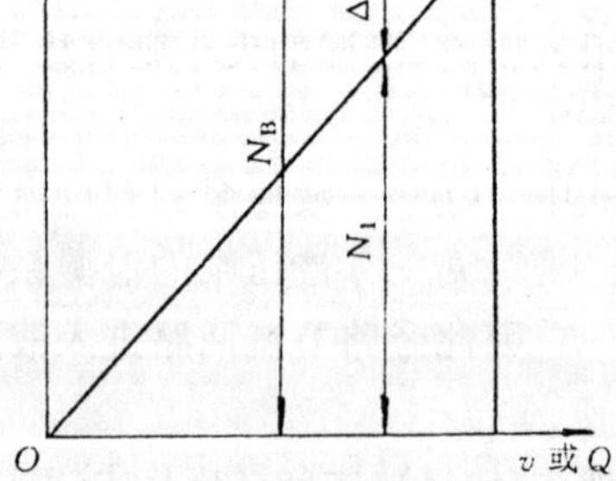

图 8-42 旁路节流调速回路的功率-速度曲线

② 负载变化时：若工作过程中负载 F 变化较大(即 p_1 变化较大)，则从式(8-50)中可以看出，旁路节流调速回路变负载下的液压缸有效功率 N_1 也和进口节流调速回路相似，N_1 与 F 成曲线关系。但 p_B 在这里则随 F 的增大而线性地上升。其回路的功率特性曲线如图 8-43 所示。

旁路节流调速回路的效率为

$$\eta=\frac{N_1}{N_B}=\frac{p_1Q_1}{p_BQ_B}=\frac{Q_1}{Q_B}=1-\frac{K_TA_Tp_B^m}{Q_t-k_vp_B} \tag{8-51}$$

由于定量泵的供油压力 p_B 等于液压缸的工作压力 p_1，即液压泵的输出功率 N_B 是随 p_1 的变化而变化的，这种压力匹配方式使旁路节流调速回路的效率比进、出口节流调速回路都高。此外由式(8-50)还可以看出，当液压泵的流量 Q_B 选定后，工作速度 v 越大(即 A_T 越小)，Q_1 越大，则效率也越高(油液大部分进入液压缸)。

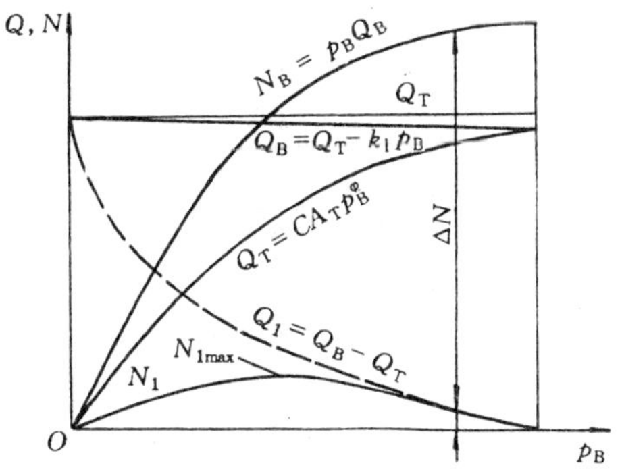

图 8-43　旁路节流调速回路在变载下的功率特性

(3)速度特性

变压式节流调速回路的调速特性表达式为

$$R_c=1+\frac{R_T-1}{\dfrac{Q_t-k_1\left(\dfrac{F}{A}\right)}{K_TA_{Tmin}\left(\dfrac{F}{A_1}\right)^m}-R_T} \tag{8-52}$$

式(8-52)表明，这种回路的调速范围不仅与节流阀可用的调速范围 R_T 有关，而且也与负载 F、液压泵泄漏系数 k_1 等因素有关，可见调速回路的调速范围与流量控制元件的调速范围并非总是一回事。此外，式中的 R_T 不是节流阀可能的调速范围，因为它的通流面积在加大到某值时已使活塞速度下降为零，再增大已不起调速作用。

综上所述，可以看到，旁路节流调速回路在主回路内不出现节流损失和发热现象，在局部负载下也能保持较高效率，最宜用在速度较高，负载较大，负载变化不大，对运动平稳性要求不高的场合；但是它不能承受“负方向”的负载。而出口节流调速回路能承受“负方向”的负载(即与活塞运动方向相同的负载)，进口节流调速回路则要在其回油路上设置背压阀后才能承受这种负载；出口节流式调速回路中油液通过节流阀所产生的热量直接排回油箱而消散掉，进口节流调速回路的这部分热量则随着油液进入油缸。出口节流调速回路，结构简单，价格低廉，但效率较低，只宜用在负载变化不大、低速、小功率的场合，如某些机床的进给系统。

8.3.5　节流调速回路工作性能的改进

由前述分析可见，使用节流阀的进、出口或旁路节流调速回路，都存在着变载下的运动不平稳性。为解决此问题，回路中的流量控制元件可以改用调速阀或溢流节流阀，如图 8-44 所示。其中图 8-44(a)和 8-44(b)是进口节流式调速回路，8-44(c)为出口节流调速回路，8-44(d)为旁路节流调速回路[图 8-44(a)和图 8-44(b)为定压式节流调速回路；图 8-44(c)和图 8-44(d)为变压式节流调速回路]。它们都能使节流阀两端的工作压差在负载变化时基本保持恒定，从而使回路的机械特性得到改善(见图 8-37 和图 8-41。这种变压式回路的承载能力不会因为活塞运动速度的降低而减小)。它们在变载下工作时的功率特性分别如图 8-45(a)和图 8-45(b)所示，都不出现极值。

使用调速阀的节流调速回路在机床的中、低压小功率进给系统中得到了广泛的应用，使用溢流节流阀的回路则适用于机床上的运动平稳性要求较高、功率较大的主传动系统。

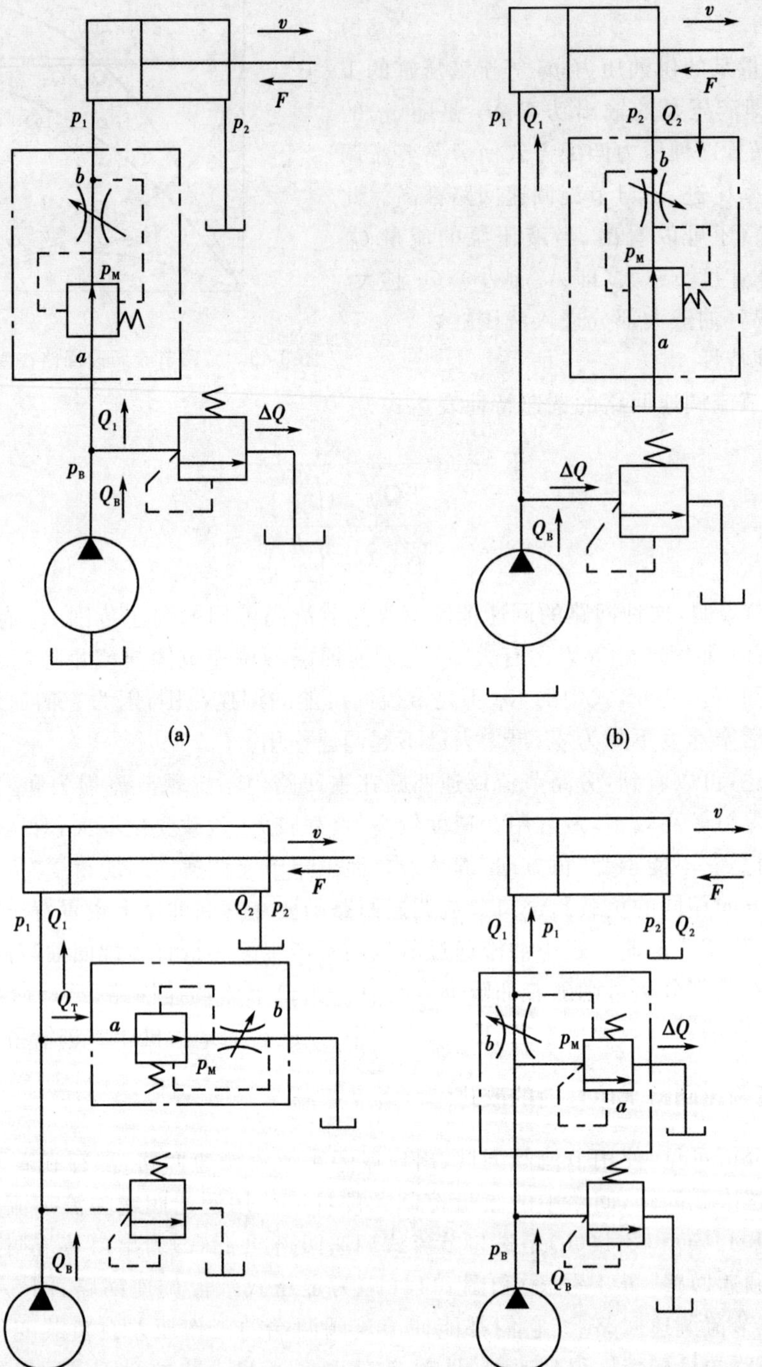

图 8-44 使用调速阀或溢流阀的节流调速回路

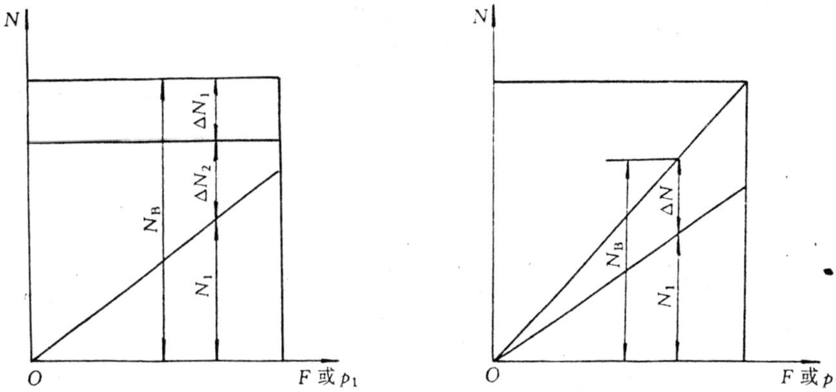

(a) 进、出口节流 (b) 旁路节流

图 8-45 调速阀的三种节流调速回路的功率特性曲线

8.4 容积调速

容积调速回路的工作原理是通过改变回路中变量泵或变量马达的排量来调节执行元件的运动速度。

容积调速回路按所用执行元件的不同可分为泵-缸式和泵-马达式容积调速回路；而泵-马达式又可分为变量泵-定量马达式、定量泵-变量马达式和变量泵-变量马达式三种。

8.4.1 泵-缸式容积调速

图 8-46 所示为泵-缸式开式容积调速回路。

这里的活塞运动速度是通过改变变量泵 1 排量来调节的，回路中的最大压力则由安全阀 2 限定。

当不考虑液压泵以外的元件管道的泄漏时，这种回路的活塞运动速度为

$$v=\frac{Q_B}{A_1}=\frac{Q_t-k_1\dfrac{F}{A_1}}{A_1} \tag{8-53}$$

式中 k_1 为泵的泄漏系数，其他符号意义同前。

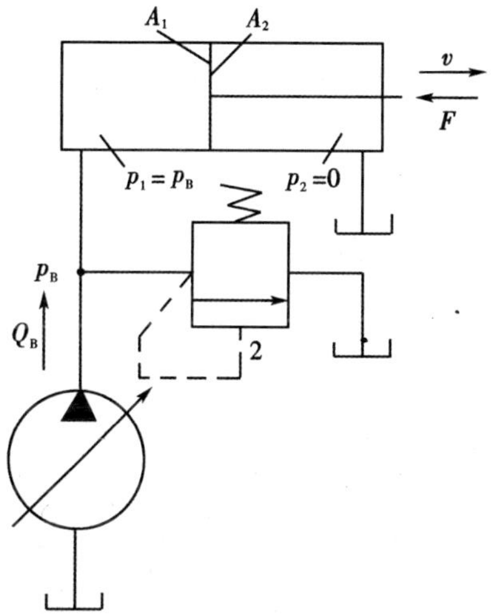

图 8-46 泵-缸式的开式容积调速回路

1—变量泵；2—安全阀

由式(8-53)可绘出泵-缸式容积调速回路的机械特性(即速度随负载变化规律)曲线，如图 8-47 所示。即当泵-缸式容积调速回路中泵的理论流量 Q_t 值不同时，执行元件的速度 v 与其所承受负载 F 的变化关系是一组平行直线。由图可见，由于变量泵有泄漏，活塞运动速度会随负载的加大而减小。负载增大至某值时，在低速下会出停止运动的现象(图 8-47 中 F'点)。可见这种回路在低速下承载能力是很差的。

根据式(8-53)可得这种回路的速度刚性表达式为：

$$k_v=\frac{\partial F}{-\partial v}=\frac{A_1^2}{k_1} \tag{8-54}$$

式(8-54)说明这种回路的 k_v 不受负载影响;加大液压缸的有效工作面积 A_1,减小泵的泄漏 k_1,都可以提高回路的速度刚性 k_v。

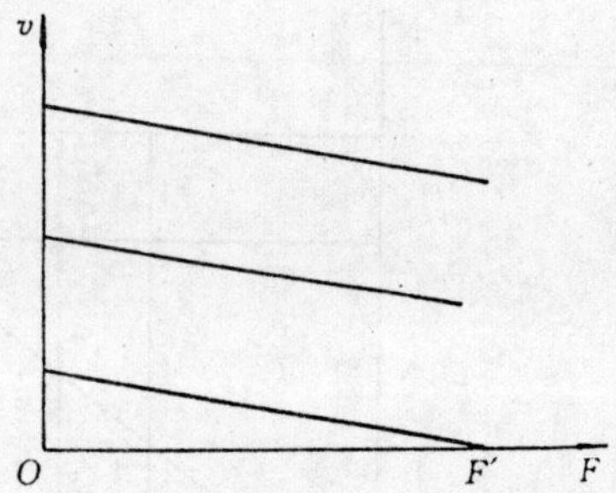

图 8-47 泵-缸式容积调速回路的机械特性

这种回路的调速特性可用下式表示:

$$R_c=1+\frac{R_B-1}{1-\dfrac{k_1FR_B}{A_1Q_{tmax}}} \tag{8-55}$$

式中 R_B——变量泵变量机构的调节范围;

Q_{tmax}——变量泵最大理论流量;其他符号意义同前。

式(8-55)表明,这种回路的调速范围除了与泵的变量机构调节范围有关以外,还受负载、泵的泄漏系数等因素影响。

8.4.2 泵-马达式容积调速

对于泵—马达式调速系统,其性能包括转速特性、转矩特性和功率特性。上述各特性分别指马达的转速、转矩和功率与可调节参数(泵或马达的排量)之间的关系特性。

为讨论问题方便,假设如下理想条件,即:泵转速和马达压差不变,不计泵与马达及管路的容积压力和机械损失,不考虑油液压缩性和黏性的影响。并设定液压泵的转速、排量、流量、压力和功率分别为 n_B、q_B、Q_B、p_B 和 N_B,液压马达的转速、排量、流量、压力、功率、转矩分别为 n_M、q_M、Q_M、p_M、N_M 和 T_M。

(1) 变量泵—定量马达式调速回路

图 8-48 为变量泵—定量马达调速系统的主回路。在该系统中改变变量泵 3 的排量可以调节液压马达 5 的转速。在压力管路上接有安全阀 4,用以防止系统过载。为了补偿变量泵和液压马达的泄漏,在低压管路上接有一小容量的辅助泵 1,向变量泵 3 补充供油,其供油压力由溢流阀 6 调节。辅助泵除了能使低压管路建立起一定压力和防止空气渗入管路外,还能降低闭式回路中油液的温升。由于油液在闭式回路内往复循环流动时有压力损失,会造成油液发热,辅助泵 1 可不断地将油箱中冷油送入系统,而从溢流阀 6 溢出的多余油液大部分是系统中的热油,这样就进行了热交换。辅助泵 1 的流量一般应为变量泵 3 流量的 10%~15%。

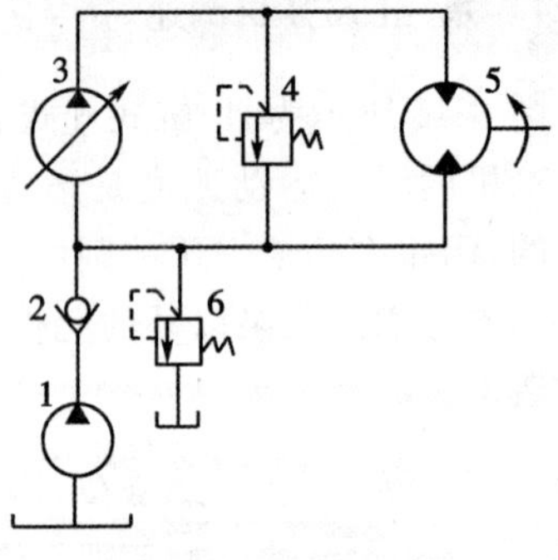

图 8-48 变量泵-定量达的调速回路

在变量泵—定量马达调速系统中,泵的排量 q_B 是可以调节的参数,马达排量 q_M 是不变的常数。

① 转速特性。在理想条件下,液压马达的转速为

$$n_M=\frac{Q_M}{q_M}=\frac{Q_B}{q_M}=\frac{n_B}{q_M}\cdot q_B \tag{8-56}$$

式(8-56)中由于 n_B,q_M 均为常数,因此,马达的转速 n_M 与泵的排量 q_B 成正比。

② 转矩特性。液压马达输出转矩为

$$T_M=\frac{1}{2\pi}\cdot\Delta p_M q_M \tag{8-57}$$

式中　Δp_M——马达压差；其他符号如前解释。

式(8-57)中，由于 Δp_M 与 q_M 均为常数，所以，马达输出转矩 T_M 是与泵的排量 q_B 无关的常数，即具有恒转矩特性，所以这种调速回路称为恒转矩调速。

③ 功率特性。马达的输出功率为

$$N_M=T_M\cdot\omega_M=\frac{1}{2\pi}\Delta p_M q_M\cdot 2\pi\frac{n_B}{q_M}q_B=\Delta p_M n_B q_B \tag{8-58}$$

式(8-58)中，Δp_M，n_B 均为常数，所以马达输出功率 N_M 与泵的排量 q_B 也成正比。

由上述讨论可以画出理想条件下的马达转速特性、转矩特性和功率特性曲线，即变量泵-定量马达的工作特性曲线如图 8-49。

实际上，液压泵和液压马达存在泄漏而且当负载越大，油压越大，其泄漏也越大，从而引起执行元件的速度下降，故这种回路也有速度随负载增加而下降的特性。

变量泵-定量马达系统具有恒转矩特性，另外这种系统的调速范围大，因此在煤矿中的应用较多。

(2) 定量泵-变量马达式调速回路

图 8-50 所示是由定量泵 1 和变量马达 3 组成的定量泵-变量马达调速回路。回路中用辅助泵 4 为系统补油，5 是辅助泵 4 的溢流阀，压力一般调至$(3\sim10)\times10^5$ Pa，2 是回路的安全阀，其压力根据液压马达的最大负载调定。

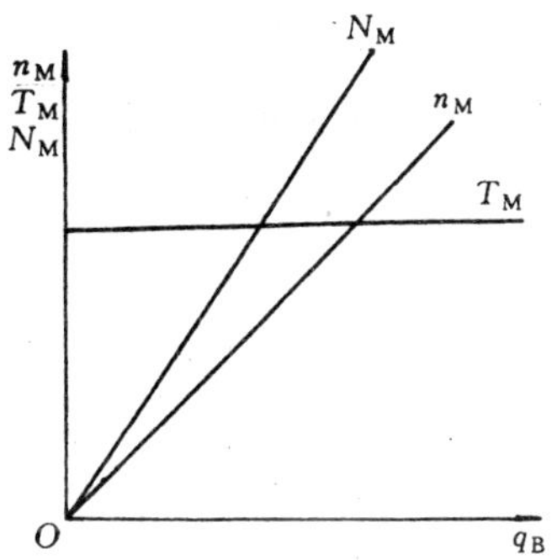

图 8-49　变量泵-定量马达调速回路的工作特性

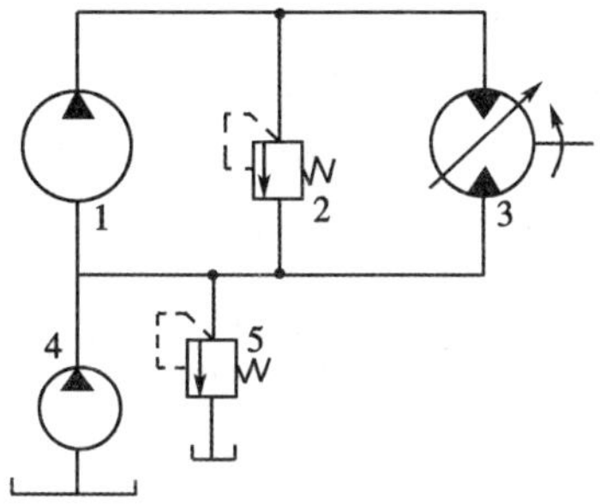

图 8-50　定量泵-变量马达的调速回路

这种回路中，液压泵的转速 n_B 和排量 q_B 都是恒量，改变液压马达排量 q_M 时，马达输出转速发生改变。因此它具有如下工作特性。

① 转速特性：

$$n_M=\frac{Q_M}{q_M}=\frac{Q_B}{q_M}=\frac{n_B}{q_M}q_B \tag{8-59}$$

由于 n_B，q_B 均为常数，所以马达的转速 n_M 与马达的排量 q_M 成反比。

② 转矩特性。由式(8-57) $T_M=\frac{1}{2\pi}\Delta p_M q_M$，其中 Δp_M 为常数，所以马达转矩 T_M 与马达排量 q_M 成正比。

③ 功率特性。由式(8-58) $N_M=T_M\omega_M=\Delta p_M n_B q_B$，因为 Δp_M，n_B，q_B 均为常数，所以马达功率 N_M 与马达排量无关，是个恒定值，即定量泵-变量马达调速回路具有恒功率特性，所以这种调速回路称为恒功率调速。

根据上述讨论，可画出理想条件下定量泵-变量马达调速回路的工作特性曲线，如图8-51所示。

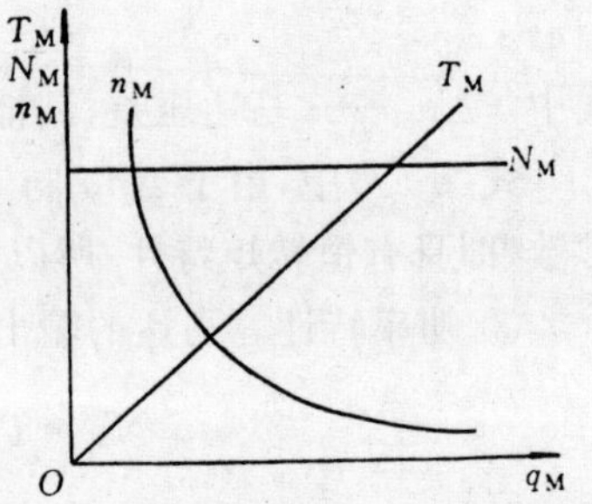

图 8-51 定量泵-变量马达调速回路的工作特性

定量泵—变量马达调速回路中没有节流和溢流损失，故效率较高。但由于实际上液压泵、液压马达的泄漏随负载的增大而增加，所以这种回路也存在着随负载增加速度下降的情况。另外，由于实际工作过程中，当 q_M 小于某一定值时，马达产生的输出转矩还不足以克服自身的摩擦转矩时，马达就停转了（$n_M=0$），所以实际调速特性存在一定“死区”。故这种调速方法目前较少单独使用。

（3）变量泵—变量马达调速回路

图 8-52 是采用双向变量泵和双向变量液压马达的容积调速回路。变量泵 2 可以正反向供油，液压马达 10 可以正反向旋转，调节变量泵 2 的输出流量或液压马达 10 的排量都可以改变液压马达的输出转速。当变量泵正向供油时，管路 3 是压力油管路，压力油进入液压马达 10 推动其正向旋转，管路 11 此时是回油管路。安全阀 7 是用来防止在正向旋转时液压系统过载，这时安全阀 6 不起作用。辅助泵 1 推开单向阀 5 向回油管路 11 供低压油，另一单向阀 4 则在压力管路 3 的油压作用下关闭。当压力油管路与回油管路的压差大于一定数值时（例如 5×10^5 Pa），液动换向阀 8 在压力差作用下，将阀芯推到下端位置，使低压溢流阀 9 与回油管路 11 相通。部分用过的热油从阀 9 排出，与辅助泵 1 供给的冷油相交换。当进、回油管路的压力差很小时，液动阀 8 不动作，处于中间位置，关闭了通向低压溢流阀 9 的油路，这时辅助泵 1 供给的多余油液则从低压溢流阀 12 流回油箱。溢流阀 12 的调整压力应略大于溢流阀 9 的调节压力，以保证当液动阀 8 动作时，溢流阀 9 能把回油管路的热油放出，新的冷油又能进入回油管路而不至于从溢流阀 12 溢出。

当变量泵反向供油时，3 是回油管路，11 是进油管路，液压马达 10 反转。这时辅助泵 1 供给的油液推开单向阀 4 进入回油管路 3。液动阀 8 的阀芯在压力差作用下被推到上端位置，低压溢流阀 9 管路 3 接通，排出的部分用过的热油。安全阀 6 用以防止反向旋转时系统过载。

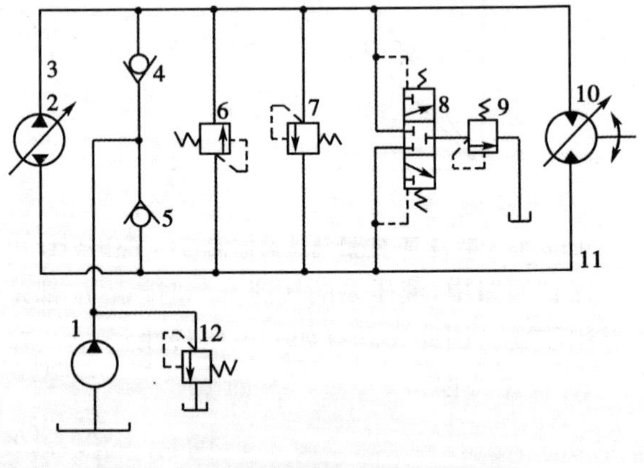

图 8-52 变量泵-变量马达的调速回路

这种调速回路的液压泵排量 q_B 和液压马达排量 q_M 都是变值，因而扩大了调速范围，并扩大了液压马达转矩和功率输出特性的选择范围，即对于工作部件对转矩、功率或转速的每一种调节要求，都可以通过对液压泵排量 q_B 及液压马达排量 q_M 的适当调节来实现。例如，有些工作部件在低速时要求大转矩，这时可先将液压马达的转速调至最大，然后改变液压泵的排量 q_B（由小向大调节），则液压马达的转速便由最小逐渐升高，这时若工作压力不变，则对应液压泵的输出功率是不断增加的，而液压马达的输出转矩是恒定的（对应于 q_{Mmax} 的最大扭矩值）。若把液压泵排量调至最大（即 $q_B=q_{Bmax}$），把它固定下来，再把液压马达排量 q_M 从最大值向最小值调节，于是液压马达的转速便不断升高，同时其输出转矩则逐渐减小，这时，若工作压力 p 不变，便对应于功率不变而转矩变化的恒功率情况。按照上述的步骤进行调节，其回路的理想条件下的工作特性曲线如图8-53所示。

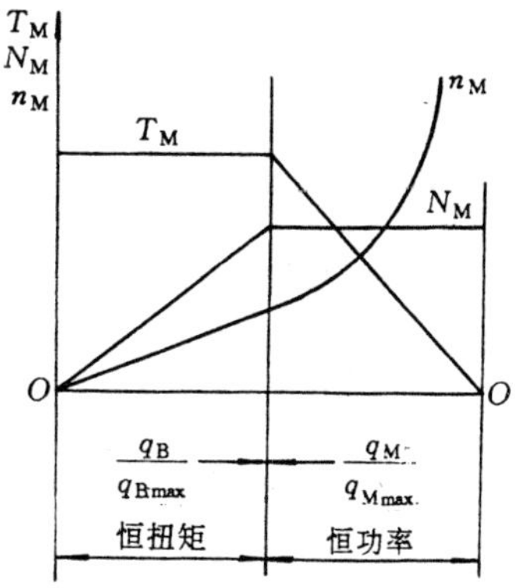

图 8-53　变量泵-变量马达调速回路的工作特性

这种调速回路有较大的调速范围，它的总调速范围 $R = R_B \cdot R_M$，一般可达 100，其回路效率较高，并且有恒扭矩调速和恒功率调速的特性。因此它适应于机床的主传动及要求大功率调速的场合，特别适用于系统中有两个或多个液压马达要求共用一个液压泵又能各自独立进行调速的场合，如港口起重运输机械、矿山采掘机械等处。

容积调速回路没有节流调速回路那样的溢流损失和节流损失，所以回路效率高，发热小。又因为它既能调节液压泵又能调节液压马达来改变速度，因此调速范围也较大。但是容积调速回路存在着随负载增加，液压泵和液压马达的泄漏增加，即速度随负载的变化而变化的缺点，尤其在低速时更为显著，因此，对于某些功率较大，要求发热小且要求低速稳定的供油压系统，就既不宜选用节流调速回路又不宜选用容积调速回路，而应采用另一种调速回路，即容积—节流联合的调速回路。在这种回路中，使液压泵的供油量和供油压力与运动部件所需要的流量和压力相适应，即没有溢流损失。因此效率高，且速度稳定性也比单纯的容积调速回路要好。对于这种回路在本章中就不做详细的介绍了。

思考题与习题

8-1　什么是开式系统、闭式系统？两种系统各有何优缺点？

8-2　什么是容积调速、节流调速？它们各有哪几种类型？

8-3　画出各种节流调速的机械特性曲线，并说明它们各自的特点。

8-4　画出各种容积调速回路的工作特性曲线，并说明它们各自的特点。

8-5　试按如下要求分别画出简单的液压回路草图。

(1)实现油缸的左右换向，并要求油缸在运行中能随时停止；

(2)要求油缸左右换向，可实现差动连接，并在任意位置上锁紧并使油泵卸荷。

8-6　在图 8-54 中，两溢流阀的压力调整值分别为 $p_{Y1}=2\text{MPa}$，$p_{Y2}=10\text{MPa}$，试求：

(1)活塞往返运动时，泵的工作压力各是多少？

(2)如 $p_{Y1}=12\text{MPa}$，活塞往返运动时，泵的工作压力各为多少？

8-7　在图 8-55 所示系统中，两缸活塞面积相同 $A=20\text{cm}^2$，缸Ⅰ的负载阻力 $F_1=8000\text{N}$，缸Ⅱ的负载阻力 $F_2=4000\text{N}$，溢流阀的调定压力 $p_Y=45\times10^5\text{Pa}$。试分析减压阀压力调整值为 1MPa，2MPa，4MPa 时，两缸的动作情况。

8-8　在图 8-56 所示回路中，活塞两腔有效面积分别为 A_1，A_2。假定活塞在往返运动时受到阻力 F 大小相同，受力方向与运动方向相反。当换向阀切换后，试比较：

(1)活塞向左运动和向右运动的速度哪个大？

(2)活塞向左运动和向右运动的速度刚度哪个大？

8-9　图 8-57 所示的平衡回路内，如液压缸大腔面积 $A_1=80\text{cm}^2$，小腔面积 $A_2=40\text{cm}^2$，活塞与运动部件自重 $F_G=6000\text{N}$，运动时活塞上的摩擦阻力 $F_f=2000\text{N}$，向下运动时要克服

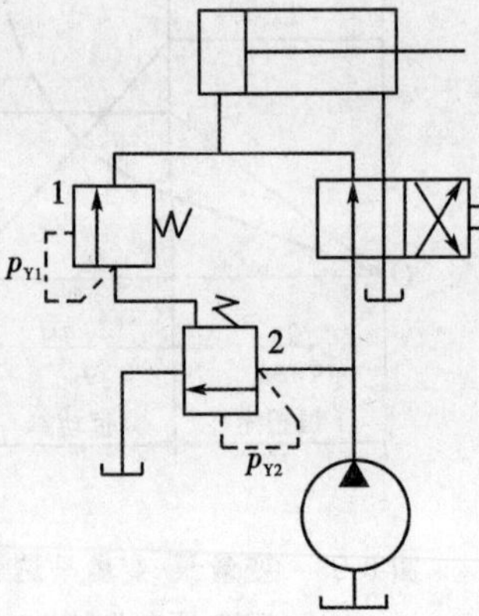

图 8-54　题 8-6 附图

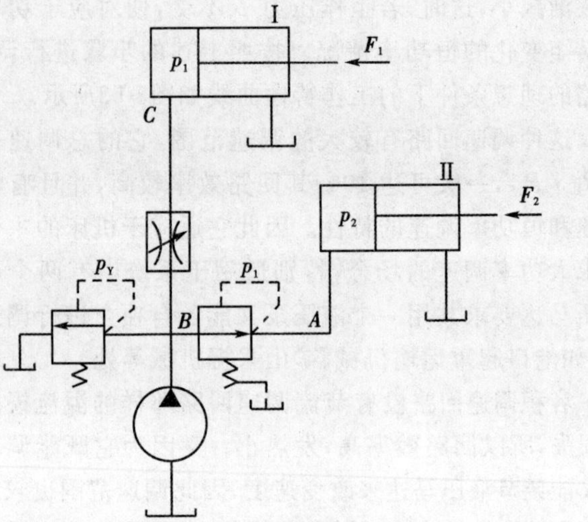

图 8-55　题 8-7 附图

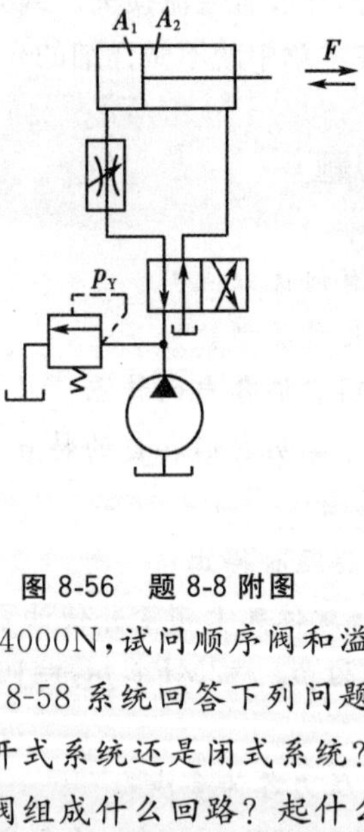

图 8-56　题 8-8 附图

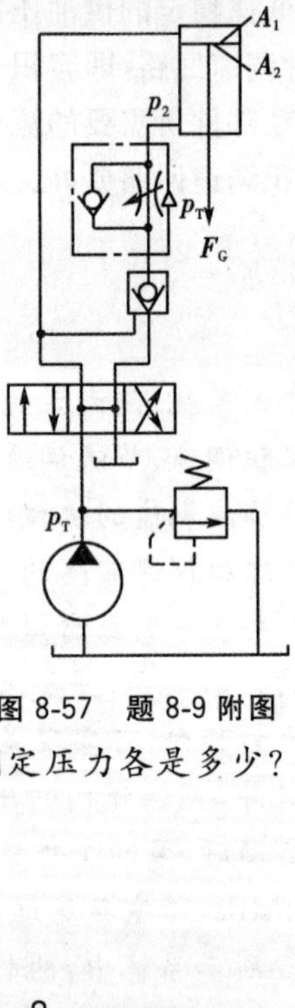

图 8-57　题 8-9 附图

的负载阻力 $F_L=24000N$，试问顺序阀和溢流阀的最小调定压力各是多少？

8-10　根据图 8-58 系统回答下列问题：

(1)该系统为开式系统还是闭式系统？

(2)四个单向阀组成什么回路？起什么作用？

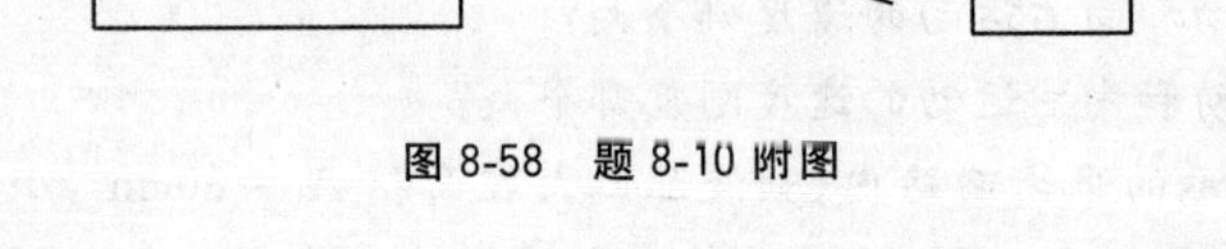

图 8-58　题 8-10 附图

(3)溢流阀的作用是什么？系统正常工作时，溢流阀处于常开还是常闭状态？

(4)如何实现马达的调速和换向？

(5)说明该系统的工作特性？

8-11　图 8-59(a)，(b)所示两系统，若忽略管路损失，当外负载趋于无穷大时泵的压力为多少？

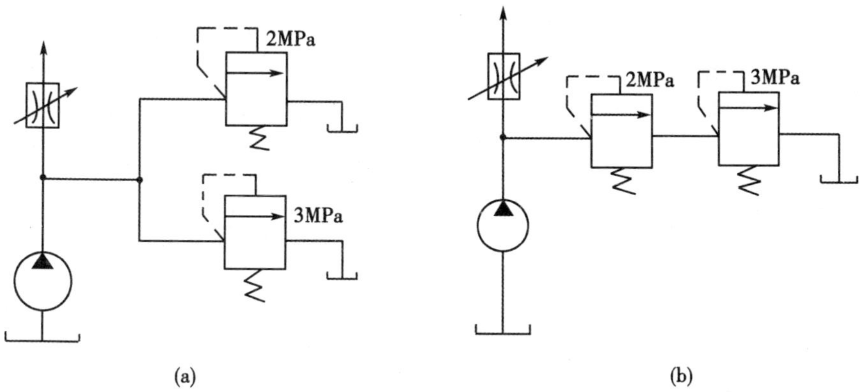

图 8-59　题 8-11 附图

8-12　有一变量泵和一定量马达及一安全阀组成的系统(如图 8-60)，泵的最大流量为 500mL/s，马达的排量为 25mL/r，安全阀的调定压力为 7MPa，不计任何损失并设回路油压力为零。试求：

(1)马达输出的最大功率、最大转速和最大转矩；

(2)马达在输出最大转矩和 20%最大功率时的转速。

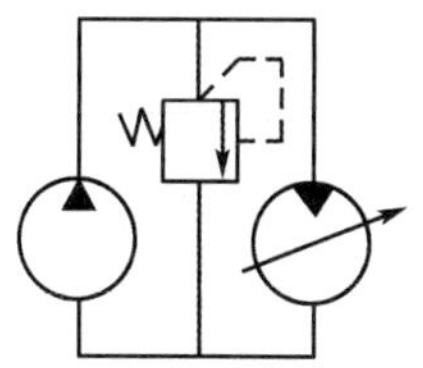

图 8-60　题 8-12 附图

第9章 典型液压传动系统

在学习了液压元件和各种基本回路的基础上，我们即可以对液压系统进行分析。在各种工作机械上，采用液压系统的地方很多，本章将介绍几个典型的液压系统，借以说明液压技术是如何发挥其无级调速，输出力大，高速启动、制动和换向，易于实现自动化等种种优点的。这些典型的液压系统是以压力变换为主的液压机液压系统、万能外圆磨床中以换向精度为主的工作台往复运动的液压系统以及应用于煤矿的采煤机液压系统。

分析液压系统一般按以下步骤进行：

① 了解液压设备的功用，液压传动装置实现了哪些运动，具体工艺对于液压传动系统的要求。

② 分清主次，首先分析各主运动所需的主油路和控制油路，然后分析润滑油路一类的辅助油路。

③ 分析系统中各液压元件的作用，搞清系统由哪些基本回路组成，并对重点问题进行分析。

④ 归纳总结整个液压系统的优缺点。

9.1 液压机液压系统

9.1.1 概　　述

液压机是用于对金属、木材、塑料、橡胶、粉末等进行压力加工的机械，在许多工业部门得到了广泛的应用。压力机的类型很多，按其所用的工作液体，可分为油压机和水压机两种；根据机体结构，可分为单臂式、柱式、框式三种，其中柱式液压机应用较广泛。其液压系统以压力变换为主，系统压力高，为 10～140MPa，流量大，功率大，空行程和加压行程的速度差异大。因此设计和分析液压系统时，应注意选择元件要合理，密封性要好，保压要可靠，功率利用要合理等。

下边以 YB32-200 型液压机为例来说明液压机的液压系统的工作原理及其特点。

9.1.2 工作原理

YB32-200 型液压机，属于立式四柱双缸式，其液压最大工作压力为 20MPa，上液压缸驱动上滑块，实现“快速下行→慢速加压→保压延时→释压换向→快速返回→原位停止”的动作循环；下液压缸驱动下滑块，实现“向上顶出→停留→向下退回→原位停止”的动作循环（见图 9-1）。在这种液压机上，可以进行冲剪、弯曲、翻边、拉深、装配、冷挤、成型等多种加工工艺。图 9-2 为该机液压系统的工作原理图，表 9-1 则为该机的动作循环表。

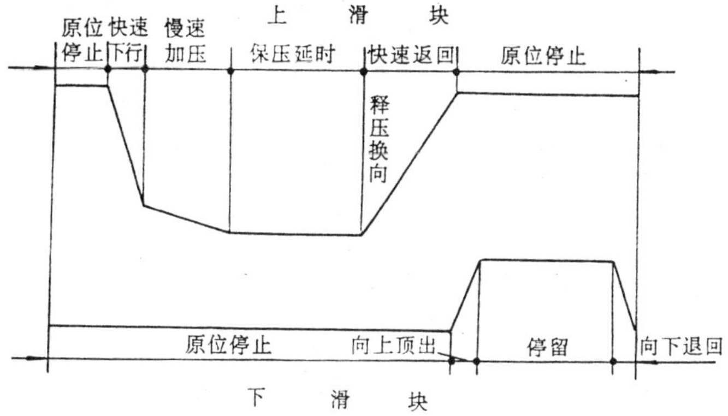

图 9-1 YB32-200 型液压机动作循环图

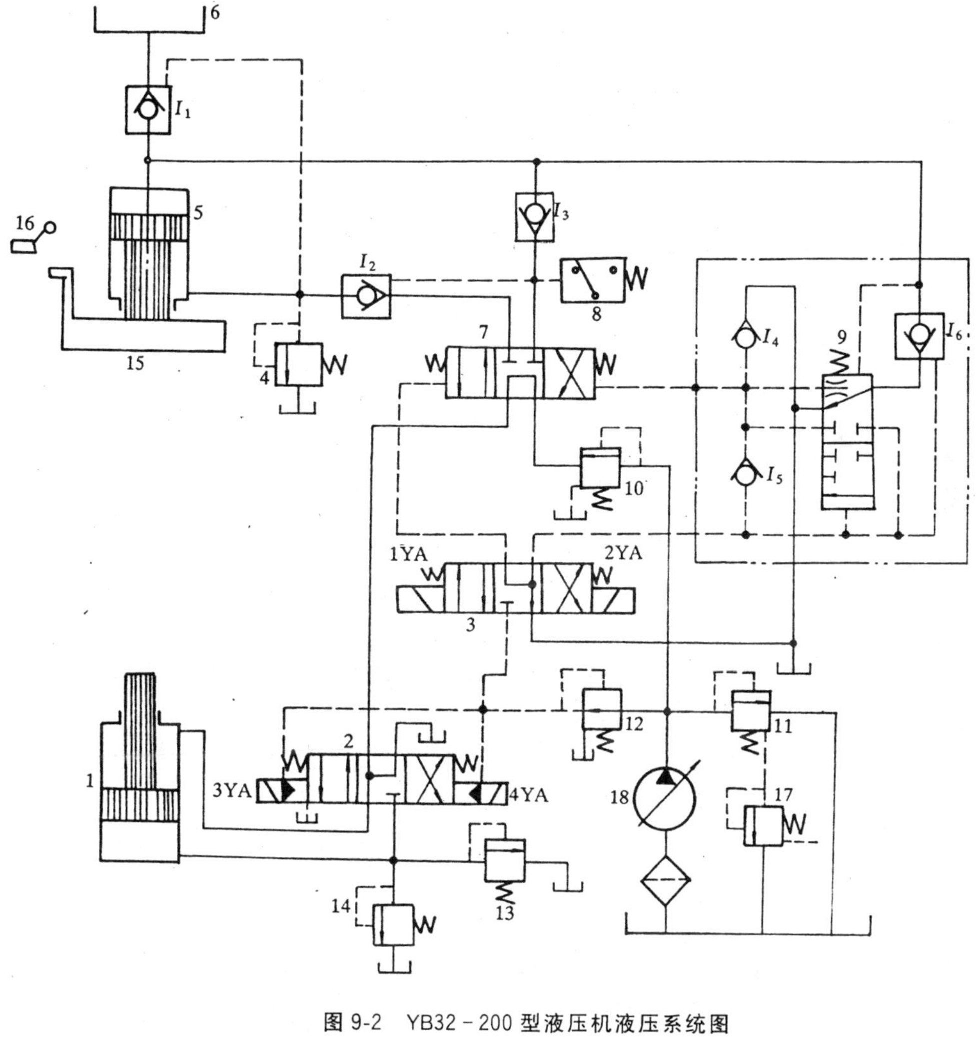

图 9-2 YB32-200 型液压机液压系统图

1—下液压缸；2—下缸换向阀；3—先导阀；4—上缸安全阀；5—上液压缸；6—副油箱；
7—上缸换向阀；8—压力继电器；9—释压阀；10—顺序阀；11—溢流阀；12—减压阀；
13—下缸溢流阀；14—下缸安全阀；15—上滑块；16—行程开关；17—远程调压阀；18—油泵

表 9-1 YB32－200 型液压机液压系统的动作循环表

<table>
<tr><th colspan="2" rowspan="2">动作名称</th><th rowspan="2">信号来源</th><th colspan="4">液压元件工作状态</th></tr>
<tr><th>先导阀 3</th><th>上缸换向阀 7</th><th>下缸换向阀 2</th><th>释压阀 9</th></tr>
<tr><td rowspan="6">上滑块</td><td>快速下行</td><td>1YA 通电</td><td rowspan="2">左位</td><td rowspan="2">左位</td><td rowspan="6">中位</td><td rowspan="3">上位</td></tr>
<tr><td>慢速加压</td><td>上滑块接触工件</td></tr>
<tr><td>保压延时</td><td>压力继电器 8 使 1YA 通电</td><td>中位</td><td rowspan="2">中位</td></tr>
<tr><td>释压换向</td><td rowspan="2">时间继电器使 2YA 通电</td><td rowspan="2">右位</td><td>下位</td></tr>
<tr><td>快速返回</td><td>右位</td><td rowspan="6">上位</td></tr>
<tr><td>原位停止</td><td>上滑块压行程开关使 2YA 断电</td><td rowspan="5">中位</td><td rowspan="5">中位</td></tr>
<tr><td rowspan="4">下滑块</td><td>向上顶出</td><td>4YA 通电</td><td rowspan="2">右位</td></tr>
<tr><td>停留</td><td>下活塞触及液压缸盖</td></tr>
<tr><td>向下退回</td><td>4YA 断电，3YA 通电</td><td>左位</td></tr>
<tr><td>原位停止</td><td>3YA 断电</td><td>中位</td></tr>
</table>

(1)液压机上滑块的工作情况

① 快速下行：电磁铁 1YA 通电，先导阀 3 和上缸换向阀 7 左位接入系统，液压单向阀 I_2 被打开，这时系统中的油液流动情况如下：

进油路　液压泵→顺序阀 10→上缸换向阀 7(左位)→单向阀 I_3→上液压缸 5 上腔。

回路油　上液压缸 5 下腔→液控单向阀 I_2→上缸换向阀 7(左位)→下缸换向阀 2(中位)→油箱。

上滑块在自重作用下迅速下降。由于液压泵的流量较小，这时液压机顶部副油箱 6 中的油经液控单向阀 I_1 也流入上液压缸 5 上腔内。

② 慢速加压：在上滑块接触工件时开始，此时上液压缸 5 上腔压力升高，液控单向阀 I_1 自动关闭，变量泵供油，实现慢速加压，油液流动情况与快速下行时相同。

③ 保压延时：当上液压缸 5 上腔油压达到调定值时，压力继电器 8 动作，一方面使 1YA 断电，另一方面使时间继电器(图中未画出)动作，实现保压延时(0～24min)。保压时除了液压泵在较低压力下卸荷外，系统中没有油液流动，即此时系统中油液流动情况为：

液压泵→顺序阀 10→上缸换向阀 7(中位)→下缸换向阀 2(中位)→油箱。

④ 快速返回：保压结束，时间继电器动作，2YA 通电，先导阀 3 右位接入系统，释压阀 9 使上缸换向阀 7 也以右位接入系统(详情见下文)，此时快速返回开始。这时，液控单向阀 I_1 被打开，油液流动情况为：

进油路　液压泵→顺序阀 10→上缸换向阀 7(右位)→液控单向阀 I_2→上液压缸 5 下腔。

回油路　上液压缸 5 上腔→液控单向阀 I_1→副油箱 6。

当副油箱 6 内液面超过预定位置时，多余油液由溢流管流回主油箱(图中未画出)。

⑤ 原位停止：当上滑块上升至挡块 15 撞着行程开关 16 时，电磁铁 2YA 断电，先导阀 3 和上缸换向阀 7 都处于中位时，原位停止阶段开始。这时上滑块停止不动，液压泵在低压力下卸荷，系统中的油液流动情况与保压延时相同。

在这里应注意的是释压阀 9 的作用和其工作原理。它是为了防止保压状态向快速返回状态转变过快，在系统中引起压力冲击并使上滑块动作不平稳而设置的，它的主要功用是使液压缸 5 上腔释压后，压力油才能通入该缸下腔。工作原理是：在保压阶段，该阀以上位接入系统；当电磁铁 2YA 通电，先导阀 3 右位接入系统时，操纵油路中的压力油虽到达释压阀阀芯的下端，但由于其上端的高压未曾释放，阀芯不动。可是，液控单向阀 I_6 是可以控制压力低于其主油路压力下打开的，因此有：

上液压缸 5 上腔→液控单向阀 I_6→释压阀 9(上位)→油箱。

于是上液压缸 5 上腔的油压被卸除，释压阀 9 向上移动，以其下位接入系统，它一方面切断上液压缸 5 上腔通向油箱的通道，一方面使操纵油路中的油输到上缸换向阀 7 阀芯右端，使该阀芯右位接入系统，以便实现上滑块的快速返回。由图 9-2 可见，上缸换向阀 7 在由左位转换到中位时，阀芯右端由油箱经单向阀 I_4 补油；在由右位转换到中位时，阀芯右端的油经单向阀 I_5 流回油箱。

(2)液压机下滑块的工作情况

① 向上顶出：此时电磁铁 4YA 通电，系统中的油液流动情况如下：

进油路　液压泵→顺序阀 10→上缸换向阀 7(中位)→下缸换向阀 2(右位)→下液压缸 1 下腔。

回油路　下液压缸 1 上腔→下缸换向阀 2(右位)→油箱。

② 停留：下滑块上移至下液压缸 1 中的活塞碰上缸盖时，便停留在这个位置上。

③ 向下退回：当电磁铁 4YA 断电，3YA 通电时，下滑块向下退回。此时系统中油液的流动情况如下：

进油路　液压泵→顺序阀 10→上缸换向阀 7(中位)→下缸换向阀 2(左位)→下液压缸 1 上腔。

回油路　下液压缸 1 下腔→下缸换向阀 2(左位)→油箱。

④ 原位停止：在电磁铁 3YA，4YA 都断电时，下缸换向阀 2 处于中位时下液压缸 1 原位停止。这时液压系统中油液流动情况为：

油泵→顺序阀 10→上缸换向阀 7(中位)→下缸换向阀 2(中位)→油箱。

9.1.3　液压系统的特点

① 液压机的液压系统是以压力变换为主的高压系统，系统使用一个轴向柱塞式高压变量泵供油，系统的工作压力应能根据需要进行自动控制和调节，远程调压阀 17 可使液压机在不同压力下工作。溢流阀 11 用于防止系统过载。

② 系统利用主缸活塞、滑块自重的作用实现快速下行，并利用副油箱补油，从而减少了泵的流量，简化油路结构。但对于有严格加压时间要求的工作，该方法不可取。

③ 系统中采用了专用的 QF1 型释压阀来实现上滑块快速返回时上缸换向阀的换向，保证液压机动作平稳，不会在换向时产生液压冲击和噪声。

④ 本液压机系统中上、下两缸的动作协调是由阀 2，3，7 实现了互锁来保证的：一个缸必须在另一个缸静止不动时才能动作。但是，在拉深操作中，为了实现"压边"这个工步，上液压缸活塞必须推着下液压缸活塞移动；这时上液压缸下腔的油进入下液压缸的上腔，而下液压缸下腔中的油则经下缸溢流阀排回油箱，这时虽两缸同时动作，但不存在动作不协调的问题。

⑤ 系统中的顺序阀 10 规定了液压泵须在 2.5MPa 的压力下卸荷，从而使操纵油路能确保具有 2MPa 左右的压力。

⑥ 系统中的两个液压缸各有一个安全阀(上液压缸 5 的安全阀为"上缸安全阀 4"，下液压缸 1 的安全阀为"下缸安全阀 14")进行过载保护。

9.2 M1432A 型万能外圆磨床液压系统

9.2.1 概 述

M1432A 型万能外圆磨床是上海机床厂生产的一种外圆磨床新系列产品，主要用于磨削圆柱形或圆锥形外圆和内孔，也能磨削阶梯轴轴肩和尺寸不大的平面，成品尺寸精度可达 1～2 级，表面粗糙度可达 0.8～0.2μm。该机床要求液压系统实现的运动及需达到的性能如下：

① 要求实现磨床工作台在纵向往复运动，并能在 0.05～4m/min 之间无级调速。为精修砂轮，要求工作台在极低速(10～80mm/min)情况下不出现爬行，高速时无换向冲击。工作台换向平稳，启动和制动要迅速。本机床同速换向精度可达 0.05mm(同一速度下换向点的位置误差)，异速换向精度不大于 0.3mm(最小速度到最大速度换向点的误差，又称冲出量)。为避免工件两端尺寸偏大(内孔偏小)，要工作台在换向时，两端有停留时间(0～5s)，且停留时间可调。出于工艺上的要求，切入磨削时要求工作台短距离换向(1～3mm，又称抖动)，换向频率达到每分钟 100～150 次。

② 实现砂轮架横向快进和快退。在装卸工件或测量工件时，为缩短辅助时间，砂轮架有快速进退动作，快进至端点的重复定位精度可达 0.005mm。为避免惯性冲击，使工件超差或撞坏砂轮，砂轮架快速进退液压缸设置缓冲装置。

③ 实现尾架套筒的液压伸缩。为装卸工件，尾架顶尖的伸缩采用液压驱动。

④ 在该磨床中，液压系统还与机械、电器配合使用，为此要求实现联锁动作。具体要求主要包括：工作台的液动与手动联锁；砂轮架快速引进时，保证尾架顶尖不缩回；磨内孔时，砂轮架不许后退，要求与砂轮架快退动作实现联锁等。

⑤ 要求液压消除砂轮架的丝杠—螺母间隙。

⑥ 要求液压系统实现对手摇机构、丝杠螺母副及导轨等处的润滑。

9.2.2 液压系统工作原理

图 9-3(a)是用职能符号表示的 M1432A 型万能外圆磨床液压系统中工作台的换向回路，图 9-3(b)是用半结构符号和职能符号混合表示的 M1432A 液压系统原理图。图 9-2 中部下边用立体示意图表示出开停阀 E 的阀芯形状，图(a)，(b)中的数字标号一一对应。

(1)工作台的纵向往复运动

如图 9-3 所示状态，开停阀 E 打开，工作台处于向右运动状态。油液流动情况如下：

进油路 泵 B→1→ ┬→阀 D→2→缸 Z_1 右腔
　　　　　　　　└→阀 E 的 d_1—d_1 截面→缸 K，手摇机构脱开

回油路 缸 Z_1 左腔→3→阀 D→5→阀 C→6→阀 E 的 a_1—a_1 截面→阀 E 的轴向槽(见图 9-3 中开停阀阀芯立体图)→b_1—b_1 截面→14 阀 F 的 b_2—b_2 截面及轴向槽→a_2—a_2 截面及轴向槽 a_2—a_2 截面上的节流口→油箱。

当工作台右行到预先调定的位置时，固定在工作台侧壁的左挡块通过拨杆推动先导阀芯 C 左移，阀 D 两端的控制油路开始切换。此时油路的情况如下：

进油路 泵 B→精滤油器 A_2→阀 C7→C9→H_1，先导阀 C 迅速左移，彻底打开 C7→C9，关闭 C7→C8，打开 C4→C6 及 C8→C0。

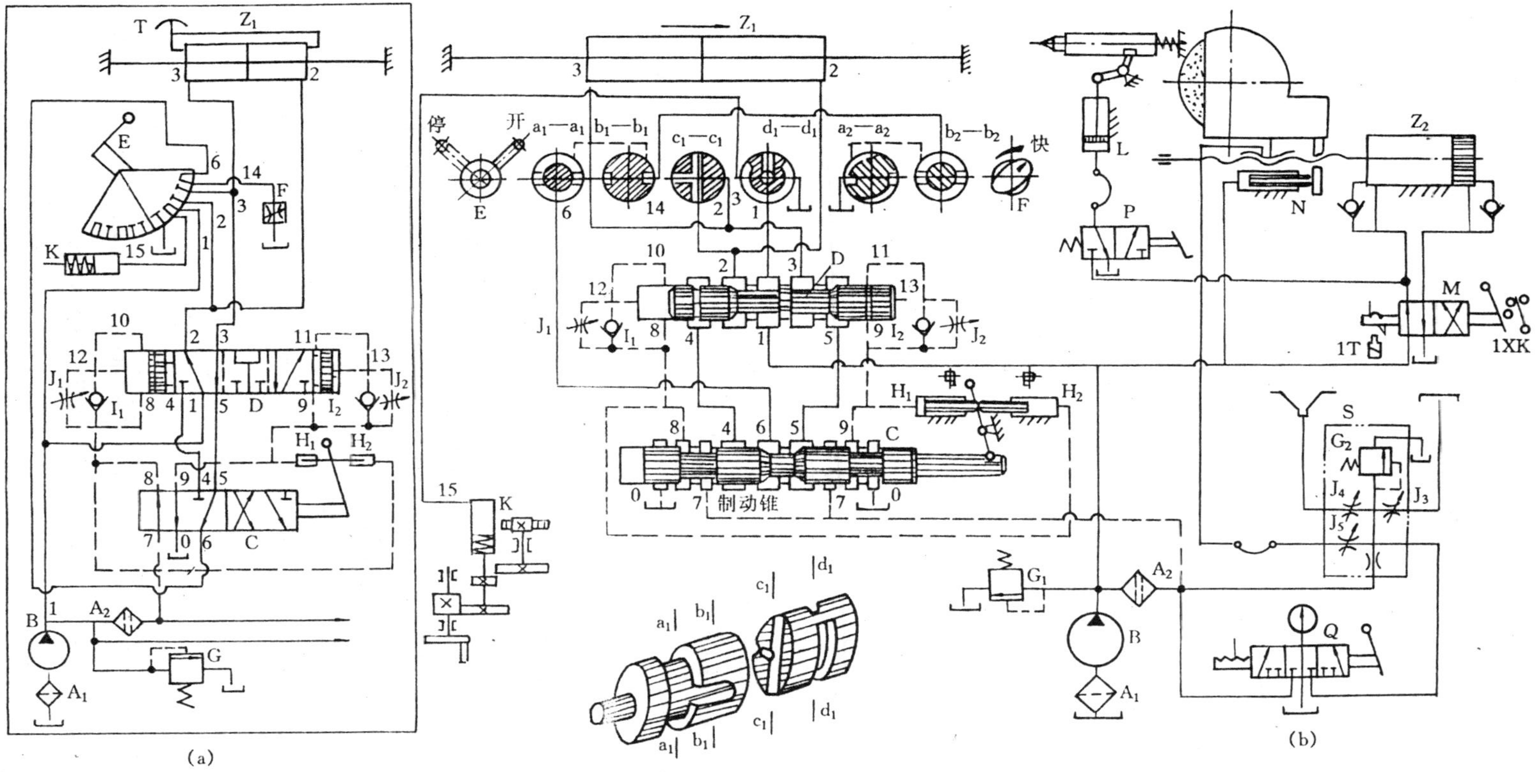

图 9-3　M1432A 型万能外圆磨床液压系统图

A_1—滤油器；A_2—精滤油器；B—齿轮泵；C—先导阀；D—液控换向阀；E—开停阀(转阀)；F—节流阀；G_1，G_2—溢流阀；H_1，H_2—抖动阀；I_1，I_2—单向阀；J_1，J_2，J_3，J_4，J_5—节流阀；K—手摇机构液压缸；L—尾架液压缸；M—快动阀；N—闸缸；P—脚踏式换向阀；Q—压力表开关；S—润滑油稳定器；1T—联锁电磁铁；1XK—起动头架和冷却泵用行程开关；Z_1—工作台液压缸；Z_2—砂轮架快进快退液压缸；T—排气阀泵 B→A_2→阀 C7→阀 C9→I_2→换向阀右端。

回油路　阀 H_2→阀 C8→油箱。

因为压力油已进入阀 D 的右腔，换向阀将开始换向，其具体过程是：换向阀左端→8→阀 C→油箱。因为回油畅通，所以换向阀阀芯快速移动，完成第一次快跳。快跳结果是阀芯刚好处于中位，孔 8 被阀芯盖住，阀芯中间一节台间比阀体中间那段沉割槽窄，于是油路 1 分别与 2 和 3 相通，液压缸 Z_1 两腔都通压力油，工作台迅速停止运动。工作台虽已停止运动，但换向阀阀芯在压力油作用下还在继续缓慢移动，此时换向阀 D 的左腔油只能通过节流阀 J_1 回油，阀芯以 J_1 调定的速度移动。液压缸 Z_1 两腔继续连通，处于停留阶段，当阀芯向左慢移到使油路 10 和 8 相通时，阀芯左端油便通过 10→8→油箱，因为回油又畅通，所以阀芯又一次快速移动，完成第二次快跳。结果换向阀阀芯左移到底，主油路被迅速切换，工作台便反向起步。这时油路情况是：

进油路　泵 B→1→阀 D(右位)→3→缸 Z_1 左腔。

回油路　缸 Z_1 右腔→2→阀 D(右位)→4→阀 C(右位)→6→阀 E 的 b_1—b_1 截面→14→阀 F 的 b_2—b_2 截面→阀 F 的 a_2—a_2 截面上的节流口→油箱。

液压缸 Z_1 向左移动，运动到预定位置，右挡块碰上拨杆后，先导阀 C 以同样的过程使其控制油路换向，接着主油路切换，工作台又向右运动，如此循环，工作台便实现了自动纵向往复运动。

从以上分析不难看出，不管工作台向左还是向右运动，其回油总是通过节流阀 F 上的 a_2—a_2 截面上的节流口回油箱，所以是出口节流调速。调节阀 F 的开口即可实现工作台在 0.05～4m/min 之间的无级调速。

若将开停阀 E 转到停的位置，开停阀 E 的 b_1—b_1 截面就关闭了通往节流阀 F 的回油路，而 c_1—c_1 截面却使液压缸两腔相通(2 与 3 相通)，工作台处于停止状态，缸 K 内的油经 15 到阀 E 的 d_1—d_1 截面上径向孔回油箱，在缸 K 中弹簧作用下，使齿轮啮合，工作台就可以通过摇动手柄来操作了。

(2)砂轮架横向快进快退运动

砂轮架的快速进退运动是由快动阀 M 操纵，由砂轮架快进快退液压缸 Z_2 来实现的。图 9-3 所示砂轮架处于后退状态。当扳动阀 M 手柄使砂轮快进时，行程开关 1XK 同时被压下，使头架和冷却泵均启动。若翻下内圆磨具进行内圆磨削时，磨具压下砂轮架前侧固定的行程开关，电磁铁 1T 吸合，阀 M 被锁住，这样不会因误扳快速进退手柄而引起砂轮后退时与工作台相碰。快进终点位置是靠活塞与缸盖的接触保证的。为了防止砂轮架在快速运动终点处引起冲击和提高快进运动的重复位置精度，快动缸 Z_2 的两端设有缓冲装置(图中未画出)，并设有抵住砂轮架的闸缸 N，用以消除丝杆和螺母间的间隙。快动阀 M 右位接入系统时，砂轮架快速前进到最前端位置。

(3)尾架顶尖的伸缩运动

尾架顶尖的伸缩可以手动，也可以利用脚踏阀 P 来实现。因阀 P 的压力油来自液压缸 Z_2 的前腔，即阀 P 的压力油须在快动阀 M 左位接入时才能通向尾架处，所以当砂轮架快速前进磨削工件时，即使误踏阀 P，顶尖也不会退回，只有在砂轮后退时，才能使尾架顶尖缩回。

(4)润滑油路

由泵 B 经 A_2 到润滑油稳定器 S 的压力油用于手摇机构、丝杆螺母副、导轨等处的润滑；J_3，J_4，J_5 用来调节各润滑点所需流量；溢流阀 G_2 用于调节润滑油压力(0.05～0.2MPa)和溢流。润滑油稳定器 S 上的固定阻尼孔在工作台每次换向产生的压力波动作用下，作一次微量抖动，可防止阻尼孔堵塞。压力油进入闸缸 N，使闸缸的柱塞始终顶住砂轮架，消除了进给丝杆螺母副的间隙，可保证横向进给的准确。压力表开关 Q 用于测量泵出口和润滑油路上的压力。

9.2.3　换向分析

(1)换向方法及换向性能

从磨床的性能及系统的工作原理可知，磨床液压系统的核心问题是换向回路的选择和如何实现高性能换向精度的要求。

实现工作台换向的方法很多。采用手动阀换向，换向可靠，但不能实现工作台自动往复运动。采用机动阀换向，可以实现工作台自动往复运动，但低速时的换向“死点”(换向阀阀芯处于中位时不能换向)和高速换向时的换向“冲击”问题，使它不能在磨床液压系统中应用。采用电磁换向，虽然解决了“死点”问题，但由于换向时间短(0.08～0.15s)，同样会产生换向冲击。所以最好的途径就是采用机动—液动换向阀回路。如图 9-3(a)所示，M1432A采用的换向回路正是一种机—液换向阀的换向回路，阀 C 是个二位七通阀(习惯称先导阀，主换向阀 D 实际是一个二位五通液动阀)。该回路的特点是先导阀阀芯移动的动力源来自工作台，只有先导阀换向后，液动阀才换向，消除了换向“死点”；液动阀 D 两端控制油路设置了单向节流阀，其换向快慢便能得到调节，换向冲击问题也基本得到解决。

(2)液压操纵箱制动控制方式

在磨床液压系统中，常常把先导阀、液动阀、节流阀和开停阀组合在一起，装在一个壳体内，叫做液压操纵箱。按控制方式的不同，液压操纵箱可分为两大类，即时间控制操纵箱和行程控制操纵箱。两种控制方式各具优缺点，在实际应用中应根据具体情况决定取舍。

① 时间控制式液压操纵箱及应用。如图 9-4 所示，为一时间控制制动式换向回路。该回路属机液换向回路。由图可见，液压缸右腔的油是经过阀 D 的阀芯右边台肩锥面(也称制动锥)回油箱的。在图示状态若先导阀 C 左移，制动锥处缝隙逐渐减小，液压缸活塞运动必然减

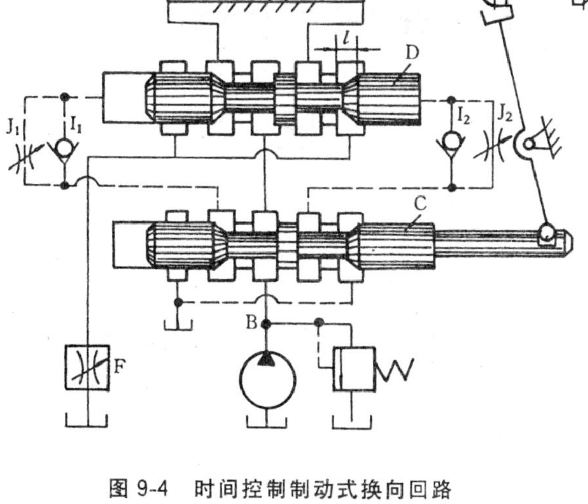

图 9-4　时间控制制动式换向回路

速制动，直到换向阀阀芯走完距离 l，封死液压缸右腔的回油通道，活塞才能停下来（制动结束）。这样无论原来液压缸活塞运动速度多大，先导阀换向多快，工作台要停止，必须等换向阀阀芯走完固定行程 l。所以在节流阀 J_1 和 J_2 开口一定，油液黏度基本不变的情况下，工作台从挡块碰上拨杆到停止的时间是一定的。因此，工作台低速换向时其制动行程（减速行程）短，冲出量小；高速换向时，冲出量大；异速换向精度低。在工作台速度一定时，尽管节流阀 J_1，J_2 开口已调定，但由于油温的变化，油内杂质的存在，阀芯摩擦阻力的变化等因素，会使换向阀阀芯移动速度变化，因而使制动时间（减速时间）有变化，所以同速换向精度也不高。

综上所述，时间控制制动式操纵箱适用于要求换向频率高、换向平稳、无冲击，但对换向精度要求不高的场合，如平面磨床、专磨通孔的内圆磨床及插床等的液压系统。

② 行程控制式液压操纵箱及其应用。图 9-5 为行程控制式操纵箱换向回路，与图 9-4 相比，液压缸右腔的油不但经过阀 D，而且还要经过阀 C 才能回油箱，当左挡块碰拨杆使阀 C 的阀芯向左移动时，阀 C 右侧制动锥首先关小 5 与 6 的通道，使工作台减速（实现预制动）。阀 C 右制动锥口全部闭死 5 至 6 通道时，液压缸右腔回油被切断，此时不论阀 D 是否换向，工作台一定停止。即从挡块碰上拨杆开始到工作台停止，阀 C 从其制动锥开口最大到关闭所移动的距离 l 是一定的（M1432A 为 9mm），杠杆比也是一定的（1∶1.5），故液压缸从开始到停止，其活塞移动的距离也是一定的（13.5mm）。这样，不论工作台原来速度多大，只要挡块碰上拨杆，工作台走过该距离就停止，所以这种制动方式叫行程制动式。可见该制动方式大大提高了换向精度。对于高速换向的工作台来说，由于换向时间短，换向冲击就大。但对于M1432A型磨床来说，工作台纵向往复速度不高（小于 4m/min），换向冲击不是主要问题，所以采用这种控制操纵箱是合适的。

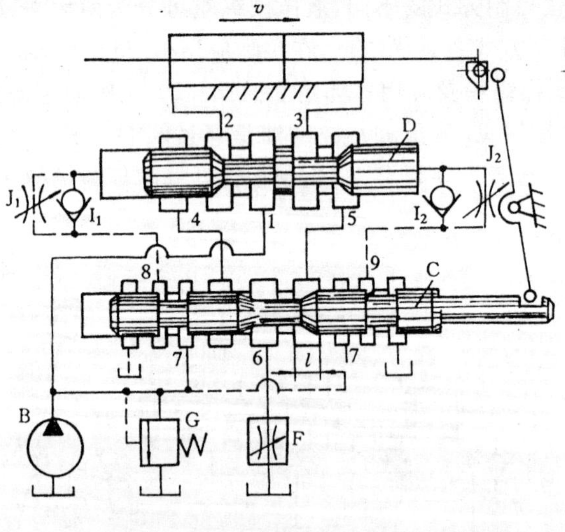

图 9-5 行程控制制动式换向回路

(3)换向阀阀芯移动三个阶段的必要性

M1432A 型磨床换向包括三个阶段（见图 9-6）：ⅰ. 制动阶段（a～b）：即液压缸在一定速度下减速直至停止段。ⅱ. 停止阶段（b～c）：即工作台在换向点上停留阶段。ⅲ. 启动阶段（c～d）：即工作台反向起步阶段。第ⅰ阶段是从挡块碰上拨杆引起阀芯 C 移动开始，相当于图 9-6的 a 点；然后液压缸活塞减速，直到工作台走完一固定行程，换向阀 D 产生第一次快跳，相当于b点；阀 D 产生第二次快跳就相当于 c 点。前面已介绍，工作台预制动的结果只能使工作台减至很慢，此时工作台并没有停止，还需经终制动过程。为提高换向精度终制动时间越短越好。如果像图9-5那种换向阀阀芯，只有一种速度移动，当 J_1 或 J_2 开口调得很小时，换向阀阀芯移动一定很慢，当换向阀阀芯移到中位（即油路 1 同时和 2,3 相通），工作台停下，完成了终制动，但由于终制动时间太长，造成冲出量过大，换向精度降低。如果在先导阀阀芯 C 的制动锥要关还没有关死通道 5 和 6 的同时，立刻让换向阀阀芯快跳一次，使换向阀阀芯 D 迅速到达中位，即迅速使油路 1,2,3 互通，则终制动时间可大大缩短。因为这个过程是在工作台已完成预制动后马上发生的，所以换向精度大大提高。M1432A 系统有了这一次快跳动作，其异速精度从 0.7mm 提高到 0.2mm，同速换向精度提高到 0.3mm。

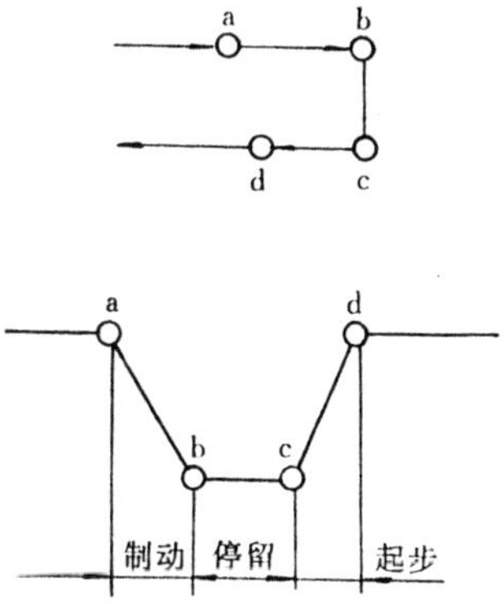

图 9-6 工作台换向示意图

换向停留发生在液压缸两腔同时通压力油到换向阀，在反向起步阶段开始，该停留阶段可防止工件出锥度，M1432A 磨床的这一段时间由 J_1 或 J_2 进行控制（在 0～5s）。

第二次快跳发生在停留结束，压力油 1 和 3 通，与 2 断开。如果此时换向阀阀芯缓慢移动，由于换向后，各通道开口太小，油流不畅通，工作台反向起步速度太低，反向加速时间太长。为提高生产率，设置二次快跳就显得十分必要。

(4)工作台抖动（短距离换向）原理及必要性

在 M1432A 型磨床液压系统中（见图 9-3）的先导阀拨杆两侧各设置一个直径很小的液压缸 H_1，H_2（又称抖动阀）。它与先导阀联合作用，就可实现先导阀在工作台终制动时产生快跳动作，从而进一步缩短工作台的终制动时间，提高换向精度。具体过程如下：

见图 9-3，按图示状态，工作台右行，当左挡块碰上拨杆后，先导阀阀芯左移，阀 C 右制动锥口尚有 0.1～0.45mm 间隙时，工作台便完成了预制动。此时，控制油路 7→9 和 8→0 已分别打开，一般是进油路先打开，回油路稍后打开，换向阀阀芯将作第一次快跳，与此同时，油路 9 与 H_1 通，由于 H_1 直径小，摩擦阻力也小，尽管此时流量很小，但也能迅速推动缸 H_1 右移，结果先导阀阀芯迅速移动（快跳），使其制动锥将 5 和 6 通道彻底关闭。先导阀阀芯这一快跳几乎是与换向阀阀芯第一次快跳同时进行，而且这一快跳并不依赖工作台运动（实际先导阀稍优先关闭 5→6 油路）。这两处的同时快跳就使工作台在完成预制动后迅速完成终制动，大大提高了换向精度。

在 M1432A 型磨床中设置抖动阀不仅能使先导阀快跳，更重要的是还能实现工作台的短距离换向以及改善工作台慢速运动时换向迟缓、停留时间长的缺点。

从理论上讲，只要使先导阀阀芯台肩与阀体控制边做成边对边，便可形成一临界换向状态。当先导阀处于中间位置时，如果先导阀阀芯稍一偏离临界状态，就会使通向换向阀两端的控制油路以及主油路实现切换。若工作台的两个挡块把换向拨杆夹住，便可实现工作台短距离换向，即抖动。

9.2.4 M1432A 型磨床液压系统的特点

① 系统采用了活塞杆固定式双杆液压缸，保证了进退两方向运动速度相等，并使机床占地面积不大。

② 系统采用了快跳式操纵箱，结构紧凑，操纵方便，换向精度和换向平稳性都较高。

③ 系统设置了抖动缸，使工作台在很短的行程内实现快速往复运动，从而有利于提高切入磨削的加工质量。

④ 系统采用出口节流式调速回路，功率损失小，这对调速范围不需很大、负载较小且基本恒定的磨床来说是很合适的。此外，出口节流的形式在液压缸回油腔中造成背压力，工作台运动平稳，使质量较大的磨床工作台加速制动，也有助于防止系统中渗入空气。

9.3 MLS_3-170 型采煤机牵引部液压系统

9.3.1 概　　述

MLS_3-170 型采煤机是我国煤矿长壁回采工作面中应用最广泛的一种双滚筒采煤机，也是我国制造和使用最早、性能最稳定的采煤机，现已形成系列产品，MLS_3-170 型是该系列采煤机的基型，主电机功率为 170kW，生产能力 780t/h。该机主要有两大部分组成：一是截割部，它直接用于截割煤体，截割部上装有直径为 1.6m 或 1.8m 的截割滚筒和机—液压传动装置；二是牵引部，它用于牵引采煤机沿工作面移动，实现连续的采煤运动。由于采煤工作面空间狭窄，机器的通风、散热条件极差，要求机器本身应具备完善的性能以适应恶劣的工作环境。

采煤机牵引部是实现采煤机割煤过程中恒功率自动调节的核心部件，它由液压传动和机械传动两部分组成。其液压传动系统中设有液压恒功率自动调速系统和电动机恒功率的电液自动调速系统。液压马达通过机械传动装置驱动牵引链轮，带动采煤机运动。

9.3.2 液压系统的工作原理

MLS_3—170 型采煤机牵引部液压系统原理图如图 9-7 所示，由主回路、补油和热交换回路、自动调速回路和各种保护装置组成。下面按几个主要油路分析说明。

(1)主回路

本系统的主回路是由双向变量泵 1 和定量马达 2 组成的闭式容积调速回路，液压马达 2 的调速和换向由变量泵 1 来实现。

(2)补油和热交换回路

由于主油路采用闭式回路，为不使油温过高，必须用系统外的冷油置换系统内的热油。因此，补油和热交换油路是必不可少的。对于本系统而言，该油路被设计成是辅助控制系统的一部分。

辅助泵 3 通过粗过滤器 37 从油箱吸取冷油，又经单向阀 31(或 32)向主油路低压侧供入冷油，被主泵吸入。与此同时，马达排出的部分热油经换向阀 5(此时假定该阀工作在上位)、背压阀 27 和冷却器 30 流回油箱，实现了主油路中冷热油交换的目的。

由于在系统中装设了两个单向阀 31，32 以及阀 5 的对称结构，主油路不论哪一侧是高压，冷却油都能准确进入低压侧，都能实现主油路中冷热油交换的目的。

换向阀 5 是液控三位五通阀，弹簧复位。当马达空载时，主回路两侧压力相等，该阀在弹簧作用下居中位，低压油经单向阀 31 和 32 进入主回路两侧，然后其中之一部分经阀 5 阀芯上的节流孔，背压阀 27，冷却器 30 流回油箱。而大部分低压油是经过低压安全阀 26 流回油箱。此时低压压力表 49 应显示 2.5MPa 的压力。但当油马达带负荷工作时，主回路一侧(设上侧)

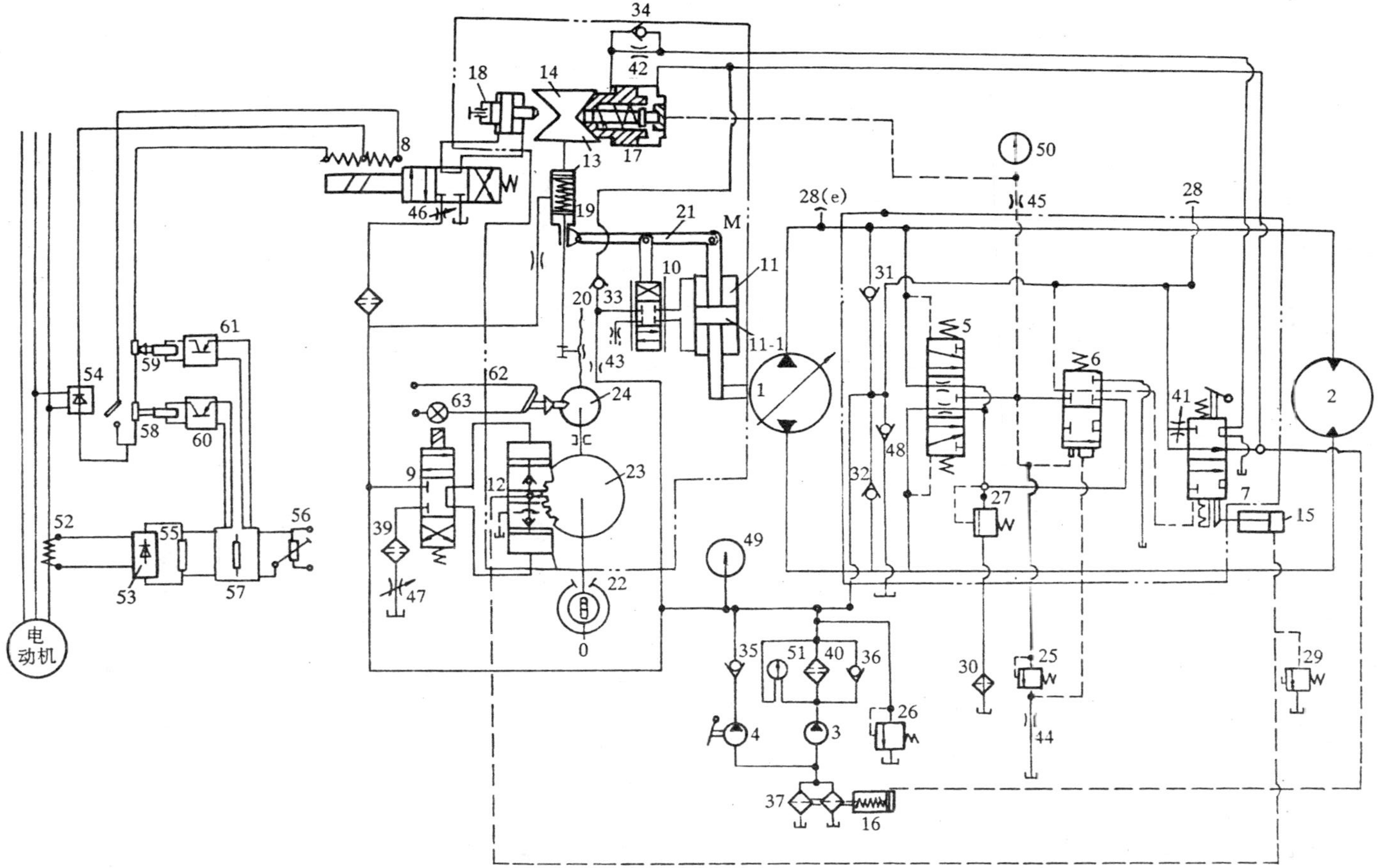

图 9-7　牵引部液压系统图

1—斜轴式油泵;2—斜轴式油马达;3—辅助泵;4—手压泵;5—换向阀;6—安全关闭阀;7—开关阀;8—电动机功率控制的电磁阀;9—摇控调速的电磁阀;10—随动阀;11—变量油缸;12—调速油缸;13—调速套;14—V 形块;15—开关阀的控制油缸;16—过滤器清洗油缸;17—液压功率调节器;18—电动机功率调节器;19—弹簧;20—调速杆;21—连杆;22—调速换向手把;23—调速换向齿轮;24—开关圆盘;25—高压安全阀;26—低压安全阀;27—背压阀;28—排气孔;29—安全阀;30—冷却器;31,32,33,34,35,36—单向阀;37—粗过滤器;38,39,40—精过滤器;41,42,43,44,45,46,47—节流孔或节流阀;48—背吸阀;49—低压压力表;50—高压压力表;51—压差计;52—电流互感器;53,54—整流器;55,56—电位器;57—电位比较器;58—降速继电器;59—升速继电器;60,61—晶体管放大器;62—终点开关;63—信号灯为高压侧，阀 5 居上位，大部分低压油经阀 32 被主泵吸入，则低压表 49 仅显示 1.5MPa 的压力。与此同时，主回路高压侧的部分油液经由阀 5 进入安全关闭阀 6 并到达高压安全阀 25，同时还有部分高压油经螺旋节流孔 45 送到液压功率调节器 17。

背压阀 27 是直动式低压溢流阀，调定压力为 1.5MPa，它使低压系统维持不小于 1.5MPa 的恒定压力，这个压力值是对系统进行液压控制所必须的最低压力，同时，一定的背压还可使油马达工作平稳，使主泵吸油工况得到改善。

低压安全阀 26 的调定压力为 2.5MPa，用于低压限压保护。

(3)开关和换向回路

主回路中液压马达的换向是通过双向变量泵改变排油方向来实现的。变量泵为斜轴式柱塞泵，它的缸体摆动由机液伺服变量机构来控制。

转动调速换向手把 22，使调速杆 20 由中间位置向上或向下移动，并通过反馈连杆 21 驱动伺服阀 10 换向，控制油进入变量油缸 11，推动活塞运动并带动主泵缸体由零位向上或向下摆动，改变排油方向，实现液压马达换向。

开关阀 7 是二位五通手动换向阀，它控制机器“开”和“停”。若开关阀在图示位置，即“停”位，辅助泵输出的压力油经开关阀 7 和单向阀 33 进入伺服阀 10，同时又进入调节器 17 的开关活塞的右腔，开关活塞左腔的油经单向阀 34 和开关阀 7 流回油箱，于是开关活塞快速伸出，将 V 形块 14 锁在零位，采煤机停止牵引。若开关阀手把打到“开”位，辅助泵输出压力油经节流阀 41，开关阀 7 和节流阀 42 进入开关活塞的左腔，而右腔的油经开关阀流回油箱，开关活塞缓慢开锁，采煤机开始牵引运动。

(4)过载保护回路

当采煤机牵引阻力过大，引起主油路工作压力超过允许值(1.5MPa)时，安全阀 25 打开，高压油经安全阀和节流孔 44 流回油箱，使压力不再升高。

在安全阀 25 打开溢流时，由于节流孔 44 背压作用，节流孔前的压力油推动安全关闭阀 6 的阀芯克服弹簧力换向，切断通往开关阀 7 活塞下部的油路，并使活塞下腔的油经安全阀 6 通油箱，油塞在弹力作用下向下移动，推动开关阀杆回到停的位置，使主轴油泵快速回零，停止牵引运动。

在安全关闭阀换向后，高压油一部分又经安全关闭阀 6，背压阀 27，冷却器 30 回油箱。同时高压油还经安全关闭阀 6，换向阀 5 回到主油路的低压油路。

可见，当系统过载时，不仅高压油通过三个回路溢流，同时主油泵快速回零停止牵引，因此过载保护极为可靠。

(5)欠压保护回路

当辅助泵供给的油压力过低，会带来下列后果：

① 对主油泵供油不足；

② 油马达背压不足，内部机件可能损坏；

③ 液控系统失灵。

为此，应当在辅助液压系统压力过低时，使采煤机停止牵引。这就是欠压保护。

欠压保护是由开关阀 7 实现的。在图 9-7 中，当辅助液压系统的压力低于 0.5MPa 时，作用在阀 7 下端的低压油对阀芯的推力小于阀芯上端弹簧的推力，阀芯下移，开关阀关闭，功率调节器 17 被楔形状上锁，使采煤机停止牵引。

(6)主泵恒功率自动调速回路

主泵的输出功率 $N_1=pQ$，主泵的流量 Q 与牵引速度 v 对应，压力 p 与牵引力 F 对应。若不考虑能量损失，则 $N_1=pQ=Fv$。

为保证牵引部在额定功率上满载运转，采煤机牵引部液压系统采用恒功率自动调速回路。该回路可以实现当牵引力增大时，牵引速度自动降低，以保持恒功率；当牵引力减小时，牵引速度自动增大，功率依然恒定。其过程是：

主回路高压侧油液通过换向阀 5 和阻尼管道 45 始终与液压功率调节器 17 中控制活塞的右腔相通。作用在活塞上的液压推力与它的左侧弹簧力相平衡。若牵引力增大，主油路压力增高，控制活塞右侧液压力大于左侧弹簧力，活塞向左移动，并通过活塞杆压动 V 形块 14 的斜面，V 形块移动又推动调速套 13 向中间的方向移动。伺服变量机构启动，使主泵流量下降，牵引速度降低。此时调速杆 20 不动，弹簧 19 被压缩。

当牵引力降低时，控制活塞右腔压力小于弹簧力，控制活塞在弹簧力的作用下向右移动，这时调速套在弹簧 19 的作用下，向增速方向移动，使牵引速度增大。

控制活塞右侧的液压力与左侧的弹簧力同时作用在活塞上并处于平衡状态，它的特性曲线是一倾斜直线，其 $Fv\approx$定值。通过上述自动调节过程，使主泵功率近似恒定。该调节器的特性曲线如图 9-8 所示，图中 AB 段为恒功率调节曲线，$A'A$ 段表示牵引力很小，采煤机以最大牵引速度工作。

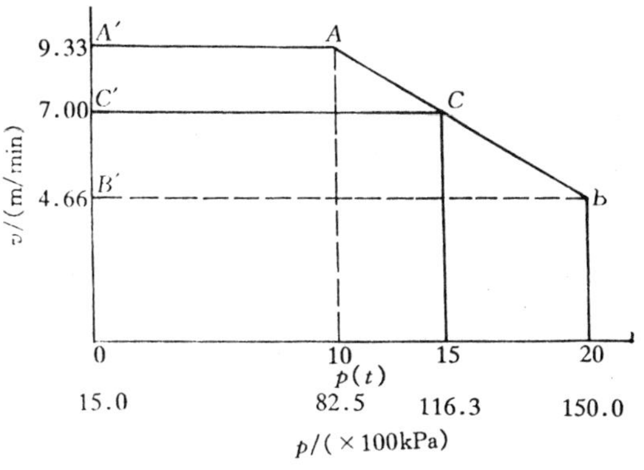

图 9-8　调节器特性曲线

(7)电动机恒功率的电液自动调速回路

电机输出功率是由采煤机截割部和牵引部所消耗的功率组成。为保证电机经常处于满负荷运行，充分发挥其效能，并防止电机过载，采用电动机恒功率电液自动调节装置。

电机有效功率 N 为

$$N=\sqrt{3}UI\cos\phi\approx KI$$

式中　$I,U,\cos\phi$ 分别为电机的电流、电压和功率因数。

若将 $U,\cos\phi$ 近似看作常数，则 $K=\sqrt{3}U\cos\phi$。

另外由实测结果表明：

$$N=A+Bv$$

式中　A——牵引阻力中不变分量(如摩擦阻力、机器自重在牵引方向的分力等)所需消耗的功率；

B——系数，与工作面条件和煤质有关。

于是

$$I=\frac{A}{K}+\frac{B}{K}v$$

I 与 v 成正比关系。也就是说采煤机割煤时，N 与 I，v 成正比。如果功率用电流来反映，则可通过电流变化来调节牵引速度，使得当电流低时，使牵引速度升高；当电流高时，使牵引速度上升；最终使 N 保持恒定。

MLS_3—170 型采煤机电机功率自动调速采用的常用方法——电流比较法，即用实际电流与给定电流（如额定电流）比较其差值作为信号，进行自动调速控制。

自动调速过程由调速液压回路和调速电路两部分联合作用来完成。

① 电动机功率自动调速液压回路。由图 9-7 可见，该回路由功率调节器 18，电动机功率控制的电磁阀 8，可调节流阀 46 以及精过滤器 38 等组成。功率调节器 18 是双作用油缸，其左端活塞杆截面积大于右端活塞杆截面积，活塞右端可以伸进楔形块 14 的 V 形槽中。活塞杆轴线与牵引力速度为零时的 V 形槽 14 中心线重合。当采煤机具有一定牵引速度时，V 形槽一定偏离速度为零时的位置。若此时电动机负荷增大到足以使油缸 18 中的活塞右移的程度，此活塞右移，其右端将与 V 形槽一侧相触，并逼近楔形块克服弹簧 19 的阻力向速度为零的位置返回，即采煤机开始减速，直至牵引速度为零或电机功率下降为止。当电机功率下降，电机功率调节器的活塞左移，从 V 形槽中退出，楔形块向增速方向移动，采煤机的牵引速度开始增加，直至给定的速度值。

功率调节器 18 是由电磁阀 8 控制的。可调节流阀 46 用于控制 18 中活塞的移动速度，从而调整采煤机的加速时间。按规定，当牵引机构中采用五星链轮，牵引速度从零增至最大（9.33m/min）的时间为 30s，而采用六星链轮，应为 24s。

双作用油缸 18 的左右活塞杆直径分别为 80mm 和 55mm，故油缸中的右腔有效作用面积为左腔的 2.12 倍，因而活塞外伸使机器减速的过程较之使机器增速的过程为快。这样，可以使机器迅速摆脱过负荷局面，保证其安全生产。

油缸 18 左端一活塞极限位置限定螺丝，用以限定牵引速度最大值，这是根据采煤工作面的煤层条件所允许的最大牵引速度来确定的。当此螺丝的位置确定之后，应加背帽防松。

② 电动机功率自动调速电路。由图 9-7 可见，该电路是由电流互感器 52，整流器 53，54，电位器 55，56，电位比较器 57，晶体管放大器 60 和 61，继电器 58，59 以及电磁阀 8 上的左右线圈等电气元件组成。

当电源电压比较稳定，设在主电机动力线路上的电流互感器 52 的输出电流，在一般情况下，可以用来代替整个机器的负荷情况。52 的输出电流经过整流器 53 整流后，可在电位器 55 两端形成电压信号，该信号当然是与电动机的负荷成正比的，56 是预先根据电动机的额定功率调整好的可调电位器，这样经调定的电位器 56 两端的电压是与电动机的额定功率相对应。把上面得到的两种电压用电位比较器 57 进行比较，可得到电动机的欠载、满载或超载三种负载状态中的一种。

当电机欠载时，电位比较器 57 无信号输出，升速继电器 58 和降速继电器 59 位于图示位置不动，则由直流电源 54 供电的电磁阀 8 的左线圈（增速线圈）通电，电磁阀 8 左移，油缸 18 中活塞向左移动，采煤机增速。

随着牵引速度增高，电机达到满载时，电位器 55 两端的电位增高，与电位器 56 两端的额定电位进行比较后，通过电位比较器 57 向晶体管放大器 61 输出一个定速信号，经过 61 放大后，打开升速继电器 59 的常闭接点，切断去电磁阀 8 的通路，于是其阀芯在复位弹簧的作用下回到中立位置，电机功率调节器 8 的活塞停止不动，从而使机器维持满载时的牵引速度不变。

当电动机超载时，送入电位比较器 57 的信号相应地增大，这时比较器向两个晶体管放大器 60 和 61 输出信号，经过放大后的信号使升速继电器 59 和降速继电器 58 动作，即升速继电器的触点同满载时一样，处于断路状态，而降速继电器 58 的常闭接点也断开，但其常开接点则成闭合状态，则电磁阀 8 的右线圈（减速线圈）通电，使阀芯右移，使油缸 18 中的活塞外伸，并通过与楔形块相互作用，使采煤机减速。如电动机超载状态不消失，采煤机就一直减速，直到速度为零时方能停止减速动作。

由于本采煤机功率为 170kW，当电压为 1140V 时，额定电流 I_0 是 108A。上面叙述的三种负载状态分别为：

欠载：$I<95\%I_0$，即电流小于 103A，采煤机自动升速；

满载：$I=(95\%\sim105\%)I_0$，即电流在 103～113A 之间，不进行调速，采煤机维持原有速度运行；

超载：$I>105\%I_0$，即电流大于 113A，采煤机自动降速。

因此，电动机功率自调速特性（图 9-9）可以用 $I=0.95I_0$ 和 $I=1.05I_0$ 这两条水平直线所限定的等电流或等功率带来表示。即：当电流小于 $0.95I_0$ 时采煤机就增速，当电流大于 $1.05I_0$ 时就开始减速，当电流值在 $0.95I_0$ 和 $1.05I_0$ 之间时，机器就按原来牵引速度运行。

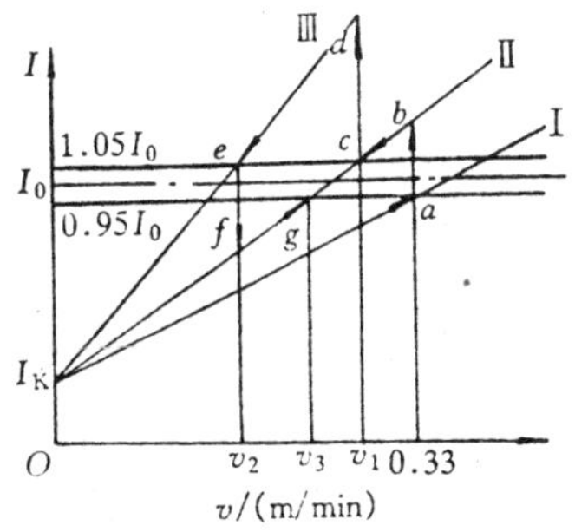

图 9-9　电机功率的自动调速特性

采煤机在工作面中遇到有不同抗载强度的煤层时的调速情况，由图 9-9 也可以看出。图中的斜直线Ⅰ，Ⅱ，Ⅲ表示在不同抗载强度时牵引力速度曲线（N-v）。当采煤机开始在软煤中工作时，就按直线Ⅰ增速，最后稳定在点 a。后来煤质变硬，负荷增加，采煤机工作在直线Ⅱ上，并且沿 bc 方向减速，最后稳定地工作在 c 点。如果煤质又变硬，采煤机的工况点由 c 移到 d，并沿 de 减速稳定在 e 点。这时如果煤质又变软，负荷下降到 f 点，则牵引速度将沿 fg 方向上升，稳定在 g 点。因此，电动机功率自动调速系统能按电机负荷自动调速，既能保持电机经常处于满负荷运行，又能保持有足够的牵引速度，有高的生产率。

9.3.3　液压系统的特点

① 由于采煤机功率较大，液压系统调速采用变量泵—定量马达组成的闭式容积调速回路，为防止系统泄漏和减少油液温升，采用低压辅助泵对主回路补油和热交换。

② 变量泵输出流量的调节采用液压伺服变量机构。该机构与 V 形块、调速套和控制活塞等元件配合，通过液压系统主油路压力反馈信号和电动机工作电流反馈信号对牵引速度进行自动调节，实现了主泵恒功率和电动机恒功率自动调速，使采煤机处于满载运行，充分发挥采煤机的生产能力。

③ 系统设有完善的安全保护装置。如系统的欠压保护回路、系统过载保护等安全保护装置。在过载保护中，当系统过载时不仅可通过高压安全阀、低压溢流阀溢流，同时迅速使高压油路接通，实现降压，并启动开关阀使主泵回零，停止牵引，从而实现安全可靠的过载保护。

④ 系统中设置手动开关阀 7，它可方便地操纵采煤机，使其启动和停止牵引。同时也设置手动调速机构，它不仅对牵引速度进行手动调节，而且可实现牵引方向的改变。

思考题与习题

9-1 怎样阅读、分析一个复杂的液压系统图？

9-2 在磨床液压系统中，常采用行程控制或时间控制的换向方式，试说明这两种换向方式的工作原理、特点及应用场合。

9-3 图 9-10 为 YT4543 型液压动力滑台液压系统图，试分析该系统是由哪些基本回路组成的？顺序阀 3 在此油路中的作用是什么？

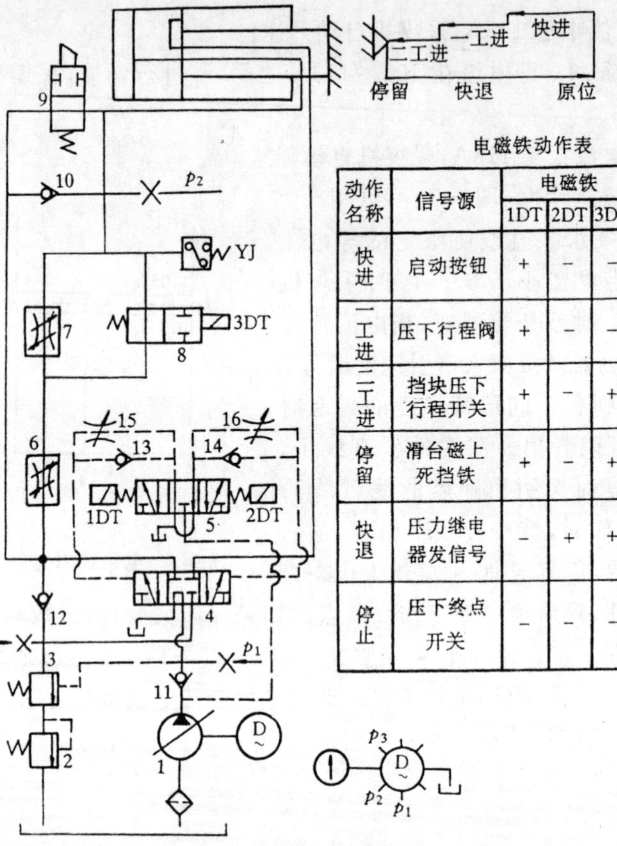

电磁铁动作表

动作名称	信号源	电磁铁 1DT	电磁铁 2DT	电磁铁 3DT	备注
快进	启动按钮	+	−	−	阀 3 关，缸差动
一工进	压下行程阀	+	−	−	阀 3 开
二工进	挡块压下行程开关	+	−	+	
停留	滑台碰上死挡铁	+	−	+	压力升高，YJ 动作
快退	压力继电器发信号	−	+	+	
停止	压下终点开关	−	−	−	

图 9-10 YT4543 型液压动力滑台液压系统图

1—限压式变量叶片泵；2—背压阀；3—液控顺序阀；4—换向阀；5—电磁阀；6,7—调速阀；8—二位二通电磁阀；9—行程阀；10,11,12,13,14—单向阀；15,16—节流阀

9-4 图 9-11 为牛头刨床液压系统，已知 3 和 5 是变级阀，4 是背压阀，7 是开停阀，8 是溢流阀，6 和 14 分别是溢流阀的高压和低压远程调压阀，9 和 11 是操纵滑枕液压缸 16 往复的先导阀和换向阀，10 是操纵进给液压缸 13 往复的换向阀，12 是调速阀，15 是制动阀，试读懂此系统图，并回答：

(1)滑枕速度是怎样调节的？

(2)滑枕换向时系统压力是怎样变化的？

(3)该系统有哪些特点？

9-5 试分析采煤机液压系统的特点。

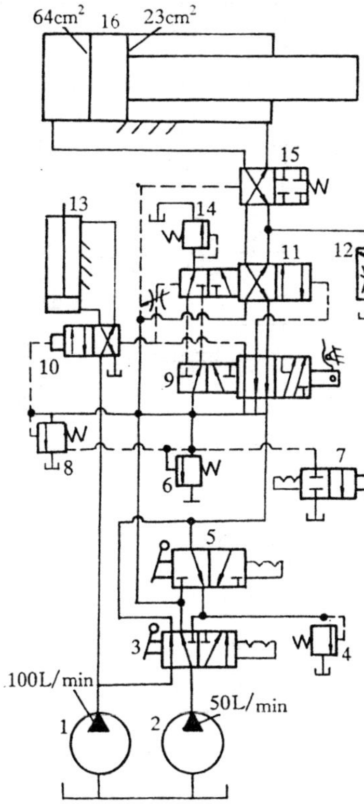

图 9-11　牛头刨床液压系统图

9-6　图 9-12 所示的液压系统是如何工作的？试根据其循环动作表中的提示进行阅读，并将该表填写完整。

循环动作表

动作名称	电气元件							备　注
	1DT	2DT	11DT	12DT	21DT	22DT	YJ	
定位夹紧								1. Ⅰ，Ⅱ两个回路各自进行独立循环动作，互不约束 2. 12DT，22DT 中任一个通电时，1DT 便通电；12DT，22DT 均断电时 1DT 才断电
快　进								
工进卸荷(低)								
快　退								
松开拔销								
原位卸荷(低)								

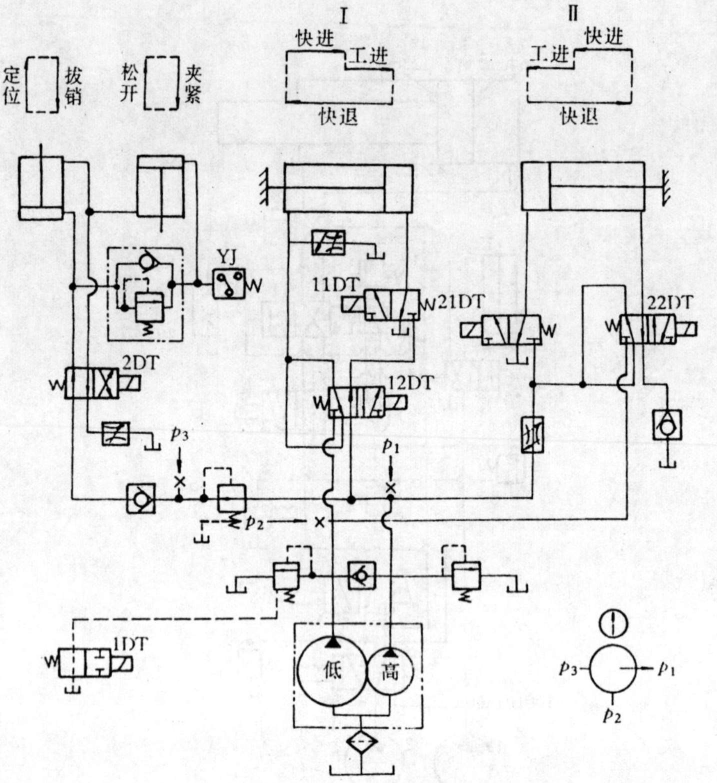
I
快进
工进
快退
II
工进
快进
快退
定位
拔销
松开
夹紧
YJ
11DT
21DT
22DT
2DT
12DT
p_3
p_1
p_2
1DT
低
高
p_3
p_1
p_2

图 9-12 题 9-6 附图

第二篇　气压传动

第10章　气压传动基础知识

气压传动与液压传动的工作原理和系统组成相同，但因其工作介质不同，气压传动与液压传动有着显著差异。气压传动的工作介质是取之不尽的空气，流动损失小，可集中供气，适于远距离输送，废气排放处理方便、无污染、成本低。但由于空气具有可压缩性，气动执行元件的动作稳定性差。为了更好地掌握气动技术，了解空气的性质、气体的状态变化规律和气体流动的规律是十分重要的。

10.1　空气的物理性质

10.1.1　空气的组成

自然界的空气是由若干气体混合而成的，是一种混合气体。其主要成分是氮气(N_2)和氧气(O_2)，其他气体(惰性气体和二氧化碳等)所占的比例极小。此外，空气中常含有一定量的水蒸气。含有水蒸气的空气称为湿空气，不含水蒸气的空气称为干空气。

混合气体的压力为全压，为各组成气体的总压力和。各组气体的压力称为分压，它表示这种气体在与混合气体同样温度下，单独根据混合气体的总容积时所具有的压力。如表10-1所示。

表10-1　　干空气的组成

成　分	氮(N_2)	氧(O_2)	氩(Ar)	二氧化碳(CO_2)	其他气体
体积分数	78.03	20.95	0.932	0.03	0.078
质量分数	75.5	23.1	1.28	0.045	0.075

10.1.2　空气的性质

(1) 密　度

空气具有一定的质量，质量常用密度ρ表示。空气的密度是单位体积内的空气质量，用ρ表示

$$\rho=\frac{m}{V} \tag{10-1}$$

对于干空气，密度又可写成

$$\rho=\rho_0\frac{273}{273+t}\times\frac{p}{0.1013} \tag{10-2}$$

式中　m,V——气体的质量和体积；

ρ_0——基准状态下干空气密度，$\rho_0=1.293\text{kg/m}^3$；

p——绝对压力，MPa；

$273+t$——热力学温度，K，t为气体的摄氏温度。

对于湿空气，密度又可写成

$$\rho_s=\rho_0\frac{273}{273+t}\times\frac{p-0.0378\phi p_b}{0.1013} \tag{10-3}$$

式中 m,V——气体的质量和体积；

ρ_s——基准状态下湿空气密度，$\rho_0=1.293\text{kg/m}^3$；

p——湿空气的绝对全压力，MPa；

p_b——在热力学温度为 T 时，饱和空气中水蒸气的分压力，MPa；

ϕ——空气的相对湿度。

(2) 黏 性

空气的黏性是空气质点相对运动时产生阻力的性质。黏性的大小用动力黏度和运动黏度来描述。

空气的黏性受压力变化的影响极小，可以忽略不计。它主要受温度变化的影响，随着温度的升高，空气的黏性增加。空气黏度温度的变化如表 10-2 所示。

表 10-2 空气的运动黏度与温度的关系

t/℃	0	5	10	20	30	40	60	80	100
$v/(\times10^{-4}\text{m}^2\cdot\text{s}^{-1})$	0.133	0.142	0.147	0.157	0.166	0.176	0.196	0.210	0.238

(3) 压缩性和膨胀性

气体因分子间的距离大，内聚力小，故分子可自由运动，气体的体积受压力和温度变化的影响极大，与液体和固体相比较，气体的体积是易变的，称为气体的易变特点。例如，液压油在一定温度下，工作压力为 0.2MPa，若压力增加 0.1MPa 时，体积将减少 1/20000；而空气压力增加 0.1MPa，体积减少 1/2。两者体积随压力的变化相差 10000 倍。又如，水温度每升高 1℃，体积增加 1/20000；而气体温度每增加 1℃，体积增大 1/273。两者体积随着温度的变化相差 73 倍。气体与液体体积变化相差悬殊，主要原因是气体分子间的距离大，分子间的内聚力小，分子间的平均自由路径大。

气体体积随压力增大而减少的性质称为压缩性；而气体体积随温度升高而增大的性质称为膨胀性。气体的压缩性和膨胀性都远大于液体的压缩性和膨胀性。气体体积随压力和温度的变化规律服从气体状态方程。

(4) 湿空气

空气中含有水分的多少对气动系统的工作稳定性有直接的影响，还会腐蚀元件，因此，不仅各种气动元件对压缩空气的含水量有明显的规定，而且需要采用相应的措施除去压缩空气中的水分。

含有水分的空气称为湿空气，其含有水分的程度用湿度和含湿量来表示。湿度又分为绝对湿度和相对湿度。

① 绝对湿度。每立方米湿空气中所含的水蒸气的质量称为绝对湿度，常用 x 表示，即

$$x=\frac{m_s}{V} \tag{10-4}$$

式中 x——绝对湿度，kg/m^3；

m_s——湿空气中水蒸气的质量，kg；

V——湿空气的体积，m^3。

② 饱和绝对湿度，常用 x_b 表示，即

$$x_b = \frac{p_b}{R_s T} \tag{10-5}$$

式中　x_b——饱和绝对湿度，kg/m^3；

p_b——饱和湿空气中水蒸气的分压力，Pa；

R_s——水蒸气的气体常数，$R_s = 462.05 N \cdot m/(kg \cdot K)$；

T——热力学温度，K。

绝对湿度只能说明湿空气中含有水蒸气的多少。湿空气所具有吸收水蒸气的能力（水蒸气从空气中析出的可能性）需要用相对湿度来说明。

③ 相对湿度。在相同温度和压力的条件下，绝对湿度与饱和绝对湿度的比值称为相对湿度，常用 ϕ 表示，即

$$\phi = \frac{x}{x_b} 100\% = \frac{p_s}{p_b} 100\% \tag{10-6}$$

式中　x, x_b——绝对湿度和饱和绝对湿度；

p_s, p_b——水蒸气的分压力和饱和水蒸气的分压力。

$\phi = 0 \sim 100\%$。干空气的相对湿度 $\phi = 0$，饱和湿空气的相对湿度 $\phi = 100\%$。ϕ 值越大，表示空气吸收水蒸气的能力越弱，离水蒸气达到饱和而析出的极限越近。因此，在气压传动系统中，相对湿度 ϕ 值越小越好。气压传动系统要求压缩空气的相对湿度小于 90%。通常情况下，$\phi = 60\% \sim 70\%$，人体感觉舒适。

④ 含湿量。含湿量分为质量含湿量和容积含湿量两种。

第一，质量含湿量。每千克质量的干空气中所混合的水蒸气的质量称为质量含湿量，常用 d 表示，即

$$d = \frac{m_s}{m_g} \tag{10-7}$$

式中　d——质量含湿量，g/kg；

m_s——水蒸气的质量，g；

m_g——干空气的质量，kg。

第二，容积含湿量。单位体积的干空气中所混合的水蒸气的质量称为容积含湿量，常用 d' 表示，即

$$d' = \frac{m_s}{V_g} = \frac{g m_g}{V_g} = d\rho \tag{10-8}$$

式中　d'——容积含湿量，g/m^3；

V_g——干空气的体积，m^3；

ρ——干空气的密度，g/m^3。

当空气的温度和压力发生变化时，其中的水分可能由气态变为液态或由液态变为气态。气动系统中应考虑使空气中水分物象变化的影响。表 10-3 为空气温度对饱和空气湿度的影响。从表 10-3 中可以看出，降低空气湿度可以减少进入气动设备空气中含的水分。

⑤ 露点温度。在保持压力不变的条件下，降低未饱和湿空气的温度，使其达到饱和状态时的温度称为露点温度。露点温度也就是与未饱和湿空气中水蒸气分压力相对应的饱和水蒸气的温度。因此，湿空气的温度冷却到露点温度以下，就会有水滴析出。采用降温法去除湿空气中的水分就是根据这个原理。

表 10-3　　绝对压力为 0.1013MPa 时饱和空气中水蒸气的分压力、含湿量与温度的关系

温度 t/℃	饱和水蒸气分压力 p_b/(×10⁵MPa)	容积含湿量 d_b'/(g·m⁻³)	温度 t/℃	饱和水蒸气分压力 p_b/(×10⁵MPa)	容积含湿量 d_b'/(g·m⁻³)
100	1.013	597.0	30	0.042	30.4
80	0.473	292.9	25	0.032	23.0
70	0.312	197.9	20	0.023	17.3
60	0.199	130.1	15	0.017	12.8
50	0.123	83.2	10	0.012	9.4
40	0.074	51.2	0	0.006	4.8
35	0.056	39.6	−10	0.0026	2.2

⑥ 析水量。气动系统中的工作介质是由空气压缩机输出的压缩空气。湿空气被压缩后，压力、温度和绝对湿度都增加，当此压缩空气冷却降温时，其相对湿度增加，温度降低到露点温度后，便有水滴析出，每小时从压缩空气中析出水的质量称为析水量，其计算公式为

$$Q_m = 60q_z\left[\phi d'_{b1} - \frac{(p_1-\phi p_{b1})T_2}{(p_2-p_{b2})T_1}d'_{b2}\right] \tag{10-9}$$

式中　Q_m——每小时的析水量，kg/h；

q_z——从外界吸入空压机的空气流量，m³/min；

T_1，p_1——压缩前空气的温度(K)和绝对全压力(MPa)；

T_2，p_2——压缩后空气的温度(K)和绝对全压力(MPa)；

p_{b1}，d'_{b1}——温度为 T_1 时饱和空气中水蒸气的绝对分压力(MPa)与饱和容积含湿量，kg/m³；

p_{b2}，d'_{b2}——温度为 T_2 时饱和空气中水蒸气的绝对分压力(MPa)与饱和容积含湿量，kg/m³。

10.1.3　空气质量等级

随着科学技术的发展，气动元件日益小型化、低功率化，其结构越来越精密；同时，应用气动系统较多的医药、食品和微电子等行业对作业环境和污染控制都有严格的要求。这些都对气动系统的工作介质——空气——的净化质量提出了越来越高的要求。为此，国际标准化组织制定了压缩空气的质量等级标准 ISO 8573.1，见表 10-4 空气质量等级。我国国家标准 GB/T 13277—1991 与此等效。

表 10-4　　空气质量等级

等　级	最大粒子		露点温度/℃	最大含油量/(mg/m³)
	尺寸/μm	浓度/(mg/m³)		
1	0.1	0.1	−70	0.01
2	1	1	−40	0.1
3	5	5	−20	1.0
4	15	8	+3	5
5	40	10	+7	25
6	—	—	+10	—

10.2　气体的状态变化

10.2.1　理想气体的状态方程

没有黏性的气体称为理想气体。理想气体处于某一平衡状态时，其压力、温度、质量和体积（或密度）之间的关系称为理想气体状态方程

$$pV=mRT \tag{10-10}$$

或

$$p=\rho RT \tag{10-11}$$

式中　p——气体的绝对压力，N/m^2；

V——气体的体积，m^3；

m——气体的质量，kg；

R——气体常数，干空气 $R=278.1N\cdot m/(kg\cdot K)$，水蒸气 $R=462.05N\cdot m/(kg\cdot K)$；

T——气体的热力学温度，K；

ρ——气体的密度，kg/m^3。

由于实际气体具有黏性，因此严格地讲，它并不完全服从理想气体状态方程，即 $pV/(mRT)\neq1$。但是压力在 0～10MPa，温度在 0～200℃之间变化时，$pV/(mRT)\approx1$，其误差小于 4%。气压传动系统中的压缩空气的压力一般在 1MPa 以下，可以看做理想气体。

10.2.2　气体状态变化过程及其规律(质量不变)

气体的参数有六个：温度 T、体积 V、压力 p、热力学能、焓、熵。其中前三个参数可以测量，称为基本参数。由三个基本状态参数可以计算另外的三个参数。根据三个基本状态参数规定了空气的两种状态：基本状态和标准状态，而这两种状态是计算空气其他状态的出发点。

基本状态：温度为 0℃，压力为 1.013×10^3 Pa 的干空气的状态。基本状态下空气的密度 $\rho_0=1.293kg/m^3$。

标准状态：温度为 20℃，相对湿度为 65%，压力为 0.1MPa 的空气状态。标准状态下空气的密度 $\rho=1.185kg/m^3$。

当质量不变时，气体状态方程式(10-10)可写成

$$\frac{pV}{T}=\text{常量} \tag{10-12}$$

而气体的状态变化过程是气体的状态参数（压力、温度、体积）由一种平衡状态变化到另一种平衡状态。下面根据式(10-12)分析几种气体状态变化过程及其规律。

(1) 等容过程

一定质量的气体，在状态变化过程中，各种体积保持不变，这种过程称为等容过程，则有

$$\frac{p_1}{T_1}=\frac{p_2}{T_2}=\text{常数} \tag{10-13}$$

式(10-13)表明：当体积不变时，压力的变化与温度的变化成正比，当压力上升时，气体的温度随之上升。在等容过程中，气体对外不作功，气体与外界的热交换用于增加(减少)气体的热力

学能。

(2) 等压过程

一定质量的气体,在状态变化过程中,压力保持不变,这种过程称为等压过程,则有

$$\frac{V_1}{T_1}=\frac{V_2}{T_2}=\text{常数} \tag{10-14}$$

式(10-14)表明:当压力不变时,温度上升,气体的体积增大(膨胀);温度下降,气体的体积减小。

(3) 等温过程

一定质量的气体,在状态变化过程中,温度保持不变,这种过程称为等温过程,则有

$$p_1V_1=p_2V_2=\text{常量} \tag{10-15}$$

式(101-15)表明:当温度不变时,压力上升,气体的体积减小(压缩);压力下降,气体的体积增大。在等温过程中,气体的热力学能无变化,气体和外界所交换的热量全部用于气体对外作功或外界气体作功。在气动系统中有不少工作过程,如气缸工作、管道输送空气等均可视为等温过程。

(4) 绝热过程

一定质量的气体,在状态变化过程中,与外界完全没有热交换,这种过程称为绝热过程,有

$$p_1V_1^k=p_2V_2^k=\text{常量} \tag{10-16}$$

式中 k——等熵指数,$k=1.4$。

(5) 多变过程

在实际问题中,气体的变化过程往往不能简单地归属为上述几种过程中的一种,不能加任何条件限制的过程称为多变过程,此时可用式(10-17)表示,即

$$p_1V_1^n=p_2V_2^n=\text{常量} \tag{10-17}$$

式中 n——多变指数,$n=0\sim1.4$。

在某一多变过程中,多变指数 n 保持不变;对于不同的多变过程,n 有不同的值。前面四种典型过程是多变过程的特例。

10.2.3 气压传动中的快速充、放气过程

在气压传动中,气罐、气缸、管道及其他执行机构的充气、放气过程是较为复杂的气体状态变化过程,这些过程中的质量变化(流量)、温度变化和变化过程的时间是气动技术中的重要问题,它关系到启动系统与外界间的能量交换,其中最受关注的是空气消耗及功率消耗。

由于快速充、放气过程中的气体来不及与外界进行能量交换,可视为绝热过程。同时,为简化分析过程,视气罐、气缸、管道及其他执行机构为定积容器。因此,按照定容积的绝热系统,用式(10-10)对充、放气过程进行讨论,其中重点考虑质量变化对气体状态参数的影响。

(1) 定积容器充气过程

如图 10-1 所示,体积为 V 的容器,由一管道向其充入恒定压力 p_0 和温度 T_0 的气体,充气前容器内的气体处于状态 1(p_1, T_1, m_1),充气后容器内的气体变为状态 2(p_2, T_2, m_2)。

① 充气引起的温度和质量变化。在绝热充气过程中,若充入的气体和容器内的气体是同一气体,则充气前后容器中的温度变化为

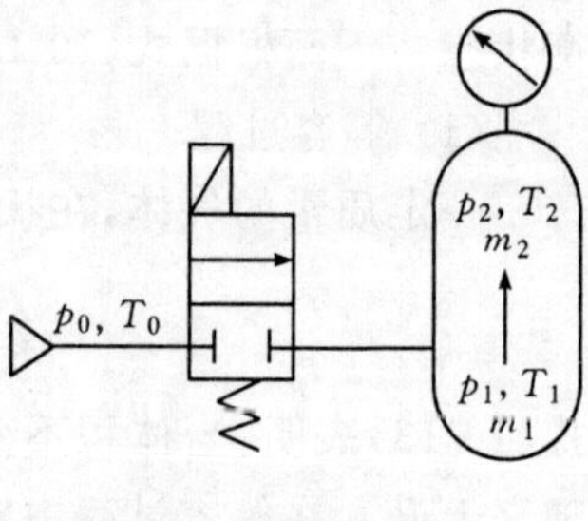

图 10-1 容器的充气

$$\frac{T_2}{T_1}=\frac{\kappa}{\frac{T_1}{T_0}+\left(\kappa-\frac{T_1}{T_0}\right)\frac{p_1}{p_2}} \tag{10-18}$$

式中　κ——等熵指数，$\kappa=1.4$。

若充气前容积中的气体温度等于充入气体的温度，即 $T_1=T_0$，而且充气至气源压力，则式(10-18)简化为

$$T_2=\frac{\kappa T_0}{1+(\kappa-1)\frac{p_1}{p_0}} \tag{10-19}$$

充入容器中的气体质量

$$\Delta m=m_2-m_1=\frac{V}{\kappa R T_0}(p_2-p_1) \tag{10-20}$$

在式(10-19)的假设条件下，充气过程伴随着温度的升高，在极限情况下，充气后气体的热力学温度为充气前气体热力学温度的 1.4 倍。

② 充气时间。充气过程分为两个阶段，当容器中气体压力 p 不大于临界压力，即 $p\leqslant 0.528p_0$ 时，充气管道中的气体流速达到声速，需要时间 t_1；当容器中的压力大于临界压力，即 $p>0.528p_0$ 时，充气管道中的气体流速小于声速，称为亚声速充气阶段，该阶段流向容器的气体流速逐渐降低，需要时间 t_2。充气过程的压力-时间曲线如图 10-2 所示。

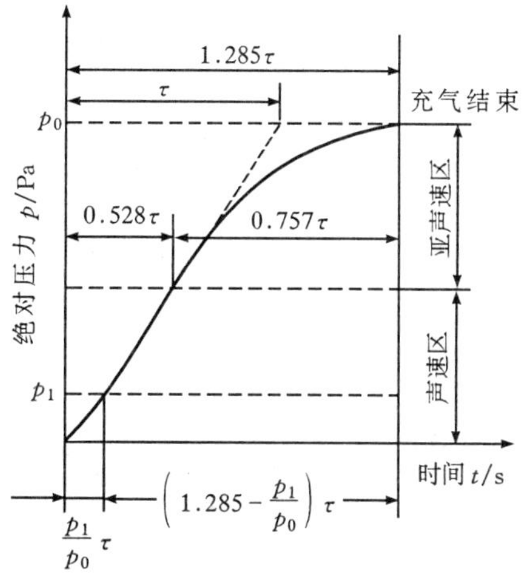

图 10-2　充气过程的压力-时间曲线

容器内气体压力由 p_1 充到 p_0 所需的时间

$$\left.\begin{aligned} t&=t_1+t_2=\left(1.285-\frac{p_1}{p_0}\right)\tau \\ \tau&=5.217\times10^{-3}\frac{V}{kA}\sqrt{\frac{273}{T_0}} \end{aligned}\right\} \tag{10-21}$$

式中　p_0——充气气源的绝对压力，Pa；

p_1——容器中的绝对压力，Pa；

τ——充气时间常数，s；

V——容器的容积，m^3；

A——管道有效截面积，m^2；

T_0——气源的热力学温度，K。

(2) 容器的放气过程

如图 10-3 所示，容积为 V 的容器内部贮存一定压力的气体，经过阀门将气体排向大气。

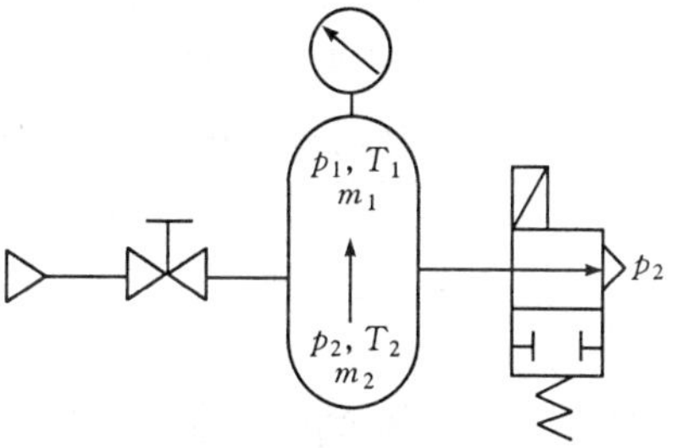

图 10-3　容器的放气

排气前容器内的气体状态 1(p_1, T_1, m_1)，排气后容器内的气体状态 2(p_2, T_2, m_2)。

① 放气引起的温度和质量变化。在绝热放气过程中，放气后气体的温度

$$T_2=T_1\left(\frac{p_2}{p_1}\right)^{\frac{\kappa-1}{\kappa}} \tag{10-22}$$

放气后，容器中剩余的气体质量

$$m_2=m_1\left(\frac{p_2}{p_1}\right)^{\frac{1}{\kappa}} \tag{10-23}$$

式(10-22)表明，绝热放气过程必然是一个降温的过程。放气终了的气体温度将随着压力比 p_1/p_2 的增大和气温的降低而降低。如果放气前，容器中的气体压力足够高，起始温度又足够低，那么经过绝热放气后，容器中的剩余气体将被冷却，直至液化。

② 放气时间：和充气过程一样，放气过程也分声速和亚声速两个阶段。当容器内压力不小于 1.893 大气压，即 $p\geqslant1.893p_a$ 时，放气气流流动速度为声速，称为声速放气阶段，需要时间 t_1；当容器内压力小于 1.893 大气压，即 $p<1.893p_a$ 时，放气气流流动速度小于声速，为亚声速放气阶段，放气至大气压需要时间 t_2。$p_e=1.893p_a$ 为放气过程的临界压力。放气过程的压力-时间曲线如图 10-4 所示。

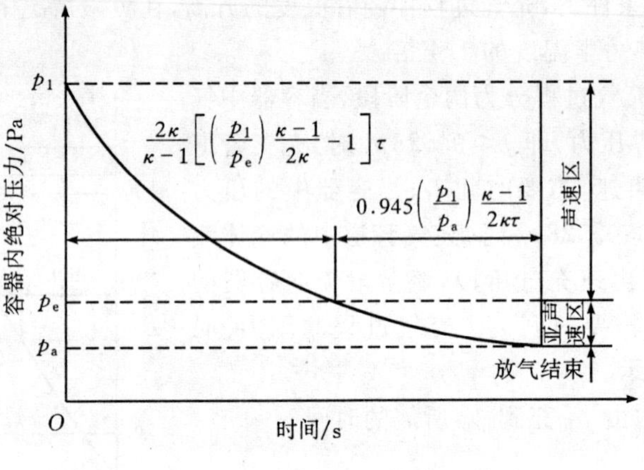

图 10-4 放气过程的压力-时间曲线

容器从初始压力放大到大气压所需的时间

$$\left.\begin{aligned}t&=t_1+t_2=\left\{\left[\frac{2k}{k-1}\left(\frac{p_1}{p_e}\right)^{\frac{\kappa-1}{2\kappa}}-1\right]+0.945\left(\frac{p_1}{p_a}\right)^{\frac{\kappa-1}{2\kappa}}\right\}\tau\\ \tau&=5.217\times10^{-3}\frac{V}{KA}\sqrt{\frac{273}{T_1}}\end{aligned}\right\} \tag{10-24}$$

式中 p_1——充气前容器中压力，Pa；

p_e——临界压力(Pa)，$p_e=1.893p_a$；

p_a——大气压(Pa)，$p_a=1.013\times10^5$ Pa；

τ——放气时间常数，s；

V——容器内的体积，m^3；

A——有效截面积，m^3；

T_1——放气前容器内的热力学温度，K。

10.3 气体的流动规律

气体流动遵循能量守恒与转换、质量守恒和其他运动定律。在气压传动系统中，气体在管内的流动可视为一维定常流动(或稳定流动)。

10.3.1　气体流动的基本方程

确定一定常流场，即求解气流的速度、压力、密度和温度，需要连续方程、动量方程、能量方程和状态方程，状态方程见式(10-10)。

(1) 连续性方程

气体在管道内作定常流动时，根据质量守恒定律，通过管道任意截面的气体质量流量都相等，即

$$\rho_1 v_1 A_1 = \rho_2 v_2 A_2 \tag{10-25}$$

式中　ρ_1,ρ_2——截面 1 和 2 处气体的密度，kg/m^3；

v_1,v_2——截面 1 和 2 处气体的流动速度，m/s；

A_1,A_2——截面 1 和 2 处的管道截面积，m^2。

(2) 动量方程

动量方程是把牛顿第二定律和动量定律应用于运动流体所得到的数学表达式。其微分形式为

$$v\mathrm{d}v + \frac{\mathrm{d}p}{\rho} = 0 \tag{10-26}$$

式中　v——气体的流速，m/s；

p——气体的压力，Pa；

ρ——气体的密度，kg/m^3。

(3) 能量方程(伯努利方程)

根据能量守恒定律，在流管的任意截面上，推导出的伯努利方程为

$$\frac{v^2}{2} + gz + \int \frac{\mathrm{d}p}{\rho} + gh_{\mathrm{w}} = \text{常量} \tag{10-27}$$

式中　z——位置高度，m；

h_{w}——摩擦阻力损失水头，m；

g——重力加速度，m/s^2；

其他参数定义与式(10-26)相同。

因为气体流动一般都很快，基本上来不及和周围环境进行热交换，所以可以忽略，认为是绝热流动。

考虑到气体的可压缩性($\rho \neq$ 常量)，则有

$$\frac{v^2}{2} + gz + \frac{\kappa}{\kappa-1}\frac{p}{\rho} + gh_{\mathrm{w}} = \text{常量} \tag{10-28}$$

因为气体的黏度小，再忽略摩擦阻力和位置高度的影响，则有

$$\frac{v^2}{2} + \frac{\kappa}{\kappa-1}\frac{p}{\rho} = \text{常量} \tag{10-29}$$

在低速流动时，气体可以认为是不可压缩的($\rho =$ 常数)，则有

$$\frac{v^2}{2} + \frac{p}{\rho} = \text{常量} \tag{10-30}$$

当流体机械对气体作功时，绝热过程下气体的能量方程为

$$\frac{\kappa}{\kappa-1}\frac{p_1}{\rho_1} + \frac{v_1^2}{2} + L_\kappa = \frac{\kappa}{\kappa-1}\frac{p_2}{\rho_2} + \frac{v_2^2}{2} \tag{10-31}$$

多变过程下气体的能量方程为

$$\frac{n}{n-1}\frac{p_1}{\rho_1}+\frac{v_1^2}{2}+L_n=\frac{n}{n-1}\frac{p_2}{\rho_2}+\frac{v_2^2}{2} \tag{10-32}$$

式中 L_k,L_n——绝热、多变过程中,流体机械对单位质量气体所作的全功,J/kg。

10.3.2 声速和马赫数

(1) 声　速

声音所引起的波称为声波。声波在介质中的传播速度称为声速。声波的传播速度很快,在传播过程中来不及和周围的介质进行热交换,其变化过程为绝热过程。理想气体的声音在其中传播的相对速度只与气体的温度有关,可用式(10-33)计算

$$c=\sqrt{\kappa RT}\approx 20\sqrt{T}=20\sqrt{273+t} \tag{10-33}$$

式中 c——声速,m/s;

κ——等熵指数,$\kappa=1.4$;

R——气体常数,干空气 $R=278.1\text{N}\cdot\text{m}/(\text{kg}\cdot\text{K})$;

T——气体的热力学温度,K;

t——气体摄氏温度,℃。

从式(10-33)可见,当介质温度升高时,声速 c 将显著地增加。气体声速 c 是随气体状态参数变化而变化的。

(2) 马赫数

将气体流速 v 和当地声速 c 之比称为马赫数,用符号 Ma 表示

$$Ma=\frac{v}{c} \tag{10-34}$$

当 $Ma<1$ 时,即 $v<c$,气体的流动状态为亚声速流动;

当 $Ma>1$ 时,即 $v>c$,气体的流动状态为超声速流动;

当 $Ma=1$ 时,即 $v=c$,气体的流动处于临界流动状态。

马赫数 Ma 是气流流动的重要参数,它反映了气流的压缩性。马赫数越大,气流密度的变化越大。当气体 $v=50\text{m/s}$,气体密度变化仅为 1%,可不考虑气体的压缩性。当 $v=140\text{m/s}$,气体密度变化为 8%,一般要考虑气体的压缩性。在气压传动系统中,气体流速一般较低,且已经被预先压缩,因此可以认为是不可压缩流体(指流动特性)的流动。

(3) 气体在管道中的流动特性

气体在截面积变化的管道中流动,在马赫数大于 1 和小于 1 两种情况下,气体的流速 v、密度 ρ、压力 p、温度 t 等参数随管道截面积 A 变化的规律截然不同。当马赫数等于 1,即气流处于临界流动状态时,气流将收缩于变截面管道的最小截面以上声速流动。表 10-5 所示为管道截面积变化对气体流动参数的影响。

10.3.3 气体通过收缩喷嘴的流动

收缩喷嘴是用来将气体压力能转换为动能的元件。如图 10-5 所示,大容器中的气体经收缩喷嘴流出。设喷嘴出口处压力为 p_e,喷嘴出口截面积为 A_e,流速为 v_e,容器内流速 $v_0\approx 0$,温度为 T_0,$p_e=p_0$,图 10-5 所示喷嘴的流速为零。

表 10-5　**管道截面积变化对气体流动参数的影响**

流动区域	几何条件	气体流动截面积变化	结　论
亚声速流动 $Ma<1$	收缩管 A 减小	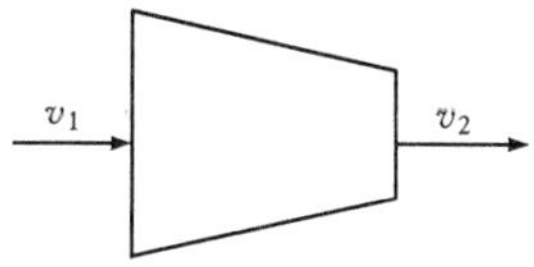	v,Ma 增加 ρ,p,t 减小
	扩散管 A 增加	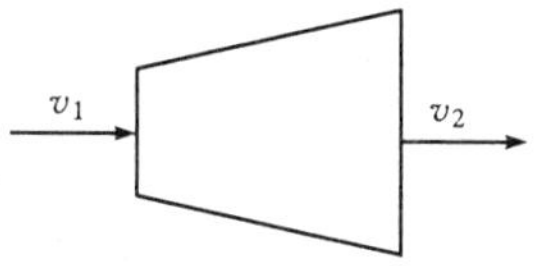	v,Ma 减小 ρ,p,t 增加
超声速流动 $Ma>1$	收缩管 A 减小	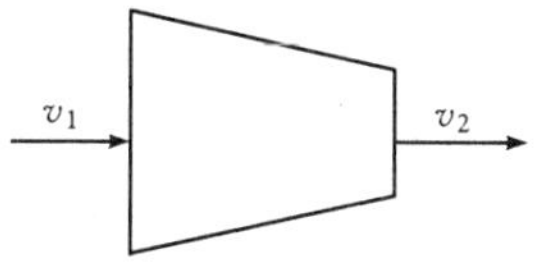	v,Ma 减小 ρ,p,t 增加
	扩散管 A 增加	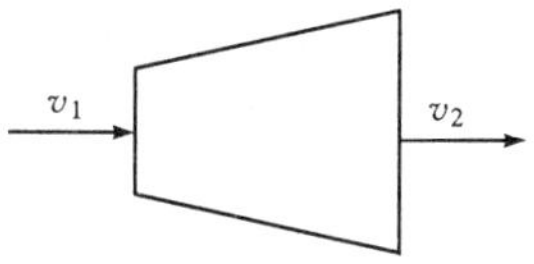	v,Ma 增加 ρ,p,t 减小
声速(临界状态)流动 $Ma=1$	等截面 A 不变	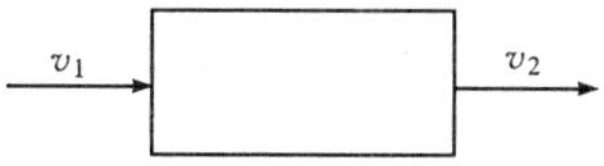	各参数不变

如果 p_e 减小,容器中的气体将经喷嘴流出。p_e 改变,导致喷嘴两端的压力差改变,继而影响整个流动状态,在 p_e 减小到临界压力之前($p_e>0.528p_0$),气体的流动状态为亚声速流动状态。此时通过喷嘴的质量流量为

$$q_m=A_e p_0\sqrt{\frac{2\kappa}{R(\kappa-1)T_0}}\sqrt{\left(\frac{p_e}{p_0}\right)^{\frac{2}{\kappa}}-\left(\frac{p_e}{p_0}\right)^{\frac{\kappa+1}{\kappa}}} \tag{10-35}$$

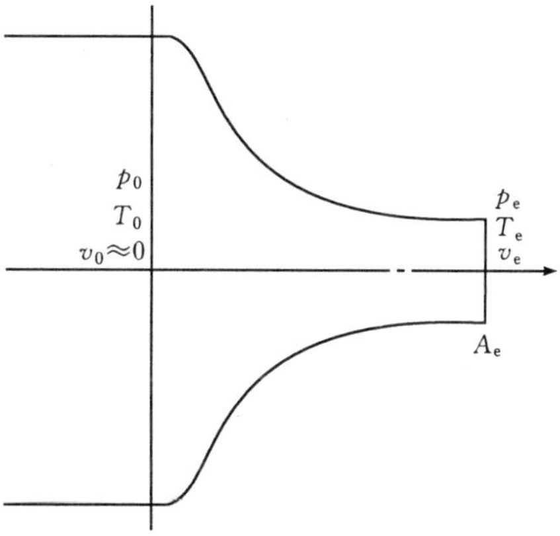

图 10-5　气体通过收缩喷嘴的流动

p_e 继续降低至临界压力时($p_e=0.528p_0$),喷嘴出口截面上的流速达到声速。气体通过喷嘴的质量流量为

$$q_m=\left(\frac{2}{1+\kappa}\right)^{\frac{1}{\kappa-1}}A_e p_0\sqrt{\frac{2\kappa}{R(\kappa+1)T_0}} \tag{10-36}$$

式中　q_m——质量流量,kg/s。

若 p_e 继续降低,由于喷嘴截面出口气流速度已经达到声速,同样以声速传播的背压 p_e 扰动波将不能影响喷嘴内部的流动状态,喷嘴出口截面的流速保持声速,压力保持为临界压力。所以,当喷嘴出口截面流速达到声速后,不论背压如何降低,喷嘴出口截面始终保持为声速流动,称为超临界流动状态。

式(10-35)和式(10-36)在工程使用不太方便,为简单起见,将质量流量转化为基准状态下的体积流量。

当 $p_e>0.528p_0$,亚声速流动的体积流量为

$$q_z=3.9\times10^{-3}A_e\sqrt{\Delta p p_0}\sqrt{\frac{273}{T_0}} \tag{10-37}$$

当 $p_e \leqslant 0.528p_0$，超临界流动的体积流量为

$$q_z = 1.89 \times 10^{-3} A_e p_0 \sqrt{\frac{273}{T_0}} \tag{10-38}$$

式中 q_z——基准状态下的体积流量，m^3/s；

A_e——喷嘴的截面积，m^2；

Δp——喷嘴前后压差，$\Delta p = p_0 - p_e$；

p_e——喷嘴出口的绝对压力，Pa；

p_0——容器内的绝对压力，Pa；

T_0——容器中的热力学温度，K。

收缩喷嘴的流量公式(10-35)至式(10-38)也适用于节流小孔，如阀口等。

10.3.4 气动元件管道的有效面积 A

气动元件和管道的流通能力可以用流量表示，还可以用小面积 A 值来描述。

如图 10-6 所示，气体通过面积 A_0 的孔口流动。由于孔口具有尖锐的边缘，而流线又不可能突然转折，经孔口后，流束发生收缩，其最小截面即称为有效截面积，以 A 表示。有效截面积 A 与孔口实际面积 A_0 之比，称为收缩系数，以 α 表示，即

$$\alpha = \frac{A}{A_0} \tag{10-39}$$

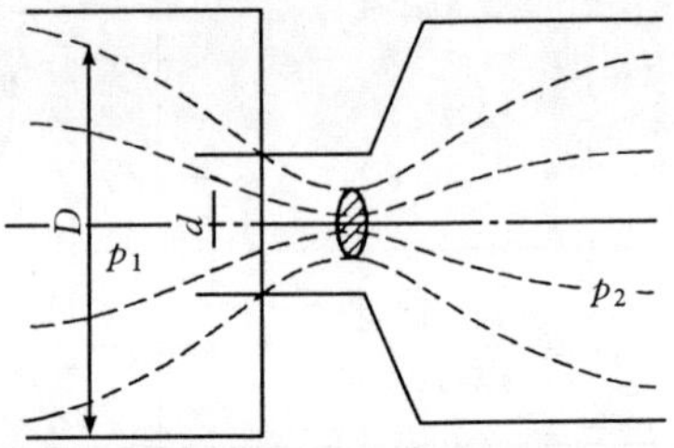

图 10-6　节流孔的有效截面积

(1) 圆形节流孔的有效截面积

如图 10-6 所示圆形节流孔，设节流孔直径为 d，节流孔上游直径为 D，节流孔口面积 $A_0 = \pi d^2/4$。令 $\beta = (d/D)^2$，根据 β 值可以从图 10-7 中查到收缩系数 α 值，计算有效截面积 A。

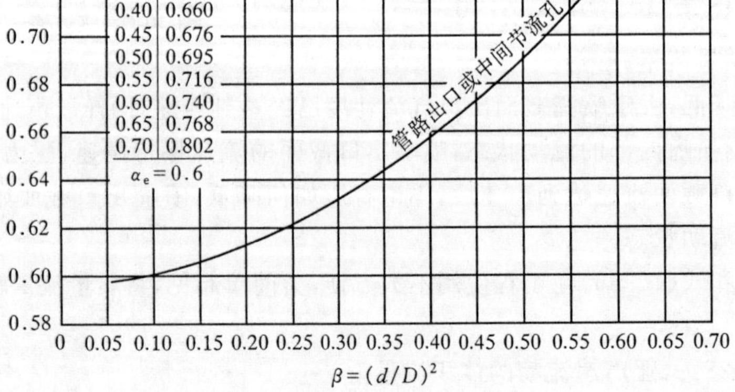

图 10-7　节流孔的收缩系数 α

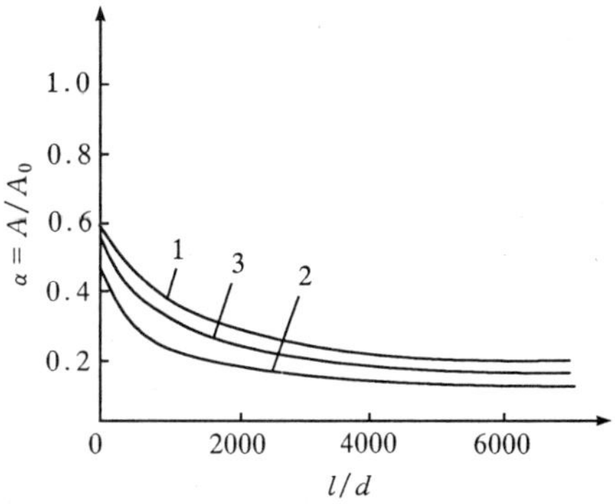

图 10-8　管道收缩系数

(2) 管道的有效截面积

对于内径为 d、长为 l 的管道，其有效截面积仍然按照式(10-35)计算。此时的 A_0 为管道的实际截面积，式中收缩系数由图 10-8 查得。

(3) 多个元件组合后的有效截面积

系统中有若干个元件并联，合成有效截面积

$$A = A_1 + A_2 + \cdots + A_n = \sum_{i=1}^{n} A_i \quad (10\text{-}40)$$

系统中有若干元件串联，合成有效截面积 A 由式(10-41)计算

$$\frac{1}{A^2} = \frac{1}{A_1^2} + \frac{1}{A_2^2} + \cdots + \frac{1}{A_n^2} = \sum_{i=1}^{n} \frac{1}{A_i^2} \quad (10\text{-}41)$$

式中，$A_1, A_2, \cdots, A_n$ 为有效截面积。

思考题与习题

10-1　在常温 $t=20$℃时，将空气从 0.1MPa(绝对压力)压缩到 0.7MPa(绝对压力)，求温升 Δt 为多少？

10-2　空气压缩机向容积为 40L 的气罐充气，直至 $p_1=0.8$MPa 时停止，此时气罐内温度 $t_1=40$℃，又经过若干小时，罐内温度降至室温 $t=10$℃，问：①此时罐内表压力为多少？②此时罐内压缩了多少室温为 10℃的自由空气(设大气压力近似为 0.1MPa)？

10-3　从室温(20℃)时把压力为 1MPa 的压缩空气通过有效截面为 25mm^2 的阀口，充入容积为 90L 的气罐中，压力从 0.25MPa 上升到 0.68MPa 时，充气时间及气罐内温度 t_2 为多少？当温度降低至室温后，罐内压力为多少？

第 11 章　气源装置及气动元件

气动系统的元件及装置可分为以下几种。

① 气源装置。压缩空气的发生装置以及压缩空气的存贮、净化等辅助装置。它为气动系统提供合乎质量要求的压缩空气。

② 执行元件。将压力能转换为机械能并完成作功动作的原件，如气缸、气马达。

③ 控制元件。控制气体的压力、流量及运动方向的元件，如各种阀类。

④ 气动逻辑元件。能完成一定逻辑功能的气动元件。

⑤ 气动辅件。气动系统中的辅助元件，如消声器、管道、接头等。

⑥ 气动传感器及信号处理装置。感测、转换、处理气动信号的元器件，如比值器、定制器、放大器、电气转换器、压力传感器、差压传感器和位置传感器等。

11.1　气源装置

气源装置为气动系统满足一定质量要求的压缩空气，它是气动系统的一个重要组成部分，气动系统对压缩空气的主要要求有：具有一定的压力和流量，并具有一定的净化程度。

气源装置一般由四个部分组成：

① 气压发生装置。

② 净化、贮存压缩空气的装置和设备。

③ 传输压缩空气的管道系统。

④ 气动三大件。

往往将①、②部分设备布置在压缩空气站内，作为工厂或车间统一的气源，如图 11-1 所示。

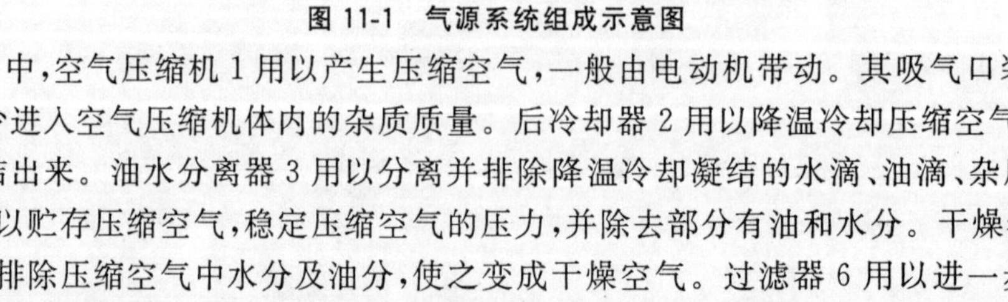

图 11-1　气源系统组成示意图

图 11-1 中，空气压缩机 1 用以产生压缩空气，一般由电动机带动。其吸气口装有空气过滤器，以减少进入空气压缩机体内的杂质质量。后冷却器 2 用以降温冷却压缩空气，使气体化的水、油凝结出来。油水分离器 3 用以分离并排除降温冷却凝结的水滴、油滴、杂质等。贮气罐 4 和 7 用以贮存压缩空气，稳定压缩空气的压力，并除去部分有油和水分。干燥器 5 用以进一步吸收或排除压缩空气中水分及油分，使之变成干燥空气。过滤器 6 用以进一步过滤压缩空气中的灰尘、杂质颗粒。贮气罐 4 输出的压缩空气可用于一般要求的气压传动系统，贮气罐 7 输出的压缩空气可用于较高要求气动系统（如气动仪表及射流元件组成的控制回路等）。

气动三大件的组成及布置由用气设备确定，图中未画出。

11.1.1　气压发生装置

(1) 空气压缩机的分类

空气压缩机是一种气压发生装置，它是将机械能转换成压力能的转换装置。

空气压缩机的种类很多，如按照工作原理，分为容积型压缩机和速度型压缩机。容积型压缩机的工作原理是压缩气体的体积，使单位体积内气体分子的密度增加，以提高压缩空气的压力；速度型压缩机的工作原理是提高气体分子的运动速度，然后气体分子的动能转换为压力能，以提高空气的压力。

(2) 空气压缩机的选用原则

选择空气压缩机的根据是气压传动系统所需的工作压力和流量两个主要参数。

一般空气压缩机为空气压缩机，额定排气压力为 10MPa。另外，还有低压空气压缩机，排气压力为 0.2MPa；高压空气压缩机的排气压力为 1MPa；超高压空气压缩机的排气压力为 100MPa。

输出流量的选择要根据整个启动系统对压缩空气的需要量，再加一定的备余量，作为选择空气压缩机（或机组）流量的依据。空气压缩机铭牌上的流量是自由空气流量。

11.1.2　压缩空气的净化装置和设备

(1) 气动系统对压缩空气质量的要求

气动系统对压缩空气质量的要求是：具有一定的压力和足够的流量，具有一定的净化程度，所含杂质（油、水及灰尘等）粒径一般不超过以下数值：对于气缸、膜片式和截止式气动元件，要求杂质粒径不大于 50μm；对于气马达、润滑元件，要求杂质粒径不大于 25μm；对于射流元件，要求杂质粒径为 10μm 左右。

由空气压缩机排出的压缩空气虽然能满足一定的压力和流量要求，但不能直接为气动装置使用。因为一般气动设备所使用的空气压缩机都是属于工作压力较低（小于 1MPa）、用油润滑的活塞式空气压缩机。它从大气中吸入含有水分和灰尘的空气，经压缩后，空气温度提高到 140～170℃，这时空气压缩机气缸里的润滑油也部分地成为气态。这样油分、水分和灰尘便形成混合的胶体微雾杂质，混在压缩空气中一同排出。如果将此压缩空气输送给气动装置使用，将会产生下列影响。

① 混在压缩空气中的油蒸汽可能聚集在贮气罐、管道、启动系统的容器中，形成易燃物，存在引起爆炸的危险；另一方面，润滑油被汽化后，形成一种有机酸，对金属设备、气动装置有腐蚀的作用，影响设备的寿命。

② 混在压缩空气中的杂质能沉积在管道和气动元件通道内，减小了通道面积，增加了管道阻力。特别是对装置某些气动元件（如气动延时器等元件）的内直径为 0.2～0.5mm 的气组通道，严重时会产生阻塞，造成气体压力信号不能正常传递，使整个气动系统的工作不稳定甚至失灵。

③ 压缩空气中含有的饱和水分，在一定的条件下，凝结成水并聚集在个别管段内。在我国北方的冬天，凝结的水分会使管道及附件结冰而损坏，影响装置的正常工作。

④ 压缩空气中的灰尘等杂质，对气动系统中作往复运动或转动的气动元件（如气缸、气动马达、气动换向阀等）的运动部件会产生研磨作用，使这些元件因漏气增加而效率降低，影响它们的使用寿命。

由此可见，直接由空气压缩机排出的压缩空气，如果不进行净化处理，不除去混在压缩空气中的水分、油分等杂质，是不能为气动装置使用的。因此，必须设置一些除油、除水、除尘并使压缩空气干燥的提高压缩空气质量、进行气源净化处理的辅助设备。

(2) 压缩空气净化设备

压缩空气净化设备一般包括后冷却器、油水分离器、贮气罐和干燥器。

后冷却器安装在空气压缩机出口管道上，空气压缩机排出具有 140～170℃的压缩空气，经过冷却器，温度降至 40～50℃。这样，就可使压缩空气中油雾和水汽达到饱和，使其大部分凝结成滴而析出。后冷却器的结构形式有蛇形管式、列管式、散热片式和套管式等，冷却方式有水冷和气冷两种。蛇管式和列管式后冷却器的结构见图 11-2。

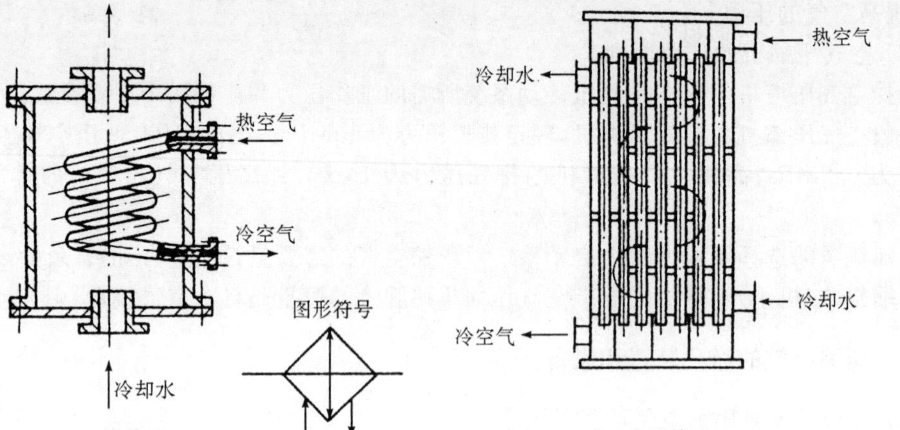

(a)蛇管式　　(b)列管式

图 11-2　后冷却器

油水分离器安装在后冷却器后的管道上，其作用是分离压缩空气所含的水分、油分等杂质，使压缩空气得到初步净化。油水分离器的结构形式有环形回转式、撞击折回式、离心旋转式、水溶式及以上形式的组合使用等。油水分离器主要利用回转离心、撞击、水溶等方法，使水滴、油滴及其他杂质颗粒从压缩空气中分离出来。撞击折回式油水分离器的结构形式如图 11-3 所示。

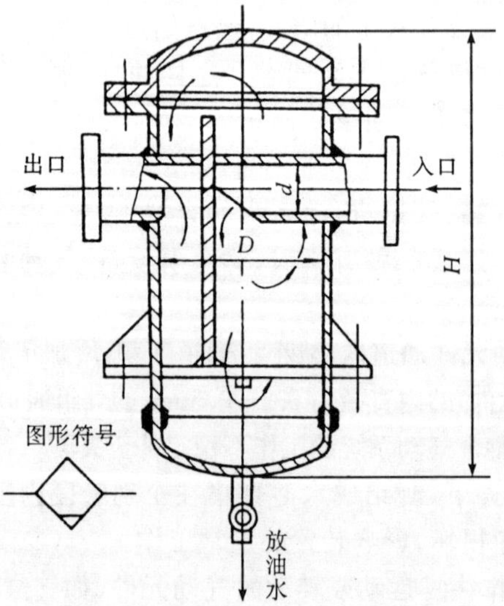

图 11-3　撞击折回式油水分离器

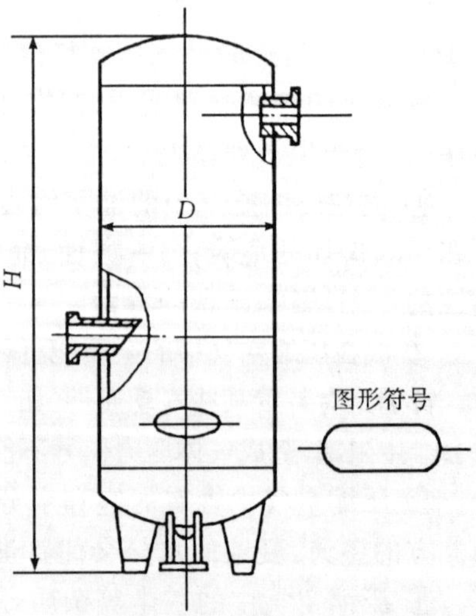

图 11-4　贮气罐

贮气罐的主要作用是贮存一定数量的压缩空气，减少气源输出气流脉动，增加气流连续性，减弱空气压缩机排出气流脉动引起的管道振动；进一步分离压缩空气中的水分和油分。贮气罐的结构如图 11-4 所示。

干燥器的作用是进一步除去压缩空气中含有的水分、油分、颗粒杂质等，使压缩空气干燥，提供的压缩空气用于对气源质量要求较高的气动装置、气动仪表等。压缩空气干燥方法主要采用吸附、离心、机械降水及冷冻等。干燥器的结构如图 11-5 所示。

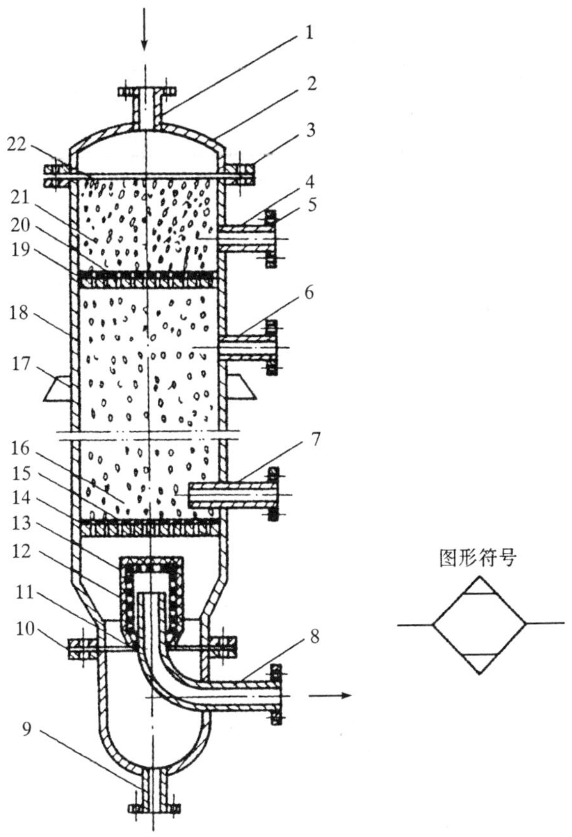

图 11-5　干燥器

1—湿空气进气管；2—顶盖；3，5，10—法兰；4，6—再生空气排气管；7—再生空气进气管；8—干燥空气输气管；9—排水管；10，22—密封垫；12，15，20—钢丝过滤网；13—毛毡；14—下栅板；16，21—吸附剂层；17—支撑板；18—筒体；19—上栅板

11.1.3　管道系统

(1) 管道系统的布置原则

① 所有管道系统统一根据现场实际情况，因地制宜地安排，尽量与其他管网(如水管、煤气管、暖气管网等)及电线等统一协调布置。

② 车间内部干线管道应沿墙或沿柱子顺气流流动方向向下倾斜 3°～5°，在主干管道和支管终点(最低点)设置集水罐，定期排放积水、污物等，如图 11-6 所示。

③ 沿墙或沿柱接出的支管必须在主管的上部采用大角度拐弯后，再向下引出。在离地面 1.2～1.5m 处，接入一个配气器。在配气器两侧接分支管，引入用气设备，配气器下面设置防水排污装置。参见图 11-6。

④ 为防止腐蚀，便于识别，压缩空气管道应刷防锈漆，并涂以规定标记颜色的调合漆。

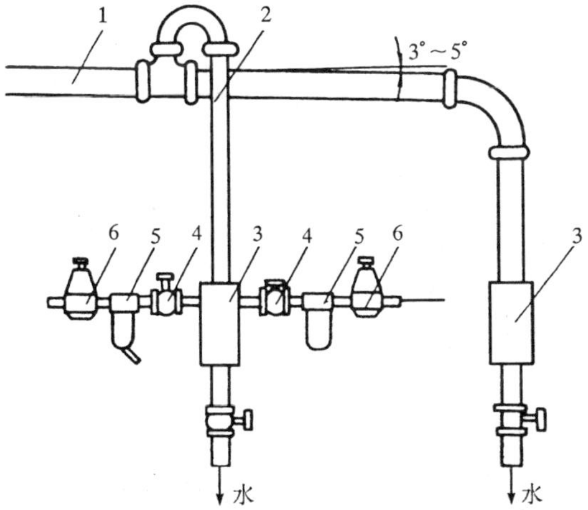

图 11-6　车间管道内布置示意图

1—主管；2—支管；3—集水罐；4—阀门；5—过滤器；6—减压阀

⑤ 为保证可靠供气,可采用多种供气网络:单树枝状、双树枝状和环状网等。

⑥ 如遇管道较长,可在靠近用气点的供气管道中安装一个适当的贮气罐,以满足大的间断供气量,避免过大的压降。

⑦ 必须用最大耗气量或流量来确定管道的尺寸,并考虑管道系统中的压降。

(2) 管道系统设计计算原则

管道内径 d 和壁厚 δ 的设计原则:气源管道的管径大小是根据压缩空气的最大流量和允许的最大压力损失决定的。为免除压缩空气在管道内流动时压力损失过大,空气主管道流速应在 6～10m/s(相应的压力损失小于 30kPa),用气车间空气流速应不大于 10～15m/s,并限定所有管道内空气流速不大于 25m/s,最大不得超过 30m/s。

管道的壁厚主要是考虑强度问题,可查手册选用。

11.1.4 气动三大件

分水过滤器、减压阀、油雾器一起称为气动三大件,三大件依次无管化连接而成的组件称为三联件,是多数启动设备中必不可少的气源装置。在大多数情况下,三大件组合使用,其安装次序依进气方向为分水过滤器、减压阀、油雾器。三大件应安装在用气设备的近处。

压缩空气经过三大件的最后处理,将进入各气动元件及气动系统。因此,三大件是气动元件及气动系统使用压缩空气质量的最后保证。其组成规格须由气动系统具体的用气要求确定,可以少于三大件,只用一件或两件,也可多于三件。

(1) 分水过滤器

分水过滤器的作用是滤去空气中的灰尘、杂质,并将空气中的水分分离出来。目前。分水过滤器的种类很多,但工作原理及结构大体相同。

① 工作原理。图 11-7 是分水过滤器的结构原理图。

当压缩空气从输入口进入后,被引进旋风叶子 1,旋风叶子上冲制有很多小缺口,迫使空气沿切线方向产生强烈的旋转,这样,混杂在空气中较大的水滴、油污、灰尘便获得较大的离心力,并与存水杯 2 的内壁高速碰撞而从气体中分离出来,沉淀于水杯 2 中。然后,气体通过中间的滤芯 4,少量的灰尘、雾状水被拦截而滤去,洁净的空气便从输出口输出。

挡水板 3 是防止气体旋转,将存水杯中积存的污水卷起而破坏分水过滤作用。污水由排水阀 5 放掉。

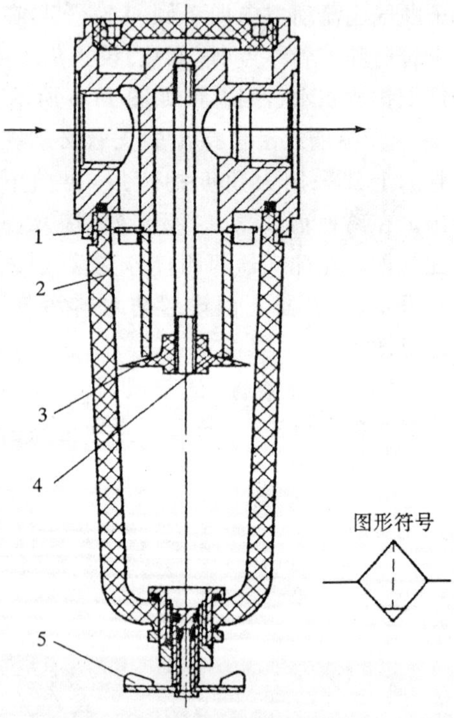

图 11-7 分水过滤器

1—旋风叶子;2—存水杯;3—挡水板;4—滤芯;5—手动排水阀

② 分水过滤器的主要性能指标。

第一,过滤度是指能允许通过的杂质颗粒的最大直径。常用的规格有 5～10μm,10～20μm,25～40μm,50～75μm 四种,需要经过滤的还有 0.01～0.1μm,0.1～0.3μm,0.3～3μm,3～5μm 四种规格,以及其他规格,如气味过滤等。

第二,水分离率。是指分离水分的能力,用符号 η 表示。

$$\eta=\frac{\phi_1-\phi_2}{\phi_1} \tag{11-1}$$

式中　ϕ_1——分水过滤前空气的相对湿度。

ϕ_2——分水过滤后空气的相对湿度。

规定分水过滤器的水分离率不小于 65%。

第三，分水过滤器的其他性能。滤灰效率：指分水过滤器分离灰尘的质量和进入分水过滤器的灰尘量之比。流量特性：表示一定压力的压缩空气进入分水过滤器后，其输出压力与输入流量之间的关系。在额定流量下，输入压力与输出压力之差不超过输入压力的 5%。

（2）油雾器

油雾器是一种特殊的注油装置。当压缩空气流过时，它将润滑油喷射成雾状，随压缩空气一起流进需要润滑的部件，达到润滑的目的。

① 油雾器的工作原理及结构。图 11-8 为油雾器的结构图。当压缩空气从输入口进入后，通过喷嘴 1 下端的小孔进入阀座 4 的腔室内，在截止阀的钢球 2 上下表面形成压差，由于泄漏和弹簧 3 的作用而使钢球处于中间位置，压缩空气进入存油杯 5 的上腔，油面受压，压力油经吸油管 6 将单向阀 7 的钢球顶起，钢球上部管道有一个方形小孔，钢球不能将上部管道封死，压力油不断流入视油器 9 内，再滴入喷嘴 1 中，被主管气流从上面小孔引射出来，雾化后，从输出口输出。节流阀 8 可以调节油量，使滴油量在每分钟 0～120 滴内变化。

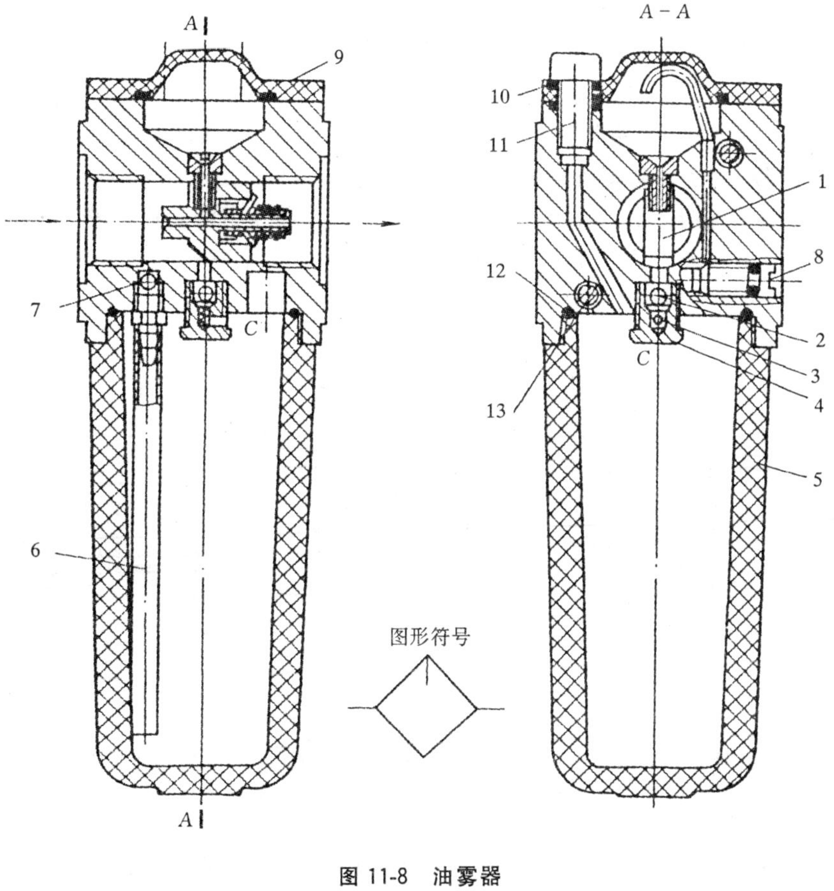

图 11-8　油雾器

1—喷嘴；2—钢球；3—弹簧；4—阀座；5—存油杯；6—吸油管；7—单向阀；8—节流阀；9—视油器；10，12—密封垫；11—油塞；13—螺母、螺钉

图 11-8 所示为一次油雾器，也称普通油雾器。二次油雾器能使油滴油雾器内进行两次雾化，使油雾粒度更小、更均匀，输送距离更远。二次油雾器粒径可达 5μm。

② 油雾器的主要性能指标。

第一，油量特性：它表征了在给定进口压力下，随着空气流量的变化，油雾器进出口压力降的变化情况。

第二，起雾油量：存油杯中油位处于正常工作油位，油雾器进口压力为规定值，油滴量约为每分钟 5 滴（节流阀处于全开）时的最小空气流量。

油雾器的其他性能指标还有低油量调节、油雾粒度、脉冲特征、最低不停气加油压力等。

(3) 减压阀

气动三大件所用的减压阀起到减压和稳压作用，工作原理与液压系统减压阀相同。

11.2 气动执行元件

11.2.1 气 缸

气缸是将压缩空气能转换为直线运动并作功的执行元件。气缸按照结构形式，分为两大类：活塞式和膜片式。其中，活塞式又可分为单活塞式和双活塞式，单活塞式有活塞杆和无活塞杆两种。下面简单介绍几种典型气缸的结构和特点。

(1) 常用气缸结构

① 普通气缸。图 11-9 为普通型单活塞杆双作用气缸的结构图。气缸由缸筒 11、前盖 13、后缸盖 1、活塞 8、活塞杆 10、密封件和紧固件等零件组成。缸筒在前、后缸盖之间由四根拉杆和螺母将其连接锁紧（图中未画出）。活塞与活塞杆相连，活塞上装有密封圈 4、导向环 5 及磁性环 6。为防止漏气和外部粉尘的侵入，前缸盖上装有活塞杆用防尘组合密封圈 15。磁性环用来产生磁场，使活塞接近磁性开关时发出的电信号，即在普通气缸上安装磁性开关就成为可以检测气缸活塞位置的开关气缸。

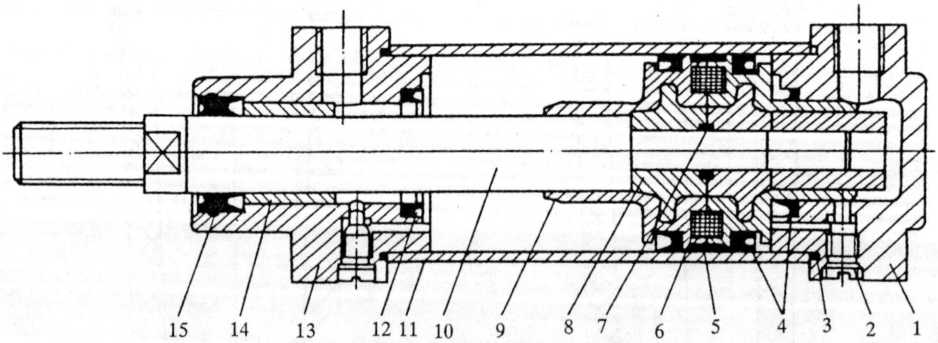

图 11-9 普通型单活塞杆双作用气缸

1—后缸盖；2—缓冲节流针阀；3，7—密封圈；4—活塞密封圈；5—导向环；6—磁性环；8—活塞；9—缓冲柱塞；10—活塞杆；11—缸筒；12—缓冲密封圈；13—前缸盖；14—导向套；15—防尘组合密封圈

② 无活塞杆气缸。它没有普通气缸的刚性活塞杆，利用活塞直径或间接实现直线运动，如图 11-10(a)所示，无杆汽缸由缸筒 2，外部防尘密封件 7，内部抗压密封件 4，无杆活塞 3，左、右缸

盖 1，传动舌片 5，导架 6 等组成。拉制而成的铝气缸筒沿轴向长度方向开槽，为防止内部压缩空气泄漏和外部杂物侵入，槽被内部抗压密封件 4 和外部防尘密封件 7 密封。内、外密封件都是塑料挤压成形件，且互相夹持固定，如图 11-10(b)所示。无杆活塞 3 的两端带有唇形密封圈。

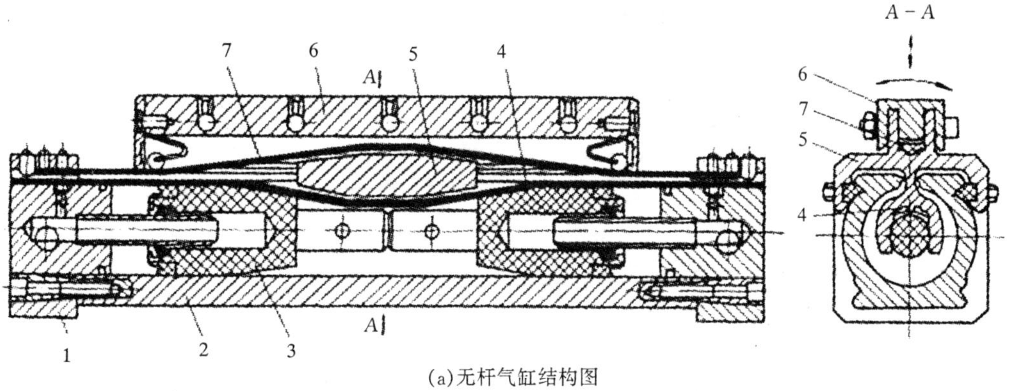

(a)无杆气缸结构图

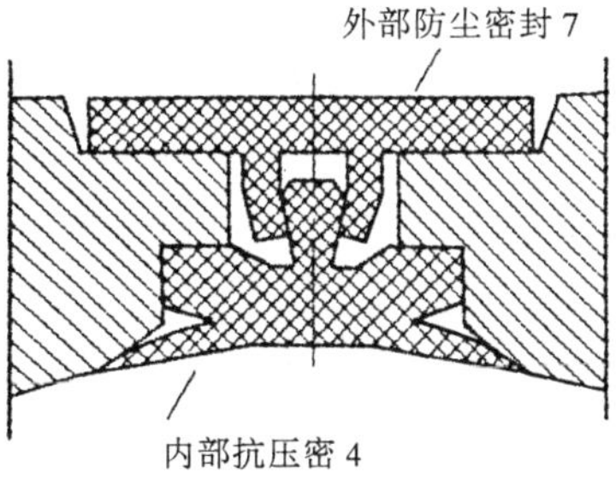

(b)缸筒槽密封布置

图 11-10　无杆气缸

1—左、右缸盖；2—缸筒；3—无杆活塞；4—内部抗压密封件；5—传动舌片；6—导架；7—外部防尘密封件

活塞两端分别进、排气，活塞将在缸筒内往复移动。该运动通过缸筒槽的传动舌片 5 被传递到承受负载的导架 6 上。此时，传动舌片将防尘密封件 7 与抗压密封件 4 挤压，但他们在缸筒的两端仍然是互相夹持的。因此，传动舌片与导架组件在汽缸上移动时无压缩空气泄漏。

无杆气缸缸径范围为 25～63mm，行程可达 10m。这种气缸最大的优点是节省了安装空间，特别是用于小缸径长行程的场合。在自动化系统、气动机器人中，获得大量的应用。

③ 膜片式气缸。膜片式气缸由缸体、膜片、磨盘和活塞杆等主要零件组成。它既可以是单作用式，也可以是双作用式，其结构如图 11-11 所示。其膜片有平膜片和盘形膜片两种，多数采用夹织物橡胶材料。

膜片式气缸与活塞式气缸相比，具有结构紧凑、简单、制造容易、成本低、维修方便、寿命长、泄漏少、效率高等优点，但膜片的变形量有限，其行程较短。这种气缸适用于气动夹具、自动调节阀及短行程工作场合。

④ 冲击气缸。它是把压缩空气的压力能转换为活塞组件的动能，利用此动能去作功的执行元件。如图 11-12 所示，冲击气缸由缸筒 8、中盖 5、活塞 7 和活塞杆 9 等主要零部件组成。中盖与缸筒固定，它和活塞把气缸分隔成三部分，即蓄能腔 3、活塞腔 2、活塞杆腔 1。中盖的中心开有喷嘴口 4。

冲击气缸整个工作过程可简单地分为三个阶段。图 11-12(a)为复位段，活塞杆腔 1 进气

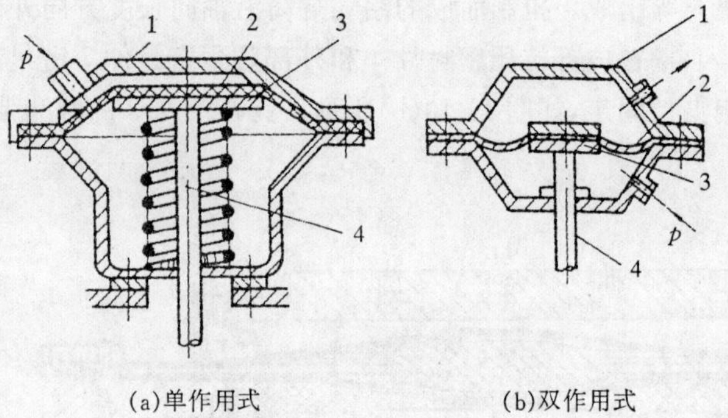

图 11-11 膜片式气缸

1—缸体;2—膜片;3—膜盘;4—活塞杆

时,蓄能腔3排气,活塞7上移,直至活塞上的密封垫封住中盖上的喷嘴口4。活塞腔2经泄气口6与大气相通。最后活塞杆腔压力升至气源压力。图11-12(b)为杆腔的排气压力所产生的向上推力及活塞与缸体间的摩擦力,喷嘴仍处于关闭状态,蓄能腔的压力逐渐升高。图11-12(c)为冲击段,当蓄能腔的压力与活塞杆腔压力的比值大于活塞杆腔作用面积与喷嘴面积之比时,活塞下移,使喷嘴口开启,聚集在蓄能腔中的压缩空气通过喷嘴口突然作用于活塞的全面积上。此时,活塞杆一侧的压力可达活塞杆另一侧压力的几倍乃至几十倍,使活塞上作用着很大的向下推力。活塞在此推力作用下迅速加速,在很短的时间,以极高的速度向下冲击,从而获得很大的动能。

冲击气缸的用途广泛,可用于锻造、冲压、铆接、下料、压配和破碎等作业。

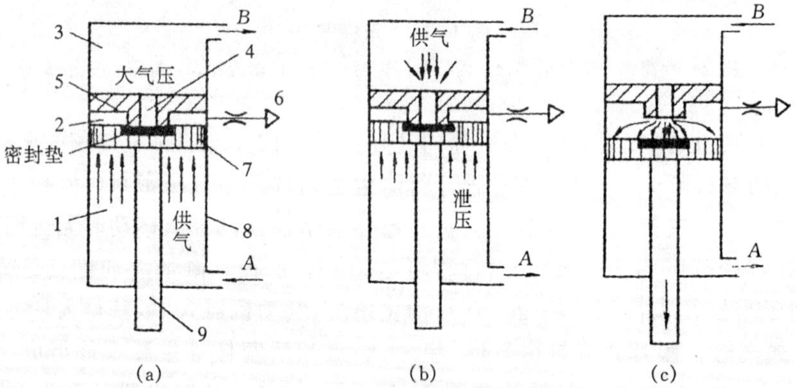

图 11-12 冲击气缸工作三阶段

1—活塞杆腔;2—活塞腔;3—蓄能腔;4—喷嘴口;5—中盖;6—泄气口;7—活塞;8—缸筒;9—活塞杆

(2) 气缸工作特性

① 气缸的速度。气缸活塞的运动速度在运动过程中是变化的,通常说的气缸速度是指气缸活塞的平均速度,如普通气缸的速度范围为50~500mm/s,就是气缸活塞在全行程范围内的平均速度。目前普通气缸的最低速度为5mm/s,高速达17m/s。

② 气缸的理论输出力。气缸的理论输出力的计算公式和液压缸相同。

③ 气缸的效率和负载率。气缸未加载时实际所能输出的力,受到气缸活塞和缸筒之间的

摩擦力、活塞杆与前缸盖之间的摩擦力的影响。摩擦力影响程度用气缸效率 η 表示，η 与气缸缸径 D 和工作压力 p 有关，缸径增大，工作压力提高，气缸效率 η 增加。一般气缸效率在 0.7～0.95 之间。

与液压缸不同，要精确地确定气缸的实际输出力是困难的。于是，在研究气缸性能和确定气缸出力时，常用到负载率 β 的概念。缸负载率定义

$$\beta=\text{气缸的实际负载 }F/\text{气缸的理论输出力 }F_0\times100\%$$

气缸的实际负载（轴向负载）由工况决定，若确定了气缸负载率 β，则由定义就可确定气缸的理论输出力 F_0。从而可以计算气缸的缸径。气缸负载率 β 的选取与气缸的负载性质及气缸的运动速度有关，见表 11-1。

表 11-1　气缸的运动状态与负载率

阻力负载（静负载）	惯性负载的运动速度 v		
	<100mm/s	100～500mm/s	>500mm/s
$\beta=0$	≤0.65	≤0.5	≤0.3

由此可以计算气缸的缸径，再按照标准进行圆整。估算时可取的活塞杆直径 $d=0.3D$。

④ 气缸的耗气量。它是指气缸在往复运动时所消耗的压缩空气量，耗气量的大小与气缸的性能无关，但它是选择空压机排量的重要依据。

最大耗气量 q_{max} 是指气缸活塞完成一次行程需要的自由空气耗气量。

$$q_m=\frac{As}{t\eta_v}\times\frac{p+p_a}{p_a} \tag{11-2}$$

式中　A——气缸的有效作用面积；

s——气缸行程；

t——气缸活塞完成一次行程所需时间；

p——工作压力；

p_a——大气压；

η_v——汽缸容积效率，一般取 $\eta_v=0.9$～0.95。

11.2.2　气马达

(1) 气马达的分类及特点

气马达是利用压缩空气的能量实现旋转运动的机械。按照结构形式，可分为叶片式、活塞式和齿轮式等。最为常用的是叶片式气马达和活塞式气马达。叶片式气马达制造简单，结构紧凑，但低速启动转矩小，低速性能不好，适于性能要求低或中功率的机械。目前，在矿山机械及风洞工具应用普遍。活塞式气马达在低速情况下有较大的输出功率，它的低速性能好，适宜载荷较大和要求低速转矩大的机械，如起重机、铰车铰盘和拖拉机等。

由于使用压缩空气工作介质，气马达有以下特点。

① 有过载保护作用。过载时，转速减低或停车，过载消除后，立即恢复正常工作，不会发生故障，长时间满载工作温升小。

② 可以无级调速。控制进气流量，就能调节马达的功率和转速。额定转速从每分钟几十转到几十万转。

③ 具有较高的启动转矩，可以直接带负载启动。

④ 与同类电动机相比，重量只有电动机的 1/10～1/3，因此，其惯性小，启动停止快。

⑤ 适宜恶劣环境使用,具有防火、防爆,耐潮湿、粉尘及振动的优点。

⑥ 结构简单,维修容易。

⑦ 输出功率相对较小,最大只有 20kW 左右。

⑧ 耗气量大,效率低,噪声大。

(2) 叶片式气马达的工作原理

图 11-13 为叶片式气马达的工作原理图。它的主要结构和工作原理与液压叶片马达相似,主要包括一个径向装有 3~10 个叶片的转子,偏心安装在定子内,转子两侧前后端盖(图中未画出),叶片在转子的径向槽内可自由滑动,叶片底部通有压缩空气,转子转动时,靠离心力和叶片底部气压将叶片紧压在定子内表面上,定子内有半圆形的切沟,提供压缩空气及排出废气。

当压缩空气从 A 口进入定子腔内,会使叶片带动转子逆时针旋转,产生旋转力矩,废气从排气口 C 排出,而定子腔内残余气体则经 B 口排出。如需改变气马达旋转方向,则需要改变进、排气口即可。

气马达的有效转矩与叶片伸出的面积及其供气压力有关。叶片数目多,输出转矩虽然较均匀,且压缩空气的内泄漏减少,但减少了有效工作腔面积。所以,应适当选择叶片数目。为了增强密封性能,在叶片式气马达启动时,叶片常靠弹簧或压缩空气顶出,使其紧贴在定子的内表面上。随着马达转速增加,离心力进一步把叶片紧压在定子内表面。

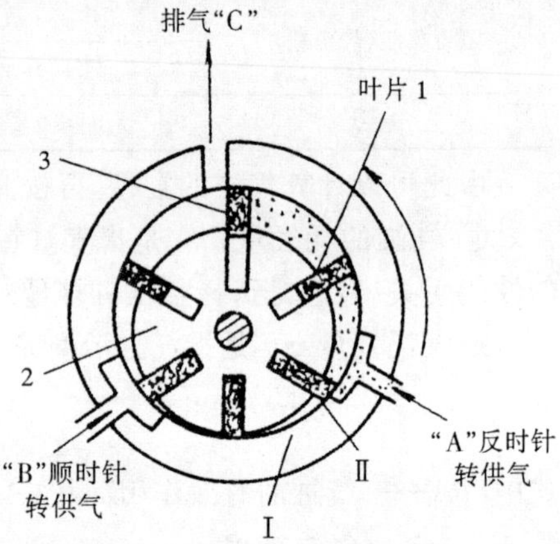

图 11-13 叶片式气马达的工作原理

1—定子;2—转子;3—叶片

(3) 叶片式气马达的特性

图 11-14 是叶片式气马达的特性曲线。此曲线是在一定工作压力下作出的。如气压变化,特性曲线会有较大的变化。当气压不变时,它的转矩、转速、功率均随着外负载变化而变化。这种特性曲线的最大特点是具有软特性。

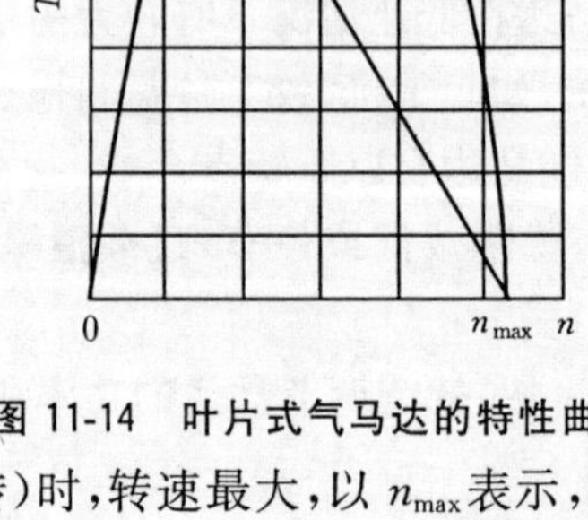

图 11-14 叶片式气马达的特性曲线

当负载转矩 T 为零(即空转)时,转速最大,以 n_{max} 表示,输出功率 P 为零。

当负载转矩等于气马达最大转矩时,气马达停止,此时,输出功率 P 也为零。

当负载转矩 T 等于气马达最大转矩的一半，其转速为 $n_{max}/2$，此时输出功率 P 最大，为气马达的额定功率。

在没有泄漏的情况下，气马达的转速 n 与流量 q 成正比。但实际上总会有一定的泄漏，转速势必受其影响。在供气压力一定时，转速越低（即负载转矩越大），流量越小，叶片之间工作腔压力较高，泄露就越大。因此，低速时的泄露对转速的影响比高速时更大些，如图 11-15 所示。

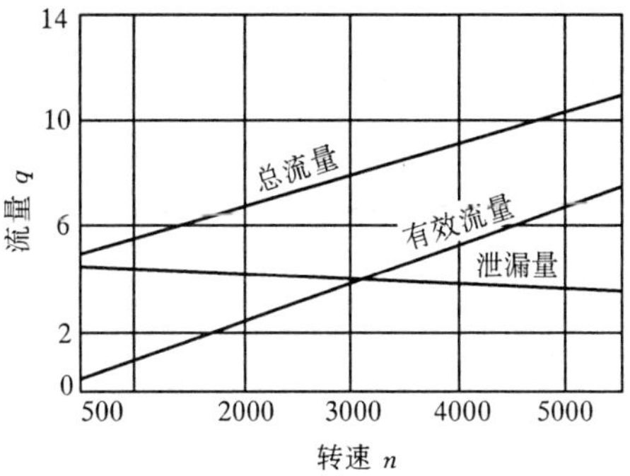

图 11-15　转速、总流量及泄露量关系曲线

11.3　气动控制阀

气动控制阀的功用、工作原理等和液压控制阀相似，仅在其结构上有所不同。按照功能，也分为压力控制阀、流量控制阀和方向控制阀三大类。表 11-2 列出了三大类气动控制阀及其特点。

表 11-2　　气动控制阀

类别	名称	图形符号	特点
压力控制阀	减压阀	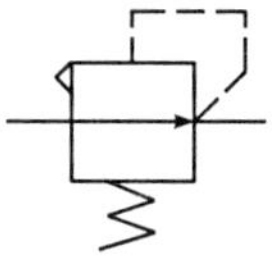	调整或控制气压的变化，保持压缩空气减压后稳定在需要值，又称为调压阀。一般与分水过滤器、油雾器共同组成启动三大件。对低压系统则需用高精度的减压阀——定值器
	溢流阀	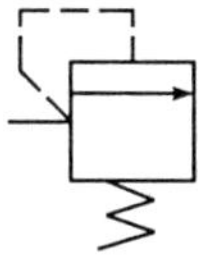	为保证气动回路或储气罐的安全，当压力超过某一调定值时，实现自动向外排气，使压力回到某一调定值范围内，起到过压保护作用，也称为安全阀
	顺序阀	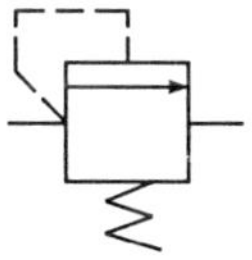	依靠气路中压力的作用，按照调定的压力控制执行元件顺序动作或输出压力信号。与单向阀并联可组成单向顺序阀
流量控制阀	节流阀	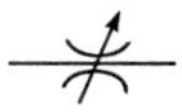	通过改变阀的流通面积来实现流量调节。与单向阀并联组成单向节流阀，常用于汽缸的调速和延时回路中
	排气消声节流阀	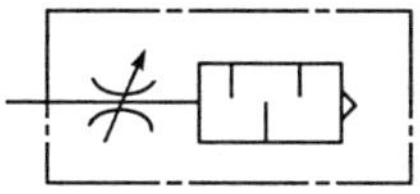	装在执行元件主控阀的排气口处，调节排入大气中气体的流量。用于调整执行元件的运动速度并降低排气噪声
方向控制阀	换向型控制阀：气压控制换向阀	 (a) 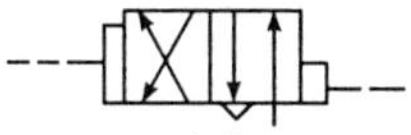 (b)	以气压为动力切换主阀，使气流改变流向； 操作安全可靠，适用于易燃易爆、潮湿和粉尘多的场合； 图(a)为加压或泄压控制换向，图(b)为差压控制换向

续表 11-2

类别		名称	图形符号	特点
方向控制阀	换向型控制阀	电磁控制换向阀	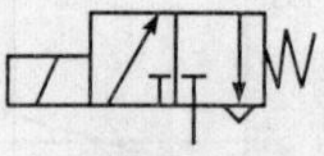 (a) 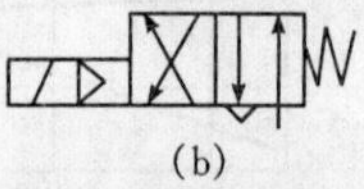 (b) 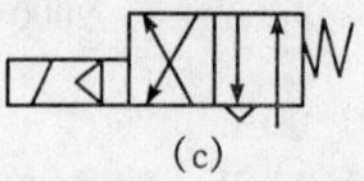 (c)	用电磁力的作用来实现阀的切换，以控制气流的流动方向，分为直流式和先导式两种； 通径较大时，采用先导式结构，由微型电磁铁控制气路产生先导压力，再由先导压力推动主阀阀芯实现换向，即电磁气压复合控制； 图(a)为直动式电磁阀，图(b)和图(c)为先导式电磁阀。其中图(b)为气压加压控制，图(c)为气压泄压控制
		机械控制换向阀	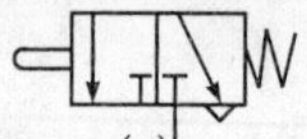 (a) 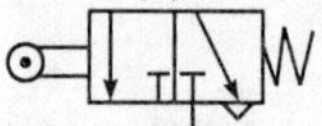 (b) 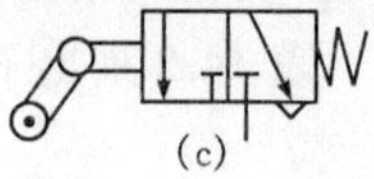 (c)	依靠凸轮、装块或其他机械外力推动阀芯，使其换向； 多用于行程程序控制系统，作为信号阀使用，也称为行程阀； 图(a)为直动式机控阀，图(b)为滚轮式机控阀，图(c)为可通过式机控阀
		人力控制换向阀	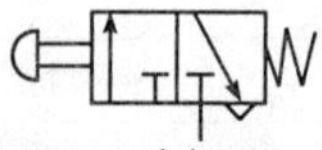 (a) 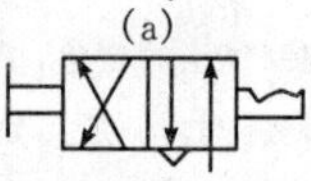 (b) 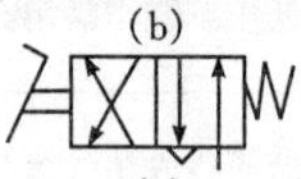 (c)	分为手动和脚踏两种操作方式； 图(a)为按钮式，图(b)为手柄式，图(c)为脚踏式
	单向性控制阀	单向阀	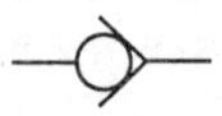	气流只能一个方向流动而不能反向流动
		梭阀	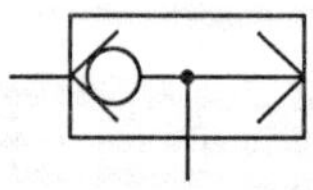	两个单项阀的组合，其作用相当于“或门”
		双压阀	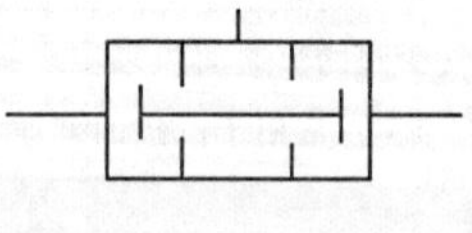	两个单项阀的组合结构形式，其作用相当于“与门”
		快速排气阀	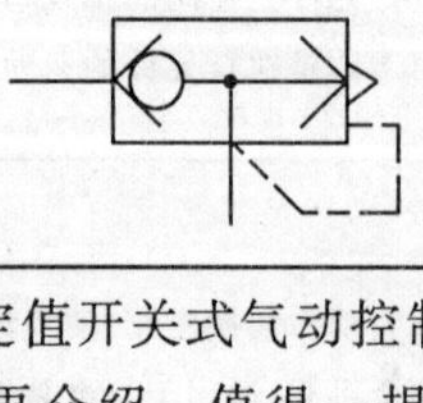	常装在换向阀与气缸之间，它使气缸不通过换向阀而快速排出气体，从而加快气缸的往复运动速度，缩短工作周期

表 11-2 列出的是定值开关式气动控制阀，与液压控制阀一样，也有气动比例控制阀和气动伺服控制阀，这里不再介绍。值得一提的是，近年来出现了新一代电气一体化控制元器件——阀岛，它集成了信号输入/输出及信号的控制，犹如一个控制岛屿，具有广泛的应用前景。

11.4　气动辅件

气动控制系统中，许多辅助元件往往不可缺少的，如消声器、管道、接头和气液转换器等。

11.4.1　消声器

气缸、气阀等工作时排气速度较高，气体体积急剧膨胀，会产生刺耳的噪声。噪声的强弱随着排气的速度、排气量和空气通道的形状而变化。排气的速度和功率越大，噪声也越大。一般可达到 100～120dB。为了降低噪声，可以在排气口安装消声器。

消声器就是通过阻力或增加排气面积来降低排气的速度和功率，从而降低噪声。

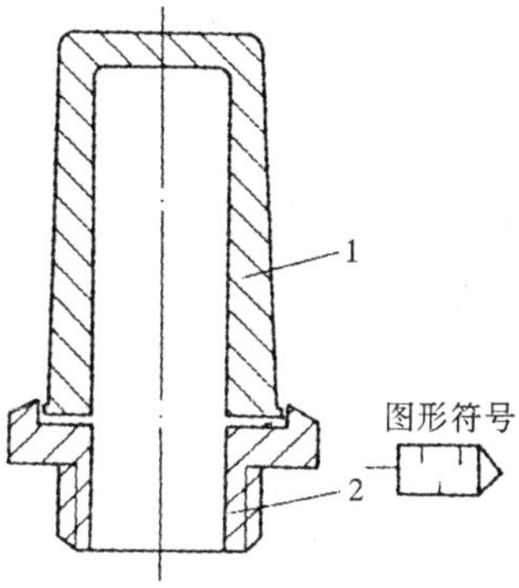

图 11-16　吸收型消声器

1—消声套；2—连接螺纹

气动元件上使用的消声器的类型一般有三种：吸收型消声器、膨胀干涉型消声器和膨胀干涉吸收型消声器。图 11-16 是吸收型消声器的结构图，消声套用铜颗粒烧结而成形，是目前使用最广泛的一种。

11.4.2　管道连接件

管道连接件包括管子和各种管接头。有了管路连接，才能把气动控制元件、气动执行元件和辅助元件等连接成一个完整的气动控制系统。因此，实际应用中，管路连接必不可少。

管子可分为硬管及软管两种。如总气管等一些固定不动的、不需要经常拆装的地方使用硬管；连接运动部件、临时使用、希望装拆方便的管路使用软管。硬管有铁管、钢管黄铜管、纯铜管和硬塑料管等；软管有塑料管、尼龙管、橡胶管、金属编织塑料管和挠性金属导管等。常用的是纯铜管和尼龙管。

启动系统中使用的管接头的结构及工作原理与液压管接头基本相似，分为卡套式、扩口螺纹式、卡箍式和插入快换式等。

11.4.3　气液转换器

将空气压力转换为相同压力的元件被称为气液转换器。

图 11-17 所示为一种隔离式气液转换器，上部进气口接气源，压缩空气先经过缓冲板 10 缓冲，再通过浮子 7 作用于液体（多为液压油），推压液体以同样压力从出油口输出，以推动气液联动缸运动。缓冲板 10 还可以防止空气流入时发生冷凝水混入、排气时流出油沫。浮子 7 用于防止油、气直接接触，避免空气混入油中。

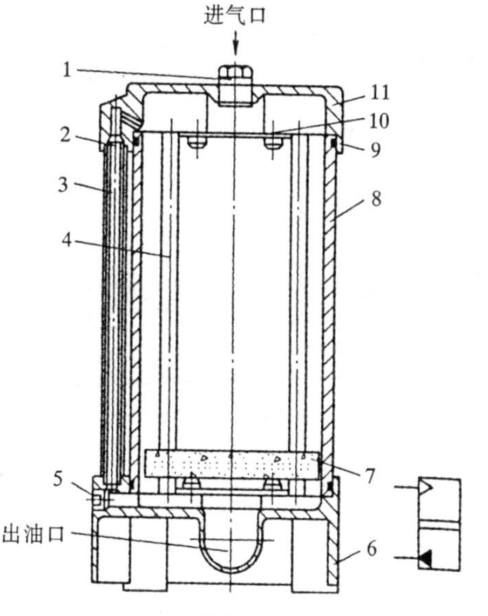

(a)结构图　(b)符号

图 11-17　气液转换器

1—进气管；2—油位计垫圈；3—油位计；4—拉杆；5—泄油塞；6—下盖；7—浮子；8—筒体；9—垫圈；10—缓冲板；11—头盖

在具有压缩空气源的地方，采用气液转换器、用气压力驱动气液联动缸，既不用配备液压泵装置，又避免了空气可压缩的缺陷，发挥了液压系统的优势，使控制速度和位置更平稳、更精确。系统结构简单、经济、可靠，适用于对运动要求较高的场合。

11.5 真空元件

以真空吸附为动力源，实现自动化的技术，已经在电子元器件组装、汽车组装、轻工食品机械、医疗机械、印刷机械、包装机械和机器人等方面得到广泛的应用。这是因为对于任何有较光滑表面的物体，特别是那些不适合夹紧的非金属物体，如柔软的薄纸张、塑料膜、铝箔、玻璃及其制品、集成电路等精密零件，都可以使用真空吸附来完成各种作业。

在真空压力下工作的相关元件，统称真空元件。真空元件包括真空发生装置、真空阀、真空执行机构和真空辅助件。真空发生装置有真空泵和真空发生器两种，真空泵用在需要大规模连续真空高压的场合，真空发生装置适用于间歇工作、真空抽吸流量较小的情况。真空阀包括压力控制阀、方向控制阀和流量控制阀，真空阀的结构和工作原理与普通阀类相类似，其中流量控制阀用于控制真空产生和破坏的快慢。真空执行机构包括真空吸盘和真空气缸。真空辅助件包括真空过滤器、真空计、真空压力开关盒管件等。

这里只介绍真空发生器和真空吸盘。

11.5.1 真空发生器

真空发生器是指利用气体的高速流动来产生真空的元件。

(1) 工作原理

真空发生器的结构原理如图 11-18 所示。它由先收缩后扩张的拉法尔喷管 1、负压腔 2 和接收管 3 等组成，有供气口 P、排气口 T 和真空口 A。压力气体由供气口进入真空发生器，通过拉法尔喷管 1 时被加速，形成超声速射流。因射流负压腔 2 内不会分散，将全部射入接收管 3，并且吸收负压腔 2 内的气体，在负压腔 2 中形成真空，在真空口处接上真空吸盘，便可吸掉物体。真空发生器的结构简单，无可动机械部件，故使用寿命长。

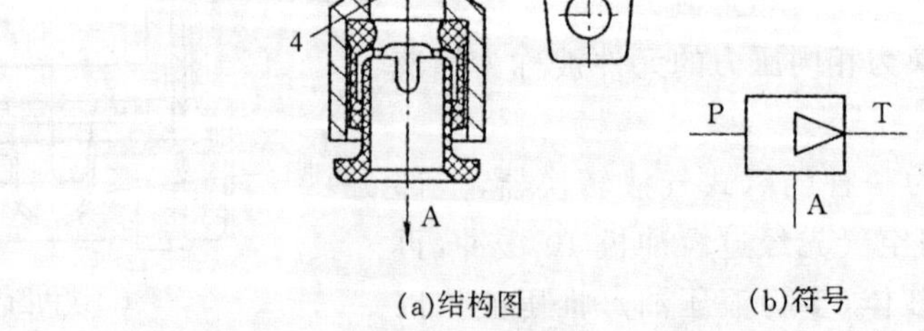

(a)结构图 (b)符号

图 11-18 真空发生器的结构原理图

1—拉伐尔喷管；2—负压腔；3—接收管

(2) 真空发生器的主要性能指标

① 耗气量。真空发生器的耗气量是指供给拉法尔喷管的流量，它不但由喷嘴的直径决

定，还与供气压力有关。同一喷嘴直径的耗气量随供气压力的增加而增加，如图 11-19 所示。喷嘴直径是选择真空发生器的主要依据。喷嘴直径越大，抽吸流量和耗气量越大，真空度越低；喷嘴直径越小，抽吸流量和耗气量越小，真空度越高。

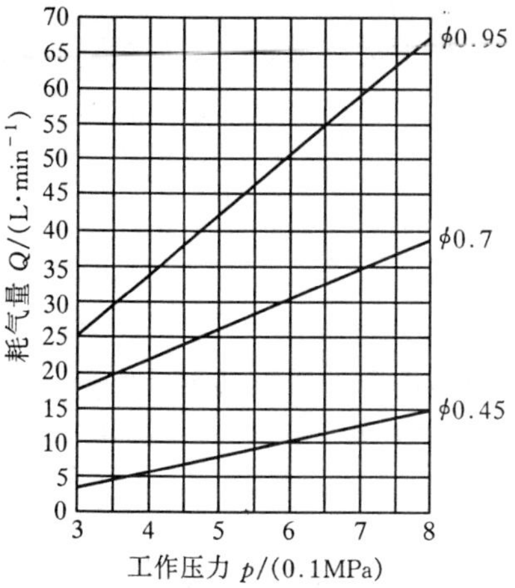

图 11-19　真空发生器耗气量与工作压力的关系

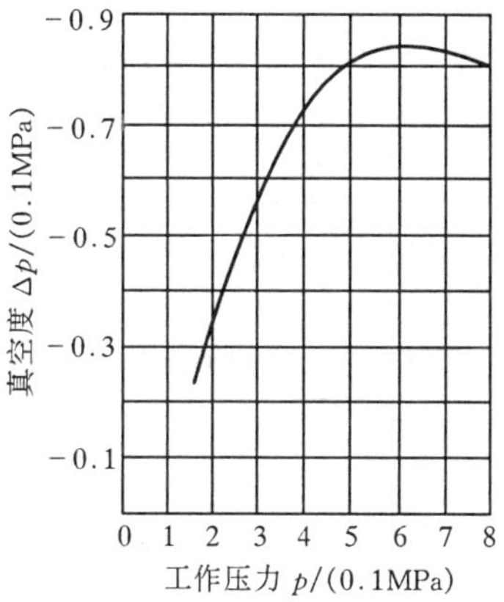

图 11-20　真空度特性

② 真空度。图 11-20 所示为真空度特性曲线。由图可知，真空度存在最大值 p_{zmax}，当超过最大值之后，即使增加供气压力，真空度不但没有增加，反而下降。实际使用时，建议真空度选为(63%～95%)p_{zmax}。

③ 抽吸时间。它是表示真空发生器的动态指标，在工作压力为 0.6MPa 的实验条件下，真空发生器抽吸 1L 容积空气所需要的时间为抽吸时间。

11.5.2　真空吸盘

真空吸盘是真空系统中专门用于吸附、抓取物件的执行元件。通常由橡胶材料与金属骨架压制而成。

(1) 结构和形状

真空吸盘需要根据所吸附的物体不同进行设计，除要求吸盘的性能要适应外，其结构和安装方式也要与吸附物件的工作要求相适应。图 11-21 所示为常见真空吸盘的结构和形式。

图 11-21　真空吸盘的结构和形式

(2) 真空吸盘的主要性能指标

真空吸盘的主要性能指标是吸力。吸盘的吸力的理论值

$$F=\frac{\pi^2}{4}D_e p_z \tag{11-3}$$

吸盘的实际吸力应考虑被吸吊物件的重量、搬运过程中的运动速度、加速度、振动和晃动的影响,并且应该留出足够的余量,以保证吸吊的安全。对于面积大的、重的、有振动的吸吊物,通常使用多个吸盘同时进行吸掉。

11.6 气动逻辑元件

气动逻辑元件是一种采用压缩空气工作介质,通过元件内部的可动部件(如膜片等)的动作,改变气流流动的方向,从而实现一定逻辑功能的气动控制元件。

11.6.1 气动逻辑元件的分类及特点

气动逻辑元件的种类很多,按照工作压力,可分为高压元件(0.2～0.8MPa)、低压元件(0.02～0.2MPa)和微压元件(0.02MPa 以下);按照逻辑功能,分为"或门""与门""非门""双稳"原件等;一般按照结构形式分类,有高压截止式逻辑元件、膜片式逻辑元件、润滑式逻辑元件和其他逻辑元件。

气动逻辑元件有如下特点。

① 元件流通孔道较大,抗污染能力较强(射流元件除外),对气源净化程度要求低。

② 元件通常在完成切换动作后,能切断气源和排气孔之间的通道,因此无功耗气量较低。

③ 元件的带负载能力强,可带动数量较多的控制或执行元件。

④ 由于气信号孔和安装孔都已设计成标准形式,因此在组成系统时,元件之间连接方便,匹配简单,调试容易。

⑤ 气动逻辑元件的响应时间一般为几毫秒或几十毫秒(微压元件可在 1.5ms 左右)。响应速度较慢,不宜组成运算和复杂的控制系统。

⑥ 由于元件中存在可动部件,在强烈冲击和振动的工作环境中,可能产生误动作。

11.6.2 高压截止式逻辑元件

高压截止式逻辑元件的动作是依靠气压信号或通过膜片变形推动阀芯动作,改变气流的通路,以实现一定的逻辑功能。

(1) "是门"元件

图 11-22(a)所示"是门"元件,a 为信号输入孔,s 为信号输出孔,中间孔接气源 p。在 a 无信号时,阀片 3 在弹簧及气源压力作用下,处于图示位置,封住 p,s 之间的通道,使 s 与排气孔相通,s 无输出。在 a 有输入信号时,膜片 6 在输入信号作用下,将阀芯 1 推动下移,封住 s 与排气孔间的通道,p,s 之间相通,s 有输出。即无输入信号时无输出,有输入信号时有输出。图 11-22(b)为"是门"元件逻辑关系,图 11-22(c)为"与门"元件的逻辑关系。

(2) "或门"元件

图 11-23(a)所示"或门"元件,a,b 为信号输入孔,s 为信号输出孔。当 a 有输入信号时,阀芯 2 因输入信号作用,下移封住信号孔 b,气流经 S 输出。当 b 有输入信号时,阀芯 2 在 b 信号

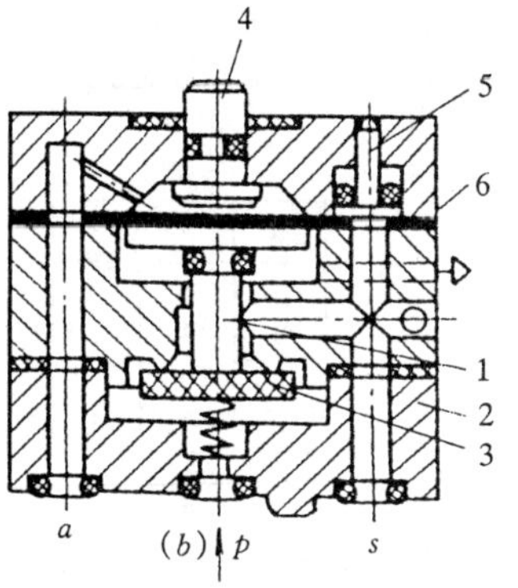

(a)结构示意图

逻辑符号

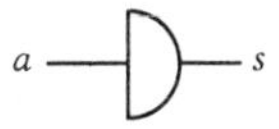

$s=a$

a	s
0	0
1	1

真值表

(b)“是门”元件的逻辑关系

逻辑符号

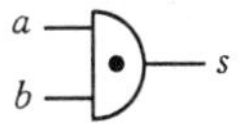

$s=a\cdot b$

a	b	s
0	0	0
0	1	0
1	0	0
1	1	1

真值表

(c)“与门”元件的逻辑关系

图 11-22　“是门”和“与门”元件逻辑关系

1—阀芯；2—阀体；3—阀片；4—手动按钮；5—显示活塞；6—膜片

作用下向上移，封住 a 信号孔，s 也会有输出。当 a，b 均有输入信号时，阀芯 2 在两个信号的作用下或上移，或下移，或保持在中位。但无论阀芯处在哪种状态，s 均会有输出。即在 a 或 b 两个输入端中，只要有一个有信号或同时有信号，s 均会有输出。显示活塞 1 用于显示输出的有和无。“或门”元件的逻辑关系见图 11-23(b)。

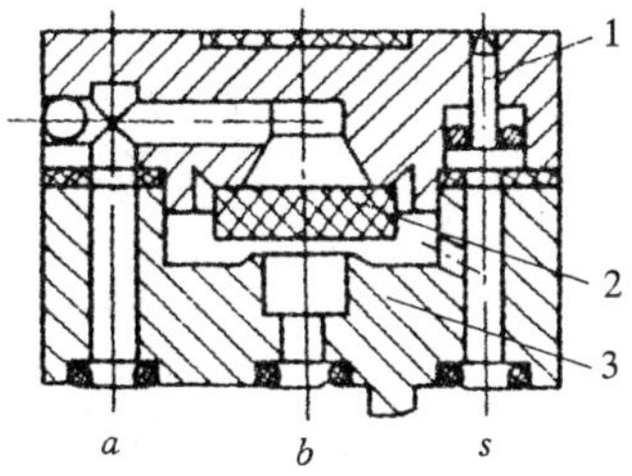

(a)结构示意图

逻辑符号

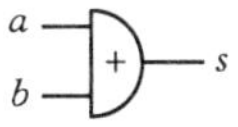

$s=a+b$

a	b	s
0	0	1
0	1	1
1	0	1
1	1	1

真值表

(b)逻辑关系

图 11-23　“或门”元件逻辑关系

1—显示活塞；2—阀芯；3—阀体

(3)“非门”元件

图 11-24(a)所示“非门”元件，a 为信号输入孔，s 为信号输出孔，中间孔接气源 p。当 a 无信号输入时，阀片 3 在气源压力的作用下上移，封住输出孔 s 与排气空间的通道，s 有输出。当 a 有输入信号时，膜片 6 在输入信号的作用下，推动阀杆 1 下移，封住气源孔 p，s 无输出。即一旦 a 有信号输入出现时，输出孔就“非”，没有输出，其逻辑关系见图 11-24(b)所示。显示活塞 5 用于检查输出的有无。手动按钮 4 用于手动发讯。

(4)“禁门”元件

若将图 11-24(a)的中间孔不做气源孔 p，而做另一输入信号孔 b，则成为“禁门”元件。在 a 和 b 均输入信号时，阀杆 1 及阀片 3 在 a 输入信号作用下，封住 b 孔，s 无输出；在 a 无输入信号时，b 有输入信号，s 就有输出。即 a 的输入信号对 b 的输入信号起“禁门”作用，其逻辑关系见图 11-24(c)。

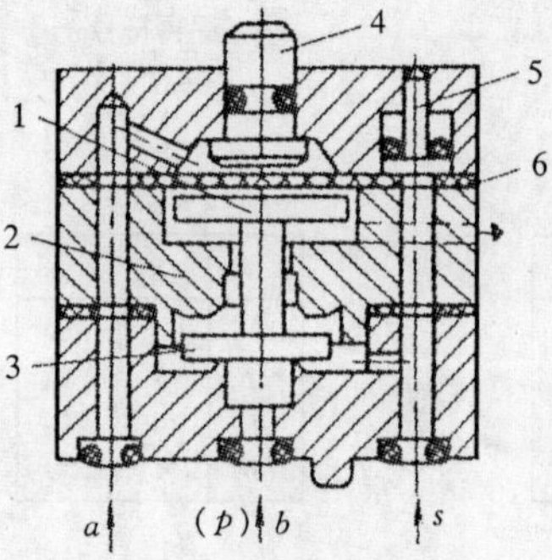

(a)结构示意图

逻辑符号

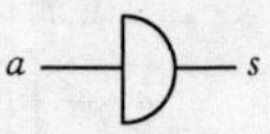

$s=\bar{a}$

a	s
0	1
1	0

真值表

(b)"非门"元件的逻辑关系

逻辑符号

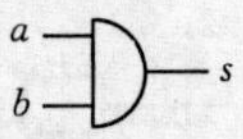

$s=\bar{a}\cdot b$

a	b	s
0	0	0
0	1	1
1	0	0
1	1	1

真值表

(c)"禁门"元件的逻辑关系

图 11-24 "非门"和"禁门"元件逻辑关系

1—阀杆;2—阀体;3—阀片;4—手动按钮;5—显示活塞;6—膜片

(5)"或非"元件

图 11-25(a)所示"或非"元件,a,b,c 为三个信号输入孔,p 为气源孔,s 为输出孔,阀柱 1,2 和上下信号膜片是可以分开的。当三个输入孔都无输入信号时,s 有输出。若三个输入孔中有一个或某两个或三个有输入信号,相应的膜片在输入信号压力的作用下,通过阀柱一次将力传递到阀芯 3 上,阀芯下移,切断 p 和 s 的通道,s 无输出。"或门"元件的逻辑关系见图 11-25(b)。

"或非"元件是一种多功能的逻辑元件,应用这种元件可以组成"或门"、"与门"、"双稳"等逻辑单元。

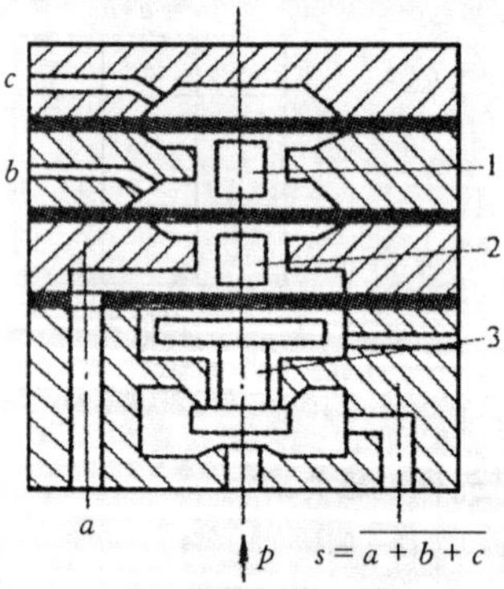

(a)结构示意图

逻辑符号

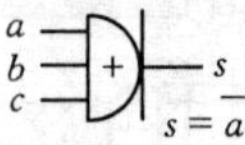

$s=\overline{a+b+c}$

真值表

a	b	c	s
0	0	0	1
1	0	0	0
0	1	0	0
0	0	1	0
1	1	0	0
1	0	1	0
0	1	1	0
1	1	1	0

(b)逻辑关系

图 11-25 或非元件及逻辑关系

1,2—阀柱;3—阀芯

(6)"双稳"和"单记忆"元件

"双稳"和"单记忆"元件均属于记忆元件,在逻辑回路中,有很重要的作用。图 11-26 为"双稳"元件工作原理图。图示位置阀芯 2 被控制信号 a 推至右端,气源的压缩空气由 p 通至 s_1 输出,而 s_2 与排气孔 o 相通。撤去控制信号 a,阀芯仍保持右位,s_1 保持有输出,记忆了控制信号 a。当 b 有控制信号输入,则阀芯移至左端,s_2 与气源 p 相通,s_1 与排气孔 o 相通。撤去控制信号 b,s_2 仍然保持有输出,记忆了控制信号 b。"双稳"元件的逻辑关系见图 11-26(b)。

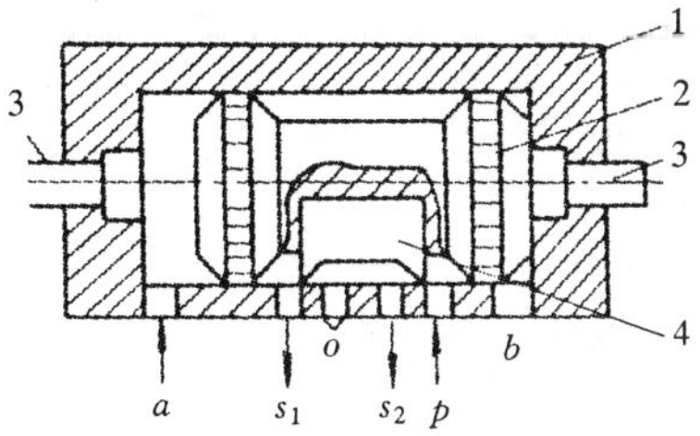

(a)结构示意图

逻辑符号

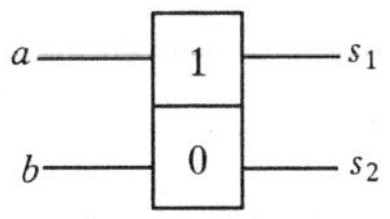

$s_1 = K_b^a$

$s_2 = K_a^b$

真值表

a	b	s_1	s_2
1	0	1	0
0	0	1	0
0	1	0	1
0	0	0	1

(b)逻辑关系

图 11-26　“双稳”元件及逻辑关系

1—阀体；2—阀芯；3—手动按钮；4—滑块

“单记忆”元件的工作原理如图 11-27(a)所示。a 为置“0”信号输入端，b 为置“1”信号输入端，s 为输出端，p 为气源孔。当 b 有置“1”信号输入时，膜片变形使活塞上移，将小活塞 4 顶起，打开气源通道并关闭排气通道，s 有输出。如果 b 的置“1”信号消失，膜片 1 复原，活塞 2 在输出端压力作用下，仍保持在上端位置，s 为输出。对 b 的置“1”信号起记忆作用。当 a 有置“0”信号输入时，活塞 2 下移，打开排气通道，小活塞 4 也下移，切断气源，s 无输出。“单记忆”元件的逻辑关系见图 11-27(b)。

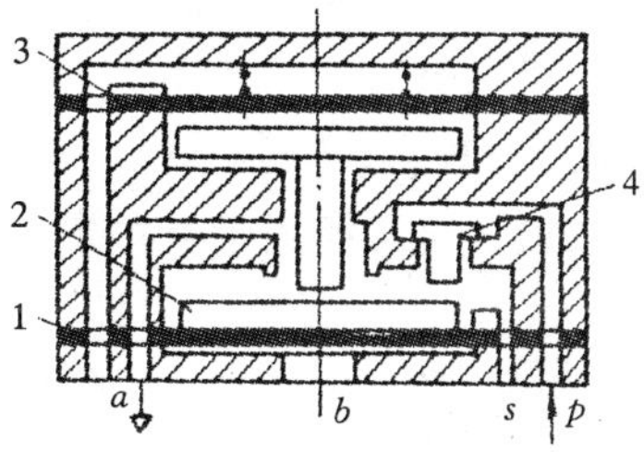

(a)结构示意图

逻辑符号

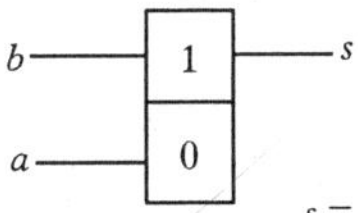

$s = K_b$

真值表

a	b	s
0	0	0
0	1	1
0	0	1
1	0	0

(b)逻辑关系

图 11-27　“单记忆”元件及逻辑关系

1，3—膜片；2—活塞；4—小活塞

11.6.3　其他逻辑元件

(1) 高压膜片式逻辑元件

高压膜片式逻辑元件可动部分是膜片，利用膜片两侧受压面积不等，使膜片变形，关闭或开启相应的孔道，实现逻辑功能。高压膜片式逻辑元件的基本单元是三门元件，其他逻辑元件是由三门元件派生出来的。

图 11-28 所示三门元件，a 为控制孔，b 为输入孔，s 为输出孔。因元件有三个通道，故称三门。当 a 无信号，由 b 输入的气流将膜片顶开，从 s 输出，此时元件的输出状态为有气。当 a 有信号时，若 s 为开路(如与大气相通)，则膜片上气室压力高于下气室压力，膜片下移，堵住 s

口，s 无气输出；若 s 是封闭的，则因 a，b 输入气体的压力相同，膜片上下两侧受力面积相同，膜片处于中间位置，s 处于有气状态，但无流量输出。

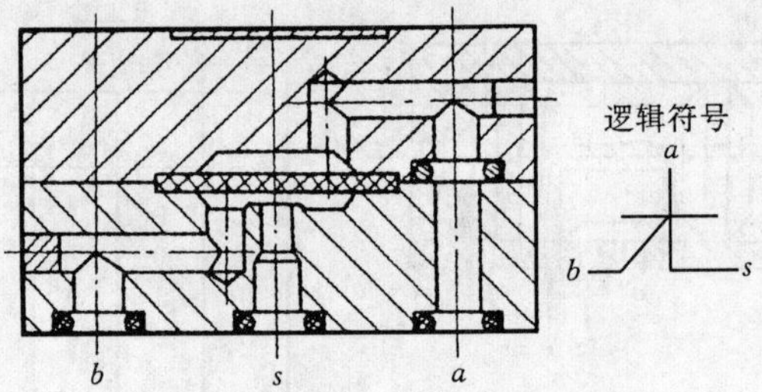

图 11-28 三门元件

(2) 射流元件

射流源减少和利用射流及其附壁效应进行控制的逻辑元件，其最大的特点是无可动部件，因此抗振动、抗干扰能力强。但抗污染能力较弱，对气源质量要求高，限制了它的应用范围。

11.6.4 逻辑元件的应用

逻辑控制系统的每个逻辑符号可以用对应的气动逻辑元件实现，气动逻辑元件设计有标准的机械和气信号接口，元件更换方便，组成逻辑系统简单，易于维护。

需要注意的是逻辑元件的输出功率有限，一般用于组成逻辑控制系统中的信号控制部分，或推动小功率执行元件。若执行元件功率较大，则要在逻辑元件的输出信号后接大功率的气孔滑阀，作为执行元件的主控阀。

11.7 气动传感器及气动仪表

气动调节与控制系统是实际生产过程中常用的一种自动控制系统。常见的气动调节系统如图 11-29 所示，它主要包括给定单元、调节单元、执行单元和变送单元等，气动仪表则是气动调节系统的核心。

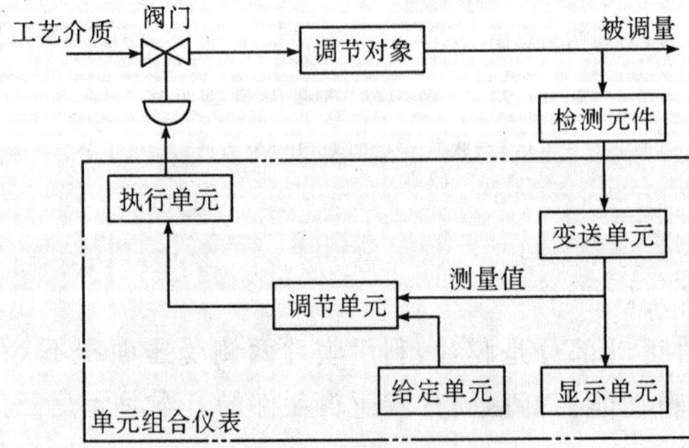

图 11-29 气动调节系统框图

调节对象必须通过一定的检测元件——气动传感器，将被测物理量转换为气信号，再由变送单元将其变换为能远距离传送的标准气压信号(0.02～0.2MPa)。

有变送单元输出的标准气信号一方面送到显示单元供记录和显示；另一方面送到调节单元，与给定值进行比较、计算、放大，并以一定的调节规律，如比例、微分、积分等关系发出调节信号，再通过执行单元控制被控制对象，达到调解目的。给定值将由给定单元给出，它既可以是常数，也可以是时间的函数、某一参数的函数或计算给出的信号。

转换单元能将标准电信号与标准气信号相互转换，使气动仪表和电动仪表或其他仪表互为补充，配合使用。既发挥气动传感器、气动仪表可靠性好、适应恶劣环境、结构简单等优点，同时又可以克服抗负载能力差、计算和控制不宜太复杂等缺点。

下面介绍气动传感器、气动变送器和气动调节器。

11.7.1 气动传感器

气动传感器是利用气体在流动中所呈现的物理特性来测量各种物理量的感测元件。它不用接触被测物体，输出气压力信号。用于检测位置、尺寸、液位、温度、压力、流量、转速、速度和加速度等，尤其是在检测位置尺寸方面，显示出极大的优越性。按照工作原理不同，气动传感器有背压式传感器、反射式传感器和遮断式传感器等。

(1) 背压式传感器

背压式传感器是利用喷嘴挡板机构的变节流原理工作的，如图 11-30(a)所示，它由固定节流孔 1、背压室 2、喷嘴 3、输出口 5 等组成，被测物 4(挡板)正对着喷嘴。当被测物体与喷嘴距离 x 较大时，由固定节流孔 1 流入的气流可通畅地从喷嘴 3 流出，背压室 2 的压力(即输出口压力)很低。当 x 减小时，气体从固定节流孔 1 向大气的流动受阻，从而使背压室 2 的压力上升。在一定范围内，只要 x 有微小的变化，输出压力就发生较大的变化。传感器特性曲线见图 2-30(b)，当 $x=0$ 时，传感器输出最大，$p_c=p_s$；当 $x=D/4$ 时，$p_c=p_a$(大气压)；在 $x \leqslant D/4$ 段内，特性曲线线性度较好，灵敏度较高。

背压式传感器对物体的位移变化极为敏感，能分辨 2μm 的微小距离的变化，测量范围在 ±15μm左右，反应灵敏，耗气量大。多用于位置和尺寸的检测。

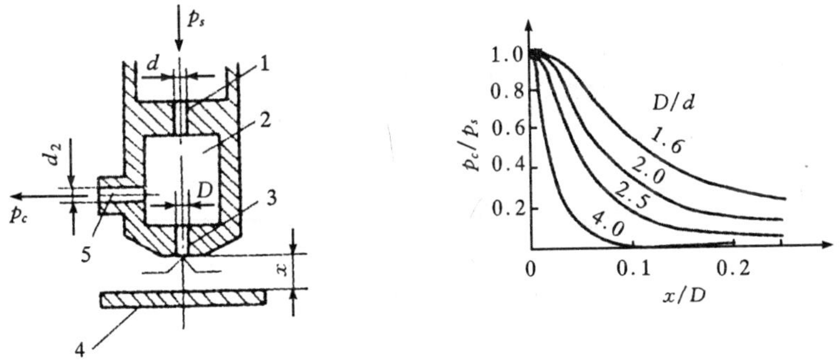

(a)结构示意图　　(b)特性曲线

图 11-30　背压式传感器

1—固定节流孔；2—背压室；3—喷嘴；4—挡板(被测物)；5—输出口

(2) 反射式传感器

反射式传感器由同心的圆环发射管和接收管构成，如图 11-31(a)所示。压力为 p_c 的稳压气源从发射管的环形通道中流出，在喷嘴出口中心区产生一个低压漩涡，使输出压力 p_c 为负压。随着被检测物体的接近，自由射流受阻，负压漩涡消失，部分气流被反射到中间的接收管，输出压力 p_c 随着 x 的减少而增大。传感器特性曲线见图 11-31(b)。

反射式传感器与背压式传感器相比，测量距离大(5mm 左右)，能分辨 0.03mm 的微小距离的变化，气体能耗量消耗少，能承受较大的环境干扰。多用于测量表面是平面的物体。

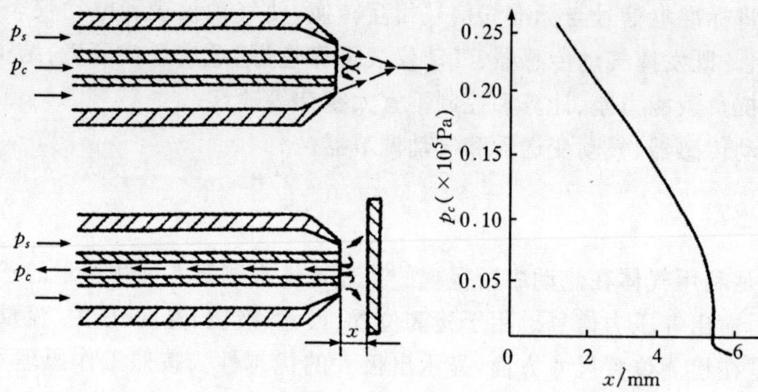

(a)结构示意图 (b)特性曲线

图 11-31 反射式传感器

(3) 遮断式传感器

遮断式传感器由发射管 1 和接收管 3 两部分组成，工作原理如图 11-32 所示。利用被测物体 2 挡住从发射管射出来的气流，使接收管内压力为零，来测量物体边界位置。当气源压力小于 10kPa 时，发射管输出的气流为层流，流量较小。层流对外界的扰动非常灵敏，故用高压气源压力至 0.6MPa，则发射管内为紊流，测量距离可达 70mm，但耗气量也增大，且检测灵敏度不如层流型。遮断式传感器不能在灰尘大的环境中使用，多用于判别是否存在物体。

除此之外，还有涡流式传感器、射流偏转式传感器和气声传感器等。

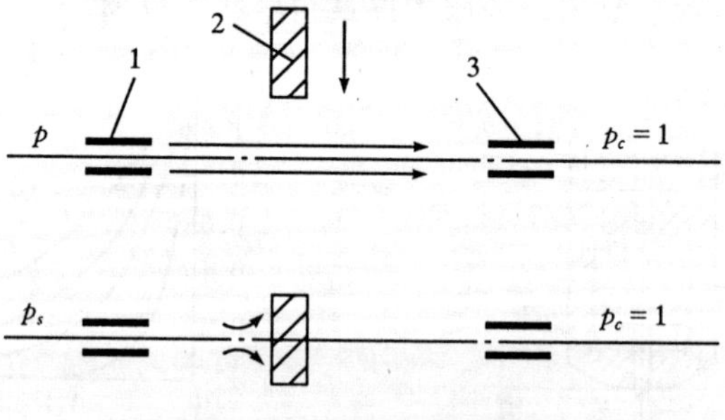

图 11-32 遮断式传感器

1—发射管；2—被测物体；3—接收管

11.7.2 气动变送器

气动变送器是将被测参数(如温度、压力、液面和流量等)变换成标准的气压信号，根据需要，输入到显示仪表或调节装置。常用的变送器有变压变送器、压力变送器和温度变送器等。各种变送器结构上都是由测量和启动转换两部分组成，更换不同的检测部件，可组成不同的测量参数的变送器。因为差压变送器具有典型性，下面介绍其工作原理，参见图 11-33。

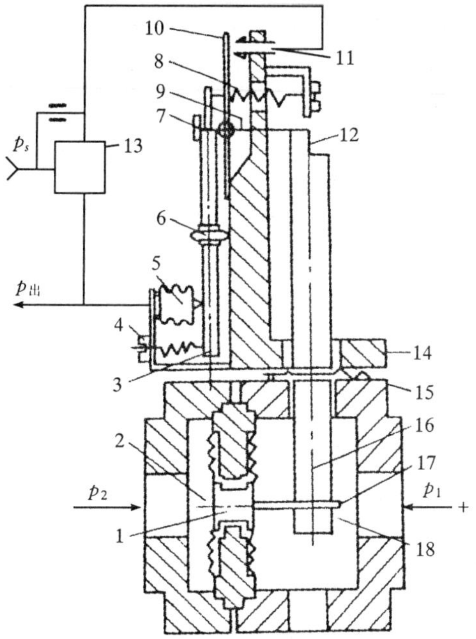

图 11-33　差压变送器结构原理图

1—膜盒；2—负压室；3—副杠杆；4—调节弹簧；5—反馈波纹管；6—量程调节螺钉；7—静压轮；8—迁移弹簧；9—顶丝；10—挡板；11—喷嘴；12—塔架；13—放大器；14—支架；15—密封膜片；16—主杠杆；17—“C”形弹簧；18—正压室

气动差压式变送器是检测差压信号并将其转换为标准压力信号的变送单元。差压变送器是基于力矩平衡，因此能保证压差 Δp 和输出压力 $p_{出}$ 有一定的比例关系。

膜盒 1 中的结构可实现

$$F_{测} = p_1 A_1 - p_2 A_2 \tag{11-4}$$

式中　$F_{测}$——测量力；

p_1，p_2——膜盒正、负压力信号；

A_1，A_2——膜盒正、负压室膜片有效面积（$A_1 = A_2$）。

测量时，$F_{测}$作用于主杠杆 16 下端，并通过塔架 12 带动副杠杆 3 同时作顺时针偏转，使顶丝 9 离开挡板 10，挡板借自身弹力靠近喷嘴 11，使喷嘴挡板放大器的背压增加，此压力经过放大器放大后，作为输出 $P_{出}$。与此同时，输出压力又推动反馈波纹管产生一个反馈力，形成一个以量程调整螺钉 6 为支点的逆时针反馈力矩，此力矩通过塔架 12 的传递，又作用在主杠杆 16 上，使它所产生的力矩和测量力作用在主杠杆上的力矩平衡。因此，输出压力和被测量压差成正比例。

11.7.3　气动调节器

气动调节单元是调节系统的中心环节，它将变送器送来的被控量与给定值比较，以一定的调节规律，向执行单元发出调节信号，使被控参数在某一范围内按照一定的规律变化。

气动调节器有三类：比例调节器、积分调节器和微分调节器，并且它们可以组合使用。下面以比例调节器为例，简单介绍气动调节器的特点。

比例调节器使输出信号变化与输入信号(给定值与测量值之差)在一定范围内成线性关系。图 11-34 是比例调节器中的比例环节的工作原理。

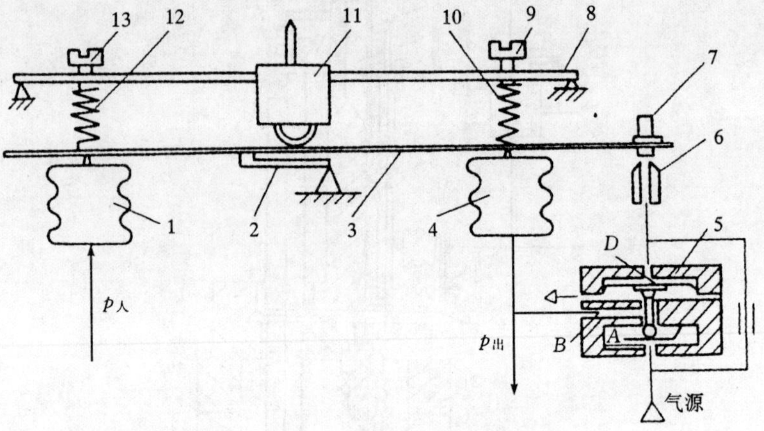

图 11-34 比例调节器工作原理图

1,4—波纹管;2—弹簧片;3—杠杆;5—放大器;6—喷嘴;7—挡板;
8—导杆;9,13—调节螺钉;10,12—弹簧;11—可调支点

气源进入比值器后,分为两路:一路进入放大器 A 室,球阀关闭 A 室与 B 室通路;另一路进入背压室 D,并由喷嘴排向大气。

当输入信号进入波纹管 1 并与装在同一轴线上的弹簧 12 产生一合力作用在杠杆 3 上,形成一顺时针力矩,使杠杆绕支点 11 产生微小偏转,推动挡板 7 压向喷嘴 6,背压室 D 中压力增大,并由膜片推动阀杆下移,球阀打开,气源压力经 A 室进入 B 室,并作为比值器的输出压力。同时,输出的压力进入波纹管 4,与弹簧 10 产生一反馈力,作用在杠杆 3 上,产生逆时针旋转力矩,与输入信号产生的力矩达到新的平衡。其有如下关系:

$$p_{出}=\frac{A_1}{A_2}\times\frac{L_1}{L_2}\left(p_{入}-\frac{F_{t1}}{A_1}\right)+\frac{F_{t2}}{A_2} \tag{11-5}$$

式中 $p_{入}$,$p_{出}$——比值器输入、输出压力;

A_1,A_2——波纹管 1 和 4 的有效面积;

L_1,L_2——波纹管 1 和 4 的支点距离;

F_{t1},F_{t2}——弹簧 12 和 10 的弹簧力。

令

$$k=\frac{A_1}{A_2}\times\frac{L_1}{L_2}$$

并调整弹簧,使

$$\frac{F_{t1}}{A_1}=\frac{F_{t2}}{A_2}=0.02\text{MPa}$$

则

$$p_{出}=[k(p_{入}-0.02)+0.02]\ \text{MPa}$$

调整支点 11 的位置,改变 L_1/L_2 之值,可改变比值器的比例关系。

思考题与习题

11-1　气源装置由哪些元件组成？各元件有什么作用？

11-2　简述气动三大件的组成，其在使用上有何特点？

11-3　简述常见气缸的类型、功能和用途。

11-4　写出下面各元件的逻辑关系图。

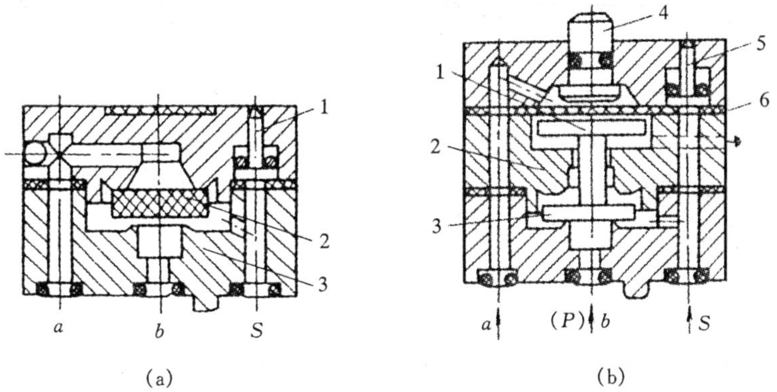

图 11-35　题 11-4 附图

11-5　气动方向控制阀有哪些类型？各具有什么功能？

第 12 章 气动回路

与液压系统一样，气动系统也是由一些基本回路组成的。按照回路控制的不同功能，气动回路分为压力与压力控制回路、换向回路、速度控制回路、基本逻辑回路和其他控制回路。了解回路的功能，熟悉回路的结构和性能，将有助于设计出经济实用和可靠的气动回路。

12.1 压力与力控制回路

对气动系统的压力进行调节和控制的回路称为压力控制回路。增大气缸活塞杆输出力的回路称为力控制回路。

12.1.1 压力控制回路

图 12-1 所示的压力控制回路，用于控制压缩空气站的储气罐内的压力 p_s，又称为一次压力控制回路。采用电接点压力表或压力继电器控制空气压缩机的启动和停止，使储气罐内的压力保持在要求的范围内；安全阀用于先顶住气管内的最高的压力。

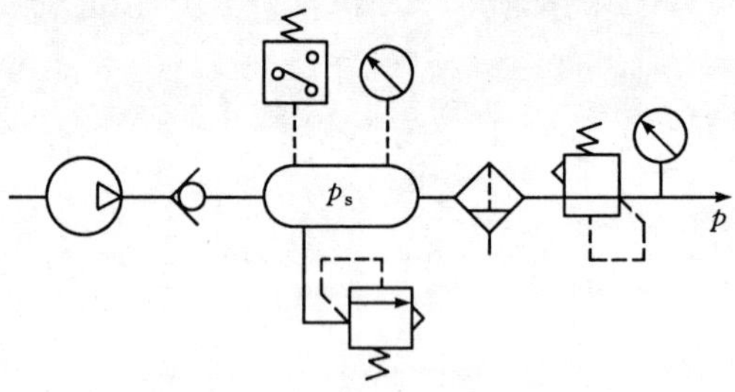

图 12-1 气源压力控制回路

图 12-2 所示压力控制回路是向每台气动设备所提供气源的压力调节回路，又称为二次压力控制回路。主要由分水过滤器、减压阀、油雾器气动三大件组成。图 12-2(a)所示，通过调节减压阀，可以得到气动设备所需的工作压力。图 12-2(b)所示通过换向阀，向气动设备提供两种不同的工作压力。图 12-2(c)是采用两个减压阀对同一台气动设备的不同执行元件提供两种不同的工作压力。

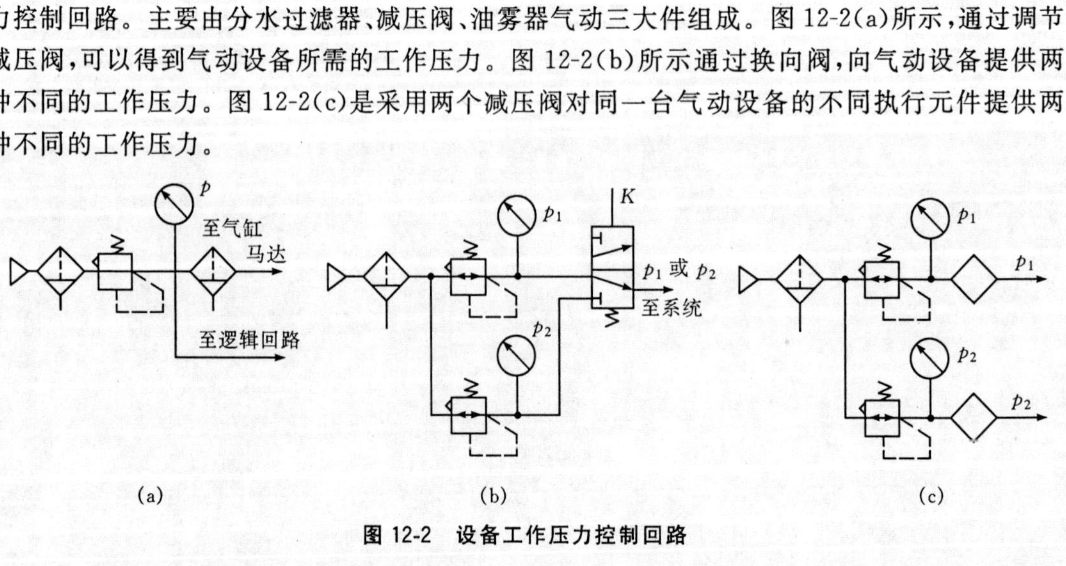

图 12-2 设备工作压力控制回路

12.1.2　力控制回路

气动系统工作压力一般较低，通过改变执行元件的作用面积或利用气液增压器来增加输出力的回路称为力控制回路。

(1) 串联气缸增力回路

图 12-3 是采用三段式活塞缸串联的增力回路。通过控制电磁阀的通电个数，实现对活塞杆推力的控制。活塞缸串联数越多，输出的推力越大。

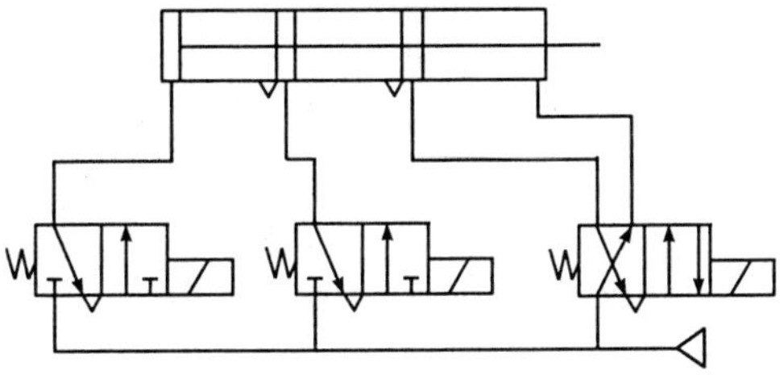

图 12-3　串联气缸增力回路

(2) 气液增压器增力回路

图 12-4 所示，利用气液增压器 1 把较低的气体压力转变为较高的液体压力，提高了气液缸 2 的输出力。

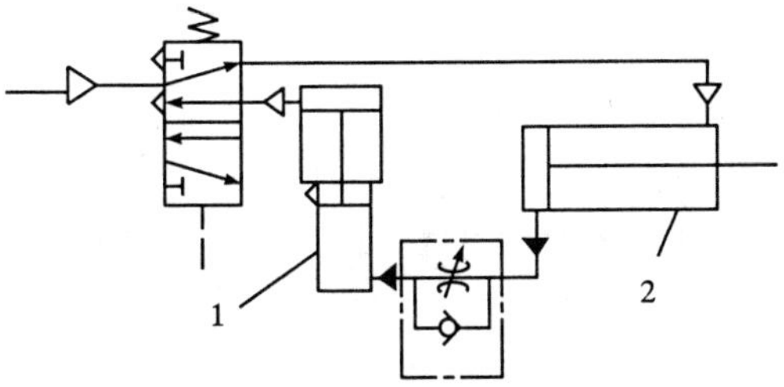

图 12-4　气液增压器增力回路

12.2　换向回路

通过控制进气方向改变执行元件运动方向的回路称为换向回路。

12.2.1　单作用气缸换向回路

图 12-5 是采用二位三通电磁阀控制单作用气缸升降的回路。

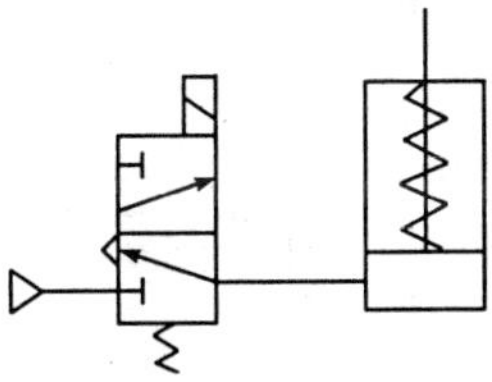

图 12-5　单作用汽缸换向阀

12.2.2 双作用气缸换向回路

(1) 换向回路

图 12-6 是采用电控二位五通换向阀控制双作用气缸伸、缩的回路。

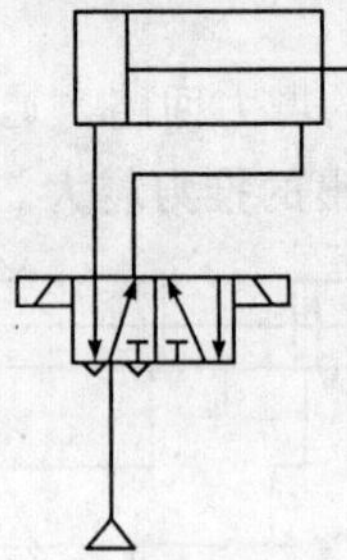

图 12-6 双作用气缸换向回路

(2) 单往复动作回路

图 12-7 是由电动机换向阀和手动换向阀组成的单往复动作回路。按下手柄阀后,二位五通换向阀换向,气缸外伸;当活塞杆挡块压下机动阀后,二位五通换向阀换至图示位置,气缸缩回并停止。按一次手动阀,气缸完成一次往复运动。

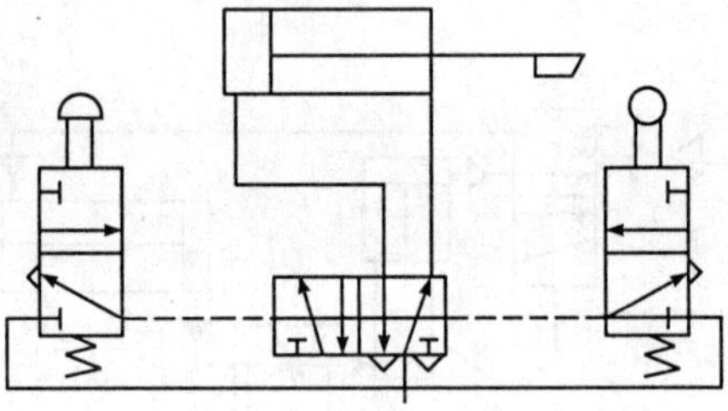

图 12-7 单往复动作回路

(3) 连续往复动作回路

如图 12-8 所示,手动阀 1 换向,高压气体经过阀 3 使阀 2 换向,气缸活塞杆外伸,阀 3 复位,活塞杆行至挡块压下行程阀 4 时,阀 2 换向至图示位置,活塞杆缩回,阀 4 复位。当活塞杆缩回到行程终点压下行程阀 3 时,阀 2 再次换向,如此循环,实现连续往复运动。

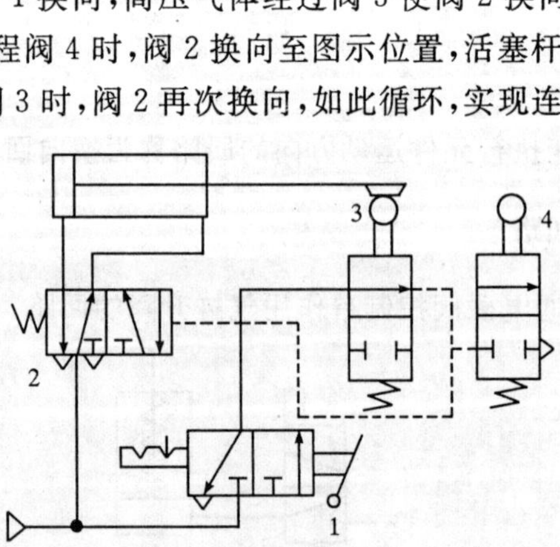

图 12-8 连续往复式动作回路

12.2.3 气马达换向回路

图 12-9 采用三位五通电气换向阀控制气马达的正转、反转和停止三种状态。由于气马达

排气噪声较大，该回路在排气管上通常接消声器，如果不需要节流阀调速，两条排气管可供一个消声器。

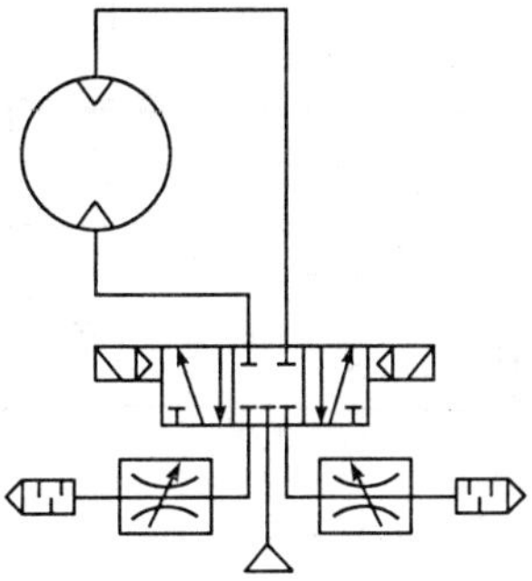

图 12-9　气马达换向回路

12.3　速度控制回路

控制气缸运动速度的回路称为速度控制回路。

12.3.1　气阀调速回路

因启动系统使用功率不大，故调速方法主要是节流调速，常采用排气节流调速。

（1）单作用气缸调速回路

图 12-10(a)采用两个单向节流阀分别控制活塞杆的升、降速度。图 12-10(b)所示，活塞杆伸出时，节流调速；活塞杆退回时，通过快速排气阀排气，快速退回。

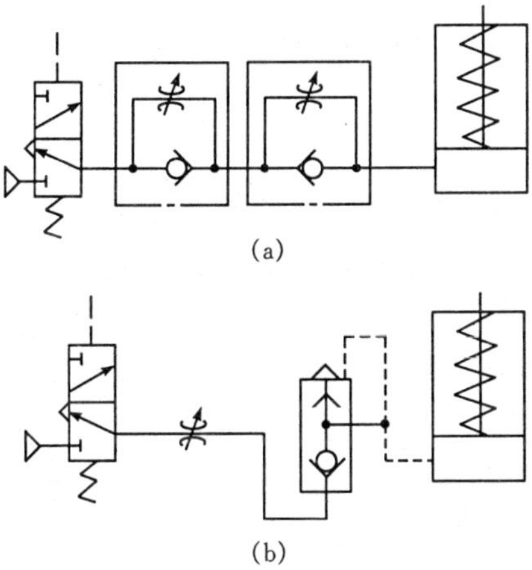

图 12-10　单作用汽缸调速回路

（2）双作用气缸调速回路

图 12-11(a)采用单向节流阀对气缸双向调速；图 12-11(b)采用排气节流阀对气缸双向调速。当外负载变化不大时，采用排气节流阀调速，进气阻力小，比图 12-11(a)所示的调速回路效果好，且排气节流阀和消声器通常做成一体，可直接装在二位五通阀上。

（3）缓冲回路

由于气动执行元件动作速度快，当活塞惯性较大时，可采用如图 12-12 所示的回路。当活

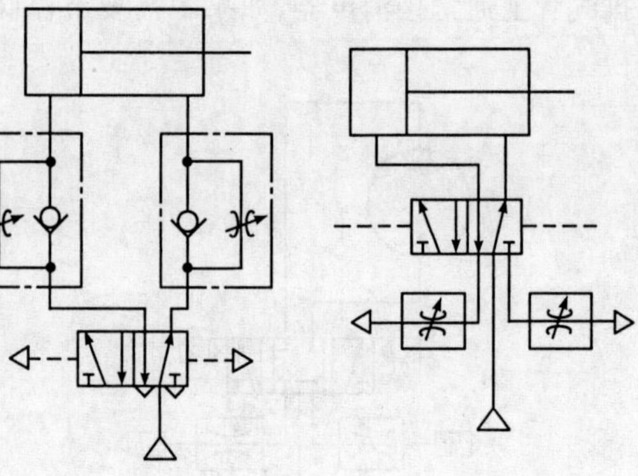

图 12-11 双作用气缸调速回路

塞向右运动时,缸右腔的气体经过二位二通阀排气,直到活塞杆接近末端,压下机动换向阀时,气体经节流阀排气,活塞低速运动到终点。

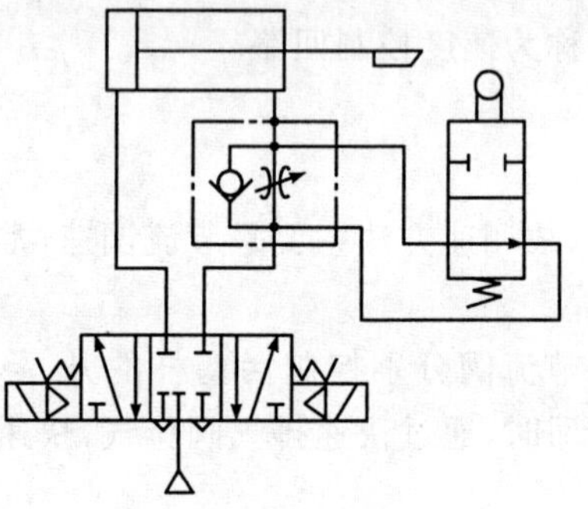

图 12-12 缓冲回路

12.3.2 气液联动速度控制回路

由于气体可压缩,所以运动速度不稳定,定位精度也不高。在气动不能满足工作要求的场合,可采用气液联动速度控制回路。其中以气缸为动力,液压缸为阻尼,调节运动速度。

(1) 调速回路

图 12-13 所示,采用节流阀 1,2 实现双向调速,油杯 3 用于补充漏油。

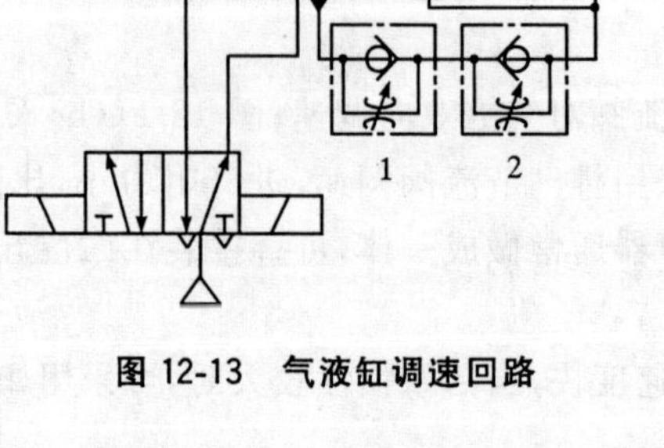

图 12-13 气液缸调速回路

（2）变速回路

图 12-14 为用行程阀变速的回路。当活塞杆右行到撞块 A 碰到机动换向阀后，开始作慢速运动。改变行程阀的安装位置，可以改变开始变速的位置。

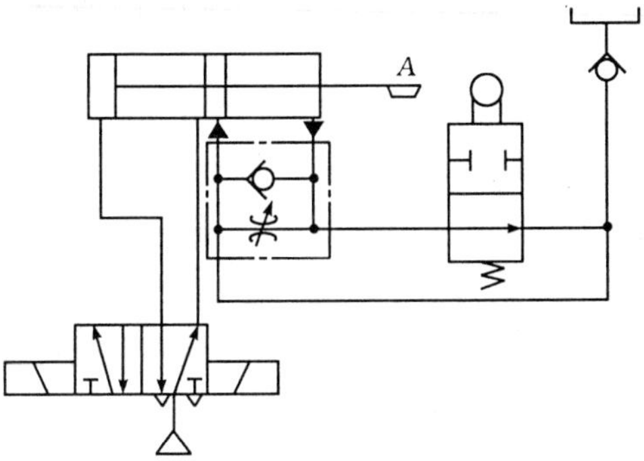

图 12-14　气缸变速回路

（3）有任意位置停止的变速回路

图 12-15 中液压阻尼缸和气缸并联，气缸活塞杆端滑块套在液压缸活塞杆上，当滑块运动到调节螺母 6 处时，气缸由快进转换为液压缸同样的慢进。此时，两缸的速度由节流阀 2 控制。弹簧式蓄能器 1 用于液压缸往复运动时吸收或补充油液。调节螺母 6，可调节气缸由快进转换为慢进的变速位置。当三位五通阀 5 处于中间位置时，液压阻尼缸的油路被二位二通阀 3 切断，活塞停止。当三位五通阀切断左、右位，压缩空气都可经过梭阀 4 切断阀 3，使液压阻尼缸起到调速作用。

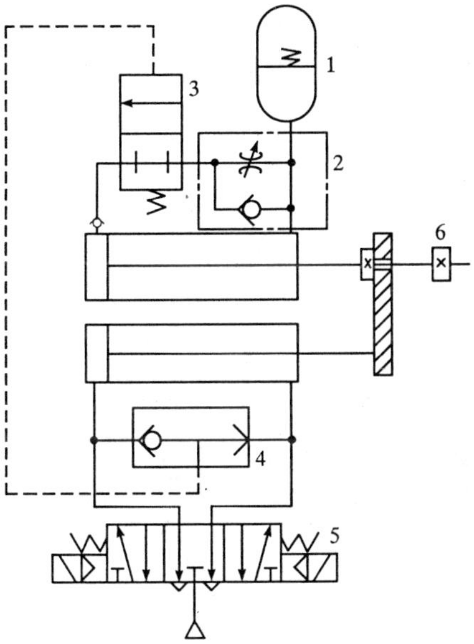

图 12-15　在中位停止的变速回路

12.4　气动逻辑回路

基本的逻辑回路有与、或、非、双稳、延时等回路。表 12-1 中给出了几种常见的基本逻辑回路，表中右边的“真表值”，即该逻辑回路的动作说明，a，b 为输入信号，s_1，s_2 和 s 为输出信号；“1”与“0”分别表示有信号和无信号。基本逻辑回路见表 12-1。

表 12-1　基本逻辑回路

名称	逻辑符合及表示式	气动元件回路	真值表	说　明
是回路	 $s=a$	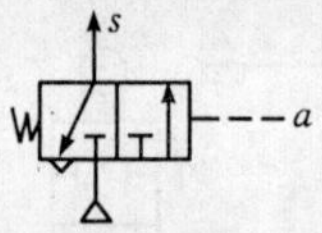	a s: 0 0; 1 1	有信号 a 则 s 有输出，无 a 则 s 无输出
非回路	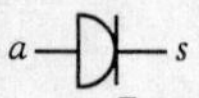 $s=\bar{a}$	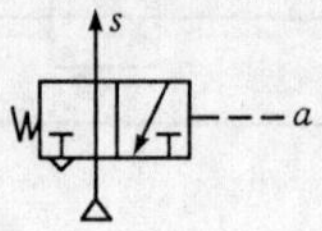	a s: 0 1; 1 0	有信号 a 则 s 无输出，无 a 则 s 有输出
与回路	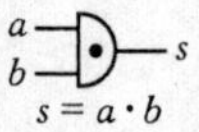 $s=a\cdot b$	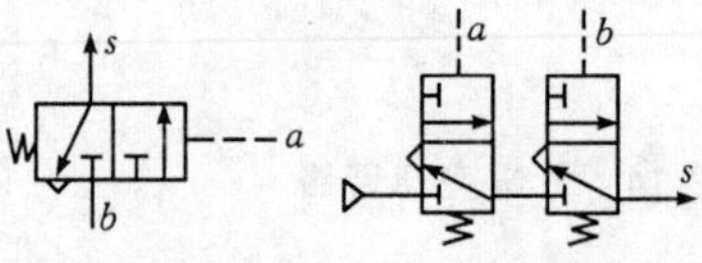 (a)无源　(b)有源	a b s: 0 0 0; 1 0 0; 0 1 0; 1 1 1	只有当信号 a 和 b 同时存在时，s 才输出
或回路	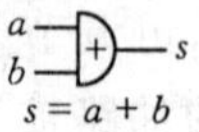 $s=a+b$	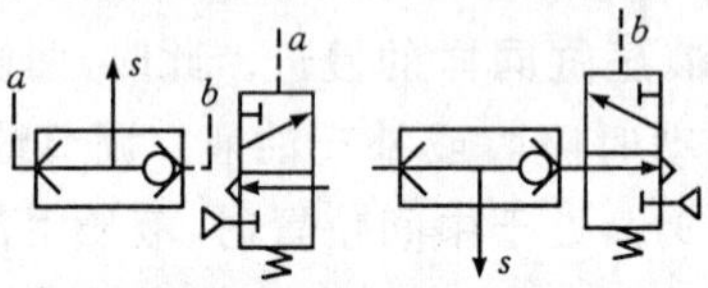 (a)无源　(b)有源	a b s: 0 0 0; 0 1 1; 1 0 1; 1 1 1	有 a 或 b 任意一个信号 s 就有输出
禁回路	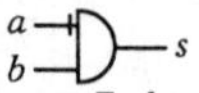 $s=\bar{a}\cdot b$	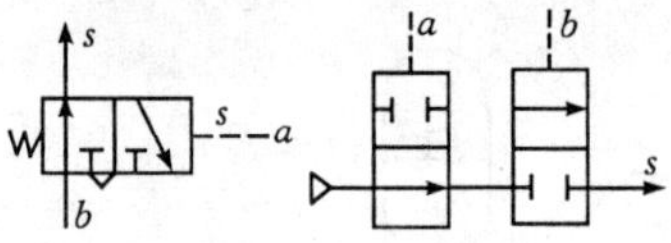 (a)无源　(b)有源	a b s: 0 0 0; 0 1 1; 1 0 0; 1 1 0	有信号 a 则 s 无输出（a 禁止了 s 有）；当无信号 a，有信号 b 时，s 才有输出
记忆回路	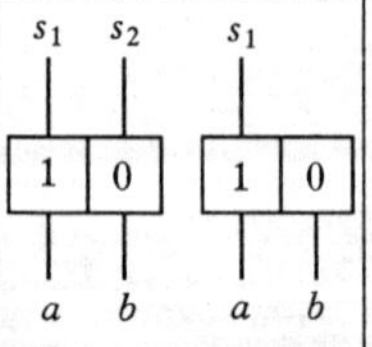 (a)　(b)	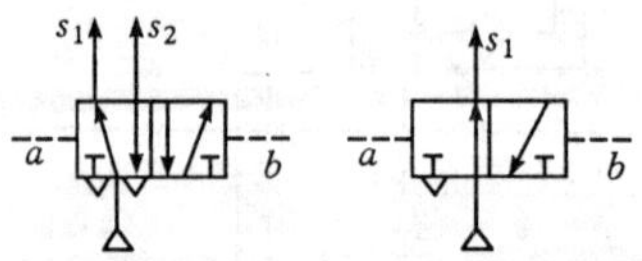 (a)双稳　(b)单记忆	a b s: 0 1 0; 1 1 0; 0 0 1; 1 0 1	有信号 a 时，s_1 有输出；a 消失，s_1 仍有输出，直到有 b 信号时，才无输出（图 b 为单记忆）。要求 ab 不能同时加信号
脉冲回路		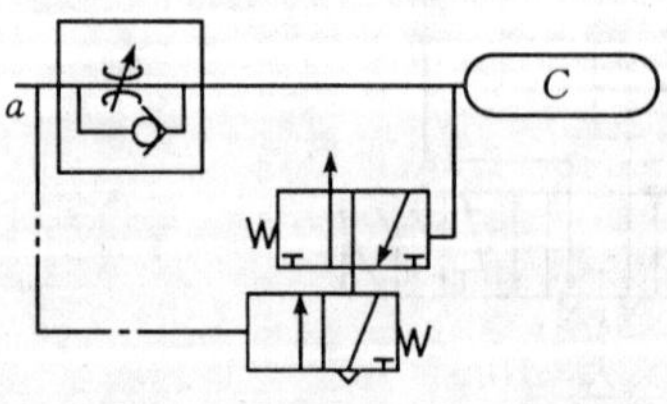		回路可把长信号 a 变为一脉冲信号 s 输出，脉冲宽度可由气阻 R 和气容 C 调节。回路要求 a 的持续时间大于脉冲宽度
延时回路	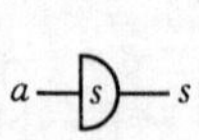	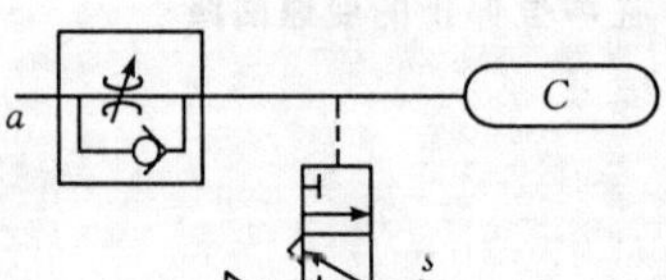		当有信号 a 时需延时 t 时间后，s 才有输出，调节气阻 R 和气容 C，可调 t。回路要求 a 持续时间大于 t

12.5　其他常用回路

12.5.1　安全保护回路

（1）双手操作安全回路

图 12-16 中只有同时按下两个启动用的手动换向阀，气缸才能运动。该回路在冲床、锻床上，对操作人员的手起到保护作用。

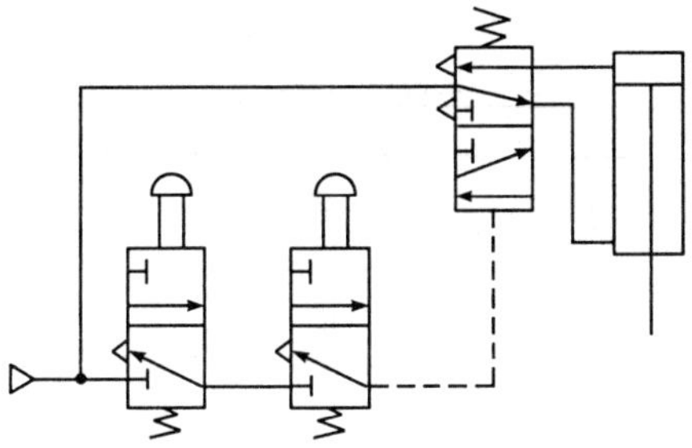

图 12-16　双手操作回路

（2）互锁回路

图 12-17 所示回路，当一个气缸活塞杆伸出时，不允许其他气缸活塞杆伸出。图中梭阀 1，2，3 和换向阀 4，5，6 共同实现互锁。如换向阀 7 换向时，使阀 4 换向，*A* 缸活塞杆向外伸出。与此同时，*A* 缸的进气管道气体通过梭阀 1 和梭阀 2 作用在阀 6 和阀 5 的弹簧端。此时即使换向阀 8 或 9 有信号，使阀 6 和阀 5 的无弹簧端通气，阀 6，5 也不会换向，*B*，*C* 两缸也不会动作。如果要其他缸活塞外伸，必须使前面动作的缸复位后才行。

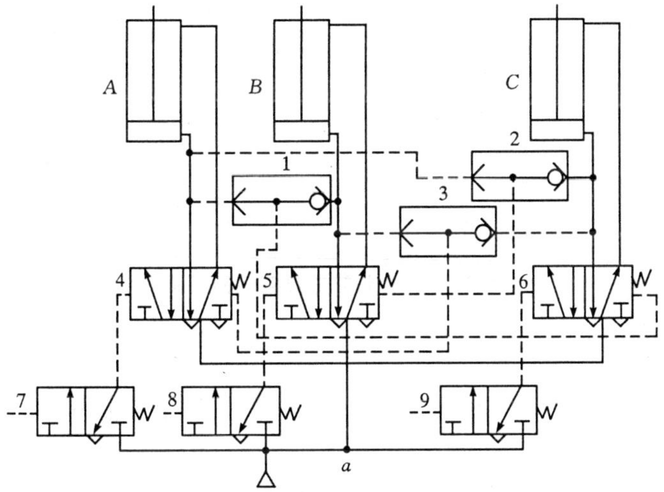

图 12-17　互锁装置

12.5.2　多位缸位置控制回路

多位缸位置控制回路的特点是：按照设计要求控制多位缸的单个或多个活塞伸出或缩回，

从而得到多个位置。这类回路多用于流水线物件的检测、分选和分类等场合。

图 12-18(a)是左右缸共同用一个缸筒、右缸活塞杆固定以实现三个控制回路。手动阀 1,2,3 经梭阀 6 和 7 控制换向阀 4 和 5。气缸处于图示位置,为位置Ⅰ。当阀 2 切换时,左缸活塞杆随缸筒一起左移,得到位置Ⅱ;当阀 3 切换(阀 2 复位)时,左缸活塞杆继续左移,得到位置Ⅲ。阀 1 切换(阀 3 复位)时,缸筒与左缸同时右移,会到位置Ⅰ。

图 12-18(b)为 A,B 两缸串联使 B 缸活塞杆缸实现三个位置的控制回路,图示位置Ⅰ。当电磁阀 2 得电时,A 缸活塞杆向左推向 B 缸活塞杆,使 B 缸活塞由Ⅰ位移动到Ⅱ。当电磁阀Ⅰ得电时,B 缸活塞杆由Ⅱ位移动到Ⅲ位。如果在 A 缸的端盖①,②处及 B 缸的端盖③处分别安上调节螺钉,就可以控制 A 缸和 B 缸的活塞杆在Ⅰ-Ⅲ之间的任意位置停止。

图 12-18(c)为三立柱塞数字缸控制回路。其中 p_1 为正常工作压力供给 A,B,C 三通口推动柱塞 1,2,3 伸出或停止于某一位置,D 口接低压气 p_2,以使各柱塞复位或停于某个需要的位置。该回路可控制活塞杆得到包括初始位置在内的 8 个位置。

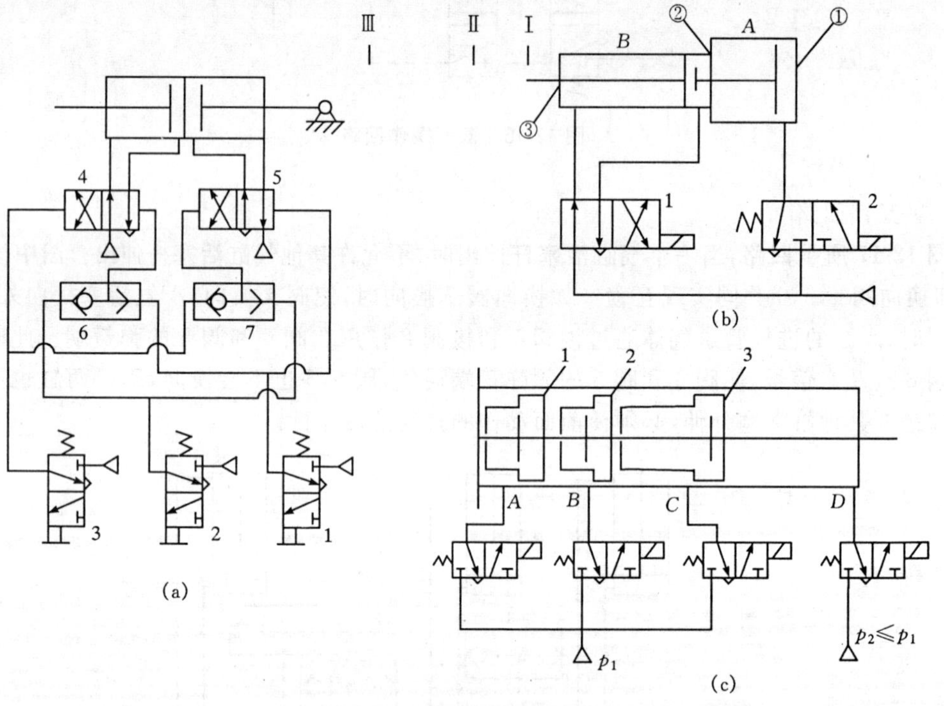

图 12-18　多位缸的位置控制回路

12.5.3　同步动作回路

为实现两缸的同步动作,往往采用气液缸的结构形式,利用液体的不可压缩性来保证同步精确。

图 12-19(a)中气液缸 A 的有效面积 A_1 和 B 的有效面积 A_2 相等,可保证两缸在运动过程中同步。当三位五通阀 3 处于中位时,蓄能器自动为液压缸补充泄漏。当该阀换至任意位置时,蓄能器回路都被切断。当三位五通换向阀 3 换至上位时(A 有信号),气源压力通过阀 3 进入液缸下腔,使之克服负载 F_1 和 F_2 向上运动。此时缸Ⅰ上腔的液压油被压送到缸 2 的液压缸下腔。两缸尺寸完全相同,从而保证了两缸的动作同步。同理,阀Ⅰ的 B 有信号时,可以保

证缸向下运动同步。回路中 1 和 2 接放气装置，用来放掉油液中的空气。

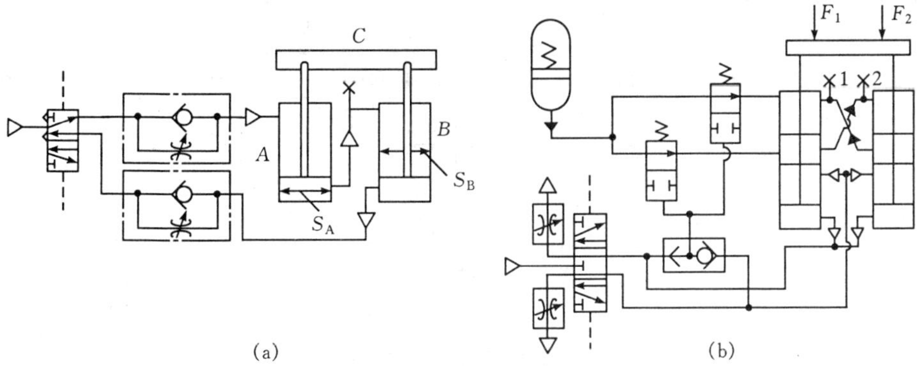

图 12-19　气液缸同步运动回路

12.5.4　冲击气缸回路

图 12-20 所示，冲击气缸下腔充满压缩空气。当电磁换向阀 1 得电，冲击气缸的下腔由快速排气阀 2 通大气，同时换向阀 3 在气压作用下切换，气缸 4 内的压缩空气直接进入冲击气缸，使活塞以极高的速度运动，活塞将所具有的动能转换成很大的冲击力输出。减压阀 5 调节冲击力的大小。

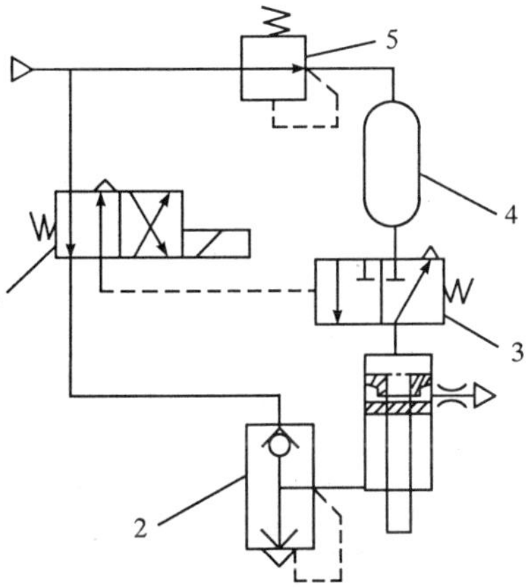

图 12-20　冲击气缸回路

12.5.5　真空吸附回路

图 12-21 所示回路是采用三位三通阀控制真空吸附和真空破坏。当三位三通阀 4 的 A 端电磁铁得电时，真空发生器 1 与真空发生吸盘 7 接通，真空开关 6 检测真空度，并发出信号给控制器，吸盘将工件吸起。当三位三通阀断电时，保持真空吸附状态。当三位三通阀 4 的 B 端断电磁铁得电时，压缩空气进入真空吸盘，真空破坏，吸盘与工件分离。此回路应注意配管的泄漏和工件表面处的泄露。

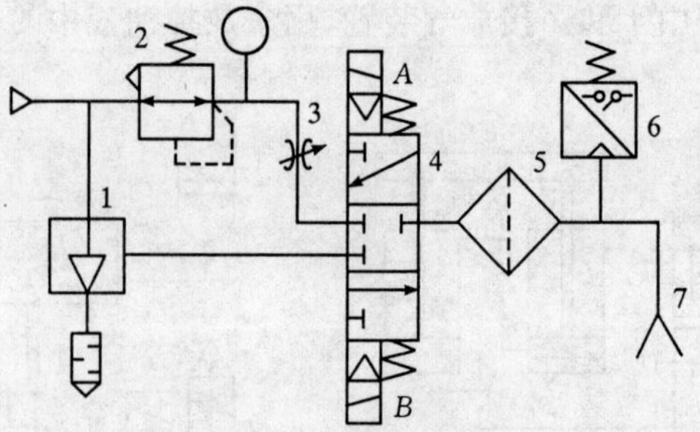

图 12-21 真空吸附回路

思考题与习题

12-1 简述常见气动压力控制回路及用途。

12-2 设计一个气动回路,使两个双作用气缸顺序动作。

12-3 设计一双作用气缸动作之后,单作用缸才能动作的联锁回路。

第 13 章　气压传动系统实例

气动技术是实现工业生产机械化、自动化的方式之一。由于气压传动系统使用安全、可靠，可以在高温、振动、腐蚀、易燃、易爆、多尘埃、强磁辐射等恶劣环境下工作，所以应用日益广泛。本章简要介绍几种气压传动及控制系统在生产中的实例。

13.1　气控机械手

在某些高温、粉尘及噪声等环境恶劣的场合，用气控机械手代替手工业是工业自动化发展的一个方向。本节介绍的气控机械手模拟人手的部分动作，按照预先给定的程序、轨迹和工艺要求，实现自动抓取、搬运，完成工件的上料或卸料。为完成这些动作，其结构示意图如图 13-1 所示。

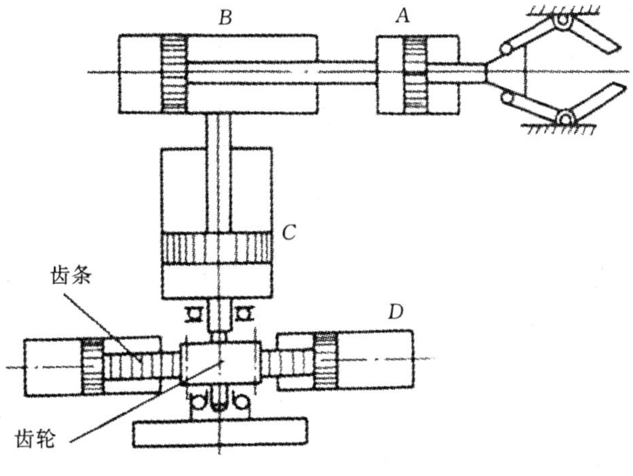

图 13-1　机械手结构示意图

其中 A 缸为抓取机构的松紧缸，A 缸活塞后退时抓紧工件，A 缸活塞前进时松开工件。B 缸为长臂伸缩缸。C 缸为机械手升降缸。D 缸为立柱回转缸，该气缸为齿轮齿条缸，把活塞的直线运动改变为立柱的旋转运动，从而实现立柱的回转。

机械手的动作程序如图 13-2 所示。手动阀启动后，程序控制从第一个节拍连续运转到最后一个节拍。把机械手右下方的工件搬到左上方的位置。

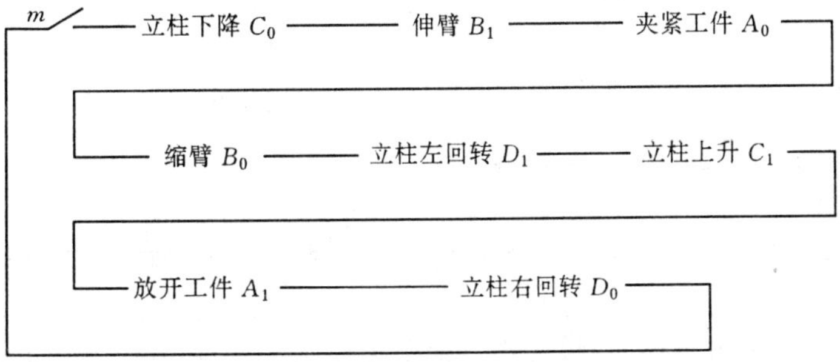

图 13-2　机械手的动作程序

上面的程序可以简化为图 13-3。

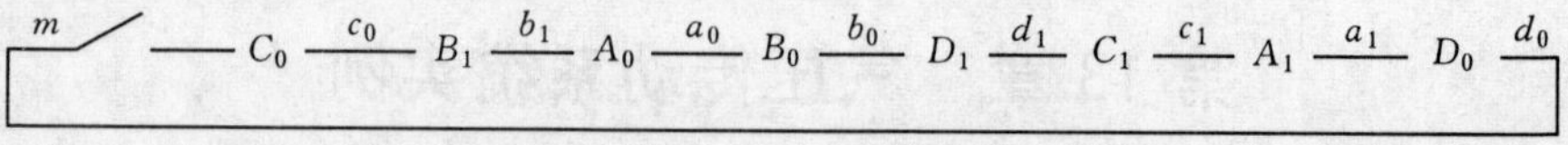

图 13-3 机械手简化动作程序

下面分别用信号-动作状态图法和卡诺图法设计机械手气控回路。

13.1.1 用信号-动作状态线图法设计的气控回路

① 经校核启动程序为标准程序。

② 按照程序绘制多缸单往复系统 X-D 线图。X-D 线图的绘制结构如图 13-4(a)所示。

③ 排除障碍，找出执行信号。从图 13-4(a)得知有两个障碍信号 $c_0(B_1)$ 和 $b_0(D_1)$。根据逻辑"与"消障法，找出原始信号消障，其执行信号为 $B_1{}^{\square}=c_0\cdot d_0$，$D_1{}^{\square}=b_0\cdot a_0$。

④ 根据 X-D 线图上的执行信号可画出逻辑原理图，如图 13-4(b)所示。

⑤ 由逻辑原理图可画出气动回路原理图，如图 13-5 所示。

画气路原理图时，应注意哪个行程阀为有源元件，哪个行程阀为无源元件。一般采用逻辑"与"消障的信号，其两个发讯元件只有一个有源，而另一个为无源元件，其中有障碍信号的原始信号为无源元件，所以在图 13-5 中，c_0 和 b_0 两个行程阀为无源元件。

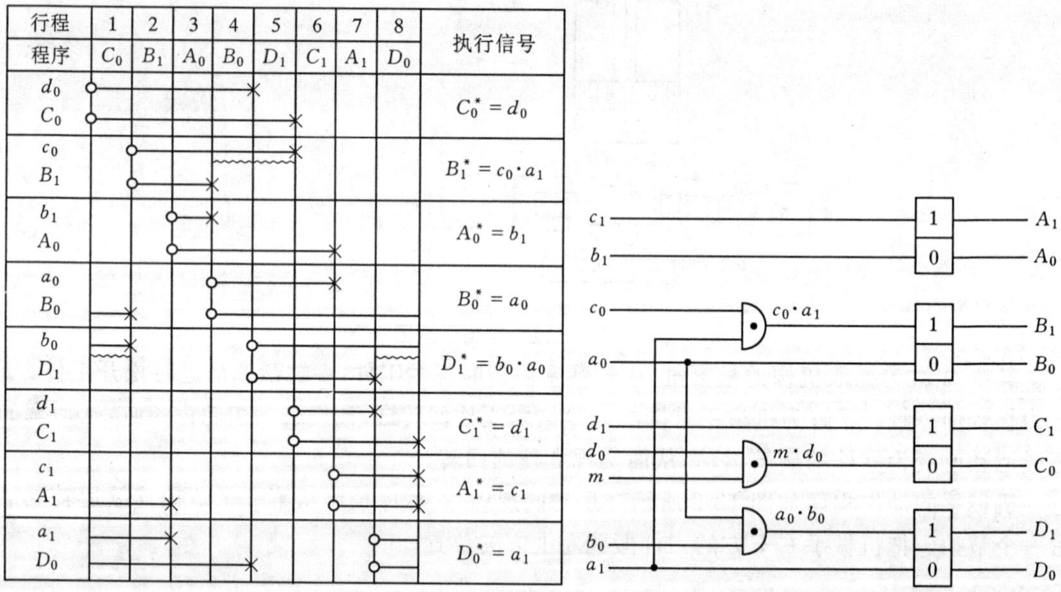

图 13-4 气控机械手的 X-D 线图法设计

13.1.2 用卡诺图图解法设计的气控回路

首先，按照机械手的程序：$[C_0B_1A_0B_0D_1C_1A_1D_0]$画出其卡诺图及顺序循环线，如图 13-6 所示。

其次，在卡诺图上圈方格群，根据方格群的分组原则，可圈成八个方格群，而每个方格群的

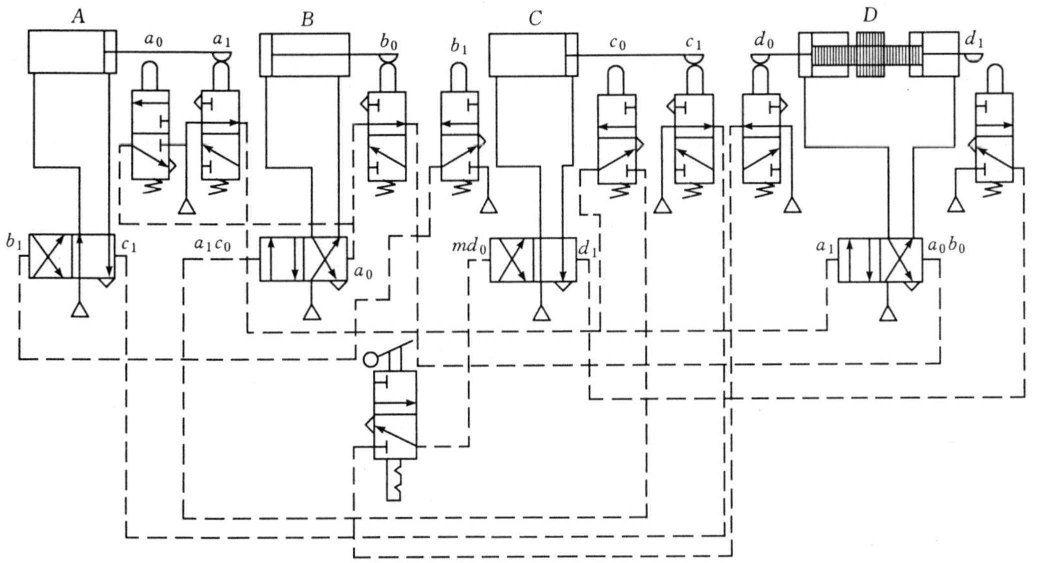

图 13-5　X-D 线图法设计的气控机械手回路原理图

逻辑函数为简化逻辑函数，可写成如下形式

$C_0{}^* = md_0(1-8)$

$B_1{}^* = c_0 . a_1(5,8,9,12)$

$A_0{}^* = b_1(3,4,7,8,11,12,15,16)$

$B_0{}^* = a_0(2,3,6,7,10,11,14,15)$

$D_1{}^* = b_0 a_0(2,6,10,14)$

$C_1{}^* = d(9-16)$

$A_1{}^* = c_1(1-4,13-16)$

$D_0{}^* = a_1(1,4,5,8,9,12,13,16)$

根据上面的简化逻辑函数可以看出，它们和 X-D 线图的执行信号是完全一致的。所以采用上面逻辑函数 R 逻辑原理图及气动回路图与用 X-D 线图设计法画的图 13-5 是完全一致的。

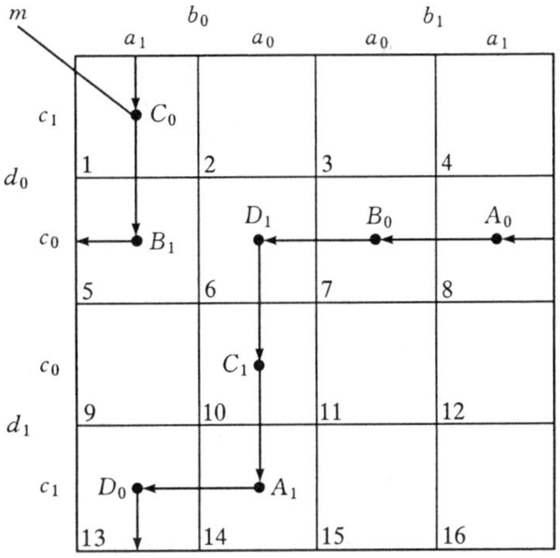

图 13-6　卡诺图及顺序循环线图

思考题与习题

13-1　长途公共汽车门采用气动控制，司机和售票员各有一个控制启动开关，控制汽车门的开或关，试设计此公共汽车门气控回路，并说明其工作过程。

附 录

常用液压与气动元(辅)件图形符号

(摘自 GB/T 786.1—1993)

附表 1 **基本符号、管路及连接**

名称	符号	名称	符号
工作管路		管端连接于油箱底部	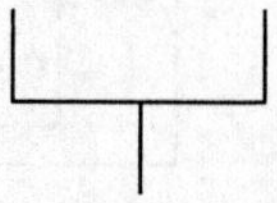
控制管路	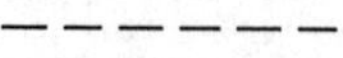	密闭式油箱	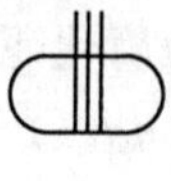
连接管路	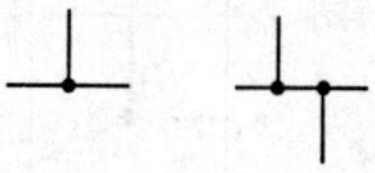	直接排气	
交叉管路		带连接措施的排气口	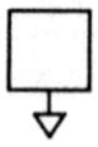
柔性管路		带单向阀的快换接头	
组合元件线		不带单向阀的快换接头	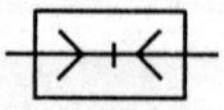
管口在液面以上的油箱	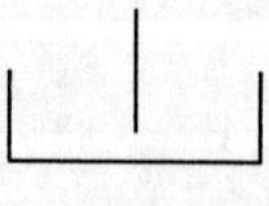	单通路旋转接头	
管口在液面以下的油箱	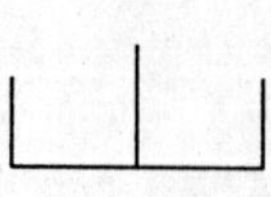	三通路旋转接头	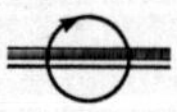

附表 2　　**控制机构和控制方法**

名　　称	符　　号	名　　称	符　　号
按钮式人力控制	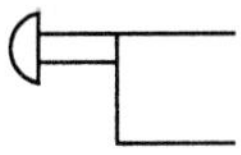	双作用电磁铁	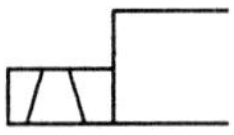
手柄式人力控制	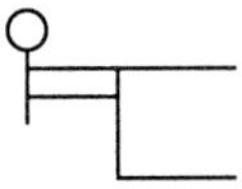	比例电磁铁	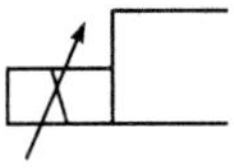
踏板式人力控制	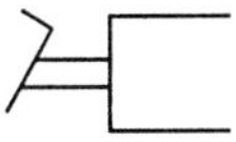	加压或泄压控制	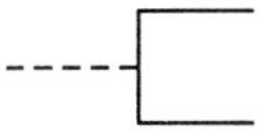
顶杆式机械控制	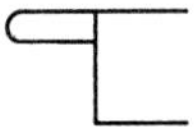	内部压力控制	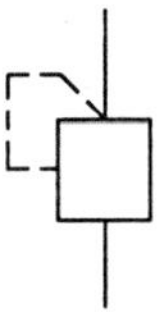
弹簧控制	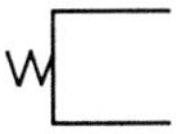	外部压力控制	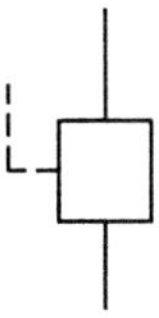
滚轮式机械控制	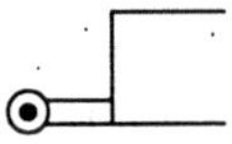	液压先导控制	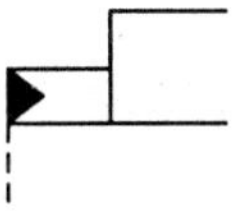
单作用电磁铁	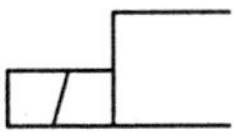	电-液先导控制	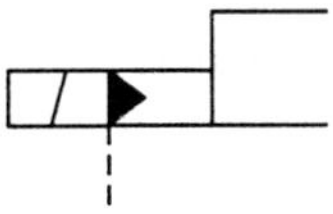
气压先导控制	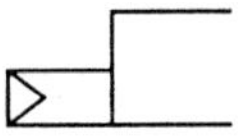	电磁-气压先导控制	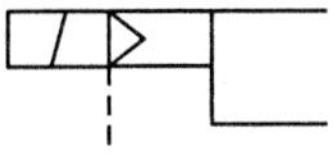

附表 3 泵、马达和缸

名　称	符　号
单向定量液压泵	
双向定量液压泵	
单向定量马达	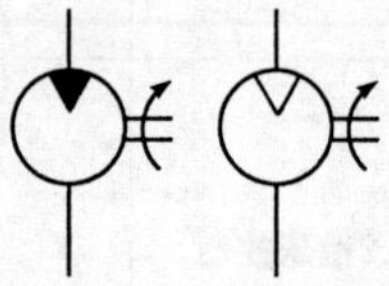
双向定量马达	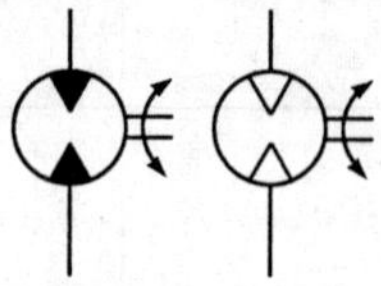
单向变量马达	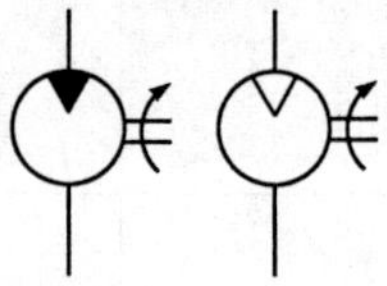
双向变量马达	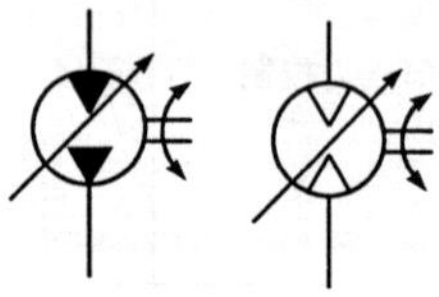
定量液压泵-马达	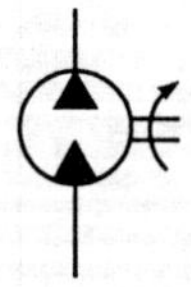
变量液压泵-马达	
液压源	
压力补偿变量泵	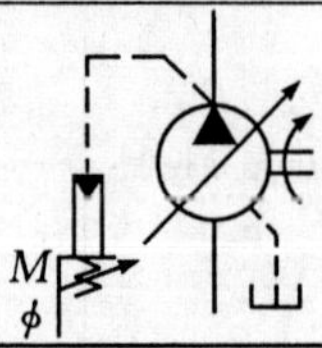
单向变量液压泵	
双向变量液压泵	
摆动马达	
单作用弹簧复位缸	详细符号　简化符号 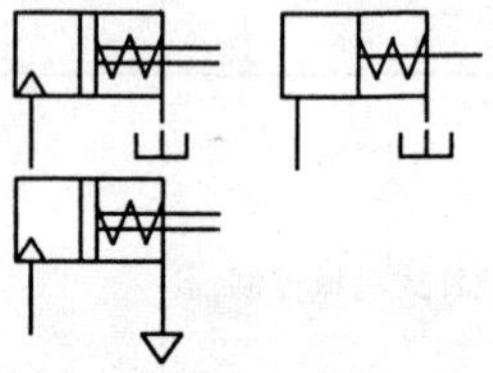
单作用伸缩缸	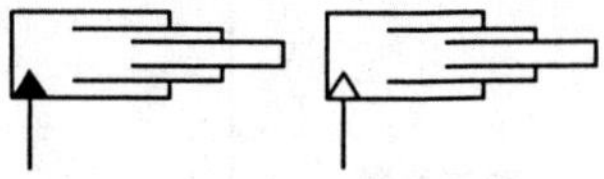
单向缓冲缸(可调)	详细符号　简化符号 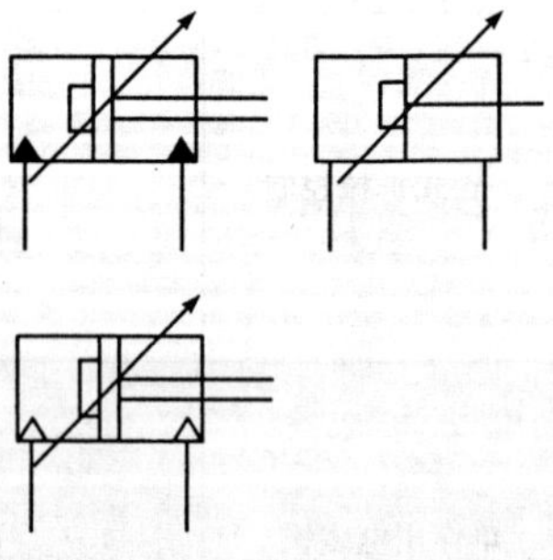
双作用单活塞杆缸	详细符号　简化符号 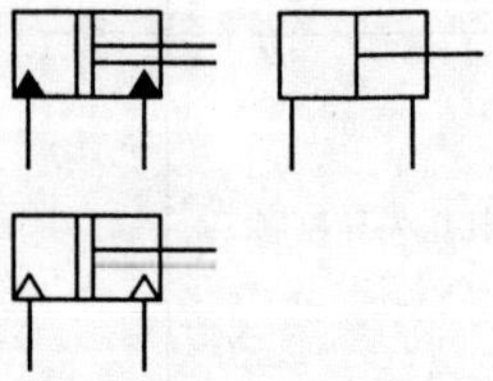

续附表 3

名　　称	符　　号	名　　称	符　　号
双作用双活塞杆缸	详细符号　简化符号 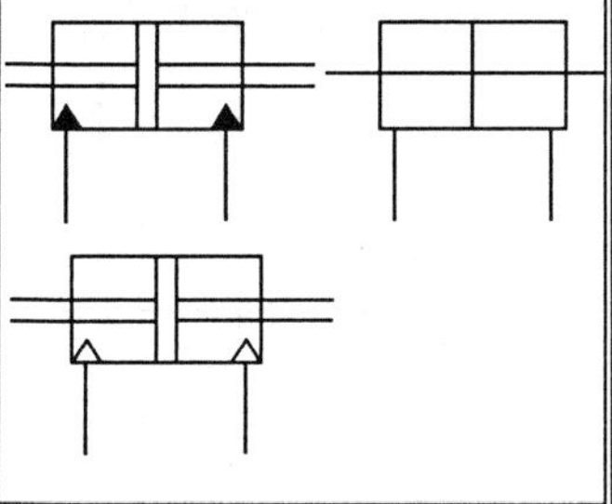	双作用伸缩缸	详细符号　简化符号 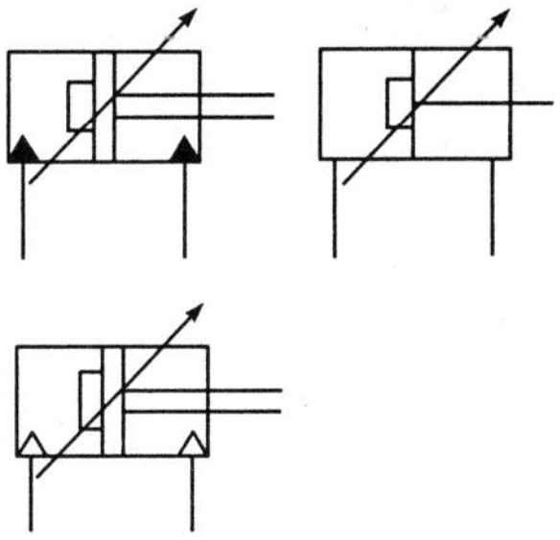
双向缓冲缸(可调)	详细符号　简化符号 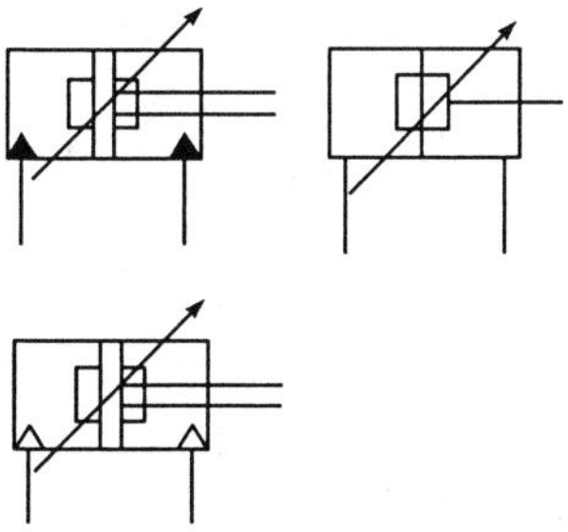		

附表 4　　控　制　元　件

名　　称	符　　号	名　　称	符　　号
直动型溢流阀	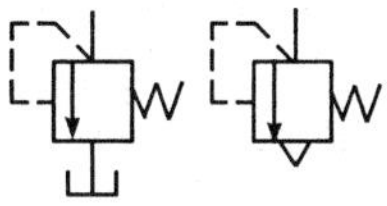	先导型减压阀	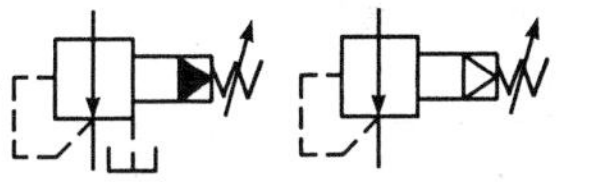
先导型溢流阀	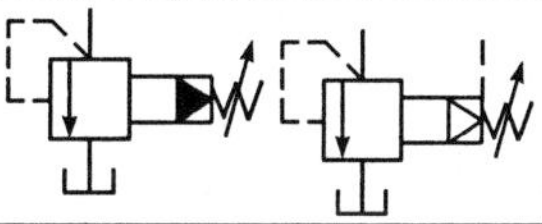	直动型顺序阀	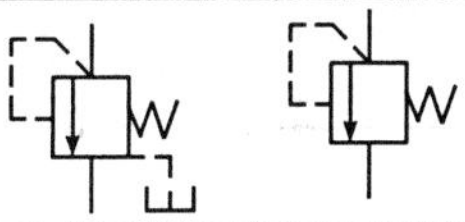
先导型比例电磁溢流阀	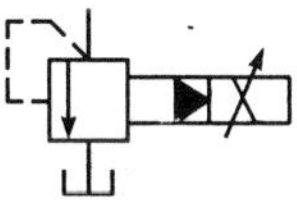	先导型顺序阀	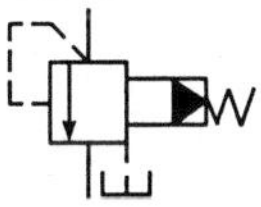
直动型减压阀	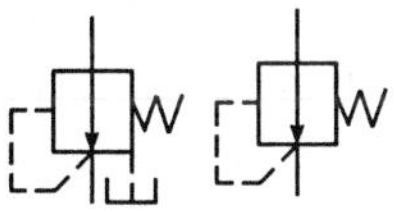	卸荷阀	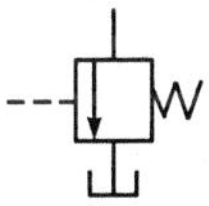
双向溢流阀	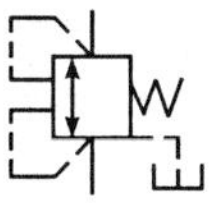	溢流减压阀	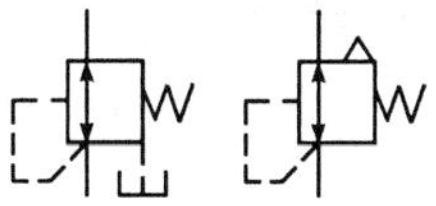
不可调节流阀		旁通型调速阀	详细符号　简化符号 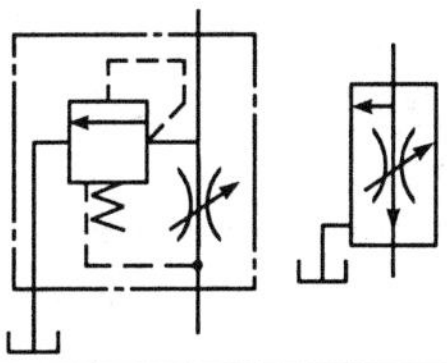

附表 5 辅助元件

名称	符号	名称	符号
过滤器	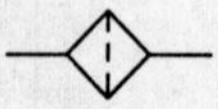	调速阀	详细符号 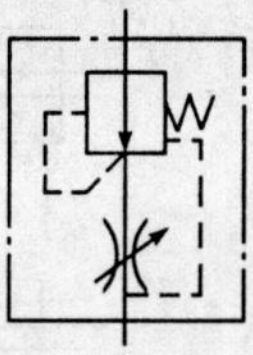 简化符号 
磁芯过滤器			
污染指示过滤器	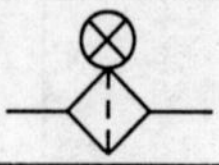		
冷却器		温度补偿调速阀	详细符号 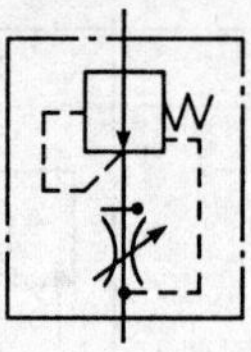 简化符号 
加热器			
流量计			
压力继电器	详细符号  一般符号 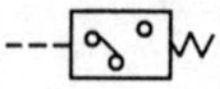	带消声器的节流阀	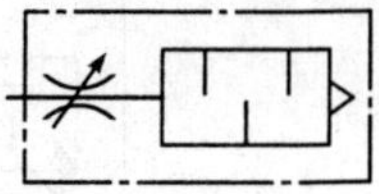
压力指示器		二位三通换向阀	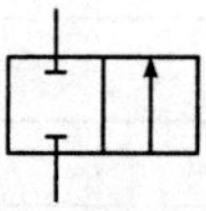 （常闭）
蓄能器（一般符号）		二位三通换向阀	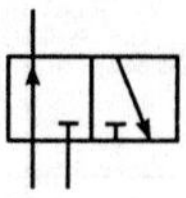
蓄能器（气体隔离式）		二位四通换向阀	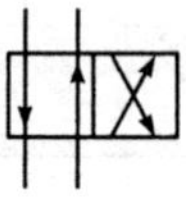
压力计			
液位计		单向阀	详细符号 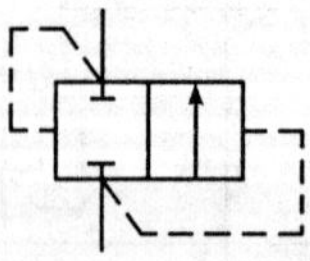 简化符号 
温度计			
电动机	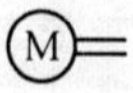		
原动机	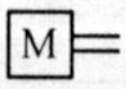	液控单向阀	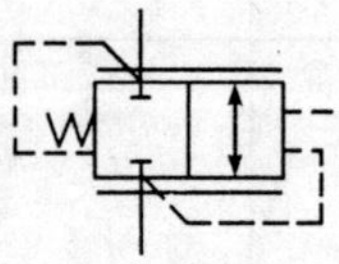  弹簧可以省略
行程开关	详细符号 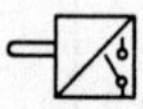 一般符号 		

续附表 5

名　称	符　号
可调节流阀	详细符号 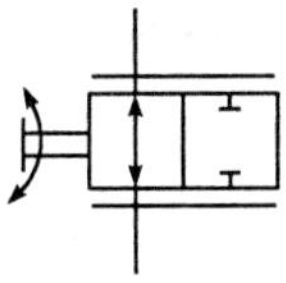 简化符号 
二位五通换向阀	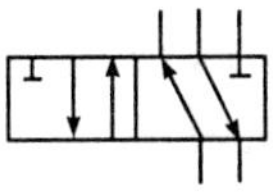
三位四通换向阀	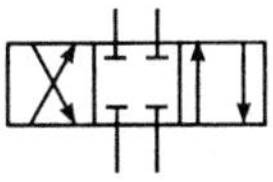
三位五通换向阀	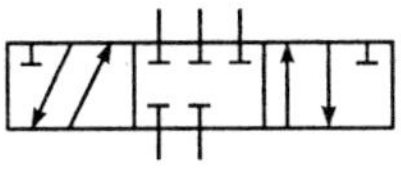
分水排水器	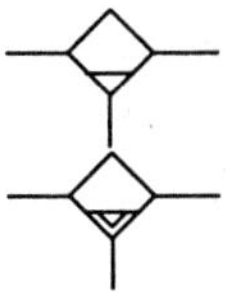
空气过滤器	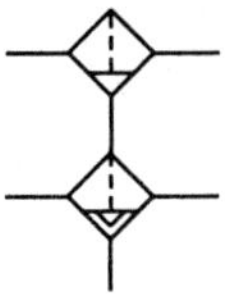
液压锁	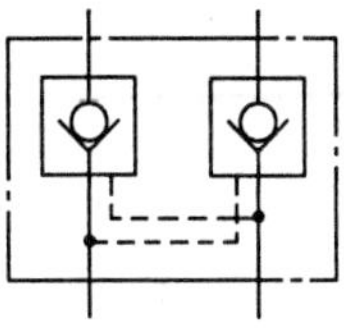
快速排气阀	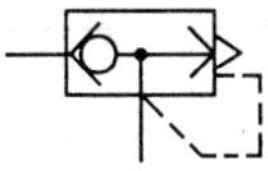
除油器	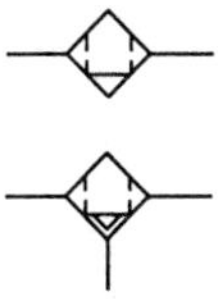
空气干燥器	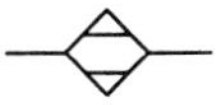
油雾器	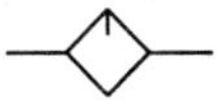
气源调节装置	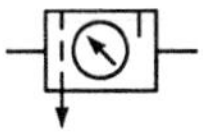
消声器	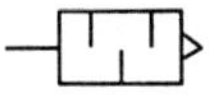
气-液转换器	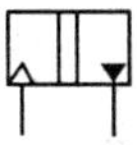
气压源	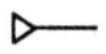

参 考 文 献

[1] 袁恩熙．工程流体力学[M]．北京：石油工业出版社，2001.
[2] 盛敬超．液压流体力学[M]．北京：机械工业出版社，1980.
[3] 苏尔皇．液压流体力学[M]．北京：国防工业出版社，1979.
[4] 严金坤，张培生．液压传动[M]．北京：国防工业出版社，1979.
[5] 李昌熙，乔石．矿山机械液压传动[M]．北京：煤炭工业出版社，1985.
[6] 林建亚，何存兴．液压元件[M]．北京：机械工业出版社，1988.
[7] 章宏甲，黄谊．液压传动[M]．北京：机械工业出版社，1992.
[8] 王裕清，韩成石．液压传动与控制技术[M]．北京：煤炭工业出版社，1997.
[9] 雷天觉．液压工程手册[M]．北京：机械工业出版社，1990.
[10] 张利平．液压站设计与使用[M]．北京：海洋出版社，2004.
[11] 周士昌．液压系统设计图集[M]．北京：机械工业出版社，2003.
[12] 许福玲，陈尧明．液压与气压传动[M]．2 版．北京：机械工业出版社，2004.
[13] 刘延俊．液压与气压传动[M]．北京：机械工业出版社，2005.
[14] 张红．液压技术的展望[J]．合肥联合大学学报，2000，10(4)：104-106.
[15] SMC(中国)有限公司．现代实用气动技术[M]．2 版．北京：机械工业出版社，2004.
[16] 明仁雄，万会雄．液压与气压传动[M]．北京：国防工业出版社，2003.
[17] 姜继海，宋锦春，高常识．液压与气压传动[M]．北京：高等教育出版社，2003.
[18] 左健民．液压与气压传动[M]．2 版．北京：机械工业出版社，1999.
[19] 成大先．机械设计手册：气压传动(单行本)[M]．北京：化学工业出版社，2004.
[20] 刘冀民，李志红，刘启定，等．气动测量技术在单项阀出厂试验中的应用[J]．机床与液压，2002(1)：145-146.
[21] 罗大海，诸葛茜．流体力学简明教程[M]．北京：高等教育出版社，1987.
[22] 合肥工业大学．液压传动与气压传动[M]．北京：机械工业出版社，1980.
[23] 何存兴．液压元件[M]．北京：机械工业出版社，1982.
[24] 王春行．液压伺服控制系统[M]．北京：机械工业出版社，1982.
[25] 刘长年．液压伺服系统的分析与设计[M]．北京：科学出版社，1985.
[26] 章宏甲，周邦俊．金属切削机床液压传动[M]．南京：江苏科学技术出版社，1993.
[27] 周士昌．液压系统设计[M]．北京：机械工业出版社，2004.
[28] 俞启荣．液压传动[M]．北京：机械工业出版社，1990.
[29] 丁数模，姚如一．液压传动[M]．北京：机械工业出版社，1992.
[30] 袁承训．液压与气压传动[M]．北京：机械工业出版社，1999.